计算机科学前沿丛书·十讲系列

计算机视觉十讲

主　编　查红彬

副主编　虞晶怡　刘青山　王　亮

参　编　程　塨　邓　成　董秋雷　高盛华　韩军伟　黄　岩
　　　　纪源丰　李雷达　梁孔明　林巍峣　卢湖川　欧阳万里
　　　　潘金山　任传贤　舒祥波　王　栋　王井东　王利民
　　　　王楠楠　王兴刚　王聿铭　吴岸聪　吴金建　吴毅红
　　　　谢恩泽　许　岚　余昌黔　张史梁　张　彰　章国锋
　　　　赵　洲　左旺孟

主　审　马占宇　郑伟诗　毋立芳

机械工业出版社
CHINA MACHINE PRESS

计算机视觉是人工智能的重要分支,其研究是计算机系统智能化的第一步,也是实现人工智能的桥梁。本书面向计算机视觉,聚焦前沿算法理论,分别讲述了图像分类、检测、生成、视频处理等计算机视觉领域的研究重点,也对计算机视觉的基本概念和计算机视觉研究的预备知识进行了简要介绍,帮助读者在构建完整的计算机视觉知识框架的同时,打下较为坚实的基础,为进一步在计算机视觉和相关领域提出新设想、开发新算法、解决新问题创造良好的条件。本书可作为人工智能专业和计算机类相关专业的低年级研究生学习计算机视觉的参考书,也可作为从事计算机视觉技术研究工作的科研人员的自学用书。

图书在版编目（CIP）数据

计算机视觉十讲/ 查红彬主编. —北京：机械工业出版社，2024.5
（计算机科学前沿丛书）
ISBN 978-7-111-75686-6

Ⅰ. ①计⋯ Ⅱ. ①查⋯ Ⅲ. ①计算机视觉 Ⅳ. ①TP302.7

中国国家版本馆 CIP 数据核字（2024）第 081856 号

机械工业出版社（北京市百万庄大街 22 号 邮政编码 100037）
策划编辑：梁　伟　　　　　　　　责任编辑：梁　伟　韩　飞
责任校对：孙明慧　李可意　景　飞　责任印制：张　博
北京联兴盛业印刷股份有限公司印刷
2025 年 1 月第 1 版第 1 次印刷
186mm×240mm · 33.75 印张 · 1 插页 · 642 千字
标准书号：ISBN 978-7-111-75686-6
定价：99.00 元

电话服务　　　　　　　　　　　网络服务
客服电话：010-88361066　　　　机　工　官　网：www.cmpbook.com
　　　　　010-88379833　　　　机　工　官　博：weibo.com/cmp1952
　　　　　010-68326294　　　　金　书　网：www.golden-book.com
封底无防伪标均为盗版　　　　　机工教育服务网：www.cmpedu.com

计算机科学前沿丛书编委会

主　　任　郑纬民

执行主任　杜小勇

主任助理　柴云鹏

委　　员（按姓氏拼音排序）：

　　　　崔　斌　贾　珈　姜育刚　金　海　李宣东　刘青山

　　　　罗　训　孙富春　孙晓明　汪国平　王　泉　王　颖

　　　　徐晓飞　叶保留　于　剑　张大庆

丛书序

党的十八大以来，我国把科教兴国战略、人才强国战略和创新驱动发展战略放在国家发展的核心位置。当前，我国正处于建设创新型国家和世界科技强国的关键时期，亟须加快前沿科技发展，加速高层次创新型人才培养。党的二十大报告首次将科技、教育、人才专门作为一个专题，强调科技是第一生产力、人才是第一资源、创新是第一动力。只有"教育优先发展、科技自立自强、人才引领驱动"，才能做到高质量发展，全面建成社会主义现代化强国，实现第二个百年奋斗目标。

研究生教育作为最高层次的人才教育，在我国高质量发展过程中将起到越来越重要的作用，是国家发展、社会进步的重要基石。但是，相对于本科教育，研究生教育非常缺少优秀的教材和参考书；而且由于科学前沿发展变化很快，研究生教育类图书的撰写也极具挑战性。为此，2021 年，中国计算机学会（CCF）策划并成立了 CCF 计算机科学前沿丛书编委会，汇集了十余位来自重点高校、科研院所、计算机领域不同研究方向的著名学者，致力于面向计算机科学前沿，把握学科发展趋势，以"计算机科学前沿丛书"为载体，以研究生和相关领域的科技工作者为主要对象，在丛书中全面介绍计算机领域的前沿思想、前沿理论、前沿研究方向和前沿发展趋势，为培养具有创新精神和创新能力的高素质人才贡献力量。

CCF 计算机科学前沿丛书将站在国家战略高度，着眼于当下，放眼于未来，服务国家战略需求，笃行致远，力争满足国家对科技发展和人才培养提出的新要求，持续为培育时代需要的创新型人才、完善人才培养体系而努力。

郑纬民

中国工程院院士
清华大学教授
2022 年 10 月

"十讲"序

由于读者群体稳定，经济效益好，大学教材是各大出版社的必争之地。出版一套计算机本科专业教材，对于提升中国计算机学会（CCF）在教育领域的影响力，无疑是很有意义的一件事情。我作为时任 CCF 教育工作委员会主任，也很心动。因为 CCF 常务理事会给教育工作委员会的定位就是提升 CCF 在教育领域的影响力。为此，我们创立了未来计算机教育峰会（FCES），推动各专业委员会成立了教育工作组，编撰了《计算机科学与技术专业培养方案编制指南》并入校试点实施，等等。出版教材无疑也是提升影响力的最重要途径之一。

在进一步的调研中我们发现，面向本科生的教材"多如牛毛"，面向研究生的教材可谓"凤毛麟角"。随着全国研究生教育大会的召开，研究生教育必定会加速改革。这其中，提高研究生的培养质量是核心内容。计算机学科的研究生大多是通过阅读顶会、顶刊论文的模式来了解学科前沿的，学生容易"只见树木不见森林"。即使发表了顶会、顶刊论文，也对整个领域知之甚少。因此，各个学科方向的导师都希望有一本领域前沿的高级科普书，能让研究生新生快速了解某个学科方向的核心基础和发展前沿，迅速开展科研工作。当我们将这一想法与专业委员会教育工作组组长们交流时，大家都表示想法很好，会积极支持。于是，我们决定依托 CCF 的众多专业委员会，编写面向研究生新生的专业入门读物。

受著名的施普林格出版社的 Lecture Notes 系列图书的启发，我们取名"十讲"系列。这个名字有很大的想象空间。首先，定义了这套书的风格，是由一个个的讲义构成。每讲之间有一定的独立性，但是整体上又覆盖了某个学科领域的主要方向。这样方便专业委员会去组织多位专家一起撰写。其次，每本书都按照十讲去组织，书的厚度有一个大致的平衡。最后，还希望作者能配套提供对应的演讲 PPT 和视频（真正的讲座），这样便于书籍的推广。

"十讲"系列具有如下特点。第一，内容具有前沿性。作者都是各个专业委员会中活跃在科研一线的专家，能将本领域的前沿内容介绍给学生。第二，文字具有科普性。定位于研究生新生，虽然内容是前沿的，但是描述会考虑易理解性，不涉及太多的公式定理。第三，形式具有可扩展性。一方面可以很容易扩展到新的学科领域去，形成第 2 辑、第 3 辑；另一方面，每隔几年就可以进行一次更新和改版，形成第 2 版、第 3 版。这样，"十讲"系列就可以不断地出版下去。

祝愿"十讲"系列成为我国计算机研究生教育的一个品牌，成为出版社的一个品牌，也成为中国计算机学会的一个品牌。

中国人民大学教授

2022 年 6 月

推荐序

视觉是人类感知外部世界最主要的途径，视觉智能是人类智能的基本形态，计算机视觉是人工智能领域的基本研究内容。我们对计算机视觉从一开始就从感、知、行这三方面开展研究：感让我们获取数据，知让我们对数据建模，行让我们解决实际问题。本书便是从这三方面入手，介绍了计算机视觉的发展历程。这是一项由中国计算机学会计算机视觉专业委员会（以下简称"CCF CV"）精心设计并由一支备受赞誉的专家团队共同努力所取得的重要成果。

过去 10 余年，深度学习的兴起直接推动了计算机视觉的创新发展，很多研究方向取得了突破性进展。本书在介绍经典理论和算法的同时，详细梳理了基于深度学习的前沿方法的缘由和演进：这些前沿方法为何而来，又会往哪里去；它们弥补了经典方法中的哪些不足，而它们自身又面临哪些挑战。作为首批入选计算机科学前沿丛书的一本，本书深入浅出地讲解了底层视觉处理、图像质量评价、图像分割、目标检测、目标跟踪、行人重识别、行为识别、视觉与语言、三维视觉和 SLAM 十个重要主题。每一讲都由国内相关领域的一线知名专家撰写和审阅，努力确保内容的严谨性、前沿性和实用性。每讲内容既包括相关主题的发展历程，也包括前沿发展方向，可以帮助不同背景的读者对相关方向进行全面了解，快速开启计算机视觉领域的学习和研究之旅。

本书的编写过程充满了挑战与艰辛。本书从 2021 年 9 月开始规划，2021 年 10 月获得中国计算机学会教育委员会的批准立项。十讲的主题及作者由 CCF CV 的常委会与教育工作组选出，并在 2022 年 4 月形成全书的详细目录和样章。每位作者均在计算机视觉和图像处理领域拥有深厚的理论基础和丰富的实践经验，其研究成果也在计算机视觉及相关领域得到广泛认可。本书在 2022 年 11 月完成初稿，又经过数轮修改，历经三年的艰苦努力，终于面世。

作为 CCF CV 的第一任主任和一名计算机视觉领域的科研人员，在此我要对 CCF CV 以及所有参与本书编写的作者们表示衷心的感谢。他们的专业知识、丰富经验、无私奉献，特别是他们对学术的热爱，才使这本书得以面世。我也希望读者能从这本书中获得知识和启发，共同推动我国计算机视觉的快速发展。

谭铁牛
中国科学院院士
2024 年 8 月

前 言

一、概述

计算机视觉是以计算手段模拟生物视觉功能，对视觉信息进行表征、理解和解释的一门学科。它是一门让机器学会"看"、懂得怎么"看""看"后能反馈的科学，是人工智能的重要领域。从 20 世纪 80 年代 Marr 的视觉计算理论提出至今，计算机视觉逐渐成为非常活跃的研究领域，吸引了大量研究人员。经过近 50 年的发展，尤其是近 10 年来以深度学习为代表的人工智能方法与计算机视觉研究深入融合并被广泛应用，推动了计算机视觉深度、广度的发展以及大量研究的落地。计算机视觉在医疗健康、工业生产、安防监控、社交媒体、遥感遥测、航空航天等领域发挥了重要的作用，对于提高社会管理效率、保障社会安全、满足人民美好生活的向往等发挥了重要的支撑作用。

近年来，计算机视觉研究十分活跃，很多研究方向取得了突破性进展，因此，有必要对该领域的前沿研究进行梳理和总结，帮助不同层次、不同方向的学者、学生和专业技术人员对相关方向进行全面了解，以便快速进入研究和研发工作。

二、计算机视觉研究体系

计算机视觉研究方向非常丰富。在数据维度，包括二维静态视觉（图像）处理、二维动态视觉（视频）处理和三维视觉处理等；在处理方法维度，包括底层处理、中层处理、高层处理；在应用维度，基于特定领域的数据，有一些和领域相适应的特定处理方法。综合而言，计算机视觉的主要研究体系如图 0-1 所示。

三、内容结构

本书对计算机视觉领域近年来比较热的 10 个研究方向进行了梳理和总结，每一部分内容保持相对独立，自成体系，突出前沿热点和应用。第 1 讲"底层视觉"，主要介绍基于数学模型与基于深度学习的两大类方法的前沿进展。第 2 讲"图像质量评价"，从失真评价（包括全参考型、部分参考型和无参考型评价）和美学评价（包括大众化评价和个性化评价）两个方面全面介绍数字图像的感知质量评价技术，包括研究的历史、代表性评价算法、最新的研究进展与未来发展趋势。第 3 讲"图像分割"，主要介绍图像语义分割、实例分割、全景分割、弱监督分割、跨域图像分割、医疗图像分割等前沿进展。第 4 讲"目标检测"，主要介绍非深度学习和基于深度学习检测方法的前沿进展，并总结常用数据集与评价指标。第5讲"目标跟踪",主要分单目标跟踪与多目标跟踪两方面介绍算法的前沿进展,并讨论跟踪问题在现实中的应用。第6讲"行人重识别",主要介绍在数据受限以及开放性复杂场景下重识别算法的前沿进展。第7讲"视频行为识别",主要介绍视频行为识别的任务定义、基准数据集,以及视频行为识别领域主流方法与技术,包括视频行为分类、视频行为检测、视频行为时序检测、基于骨架的视频行为识别、多模态行为识别,以及交互和群组行为识别。第8讲"视觉与语言",主要介绍视觉–语言典型框架、语义关联方法和预训练技术等方面的前沿进展。第9讲"图像的三维重建",主要介绍基于深度学习的三维重建方法和三维生成方法的前沿进展。第10讲"SLAM"主要讲述SLAM的基本原理和分类、视觉SLAM的主流框架,以及常用的几种融合深度信息的SLAM技术,并对SLAM的发展趋势进行展望。

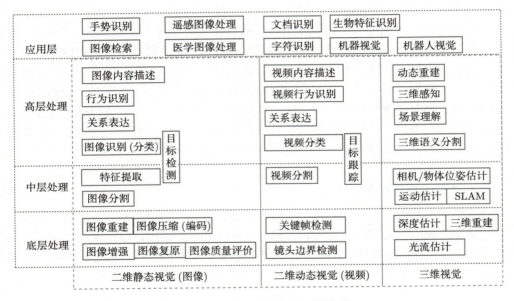

图 0-1　计算机视觉主要研究体系

四、读者对象

本书首先可作为高等院校电子信息类专业的高年级本科生和研究生学习计算机视觉、图像处理的教科书,适合课堂讲授、案例学习、研讨班等课程形式,学生通过阅读本书,围绕特定主题开展研讨,作为其深入学习和开展科研的基础。本书也可作为高校上述专业的教师开设计算机视觉、图像处理相关必修课或选修课的教学辅助用书、课程补充材料等,根据所在专业的培养目标和研究方向,给学生指定本书特定章节进行阅读并开展研讨。此外,本书可作为计算机视觉领域从业人员的技术指导类书籍,帮助他们针对政府、企事业单位的需求开展计算机视觉业务创新和关键技术攻关等工作。

五、编写团队

本书由中国计算机学会计算机视觉专业委员会（以下简称 CCF-CV 专委会）组织编写，专委会主任北京大学查红彬教授担任主编，上海科技大学虞晶怡教授、专委副主任南京邮电大学刘青山教授、中国科学院自动化研究所王亮研究员担任副主编，北京邮电大学马占宇教授、中山大学郑伟诗教授、北京工业大学毋立芳教授担任主审。依托 CCF-CV 专委会常务委员进行主题遴选和撰写人推荐，形成了约 40 人的写作团队。第 1 讲由左旺孟、潘金山、王楠楠负责撰写，第 2 讲由吴金建、李雷达负责撰写，第 3 讲由王井东、余昌黔、谢恩泽、梁孔明、纪源丰负责撰写，第 4 讲由韩军伟、欧阳万里、程塨负责撰写，第 5 讲由卢湖川、王栋、王兴刚负责撰写，第 6 讲由郑伟诗、张史梁、任传贤负责撰写，第 7 讲由林巍峣、王利民、舒祥波、张彰、赵洲负责撰写，第 8 讲由王聿铭、黄岩、邓成负责撰写，第 9 讲由高盛华、许岚负责撰写，第 10 讲由吴毅红、章国锋、董秋雷、张朋举、郭世毅、王硕负责撰写。最后，由中山大学吴岸聪博士、北京工业大学石戈博士整理成稿。

编写团队成员长期从事计算机视觉、图像处理领域的学术研究和教学工作，承担了一系列与计算机视觉相关的科研项目，在视觉领域的顶级期刊如 *IEEE TPAMI*、*IEEE TIP*、*ACM TMM* 和顶级国际会议（如 IEEE CVPR、ICCV、ECCV、AAAI、ACM Multimedia 等）上发表大量学术论文，积累了丰富的科研成果和教学经验，在国内外均有较高的学术知名度。本书从 2021 年 9 月开始规划，2021 年 10 月获得中国计算机学会教育工作委员会批准立项，2022 年 4 月形成了全书的详细目录和样章并听取中国计算机学会组织的专家评审意见，2022 年 11 月完成全书初稿，2023 年 6 月经过数轮校对修改，最终形成了目前所见的书稿。

六、授课教师注意事项

对采纳本书作为教材或课程参考书的授课教师来说，建议按照所讲授课程的需要，对第 1~10 讲进行个性化的筛选和次序编排。每一讲最后都给出了参考文献，教师也可从中选择若干项，要求学生自学并在课堂上开展研讨。

七、致谢

感谢中国计算机学会教育工作委员会、机械工业出版社对本书写作和出版的大力支持！

编者

2023 年 11 月

目 录

丛书序

"十讲"序

推荐序

前言

第 1 讲　底层视觉

1.1　底层视觉概述　　/2
  1.1.1　底层视觉定义　　/2
  1.1.2　传统底层视觉方法　　/2
1.2　基于数学模型的底层视觉方法　　/4
  1.2.1　全变分模型　　/4
  1.2.2　稀疏和低秩模型　　/7
  1.2.3　小结　　/13
1.3　基于深度学习的底层视觉方法　　/13
  1.3.1　图像去噪　　/14
  1.3.2　图像超分辨率　　/17
  1.3.3　基于 VGG 模型的图像超分辨率方法　　/17
  1.3.4　图像去模糊　　/21
1.4　底层视觉的挑战与展望　　/26
参考文献　　/26

第 2 讲　图像质量评价

2.1 全参考/部分参考型图像质量评价　/34
2.1.1 全参考型图像质量评价　/34
2.1.2 部分参考型图像质量评价　/37

2.2 无参考型图像质量评价　/38
2.2.1 基于统计学的无参考型图像质量评价　/39
2.2.2 基于深度学习的无参考型图像质量评价　/40

2.3 图像美学质量评价　/45
2.3.1 大众化图像美学评价　/48
2.3.2 个性化图像美学评价　/63

2.4 总结与展望　/70

参考文献　/70

第 3 讲　图像分割

3.1 图像分割概述　/80
3.1.1 早期图像分割　/80
3.1.2 语义分割　/80
3.1.3 实例分割和全景分割　/81
3.1.4 其他分割问题　/81

3.2 图像语义分割　/82
3.2.1 背景与问题　/82
3.2.2 基于传统特征的图像语义分割　/82
3.2.3 基于深度特征的图像语义分割　/82

3.3 图像实例分割 /88
3.3.1 问题定义 /88
3.3.2 两阶段实例分割 /89
3.3.3 一阶段实例分割 /91
3.3.4 基于 Transformer 的实例分割 /93

3.4 图像全景分割 /95
3.4.1 问题定义 /95
3.4.2 子任务分离的全景分割 /96
3.4.3 子任务统一的全景分割 /98

3.5 弱监督图像分割 /99
3.5.1 基于超像素的方法 /100
3.5.2 基于分类网络的方法 /101

3.6 跨域图像分割 /103
3.6.1 基于风格迁移的输入级图像对齐 /103
3.6.2 基于域不变特征发掘的中间级特征对齐 /104
3.6.3 基于标签分布发掘的输出级预测结果对齐 /105

3.7 医疗图像分割 /106
3.7.1 全监督医疗图像分割 /108
3.7.2 弱监督医疗图像分割 /112

参考文献 /114

第 4 讲 目标检测

4.1 目标检测概述 /128
4.1.1 目标检测的概念 /128

  4.1.2 目标检测的研究意义 /128

  4.1.3 目标检测的发展路线 /130

  4.1.4 小结 /134

4.2 **非深度学习目标检测方法** /134

  4.2.1 图像匹配方法 /134

  4.2.2 机器学习方法 /137

  4.2.3 小结 /139

4.3 **深度学习目标检测方法** /139

  4.3.1 深度学习简介 /139

  4.3.2 深度学习模型 /140

  4.3.3 基于深度学习的方法框架 /143

4.4 **评价指标和数据集** /148

  4.4.1 数据集 /148

  4.4.2 评价指标 /150

4.5 **讨论与展望** /151

  4.5.1 目标检测面临的挑战 /151

  4.5.2 目标检测的发展趋势 /152

参考文献 /154

第 5 讲　目标跟踪

5.1 **引言** /162

5.2 **目标跟踪概述** /162

  5.2.1 目标跟踪的基本概念 /162

  5.2.2 目标跟踪的分类方式 /163

5.2.3　目标跟踪的研究意义　　　　　　　　　　　　　　　/164
　　　5.2.4　小结　　　　　　　　　　　　　　　　　　　　　　/165
5.3　单目标跟踪　　　　　　　　　　　　　　　　　　　　　　　/165
　　　5.3.1　传统方法　　　　　　　　　　　　　　　　　　　　/165
　　　5.3.2　深度学习方法　　　　　　　　　　　　　　　　　　/167
　　　5.3.3　数据集与评价指标　　　　　　　　　　　　　　　　/182
　　　5.3.4　小结　　　　　　　　　　　　　　　　　　　　　　/184
5.4　多目标跟踪　　　　　　　　　　　　　　　　　　　　　　　/185
　　　5.4.1　多目标关联技术　　　　　　　　　　　　　　　　　/186
　　　5.4.2　一体化多目标跟踪技术　　　　　　　　　　　　　　/191
　　　5.4.3　数据集与评价指标　　　　　　　　　　　　　　　　/194
　　　5.4.4　小结　　　　　　　　　　　　　　　　　　　　　　/196
5.5　其他跟踪问题　　　　　　　　　　　　　　　　　　　　　　/196
　　　5.5.1　视频目标检测与多目标跟踪　　　　　　　　　　　　/196
　　　5.5.2　视频实例分割中的跟踪问题　　　　　　　　　　　　/196
　　　5.5.3　半监督视频物体分割　　　　　　　　　　　　　　　/198
　　　5.5.4　小结　　　　　　　　　　　　　　　　　　　　　　/199
5.6　应用　　　　　　　　　　　　　　　　　　　　　　　　　　/199
　　　5.6.1　目标跟踪与安防监控　　　　　　　　　　　　　　　/199
　　　5.6.2　目标跟踪与智能机器人　　　　　　　　　　　　　　/200
　　　5.6.3　目标跟踪与自动驾驶　　　　　　　　　　　　　　　/201
　　　5.6.4　无人机精准跟踪　　　　　　　　　　　　　　　　　/202
　　　5.6.5　跟踪辅助视频标注　　　　　　　　　　　　　　　　/204
5.7　总结与展望　　　　　　　　　　　　　　　　　　　　　　　/204

　　　　5.7.1　目标跟踪面临的挑战　　　　　　　　　　　　　　　/204

　　　　5.7.2　目标跟踪的发展趋势　　　　　　　　　　　　　　　/207

　　　　5.7.3　小结　　　　　　　　　　　　　　　　　　　　　　/208

　　参考文献　　　　　　　　　　　　　　　　　　　　　　　　/208

第6讲　行人重识别

　　6.1　行人重识别的定义与常用方法　　　　　　　　　　　　　/228

　　　　6.1.1　背景与问题　　　　　　　　　　　　　　　　　　　/228

　　　　6.1.2　常用方法　　　　　　　　　　　　　　　　　　　　/229

　　6.2　行人重识别中的小样本问题　　　　　　　　　　　　　　/232

　　　　6.2.1　弱监督建模　　　　　　　　　　　　　　　　　　　/232

　　　　6.2.2　无监督建模　　　　　　　　　　　　　　　　　　　/234

　　　　6.2.3　迁移学习建模　　　　　　　　　　　　　　　　　　/240

　　6.3　行人重识别中的开放性建模问题　　　　　　　　　　　　/242

　　　　6.3.1　遮挡问题　　　　　　　　　　　　　　　　　　　　/242

　　　　6.3.2　跨模态问题　　　　　　　　　　　　　　　　　　　/250

　　　　6.3.3　换装问题　　　　　　　　　　　　　　　　　　　　/263

　　　　6.3.4　其他问题　　　　　　　　　　　　　　　　　　　　/267

　　参考文献　　　　　　　　　　　　　　　　　　　　　　　　/270

第7讲　视频行为识别

　　7.1　引言　　　　　　　　　　　　　　　　　　　　　　　　/284

　　7.2　视频行为识别数据集　　　　　　　　　　　　　　　　　/285

　　　　7.2.1　通用行为识别数据集　　　　　　　　　　　　　　　/286

		7.2.2 骨架行为识别数据集	/287

      7.2.2　骨架行为识别数据集　/287

      7.2.3　群体行为识别数据集　/288

      7.2.4　时域行为定位数据集　/288

      7.2.5　时空行为定位数据集　/289

      7.2.6　音视频行为定位数据集　/290

  7.3　视频行为分类　/291

      7.3.1　基于手工特征的视频行为分类方法概述　/291

      7.3.2　基于深度学习的视频行为分类方法概述　/295

      7.3.3　常用方法　/296

  7.4　行为定位　/302

      7.4.1　时域行为定位　/302

      7.4.2　时空行为定位　/311

  7.5　骨架行为识别　/316

      7.5.1　早期骨架行为识别方法　/317

      7.5.2　基于深度学习的骨架行为识别　/317

      7.5.3　总结与展望　/325

  7.6　多模态行为识别　/326

      7.6.1　基于文本的视频定位　/326

      7.6.2　音视频行为识别　/330

  7.7　交互及组群行为识别　/337

      7.7.1　交互行为识别　/337

      7.7.2　组群行为识别　/343

      7.7.3　群体行为识别的未来研究趋势　/349

参考文献　/350

第 8 讲　视觉与语言

8.1　视觉与语言的定义　　　　　　　　　　　　　　　　　　　　　/376
　　8.1.1　背景与意义　　　　　　　　　　　　　　　　　　　　　/376
　　8.1.2　典型任务与方法　　　　　　　　　　　　　　　　　　　/379

8.2　视觉–语言的典型框架　　　　　　　　　　　　　　　　　　　/383
　　8.2.1　传统方法　　　　　　　　　　　　　　　　　　　　　　/383
　　8.2.2　预训练方法　　　　　　　　　　　　　　　　　　　　　/385
　　8.2.3　其他方面　　　　　　　　　　　　　　　　　　　　　　/386

8.3　视觉–语言的语义关联与建模　　　　　　　　　　　　　　　　/388
　　8.3.1　注意力机制建模　　　　　　　　　　　　　　　　　　　/390
　　8.3.2　图结构建模　　　　　　　　　　　　　　　　　　　　　/391
　　8.3.3　生成式建模　　　　　　　　　　　　　　　　　　　　　/392
　　8.3.4　其他建模　　　　　　　　　　　　　　　　　　　　　　/393

8.4　视觉–语言的预训练技术　　　　　　　　　　　　　　　　　　/396
　　8.4.1　单模态主干网络　　　　　　　　　　　　　　　　　　　/397
　　8.4.2　视觉与语言架构　　　　　　　　　　　　　　　　　　　/399
　　8.4.3　预训练任务与下游任务　　　　　　　　　　　　　　　　/401
　　8.4.4　预训练数据集　　　　　　　　　　　　　　　　　　　　/405

8.5　视觉–语言发展趋势与展望　　　　　　　　　　　　　　　　　/407

参考文献　　　　　　　　　　　　　　　　　　　　　　　　　　　　/409

第 9 讲　图像的三维重建

9.1　背景介绍　　　　　　　　　　　　　　　　　　　　　　　　　/426

9.2 传统三维重建方法回顾 /427
  9.2.1 经典多视点几何三维重建 /427
  9.2.2 经典光度立体三维重建 /428
  9.2.3 常见数据采集设备 /429

9.3 深度学习对基于不同形状表达的三维重建 /431
  9.3.1 基于体素的显式三维表达 /431
  9.3.2 基于多边形网格的显式三维表达 /437
  9.3.3 基于隐式辐射场的三维表达 /443

9.4 三维重建与三维生成 /450
  9.4.1 基于扩散生成大模型分数蒸馏的三维生成 /451
  9.4.2 基于预训练三维重建模型和扩散生成模型的三维生成 /452

参考文献 /454

第 10 讲　SLAM

10.1 基础知识 /464
  10.1.1 相机模型 /464
  10.1.2 多视图几何原理 /467

10.2 SLAM 的分类 /472
  10.2.1 基于滤波的 SLAM /472
  10.2.2 基于优化的 SLAM /474
  10.2.3 基于深度学习的 SLAM /476

10.3 视觉 SLAM /478
  10.3.1 初始化 /479
  10.3.2 前台实时跟踪 /480

10.3.3　后端优化　　　　　　　　　　　　　　　　　　　　　　　　/482

　　　10.3.4　重定位　　　　　　　　　　　　　　　　　　　　　　　　　/483

　　　10.3.5　回路闭合　　　　　　　　　　　　　　　　　　　　　　　　/485

　10.4　视觉惯性 SLAM　　　　　　　　　　　　　　　　　　　　　　　　/486

　　　10.4.1　IMU 模型　　　　　　　　　　　　　　　　　　　　　　　　/487

　　　10.4.2　前端模块　　　　　　　　　　　　　　　　　　　　　　　　/489

　　　10.4.3　后端模块　　　　　　　　　　　　　　　　　　　　　　　　/491

　10.5　融合深度信息的 SLAM　　　　　　　　　　　　　　　　　　　　　/492

　　　10.5.1　RGB-D SLAM　　　　　　　　　　　　　　　　　　　　　　　/493

　　　10.5.2　激光视觉惯性 SLAM　　　　　　　　　　　　　　　　　　　　/502

　10.6　SLAM 发展趋势与展望　　　　　　　　　　　　　　　　　　　　　/508

参考文献　　　　　　　　　　　　　　　　　　　　　　　　　　　　　/509

第1讲
底层视觉

1.1 底层视觉概述

1.1.1 底层视觉定义

底层视觉（low-level vision）旨在对视觉成像信号和视觉信息进行分析处理，达到提升视觉感知质量或取得特定效果的目的。在研究层面，底层视觉包括底层的影像重建与信号处理、视觉信息的复原、低质视觉信息增强与修复等任务。在应用层面，底层视觉不仅可用于恢复原始高质量视觉信号、提升视觉感知质量和视觉编辑，还可以与中高层视觉相结合，提升图像分类、物体检测和语义分割等任务的性能。

本章主要结合图像复原，介绍若干种典型的数学模型和深度学习方法。针对基于数学模型的图像复原，介绍全变分模型、稀疏和低秩模型，以及相应的优化算法。针对基于深度学习的图像复原，以图像去噪、图像超分辨率和图像去模糊为例，介绍底层视觉中的一些代表性卷积神经网络和 Transformer 网络。

1.1.2 传统底层视觉方法

根据图像先验知识建立数学模型并采用优化策略进行求解是解决底层视觉问题的重要手段之一。尽管各种底层视觉任务看起来并不相同，但它们的基本思想保持一致。一般来讲，底层视觉问题可以表述为如下数学模型：

$$y = \mathcal{G}(x, A) + n \tag{1-1}$$

其中，y 表示观测到的退化图像，x 表示待求解的原始图像，n 表示环境噪声，$\mathcal{G}(\cdot)$ 表示不可逆的退化算子。在不同的底层视觉任务中，A 代表不同的退化模型，如图像去模糊任务中，A 表示造成模糊的模糊核；图像超分辨率重建任务中，A 表示降采样矩阵；图像去雾任务中，A 表示雾图。在实际计算过程中，由于没有足够充分的限制来保证图像重构结果的唯一性，估计原始未退化的图像一直是一个典型的逆问题。针对该问题，最常用的解决办法是利用图像先验信息进行优化建模，也就是加入正则项来约束解的空间，将逆问题转换为一个适定问题。因此，针对底层视觉任务退化模型，可通过下式求解：

$$\arg\min_{x} \|y - \mathcal{G}(x, A)\|_2^2 + \lambda \varphi(x) \tag{1-2}$$

其中，$\|y - \mathcal{G}(x, A)\|_2^2$ 为数据保真项，保证求解图像与原始图像主要特征保持相似。$\varphi(x)$ 为正则项，用于约束解的特性。λ 为正则化参数，用于平衡数据保真项与正则项。借助

不同的自然图像先验知识，可以估计不同的原始图像。因此，如何设计有效的正则化约束来描述图像的先验信息是底层视觉任务的最核心问题。

在早期的工作中，全变差类型的正则项被广泛应用于各种底层视觉任务。这一类方法利用变分法的思想，将图像理解为某个函数空间中的函数并根据函数空间性质来设计能量泛函，最后则通过最小化能量泛函来求解最优解。在这一类方法中，基于有界变差函数空间的一阶全变分模型[1]是最简单的变分模型之一。在图像降噪任务中，经典的变分降噪方法将图像梯度的 L1 范数作为正则项衡量图像平滑性，允许图像中出现尖锐的不连续点，可以在保留图像边缘信息的同时很好地去除图像中的噪声。随后，变分正则项被扩展为多种形式，以期实现更好的降噪效果。如二阶变分降噪模型[2]可以缓解一阶降噪模型的"阶梯效应"，混合变分模型[3]能够平衡一阶变分正则与二阶变分正则的参数，在平滑噪声时抑制"阶梯效应"并保留图像边缘信息，各向异性变分正则项[4]能够同时保持图像水平和垂直方向上的边缘，加权各向异性正则项[5]能够进一步度量图像对角线方向上的像素强度连续性，取得了更高质量的重建图像。

近些年，基于稀疏先验[6-13]的底层视觉方法取得了巨大的成功。由于自然界中的图像、视频等绝大多数数据是稀疏的，系统可以通过数据的自然稀疏性构建图像先验表示模型，因此，稀疏先验作为图像先验正则很好地应用于底层视觉任务。这一类方法的核心思想是图像可以通过一种简洁稀疏的方式来表示，即图像块可以由字典中稀疏选择的几个原子的线性组合逼近表示，从而使学习任务简化、模型复杂度降低。因此，字典在基于稀疏表示的方法中起着重要的作用。早期的方法常采用一些分析字典[14]，如离散余弦变换（discrete cosine transform, DCT）字典、小波（wavelet）字典、曲波（curvelet）字典、伽柏（Gabor）字典等。这些字典均为现成字典，大部分信号均能寻找到它的稀疏表示，具有高执行效率等优点。然而，这些字典的结构是固定不变的，该表示的精确性取决于解析函数与目标信号的匹配程度，因此不能很好地匹配复杂的图像结构。为了解决这个问题，研究人员开始借助机器学习的思想，利用样本数据和学习算法从自然图像中学习字典，其中经典的字典学习算法有奇异值分解算法（singular value decomposition, SVD）[6]、最优方向法（method of optimal directions, MOD）[15]、学习同步稀疏编码（learned simultaneous sparse coding, LSSC）[11]等。与传统的现成字典相比，这些字典具有模型灵活、自适应性高等优点，能够很好地刻画图像信号的特征，被广泛应用于底层视觉领域。

在过去的几年中，基于张量低秩极小化先验的方法在底层视觉领域同样取得了前沿进展。对于自然图像来说，稀疏表示模型将一个图像块拉伸成一个向量，当一组相似图像块形成一个相似块矩阵时，行之间是线性相关的。因此，相似块矩阵具有明显的低秩结构，而当图像遭受到破坏时，图像的低秩特性就会受到破坏，因此低秩正则化约束可以被用于估计缺失的向量，适用于底层视觉恢复任务。低秩矩阵理论的研究具体可分为两大方向：鲁棒主成分分析（Robust PCA，RPCA）[16-18]和矩阵补全[19-20]。其中鲁棒主成分分析通过对数据施加低秩和稀疏性约束来恢复真实数据中隐藏的低秩结构，可以从较大且稀疏噪声污染的观测数据中恢复原始数据。矩阵补全旨在利用矩阵的低秩特性通过部分被观测到的数据恢复原始矩阵。然而最小化一个矩阵的秩是一个不适定问题，因此现有方法多采用核范数作为秩函数的凸近似进行秩极小化，如张量秩函数的凸松弛[21]，通过张量在不同方向上展开成矩阵的核范数之和来近似张量的秩。此外，研究者也尝试研究非凸的替代函数，如对数行列式函数等。相比于凸近似，非凸的方法由于更接近于矩阵的秩函数，可以取得更好的恢复效果。

1.2 基于数学模型的底层视觉方法

1.2.1 全变分模型

1. 全变分模型介绍

全变分（total varivation，TV）模型是一个利用梯度下降法对图像进行平滑的各向异性模型。所谓图像平滑，就是减小图像中相邻像素的差值，全变分模型对图像的平滑主要集中在图像内部，而对图像的边缘则尽可能不进行平滑。在图像处理中，全变分模型通常被用作正则化项来恢复图像的不连续性，是最有效的基于偏微分方程的图像去噪算法之一。

全变分表示一幅图像的平滑程度，其定义为：

$$\mathrm{TV}(u) = \iint |\nabla u| \mathrm{d}x\mathrm{d}y = \iint \sqrt{u_x^2 + u_y^2}\mathrm{d}x\mathrm{d}y \tag{1-3}$$

其中，∇ 表示矢量微分算子。图像的全变分越小表示图像的平滑度越高，如果图像的全变分为 0，则表示图像像素不存在起伏，即图像中的所有像素点值都相同。由于图像的采集过程中通常会受到外界环境的干扰导致图像被噪声污染。随机噪声的引入增大了图像中像素强度变化，从而使图像的全变分变大。一般来说，原始无噪声图像相对于噪声污染图像更为平滑，全变分更小，因此可以将图像降噪问题转化为一个最优化问题，即在相关性约束条件下求全变分的极小值。具体来说，全变分模型的目的是将干净的无噪声图像从噪声图像中复原出来，通过建立噪声模型，利用梯度下降算法不断迭代，最终令恢复的图像无限接近于理想无噪声图像。

传统的图像去噪方法通常都基于线性系统的假设，利用反卷积操作来复原无噪声图像。这类方法通常以 L2 范数的梯度来作为图像平滑性的度量，导致去噪后的图像边缘信息也会出现平滑，这与图像中存在突变的固有特征相斥。为解决这一问题，学者们开始考虑能否利用 L1 范数的梯度来作为图像平滑性的度量。这一想法首先由 Rudin 和 Osher 等人[1]在 1992 年提出，并基于此想法开创了一种新的图像去噪方法——全变分去噪方法。全变分去噪方法允许尖锐的不连续点在图像中出现，从而使图像的边缘轮廓这一重要特征在去噪过程中得以保留，在一定程度上解决了传统图像去噪方法所面临的问题。

2. 全变分模型的求解和有效性验证

假设 Ω 表示有界区域，灰度图像定义为有界区域内的二维函数 $f(x,y)$，函数值表示图像在点 x,y 处的强度。使用加性噪声来建模图像采集时的退化过程：

$$f(x,y) = u(x,y) + n(x,y) \tag{1-4}$$

其中，$f(x,y)$ 表示采集图像，$u(x,y)$ 表示理想无噪声图像，$n(x,y)$ 表示高斯噪声。全变分去噪模型描述如下：

$$\min_{u \in \mathrm{BV}(\Omega)} J(u) = \int_{\Omega} |\boldsymbol{\nabla} u| \mathrm{d}x\mathrm{d}y + \frac{\lambda}{2} \int_{\Omega} (u-f)^2 \mathrm{d}x\mathrm{d}y \tag{1-5}$$

其中，$\mathrm{BV}(\Omega)$ 表示有界变分空间[22]；$\int_{\Omega} |\boldsymbol{\nabla} u| \mathrm{d}x\mathrm{d}y$ 称为正则项，该项在模型中的作用是使图像变得平滑，当其足够小时可以保证图像 u 足够光滑；$\frac{\lambda}{2}\int_{\Omega}(u-f)^2\mathrm{d}x\mathrm{d}y$ 称为保真项，该项在模型中的作用是减少图像的失真，其通过保留原始图像的特征来保证图像 u 与原始图像 f 足够接近；$\lambda > 0$ 是平衡正则项与保真项的参数。

可以证明全变分模型的解存在唯一性[23-25]，其求解过程主要可以分为以下 5 步。

（1）定义全变分

$$\mathrm{TV}(u) = \int_{\Omega} |\boldsymbol{\nabla} u| \mathrm{d}\Omega \tag{1-6}$$

（2）建立能量泛函

$$\min J(u) = \int_{\Omega} |\boldsymbol{\nabla} u| \mathrm{d}x\mathrm{d}y + \frac{\lambda}{2} \int_{\Omega} (u-f)^2 \mathrm{d}x\mathrm{d}y \tag{1-7}$$

（3）通过变分方法求解欧拉–拉格朗日（Euler-Lagrange）方程

$$0 = \lambda(u - u_0) - \frac{\partial}{\partial x}\left[u_x\left(u_x^2 + u_y^2\right)^{-\frac{1}{2}}\right] - \frac{\partial}{\partial y}\left[u_y\left(u_x^2 + u_y^2\right)^{-\frac{1}{2}}\right]$$
$$= \lambda(u - u_0) - \left(u_{xx}u_y^2 - 2u_xu_xu_{xy} + u_{yy}u_x^2\right)\left(u_x^2 + u_y^2\right)^{-\frac{3}{2}} \tag{1-8}$$

即：

$$-\boldsymbol{\nabla} \cdot \left(\frac{\boldsymbol{\nabla} u}{|\boldsymbol{\nabla} u|}\right) + \lambda(u - u_0) = 0 \tag{1-9}$$

（4）利用梯度下降法求解

$$\frac{\partial u}{\partial t} = -\left[-\boldsymbol{\nabla} \cdot \left(\frac{\boldsymbol{\nabla} u}{|\boldsymbol{\nabla} u|}\right) + \lambda(u - u_0)\right] \tag{1-10}$$

（5）通过有限差分方法求近似解

$$u_{i,j}^{n+1} = u_{i,j}^n - \Delta t \lambda^n \left(u_{i,j}^n - u_0(i,j)\right) + \Delta t \left(\boldsymbol{\nabla} \cdot \left(\frac{\boldsymbol{\nabla} u_{i,j}^n}{|\boldsymbol{\nabla} u_{i,j}^n|}\right)\right) \tag{1-11}$$

下面对全变分模型在去除噪声时能否保留图像边缘来进行有效性验证。首先考虑一维的情况，此时图像的全变分定义为：

$$\text{TV}(u) = \int_a^b |u_x| \, \text{d}x \tag{1-12}$$

从上式可以发现全变分 $\text{TV}(u)$ 满足：若函数 u 在区间 $[a,b]$ 内是单调的，则无论函数 u 有怎样的形式变化，下式始终成立：

$$\text{TV}(u) = |u(a) - u(b)| = |\alpha - \beta| \tag{1-13}$$

因此在区间 $[a,b]$ 上，无论函数 u 如何波动，只要 α 和 β 的值固定，全变分 $\text{TV}(u)$ 的值就保持不变。由此可以证明，在一维情况下，图像边缘的跳变可以得到保留，此时全变分模型在去除噪声时能够有效保留图像的边缘信息。

接着考虑二维或更高维的情况，此时图像的全变分定义为：

$$\text{TV}(u) = \int_\Omega |\boldsymbol{\nabla} u| \, \text{d}\Omega \tag{1-14}$$

全变分的偏微分方程表示为：

$$\frac{\partial u}{\partial t} = \text{div}\left(\frac{\boldsymbol{\nabla} u}{|\boldsymbol{\nabla} u|}\right) \tag{1-15}$$

对式 (1-15) 右侧进行离散化可以得到：

$$\text{div}\left(\frac{\nabla u}{|\nabla u|}\right)_{ij} \approx C_{i+1/2,j}\left(u_{i+1,j} - u_{ij}\right) - C_{i-1/2,j}\left(u_{ij} - u_{i-1,j}\right) \\ + C_{i,j+1/2}\left(u_{i,j+1} - u_{ij}\right) - C_{i,j-1/2}\left(u_{ij} - u_{i,j-1}\right) \tag{1-16}$$

其中：

$$C_{i\pm1/2,j} = \left[(u_{i\pm1,j} - u_{ij})^2 + \frac{(u_{i\pm1,j+1} - u_{i\pm1,j-1})^2 + (u_{i,j+1} - u_{i,j-1})^2}{8}\right]^{-1/2}$$

$$C_{i,j\pm1/2} = \left[(u_{i,j\pm1} - u_{ij})^2 + \frac{(u_{i+1,j\pm1} - u_{i-1,j\pm1})^2 + (u_{i+1,j} - u_{i-1,j})^2}{8}\right]^{-1/2} \tag{1-17}$$

从式 (1-17) 可以看出在 $u_{i,j}$ 的更新过程中，(i,j) 的四个邻点都分别贡献了不同的权重。假设图像 u 的灰度值从第 j 列到第 $j+1$ 列有跳跃，即图像中存在一个纵向边缘，此时 $C_{i,j+1/2}$ 将充分小，从而使得 $u_{i,j+1}^n$ 项几乎不参与 $u_{i,j}^n$ 的更新，这说明在图像的边缘区域，全变分模型的扩散系数较小，因此图像的边缘信息可以在去噪过程中得到保留，由此证明了在高维情况下，全变分模型也能够有效保留图像的边缘信息。

3. 全变分模型的去噪效果

给定原始无噪声图像并对其添加高斯噪声，全变分模型的去噪效果如图 1-1 所示。

虽然与传统的图像滤波算法相比，全变分模型有着更好的降噪效果，但是它也存在一些缺点。全变分模型可能会将噪声视为图像边缘，从而导致图像"阶梯效应"的产生，即图像处理后某些区域内灰度相同，纹理等细节特征出现丢失。因此，为了改善原始全变分模型的缺点，研究人员提出了大量的改进算法，这些方法主要可以分为优化数值求解算法和改进模型两个方面。其中，优化算法方面，文献 [24, 26-32] 等提出了各种优化方案；改进模型方面，文献 [25, 33-39] 等也提出了各自的改进模型。本讲对全变分模型的改进算法不再进行详细的介绍，如感兴趣可以自行查阅相关文献进行了解。

1.2.2 稀疏和低秩模型

1. 基于稀疏表示方法

"稀疏性"这一概念产生于信号处理领域，由于自然界中的信号以低频居多，高频信号大部分都是噪声，因此对于一张含噪声的图像，倘若将其包含的所有频率分量都看成是一个个向量，那么图像去噪任务就可看成是对这些向量找到合适的一组系数并进行加权求和，从而得到理想的复原图像。在该过程中，由于噪声占据了图像中大部分的高频向量，因此图像高频向量所对应的系数大部分都为 0。此外，低频分量中也有一部分的系数为 0。所以该系数向量就呈现出稀疏性的状态，即包含很多 0 元素。因此稀疏表示可定义为用较少的基本信号的线性组合来表示大部分或者全部的原始信号。

图 1-1　全变分模型去噪效果图

近些年，基于图像块先验的方法在众多图像处理任务中都得到了广泛的应用[7-8,14]。尤其是基于块稀疏表示模型，被广泛应用于图像复原等各项任务中[9-13]，其中最具代表性的工作就是 K-SVD（K-means singular value decomposition）字典学习方法[6-8,14]，该方法通过是构建字典来对数据进行稀疏表示，其不仅获得了良好的图像去噪性能，而且在众多图像处理及计算机视觉等任务[40-46]上取得了巨大的成功。

本小节对 K-SVD 相关方法进行讨论。目的是构造一个过完备（样本数大于样本维度）的字典矩阵，并选择最稀疏的系数使其对原始样本进行稀疏表示，以还原原始样本。该过程可表示为：

$$Y \approx DX \tag{1-18}$$

其中，$Y \in \mathbb{R}^{M \times N}$（$M$ 表示样本数，N 表示样本维度）表示原始样本；$D \in \mathbb{R}^{M \times K}$ 表

示字典矩阵，其列向量定义为原子（表示为 d_k，维度为 K）；$X \in \mathbb{R}^{K \times N}$ 表示系数矩阵。具体来说，字典学习的过程能够表示为下式中的优化问题：

$$\min_{D,X} \|Y - DX\|_F^2, \text{ s.t. } \forall i, \|x_i\|_0 \leqslant T_0 \tag{1-19}$$

其中，字典矩阵 D 包含 K 个原子，$x_i(i=1,2,3,\cdots,K)$ 表示系数矩阵 X 的行向量，对应字典矩阵中不同基向量的系数。于是，我们的任务就可以转化为最小化字典与原始样本之间的误差。由式 (1-19) 可知该优化过程的限制条件为 $\|x_i\|_0 \leqslant T_0$，即表示系数矩阵 X 要尽可能地稀疏。

可以将式（1-19）中带约束的优化问题通过拉格朗日乘子法转化为无约束的优化问题：

$$\min_{D,X}(\|Y - DX\|_F^2 + \lambda \|x_i\|_1) \tag{1-20}$$

为了求解方便，通常会将 $\|x_i\|_0$ 用 $\|x_i\|_1$ 进行替代。式 (1-20) 中存在两个优化变量：字典矩阵 D 和系数矩阵 X。在对其进行优化时需要先固定其中一个变量同时去更新另外一个变量，对其交替进行求解直到函数收敛为止。其中，在字典矩阵 D 固定时，可以通过 Lasso(least absolute shrinkage and selection operator)，OMP(orthogonal matching pursuit) 等方法对系数矩阵 X 进行更新；而在 X 固定时，需要对字典矩阵 D 进行逐列更新。具体来说，对于字典的第 k 列 d_k，假设系数矩阵 X 的第 k 行向量为 x_T^k，此时有：

$$\begin{aligned} \|Y - DX\|_F^2 &= \left\|Y - \sum_{j=1}^{K} d_j x_T^j\right\|_F^2 \\ &= \left\|\left(Y - \sum_{j \neq k} d_j x_T^j\right) - d_k x_T^k\right\|_F^2 \\ &= \left\|E_k - d_k x_T^k\right\|_F^2 \end{aligned} \tag{1-21}$$

其中，$E_k = Y - \sum_{j \neq k} d_j x_T^j$ 表示误差矩阵。此时可以将该优化问题简化为：

$$\min_{d_k, x_T^k} \|E_k - d_k x_T^k\|_F^2 \tag{1-22}$$

对式（1-22）利用 SVD 进行求解即可得到最优的 $d_j x_T^j$。需要注意的是，为了保证求解出的 x_T^k 的稀疏性，不能直接用 E_k 的 SVD 分解结果进行更新（这会导致 x_T^k 不稀疏），而是需要对 E_k 和 x_T^k 进行变换：即对于 x_T^k 只保留非零项；对于 E_k 只保留 x_T^k 非零项的对应乘积项，从而得到新的 E_k'。此时对 E_k' 进行 SVD 分解可得：

$$E_k' = U\Sigma V^\top \tag{1-23}$$

其中，Σ 矩阵中的奇异值是从大到小排列的。取最大的奇异值对应的向量作为最优的 $d_j x_T^j$，即取矩阵 U 的第一列作为 d_k 的更新结果，同时取矩阵 V 的第一行与第一个奇异值的乘积来更新 x_T^k。此时，我们就完成了对 $d_j x_T^j$ 的求解，实现了对字典矩阵 D 的更新。图 1-2 展示了将字典学习应用于图像去噪的实际效果。

原始图像

噪声图像

去噪图像

图 1-2　基于字典学习的去噪图像可视化

2. 基于低秩模型表示方法

低秩表示是稀疏表示的一种特殊的约束形式，其在一些场景中有着稀疏表示方法所不具备的优势。近年来，基于低秩表示的方法同样广泛应用于图像处理领域，例如图像纠正[47]、图像去噪[48-51]、图像去模糊[52-54] 和图像修补[55-56] 等。在图像去噪任务中，基于低秩表示的方法认为一张自然清晰的图像一般是低秩或者近似低秩的，而退化图像通常是由一组低维数据加上噪声形成的，如图 1-3 所示。因此可以用低秩矩阵来逼近图像退化前的数据，从而实现图像去噪任务。

噪声图像　　　　低秩图像　　　　噪声

图 1-3　低秩矩阵与噪声矩阵

矩阵的低秩性指矩阵的秩相对矩阵的行数或列数而言很小。对于一个矩阵来说，当其基的数量越少时，其所对应的线性无关向量的数量也就越少，即秩越小。如果将一张图像看成一个矩阵，当其中线性无关向量的数量远远小于矩阵大小时，图像就是低秩的。此时因为图像矩阵的每行或者每列都可以用其他的行或列线性表示，所以其中包含了大量的冗余信息，因此可以通过将冗余信息去除的方式来去除图像中的噪声，从而完成对图像的去噪过程。

基于低秩矩阵估计的方法（low-rank matrix approximation，LRMA）[16-20,57-59]在底层视觉任务中取得了巨大的成功。为了利用图像的低秩性来进行图像恢复，首先需要构建出融合了低秩矩阵先验的模型，然后再对该模型进行求解得到低秩的矩阵。Candes等人[19-20]认为，当矩阵的奇异值以及采样数目满足一定的条件时，被稀疏噪声污染的低秩矩阵可以通过求解以下凸优化问题来进行恢复：

$$\min_{\boldsymbol{X},\boldsymbol{S}} \|\boldsymbol{X}\|_* + \lambda\|\boldsymbol{S}\|_1 \text{ s.t. } \boldsymbol{X} + \boldsymbol{S} = \boldsymbol{Y} \tag{1-24}$$

其中，$\boldsymbol{X}$表示低秩矩阵；$\boldsymbol{S}$表示稀疏噪声，其包含少量非零元素，且这些非零元素的数值可能较大；$\|\boldsymbol{X}\|_* = \sum_i \sigma_i(\boldsymbol{X})$为核函数，$\sigma_i(\boldsymbol{X})$为$\boldsymbol{X}$的第$i$个奇异值，该凸优化问题也被称为主成分追踪（principal component pursuit，PCP）。而在图像去噪任务中，人们通常将图像中相似的图像块组成的矩阵或者整张图像当作一个低秩矩阵，因此低秩矩阵的去噪也就成为图像去噪的核心问题。

假设一张图像被高斯噪声污染，那么此时矩阵的去噪问题可以表示为：

$$\hat{\boldsymbol{X}} = \arg\min_{\boldsymbol{X}} \frac{1}{2}\|\boldsymbol{Y} - \boldsymbol{X}\|_F^2 + \lambda\,\text{rank}(\boldsymbol{X}) \tag{1-25}$$

其中，$\text{rank}(\boldsymbol{X})$表示对目标函数添加的秩约束。对噪声矩阵进行奇异值分解可得：

$$\boldsymbol{Y} = \boldsymbol{U}\boldsymbol{\Sigma}\boldsymbol{V}^\top \tag{1-26}$$

对式(1-26)求解可得：

$$\hat{\boldsymbol{X}} = \boldsymbol{U}h_{\sqrt{2\lambda}}(\boldsymbol{\Sigma})\boldsymbol{V}^\top \tag{1-27}$$

其中，$h_{\sqrt{2\lambda}}$表示阈值为$\sqrt{2\lambda}$的硬阈值化函数，该函数可表示为：

$$[h_\tau(\Sigma)]_{ii} = \begin{cases} \Sigma_{ii}, & \Sigma_{ii} \geqslant \tau \text{ 或 } \Sigma_{ii} \leqslant -\tau \\ 0, & \text{其他} \end{cases} \tag{1-28}$$

由于该硬阈值化函数存在过于极端的缺点，其要么完全不变，要么完全舍弃。因此研究人员针对该问题提出了新的基于软阈值化的处理奇异值的方法。该方法使用核范数作为正则化项，其目标函数可以表示为：

$$\hat{\boldsymbol{X}} = \arg\min_{\boldsymbol{Y}} \frac{1}{2}\|\boldsymbol{Y} - \boldsymbol{X}\|_{\mathrm{F}}^2 + \lambda\|\boldsymbol{X}\|_* \tag{1-29}$$

与之前的目标函数式（1-25）相比，该方法只是对正则化项进行了修改。此时该问题也被称为核范数最小化问题（nuclear norm minimization，NNM）。同样对噪声矩阵进行奇异值分解并进行求解，可得解为：

$$\hat{\boldsymbol{X}} = \boldsymbol{U} g_\lambda(\boldsymbol{\Sigma}) \boldsymbol{V}^\mathrm{T} \tag{1-30}$$

其中，$g_\lambda()$ 表示阈值为 λ 的软阈值化函数，该函数表示为：

$$[g_\lambda(\Sigma)]_{ij} = \begin{cases} \Sigma_{ij} - \lambda, & \Sigma_{ij} > \lambda \\ \Sigma_{ij} + \lambda, & \Sigma_{ij} < -\lambda \\ 0, & \text{其他} \end{cases} \tag{1-31}$$

其中，λ 为函数引入的一个超参数。由于该正则化函数对所有的奇异值都衰减同样的量，因此可以看到噪声的去除与 λ 息息相关：若 λ 较小，则噪声可能无法完全去除；若 λ 较大，则存在主成分损失过大的风险。

针对上述问题，Gu 等人[50]提出使用加权核范数作为正则化项，从而实现对于不同的奇异值采用不同的惩罚大小。此时优化函数可以表示为：

$$\hat{\boldsymbol{X}} = \arg\min_{\boldsymbol{Y}} \frac{1}{2}\|\boldsymbol{Y} - \boldsymbol{X}\|_{\mathrm{F}}^2 + \lambda\|\boldsymbol{X}\|_{w,*} \tag{1-32}$$

式（1-32）中 $\|\boldsymbol{X}\|_{w,*} = \sum_i w_i \sigma_i(\boldsymbol{X})$，其中，权重 w 可以根据奇异值的大小进行调整：大的奇异值使用小权重，使其在目标函数中惩罚小一点；小的奇异值使用大权重，使其在目标函数中惩罚大一点（因为这些成分被噪声污染更严重）。可以发现，当权重设置为奇异值的倒数时，就得到 $\|\boldsymbol{X}\|_{w,*} = \mathrm{rank}(\boldsymbol{X})$，因此秩函数可以看作是加权核范数的一个特例。

由于在稀疏表达中，使用 L_p 范数作为正则化项通常比使用 L_1 范数能够取得更稀疏的结果，因此文献[60]提出使用加权 L_p 范数代替 L_1 范数作为正则化项，此时优化函数可以表示为：

$$\hat{\boldsymbol{X}} = \arg\min_{\boldsymbol{Y}} \frac{1}{2}\|\boldsymbol{Y} - \boldsymbol{X}\|_{\mathrm{F}}^2 + \lambda\|\boldsymbol{X}\|_{w,p}^p \tag{1-33}$$

式 (1-33) 中 $\|\boldsymbol{X}\|_{w,p} = (\sum_i w_i \sigma_i(\boldsymbol{X})^p)^{\frac{1}{p}}$。经过上述优化函数的演变，不难看出低秩表达的发展趋势就是在优化函数中使用非凸非平滑的函数来取代凸函数[61-62]。图 1-4 展示了基于低秩恢复模型的图像去噪效果。

原始图像　　　　　　噪声图像　　　　　　去噪图像

图 1-4　基于低秩恢复模型的图像去噪效果

1.2.3　小结

针对底层视觉任务，本节介绍了三种不同的基于数学模型的底层视觉方法，分别为基于全变分模型的底层视觉方法、基于稀疏先验的底层视觉方法和基于低秩模型的底层视觉方法。具体地讲，在 1.2.1 小节中，首先介绍了全变分模型的基本概念，即全变分模型是一个利用梯度下降法对图像进行平滑的各向异性模型。随后，构建了基于全变分正则项的图像去噪模型，并对全变分模型的解的唯一性进行了证明阐述。此外，有效性验证证明了全变分模型能够有效保留图像边缘信息，基于全变分模型的去噪结果展示也证明了这一结论。在 1.2.2 小节中，首先描述了图像稀疏性这一概念，并对图像去噪过程的稀疏性原理进行了解释说明。其次详细介绍了经典的 K-SVD 字典学习方法的理论推导过程，基于字典学习的图像复原结果也被清晰展示。然后介绍了矩阵低秩的概念，并解释了如何通过矩阵低秩实现图像复原过程，之后着重介绍了如何通过求解凸优化问题恢复被噪声污染的低秩矩阵，最后对基于低秩模型的图像复原效果进行了展示。

1.3　基于深度学习的底层视觉方法

深度学习为解决底层视觉问题提供了一种有效的方法。当前，基于深度学习的方法成为解决底层视觉问题的主流方法。本节通过底层视觉中的图像去噪、图像超分辨率和图像去模糊来简述当前的典型方法。

1.3.1 图像去噪

图像去噪的目标是从有噪声的图像中把相应的清晰图像复原出来。现在有噪声建模方法往往基于特定的噪声类型，如高斯噪声、椒盐噪声等，基于这些特定噪声类型的方法泛化性较差。此外，尽管基于 VGG 模型设计的方法取得了较好的效果，但是这类方法无法有效地恢复细节特征，单纯的加深网络结构并不能有效地解决这一问题。围绕这一问题，本小节介绍两种经典的图像去噪算法：基于残差学习的图像去噪网络 (DnCNN[63]) 和 UNet 网络结构[64] 的方法 (NAFNet[65])。

1. 基于残差学习的图像去噪网络

受到残差网络[66] 的启发，Zhang 等人[63] 改进了传统基于 VGG 结构的端到端网络，提出了一种有效的图像去噪网络 (DnCNN)。该方法通过采用残差学习的策略以及采用 Batch Normalization 的方式来提升图像去噪的效果。DnCNN 的网络结构如图 1-5所示。

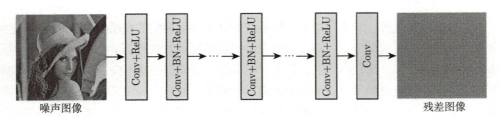

图 1-5 DnCNN 网络结构图

DnCNN 模型的第一层包含卷积层和非线性激活函数 ReLU，中间的每层包含一个卷积操作、Batch Normalization 操作和非线性激活函数 ReLU，最后一层为一个卷积操作。通过将卷积和 ReLU 结合，DnCNN 可以通过隐藏层逐渐将图像结构与在噪声观察分开。此外，该方法在卷积之前直接用零填充的方法，从而缓解边界伪影的问题，以确保中间层的每个特征图具有与输入图像相同的大小。与传统 VGG 网络模型不同，DnCNN 模型的输出结果为残差图像。最后的图像去噪结果通过网络的输入和网络的输出组合得到。DnCNN 模型是以端到端的方式进行训练，在训练过程中采用了均方误差损失函数：

$$\mathcal{L}(\Theta) = \|\mathcal{F}(Y;\Theta) - (Y - X)\|_2^2 \tag{1-34}$$

其中，Y 表示输入噪声图像，X 表示清晰图像，$\mathcal{F}(\cdot;\Theta)$ 表示参数为 Θ 的网络模型。

DnCNN 方法可以有效地解决噪声类型已知或者未知的图像去噪问题，同时也可以有效地扩展到其他图像复原与增强问题，如图像超分辨率等。

2. 基于 UNet 网络结构的方法

基于 UNet 网络的方法在解决底层视觉问题中取得了显著的效果。然而现有的方法模型系统复杂度高，计算代价大。针对这一问题，Chen 等人[65]基于 UNet 网络，通过大量的消融实验分析了现有的常用模块对于图像复原问题的作用，提出了一种更为简单的 UNet 网络结构 (NAFNet)，并具有较低的计算成本。如图 1-6 所示，NAFNet 具有较为简洁的结构。

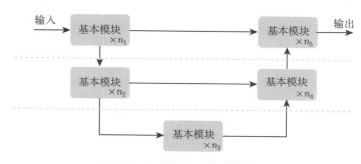

图 1-6　NAFNet 网络结构图

为了提升 NAFNet 在图像复原问题上的效果，该方法以门控线性单元 (gated linear units) 为基础，详细地分析了高斯误差线性单元 (Gaussian error linear units, GELU) 和通道注意力机制 (channel attention) 在图像复原过程中的作用，分别提出了 SimpleGate 和 Simplified Channel Attention (SCA) 单元。

SimpleGate 单元： 传统的门控线性单元往往通过以下方式得到：

$$\text{Gate}(\boldsymbol{X}, f, g, \sigma) = f(\boldsymbol{X}) \odot \sigma(g(\boldsymbol{X})) \tag{1-35}$$

其中，$\boldsymbol{X}$ 表示深度卷积网络得到的特征；f 和 g 表示线性变换；σ 表示非线性激活函数（如 Sigmoid 函数等）；$\odot$ 表示点乘积操作。将 GLU 添加到基线可能会提高性能，但块内复杂度也在增加。为了解决这个问题将 GELU 改写为以下形式：

$$\text{GELU}(x) = x\Phi(x) \tag{1-36}$$

其中，Φ 为标准正态分布的累积分布函数，GELU 可近似实现为：

$$0.5x\left(1 + \tanh\left[\sqrt{2/\pi}\left(x + 0.044715x^3\right)\right]\right) \tag{1-37}$$

根据式 (1-37)，可以看出 GELU 是 GLU 的一个特例。通过相似性，GLU 可以看作是激活函数的一种推广，它可以代替非线性激活函数。并且，Chen 等人[65]发现 GLU 本身包含非线性且不依赖于 σ，即使将门控线性单元中的非线性激活函数 σ 去掉，即 $\text{Gate}(\boldsymbol{X}) = f(\boldsymbol{X}) \odot g(\boldsymbol{X})$，也会带来性能的提升。在此基础上，NAFNet 提出了一种简单的 GLU 变体。通过在通道维度上直接将特征图分成两部分并相乘，如图 1-7所示，称为 SimpleGate 单元，其表示为：

$$\text{SimpleGate}(\boldsymbol{X}, \boldsymbol{Y}) = \boldsymbol{X} \odot \boldsymbol{Y} \tag{1-38}$$

其中，$\boldsymbol{X}$ 与 $\boldsymbol{Y}$ 是相同大小的特征图。与式 (1-35)相比，SimpleGate 更加简单，并且在图像去噪数据集 SIDD[67]的实验结果说明，采用 SimpleGate 可以有效地提升图像去噪结果的质量。

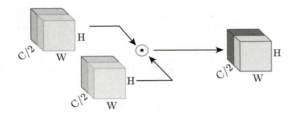

图 1-7　NAFNet 中 SimpleGate 单元模块结构图

SAC 单元： 传统的通道注意力机制能够捕获全局信息，并且计算效率很高。其首先将空间信息挤压到通道中，然后对其进行多层感知，计算通道注意力，用于对特征图进行加权。它可以通过如下的方式来实现：

$$\text{CA}(\boldsymbol{X}) = \boldsymbol{X} * \sigma(\boldsymbol{W}_2 \mathcal{R}(\boldsymbol{W}_1 \text{GAP}(\boldsymbol{X}))) \tag{1-39}$$

其中，$\boldsymbol{X}$ 表示特征图，$\boldsymbol{W}_1$ 和 $\boldsymbol{W}_2$ 表示全连接操作；GAP 表示全局平均池化操作；$*$ 表示按特征通道的乘积操作；$\mathcal{R}(\cdot)$ 表示 ReLU 函数。如果将通道注意计算视为输入 $\boldsymbol{X}$ 的函数，记为 Ψ，上式可以重写为：

$$\text{CA}(\boldsymbol{X}) = \boldsymbol{X} * \Psi(\boldsymbol{X}) \tag{1-40}$$

式 (1-40) 与 GLU 表达形式也是类似的，因此可以类似于 GLU 的方式将 CA 看作式 GLU 的一个特例进行化简。通过保留通道注意力最重要的两个作用，即聚合全局信息和通道信息交互，NAFNet 提出简化通道注意力：

$$\text{SCA}(\boldsymbol{X}) = \boldsymbol{X} * \boldsymbol{W} \text{GAP}(\boldsymbol{X}) \tag{1-41}$$

式 (1-41) 在图像去噪数据集 SIDD 和去模糊数据集 GoPro 上取得了与采用式 (1-39) 相当甚至更好的结果。基于上述 SimpleGate 单元和 SAC 单元，NAFNet 的基本模块如图 1-8 所示。最后 NAFNet 方法将该基本模块嵌入到图 1-6 中的网络来解决相应的图像复原问题。

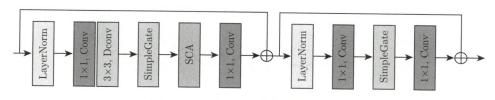

图 1-8　NAFNet 基本模块结构图

NAFNet 在图像去噪和去模糊任务上取得了优异的效果，并且获得了 NTIRE 2022 超分辨率冠军。

1.3.2　图像超分辨率

图像超分辨率是一个经典的图像复原问题，其目标是从给定的低分辨率的图像中估计出高分辨率的图像。当前深度学习成为解决图像超分辨率的主流方法。本小节主要根据网络模型设计，介绍基于 VGG 模型、残差学习模型和注意力机制模型的三个代表性的方法。

1.3.3　基于 VGG 模型的图像超分辨率方法

SRCNN[68] 是一个基于 VGG 网络结构模型设计的图像超分辨率网络，该方法参照基于稀疏字典学习的图像超分辨建模过程，以输入数据的 Bicubic 上采样结果作为输入，经过深度为三层的卷积神经网络直接得到最终的超分辨率结果。其网络预测过程可以通过如下方式得到：

$$F_1(\boldsymbol{Y}) = \max(0, \boldsymbol{W}_1 \otimes \boldsymbol{Y} + \boldsymbol{b}_1) \tag{1-42}$$

$$F_2(\boldsymbol{Y}) = \max(0, \boldsymbol{W}_2 \otimes F_1(\boldsymbol{Y}) + \boldsymbol{b}_2) \tag{1-43}$$

$$F_3(\boldsymbol{Y}) = \boldsymbol{W}_3 \otimes F_2(\boldsymbol{Y}) + \boldsymbol{b}_3 \tag{1-44}$$

其中，$\boldsymbol{W}_l$ 和 $\boldsymbol{b}_l$ 分别表示第 l 层的滤波器和偏置项；$\boldsymbol{Y}$ 表示输入的低分辨率图像上采样的结果；$\otimes$ 表示卷积操作。图 1-9 给出了 SRCNN 的网络结构图。

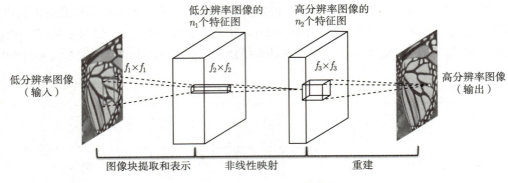

图 1-9 SRCNN 网络结构图

为了得到参数 $\boldsymbol{W}_l$ 和 $\boldsymbol{b}_l$，SRCNN 方法采用了均方误差作为损失函数：

$$\mathcal{L}(\Theta) = \|\mathcal{F}(\boldsymbol{Y};\Theta) - \boldsymbol{X}\|_2^2 \tag{1-45}$$

其中，$\boldsymbol{X}$ 表示真实的高分辨率图像，$\boldsymbol{Y}$ 表示经过 Bicubic 上采样后的低质图像，$\mathcal{F}(\cdot;\Theta)$ 表示参数为 Θ 的网络模型。

SRCNN 图像超分辨率方法克服了以往基于先验建模方法求解和建模复杂的问题，极大地推动了基于深度卷积神经网络的图像超分辨率方法的研究。另一方面，由于其只使用了三层卷积层，算法模型的表达能力有限。针对这一问题，后续的研究方法通过引入残差学习来增加模型深度，从而进一步提升图像超分辨率的重建效果。

1. 基于残差学习和注意力机制的图像超分辨率方法

SRCNN 方法虽然取得了较好的结果，但是由于其网络模型容量有限，在刻画图像细节特征方面的能力较弱。为了进一步提升网络模型的表达能力，大量的方法被相继提出，经典的方法有 VDSR[69]、EDSR[70]、RCAN[71] 等。这些方法主要通过残差学习的方式来增强模型的容量进而提升模型的表达能力。RCAN 作为其中的一类代表性方法，主要结合了残差学习和注意力机制的思路。与之前的基于深度卷积神经网络的超分辨率方法不同，该方法将通道注意力机制（式 (1-39)）引入到图像超分辨率网络模型设计中。基于通道注意力机制，RCAN 将其嵌入到残差模块中，提出了残差通道注意力模块 (residual channel attention block, RCAB)。图 1-10分别给出了通道注意力机制和残差通道注意力模块的结构图。在残差通道注意力模块中，残差连接保证了该模型在深层次结构下的梯度信息传递以及更好地学习高频特征，而通道注意力机制则进一步提升了模型对特征的判别能力。

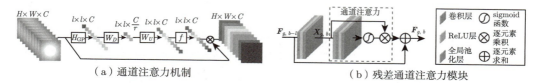

(a) 通道注意力机制 (b) 残差通道注意力模块

图 1-10　RCAN 网络中的通道注意力机制和残差通道注意力模块的结构图

基于残差通道注意力模块，RCAN 的具体网络结构如图 1-11所示，其预测过程可以表示为

$$\boldsymbol{F}_0 = H_{\mathrm{SF}}(\boldsymbol{Y}) \tag{1-46}$$

$$\boldsymbol{F}_{\mathrm{DF}} = H_{\mathrm{RIR}}(\boldsymbol{F}_0) \tag{1-47}$$

$$\boldsymbol{F}_{\mathrm{UP}} = H_{\mathrm{UP}}(\boldsymbol{F}_{\mathrm{DF}}) \tag{1-48}$$

$$\boldsymbol{I}_{\mathrm{SR}} = H_{\mathrm{REC}}(\boldsymbol{F}_{\mathrm{UP}}) \tag{1-49}$$

其中，$\boldsymbol{Y}$ 表示给定的低分率输入图像，H_{SF} 表示 RCAN 中的第一层卷积，H_{RIR} 表示残差模块，H_{UP} 表示末端的上采样模块，H_{REC} 表示将得到的特征表示映射成对应的高分辨率输出 $\boldsymbol{I}_{\mathrm{SR}}$，而 $F_{(\cdot)}$ 表示各个操作得到的中间特征。

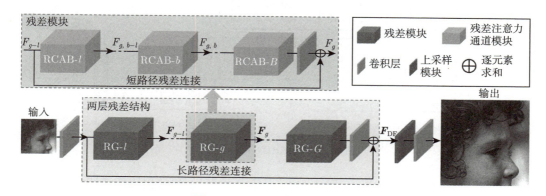

图 1-11　RCAN 网络结构图

RCAN 在训练过程中采用了基于 L_1 范数的内容损失函数：

$$\mathcal{L}(\Theta) = \|\mathcal{F}(\boldsymbol{Y};\Theta) - \boldsymbol{X})\|_1 \tag{1-50}$$

其中，$\boldsymbol{X}$ 是真实的高分辨率图像，$\boldsymbol{Y}$ 是给定的低分率输入图像，而 $\mathcal{F}(\cdot;\Theta)$ 表示参数为 Θ 的网络模型。

得益于其超过 400 层的模型深度，RCAN 在多个图像超分率公共数据集上取得了良好的重建效果。但是受卷积操作的局部性影响，RCAN 很难获取到图像非局部的信息，这一定程度上限制它的表达能力。针对这一问题，后续的很多工作就"如何更好地利用特征之间的相关性"展开研究，提出了诸如跨尺度的非局部注意力机制[72-74]和自注意力机制[75]的方法来挖掘特征的长距离依赖，并在重建性能上取得了更进一步的突破。

2. 基于 Transformer 的图像超分辨率方法

由于 Transformer 能较好地刻画图像的非局部特征，Liang 等人[75]将基于窗口注意力的 Transformer[76]引入到深度卷积神经网中，提出了一种名为 SwinIR 的方法。SwinIR 由浅层特征提取、深度特征提取和高质量的图像重建三部分组成，其中浅层特征提取和图像重建模块都是基于卷积神经网络的，中间的深度特征提取模块则主要使用 Swin Transformer 的结构。浅层特征提取只使用一层卷积进行提取，深层特征提取模块由若干个 Swin Transformer 残差块 (residual Swin Transformer block，RSTB) 和卷积块构成，最后的重建块是卷积和上采样的组合。图 1-12 给出了该方法的整个网络结构。

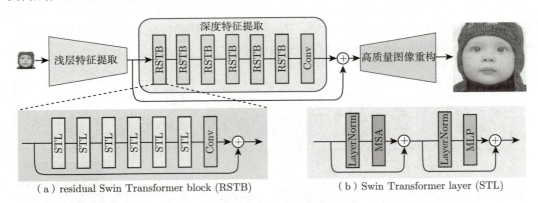

（a）residual Swin Transformer block (RSTB)　　（b）Swin Transformer layer (STL)

图 1-12　SwinIR 网络结构图

其中，RSTB 由若干 Swin Transformer layer (STL) 和卷积层添加残差连接组成。具体地讲，给定第 i 个 RSTB 的输入特征 $\boldsymbol{F}_{i,0}$，首先由 L 个 STL 依次提取中间特征：

$$\boldsymbol{F}_{i,j} = H_{\text{Swin}_{i,j}}(\boldsymbol{F}_{i,j-1}), \quad j = 1, 2, \cdots, L \tag{1-51}$$

其中，$\boldsymbol{F}_{i,j}$ 表示第 i 个 RSTB 的第 j 层 STL 的输出，$H_{\text{Swin}_{i,j}}$ 表示第 i 个 RSTB 中的第 j 层 STL。接着在残差连接之前添加一个卷积层，RSTB 的输出可以表示为：

$$\boldsymbol{F}_{i,\text{out}} = H_{\text{Conv}_{i,L}} + \boldsymbol{F}_{i,0} \tag{1-52}$$

其中，$\boldsymbol{F}_{i,\text{out}}$ 表示第 i 个 RSTB 的输出，$H_{\text{Conv}_{i,L}}$ 表示第 i 个 RSTB 中的卷积层。采用这种设计可以结合卷积网络刻画局部特征和 Transformer 刻画非局部特征的优点，同时残差连接还有助于聚合不同级别的特征。STL 中交替使用窗口注意力（W-MSA）和移动窗口注意力（SW-MSA）。为了减少计算量，W-MSA 在一个小的窗口内计算自注意力 (self-attention)，SW-MSA 在 W-MSA 的基础上利用滑动窗口的操作实现不同窗口之间的交互。通过不断交替堆叠 W-MSA 和 SW-MSA，网络可以较好地刻画图像的非局部特征。

图像重建模块针对不同的重建任务设置了不同的卷积和上采样的组合，上采样将不同通道的特征合并重排，采用的是像素重组 (pixel shuffle) 方法，从特征图中恢复重建高分辨图像。

SwinIR 在训练过程中采用了基于 L_1 范数的内容损失函数：

$$\mathcal{L}(\Theta) = \|\mathcal{F}(\boldsymbol{Y};\Theta) - \boldsymbol{X}\|_1 \tag{1-53}$$

式中，$\boldsymbol{X}$ 是真实的高分辨率图像，$\boldsymbol{Y}$ 是给定的低分率输入图像，$\mathcal{F}(\cdot;\Theta)$ 表示参数为 Θ 的网络模型。

SwinIR 结合了卷积网络刻画局部特征以及 Transformer 刻画非局部特征的优越性，在图像超分辨率问题上取得了显著的效果。

1.3.4 图像去模糊

图像去模糊可以分为非盲去模糊和盲去模糊两类，其中当模糊核已知的时候，该问题称为非盲去模糊；当模糊核未知的情况，该问题称为盲去模糊问题。目前基于深度学习的图像去模糊方法主要采用端到端的网络结构。本小节主要围绕这一方法介绍经典的盲去模糊深度学习方法。

1. 基于多尺度的深度卷积神经网络的图像去模糊方法

2017 年，韩国首尔大学的 Nah 等人[77]首次提出了一个用于解决动态场景图像去模糊问题的端到端深度卷积网络模型。该网络模型受到传统先验建模方法中多尺度策略的启发，提出了一种多尺度卷积神经网络。给定模糊图像 Y，该方法会对输入图像 Y 进行下采样得到不同分辨率的图像 $\{Y_1, Y_2, \cdots, Y_s\}$，将其作为不同尺度的网络输入，其中 s 为多尺度的个数。图 1-13 给出了该方法的整个网络结构，对于最低尺度，深度卷积神经网络 $\mathcal{F}$ 以图像 $\boldsymbol{Y}_s$ 作为输入，得到一个最低尺度的清晰结果 $\tilde{\boldsymbol{X}}_s$，在该尺度下，网络 $\mathcal{F}$ 的感受野几乎可以覆盖整张图像，从而能够利用更多的信息，更好地对模糊进行建模。这一尺度的结果 $\tilde{\boldsymbol{X}}_s$ 会被上采样并与下一尺度的特征进行融合，用来指导更精细尺度的清晰结果的估计。对于更精细的尺度，输入的模糊图像会与来自上一尺度的清晰特征结合在一起，共同输入到网络中，估计出更精细尺度的清晰图像。

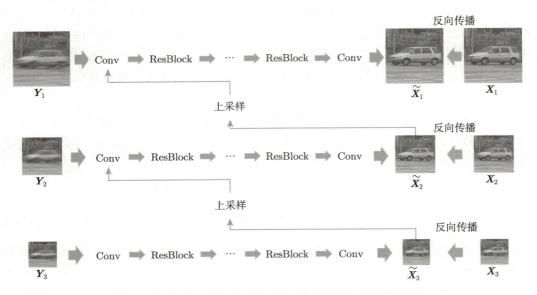

图 1-13　基于多尺度深度卷积神经网络图像去模糊网络结构

在网络设计方面，不同尺度的网络均采用了相同的结构设计。其中，每一个尺度的网络结构首先通过一个卷积层用来提取浅层特征，然后堆叠 19 个残差学习模块对特征进行加工处理，最后使用一个卷积层来重构清晰图像。在残差学习模块中，Nah 等人去掉了 Batch Normalization 以及残差连接后的激活函数，图 1-14 给出了本方法改进的残差学习模块与原始残差学习模块的具体网络结构。

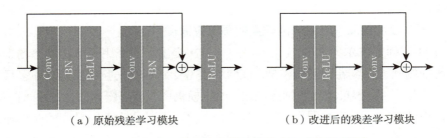

图 1-14　多尺度的深度卷积神经网络中的残差学习模块

为了约束网络训练，该方法在每一个尺度都采用了均方误差损失函数。此外，为了提升图像的主观视觉效果，该方法进一步在原始尺度上采用了对抗损失函数，总体损失函数定义如下：

$$\mathcal{L}(\Theta) = \sum_{s=1}^{3} \left(\|\mathcal{F}(\boldsymbol{Y}_s;\Theta) - \boldsymbol{X}_s\|^2 \right) + \lambda \mathcal{L}_{\text{adv}} \tag{1-54}$$

其中，Θ 表示网络中需要优化的参数；$\boldsymbol{Y}_s$ 和 $\boldsymbol{X}_s$ 分别表示尺度 s 上的网络输入和真实的清晰图像；λ 为权重系数。$\mathcal{L}_{\text{adv}}$ 为对抗损失函数：

$$\mathcal{L}_{\text{adv}} = \mathbb{E}_{\boldsymbol{X} \sim P(\boldsymbol{X})}[\log \mathcal{D}(\boldsymbol{X})] + \mathbb{E}_{\boldsymbol{Y} \sim P(\boldsymbol{Y})}[\log(1 - \mathcal{D}(\mathcal{F}(\boldsymbol{Y};\Theta)))] \tag{1-55}$$

其中，$\mathcal{D}$ 为判别网络；$\boldsymbol{Y}$ 和 $\boldsymbol{X}$ 分别表示原始尺度上的网络输入和真实的清晰图像。

为了能够让所提出的网络模型更有效地解决动态场景图像去模糊问题，该方法通过对曝光时间内清晰信号积分来生成模糊图像，创建了一个大规模动态场景模糊数据集 GoPro。这一数据集也是目前图像去模糊领域常用的数据集之一，极大地推动了基于深度学习图像去模糊方法的研究。

2. 基于多阶段渐进式深度卷积神经网络的图像去模糊方法

在图像去模糊深度神经网络模型设计中，多尺度和多阶段策略是最常用的两个方法，而如何有效地挖掘不同尺度或者不同阶段的特征是这些方法需要解决的关键问题。以往的大多数方法将不同尺度或者不同阶段的特征进行简单的融合，这种方式无法充分利用不同尺度的特征信息。为了解决这个问题，Zamir 等人在 2021 年提出了用于解决图像复原问题的 MPRNet[78] 方法，其采用多阶段渐进式的策略，并提出监督注意力模块和跨阶段融合模块来实现对不同阶段和不同尺度特征的有效利用。

图 1-15 给出了 MPRNet 的模型结构。MPRNet 主要分为三个阶段来逐步从低质量图像中恢复清晰图像。其中，前两个阶段分别将图片切分为 4 个和 2 个不重叠的区域单独处理，通过采用基于编码器-解码器的子网络设计，获得较大的感受野，可以有效学习图像特征的上下文信息。以前两个阶段的特征作为引导，MPRNet 在第三阶段采用了一个原始分辨率子网络 (original resolution subnetwork, ORSNet)。该子网络没有下采样操作，可以在最终输出结果中复原出更多丰富的纹理。为了充分利用不同阶段的特征，MPRNet 并非简单地级联多个阶段，而是在每两个阶段之间加入一个监督注意力模块 (supervised attention module, SAM) 和跨阶段特征融合模块 (cross-stage feature fusion, CSFF)。这两个模块可以实现不同阶段特征的有效交互，对复原图像的质量至关重要。

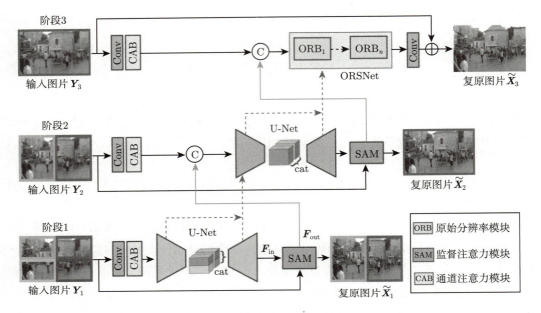

图 1-15　MPRNet 模型结构图

编码器–解码器子网络。图 1-16(a) 给出了 MPRNet 中编码器–解码器子网络的结构图。MPRNet 中的编码器–解码器子网络模块主要基于 UNet 网络结构[64]。其中，该子网络采用通道注意力模块 (CAB)[71] 来提取不同尺度上的特征，且在 UNet 的跳跃连接处也使用 CAB 进行处理。特别是在解码器模块中的上采样部分，该子网络并非使用转置卷积来提升分辨率，而是采用了双线性上采样和卷积结合的方式，这有助于减少棋盘伪影[79]的出现。

原始分辨率子网络。图 1-16(b) 展示了 MPRNet 中原始分辨率子网络的结构图。为了保持复原图像的细节，MPRNet 在最后阶段中使用原始分辨率子网络（ORSNet），由通道注意力模块堆叠组成，不采用任何下采样操作，使特征能够较好地刻画图像的细节信息。

监督注意力子模块。图 1-17(a) 展示了监督注意力子模块的结构图。不同于将复原结果直接传递到下一个阶段，MPRNet 在每个阶段之间引入监督注意力子模块，其可以根据当前阶段复原出的清晰图像计算出注意力图，然后将该注意力图用于增强下一个阶段的特征。这个子模块的贡献主要有两点：首先，它为每个阶段的复原结果提供了有力的监督信号；其次，预测的注意力图能够对当前阶段的特征进行辨别性利用，仅将信息量多的特征传递到下一阶段，从而提升下一阶段的复原质量。

跨阶段特征融合子模块。图 1-17(b) 展示了跨阶段特征融合子模块的结构图。为了更好地利用不同阶段的特征,跨阶段特征融合模块将上一阶段编码器和解码器同一尺度的特征与下一阶段同一尺度编码器特征进行相加,这么做的优势有三点:首先,它可以补充编码器–解码器子网络中重复使用上采样和下采样而带来的信息丢失;其次,一个阶段的多尺度特征有助于提取下一个阶段的特征;第三,它简化了信息流,能够允许在整体框架中添加多个阶段,且让网络的优化过程保持稳定。

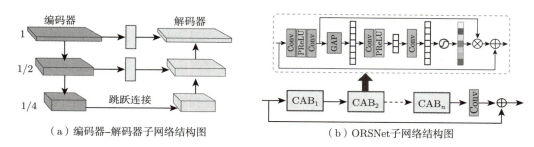

图 1-16　MPRNet 网络中的子网络结构图

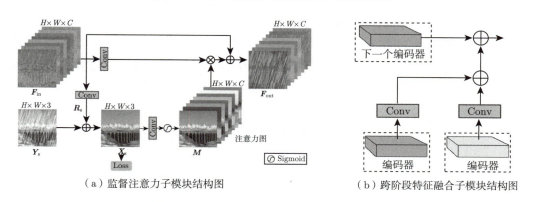

图 1-17　MPRNet 网络中的子模块结构图

基于以上模块,MRPNet 采用端到端的方式解决图像复原问题,并采用如下损失函数来约束网络训练过程:

$$\mathcal{L}(\Theta) = \sum_{s=1}^{3} \left(\sqrt{\|\mathcal{F}(Y_s;\Theta) - X_s\|^2 + \varepsilon} + \lambda \sqrt{\|\triangle\mathcal{F}(Y_s;\Theta) - \triangle X_s\|^2 + \varepsilon} \right) \quad (1\text{-}56)$$

其中,Θ 表示网络中需要优化的参数;Y_s 和 X_s 分别表示阶段 s 的输入图像和真实的清晰图像;$\triangle$ 表示 Laplacian 算子,用于提取图像的边缘信息;ε 为一个常数,一般设置为 10^{-3};λ 为权重系数。

MPRNet 克服了以往方法对多尺度和多阶段特征利用不充分的问题，在图像去噪、去雨和去模糊等多个图像复原任务中均取得了显著的效果。

1.4 底层视觉的挑战与展望

底层视觉技术是计算机视觉的一个重要组成部分。虽然近年来已取得长足进展，底层视觉的发展与应用仍面临许多挑战性问题。随着传感技术的进步，出现了许多新型视觉传感器如事件相机、激光雷达（Lidar）、量子相机等。一方面，新型视觉传感器会带来新的噪声特性和退化方式，需要针对性地发展相应的重建与复原方法。另一方面，相对于目前常用的 CMOS 传感器，新型视觉传感器往往拥有许多新的特性和优势。综合不同传感器的优势，构造更为强大的成像系统，也将是一个值得深入研究的方向。进而，当前底层视觉技术仍主要停留在模型和方法层面，如何拓展和发展现有技术，推动真实退化图像的盲复原技术研究，也是未来底层视觉发展的一个重要方向。此外，随着近年来扩散模型和图像生成模型的快速发展，发展基于扩散模型的底层视觉技术，以及利用预训练图像生成模型解决底层视觉问题，也是未来几年极具吸引力的研究方向。总之，底层视觉作为联系成像技术与人眼的桥梁，未来将在为人眼提供更高质量的视觉信息（如复原与增强）和更能满足人类意愿的视觉信息（如视觉编辑）方面持续发挥更大作用。

参考文献

[1] RUDIN L I, OSHER S, FATEMI E. Nonlinear total variation based noise removal algorithms[J]. Physica D: nonlinear phenomena, 1992, 60(1-4)：259－268.

[2] LYSAKER M, LUNDERVOLD A, TAI X-C. Noise removal using fourth-order partial differential equation with applications to medical magnetic resonance images in space and time[J]. IEEE Transactions on Image Processing, 2003, 12(12)：1579－1590.

[3] LU W, DUAN J, QIU Z, et al. Implementation of high-order variational models made easy for image processing[J]. Mathematical Methods in the Applied Sciences, 2016, 39(14)：4208－4233.

[4] ESEDOḡLU S, OSHER S J. Decomposition of images by the anisotropic Rudin-Osher-Fatemi model[J]. Communications on Pure and Applied Mathematics: A Journal Issued by the Courant Institute of Mathematical Sciences, 2004, 57(12)：1609－1626.

[5] SHU X, AHUJA N. Hybrid compressive sampling via a new total variation TVL1[C]// European Conference on Computer Vision. 2010：393－404.

[6] AHARON M, ELAD M, BRUCKSTEIN A. K-SVD: An algorithm for designing overcomplete dictionaries for sparse representation[J]. IEEE Transactions on Signal Processing, 2006, 54(11): 4311–4322.

[7] ELAD M, AHARON M. Image denoising via sparse and redundant representations over learned dictionaries[J]. IEEE Transactions on Image Processing, 2006, 15(12): 3736–3745.

[8] YANG J, WRIGHT J, HUANG T S, et al. Image super-resolution via sparse representation[J]. IEEE transactions on image processing, 2010, 19(11): 2861–2873.

[9] DABOV K, FOI A, KATKOVNIK V, et al. Image denoising by sparse 3-D transform-domain collaborative filtering[J]. IEEE Transactions on Image Processing, 2007, 16(8): 2080–2095.

[10] DONG W, SHI G, MA Y, et al. Image restoration via simultaneous sparse coding: Where structured sparsity meets gaussian scale mixture[J]. International Journal of Computer Vision, 2015, 114(2): 217–232.

[11] MAIRAL J, BACH F, PONCE J, et al. Non-local sparse models for image restoration[C]// 2009 IEEE 12th International Conference on Computer Vision. 2009: 2272–2279.

[12] ZHANG J, ZHAO D, GAO W. Group-based sparse representation for image restoration[J]. IEEE Transactions on Image Processing, 2014, 23(8): 3336–3351.

[13] ZHANG L, DONG W, ZHANG D, et al. Two-stage image denoising by principal component analysis with local pixel grouping[J]. Pattern Recognition, 2010, 43(4): 1531–1549.

[14] RUBINSTEIN R, BRUCKSTEIN A M, ELAD M. Dictionaries for sparse representation modeling[J]. Proceedings of the IEEE, 2010, 98(6): 1045–1057.

[15] ENGAN K, AASE S O, HUSØY J H. Multi-frame compression: Theory and design[J]. Signal Processing, 2000, 80(10): 2121–2140.

[16] WRIGHT J, GANESH A, RAO S, et al. Robust principal component analysis: Exact recovery of corrupted low-rank matrices via convex optimization[J]. Advances in Neural Information Processing Systems, 2009, 22.

[17] CANDÈS E J, LI X, MA Y, et al. Robust principal component analysis?[J]. Journal of the ACM (JACM), 2011, 58(3): 1–37.

[18] XU H, CARAMANIS C, SANGHAVI S. Robust PCA via outlier pursuit[J]. Advances in Neural Information Processing Systems, 2010, 23.

[19] CANDES E, RECHT B. Exact matrix completion via convex optimization[J]. Communications of the ACM, 2012, 55(6): 111–119.

[20] CANDÈS E J, TAO T. The power of convex relaxation: Near-optimal matrix completion[J]. IEEE Transactions on Information Theory, 2010, 56(5): 2053–2080.

[21] LIU J, MUSIALSKI P, WONKA P, et al. Tensor completion for estimating missing values in visual data[J]. IEEE Transactions on Pattern Analysis and Machine Intelligence, 2012, 35(1): 208–220.

[22] AUBERT G, KORNPROBST P, AUBERT G. Mathematical problems in image processing: partial differential equations and the calculus of variations: Vol 147[M]. [S.l.]: Springer, 2006.

[23] BARCELOS C, CHEN Y. Heat flows and related minimization problem in image restoration[J]. Computers & Mathematics with Applications, 2000, 39(5-6): 81−97.

[24] CHAMBOLLE A, LIONS P-L. Image recovery via total variation minimization and related problems[J]. Numerische Mathematik, 1997, 76(2): 167−188.

[25] AUBERT G, VESE L. A variational method in image recovery[J]. SIAM Journal on Numerical Analysis, 1997, 34(5): 1948−1979.

[26] CHAN T F, ZHOU H M, CHAN R H-F. Continuation method for total variation denoising problems[C] // Advanced Signal Processing Algorithms: Vol 2563. 1995: 314−325.

[27] LI Y, SANTOSA F. A computational algorithm for minimizing total variation in image restoration[J]. IEEE Transactions on Image Processing, 1996, 5(6): 987−995.

[28] VOGEL C R, OMAN M E. Fast, robust total variation-based reconstruction of noisy, blurred images[J]. IEEE Transactions on Image Processing, 1998, 7(6): 813−824.

[29] CHAMBOLLE A. An algorithm for total variation minimization and applications[J]. Journal of Mathematical Imaging and Vision, 2004, 20(1): 89−97.

[30] CONDAT L. Discrete total variation: New definition and minimization[J]. SIAM Journal on Imaging Sciences, 2017, 10(3): 1258−1290.

[31] CONDAT L. A direct algorithm for 1-D total variation denoising[J]. IEEE Signal Processing Letters, 2013, 20(11): 1054−1057.

[32] GETREUER P. Rudin-Osher-Fatemi total variation denoising using split Bregman[J]. Image Processing On Line, 2012, 2: 74−95.

[33] RUDIN L I, OSHER S. Total variation based image restoration with free local constraints[C] // Proceedings of 1st International Conference on Image Processing: Vol 1. 1994: 31−35.

[34] BLOMGREN P, CHAN T F. Color TV: total variation methods for restoration of vector-valued images[J]. IEEE Transactions on Image Processing, 1998, 7(3): 304−309.

[35] CHEN Q, MONTESINOS P, SUN Q S, et al. Adaptive total variation denoising based on difference curvature[J]. Image and Vision Computing, 2010, 28(3): 298−306.

[36] MARQUINA A, OSHER S. Explicit algorithms for a new time dependent model based on level set motion for nonlinear deblurring and noise removal[J]. SIAM Journal on Scientific Computing, 2000, 22(2): 387−405.

[37] CHAN T, MARQUINA A, MULET P. High-order total variation-based image restoration[J]. SIAM Journal on Scientific Computing, 2000, 22(2): 503−516.

[38] LE T, CHARTRAND R, ASAKI T J. A variational approach to reconstructing images corrupted by Poisson noise[J]. Journal of Mathematical Imaging and Vision, 2007, 27(3): 257−263.

[39] FIGUEIREDO M A, BIOUCAS-DIAS J M. Restoration of Poissonian images using alternating direction optimization[J]. IEEE Transactions on Image Processing, 2010, 19(12): 3133−3145.

[40] BUADES A, COLL B, MOREL J-M. A non-local algorithm for image denoising[C]// 2005 IEEE Computer Society Conference on Computer Vision and Pattern Recognition (CVPR'05): Vol 2. 2005: 60−65.

[41] CHEN Y, GUO Y, WANG Y, et al. Denoising of hyperspectral images using nonconvex low rank matrix approximation[J]. IEEE Transactions on Geoscience and Remote Sensing, 2017, 55(9): 5366−5380.

[42] DONG W, ZHANG L, SHI G, et al. Image deblurring and super-resolution by adaptive sparse domain selection and adaptive regularization[J]. IEEE Transactions on Image Processing, 2011, 20(7): 1838−1857.

[43] JI H, LIU C, SHEN Z, et al. Robust video denoising using low rank matrix completion[C]// 2010 IEEE Computer Society Conference on Computer Vision and Pattern Recognition. 2010: 1791−1798.

[44] JIANG J, ZHANG L, YANG J. Mixed noise removal by weighted encoding with sparse nonlocal regularization[J]. IEEE Transactions on Image Processing, 2014, 23(6): 2651−2662.

[45] XU J, ZHANG L, ZUO W, et al. Patch group based nonlocal self-similarity prior learning for image denoising[C] // Proceedings of the IEEE International Conference on Computer Vision. 2015: 244−252.

[46] ZHANG J, XIONG R, ZHAO C, et al. CONCOLOR: Constrained non-convex low-rank model for image deblocking[J]. IEEE Transactions on Image Processing, 2016, 25(3): 1246−1259.

[47] PENG Y, GANESH A, WRIGHT J, et al. RASL: Robust alignment by sparse and low-rank decomposition for linearly correlated images[J]. IEEE Transactions on Pattern Analysis and Machine Intelligence, 2012, 34(11): 2233−2246.

[48] DONG W, SHI G, LI X. Nonlocal image restoration with bilateral variance estimation: a low-rank approach[J]. IEEE Transactions on Image Processing, 2012, 22(2): 700−711.

[49] GU S, XIE Q, MENG D, et al. Weighted nuclear norm minimization and its applications to low level vision[J]. International Journal of Computer Vision, 2017, 121(2): 183−208.

[50] GU S, ZHANG L, ZUO W, et al. Weighted nuclear norm minimization with application to image denoising[C] // Proceedings of the IEEE Conference on Computer Vision and Pattern Recognition. 2014: 2862−2869.

[51] JI H, HUANG S, SHEN Z, et al. Robust video restoration by joint sparse and low rank matrix approximation[J]. SIAM Journal on Imaging Sciences, 2011, 4(4): 1122−1142.

[52] DONG W, SHI G, LI X. Image deblurring with low-rank approximation structured sparse representation[C] // Proceedings of the 2012 Asia Pacific Signal and Information Processing Association Annual Summit and Conference. 2012: 1−5.

[53]　HUANG C, DING X, FANG C, et al. Robust image restoration via adaptive low-rank approximation and joint kernel regression[J]. IEEE Transactions on Image Processing, 2014, 23(12): 5284-5297.

[54]　PAN J, LIU R, SU Z, et al. Motion blur kernel estimation via salient edges and low rank prior[C] //2014 IEEE International Conference on Multimedia and Expo (ICME). 2014: 1-6.

[55]　JIN K H, YE J C. Annihilating filter-based low-rank Hankel matrix approach for image inpainting[J]. IEEE Transactions on Image Processing, 2015, 24(11): 3498-3511.

[56]　LI M, LIU J, XIONG Z, et al. Marlow: A joint multiplanar autoregressive and low-rank approach for image completion[C] // European Conference on Computer Vision. 2016: 819-834.

[57]　LIU G, LIN Z, YU Y. Robust subspace segmentation by low-rank representation[C]// Proceedings of International Conference on Machine Learning. 2010: 663-670.

[58]　LIU G, XU H, YAN S. Exact subspace segmentation and outlier detection by low-rank representation[C] // Artificial intelligence and statistics. 2012: 703-711.

[59]　LIU G, LIN Z, YAN S, et al. Robust recovery of subspace structures by low-rank representation[J]. IEEE Transactions on Pattern Analysis and Machine Intelligence, 2012, 35(1): 171-184.

[60]　XIE Y, GU S, LIU Y, et al. Weighted Schatten p-norm minimization for image denoising and background subtraction[J]. IEEE Transactions on Image Processing, 2016, 25(10): 4842-4857.

[61]　LU C, TANG J, YAN S, et al. Nonconvex nonsmooth low rank minimization via iteratively reweighted nuclear norm[J]. IEEE Transactions on Image Processing, 2015, 25(2): 829-839.

[62]　LU C, TANG J, YAN S, et al. Generalized nonconvex nonsmooth low-rank minimization[C]// Proceedings of the IEEE Conference on Computer Vision and Pattern Recognition. 2014: 4130-4137.

[63]　ZHANG K, ZUO W, CHEN Y, et al. Beyond a gaussian denoiser: Residual learning of deep cnn for image denoising[J]. IEEE Transactions on Image Processing, 2017, 26(7): 3142-3155.

[64]　RONNEBERGER O, FISCHER P, BROX T. U-Net: Convolutional Networks for Biomedical Image Segmentation[C] // Medical Image Computing and Computer-Assisted Intervention (MICCAI). 2015: 234-241.

[65]　CHEN L, CHU X, ZHANG X, et al. Simple Baselines for Image Restoration[C] // European Conference on Computer Vision. 2022: 17-33.

[66]　HE K, ZHANG X, REN S, et al. Deep Residual Learning for Image Recognition[C] // IEEE Conference on Computer Vision and Pattern Recognition. 2016: 770-778.

[67] ABDELHAMED A, LIN S, BROWN M S. A High-Quality Denoising Dataset for Smartphone Cameras[C] // IEEE Conference on Computer Vision and Pattern Recognition. 2018: 1692–1700.

[68] DONG C, LOY C C, HE K, et al. Learning a Deep Convolutional Network for Image Super-Resolution[C] // European Conference on Computer Vision. 2014: 184–199.

[69] KIM J, LEE J K, LEE K M. Accurate Image Super-Resolution Using Very Deep Convolutional Networks[C] // IEEE Conference on Computer Vision and Pattern Recognition. 2016: 1646–1654.

[70] LIM B, SON S, KIM H, et al. Enhanced Deep Residual Networks for Single Image Super-Resolution[C] // IEEE Conference on Computer Vision and Pattern Recognition Workshops. 2017: 1132–1140.

[71] ZHANG Y, LI K, LI K, et al. Image Super-Resolution Using Very Deep Residual Channel Attention Networks[C] // European Conference on Computer Vision. 2018: 294–310.

[72] MEI Y, FAN Y, ZHOU Y, et al. Image Super-Resolution With Cross-Scale Non-Local Attention and Exhaustive Self-Exemplars Mining[C] // Proceedings of the IEEE/CVF Conference on Computer Vision and Pattern Recognition. 2020: 5690–5699.

[73] MEI Y, FAN Y, ZHOU Y. Image Super-Resolution With Non-Local Sparse Attention[C] // Proceedings of the IEEE/CVF Conference on Computer Vision and Pattern Recognition. 2021: 3517–3526.

[74] ZHOU S, ZHANG J, ZUO W, et al. Cross-scale internal graph neural network for image super-resolution[C] // Advances in Neural Information Processing Systems: Vol 33. 2020: 3499–3509.

[75] LIANG J, CAO J, SUN G, et al. SwinIR: Image Restoration Using Swin Transformer[C] // International Conference on Computer Vision Workshops. 2021: 1833–1844.

[76] LIU Z, LIN Y, CAO Y, et al. Swin Transformer: Hierarchical Vision Transformer using Shifted Windows[C] // International Conference on Computer Vision. 2021: 9992–10002.

[77] NAH S, KIM T H, LEE K M. Deep Multi-scale Convolutional Neural Network for Dynamic Scene Deblurring[C] // Proceedings of the IEEE/CVF Conference on Computer Vision and Pattern Recognition. 2017: 257–265.

[78] ZAMIR S W, ARORA A, KHAN S H, et al. Multi-Stage Progressive Image Restoration[C] // Proceedings of the IEEE/CVF Conference on Computer Vision and Pattern Recognition. 2021: 14821–14831.

[79] ODENA A, DUMOULIN V, OLAH C. Deconvolution and checkerboard artifacts[J]. Distill, 2016, 1(10): 1–9.

第 2 讲
图像质量评价

图像质量评价（image quality assessment，IQA）是数字图像处理、分析与理解等各层次任务中的共性基础技术，可用于图像处理算法的性能评价、成像系统优化、图像检索、图像大数据管理等。近年来广泛研究的各类深度视觉任务，也都与图像质量评价技术密切相关。由于其广泛的应用场景，图像质量评价技术近年来得到了快速的发展，同时在学术界和产业界都引起了广泛的关注。本讲将从传统图像质量评价和图像美学质量评价两个方面，对图像质量评价领域的研究历史、研究现状与最新研究进展进行全面综述，并探讨该领域存在的问题与挑战、未来的研究方向等。

2.1 全参考/部分参考型图像质量评价

全参考/部分参考型图像质量评价适用于与待测图像对应的参考图像信息可获得的场景，通常是影像系统中针对图像处理与处理算法的性能评估。在图像压缩、传输、处理等领域中，未经处理的参考图像通常是已知的，因此，可以应用全参考/部分参考图像质量评价方法对经过处理的待测图像进行质量估计，对处理系统进行性能评测，同时也作为质量指标指导算法与系统的优化[1]。

不妨设 x 是经过处理的待测图像，y 为未经处理的参考图像，那么如式 (2-1) 所示，全参考/部分参考图像质量评价可以归结为两个流程：首先对待测图像 x 和参考图像 y 进行特征提取 $\mathcal{F}$；然后在特征层面上基于距离度量 $\mathcal{D}$ 对参考图像特征与待测图像特征进行距离度量，计算相似度或偏离度，即为感知质量估计值 $\mathcal{Q}$。

$$\mathcal{Q} = \mathcal{D}\left[\mathcal{F}(x), \mathcal{F}(y)\right] \tag{2-1}$$

2.1.1 全参考型图像质量评价

全参考型图像质量评价以未经处理的原始图像作为参考，对待测图像的感知质量进行估计。由于有原始图像的全部信息作为参考，因此全参考型图像质量评价算法通常具有较高的评价稳定性和感知一致性。

初始的全参考型图像质量评价方法通常在信号层面，基于信号误差进行质量预测。其中，均方误差（mean square error，MSE）和峰值信噪比（peak signal to noise ratio，PSNR）是较为经典的全参考图像质量评价方法，其计算方法可以定义为：

$$\mathrm{MSE} = \frac{1}{WH} \sum_{i}^{H} \sum_{j}^{W} |x(i,j) - y(i,j)|^2$$

$$\text{PSNR} = 10\log\left(\frac{L^2}{\text{MSE}}\right) \tag{2-2}$$

其中，H 和 W 表示图像的高和宽，L 表示图像像素灰度值的最大值。对于 8 比特的数字图像，L 通常取值 255。基于信号误差的全参考型图像质量评价方法通常具有明晰的物理意义，计算复杂度低，计算速度快。诸如 MSE 等准则还满足对称性、凸性等优良性质，因此广泛应用于各种优化评测任务中。但是，由于图像感知质量的准绳来自人类视觉系统，而简单的信号误差并没有考虑到视觉系统的感知特性，因此评价结果与人的主观感知结果一致性不高。

由于图像质量的好坏由人的主观感知决定，因此，以视觉感知特性为基础的图像质量评价方法相继涌现。考虑到视觉系统能够自适应地提出场景中的结构信息，Wang 等人[2] 提出了经典的结构相似度度量方法 SSIM。如图 2-1 所示，SSIM 度量测试图像与参考图像在亮度、对比度与结构之间的相似度，其定义为：

$$\text{SSIM} = \frac{2\mu_x\mu_y + c_1}{u_x^2 + u_y^2 + c_1} \cdot \frac{2\sigma_x\sigma_y + c_2}{\sigma_x^2 + \sigma_y^2 + c_2} \cdot \frac{\sigma_{xy} + \frac{c_2}{2}}{\sigma_x\sigma_y + \frac{c_2}{2}} \tag{2-3}$$

其中，μ、σ 分别表示测试图像 x 与参考图像 y 的局部均值与标准差，σ_{xy} 代表了两幅图像在局部邻域的协方差。c_1 和 c_2 为常数，避免分母过小带来的计算不稳定。SSIM 考虑到了结构信息在视觉系统中的敏感特性，因此在许多场景中，SSIM 较 PSNR、MSE 具有更好的评价一致性。

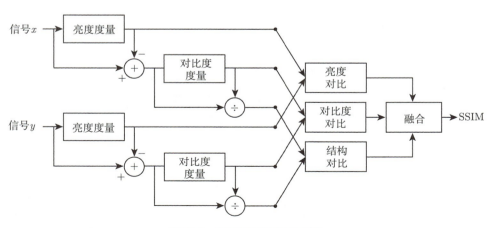

图 2-1　SSIM 算法框图[2]

基于 SSIM 的结构特性，许多研究工作对其进行了扩展。考虑不同观看距离、不同显示分辨率所带来的多尺度特性，Wang 等人[4]提出了多尺度结构相似度度量方法 MS-SSIM，整合多个尺度上的结构相似度对图像进行整体评价。进一步地，Wang 等人[5]将 SSIM 应用到变换域，提出基于复数小波域的 CW-SSIM 方法。考虑到图像不同内容区域应当具有不同的质量权重，Wang 等人提出一种基于图像局部内容信息权衡的质量评价方法 IW-SSIM。Zhang 等人[6]考虑到图像的边缘强度也包含了主要的语义信息，因此提出基于边缘强度相似性的 ESSIM 方法。同时，基于局部结构与视觉注意在图像质量评价中的重要性，一些经典的方法，如 FSIM[8]、VSI[9] 和 GMSD[10] 都在数据集评测中取得了较为优异的评价性能。

图像质量评价的主观感知特性，促使研究者们探寻大脑工作机制建模，挖掘图像质量衰减与主观感知之间的关联。Larson 等人[11]假定，当图像质量退化轻微时，视觉系统偏向于忽略图像内容而去找图像中的噪声，而当图像质量退化严重时，视觉系统偏向于忽略噪声而去寻找图像中的内容，由此提出 MAD 模型。Wu 等人[12]受大脑内在推导机制启发，将图像分解为主要视觉内容部分和视觉冗余残差，如图 2-2 所示。主要视觉内容上的质量退化会严重破坏大脑对于图像内容本身的理解，而视觉冗余残差上的质量退化只会导致视觉上的不舒适，由此提出 IGM 模型，引起了广泛关注。

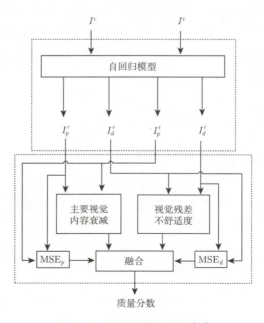

图 2-2　IGM 算法框图[12]

随着近年来深度学习的发展，卷积神经网络也在全参考图像质量评价中取得了优异的表现。Gao 等人[13]基于在 ImageNet 数据集上预训练好的深度网络作为特征提取器，利用待测图像与参考图像在不同特征层级之间的相似度，估计最终的全局感知质量。Bosse 等人[14]提出了端到端优化的深度模型 WaDIQaM-FR，将裁剪之后的图像块作为输入，同时预测图像块的感知质量与质量权重，然后取全局的加权平均。Liang 等人[15]采用了权重共享的双路 CNN 网络，分别对待测图像和参考图像进行深度特征提取，然后将双路特征融合并进行质量回归，提出 NAR-IQA 模型。NAR-IQA 模型放宽了传统方法中对于参考图像像素级配准的硬要求，可以采用具有相似场景内容的非配准图像作为参考依据，进行质量估计。

2.1.2 部分参考型图像质量评价

部分参考型图像质量评价常见于传输场景。通常地，系统无法满足对未经处理的原始图像进行传输的要求，只能对原始参考图像提取尽可能少的特征，将原始图像的特征作为参考信息，传输到待测端；在待测端，基于给定的待测图像与来自源端的参考特征，进行待测图像的感知质量估计。因此，部分参考型图像质量评价要求算法尽可能减少所使用的特征数量，同时保持较高的评价一致性。

为了减少内容表征所需要的特征数量，前期的部分参考型图像质量评价方法大多将图像转到变换域，而变换域中良好的特征表达能力可以有效减少评价所需要的特征数量。Wang 等人[16]提出基于小波域子带系数的 WNISM 方法，该方法假设自然图像的小波域子带系数边缘分布可以采用广义高斯分布（generalized gaussian distribution，GGD）进行刻画，因而将 GGD 的拟合参数作为系数分布特征。Li 等人[17]对子带系数进行了局部响应归一化（divisive normalization），从而降低了系数间的相关度。除此之外，基于重排 DCT 系数[18]和基于韦伯分布（Weibull distribution）建模[19]的方法也相继应用到部分参考领域。

基于 GGD 参数的方法依赖较强的先验统计规律，而统计规律在面向特定图像内容时，总会出现偏差。因此，区别于基于统计规律假设的方法，部分研究只是利用变换域来提取有效的特征，使得图像在特征层面上更接近于视觉感知过程中信息的表达方式。Gao 等人[20]在多种波域提取特征，结合视觉系统的灵敏度特性，提出基于多尺度分析的 MGA 模型。Soundararajan 等人[21]从信息熵减的角度出发，以小波系数构建高斯尺度混合模型，度量视觉信息的熵减。Golestaneh 等人[22]改进了特征表达方式，以离散小波系数作为预提取特征，并引入视觉敏感度和梯度归一化方式，将归一化小波系数的熵作为部分参考特征，在数据集上取得了较好的评价结果。

同全参考型图像质量评价类似，为了设计更贴合视觉感知特性的部分参考模型，部分研究工作从视觉感知过程与大脑认知推理中受到启发。Wu 等人[23]基于视皮层的方位选择特性，构建基于方位的视觉模式 OSVP[24]，将图像内容按照方位排列方式映射到直方图上，如图 2-3 所示。进一步地，考虑到视觉感知中的注意力机制，Wu 等人[25]探究了视觉注意力与图像质量衰减之间的关系。一方面，受视觉注意力的影响，当质量退化出现在显著区域时，人的主观感知质量下降明显，而当质量退化发生在非显著区域时，图像的感知质量下降有限；另一方面，受到图像质量退化的影响，人的视觉注意力会发生偏移，从而导致在观看参考图像和待测图像时，关注区域产生差异。这种视觉注意区域的偏移也可以作为一种有效的特征进行质量退化的表达。Liu 等人[26]和 Zhu 等人[27]从脑科学中的自由能量理论出发，结合稀疏表示构建部分参考型视觉感知模型。

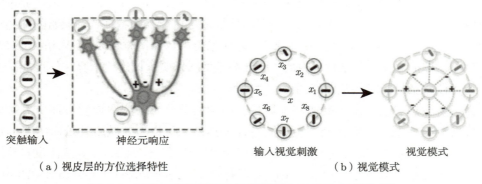

（a）视皮层的方位选择特性　　　　（b）视觉模式

图 2-3　基于方位选择特性的视觉模式 OSVP 示意图[24]

部分参考型图像质量评价由于需要未经处理图像的特征作为参考信息，使得其应用场景受限。而在可以获得参考信息的场景，其评价准确度和稳定度又不及全参考型图像质量评价方法。因此，部分参考方法在近年来较少受到关注。

2.2　无参考型图像质量评价

尽管全参考型图像质量评价方法具有较好的评价性能，但是其依赖于对于原始未经处理的参考图像的获取。而在实际应用中，许多场景不具备可以获得参考图像的条件。例如，在用户生成内容场景中，影像由用户自主拍摄，影像在生成阶段就可能由于拍摄设备、角度、环境、光照等条件，产生质量上的退化。在不具备原始参考图像的场景中，无参考型图像质量评价应运而生。

无参考型图像质量评价方法直接接收待测图像 x，对待测图像进行特征提取 $\mathcal{F}$，并利用回归器 $\mathcal{G}$ 估计待测图像的感知质量 $\mathcal{Q}$。其形式化地表示为：

$$\mathcal{Q} = \mathcal{G}\left[\mathcal{F}(x)\right] \tag{2-4}$$

和一般的视觉任务相似，无参考型图像质量评价仍然可以按照手工特征设计与深度特征学习对现有方法进行分类。

2.2.1　基于统计学的无参考型图像质量评价

由于没有未经处理的原始图像作为参考，因此无参考型图像质量评价需要对图像提取特定的特征描述，而特征的好坏直接决定了算法性能。

考虑到质量评价任务的主观感知特性，部分研究工作对待测图像提取与感知质量相关的特征，如边缘、亮度、梯度、熵等特征，进行简单的质量估计。Li 等人[28]和 Dai 等人[29]受图像结构在质量评价中的重要性启发，利用局部二值模式（local binary pattern，LBP）统计图像中的结构信息。Wu 等人[30]受视皮层中的方位选择特性启发，将图像的梯度方位按照一定排列进行统计，提出基于方位选择模式的 VPD 无参考模型。Gu 等人[31]基于大脑的自由能量理论，融合结构描述、自由能等特征，提出 NFERM 模型。

研究表明，高质量的自然图像符合一定的统计规律[32]。因此，许多基于自然场景统计（natural scene statistics，NSS）特性的无参考型质量评价方法涌现出来。基于 NSS 的方法基于一个假设：高质量的自然图像符合一定的统计规律，而图像的质量退化会使得原有的统计分布产生偏移。Moorthy 等人[33]基于 NSS 特性，提出一个两阶段的质量评价框架 DIIVINE。如图 2-4 所示，首先对待测图像进行小波分解，提取小波系数分布的参数特征；然后基于参数特征回归预测待测图像的噪声类型；最后对每个噪声类型建立质量预测模型。后续基于 NSS 的方法大多直接对 GGD 拟合的参数特征直接进行质量回归，较少采用两阶段的做法，主要区别在于在不同的变换域（或者多个域）进行系数的参数特征提取。比较经典的方法还包括：NIQE[34]、BLIINDS[35]、BRISQUE[36]、GM-LOG[37]、IL-NIQE[38] 等。

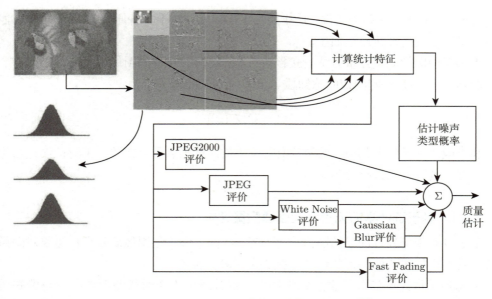

图 2-4 DIIVINE 无参考型质量评价框图 [33]

2.2.2 基于深度学习的无参考型图像质量评价

深度学习由于其强大的特征学习能力，被广泛应用于很多计算机视觉任务如目标检测、图像重构等。因此，基于深度学习的无参考型图像质量评价方法被越来越多的学者关注。基于式 (2-4)，其中，$\mathcal{F}$ 是图像特征提取模块，一般由卷积神经网络（CNN）或生成对抗网络（generative adversarial network，GAN）构成；$\mathcal{G}$ 是映射模型，一般由全连接层（fully-connected layers）或支持向量回归（support vector regression，SVR）构成。

1. 基于预训练深度模型的无参考型图像质量评价方法

基于深度学习的模型需要大量的数据支持，由于传统的 IQA 数据集规模比较小，不利于深度神经网络的优化。因此，早期的一些无参考型图像质量评价方法直接采用在其他计算机视觉任务（如图像分类）上预训练好的网络模型作为图像特征提取模块来缓解因数据量不够难以优化的问题，然后将提取到的特征输入到映射模型来预测图像质量分数。SFA-PLSR 方法 [39] 首先划分图像为多个重叠的斑块，然后采用预先训练好的 ResNet-50 神经网络模型 [40] 提取各个斑块的高级特征表示，进而采用三种不同的统计结构来聚合来自不同斑块的信息，最终采用一个线性回归模型将聚合后的特征映射为图像质量。BLINDER 方法 [41] 采用在物体识别任务预训练的深度神经网络，并提取不同层级的特征，用 SVR[42] 估计不同层级特征的质量分数，最后，通过对逐层预测的分数进行平均来估计图像质量，如图 2-5 所示。HFD-BIQA 方法[43-44] 联合基于视觉方向选择机制的局部手工结构特征和 ResNet 提取的深度语义特征，使用 SVR 预测图像质量。此类方法尽管可以缓解因数据量不足而难以优化深度神经网络的问题，但是基于其他视觉任务的预训练模型提取到的特征可能与图像质量评价任务关联性比较小，因为 IQA 是一个综合性较强的任务。

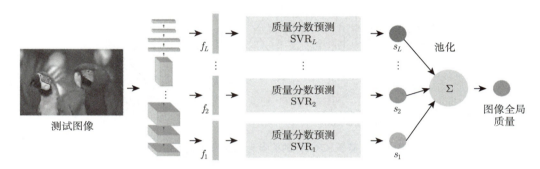

图 2-5　利用多层次深度表征进行无参考型图像质量预测[41]

2. 基于端到端优化训练的无参考型图像质量评价方法

为了能提取到与质量相关的特征表示，很多方法致力于开发端到端优化的网络模型，即端到端地联合优化图像特征提取模块和映射模型。CNN-IQA[45] 方法较早地将端到端的 CNN 引入无参考型图像质量评价模型的设计中，如图 2-6 所示，该模型包含一个卷积层，一个池化层，两个全连接层，是一个较简单的深度 CNN 模型。WaDIQaM 方法[14] 使用包含 10 个卷积层和 5 个池化层，以及 2 个用于回归的全连接层，以局部图像块（patch）作为输入，联合学习局部质量和局部权重，最终全局质量分数是局部质量的加权平均。

ARSANet 方法[46] 提出了细粒度的图像质量评价方法，采用 "CNN+LSTM" 的网络模型来逐级预测图像的层级语义的衰减。MetaIQA+ 方法[47] 基于预测不同失真度的图像时共享元知识，以不同失真的无参考型图像质量评价为多个子任务，建立任务选择策略，提出基于优化的元学习方法来增强模型的泛化能力，如图 2-7 所示。

BIECON 方法[48] 采用可靠的全参考型图像质量评价方法为每个图像块产生质量分数，借此来产生更多的训练数据以提高无参考型图像质量评价的性能。RankIQA 方法[49] 在合成的具有质量等级的数据集上预训练，并将预训练网络的知识转移到预测图像质量的深度网络中。MEON 方法[50] 提出了一个多任务的端到端优化模型，包括一个失真识别网络和一个质量预测网络，如图 2-8 所示。类似于 RankIQA[49]，MEON 通过为参考图像添加不同类型的噪声来扩展训练数据。CaHDC 方法[51] 使用多个全参考型图像质量评价算法为合成的数据集赋予伪质量值来增加训练数据，如图 2-9 所示，并建立了一个基于层级特征级联的神经网络来预测图像质量。

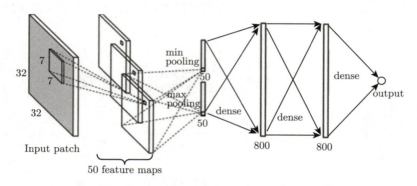

图 2-6　基于 CNN 的无参考型图像质量评价[45]

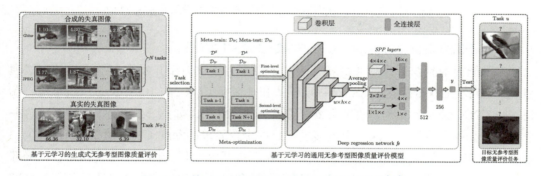

图 2-7　基于元学习的无参考型图像质量评价[47]

近年来，由于生成对抗网络（GAN）和 Transformer 在其他计算机视觉任务如图像生成、自然语言处理上的优异表现，也被应用到无参考型图像质量评价任务上来。H-IQA 方法[52] 采用 GAN 网络为失真图像产生一个伪参考图像，然后使用伪参考图像和失真图像之间的残差信息进行质量预测，如图 2-10 所示。RAN4IQA 方法[53] 基于自由能量大脑理论，类似于 H-IQA[52]，采用一个 GAN 模块对失真图像进行修复和重建，通过比较失真图像和修复图像之间的差异来预测质量分值。

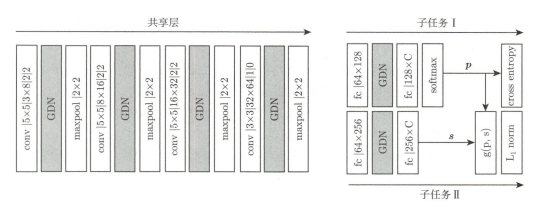

图 2-8　基于深度神经网络的端到端无参考型图像质量评价[50]

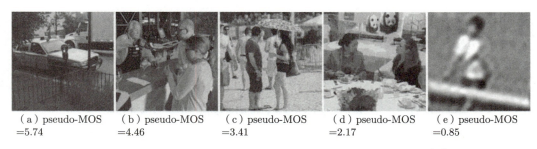

图 2-9　基于伪质量值（MOS）的大规模图像质量评价数据集[51]

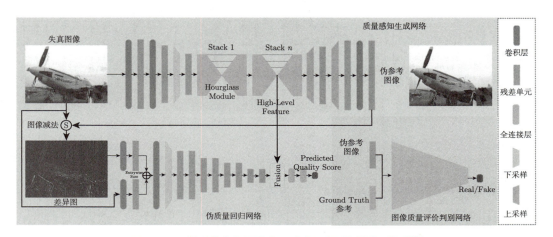

图 2-10　基于伪参考图像的无参考型图像质量评价[52]

然而，对失真图像进行修复和重建是一个不适定问题（ill-posed），即难以恢复出高质量的参考图像。因此，受大脑内在推导机制的启发，AIGQA 方法[54] 提出恢复失真图像的主要视觉内容，并设计多流深度神经网络，聚合失真图像、主要视觉内容、两者间的残差等信息完成图像质量预测，如图 2-11 所示。TRIQ 方法[55] 提出在卷积神经网络（CNN）提取的特征图之上使用浅层 Transformer 编码器的架构，并在自适应位置嵌入被应用于变形器的编码器，以处理具有任意分辨率的图像。考虑到基于 CNN 的模型的性能经常被训练中的固定形状约束所影响，为此，MUSIQ[56] 方法基于 Transformer 设计了一个多尺度图像质量变换器来处理具有不同尺寸和长宽比的原始分辨率图像以提高性能，如图 2-12 所示。

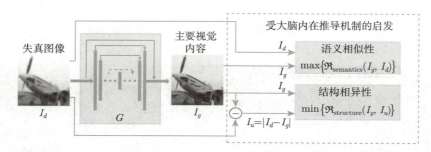

图 2-11　基于大脑内在推导机制的主要视觉内容预测[54]

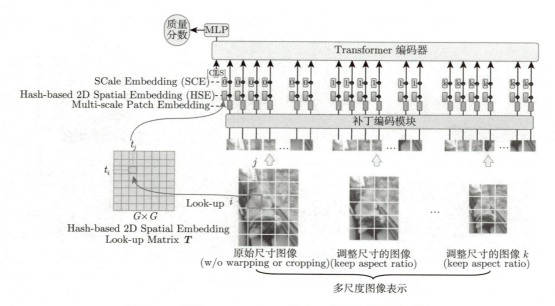

图 2-12　基于 Transformer 的多尺度图像质量评价[56]

2.3 图像美学质量评价

中国有句谚语：爱美之心，人皆有之。美国哲学家乔治·桑塔亚那（George Santayana）[57] 在 1896 年出版的《美的感觉》一书中指出：我们内心中都存在着一种非常激进且广泛存在的倾向，即观察美和评价美的倾向。从古至今，虽然对"美"的定义始终存在分歧，但人们对美的追求永无止境。漂亮的脸庞、美丽的风景、富有美感的产品设计等，总能给人带来身心愉悦的感受。美丽经济、美丽产业等，也饱含着人们对美好事物的向往，更赋予了"美"更多的内涵。

本讲的前两节对图像质量评价技术进行了深入的探讨，重点在于度量图像中的失真对人眼感知质量的影响。现代图像质量评价方法经历了十余年的快速发展，取得了长足的进步；尤其在深度神经网络出现之后，近年来提出了大量的图像质量评价方法，并且已经在一些领域中得到了应用，例如图像处理算法的性能评估、成像系统的设计、编码率失真优化、在线短视频质量审查等。同时我们也注意到，随着成像传感器技术的进步，尤其是近年来智能手机成像质量的显著提升，传统图像质量评价中的模糊、噪声、对比度低等问题已经得到了极大的改善，在日常多数环境下都能够拍出高质量的图像。因此，人们开始更多地关注拍出来的照片美不美。近年来，国内外主流的智能手机品牌都将摄影美学作为主要卖点，已经成为各大厂商竞争的新焦点。在此背景下，图像的美学评价在学术界和产业界开始受到越来越多的关注[58-61]，其代表性应用领域有如下几个方面。

- **构图推荐**。拍照已经成为人们日常生活中的一项重要活动，尤其在旅行、聚会、参加重要活动等场合。然而绝大多数人并没有专业的摄影经验，很难拍出高美学质量的照片。图像美学评价方法能够对拍摄场景的实时影像进行美学分析，并在此基础上给出拍摄的建议，从而指导用户拍出漂亮的照片。这一功能在智能手机摄影中有重要的应用前景，例如三星和 VIVO 等智能手机厂商都推出了具有构图推荐功能的手机，如图 2-13 所示。三星的 S10 Plus 手机能够基于图像的美学分析，为用户提供简单有效的拍照建议。VIVO X27 手机则具备独特的 AI 人像构图功能，只需将头像框与用户头像保持重合，在系统的帮助下就可以实现最优化构图与自动拍照。

- **图像美学增强**。随着智能手机的普及，图像的美化处理已经变得触手可及，很多智能手机和 APP 都具备"一键美图"的功能，并且很受用户的欢迎。一般在图像美学增强算法中，往往会有很多参数需要联合优化；而为了实现图像的自动美学增强，就需要对增强后的图像美学质量进行实时评估，进而实现算法参数的最优化，获得最好的图像美学质量,如图 2-14 所示。此外,还可以基于图像的美学质量评价实现图像的自动裁剪,即根据美学规则裁掉图像中的冗余区域,改善图像的构图,提升图像的美学质量。上述两个功能都是近年来图像美学评价在智能手机领域非常重要的应用,能很好地改善手机的用户体验。

(a)三星S10 plus 手机构图推荐　　(b)VIVO X27 手机智能构图推荐

图 2-13　智能手机拍照中的构图推荐

(a)原始图像　　(b)美学增强图像

图 2-14　图像美学增强示例

- **相册管理**。用户的相册管理是图像美学评价最有前景的应用场景之一。当人们看到漂亮的风景，或为了记录重要的人生时刻，总会不由自主地拍摄大量照片。时间一长，手机相册中便积累了海量的照片，一方面占用了大量的存储空间，同时也给照片的管理带来了极大的挑战。由于人们在使用手机拍照时，通常会对相同的场景拍摄多幅图像，而这些图像的美学质量往往参差不齐。因此，可以采用图像美学评价算法对图像进行自动评分，并自动向用户推荐最漂亮的照片，从而指导用户进行高效的相册管理。

- **广告设计**。产品的广告设计也是图像美学评价的重要应用领域，例如阿里巴巴的"鲁班"系统可以根据用户的行为和偏好智能生成并投放广告，如图 2-15 所示。该系统可以自动进行海量海报的设计，把商品、文字和设计主题等进行在线合成，获得符合目标用户偏好的海报并进行自动投放。"鲁班"系统在大数据训练的基础上，自身具备了"审美"的能力，能够自动判断海报的美丑，并对海报的元素进行动态调整以满足美学要求。此外，在电商平台中，根据商品图像的美学质量自动筛选封面图进行展示，也是美学评价的重要应用。

图 2-15 阿里巴巴"鲁班"系统设计的广告海报

本节将主要介绍图像的美学评价。提到美，多数人会认为图像的美学评价具有很强的主观性，因人而异；但实际上图像的美学评价同时具备共性和个性[62]。一方面，人们在对图像进行美学评价时，会遵循一些广泛认可的语义规则，例如，拍摄微距影像时往往要求目标突出并且景深较浅，而拍摄宏伟的建筑时往往会遵循对称性。另一方面，人们对图像美学质量的判断往往受到多种因素的影响，包括性别、年龄、性格、生活环境、教育背景、工作性质等。因此即使对相同的图像，不同的人评判标准也往往存在差异，体现出主观性。此外，上述因素究竟以何种方式影响人们对美的判断，至今仍知之甚少。针对图像美学评价的上述特点，现有研究可分为大众化图像美学评价和个性化图像美学评价，如图 2-16 所示。大众化图像美学评价主要挖掘图像中的共性语义知识表示，即预测大部分人（或称为"平均"用户）对图像美学的评判，可以进一步分为图像的美学分类、美学回归、美学分布预测和美学属性预测等。个性化图像美学评价则重点对用户的审美偏好进行建模，进而预测用户的个性化美学评分。根据所采用的技术路线不同，个性化图像美学评价又可以分为基于用户交互的方法、基于社交数据的方法和基于视觉偏好的方法。

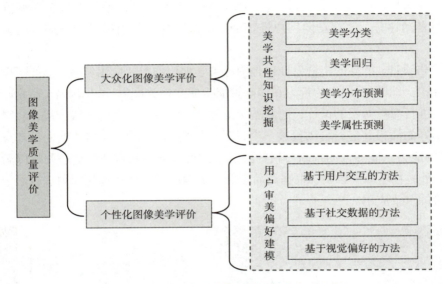

图 2-16　图像美学质量评价的研究方法分类

2.3.1　大众化图像美学评价

相比于计算机视觉中的检测、识别、分割等经典任务，图像美学评价任务更加抽象，研究的难度和挑战性也更大。因此，大众化图像美学评价的研究遵循由易到难的思路，即美学分类、美学回归、美学分布预测和美学属性预测。在所采用的技术方法上，早期的研究主要采用手工设计的特征，近年来则主要以深度学习方法为主。下面，首先对大众化图像美学评价研究中常用的公开数据库和主要性能评价指标进行介绍，然后分别对 4 类大众化图像美学评价任务进行综述和分析。

1. 大众化图像美学评价数据库

（1）Photo.net[63]　　该数据库由美国宾夕法尼亚大学 James Z.Wang 教授团队于 2006 年构建，共包含了 20 278 幅图像，均来自在线图像分享网站 Photo.net。数据库中的每一幅图像都有 10 个以上的人打分，并且同时提供了 4 个方面的标注信息：平均美学评分，范围为 [1, 7]；平均原创性（originality）评分，范围为 [1, 7]；图像的浏览次数；用户打分的次数。此数据库中的图像美学评分总体较高，主要用于图像的美学分类研究。

（2）DPChallenge[64]　该数据库同样由美国宾夕法尼亚大学的 James Z. Wang 教授团队于 2008 年构建，共包含 16 509 幅图像，均来自在线图像分享网站 DPChallenge.com；每幅图像至少由一个用户评分，美学评分的范围为 [1, 10]。该数据库主要用于图像的美学分类研究。

（3）CUHK-PQ[65-66]　该数据库由香港中文大学汤晓鸥教授团队于 2011 年构建，共包含 17 673 幅图像，来自专业摄影网站。此数据库中的图像分为了 7 种类别，包括动物、植物、静物、建筑、风景、人物和夜景。图像标注由 10 个人完成，在去除不明确的中间类别后，将 17 673 幅图像分为了高美学（4 517 幅）和低美学（13 156 幅）。该数据库主要用于图像的美学分类研究。

（4）AVA[67]　AVA（aesthetic visual analysis）是目前图像美学评价研究中规模最大、使用最广泛的数据库，由西班牙巴塞罗那自治大学的 Naila Murray 教授于 2012 年构建，共包含 255 530 幅图像，均来自 DPChallenge.com 网站。该数据库的标注主要来自摄影爱好者，每幅图像的标注人数在 78~549 之间（平均约 210 人），标注分数的范围为 [1, 10]。除了总体的美学评分，AVA 数据库中的一部分图像还标注了语义标签（66 类）和审美风格标签（14 种）。多数文献在使用该数据库进行研究时采用统一的数据划分，即使用约 230 000 幅图像进行训练，在剩余约 20 000 幅图像上进行测试。AVA 数据库标注丰富，可同时用于图像的美学分类、美学回归和美学分布预测，因此在美学评价研究领域是应用最广泛的数据库。

（5）AADB[68]　AADB（aesthetics and attributes dataBase）是一个针对图像美学属性分析的数据库，由美国加州大学欧文分校的 Shu Kong 等于 2016 年构建。该数据库共包含 10 000 幅图像，通过众包的方式（Amazon Mechanical Turk）给每幅图像标注了 11 种美学属性和总体的美学评分，每幅图像至少由 5 个用户做了标注。11 种美学属性包括光照、色彩和谐性、色彩生动性、运动模糊、景深程度、三分构图、平衡元素、对象的强调、内容有趣性、重复性和对称性，属性的标注分数范围为 [-1, 1]；图像的总体美学评分范围为 [1, 5]。图 2-17 给出了数据库中的美学属性标注示例[69]。该数据库构建的目的主要是用于图像的美学属性分析，使模型具有可解释性。同时，AADB 数据库也可用于美学分类、美学回归和美学分布预测。此外，由于数据集在构建时还提供了每一位标注者的 ID（总共约 190 人），AADB 还可以用于个性化图像美学评价研究。

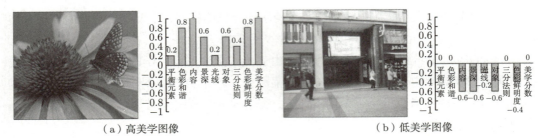

图 2-17　AADB 数据库中图像美学属性标注示例[69]

（6）EVA[70]　EVA（explainable visual aesthetics）数据库由法国巴黎–萨克雷大学的 Giuseppe Valenzise 教授课题组于 2020 年构建，主要目的是研究具有可解释性的图像美学评价。该数据库包含 4070 幅图像，定义了 6 类内容，即动物、建筑与城市景观、人物、自然景观、静物生活、其他；通过众包的方式给每幅图像标注了 4 种美学语义属性，包括光与颜色（light and color）、构图与景深（composition and depth）、质量（quality）和语义（semantic）。相比 AADB 数据集中所标注的美学属性，EVA 中标注的 4 类美学属性更加综合且互补性更强，如把光线与颜色、构图与景深作为整体进行标注。同时，增加了图像质量分数标注，侧重于图像中的失真，可用于挖掘失真与图像美学之间的关系。此外，EVA 数据库中还标注了打分的难易程度、美学分数标注时每个属性的重要程度等相对主观的信息，能更好地解释用户打分的原因。EVA 数据库主要用于图像的美学属性预测，同时也可以用于图像的美学分类、回归和分布预测。

上述 6 个大众化图像美学评价数据库按照构建的时间顺序，Photo.net、DPChallenge 和 CUHK-PQ 主要用于图像美学分类，在美学评价研究的早期发挥了重要的作用。但随着该领域研究的深入以及深度学习方法的出现，这三个数据库上的性能接近饱和。目前的大众化美学评价方法主要采用 AVA 和 AADB 两个数据库进行性能验证；但 AADB 中包含的图像相对较少，更适合于验证算法的扩展性能。AADB 和 EVA 是两个具有代表性的面向图像美学属性分析的数据集，对于研究具有可解释性的图像美学评价具有重要的价值；但由于标注的工作量大、标注难度高，两个数据集的规模都相对较小，尤其是 EVA。

2. 大众化图像美学评价的性能评价指标

（1）美学分类指标　图像的美学分类指标主要采用总体准确率（Accuracy, ACC），定义如下：

$$ACC = \frac{TP + TN}{P + N} \tag{2-5}$$

其中，TP 与 TN 分别表示通过算法正确分类的正样本图像数量和负样本图像数量，P 与 N 分别表示正样本和负样本图像数。ACC 的取值范围为 [0, 1]，数值越高表示分类的性能越好。

（2）美学分数回归指标　美学分数的回归任务中，通常用模型预测的分数与真实标注分数的一致性指标进行评价，主要采用斯皮尔曼相关系数（Spearman Rank Order Correlation Coefficient, SROCC）。记 s_i 和 $\hat{s}_i$ 为第 i 个图像在真实标注的美学分数和模型预测的美学分数中的排序，首先计算出两个排序的等级差异：

$$d_i = s_i - \hat{s}_i \tag{2-6}$$

在此基础上，SROCC 指标定义如下：

$$\text{SROCC} = 1 - \frac{6 \sum_{i=1}^{N} d_i^2}{N(N^2 - 1)} \tag{2-7}$$

其中，N 表示图像的总数。SROCC 取值范围为 $[-1, 1]$，数值越大表示模型的性能越好。对于美学属性预测，往往采用与美学回归类似的 SROCC 指标进行算法的性能评估。

（3）美学分数分布预测指标　对一幅图像，不同用户的评分往往存在差异，美学分布则是反映这种差异的有效手段。通常采用 EMD 距离（Earth Mover's Distance）计算模型预测的分布与真实美学分布间的差异，定义如下：

$$\text{EMD} = \frac{1}{N} \sum_{i=1}^{N} \left(\frac{1}{K} \sum_{k=1}^{K} |\text{CDF}_{\hat{s}_i}(k) - \text{CDF}_{s_i}(k)|^r \right)^{\frac{1}{r}} \tag{2-8}$$

其中，N 表示测试图像的数量，$\text{CDF}_s(k)$ 表示累积分布函数；参数 r 一般设置为 2。EMD 数值越低，表示美学分布预测越准确。

3. 图像美学分类

在图像美学评价研究的初期，研究者们主要关注美学分类问题，即通过建模将图像划分为高美学和低美学两类。虽然在计算机视觉问题中二分类问题较为简单，但是由于图像美学的高度抽象性，时至今日美学二分类问题仍然是很多学者研究的对象。例如，在最著名的 AVA 数据集上，目前最先进的算法美学二分类的准确性也只达到 85% 左右；尤其是对于一些中等美学程度的图像，现有的模型在分类上仍存在困难。

早期的图像美学分类方法主要通过设计手工特征进行算法的设计，主要思路是参考人们在判断图像美学时的一些直觉和被大众广泛接受的摄影规则，例如构图、光线与颜色的运用、对称性、画面的简洁性等，如图 2-18 所示。

文献 [63] 中，Datta 等人提取图像中的九大类共计 56 维特征进行美学建模，包括曝光与色彩、饱和度与色调、三分法则、熟悉程度（familiarity measure）、纹理、图像尺寸与长宽比、区域的构成（region composition）、景深参数、目标形状的凸性（shape convexity），这些特征从不同的角度描述了潜在的图像美感来源。在对上述 56 维特征进行选择与优化后，Datta 等人采用支持向量机（SVM）构建美学分类模型，并在 Photo.net 数据集上对算法的性能进行了验证。

图 2-18　摄影中一些常用的规则

文献 [71] 中，Ke 等人则主要从高层次特征提取的角度挖掘对人的审美起关键作用的因素进行度量。通过咨询专业摄影师、业余摄影爱好者和普通大众，同时结合摄影书籍，Ke 等人认为影响图像美学最重要的三个因素为：照片构图的简单性（simplicity）、写实性（realism）和基本的摄影技巧。简单性，即好的摄影作品往往具有非常突出的目标，摄影主体与背景易于区分，可以通过背景的模糊化、主体与背景在配色和光线上的高对比度来实现。写实性，即专业摄影师往往通过一定的技巧使拍出的照片具有一定的超现实主义感觉，而一般人日常的拍照往往更加注重拍摄对象的真实性，可以通过调色板、相机设置、主题进行描述。基本的摄影技巧，如照片模糊、对图像整体对比度的把握等。基于上述发现，Ke 等人设计了以下五类特征：图像中边缘的空间分布、颜色分布、色调数、对比度、亮度；在此基础上采用朴素贝叶斯分类器进行图像的美学二分类。

在美学分类研究的早期，研究者们还尝试将计算机视觉中的通用视觉特征用于美学评价模型的设计。在文献 [72] 中，Marchesotti 等人从图像中提取用于图像语义理解的视觉词袋（bag-of-visual-words, BOV）特征、费希尔向量（fisher vector, FV）特征、尺度不变特征变换（scalc-invariant feature transform，SIFT），以及用于场景分类的 GIST 特征等，结合支持向量机（SVM）进行美学分类，也取得了不错的效果。这一研究说明，虽然这些特征是为一般的视觉理解任务而设计，它们仍然能够隐式地表示一些重要的图像美学因素。例如，BOV 和 FV 特征中所编码的图像局部区域分布信息，能够在一定程度上反映图像中的锐度、对比度、饱和度，因此对图像的美学分类表现出积极的作用；GIST 特征所编码的图像场景信息，也能在一定程度上反映图像的整体构图信息。这也说明，常见的视觉任务与美学评价任务存在一定的共性，视觉理解任务中使用的特征能为美学评估特征的设计提供参考。当然，考虑到美学任务的高度抽象性，美学评估任务中往往需要一些更加抽象、语义性更高的特征，从而构建更加高效的美学模型。

上述方法基于人们的审美规则，有针对性地设计手工特征以实现美学评估。由于美学评估任务的抽象性和复杂性，加之人们对美学的认知仍存在很多不足，手工设计的特征很难全面地描述美学特性。在深度学习技术出现以后，主流的美学评价方法都开始采用卷积神经网络（CNN）进行建模，其主要特点是可以根据输入数据和相应的标注，自动地学习数据中隐含的规律，进而提取更具表示能力的特征，而这与美学评价任务的特点有一定的共性。

Lu 等人 [73] 提出的 RAPID 算法是最早将深度学习引入图像美学评估的代表性的工作之一。该方法引入双流网络，分别输入待评价图像的全局视图和细粒度局部视图；双流网络的卷积层和前两个全连接层相互独立，和最后一个全连接层联合训练。生成全局视图时，首先对原始图像进行缩放，然后分别进行中心剪切（center cropping）、扭曲（warp）和边界填充（padding），以适配深度网络对输入图像的大小限制；局部视图则从原始图像中直接进行随机裁剪若干块，以满足网络输入。此外，Lu 等人还利用了图像的风格属性辅助模型的训练，以获得好的学习效果。在 AVA 数据库上，RAPID 算法的性能明显优于传统的方法。

考虑到单个图像块无法有效地代表整幅图像的美学特性，Lu 等人 [74] 进一步提出了一种基于多图像块聚合的深度网络（DMA-Net）。该方法将从图像中选出的多个图像块输入到共享的 CNN 网络，并有针对性地设计了两种特征聚合结构，即统计聚合和全链接排序聚合，进而获得图像的整体美学分数。该方法的框图如图 2-19 所示。

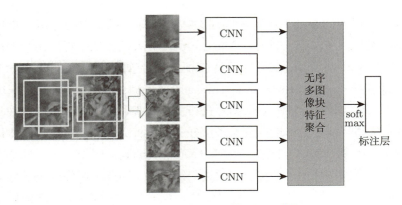

图 2-19 DMA-Net 算法框图[74]

Ma 等人[75]提出了一种基于自适应构图感知型的多图像块聚合网络（A-Lamp）。该方法的主要出发点是发现之前的多图像块聚合方法都没有考虑图像块之间的布局关系对图像美学质量的影响。为了解决这一问题，他们提出在多块聚合网络的基础上，增加图像的构图感知子网络，用于挖掘块与块之间的空间结构关系。多块聚合子网络与 DMA-Net 的做法类似，构图感知子网络的结构如图 2-20 所示：首先从图像中自适应地选取局部块，然后构建局部与全局属性以描述目标之间的拓扑结构和图像的结构，在此基础上构建属性图，最后通过聚合层获得构图感知特征。该方法在 AVA 数据集上获得了 82.5% 的美学二分类准确性。

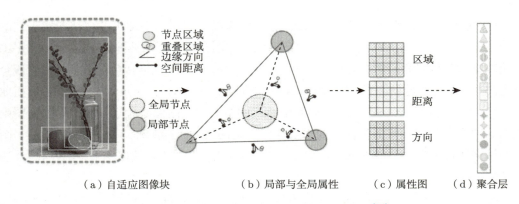

（a）自适应图像块　　（b）局部与全局属性　　（c）属性图　　（d）聚合层

图 2-20　A-Lamp 方法的构图感知子网络[75]

图像的美学分类是美学评价中研究最早、最成熟的方向，传统基于手工特征的方法和早期基于深度学习的方法主要针对该问题进行研究。目前，主流的美学二分类方法在最著名的 AVA 数据集上的分类准确性在 80% 至 85% 之间。需要注意的是，图像的美学分类任务存在如下缺点。① 图像的美学二分类在评价的粒度上较粗，仅能给出图像高美学或低美学的分类结果。同时，图像美学分类算法往往面临一个困境，即对于中等美学程度的图像，多数算法都不能很好地评价。例如，对于 AVA 数据集中标注分数在 5 分左右的图像，不同的人在评价时往往存在很大的偏差（标注方差大），因此算法也很难给出可靠的分类结果。针对这一特点，部分算法在进行实验时有意删除标注分数在 $5\pm\delta$（δ 通常取 1）之间的图像，以减少分类的不确定性。在文献 [76] 中，Jang 等人则提出了一种图像美学三分类算法（高美学、中等美学、低美学），将 AVA 数据集中美学分数在 4.5~6.5 之间的图像定义为中等美学进行分类。② 由于美学分类方法较粗的评价粒度，在实际应用中比较受限，很难满足图像美学增强、照片优选等场景的应用需求。在这类场景中，往往需要评价模型能够对图像给出连续的美学分数预测，即美学分数回归。因此，近年来的图像美学评价更多地集中在图像美学回归任务。

4. 图像美学回归

美学回归任务可以在更细的粒度上进行评估，即对一幅图像可以输出连续的美学质量分数，该分数的真值一般定义为多个用户评分的平均值，即大众化分数。Datta 等人设计了一个图像的美学质量推理引擎 ACQUINE[77]，采用文献 [63] 中提出的手工设计特征（不包含形状的凸性特征和熟悉程度特征），结合 SVR 实现美学分数的回归。Jin 等人 [78] 提出了一种基于加权 CNN 的图像美学分数回归算法，该算法针对 AVA 数据集中的图像美学分数分布严重不平衡，绝大多数美学分数都集中在 4~6 分之间的问题，提出给不同的训练图像样本赋予不同的权值。具体地，Jin 等人首先根据美学分数出现的频次计算样本的权值，然后在网络训练的过程中计算加权损失，从而使 CNN 对不同美学分数段的图像都具有好的分数回归能力。文献 [79] 中，Pedro 等人提出了一种面向图像搜索排序的美学分数回归算法，采用了 8 类手工设计的特征进行图像美学分数的回归建模，包括：亮度、对比度、饱和度、色彩、清晰度、自然性、基于小波变换的纹理特征、景深特征。Li 等人在文献 [80] 中提出了一种基于多任务学习的图像美学回归方法，将图像的美学分数回归任务和人的性格预测任务以多任务学习的方式结合在一起联合学习，如图 2-21 所示。该算法的主要思想是：图像美学分数回归任务中的主观标注是多个用户标注的均值，不同用户标注差异产生的一个重要原因是性格不同，因此认为美学回归和用户的性格预测是两个密切关联的任务，而多任务学习能够有效挖掘两个任务之间的深层次关联，促进美学回归任务。

图像美学分数回归任务能够对一幅图像产生连续的分数预测，从而更好地指导图像优选、美学增强、成像优化等任务，在实际环境下具有更广泛的应用前景。此外，对产生的美学分数做二值化处理即可得到图像的美学分类结果。同时，需要注意的是在美学回归任务中，图像的标注为众多被试者打分的平均（MOS），因此这一标注体现的是"平均被试"对图像美学的感觉，无法真实地体现不同的被试对图像美学评分的差异。

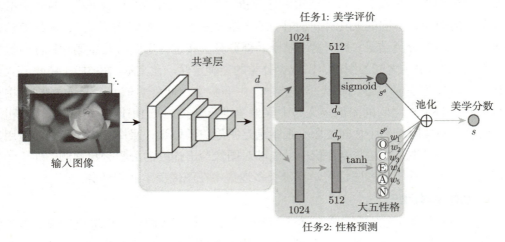

图 2-21　基于性格驱动的美学多任务学习网络[80]

5. 美学分布预测

图像美学评价数据集在构建时，往往需要很多被试共同参与，进而获得可靠的标注，例如 AVA 数据集中每一幅图像约有 210 人进行了标注。美学回归任务则对用户标注的均分进行预测，以获得大众化的美学分数。然而，图像美学评价任务与传统的检测、识别等任务不同：检测与识别任务中用户在标注时一致性非常高，而图像的美学评价本身具有较高的主观性，导致用户的标注分数存在差异。这种标注的差异无法消除，是图像美学评价的固有特点，反映了用户的美学偏好差异。从这个角度来看，直接计算用户标注的均分作为标签进行预测，无法反映用户对美学评分的多样性特点，存在固有的缺陷。因此，近年来的研究主要以美学分布预测为主。此外，在获得美学分布的预测结果后，可以进一步转化为图像的美学分数和分类结果。

Murray 等人[81]较早提出了一种基于 CNN 的图像美学分布预测方法，采用 ResNet-101 作为主干网络，结合空间金字塔池化缓解输入图像大小约束对美学评估的影响。其在模型设计中，还结合了基于 ImageNet 的图像分类任务，获得能够编码语义信息的特征，指导美学模型的训练。Talebi 等人[82]提出了一种简单有效的图像美学分布预测方法，采用基于 ImageNet 的预训练网络，将最后一层更换为含有 10 个神经元的全连接层，后接 softmax 获得图像的美学分布预测结果。文献 [83] 提出了一种基于 JS 散度（Jensen-Shannon divergence）累积分布的 CNN 网络（CJS-CNN），进行图像美学分布的预测。其作者认为传统的深度卷积网络不能直接应用于美学分布的有序性（ordinal）预测；同时为了缓解用户标注不稳定的问题，提出了基于分数分布峰度的可靠性敏感学习方法，采用归一化的分数分布直方图计算峰度值。其作者同时指出，对于偏态分布，中值比均值更适合描述美学，而方差、偏度和峰度可共同用于描述图像美学的主观性，即图像美学评分的一致性程度。Cui 等人[84] 提出了一种基于语义感知混合网络的图像美学分布预测方法。为了缓解深度网络需要固定大小图像输入的问题，他们采用全卷积网络（FCN）进行特征提取。为了融合语义信息，提取了基于 FCN 的目标检测特征与场景识别特征，同时设计了三种特征的融合子网络，进而获得美学分布的预测结果。

文献 [85] 中，She 等人指出相比于传统的卷积网络，图卷积网络（GCN）更适合于挖掘图像局部区域间的复杂关系，从而获得更准确的图像美学评价。基于这一特点，他们提出了一种具有层次化构图感知特性的 GCN 网络（HLA-GCN），由两个能够感知构图特性的 GCN 模块构成，如图 2-22 所示。在第一个 GCN 模块中，直接在空间域构建图结构进行第一层推理；在第二个 GCN 模块中，首先将第一个图结构中的节点进行语义聚合，进而形成具有更高语义的节点，然后进行第二层推理。最后，将两个 GCN 模块的输出进行融合，获得最终的图像美学评价结果。

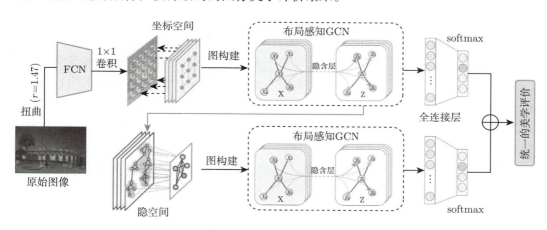

图 2-22　基于层次化构图感知 GCN 的图像美学评价[85]

图像的美学分类、美学回归和美学分布预测三个任务之间密切关联，基于这一特点，Zeng 等人[86] 提出了一种图像美学评价的统一性框架。具体地，他们提出了一个基于概率的框架，同时适用于上述三个图像美学评价任务，同时提出了一种新的损失函数用于网络的训练。此外，他们还深入分析了图像的美学评分分布中的噪声，并提出了一种更加稳定的分数分布优化方法，可以在训练美学评价网络时获得更加优秀的性能。

6. 美学属性预测

近年来的图像美学评价方法基本都采用深度学习进行建模，随之而来的问题是模型缺少可解释性，即无法给出模型预测结果的依据，这在很多实际应用中是一个缺陷。相比而言，人在对一幅图像进行美学评分时，往往会根据一些代表性的美学语义属性，例如光的使用、颜色的搭配、目标是否突出等。因此，为了获得具有可解释性的图像美学评价方法，可以从图像的美学语义属性预测入手。

针对图像的美学属性预测，目前的研究工作相对较少。Kong 等人[68]于 2016 年率先发布了图像美学与属性数据集 AADB，对数据集中的每一幅图像都标注了 11 种美学属性和美学分数。在此基础上，Kong 等人提出结合图像的美学属性特征与图像内容特征，共同进行图像美学预测。该方法在预测图像的总体美学分数的同时，可以同时获得美学属性的预测，进而对美学预测的结果进行解释，获得了良好的结果。Malu 等人[87]采用多任务学习网络将图像的美学属性与总体的美学分数进行联合学习，并在此基础上提出了一种基于梯度反向传播的可视化方法，可以对不同属性重要的区域进行标识，进而实现模型的可解释性。Malu 等人在 AADB 数据集上进行了实验，在美学属性预测和总体美学分数的预测性能上都获得了一定程度的提升。

图像中的美学属性与美学质量密切关联，但是不同类型的图像美学评价的依据存在差异。例如，在一幅微距拍摄的图像中，低景深和目标是否突出是影响其美学质量的主要因素；而在一幅拍摄海边落日的图像中，光线与色彩的使用则是决定其美学质量的主要因素。因此，在图像美学属性预测的过程中，应当充分考虑图像场景的类别。针对这一特点，文献 [88] 提出了一种场景辅助的图像美学属性预测多任务学习网络，通过场景分类任务学习到的场景特征与美学任务特征进行融合，获得场景增强的美学特征，进而实现图像的美学属性和总体美学分数的预测，取得了不错的效果。此外，其还对 AADB 数据集中部分美学属性预测性能不佳的潜在原因进行了分析，例如平衡元素和三分法则两种美学属性预测性能较差，可能和数据集中样本的分布极度不平衡有着直接的联系。

上述图像美学属性预测方法将所有的属性同等对待，并且采用相同的特征进行预测，而这种方式与人的审美过程存在差异。心理学相关研究表明[89]，人对图像的审美是一个阶段化的信息处理过程，首先进行图像的感知分析（包括颜色、光线、对比度等），然后过渡到隐式的记忆联想，进而对图像的内容和风格进行分类，最后基于认知理解实现美学判断。受此启发，文献 [69] 提出了一种层次化的图像美学属性预测方法，首先将图像的美学属性进行分组，然后采用深度网络对不同层次的特征进行预测，如图 2-23 所示。

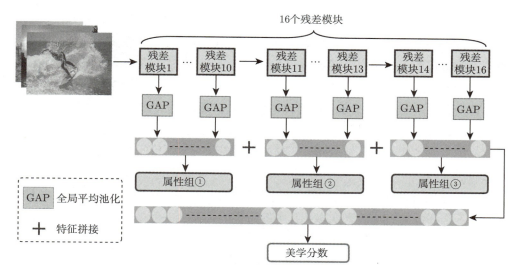

图 2-23 心理学启发的层次化图像美学属性预测方法[69]

在研究中，基于 AADB 数据集中的属性标注，文献 [69] 将美学属性划分为三组，即①光线与颜色属性组，②构图属性组，③内容属性组。属性组①包含颜色的鲜艳度、颜色和谐性和光线使用；属性组②包含平衡元素、三分法则、低景深和目标突出特性；属性组③包括内容。对属性组①，采用深度网络的低层特征进行预测，对属性组②采用中层特征进行预测，对属性组③采用高层特征进行预测。最后，结合所有层次的特征对图像的总体美学分数进行预测。在 AADB 数据集上的实验结果表明，这种层次化的图像美学属性预测方法相比传统一体化的预测方法，在性能上得到了较大幅度的提升。

7. 大众化图像美学评价的问题与挑战

图像美学评价的研究已有近 20 年的历史，主要集中在大众化评价。早期的研究主要采用手工设计的特征，结合传统机器学习方法（如 SVM）进行图像美学评价。受限于手工特征的表示能力，早期的方法主要集中于较为简单的美学二分类任务，在性能上也不够理想，因此在学术界和产业界受到的关注较少。随着 2012 年大规模图像美学分析数据库 AVA 的发布，以及深度学习技术的飞速发展，现有的图像美学评价方法基本上都采用深度神经网络进行设计。得益于深度网络强大的特征自动学习能力，图像美学评价近年来在学术界和产业界都受到了广泛的关注；美学评价研究任务也从简单的美学二分类，拓展到了美学分数回归、美学分布预测和美学属性预测等。计算机视觉和多媒体领域的主要学术会议，如 CVPR、ICCV、ECCV、IJCAI、ACM MM、ICME 等，每年也都有图像美学评价方向的论文发表。同时，国内外主要的互联网与智能手机企业，如 Google、华为、腾讯、阿里巴巴、OPPO、VIVO 等，都有图像美学评价的研究，也说明美学评价在产业界的广泛需求。

虽然近年来图像美学评价的研究得到了长足的进步，但是相对于图像分类、检测与识别等传统的计算机视觉任务，在研究的深度与广度上仍存在一定的差距。在应用方面，虽然图像美学评价在智能手机摄影、相册管理、封面图优选等方面有重要的需求，但是目前仍未看到成熟的落地应用。究其原因，图像美学评价研究仍存在以下几个方面的问题与挑战。

（1）主题引导的图像美学评价 相比传统的视觉任务，图像美学评价任务更加抽象。图像美学评价的影响因素众多，其中最重要的因素之一就是图像的主题。人们在日常摄影中，会根据不同的摄影主题采用不同的摄影技巧。相应地，在美学评价模型的设计中，也应当根据主题的不同采用不同的评价策略。文献 [66] 将图像分成七种常见的类别（动物、植物、静物、建筑、风景、人物和夜景），并设计了不同的主题区域和特征提取方法，进而实现了更为高效的图像美学分类。文献 [90] 提出了一种基于多场景感知的图像美学分类模型，在深度卷积网络的高层，增加一个场景感知层，由 7 个并行的场景感知单元组成。场景感知层的融入，提升了模型的美学分类性能。文献 [91] 中则采用了多任务学习的框架，将图像的美学评价任务与内容识别联合学习，通过内容识别任务增强美学评价任务，获得了优秀的性能。类似地，文献 [88] 中结合场景识别对图像的美学属性进行预测，包括动物、建筑与城市风景、人类、自然田园风景、静物、其他，场景信息的融入对美学属性的预测起到了积极的作用。Jia 等人 [92] 也提出了一种主题感知的图像美学分布预测方法，将 AVA 数据集中图像的 1 397 种主题进行独热编码（one-hot coding），进而实现主题特征的融入，在 AVA 数据集中上取得了优秀的性能。与前面几种方法不同，该方法直接采用 AVA 数据集在构建时 DPChallenge 网站上定义的竞赛主题，例如严酷的环境（harsh environment）、运动模糊（motion blur）、颜色上的颜色（color on color）、越线（crossing the line）等，这种主题与实际摄影环境中通常使用的主题存在一定的差异。

人们对图像美学的评价是一个高级的认知过程，首先会对图像进行主题理解，在此基础上根据图像所呈现的主题特点分析图像的美学属性，最后通过推理获得图像的美学评价。在整个过程中，主题理解是一个基础，对于不同的主题，人们会采用不同的规则进行美学评价。因此，如何进行准确的图像主题分类与理解，是实现美学评价的关键问题。目前多数方法采用场景识别的方法确定图像的主题，并且通常将主题分为 7 种左右。文献 [92] 中采用 DPChallenge 网站定义的 1 397 种主题，这种主题与一般摄影中的主题有所不同，不具备通用性。真实环境下，人们在摄影过程中的主题类别非常多样化，因此如何定义最佳的主题数量是需要解决的首要问题。现有多数方法中定义的 7 种左右主题很难覆盖大千世界中的摄影场景，因此主题的数量应该足够多，以保证全面地覆盖摄影中的真实主题类别。与此同时，主题的类别又不宜过多，以保证主题的代表性。图像主题在美学评价中的引导性作用已经被研究者广泛认可，然而如何科学地对摄影主题进行分类仍是一个有待深入研究的问题。此外，现有方法主要采用简单的多任务学习方式将图像的主题特性与美学特征进行融合，如何设计更为高效的融合策略，也是一个有待探索的问题。

（2）美学先验知识表示　人类的审美一定程度上是生物进化的结果，在长期的进化过程中，人类形成了审美的共识，这些共识可以跨越地域、种族与文化等，具有长期的稳定性。同时，审美也是一项高级的精神活动，审美能力的形成需要后天的学习和培养。例如，近年来国家大力推行美育，通过美育提升人们发现美、认识美与欣赏美的能力。而随着智能手机的普及，拍照也成为人们日常生活中最基本的一项活动。为了能够拍出漂亮的照片，人们会学习一些摄影方面的书籍，或者参加一些摄影培训。因此，专业的摄影中蕴含很多美学的先验知识，这些知识能够很好地辅助图像美学评价模型的设计。然而美学先验知识的定义与表示，以及在图像美学评价建模中的应用仍然很少，是一个值得深入探索的方向。

传统手工方法设计的美学特征可认为是一种较为初级的美学知识表示方法，因为这些特征都是基于人们对图像中美学要素的理解。文献 [93] 对手工设计的图像美学特征进行了全面的分析，在此基础上提出了一种融合手工特征与深度特征的美学评价方法，在深度网络的高层将两类特征进行结合实现美学分数的预测，提升了深度网络的预测性能。这种借助于手工特征进行美学先验知识融合的方式较为简单和直接，但由于手工特征在美学知识的表示方面存在固有的局限性，因此需要更加深入地研究图像美学评价中的知识表示，可以从以下几个方面开展探索。① 构建美学知识库。人们在成长过程中会将所学的审美经验通过大脑进行存储，因此在执行新的美学评价任务时会调用大脑中存储的先验知识作为参考，进而实现快速高效的美学评价。因此，可以尝试模拟这一过程，构建可用于图像美学评价的知识库。例如，可以从专业摄影网站搜集高美学图像，从中提取表示图像美学的特征与属性表示，作为图像美学评价的参考。② 美学相关任务的先验知识融合。图像的美学评价受到多种因素的共同影响，例如前面提到的场景与主题，因此可以采用预训练的深度网络作为此类知识的表示，进而实现美学相关的先验知识融合。此外，图像的美学质量还与图像的失真强度，以及所呈现出的情感极性等有着密切的联系。例如，失真严重的图像呈现高美学的可能性较低，高美学图像中的失真往往很少；正向情感的图像呈现高美学的可能性较高，负向情感（如恐怖、恶心等）呈现高美学的概率较低。因此，这一类视觉任务中所蕴含的知识也可以迁移到美学评价任务上，提升美学评价模型的预测性能。③ 认知与心理学知识融合。人类的审美是一种高级的精神活动，其中蕴含丰富的认知科学与心理学原理。因此，认知心理学中的相关原理，可以为美学评价模型的设计提供基础支撑。文献 [80] 受到审美心理学研究的启发，提出了美学属性的层次化预测方法，是一个初步的尝试。然而，这一方向的研究仍然十分匮乏，需要更多的多学科交叉研究和探索。

（3）美学评价模型的可解释性　近年来的图像美学评价方法主要采用深度学习进行研究，然而深度网络的"黑盒"特性导致现有的美学评价模型难以解释。换句话说，模型仅能给出图像的美学质量预测结果，却无法给出美学预测的依据。这在很多实际应用中很难满足需求，例如当将美学评价模型用于摄影构图推荐时，需要知道图像美学质量高低的原因，从而有针对性地给出构图建议。再如当将美学评价模型用于图像增强时，也需要模型能够给出图像哪个方面的美学质量高或低，从而实现有针对性的美学增强。美学属性预测任务可以较好地解决美学模型可解释性差的问题，然而现有针对图像美学属性的数据集较少，主要为 AADB 和 EVA。然而，这两个数据集中的图像数量相对较少，难以满足深度学习网络的学习要求，因此需要构建更大规模的图像美学属性数据集。此外，针对图像美学属性预测的研究仍然处于起步阶段，在预测的准确性方面仍然存在较大的不足。另外，图像的美学描述（captioning），也可以用于图像美学质量评价的解释。例如，文献 [38] 提出了图像美学属性的描述方法；文献 [94] 则提出了图像美学的一般性描述方法。这些方法也为图像美学的可解释性提供了很好的研究思路，但是目前这方面研究的深度上还远远不够，需要更多的探索。

（4）美学评价模型的扩展性　模型的扩展性是计算机视觉中的经典问题，在图像分类、目标检测与识别等传统视觉问题中已有广泛的研究，也出现了大量的研究成果。然而，美学评价模型的扩展性至今仍很少被关注，也鲜有文献发表。图像的高质量美学分数标注代价高昂，因此现有美学评价数据库中的图像数量普遍偏少。除了著名的 AVA 数据集含有约 25 万幅图像外，其他数据集中的图像数量普遍较少，因此基于这些数据训练的美学评价模型存在较大的过拟合风险。目前美学评价模型的扩展性关注较少，可能的原因是现有的美学模型性能仍然相对较低。例如在 AVA 数据集上，最先进算法的美学二分类性能仅仅在 85% 左右，而美学分数回归的性能也仅仅在 0.75 左右（预测的单调性指标 SROCC），与传统视觉任务的性能存在较大的差距。与此同时，需要注意的是由于图像美学的高度抽象性和主观性，加上图像美学标注时的噪声，美学评价模型的性能可能无法达到传统视觉任务模型的性能。因此，为了能够更好地将图像美学评价模型落地应用，需要同步推进美学模型泛化性的研究，这也是一个非常值得关注的方向。

2.3.2 个性化图像美学评价

图像的美学评价问题本身具有很强的主观性，个体对图像美学质量的判断一方面取决于图像中所呈现的客观内容，另一方面取决于用户的主观特质，包括性别、年龄、性格、职业、教育、对摄影的熟练程度等众多方面。随着大众化图像美学评价研究的不断深入，个性化的图像美学评价研究也开始受到越来越多的关注。与大众化美学评价预测"平均用户"对图像的美学感知不同，个性化美学评价的目标是建立"千人千面"的美学评估模型，以体现出用户的审美偏好差异。个性化图像美学评价在个性化的图像推荐系统、个性化图像增强等领域中有重要的应用。下面将主要介绍个性化图像美学评价常用的数据库和代表性的算法，并在此基础上进行分析和展望。

1. 个性化图像美学评价数据库

（1）FLICKR-AES[95] FLICKR-AES 数据库由美国罗格斯大学与 Adobe 公司的研究人员于 2017 年联合构建。该数据库共包含 40 000 幅图像，均来自 Flickr 网站。在数据标注时共有 210 名被试参与，通过众包平台进行标注，每幅图像都收到了 5 位不同用户的标注，标注的分数范围为 [1, 5]。数据库提供了被试的 ID 与对应标注的图像，因此可以用于构建个性化的图像美学评价模型。在模型的性能验证时，一般采用 173 名用户对应的 35 263 幅图像作为训练集，剩下 37 名用户对应的 4 737 幅图像作为测试集，训练集与测试集中的标注图像互不重叠。

（2）REAL-CUR[95] REAL-CUR 数据库与 FLICKR-AES 由相同的研究团队构建，目的是验证真实的相册管理场景下用户对图像的美学评价。该数据库收集了 14 位真实用户的个人相册以及对应用户的美学标注，标注范围为 [1, 5]。每位用户的相册含有 200 幅左右的图像，共计 2 870 幅图像。由于该数据集中所包含的用户数量和图像数量都不多，因此并不适合于模型构建，可用于对已经构建的模型进行性能验证，尤其是验证模型在真实用户相册图像上的泛化性表现。

（3）PARA[96] 在 2022 年的 CVPR 会议上，西安电子科技大学与 OPPO 上海研究院联合发布了一个新的具有丰富标注的个性化图像美学评价数据库 PARA（Personalized image Aesthetics database with Rich Attributes）。前面提到，用户的美学偏好受到多种用户主观因素的影响，然而 FLICKR-AES 与 REAL-CUR 数据库缺少从用户角度进行的主观特质标注，因而不利于用户美学偏好的建模。PARA 数据集构建的目的正是为了解决这一问题，从以图像为中心的客观标注和以用户为中心的主观标注两个角度，进行更为丰富的标注，从而为个性化图像美学评价的研究提供数据支撑。

PARA 数据集包含 438 位被试标注的 31 220 幅图像。以图像为中心的标注包括：图像的总体美学评分（1~5）、总体失真的质量评分（1~5）、图像的场景类别（10 种）、美学属性（5 种）。场景类别包括肖像、动物、植物、风景、建筑、静物、夜景、食物、室内和其他；美学属性包括构图、光线、景深、目标突出性、内容，且除了目标突出属性的标注为二值外，其他属性的标注均为 [1, 5]。以被试为中心的标注包括：性别、年龄、教育背景、艺术经验、摄影经验、大五性格、图像的情感、美学评分的难易、对内容的偏好程度、是否愿意分享图像。相比于 FLICKR-AES 与 REAL-CUR 数据库，PARA 数据库在标注的丰富程度上大大提升，包含了图像客观内容和用户主观特质两个方面的全面标注，有助于构建更为准确的用户美学偏好模型，从而获得更为高效的个性化图像美学评价模型。

（4）AADB[68]　AADB 数据集是为图像的美学属性预测而设计的，由于也同时提供了每个标注用户的 ID，因此该数据库也可以用于个性化图像美学评价。

近年来提出的个性化图像美学评价方法主要基于 FLICKR-AES 数据集进行模型的训练和测试；部分算法采用 REAL-CUR 和 AADB 数据库进行模型可扩展性的测试。PARA 数据库的开源，对于个性化图像美学评价模型的构建带来了新的机会与挑战。此外，PARA 数据库还可以用于挖掘图像的美学与图像中的失真质量、情感激发特性等的相互作用，为图像美学评价研究提供更多思路。

2. 个性化图像美学评价方法

目前，针对个性化图像美学评价的研究相对较少，仍然处于起步阶段。已有的方法可以分为基于用户交互的方法、基于社交数据的方法和基于视觉偏好的方法三类。三类方法从不同的角度实现对用户美学偏好的挖掘和建模，各有优缺点，下面针对上述三类方法分别介绍。

（1）基于用户交互的个性化图像美学评价　获取用户的美学偏好，最直接的方式是让用户参与到图像的美学评价过程中，在建模的过程中让用户提供对图像排序与预测的反馈，进而实现用户偏好的融合，获得准确的个性化美学评价模型。在文献 [97] 中，Yeh 等人设计了一个交互式的个性化图像排序与选择系统，提取图像的构图、颜色与亮度分布特征，以及用户的个性化特征，在此基础上提出了基于特征、基于样本和基于列表的三种交互式个性化美学偏好表示方法，最终建立了个性化的图像排序系统。在文献 [98] 中，Park 等人提出了一种结合回归与排序的个性化图像美学评价方法，包含一个大众化美学评估子网络和一个基于用户交互的图像排序子网络。大众化美学评估子网络利用公开数据集训练大众化模型，而排序子网络基于用户对图像的偏好排序实现对大众化评估网络的个性化调整，进而获得具有个性化评估能力的美学分数回归网络。文献[99] 提出了一种结合深度特征与用户交互的个性化图像排序方法，通过在个性化图像美学排序过程中在线融入用户的交互式排序，进而对图像的个性化排序模型进行调整，最后在此基础上实现个性化的美学分布预测，如图 2-24 所示。文献 [100] 对该算法进行了改进，在用户交互式排序的基础上，进一步增加了个性化的图像增强，并结合深度强化学习进行用户的个性化审美偏好挖掘，获得了更加优秀的性能。

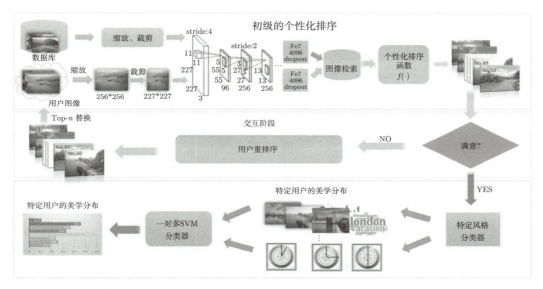

图 2-24　基于用户交互（重排序）的个性化图像美学评价 [99]

基于用户交互的方法在个性化美学评价模型的构建过程中，需要目标用户的在线参与，通过用户对图像的排序或增强挖掘其美学偏好。这类方法能够较为直接地实现用户美学偏好建模，算法的稳健性较强，但是由于在建模的过程中需要用户的在线参与，因此难易实现完全自主的建模，在实际应用场景下存在一定的局限性。

（2）基于社交数据的个性化图像美学评价　个性化图像美学评价最核心的问题是进行用户的审美偏好建模，而这一过程的关键是如何获取能够准确反映用户偏好的数据。近年来，社交网络广泛普及，在社交网络上发表图片、点赞、收藏和评论等已经成为人们日常生活的一部分。因此，如果能够有效利用用户社交网络上的数据自动挖掘用户的审美偏好，对于构建个性化图像美学评价模型将非常有帮助。文献 [101] 首先从社交网络中搜集用户偏好的少量图像以表示其用户偏好；然后将挖掘出来的偏好特征用于微调大众化的图像美学特征，从而获得个性化的图像美学评价特征。文献 [102] 基于

AVA 数据集收集了用户对图像的评论信息，在此基础上设计了一种协同滤波方法实现对用户和图像关系的编码，并设计了一种新的注意力机制挖掘用户的评论信息与图像语义标签、感兴趣区域间的用户偏好关系，最终获得能够编码用户偏好的个性化图像美学评价模型。文献 [103] 首先通过社交网络收集用户喜欢的图像，同时利用图像美学评价数据集训练大众化图像美学模型，然后在此基础上通过用户审美偏好的挖掘，结合协同滤波方法获得个性化的图像美学评价模型，如图 2-25 所示。

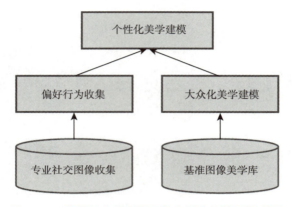

图 2-25 基于社交数据的个性化图像美学评价[103]

基于社交数据的方法在用户审美偏好挖掘的过程中，不需要用户的直接参与，有助于构建完全自主的个性化美学评价模型。当然，此类方法也存在一定的缺点，例如从社交网络中获得的用户数据往往包含较多噪声，这可能导致所构建的模型准确性受到影响；此外在利用社交网络搜集用户的偏好行为数据过程中，存在一定的侵犯用户隐私的风险。

（3）基于视觉偏好的个性化图像美学评价　基于用户交互和社交网络的个性化美学评价方法都需要图像以外的辅助信息参与，给建模带来了一定的难度，也不利于模型的实际部署。如果能够利用图像本身所蕴含的信息进行用户的美学偏好建模，则可以构建出更加易用和高效的个性化美学评价模型，也更加有利于模型在实际环境中的部署。

文献 [95] 提出了一种基于残差学习的个性化图像美学评价方法，如图 2-26 所示。具体地，该文采用传统方法训练一个大众化美学评价网络，同时结合图像的美学属性和内容特征预测一个偏差分数，最后将偏差分数与大众化分数相加得到个性化的图像美学评分。该工作的主要出发点是通过美学属性和图像内容挖掘用户的美学偏好，进而获得个体评分与大众化评分的偏差，在所构建的 FLICKR-AES 数据集上取得了不错的性能。

文献 [104] 提出了一种性格辅助的多任务学习网络，同时实现了大众化和个性化的图像美学评价，如图 2-27 所示。该方法的主要思路是，美学评价是一个主观性很强的任务，用户的性格在其中起很重要的作用。基于这一出发点，首先将大众化美学评价任务和用户性格预测任务进行多任务学习，用性格预测任务促进大众化图像美学评价任务的学习。然后在此基础上，设计了一个跨任务融合策略，基于目标用户的个性化评价数据进行微调，获得个性化图像美学评价模型。在该方法中，性格预测任务可以在预训练的基础上实现用户主观特征的提取，因此相比于单纯利用图像中的视觉内容，该方法在个性化美学建模方面获得了更好的性能。

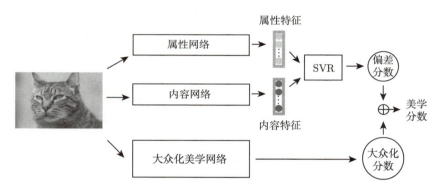

图 2-26　基于属性与内容的残差预测与个性化图像美学评价方法[95]

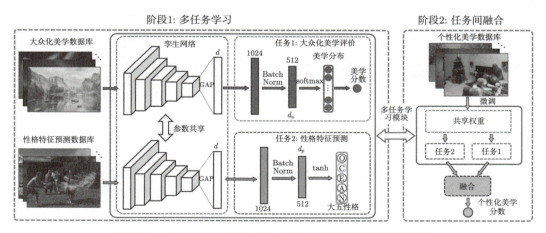

图 2-27　性格辅助的大众化与个性化图像美学评价方法[104]

文献 [105] 提出了一种融合主客观属性的个性化图像美学评价新方法。该文指出，个性化图像美学评价任务需要从图像中所呈现的客观内容和用户所呈现出的主观特性两个方面出发，挖掘主观特性对客观内容的偏好，进而实现更加全面的美学偏好建模。与文献 [104] 类似，文献 [105] 采用性格预测任务挖掘用户的主观特性；所不同的是文中通过挖掘用户的主观特性对图像美学属性的偏好特性实现美学偏好的建模。通过在一定数量的真实用户标注数据上进行训练，获得一个具备挖掘用户审美偏好的先验网络。针对目标用户建模时，首先采用先验网络提取图像的客观特征和用户的主观特征，然后设计一个融合模块实现个性化图像美学模型的构建，进一步提升了个性化美学评价的性能。

人类的审美虽然具有明显偏好性，但是人们也广泛共享一些美学先验知识。例如，人们会有一些被广泛接受的审美共识，即有些图像大部分人都会觉得漂亮，而有一些图像大部分人都会觉得不美。换句话说，人的美学偏好可以理解为在审美共识基础之上的个性化偏好。因此，在个性化图像美学模型的构建过程中，如果能够首先挖掘出人们审美的共性知识表示，并在此基础上进行个性化模型的构建，则能够有效提高个性化美学模型的性能。基于这一思想，文献 [106] 提出了一种基于元学习的个性化图像美学评价方法，如图 2-28 所示。该方法中，首先选取一定数量用户的个性化美学评价图像数据，采用元学习方法提取美学的共享先验知识；其次，在构建目标用户的个性化美学模型时，采用其标注的数据对先验网络进行快速微调，即可获得目标用户的个性化图像美学评价模型。

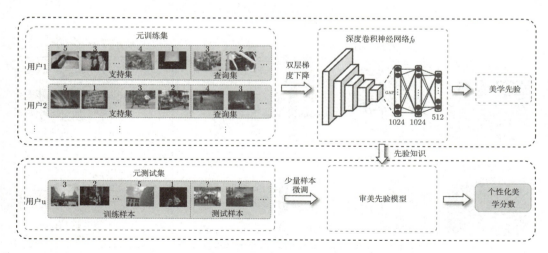

图 2-28　基于元学习的个性化图像美学评价方法 [106]

3. 个性化图像美学评价的问题与挑战

（1）个性化图像美学评价的研究范式　前面介绍的三类个性化图像美学评价方法分别从用户交互、社交网络数据和视觉内容偏好三个方面开展研究，三类方法各有优缺点。与大众化图像美学评价研究不同，个性化图像美学评价研究高度依赖目标用户的美学数据，因此采用何种研究范式进行建模将直接影响其在实际环境下的部署。基于用户交互的方法在建模时需要用户的在线参与，在实际使用中可能影响用户体验。基于社交网络的方法则需要搜集用户的社交行为信息，可能造成隐私问题；并且社交网络上的数据噪声较大，对稳健性的建模带来挑战。综合来看，基于视觉内容偏好的方法不需要额外的用户数据，对建模更为友好，也更利于算法的实际部署，是目前广泛采用的研究范式。然而，由于用户审美偏好的复杂性，单纯依赖图像内容本身进行建模难以满足需求。因此，如何在不侵犯用户隐私的前提下，获取多样化的与用户审美偏好建模有关的数据，需要学术界和产业界联合进行更多的探索。

（2）基于小样本学习的个性化图像美学评价　个性化图像美学评价是典型的小样本学习问题，针对特定的目标用户难以获得大量可用于建模的数据。因此，如何在仅仅采用少量数据的情况下，快速构建稳健的个性化图像美学评价模型，极具挑战性。现有研究多采用对大众化美学模型进行微调的方式，然而这类模型的可扩展性并未得到很好的验证。在这种情况下，如果能充分利用与用户有关的先验知识辅助模型的构建，将能有效提升建模的准确性和稳健性。例如，在智能手机、平板等端侧进行个性化美学模型构建时，可以基于用户的使用习惯建立用户画像，并将其与小样本数据进行联合学习。PARA 数据集[96]包含了用户的性别、年龄、教育背景、艺术经验、摄影经验等，这些数据可以作为先验知识融入模型的设计。目前，个性化图像美学评价领域针对该方向的研究还很少涉及，未来有很大的探索空间。

（3）个性化图像美学评价模型的应用　大众化的图像美学评价在智能手机的构图推荐、封面图优选、相册管理等方面有迫切的需求。例如前面提到，三星和 VIVO 等知名的手机制造厂商推出过具有摄影构图推荐功能的智能手机，能够根据画面的美学评价结果指导用户拍摄出更加漂亮的照片。与大众化图像美学评价模型相比，个性化图像美学评价模型能够针对目标用户实现更精准的美学偏好建模，进而实现精准的图像推荐、个性化的图像美学增强与处理等，是未来的发展方向。但是，现有的个性化图像美学评价模型在性能上距离实际应用还存在一定的差距。在未来的研究工作中，需要结合产业界的需求特点，构建与实际使用环境相符合的个性化图像美学评价数据集，实现模型的快速迭代，以促进个性化图像美学模型的落地应用。

2.4 总结与展望

本讲针对图像质量评价问题进行了全面的分析与讨论，包括其分类、主要性能评价指标、数据库、代表性的算法等。图像美学评价是更高层次的质量评价，相比于传统的图像失真评价更具抽象性。图像中失真质量的评价和美学质量评价是图像质量评价的两个层次，早期的研究主要围绕图像中的失真评价，近年来随着图像传感器性能的飞速提升，多数情况下都可以拍出高质量的图像，因此，人们开始更多地关注图像的美学质量评价，而这也与移动互联网和社交网络的蓬勃发展相辅相成。人们在使用社交网络（例如微博、朋友圈、直播等）的过程中，对高美学图像有着强烈的需求，因此图像的美学质量评价和高美学成像受到越来越多的关注。

现有的图像质量评价研究中，往往将失真质量的评价和美学质量的评价分开进行。在失真质量评价方面，学术界针对模拟类型的失真和真实失真开展了大量的研究，在研究的深度和广度上都日趋完善。相比之下，图像的美学质量评价研究无论在深度还是在广度上仍然十分欠缺。目前的多数研究仍聚焦于大众化图像美学评价，但模型的预测性能普遍不高，在最著名的 AVA 数据集上，美学二分类的准确性普遍在 80% 至 85% 之间，美学回归的性能普遍在 0.7 至 0.75 之间，这与图像的失真质量评价算法性能仍然存在较大的差距。因此，图像的美学质量评价研究仍有很大的成长空间。此外，图像的失真质量评价与美学质量评价相辅相成，如何将两者有机融合，设计出更具普适性的图像质量评价方法，也是一个值得探索的课题。

参考文献

[1] WANG Z, BOVIK A C. Modern image quality assessment[J]. Synthesis Lectures on Image, Video, and Multimedia Processing, 2006, 2(1): 1-156.

[2] LIN W, KUO C C J. Perceptual visual quality metrics: A survey[J]. Journal of Visual Communication and Image Representation, 2011, 22(4): 297-312.

[3] WANG Z, BOVIK A C, SHEIKH H R, et al. Image quality assessment: from error visibility to structural similarity[J]. IEEE Transactions on Image Processing, 2004, 13(4): 600-612.

[4] WANG Z, SIMONCELLI E P, BOVIK A C. Multiscale structural similarity for image quality assessment[C]//Proceedings of The Thrity-Seventh Asilomar Conference on Signals, Systems and Computers, 2003, 2: 1398-1402.

[5] WANG Z, SIMONCELLI E P. Translation insensitive image similarity in complex wavelet domain[C]//Proceedings of the IEEE International Conference on Acoustics, Speech, and Signal Processing (ICASSP), 2005: 573–576.

[6] WANG Z, LI Q. Information content weighting for perceptual image quality assessment[J]. IEEE Transactions on Image Processing, 2010, 20(5): 1185-1198.

[7] ZHANG X, FENG X, WANG W, et al. Edge strength similarity for image quality assessment[J]. IEEE Signal Processing Letters, 2013, 20(4): 319-322.

[8] ZHANG L, ZHANG L, MOU X, et al. FSIM: A feature similarity index for image quality assessment[J]. IEEE Transactions on Image Processing, 2011, 20(8): 2378-2386.

[9] ZHANG L, SHEN Y, LI H. VSI: A visual saliency-induced index for perceptual image quality assessment[J]. IEEE Transactions on Image Processing, 2014, 23(10): 4270-4281.

[10] XUE W, ZHANG L, MOU X, et al. Gradient magnitude similarity deviation: A highly efficient perceptual image quality index[J]. IEEE Transactions on Image Processing, 2013, 23(2): 684-695.

[11] LARSON E C, CHANDLER D M. Most apparent distortion: full-reference image quality assessment and the role of strategy[J]. Journal of Electronic Imaging, 2010, 19(1): 6-21.

[12] WU J, LIN W, SHI G, et al. Perceptual quality metric with internal generative mechanism[J]. IEEE Transactions on Image Processing, 2012, 22(1): 43-54.

[13] GAO F, WANG Y, LI P, et al. Deepsim: Deep similarity for image quality assessment[J]. Neurocomputing, 2017, 257: 104-114.

[14] BOSSE S, MANIRY D, MÜLLER K R, et al. Deep neural networks for no-reference and full-reference image quality assessment[J]. IEEE Transactions on Image Processing, 2017, 27(1): 206-219.

[15] LIANG Y, WANG J, WAN X, et al. Image quality assessment using similar scene as reference[C] // Proceedings of the European Conference on Computer Vision (ECCV), 2016: 3–18.

[16] WANG Z, SIMONCELLI E P. Reduced-reference image quality assessment using a wavelet-domain natural image statistic model[C] // Human Vision and Electronic Imaging X. SPIE, 2005, 5666: 149-159.

[17] LI Q, WANG Z. Reduced-reference image quality assessment using divisive normalization-based image representation[J]. IEEE Journal of Selected Topics in Signal Processing, 2009, 3(2): 202-211.

[18] MA L, LI S, ZHANG F, et al. Reduced-reference image quality assessment using reorganized DCT-based image representation[J]. IEEE Transactions on Multimedia, 2011, 13(4): 824-829.

[19] XUE W, MOU X. Reduced reference image quality assessment based on Weibull statistics[C]// International Workshop on Quality of Multimedia Experience (QoMEX), 2010: 1-6.

[20] GAO X, LU W, TAO D, et al. Image quality assessment based on multiscale geometric analysis[J]. IEEE Transactions on Image Processing, 2009, 18(7): 1409-1423.

[21] SOUNDARARAJAN R, BOVIK A C. Rred indices: Reduced reference entropic differencing for image quality assessment[J]. IEEE Transactions on Image Processing, 2011, 21(2): 517-526.

[22] GOLESTANEH S A, KARAM L J. Reduced-reference quality assessment based on the entropy of DWT coefficients of locally weighted gradient magnitudes[J]. IEEE Transactions on Image Processing, 2016, 25(11): 5293-5303.

[23] WU J, LIN W, SHI G, et al. Visual orientation selectivity based structure description[J]. IEEE Transactions on Image Processing, 2015, 24(11): 4602-4613.

[24] WU J, LIN W, SHI G, et al. Orientation selectivity based visual pattern for reduced-reference image quality assessment[J]. Information Sciences, 2016, 351: 18-29.

[25] WU J, LIU Y, LI L, et al. Attended visual content degradation based reduced reference image quality assessment[J]. IEEE Access, 2018, 6: 12493-12504.

[26] LIU Y, ZHAI G, GU K, et al. Reduced-reference image quality assessment in free-energy principle and sparse representation[J]. IEEE Transactions on Multimedia, 2017, 20(2): 379-391.

[27] ZHU W, ZHAI G, MIN X, et al. Multi-channel decomposition in tandem with free-energy principle for reduced-reference image quality assessment[J]. IEEE Transactions on Multimedia, 2019, 21(9): 2334-2346.

[28] LI Q, LIN W, XU J, et al. Blind image quality assessment using statistical structural and luminance features[J]. IEEE Transactions on Multimedia, 2016, 18(12): 2457-2469.

[29] DAI T, GU K, NIU L, et al. Referenceless quality metric of multiply-distorted images based on structural degradation[J]. Neurocomputing, 2018, 290: 185-195.

[30] WU J, ZHANG M, LI L, et al. No-reference image quality assessment with visual pattern degradation[J]. Information Sciences, 2019, 504: 487-500.

[31] GU K, ZHAI G, YANG X, et al. Using free energy principle for blind image quality assessment[J]. IEEE Transactions on Multimedia, 2014, 17(1): 50-63.

[32] SIMONCELLI E P, OLSHAUSEN B A. Natural image statistics and neural representation[J]. Annual Review of Neuroscience, 2001, 24(1): 1193-1216.

[33] MOORTHY A K, BOVIK A C. Blind image quality assessment: From natural scene statistics to perceptual quality[J]. IEEE Transactions on Image Processing, 2011, 20(12): 3350-3364.

[34] MITTAL A, SOUNDARARAJAN R, BOVIK A C. Making a "completely blind" image quality analyzer[J]. IEEE Signal Processing Letters, 2012, 20(3): 209-212.

[35] SAAD M A, BOVIK A C, CHARRIER C. Blind image quality assessment: A natural scene statistics approach in the DCT domain[J]. IEEE Transactions on Image Processing, 2012, 21(8): 3339-3352.

[36] MITTAL A, MOORTHY A K, BOVIK A C. No-reference image quality assessment in the spatial domain[J]. IEEE Transactions on Image Processing, 2012, 21(12): 4695-4708.

[37] XUE W, MOU X, ZHANG L, et al. Blind image quality assessment using joint statistics of gradient magnitude and Laplacian features[J]. IEEE Transactions on Image Processing, 2014, 23(11): 4850-4862.

[38] ZHANG L, ZHANG L, BOVIK A C. A feature-enriched completely blind image quality evaluator[J]. IEEE Transactions on Image Processing, 2015, 24(8): 2579-2591.

[39] LI D, JIANG T, JIANG M. Exploiting high-level semantics for no-reference image quality assessment of realistic blur images[C] // Proceedings of the 25th ACM International Conference on Multimedia (ACM MM). 2017: 378-386.

[40] HE K, ZHANG X, REN S, et al. Deep residual learning for image recognition[C] // Proceedings of the IEEE Conference on Computer Vision and Pattern Recognition (CVPR). 2016: 770-778.

[41] GAO F, YU J, ZHU S, et al. Blind image quality prediction by exploiting multi-level deep representations[J]. Pattern Recognition, 2018, 81: 432-442.

[42] CHANG C C, LIN C J. LIBSVM: a library for support vector machines[J]. ACM Transactions on Intelligent Systems and Technology, 2011, 2(3): 1-27.

[43] WU J, ZENG J, LIU Y, et al. Hierarchical feature degradation based blind image quality assessment[C] // Proceedings of the IEEE International Conference on Computer Vision Workshops (ICCVW). 2017: 510-517.

[44] WU J, ZENG J, DONG W, et al. Blind image quality assessment with hierarchy: Degradation from local structure to deep semantics[J]. Journal of Visual Communication and Image Representation, 2019, 58: 353-362.

[45] KANG L, YE P, LI Y, et al. Convolutional neural networks for no-reference image quality assessment[C] // Proceedings of the IEEE Conference on Computer Vision and Pattern Recognition. 2014: 1733-1740.

[46] YANG W, WU J, LI L, et al. Image quality caption with attentive and recurrent semantic attractor network[C] // Proceedings of the 29th ACM International Conference on Multimedia (ACM MM). 2021: 4501-4509.

[47] ZHU H, LI L, WU J, et al. Generalizable no-reference image quality assessment via deep meta-learning[J]. IEEE Transactions on Circuits and Systems for Video Technology, 2021, 32(3): 1048-1060.

[48] KIM J, LEE S. Fully deep blind image quality predictor[J]. IEEE Journal of Selected Topics in Signal Processing, 2016, 11(1): 206-220.

[49] LIU X, VAN DE WEIJER J, BAGDANOV A D. Rankiqa: Learning from rankings for no-reference image quality assessment[C] // Proceedings of the IEEE International Conference on Computer Vision (ICCV). 2017: 1040-1049.

[50] MA K, LIU W, ZHANG K, et al. End-to-end blind image quality assessment using deep neural networks[J]. IEEE Transactions on Image Processing, 2017, 27(3): 1202-1213.

[51] WU J, MA J, LIANG F, et al. End-to-end blind image quality prediction with cascaded deep neural network[J]. IEEE Transactions on Image Processing, 2020, 29: 7414-7426.

[52] LIN K Y, WANG G. Hallucinated-IQA: No-reference image quality assessment via adversarial learning[C] // Proceedings of the IEEE Conference on Computer Vision and Pattern Recognition (CVPR). 2018: 732-741.

[53] REN H, CHEN D, WANG Y. RAN4IQA: Restorative adversarial nets for no-reference image quality assessment[C] // Proceedings of the AAAI Conference on Artificial Intelligence. 2018, 32(1).

[54] MA J, WU J, LI L, et al. Active inference of GAN for no-reference image quality assessment[C]// Proceedings of the IEEE International Conference on Multimedia and Expo (ICME). 2020: 1-6.

[55] YOU J, KORHONEN J. Transformer for image quality assessment[C] // Proceedings of the IEEE International Conference on Image Processing (ICIP). 2021: 1389-1393.

[56] KE J, WANG Q, WANG Y, et al. MUSIQ: Multi-scale image quality transformer[C] // Proceedings of the IEEE/CVF International Conference on Computer Vision (ICCV). 2021: 5148-5157.

[57] SANTAYANA G. The sense of beauty[M]. New York: Dover Publications, 1896.

[58] DENG Y, LOY C C, TANG X. Image aesthetic assessment: An experimental survey[J]. IEEE Signal Processing Magazine, 2017, 34(4): 80-106.

[59] JOSHI D, DATTA R, FEDOROVSKAYA E, et al. Aesthetics and emotions in images[J]. IEEE Signal Processing Magazine, 2011, 28(5): 94-115.

[60] VALENZISE G, KANG C, DUFAUX F. Advances and challenges in computational image aesthetics[M]. Chapter of Human Perception of Visual Information, Springer, 2022.

[61] 祝汉城, 周勇, 李雷达, 等. 个性化图像美学评价的研究进展与趋势 [J]. 中国图象图形学报, 2022, DOI: 10.11834/jig.210211.

[62] KIM W H, CHOI J H, LEE J S. Objectivity and subjectivity in aesthetic quality assessment of digital photographs[J]. IEEE Transactions on Affective Computing, 2020, 11(3): 493-506.

[63] DATTA R, JOSHI D, LI J, et al. Studying aesthetics in photographic images using a computational approach[C] // Proceedings of European Conference on Computer Vision (ECCV). 2006: 288–301.

[64] DATTA R, LI J, WANG J Z. Algorithmic inferencing of aesthetics and emotion in natural images: An exposition[C] // Proceedings of IEEE International Conference on Image Processing (ICIP). 2008: 105–108.

[65] LUO W, WANG X, TANG X. Content-based photo quality assessment[C] // Proceedings of IEEE International Conference on Computer Vision (ICCV). 2011: 2206-2213.

[66] TANG X, LUO W, WANG X. Content-based photo quality assessment[J]. IEEE Transactions on Multimedia, 2013, 15(8): 1930–1943.

[67] MURRAY N, MARCHESOTTI L, PERRONNIN F. AVA: A large-scale database for aesthetic visual analysis[C] // Proceedings of IEEE Conference on Computer Vision and Pattern Recognition (CVPR). 2012: 2408-2415.

[68] KONG S, SHEN X, LIN Z, et al. Photo aesthetics ranking network with attributes and content adaptation[C]. // Proceedings of European Conference on Computer Vision (ECCV). 2016: 662-679.

[69] LI L, DUAN J, YANG Y, et al. Psychology inspired model for hierarchical image aesthetic attribute prediction[C] // Proceedings of IEEE International Conference on Multimedia and Expo (ICME), 2022.

[70] KANG C, VALENZISE G, DUFAUX F. EVA: An explainable visual aesthetics dataset[C]// Proceedings of the Joint Workshop on Aesthetic and Technical Quality Assessment of Multimedia and Media Analytics for Societal Trends (ATQAM/MAST'20). 2020: 5-13.

[71] KE Y, TANG X, JING F. The design of high-level features for photo quality assessment[C]// Proceedings of IEEE Conference on Computer Vision and Pattern Recognition (CVPR). 2006: 419-426.

[72] MARCHESOTTI L, PERRONNIN F, LARLUS D, et al. Assessing the aesthetic quality of photographs using generic image descriptors[C] // Proceedings of IEEE international conference on computer vision (ICCV). 2011: 1784-1791.

[73] LU X, LIN Z, JIN H, et al. Wang. RAPID: Rating pictorial aesthetics using deep learning[C]// Proceedings of ACM International Conference on Multimedia (ACM MM). 2014: 457-466.

[74] LU X, LIN Z, SHEN X, et al. Deep multi-patch aggregation network for image style, aesthetics, and quality estimation[C] // Proceedings of IEEE International Conference on Computer Vision (ICCV). 2015: 990-998.

[75] MA S, LIU J, WEN CHEN C. A-Lamp: Adaptive layout-aware multi-patch deep convolutional neural network for photo aesthetic assessment[C] // Proceedings of IEEE Conference on Computer Vision and Pattern Recognition (CVPR). 2017: 4535-4544.

[76] JANG H, LEE J S. Ternary classification for image aesthetic assessment using deep learning[C]// Proceedings of IEEE International Conference on Consumer Electronics - Asia (ICCE-Asia), 2020: 1-4.

[77] DATTA R, WANG J Z. ACQUINE: Aesthetic quality inference engine - real-time automatic rating of photo aesthetics[C] // Proceedings of ACM SIGMM International Conference on Multimedia Information Retrieval (NIR). 2010: 421-424.

[78] JIN B, SEGOVIA M V O, SÜSSTRUNK S. Image aesthetic predictors based on weighted CNNs[C] // Proceedings of IEEE International Conference on Image Processing (ICIP), IEEE, 2016: 2291-2295.

[79] SAN PEDRO J, YEH T, OLIVER N. Leveraging user comments for aesthetic aware image search reranking[C] // Proceedings of International Conference on World Wide Web (WWW). 2012: 439-448.

[80] LI L, ZHU H, ZHAO S, et al. Personality driven multi-task learning for image aesthetic assessment[C] // Proceedings of IEEE International Conference on Multimedia and Expo (ICME). 2019: 430-435.

[81] MURRAY N, GORDO A. A deep architecture for unified aesthetic prediction[EB/OL]. ArXiv: 1708.04890, 2017.

[82] TALEBI H, MILANFAR P. NIMA: Neural image assessment[J]. IEEE Transactions on Image Processing, 2018, 27(8): 3998–4011.

[83] JIN X, WU L, LI X, et al. Predicting aesthetic score distribution through cumulative Jensen-Shannon divergence[C]. Proceedings of AAAI Conference on Artificial Intelligence (AAAI), 2018: 77-84.

[84] CUI C, LIU H, LIAN T, et al. Distribution-oriented aesthetics assessment with semantic-aware hybrid network[J]. IEEE Transactions on Multimedia, 2019, 21(5): 1209-1220.

[85] SHE D, LAI Y K, YI G, et al. Hierarchical layout-aware graph convolutional network for unified aesthetics assessment[C] // Proceedings of IEEE Conference on Computer Vision and Pattern Recognition (CVPR). 2021: 8475-8484.

[86] ZENG H, CAO Z, ZHANG L, et al. A unified probabilistic formulation of image aesthetic assessment[J]. IEEE Transactions on Image Processing, 2019, 29:1548-1561.

[87] MALU G, BAPI R S, INDURKHYA B. Learning photography aesthetics with deep CNNs[C]// Proceedings of the Modern Artificial Intelligence and Cognitive Science Conference, 2017: 129-136.

[88] 李雷达, 段佳忱, 杨宇哲, 等. 融合场景信息的图像美学属性评价 [J]. 中国图象图形学报, 2022, DOI: 10.11834/jig.210561.

[89] LEDER H, BELKE B, OEBERST A, et al. A model of aesthetic appreciation and aesthetic judgments[J]. British Journal of Psychology, 2004, 95(4): 489-508.

[90] WANG W, ZHAO M, WANG L, et al. A multi-scene deep learning model for image aesthetic evaluation[J]. Signal Processing: Image Communication, 2016, 47: 511-518.

[91] KAO Y, HE R, HUANG K. Deep aesthetic quality assessment with semantic information[J]. IEEE Transactions on Image Processing, 2017, 26(3): 1482-1495.

[92] JIA G, LI P, HE R. Theme-aware aesthetic distribution prediction with full-resolution photographs[J]. IEEE Transactions on Neural Networks and Learning Systems, 2022, DOI: 10.1109/ TNNLS.2022.3151787.

[93] KUCER M, LOUI A C, MESSINGER D W. Leveraging expert feature knowledge for predicting image aesthetics[J]. IEEE Transactions on Image Processing, 2018, 27(10): 5100-5112.

[94] CHANG K Y, LU K H, CHEN C S. Aesthetic critiques generation for photos[C] // Proceedings of IEEE International Conference on Computer Vision (ICCV). 2017: 3534-3543.

[95] REN J, SHEN X, LIN Z, et al. Personalized image aesthetics[C] // Proceedings of IEEE International Conference on Computer Vision (ICCV). 2017: 638-647.

[96] YANG Y, XU L, LI L, et al. Personalized image aesthetics assessment with rich attributes[C]// Proceedings of IEEE Conference on Computer Vision and Pattern Recognition (CVPR), 2022: 19829-19837.

[97] YEH C H, BARSKY B A, OUHYOUNG M. Personalized photograph ranking and selection system considering positive and negative user feedback[J]. ACM Transactions on Multimedia Computing, Communications, and Applications, 2014, 10(4): 1-20.

[98] PARK K, HONG S, BAEK M, et al. Personalized image aesthetic quality assessment by joint regression and ranking[C] // Proceedings of IEEE Winter Conference on Applications of Computer Vision (WACV), IEEE, 2017: 1206-1214.

[99] LV P, WANG M, XU Y, et al. USAR: An interactive user-specific aesthetic ranking framework for images[C] // Proceedings of ACM International Conference on Multimedia (ACM MM). 2018: 1328-1336.

[100] LV P, FAN J, NIE X, et al. User-guided personalized image aesthetic assessment based on deep reinforcement learning[J]. IEEE Transactions on Multimedia, 2021, DOI: 10.1109/TMM.2021.3130752.

[101] DENG X, CUI C, FANG H, et al. Personalized image aesthetics assessment[C] // Proceedings of ACM on Conference on Information and Knowledge Management (CIKM). 2017: 2043-2046.

[102] WANG G, YAN J, QIN Z. Collaborative and attentive learning for personalized image aesthetic assessment[C] // Proceedings of the International Joint Conference on Artificial Intelligence (IJCAI). 2018: 957-963.

[103] CUI C, YANG W, SHI C, et al. Personalized image quality assessment with social-sensed aesthetic preference[J]. Information Sciences, 2020, 512: 780-794.

[104] LI L, ZHU H, ZHAO S, et al. Personality-assisted multi-task learning for generic and personalized image aesthetics assessment[J]. IEEE Transactions on Image Processing, 2020, 29: 3898-3910.

[105] ZHU H, ZHOU Y, LI L, et al. Learning personalized Iiage aesthetics from subjective and objective attributes[J]. IEEE Transactions on Multimedia, 2021, DOI: 10.1109/TMM.2021.3123468.

[106] ZHU H, LI L, WU J, et al. Personalized image aesthetics assessment via meta-learning with bilevel gradient optimization[J]. IEEE Transactions on Cybernetics, 2022, 52(3): 1798-1811.

第 3 讲
图像分割

3.1 图像分割概述

图像分割是把图像像素分成若干个像素集合，或者若干个像素区域。每个集合里的像素具有相似的性质，例如颜色或者纹理；或者，每个集合里的像素对应某一类物体等。前者，主要用聚类的方法并结合像素的空间关系来实现图像分割，是视觉领域里早期广泛研究的课题之一。后者，称为图像语义分割，对每个像素进行分类，近二十年受到了极大的关注，取得了飞速的发展。

图像分割有着大量的实际应用。例如，在自动驾驶感知里，区分道路和道路以外的元素、抽取车道线，可以通过图像分割来实现；在视频会议里，背景去除、模糊、替代等功能，依赖人像分割；在遥感图像里，可以通过分割来识别地面物体，如农作物，河流等；在医疗图像里，可以通过分割来定位器官或者病变。

3.1.1 早期图像分割

在早期，区域聚合（region merging）或者叫聚合聚类（agglomerative clustering）[1]，区域分离（region splitting）或者叫分裂聚类（divisive clustering）[2]，被广为研究。区域聚合以某种准则把图像的基本元素，如像素，逐步合并在一起，直到区域不能再合并。合并准则可以依据区域的相似度或者区域间的边缘来定义。区域分离则是把图像逐步分离成若干个区域，例如，基于分水岭（watershed）的算法[5]，就是一个典型的图像分割算法。也有研究把这两种方法联合起来使用[3-4]。

基于图的区域合并方法[6]，定义了新的区域相似度度量，可以实现高效的高质量的图像分割。均值偏移（mean shift）[7]以及其他聚类算法被用来建模图像像素特征（如颜色和位置）的分布，并发现分布里的聚类或者模式。

规范化图切（normalized cuts）[8]，或者谱聚类（spectral clustering）[9]，用相邻像素点的规范化的相似度，来计算区域间的相似度，通过谱方法来近似优化，实现图像分割。规范化图切的目标，如果被简化到树图上，则不需通过谱方法，可以快速地求解[10-12]。还有一些相关的算法，如随机游走（random walk）[13]等。

3.1.2 语义分割

语义分割的目标是希望每个区域对应一种类别。类别，可以是某类物体，如狗、猫等，通常对应的问题为物体分割。类别，也可以是某个场景，如草地、天空等，通常称为场景分割。早期的方法主要是通过能量最小化的方法，如马尔可夫随机场（Markov random fields）和条件随机场（conditional random fields），代表性的工作，包括多尺度条件随机场[14]、TextonBoost[15]等。

基于深度学习的较早方法有全卷积网络（fully convolutional networks）[16-17]，用单一神经网络实现了像素级分类。基于深度学习的后续方法，主要从提升分辨率和利用上下文两个方面来提升分割效果。前者典型的方法包括：卷积编码解码架构，如 SegNet[18]、U-Net[19]，反卷积网络（DeconvNet）[20]；基于膨胀卷积（dilated convolution）的方法[21]；保持高分辨率的卷积网络结构（HRNet[22-23]、HRFormer[24]）。后者典型的方法包括：基于全局上下文信息的方法（ParseNet）；基于金字塔表征的方法，如 DeepLab[25]、PSPNet[26]；基于注意力机制上下文信息的方法，如物体上下文网络 OCNet[27]、物体上下文表征网络 OCRNet[28]。此外，提升物体边界效果，也是一个重要的研究方向[29]。

随着深度学习模型架构逐渐从卷积网络升级为 Transformer，近年来也出现了不少基于 Transformer 结构的方法。基于 Transformer 编码器的方法有 SETR[30]、SegFormer[31]等。基于 Transformer 解码器的方法有 OCRNet[28]（物体上下文表征方法等价于两个交叉注意力机制）、MaskFormer[32]等。

3.1.3 实例分割和全景分割

实例分割，是指把图像中的物体分割出来，并且区分属于同一类别的不同物体。典型的方法，包括以框的形式生成物体的候选并在框内计算分割，例如 Mask R-CNN[33]，multi-task network cascade[34]；或者以掩码的形式生成物体的候选 DeepMask[35]，继而进行分类。

全景分割[36-37]，是语义分割和实例分割的组合，既要把图像里的不同类别的物体和场景分割出来，也要把属于同一类别的不同物体区分开来。基于深度学习的全景分割算法，通常是组合了语义分割和全景分割的算法。

3.1.4 其他分割问题

图像语义分割在不同垂直领域里也有广泛的研究，如医疗图像分割、遥感图像分割等。图像分割也被推广到视频、多视觉图像等领域。

分割，通常需要像素级标注，标注代价比较高。早期的交互式分割，如 Lazy Snapping[38]、GrabCut[39]，仅需要标注每个图像上的部分像素（如前景和背景上的部分像素），减少了标注代价，利用图切（graph cuts）算法做分割[40]。当前的弱监督分割问题，仅仅需要给出图像级的标注，提供图像中存在的具体物体和场景的类别。此外，半监督图像语义分割,组合全标注的图像和无标注的图像训练语义分割网络,也得到广泛关注。

3.2 图像语义分割

3.2.1 背景与问题

图像语义分割(semantic segmentation)对图像解析和理解有着重要的作用和意义:给定一张图片,语义分割可以识别出其中每个像素所属的类别,进而分析和理解图像。语义分割技术由于其重要性和研究价值,吸引了国内外越来越多研究人员的关注,同时也具有广泛的商业应用价值,可广泛应用于多种工业应用中,例如监控场景、自动驾驶、工业质检、辅助医疗、工业质检、遥感分析、图片视频编辑美化等。正因为其研究价值与商业价值,图像语义分割技术一直是学术界的研究热点和工业界的核心应用。

3.2.2 基于传统特征的图像语义分割

早期的图像语义分割方法主要基于能量函数的方法。能量函数方法将图像分割看作是一个能量最小化的问题,通过优化能量函数进行分割。常用的方法包括马尔科夫随机场(markov random fields)、条件随机场(conditional random fields)等。马尔科夫随机场的能量函数方法的公式如下:

$$E(L, \boldsymbol{I}) = \sum_{i \in V} \psi_d(L_i, \boldsymbol{I}_i) + \sum_{(i,j) \in E} \psi_s(L_i, L_j, \boldsymbol{I}_i, \boldsymbol{I}_j) \tag{3-1}$$

其中,L 表示像素的标签,$\boldsymbol{I}$ 表示像素的特征向量,V 表示像素的集合,E 表示像素之间的边集合,ψ_d 表示数据项,ψ_s 表示平滑项。数据项和平滑项的具体形式可以根据具体的应用场景进行设计。

3.2.3 基于深度特征的图像语义分割

近年来,随着深度学习在计算机视觉领域取得了突出进展,深度神经网络所提取的特征(深度特征)表现出更强的表达能力、稳健性和泛化性。2013 年,LeCun[41] 等首次提出将深度卷积网络中的全连接层改为卷积层用于预测稠密分布,揭开了语义分割领域深度特征替换传统特征的序幕。

1. 基于全卷积网络的图像语义分割

2014 年，深度全卷积网络（fully convolutional network）应用于图像语义分割任务，性能远超传统算法，如图 3-1 所示。自此，深度全卷积网络逐渐成为图像语义分割领域的主流算法框架。当前图像语义分割算法主要从：① 提升特征分辨率；② 利用上下文信息，两个方面来提升分割效果。

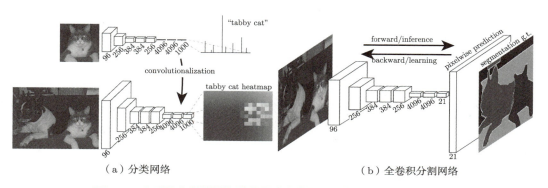

（a）分类网络　　　　　　　　　　（b）全卷积分割网络

图 3-1　应用于分类的深度卷积网络和应用于分割的深度全卷积网络

（1）提升特征分辨率的语义分割方法　图像语义分割需要输出与原图等尺寸的预测，对原图进行像素级分割。而为识别任务设计的深度卷积网络架构，往往降采样特征图尺寸。为了输出与原图等尺寸的预测，该类方法主要利用编码解码结构、反卷积网络、膨胀卷积、保持高分辨率结构等手段提升特征分辨率，提高分割性能。

编码解码结构如图 3-2 所示，代表性方法有 SegNet[18]、U-Net[19]、RefineNet[42]、DFNet[43] 等。SegNet 是经典编码解码架构的语义分割方法，是该领域的奠基之作。SegNet 在编码网络降采样时记录池化的索引位置，在解码网络利用记录的索引位置恢复特征，进而恢复特征分辨率的同时有利于恢复边缘细节。U-Net 则设计了包含压缩路径和扩展路径的 U 形结构，其最早应用于医学图像分割，但是由于其结构简单有效，启发了后续一系列编码解码架构工作。RefineNet 在编码解码架构中逐层融合多尺度信息强化特征表达。DFNet 则在其提出的平滑网络和边界网络中均使用编码解码架构，分别优化边缘和区域特征。

反卷积网络如图 3-3 所示，代表性方法主要是 DeconvNet[20]。DeconvNet 分为卷积网络和反卷积网络，反卷积部分利用可学习的深度反卷积操作对卷积网络输出的特征逐渐恢复至原图等尺寸的结果。

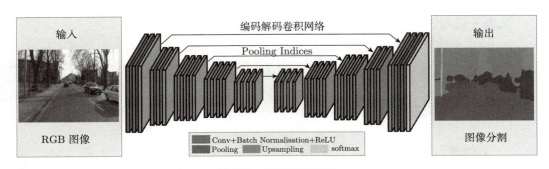

图 3-2 编码解码结构

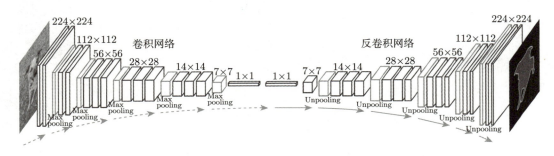

图 3-3 反卷积网络

膨胀卷积（dilated convolution）[21] 如图 3-4 所示，代表性工作有 DeepLab 系列工作[25]、PSPNet[26]、DANet[44] 等。DeepLab 在图像语义分割领域首次提出膨胀卷积，通过在卷积核中引入空洞，增大了卷积操作的感受野。所以，膨胀卷积可以在去掉降采样操作的同时保持架构感受野不变。DeeplabV3、PSPNet 在膨胀卷积网络的基础上引入了多尺度特征，进一步提升模型性能表现。DANet 在膨胀卷积架构的基础上引入了自注意力机制，提出了双路注意力模块，即空间注意力与通道注意力，有效增强特征表达能力。

保持高分辨率结构如图 3-5 所示，代表性方法包括 HRNet[22-23]、HRFormer[24]、BiSeNet[45-46] 系列工作等。HRNet 系列工作通过高分辨率分支维持高分辨率特征，其他分支逐级递减降采样特征分辨率，通过并行多尺度卷积融合多分支特征，有效提升了模型性能。HRNet 在图像语义分割、图像识别、目标价检测、关键点检测等多个任务均有较好表现，启发衍生出了一系列后续相关工作。BiSeNet 系列工作提出了包含细节分支和语义分支的双分支网络，细节分支保持较高分辨率，语义分支快速降采样。BiSeNet 融合两种特征实现了性能与速度较好的平衡，在实时语义分割领域引起了较多关注。

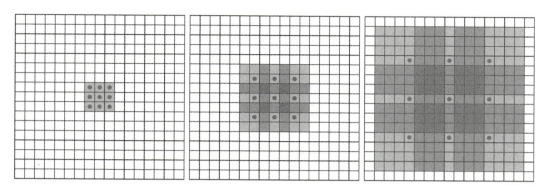

图 3-4 膨胀卷积操作

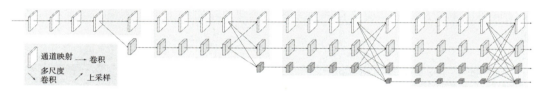

图 3-5 保持高分辨率结构

（2）结合上下文信息的语义分割方法　图像中像素聚合构成了物体，物体聚合构成了场景。所以，每个像素并不是孤立的，像素与像素之间存在一定关系。这种关系被称为上下文信息。上下文信息可分为全局上下文信息、金字塔上下文信息和注意力机制上下文信息。

全局上下文信息如图 3-6 所示，代表性方法主要有 ParseNet[47]、DFNet[43]。ParseNet 利用全局池化（global pooling）提取全局上下文信息，与卷积网络提取的局部特征融合，显著提升分割表现。

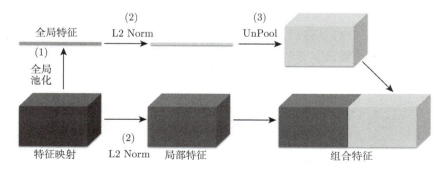

图 3-6 全局上下文信息

金字塔上下文信息如图 3-7（a）所示，代表性工作主要有 DeepLab[25]、PSPNet[26] 等。DeepLab V3 在 DeepLab 的基础上引入金字塔思想，提出了空洞空间金字塔池化（atrous spatial pyramid pooling module），有效引入多尺度特征，提高模型性能。DeepLab V3+ 则借鉴编码解码架构思想，引入浅层特征优化分割细节表现。PSPNet 则提出了金字塔池化模块（pyramid pooling module），通过池化操作将特征进行不同尺度的划分。该设计与 DeepLab V3 有异曲同工之妙。

注意力机制上下文信息如图 3-7（b）所示，代表性方法包括 OCNet[27]、OCRNet[28]、DANet[44] 等。OCNet 在卷积网络中引入自注意力机制，计算每个像素与其他像素的相似度，对特征进行加权聚合提取上下文信息。OCRNet 则构建了一种物体上下文信息，显式地增强了来自同一类物体的像素的贡献，进一步增强分割性能。DANet 通过空间自注意力机制和通道自注意力机制构建更丰富的上下文信息，增强特征表达能力。

（a）金字塔上下文信息　　　　　　　　（b）注意力机制上下文信息

图 3-7　金字塔上下文信息与注意力机制上下文信息分割效果展示

2. 基于 Transformer 的图像语义分割

随着 Transformer 在自然语言处理（NLP）、图像分类等任务中取得了巨大成功，Transformer 框架在图像语义分割任务中吸引了越来越多的关注。虽然 Transformer 架构在特征表征提取上不同于卷积网络设计，但是在提升图像特征分辨率的处理方法上，依然可总结为前述类似的架构。

SETR[30] 利用 ViT 作为编码器抽取特征，设计了一个解码器分割图像，证明了 Transformer 在语义分割中的可行性以及优越的性能，如图 3-8（a）所示。PVT[48] 改进了 ViT，提出了一种分等级的金字塔 ViT 网络，可以处理高分辨率的图片，对检测和分割等任务更加友好。SegFormer[31] 在 PVT 的基础上去掉了位置编码，通过引入

3×3 卷积去引入相对位置信息，并且首次证明了 Transformer 对分布外样本更加稳健，如图 3-8（b）所示。DPT[49] 将 ViT 各个阶段的令牌组装成不同分辨率的特征，并使用卷积解码器将它们逐步组合成全分辨率预测。

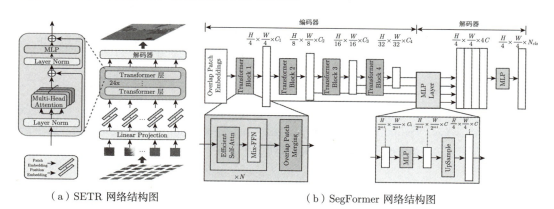

（a）SETR 网络结构图　　　　（b）SegFormer 网络结构图

图 3-8　两个有代表性的 **Transformer** 语义分割的工作：**SETR** 和 **SegFormer**

Transformer 除了作为编码器以外，也用作图像语义分割的解码器。例如，OCR-Net[28] 引进了类别表征（或者类别查询）来表示图像里面的每个类别，来增强每个像素的表征，如图 3-9 所示，这个方法等价于用两个交叉注意力机制[50]：一个是从类别查询到像素表征，另一个是像素表征到类别查询。这个工作出现在 ViT 工作之前。Segmenter[51] 和 MaskFormer[32]（如图 3-10 所示），也引进了基于类别查询的 Transformer 解码器做图像语义分割。

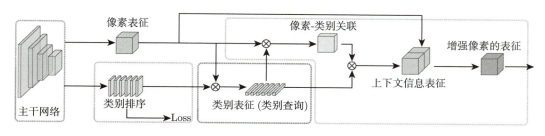

图 3-9　**OCRNet** 的网络结构设计

此外，Transformer 在自动驾驶等垂直领域的分割任务中也有广泛的应用，BEVSegFormer[52] 将 Transformer 扩展到自动驾驶鸟瞰图语义分割中，通过交叉注意力机制建立 BEV 空间上的每个 token 和多相机的图像特征对应的关系，将相机特征投影到 3D 的 BEV 特征中，如图 3-11 所示。

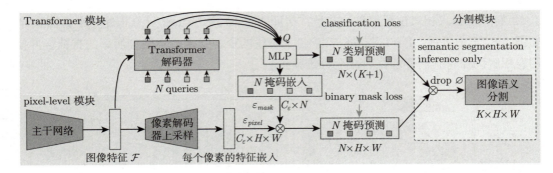

图 3-10 MaskFormer 的网络结构设计,使用主干网络提取图像特征,逐步上采样图像特征以提取每个像素的特征嵌入,Transformer 解码器关注图像特征并生成 N 个分割嵌入,这些嵌入独立地通过与对应掩码嵌入的点积生成 N 个类别预测和掩码预测

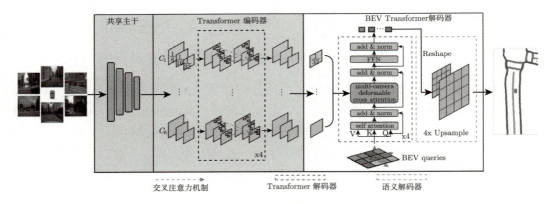

图 3-11 BEVSegFormer 的网络结构设计,由共享主干、Transformer 编码器和 BEV Transformer 解码器模块组成

3.3 图像实例分割

3.3.1 问题定义

实例分割是检测、分割和分类图像中每个单独对象的技术。可以将实例分割称为语义分割和对象检测(检测图像中某个类别的所有实例)的组合,并具有划分添加到普通分割任务中的任何特定段类的单独实例的附加功能。与对象检测和语义分割网络相比,实例分割有更丰富的输出格式。对象检测系统使用边界框粗略定位多个对象,语义分割

框架为每个类别生成像素级类别标签，而实例分割生成每个类别以及特定类别的每个实例的分段图——因此，能够对图像进行更有意义的推断。例如，有一张图像，包含一只狗和两只猫，语义分割可以标记出狗和猫的像素，但是，不能表明图像中有多少只狗和猫。使用实例分割，可以找到每个实例的边界框（在这种情况下与一只狗和两只猫有关）以及每个实例的对象分割图，从而知道实例（猫和狗）的数量。

实例分割在现实生活中有很多应用场景，例如以下几个。

- 自动驾驶。对于建筑工地或行人非常拥挤的街道等复杂场景的自动驾驶汽车，它应该对其周围环境有一个详细的了解。这种细粒度的结果可以通过以像素级精度分割图像内容来实现，这种方法可以通过实例分割来区分同一类别的不同实例。
- 医学扫描。实例分割在医学领域也有各种各样的应用。在组织病理学图像中，通常是整个幻灯片图像，包含大量被细胞质包围的各种形状的细胞核。实例分割在检测和分割细胞核方面起着重要作用，可以进一步处理以检测癌症等危险疾病。它还用于检测大脑 MRI 扫描中的肿瘤。
- 卫星图像。在卫星图像中，对象的大小通常非常小，并且由于对象相对于图像分辨率的靠近位置，按像素执行并不是很有效。因此，为了将每个对象视为一个单独的实例，可以使用执行实例分割的网络架构来实现对象之间更好的分离。在卫星图像上使用实例分割的主要应用领域包括汽车的检测和计数、海上安全的船舶检测、排油控制和海洋污染监测，以及建筑物的分割用于进行地理空间分析。

实例分割和语义分割的区别如下。语义分割获取输入图像并将图像中的每个像素标记为类别。因此，特定类别的所有实例都收到相同的标签。在实例分割中，为与对象分割掩码一起存在的多个类别的每个实例生成边界框，它将同一类的多个对象视为不同的实例。

3.3.2 两阶段实例分割

Mask R-CNN [53] 是两阶段 (two stage) 实例分割的代表性工作，如图 3-12 所示。Mask R-CNN 由 Faster R-CNN 扩展而来，其中 Faster R-CNN 是一个经典的两阶段目标检测网络，在第一个阶根据输入图像提取大量的类别无关的候选框 (region proposal)，并在第二个阶段通过 RoI Pooling 操作得到每个候选框的特征，经过 R-CNN 分支对每个感兴趣的区域 (region of interest, RoI) 做分类和回归。

Mask R-CNN 同样有两个阶段，其中第一个阶段和 Faster R-CNN 保持一致。在第二个阶段，除了预测对象的类别、细化边界框外，根据第一个阶段的提议生成对象像素级的掩码。Mask R-CNN 采用了特征金字塔网络（feature pyramid network）作为特征提取器。它由自下而上的路径、自上而下的路径和横向连接组成。自下而上的路径可以是任何 CNN，通常是 ResNet 或 VGG，它们从原始图像中提取特征。自上而下的路径生成特征金字塔图，其大小与自下而上的路径相似。横向连接是两条路径的两个对应级别之间的卷积和相加操作。特征金字塔网络优于其他单个 CNN，主要是因为它在各种分辨率尺度上保持强大的语义特征。

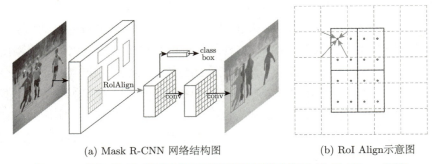

(a) Mask R-CNN 网络结构图　　　　(b) RoI Align 示意图

图 3-12　Mask R-CNN 的网络结构图和核心算子 RoI Align 介绍

下面再详细介绍第一个阶段。一种称为区域建议网络（region proposal network, RPN）的轻量级神经网络先扫描所有特征金字塔网络上的特征，并提出可能包含对象的区域。锚点（anchor）是一组相对于图像具有预定义位置和比例的框。根据一些交并比（intersection over union, IoU）模块将真实类别（仅在此阶段分类为对象/背景的二分类）和边界框分配给各个锚点。由于具有不同尺度的锚点绑定到不同级别的特征图，RPN 使用这些锚点来确定特征图"应该"在哪里获取对象及其边界框的大小。

在第二个阶段，另一个神经网络将第一阶段提出的区域分配给特征图级别的几个特定区域，扫描这些区域，并生成对象类别（多类别分类）、边界框和掩码。该过程类似于 RPN。不同之处在于，在没有锚点的帮助下，第二阶段使用了一种称为 RoIAlign 的方法来定位特征图的相关区域，并且有一个分支为每个对象生成像素级别的掩码。

后续，有很多工作基于 Mask R-CNN 的框架持续改进，这里列举几个比较知名的改进工作。PANet[54] 基于 Mask R-CNN，其网络结构如图 3-13 所示，最大的贡献是提出了一个自上而下和自下而上的双向融合骨干网络，同时在最底层和最高层之间添加了一条"short-cut"，用于缩短层之间的路径。PANet 还提出了自适应特征池化（adaptive features pooling）和全连接融合（fully-connected fusion）两个模块。其中自适应特征池化可以用于聚合不同层之间的特征，保证特征的完整性和多样性，而通过全连接融合可以得到更加准确的预测掩码。Mask Scoring R-CNN[55] 是 Mask R-CNN 的改良版本，其创新点在于，提出 MaskIoU 分支，通过计算掩码分支得到的掩码与 ground-truth 对应的掩码之间的像素级别的 IoU 值，来衡量分割的精确程度。PointRend[56] 在 Mask R-CNN 的基础上增加了基于点渲染的神经网络模块，该模块根据迭代细分算法在自适应选择的位置执行基于点的分割预测。PointRend 在先前方法过度平滑的区域中输出清晰的对象边界。相比 Mask R-CNN，PointRend 可预测更高的分辨率，同时只增加很少的计算开销。

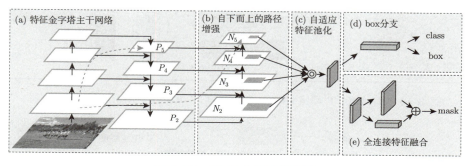

图 3-13　PANet 网络结构图

3.3.3　一阶段实例分割

基于 Mask R-CNN 的两阶段实例分割可以取得非常好的效果，然而其框架相对复杂，且两个阶段的设计导致计算量也较大，难以部署在实际的产品中。因此，也有不少研究致力于设计一阶段实例分割的方法。下面将介绍几个比较经典的一阶段实例分割的方法。

1. 基于网格掩码的实例分割

YOLACT[57] 是首个实时的一阶段实例分割算法，如图 3-14 所示。它在 RetinaNet 的基础上添加了两个分支网络。其中 Prediction Head 分支生成各候选框的类别 confidence、anchor 的 location 和 prototype mask 的 coefficient；Protonet 为每张图片生成 k 个 prototype mask。通过将 mask coefficient 和 prototype mask 相乘可以得到最终的 Mask。TensorMask[58] 是 Facebook AI Research 提出的一种单阶段密集实例分割方法。TensorMask 框架的核心概念是使用结构化的高维张量表示密集窗口的图像内容。它采用 4 维张量 (V, U, H, W) 来建模。其中子张量 (V, U) 将一个二维空间实体表示为掩码。使用高维的张量来表示 dense masks 具有非常重要的意义。Solo v1/v2 将图像划分为 $S × S$ 的网格，在标签分配上借鉴了 Yolo 检测算法，把实例分割分解为语义类别预测和分割目标实例掩码。CondInst 通过动态生成条件卷积来生成每个实例的掩码，如图 3-15 所示，相比 Mask R-CNN 在准确性和推理速度上都得到了较大的提高。

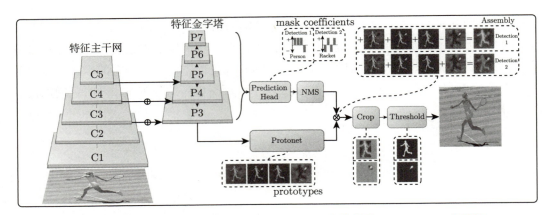

图 3-14　YOLACT 网络架构图，YOLACT 架构基于 RetinaNet 检测器

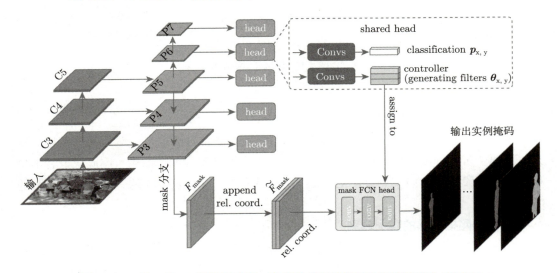

图 3-15　CondInst 网络架构图，该方法基于单阶段物体检测算法 FCOS

2. 基于轮廓检测的实例分割

PolarMask[59] 是一种基于极坐标表示学习的实例分割算法，如图 3-16 所示。它将密集的 Mask 预测转化为预测物体的中心点和中心点到边缘的射线来检测物体的轮廓，然后将轮廓转化为 Mask。在极坐标下，可以设置射线的角度为均匀分布。PolarMask 基于单阶段目标检测算法 FCOS[60]，在速度和精度的平衡上取得了很好的效果。Deep-Snake[61] 对传统的 snake 算法进行了有效的改进，通过引入圆卷积结构处理输入轮廓顶点，并基于学习到的特征得到每个顶点需要调整的偏移量以尽可能地准确包围实例，而后通过迭代得到更为精确的轮廓结果。Dense Reppoint[62]，如图 3-17 所示，提出了

一种边缘掩码表示方式来表示实例，同时结合了轮廓和网格掩码表示的优点，将点集主要放在物体边缘附近，从而可以更精细地表示物体边缘，另一方面，和网格掩码表示类似，这一方法也采用了代表点前背景分类的方法来实现物体分割，从而更利于学习。Point-set anchor[63] 提出了一种泛化形式的 anchor，可以同时表示物体检测、实例分割和人体关键点检测。它使用了特定的匹配准则去匹配 Point-set anchor 中的 anchor 点和 instance GT 的多边形点，并且转换为回归任务去预测。

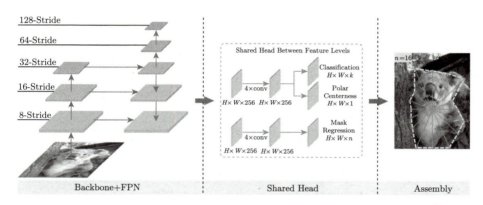

图 3-16　PolarMask 网络结构图（左侧部分包含主干网络和特征金字塔，用于提取不同级别的特征；中间部分是分类和极坐标掩码回归的两个分支；H、W、256 分别是特征图的高度、宽度、通道，k 代表类别数，n 代表射线数量）

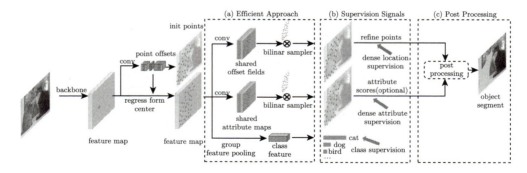

图 3-17　Dense Reppoint 网络结构图（首先，初始代表点是通过从中心点回归来生成的；然后，通过对这些初始点进行细化，以获得细化的、归属的代表点；最后，应用后处理来生成实例分割结果）

3.3.4　基于 Transformer 的实例分割

由于 Transformer 在基础视觉领域的大火，基于 Transformer 也诞生了不少实例分割的工作。DETR[64] 是首个基于 Transformer 的端到端物体检测框架,如图 3-18 所示,在 DETR 的检测头的基础上可以接一个全卷积掩码预测网络实现实例分割。ISTR[65] 主体思路借鉴了 DETR 和 Sparse R-CNN[66],在 head 部分接 3 个 heads 来分别预测 Class,Box 和掩码。其训练的 loss 和 DETR 类似,采用 Bipartite Matching Cost,只是增加了掩码 loss 部分。SparseInst[67] 简化了 ISTR,该网络会直接预测得到 N 个掩码图像,再用匈牙利算法求得真实分割掩码和最接近的预测掩码作为对应的掩码,并且可以达到实时性预测的效果,如图 3-19 所示。MaskFormer[32] 进一步统一了语义分割、实例分割和全景分割任务。在实例分割中,MaskFormer 将实例掩码预测转化为掩码级别的分类问题,通过初始化一组掩码查询,每个查询负责预测一个二值的掩码和类别信息。和 DETR 相似,这里的损失函数也要用到二分图匹配算法。

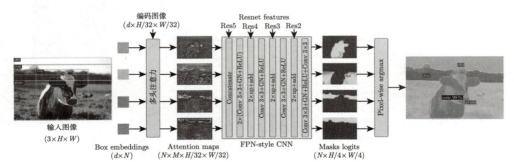

图 3-18 DETR 的分割分支结构图(首先为每个检测到的对象并行生成二进制掩码,然后使用逐像素 argmax 合并掩码)

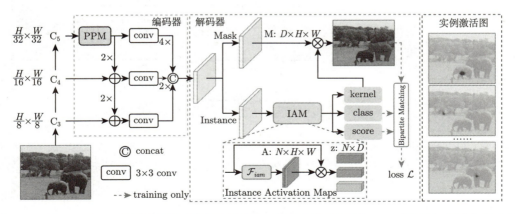

图 3-19 SparseInst 网络结构图(包含主干网络、编码器和 IAM-based 解码器,可以从输入图像中提取多尺度图像特征,并生成实例和掩码特征,以生成分割掩码)

3.4 图像全景分割

3.4.1 问题定义

全景分割将图像划分为语义区域（stuff）和实例对象（thing），为语义区域和实例对象中的每个像素同时分配类别标签和实例标签。语义区域（stuff）是指不具有固定形状的不可数类别，如天空、草地、沙滩等；实例对象（thing）则是指具有固定形状的可数类别，如人、车等。相比于语义分割与实例分割，全景分割可以提供更丰富全面的信息，对场景理解有着重要的作用和意义。随着深度学习以及语义分割与实例分割技术的发展，作为新兴研究方向的全景分割也吸引了越来越多的关注，在工业应用和学术研究上均展现了越来越大的潜力。

全景分割可以看作语义分割和实例分割的一种更一般的任务表达。相对语义分割，全景分割不仅仅分割出不同语义区域（stuff），而且提供了不同实例对象（thing）的信息；相比于实例分割，全景分割提供了更全面的语义区域（stuff）的信息。此外，与实例分割不同的是，实例分割允许不同的实例对象分割结果可以重叠，但是全景分割要求每个像素只能有一个类别标签和实例标签，所以不允许不同实例对象分割结果重叠。语义分割、实例分割、全景分割的效果对比如图 3-20 所示。

 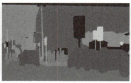 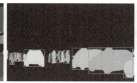 

（a）输入图像　　　　　（b）语义分割　　　　　（c）实例分割　　　　　（d）全景分割

图 3-20　分割子任务对比示意图

由于语义分割与实例分割的评价指标并不统一，全景分割定义了一种新的评价指标全景分割质量（panoptic quality，PQ）来统一评价语义区域与实例对象的分割结果，即全景分割算法的分割好坏。图 3-21 展示了全景分割真值标签与预测结果的示意图。

全景分割质量具体定义如下：

$$\mathrm{PQ} = \frac{\sum_{(p,g)\in \mathrm{TP}} \mathrm{IoU}(p,g)}{|\mathrm{TP}| + \frac{1}{2}|\mathrm{FP}| + \frac{1}{2}|\mathrm{FN}|} \qquad (3\text{-}2)$$

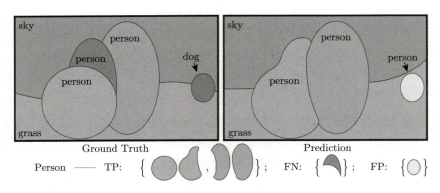

图 3-21 全景分割真值标签与预测结果的示意图

这个指标也可以看作分割质量（segmentation quality，SQ）和识别质量（recognition quality，RQ）的乘积：

$$PQ = \underbrace{\frac{\sum_{(p,g)\in TP} IoU(p,g)}{|TP|}}_{\text{分割质量 (SQ)}} \times \underbrace{\frac{|TP|}{|TP| + \frac{1}{2}|FP| + \frac{1}{2}|FN|}}_{\text{识别质量 (RQ)}} \tag{3-3}$$

Panoptic Segmentation[68]一文中定义了全景分割这一新兴问题，但是全景分割的结果是通过将语义分割与实例分割算法独立的结果整合所得，并不是端到端模型所得。所以，如何让全景分割模型端到端成为该领域的研究热点。根据对语义分割与实例分割两个子任务处理方式的不同，可将全景分割算法归纳为：① 子任务分离的全景分割；② 子任务统一的全景分割。

3.4.2 子任务分离的全景分割

子任务分离的全景分割往往利用共享的主干网络提取特征，然后分别使用语义分割分支和实例分割分支得到对应的分割结果，最后利用启发式方法或者专门的全景分割头融合子任务的结果。根据对实例分割分支的处理方式不同，可进一步细分为：自上而下架构和自下而上架构。

（1）自上而下架构　自上而下架构如图 3-22 所示，代表性方法有：JSJS-Net[69]、Panoptic-FPN[68]、UPSNet[70]、AUNet[71]、OANet[72]等。

JSJS-Net 使用共享主干网络提取特征，使用 PSPNet 中的金字塔池化模块作为语义分割分支，使用 Mask-RCNN 作为实例分割分支，实现了语义分割与实例分割的联合训练，最终通过启发式融合产生全景分割预测。Panoptic-FPN 扩展 Mask-RCNN 提出了 Semantic FPN，即整合 FPN 多层特征用于预测语义分割；而 Mask-RCNN 本身可输出实例分割结果，从而实现将语义分割与实例分割统一到一个模型中，最终结果通过启发式方法融合。UPSNet 设计了基于可变性卷积的语义分割分支和基于 Mask-RCNN 的实例分割分支。与前两者不同的是，UPSNet 提出了全景分割头用于融合，即组合两个分支的逻辑输出进行像素级分类，进而得到最终的全景分割预测。全景分割头有利于解决实例分割与语义分割结果之间的冲突。AUNet 根据前景和背景之间的信息关系提出了前景分支和背景分支。其中，前景分支通过区域提议网络（region proposal network，RPN）输出前景分割结果，背景分支引入提议注意力模块（proposal attention module，PAM）和掩码注意力模块（mask attention module，MAM）利用前景特征优化背景分割，最终整合两个分支输出得到最终的全景分割。由于实例分割允许实例对象结果重叠，导致在全景分割中存在语义分割与实例分割结果融合的难题。之前的方式大多通过启发式方法解决。OANet 提出了一种端到端遮挡可知方法来解决全景分割融合的问题。具体而言，OANet 提出了空间排序模块对两分支预测结果输出排序分数，进而根据次序融合实例分割结果。

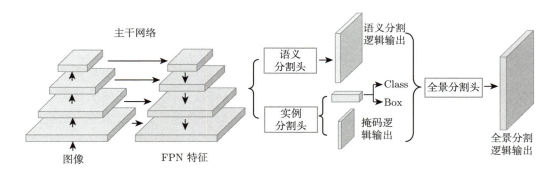

图 3-22　自上而下架构的全景分割方法

（2）自下而上架构　自上而下架构往往具有更高的精度，而自下而上架构计算效率更高。自下而上架构如图 3-23 所示，代表性方法有：Deeperlab[73]、Panoptic-Deeplab[74]、Axial-Deeplab[75] 等。

Deeperlab 直接使用全卷积的方式同时处理语义分割和实例分割。具体而言，实例分割分支同时预测 keypoint heatmap、long-range offset、short-range offset 和 middle-range offset，进而组合出不同的实例对象。最后融合两个分支的结果作为最终的全景分割结果。Panoptic-Deeplab 在 Deeperlab 的基础上设计了更强的多尺度上下文模块和解码器分别用于语义分割分支与实例分割分支。其中，实例分割分支通过预测实例中心以及到实例中心的偏差组合出不同的实例，进而融合不同分割结果得到最终的预测。Axial-Deeplab 则在 Panoptic-Deeplab 的基础上提出了位置敏感的轴注意力机制，将二维注意力机制沿高度和宽度分解为了两个一维注意力机制，进一步增强了模型性能。

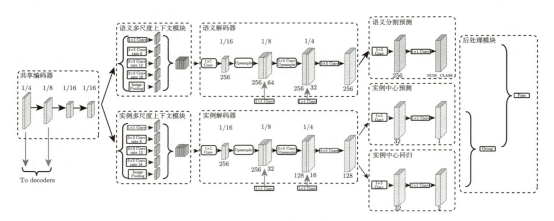

图 3-23　自下而上架构的全景分割方法

3.4.3　子任务统一的全景分割

子任务分离的全景分割实现了语义分割与实例分割的联合训练，但是两个子任务依然使用的是分离的分支处理，分割结果上也并不一致，所以需要不同的融合方式输出最终结果。而子任务统一的全景分割在前者的基础上更进一步，探索统一语义区域（stuff）和实例对象（thing）的表征，进而统一处理两个子任务，如图 3-24 所示。该类方法的代表性工作有：PanopticFCN[76]、Maskformer[32]、Mask2former[77]、Panoptic Segformer[78] 等。

PanopticFCN 使用全卷积模式表征和预测前景对象（thing）和背景区域（stuff）。具体而言，PanopticFCN 将每一个前景对象或者背景区域类别编码成一个特定的卷积核，然后使用生成的卷积核直接在高分辨率特征上卷积得到最终的全景分割结果。该框架简洁有效，生成的卷积核可以实现对象可知性质和保持语义一致性质。Maskformer 将 DETR 的思想应用于分割领域，将掩码分割与分类解耦。它用 Transformer 解码器生成不同的查询，与图像特征做相关操作，最后整合掩码和类别得到统一的全景分割。Mask2former 在 Maskformer 的基础上，提出了掩码注意力机制，同时利用图像特征解码器中的高分辨率特征进一步提升模型性能表现。Panoptic Segformer 则在 Maskformer 的基础上，使用更强的主干网络，同时引入位置解码器（location decoder）优化前景对象（thing）的查询并加快收敛，此外还设计了掩码级的合并策略来合并前景对象和背景区域的分割结果。

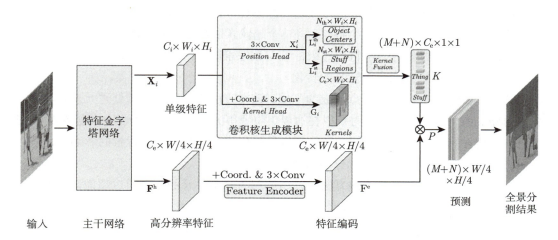

图 3-24　子任务统一的全景分割方法

3.5　弱监督图像分割

语义分割的精度提升得益于大规模的像素级手工标注，然而，获得像素级注释需要大量的人力和时间成本，例如，对图片中对象逐像素标注所需的时间是仅标注对象边界框所需标注时间的 15 倍[79]，Cityscapes 数据集[80] 中单张图片平均标注时间高达 1.5 小时。昂贵的标注成本不仅提升了语义分割算法工程落地的难度，也在一定程度上限制了深度神经网络规模的增大。

为了解决上述不足和局限性，研究人员将目标转向利用轻量级的、非像素级别的标签来实现图像的像素级、密集性预测。这种方法称为弱监督语义分割（weakly supervised semantic segmentation, WSSS），通常使用图像级、边界框、语义点灯标签进行预测。其中，图像级标签只需标出图中所包含的类别信息，不需要标出具体的位置、大小等信息，相较于边界框、语义点灯标签能够极大地降低数据标注成本，是弱监督语义分割的主流方法。

3.5.1 基于超像素的方法

超像素是由一些邻近的像素点组成的区域，区域内的像素点具有相似的色彩、亮度、纹理等信息，并且能够保留较为准确的原图目标的边界信息。基于超像素的方法利用超像素区域具有相似特征这个特点，将单个超像素区域或合并的多个超像素区域作为初始处理元素，通过各种方法将图像级标签与超像素区域对应，得到伪像素级标签，以此完成由图像级标签到像素级标签的转化。

由于超像素是以多个像素点组成的区域，该类方法将其作为初始处理元素，能够降低计算量，减少计算时间，同时可以在边界、位置等方面提高语义分割伪像素级标签的精度，但也存在一定弊端，如超像素分割容易受到错误标签及复杂背景的影响，且最终分割效果会明显受到初始超像素分割图精度的影响。

（1）以超像素为处理单元的方法　以超像素为处理单元的方法通过超像素分割（见图 3-25）来产生具有高边缘贴合度的超像素，主要包括基于图模型的方法和基于聚类的方法。其中，基于图模型的方法主要是借助条件随机场（conditional random fields,CRF）或者马尔可夫随机场等图模型来构建分类模型。例如，Zhang 等人[81]利用卷积神经网络提取多尺度的超像素特征，并利用条件随机场来构建上下文信息，以及 SHI 等人[82]面向基于目标和属性的弱监督标注，构建了基于马尔可夫随机场的超像素之间的关联性。而基于聚类的方法主要是基于超像素之间的特征相似性将不同图像中具有相同视觉特征的超像素通过聚类的方式进行划分，进而实现超像素级的标签位置推断。例如，Liu 等人[83]利用谱聚类对过分割的超像素集进行聚类，提出一种基于线性变换的判别特征提取方式；Liu 等人[84]还提出一种多示例多标签学习用于划分超像素到不同的聚类分组；Ying 等人[85]通过谱聚类和判别聚类构建以超像素为处理单元的子集，提出一种基于词典学习的弱监督多元聚类方法。

（a）原图

（b）人眼分割
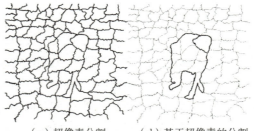
（c）超像素分割　　（d）基于超像素的分割

图 3-25　超像素分割

然而，以超像素为处理单元的方法依赖于超像素分割算法的性能，同时，超像素本身不能判别背景中具有相似特征的冗余像素信息，与目前主流的基于分类网络的方法相比，也没有其他辅助的先验信息，因此得到的分割精度相对来说不太理想。

（2）以种子区域为处理单元的方法　以种子区域为处理单元的方法主要是通过超像素合并的方式来实现种子区域的分割，并以数量较少的种子区域块为处理单元进行图像级标签位置推断和分类模型学习。例如，Li 等人[86]利用条件随机场模型合并 SLIC[87]分割产生超像素，并基于种子区域库来构建分类模型；Xu 等人[88]和 Lu 等人[89]采用局部搜索算法对 MCG[90]产生的超像素进行合并，分别构建了面向图像级标签、边界框和少部分标签等弱监督标注形式的分割模型和标签噪声约简模型。

以种子区域为处理单元的方法依赖超像素合并生成的种子区域的分割精度。相比于以超像素为处理单元的方法，以种子区域为处理单元的方法能够降低图像目标位置推断过程的复杂度。然而，如何确定超像素合并终止时间以及是否为最佳合并结果，是此类方法的瓶颈问题。

3.5.2　基于分类网络的方法

弱监督语义分割需要通过图像级标签得到对应像素级标签，基于分类网络的方法可以大致分为基于类激活图（class activation maps，CAM）网络[91]的方法和基于其他分类网络的方法。这些分割方法的核心环节在于：① 基于类激活图网络或其他分类网络得到初始不完整的种子区域；② 对种子区域进行挖掘与扩张；③ 利用伪像素标签训练分割网络，得到最终的分割结果。相比于基于超像素的方法，基于分类网络的方法具有引入额外先验信息的优势，因此是目前更为主流且分割精度与性能更好的一类方法。

（1）基于类激活图网络的方法　基于类激活图网络的方法首先使用具有弱监督标签的图像数据集对深度卷积神经网络进行训练，训练的目标是使网络学到图像中不同类别的特征表示。在网络训练完成后，利用网络的最后一个卷积层和全局平均池化层（GAP），可以获得类激活图，即种子区域。类激活图是一种热力图，用于可视化网络在输入图像上的注意力区域，可通过生成的类激活图观察网络对每个类别在图像中的关注区域，即每个类别在图像中的大致位置和范围。

在获得种子区域的基础上，依据种子区域生长方式的不同，基于类激活图网络的方法主要包括基于扩张网络的方法和基于显著性的方法。基于扩张网络的方法主要是通过构建种子区域扩张网络来高精度和稠密地扩张目标区域。例如，Kolesnikov 等人[92]在种子、扩张和约束原则下提出了新的损失函数，并采用全局加权池化的方法来扩张种子区域，构建了基于全连接条件随机场的边界约束模型；Wei 等人[93]通过设置不同的空洞卷积率转移判别信息到非判别目标区域；Chang 等人[94]通过引入子类别信息来增强分类网络的区域定位能力；Ahn 等人[95]提出一种基于深度神经网络和随机场的亲和力网络来扩张目标区域；FickleNet[96]同时识别目标的判别区域和非判别区域。基于显著性的方法主要是通过引入显著性机制来指导种子区域的扩张。例如，Oh 等人[97]利用显著性作为先验信息来指导种子区域的扩张；Wang 等人[98]利用贝叶斯框架下的显著性图来细调目标区域，进而实现非判别区域的增补；Sun 等人[99]利用自注意显著性和种子区域增长法来扩展像素级标签的范围。

基于类激活图网络的方法能够解决图像级标签与像素级标签之间的缝隙，但只能定位到图像中目标的显著区域，具有不完整、不精确的问题，因此需要在后续训练中精炼来得到最终的伪像素级标签。

（2）基于其他分类网络的方法　基于其他分类网络的方法主要是通过引入全卷积网络（fully convolutional network，FCN）、卷积神经网络、显著性检测或者注意力机制等预训练好的分类模型来指导种子区域的产生和扩张，然后基于扩张后的伪标签数据进行分割网络的学习。

在基于全卷积网络的方法中，Pathak 等人[100]利用全卷积网络来预测输入图像的标签类别信息，提出了一种基于约束卷积神经网络的弱监督分割模型。在基于显著性检测（saliency detection，SD）的方法中，Wei 等人[101]利用显著性目标检测技术从简单图像中挖掘显著性图，并利用增强深度卷积神经网络挖掘复杂图像当中的像素级标签；Zeng 等人[102]构建了显著性聚合模块来聚合每个预测类别的分割掩码，并提出一种融合显著性检测和分割网络的联合学习模型。在基于注意力机制的方法中，Fan 等人[103]使用示例水平的显著性目标检测技术来自动产生候选区域，并采用图划分的方式来构建用于分割的伪标签数据；Li 等人[104]融合具有类别信息的注意力图和逐次擦除生成的显著图来生成用于训练分割网络的伪像素标签。

基于其他分类网络的方法大都用于解决初始种子区域面积小和稀疏的问题，进而通过引入全卷积网络、卷积神经网络、显著性检测或者注意力机制等先验信息来挖掘更多具有判别性的目标区域。因此，该类方法能够提高初始种子区域的定位和扩张精度，进而能够获得比较好的分割性能。但是，基于其他分类网络的方法依然依赖于预训练好的分类网络模型的泛化性和可扩展性，同样需要增加后续的边缘处理模块来优化分割边界。

3.6 跨域图像分割

近年来，深度神经网络的发展使得基于全监督语义分割的自动驾驶图像分割算法进展十分迅速，这些方法在公开的城市街景数据集如 Cityscapes[80] 上，实现了非常高质量的模型预测，基于这些方法的量产模型也已经大量部署于特斯拉、蔚来等头部车企的自动驾驶辅助系统当中。然而，这些方法共性的问题在于，高精度网络的训练依赖大量的人工标注，而由于语义分割的标签是逐像素的，所以人工标注耗时耗力，一张 1 024×2 048 分辨率的城市街景图片，需要一名熟练标注工人连续进行至少 1.5 小时的认真标注，这消耗了大量的人力物力成本。而由于不同国家不同城市的街景具有很大差异，所以一套训练好的模型并不能投入到车企所有相关产品线当中，这进一步限制了全监督语义分割的实际发展。近年来，诸多学者致力于解决这一问题，提出了利用虚拟合成数据集进行网络训练的方法，这些数据集如 Grand Theft Auto V(GTA5)[105] 和 SYNTHIA[106]，是由游戏或图形引擎生成的虚拟图片，所以它们的标注不需要依赖人工，而是可以在绘制过程中由计算机自动生成。这些虚拟数据集模仿真实城市街景，具有和真实数据集相似的语义信息，但是其外观是虚拟图片，和真实图片具有很大的色彩、光线、纹理差异，所以一个单纯由源域虚拟图片训练的神经网络，在真实的目标域图片上表现效果会较差，这就是所谓的域隙。

为了减少域隙，诸多学者开展了研究，提出了一系列无监督域自适应（unsupervised domain adaptation，UDA）方法，他们尝试利用带有标签的虚拟源域图像和不带标签的真实目标域图像训练一个语义分割网络，以使它能够同时学习源域和目标域信息，从而达到在目标域测试集上表现更加优秀的目的。这些方法通过源域和目标域各种层级的对齐以减少两域域隙，总体上这些对齐方法可以分为 3 个层级，分别为基于风格迁移的输入级图像对齐、基于域不变特征发掘的中间级特征对齐和基于标签分布发掘的输出级预测结果对齐。下面将分别从这 3 个层级介绍相关对齐方法，以及相应层级内的典型论文。

3.6.1 基于风格迁移的输入级图像对齐

由于源域虚拟图片和目标域真实图片在语义内容上相似，而在色彩、纹理等风格信息上差距较大，所以很多方法采用在输入端进行风格迁移算法，将源域图片转化为具有真实质感的拟真域图片，这些拟真域图片具有和源域完全一致的内容信息，但是在风格上则更加接近目标域图片。通过这种对齐方式，这些方法构造的新的拟真域图片，相较源域图片，与目标域图片的风格更近、域隙更小，这些方法通常利用拟真域图片直接代替源域图片，用拟真域图片和目标域图片直接训练分割网络，效果明显提升。

在这些方法中，最为经典的是 CycleGAN 方法[107]，它构造了两对生成器和判别器，每一对构成一个生成对抗网络，完成风格迁移的工作。首先，其中的一个生成器，将源域虚拟图片转化为拟真域图片，并用相应的判别器判别拟真域图片和目标域图片，以反作用于生成器，使其产生的图片在风格上更接近目标域。接下来，由于源域图片和目标域图片是非成对出现的，仅靠一对生成器和判别器容易使得语义信息发生变化，所以，使用另一个生成器将拟真域图片再转化回源域，确保二次转化后的图片和源域图片相似，并用循环一致性损失约束这一相似性。通过这两个生成对抗网络，CycleGAN 在确保语义信息不变的前提下，实现了良好的风格迁移效果。实验证明，该方法很好地缩小了两域域隙，提升了模型泛化性能。目前，该方法的论文已经有上万次的引用量，该方法效果如图 3-26 所示。

图 3-26　CycleGAN 方法效果图示例

3.6.2　基于域不变特征发掘的中间级特征对齐

近年来，许多学者致力于在中间级特征层缩小源域和目标域的域隙，他们注意到，语义分割网络针对源域图片和目标域图片学习到的特征是不同的，而根据实验观察可以发现，深度神经网络浅层的卷积层学习到的主要是低层级特征信息，如边缘和颜色信息，而深层的卷积层学习到的主要是大量的高层级特征信息，如车、人、路这些高级语义类别。常见的方法有基于底层边缘特征的浅层对齐方法,以及基于原型对齐等策略的特征整体对齐方法。接下来将简单介绍一篇近年的边缘对齐的论文。

在文献 [108] 中,作者提到,由于高层级语义信息的域间差异大,使得高层级对齐较为困难,直接对齐高层级语义特征可能会导致负迁移,使原本对齐很好的区域性能反而下降。所以,作者转而对齐浅层卷积层学习到的边缘特征,利用两域同一类别物体在形状上的相似性,设计了一个语义边缘域自适应结构,该结构针对从主干分割网络中提取出来的浅层特征,用源域标签监督该边缘分支的边缘提取能力,并用鉴别器使网络提取的两域的边缘特征更加相似,从而使得两域的边缘特征得以对齐,并在接下来用自监督训练的方式确保学习到的边缘特征能够优化主干分割网络。实验结果表明,该方法相较于不进行任何对齐,在 mIoU 上提升 16.3%,该方法的网络结构如图 3-27 所示。

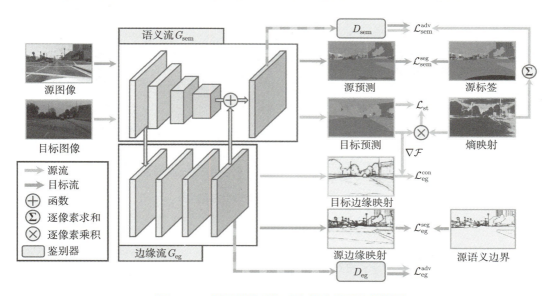

图 3-27　浅层边缘特征对齐方法的网络结构图

3.6.3　基于标签分布发掘的输出级预测结果对齐

除以上两种层级的对齐外,输出级预测结果的对齐也广受关注。由于分割网络生成的预测结果简单直接,没有图片中那么多耦合在一起的特征信息,所以基于输出空间的自适应方法能够在一个低维度的空间中进行标签分布发掘,更加容易作用于分割网络,使两域域隙减小。常用的输出级对齐方法主要基于熵最小化、自训练等对抗性学习方法。接下来将介绍一篇广为人知、频繁作为各类方法对比基线的论文。

针对分割网络在源域和目标域生成的预测结果，Vu 等人[109]关注到源域的分割结果更加规整、混乱度小，代表模型对于预测结果置信度更高、更加确定，而目标域的分割结果则有着各种噪音、预测图混乱度高，代表模型对于目标域的预测判断更加模糊。Vu 等人从信息论的角度出发，判断高混乱度的目标域预测结果熵值高，而低混乱度的源域预测结果熵值低，所以将两域预测结果的熵值图作为输入，训练一个生成对抗网络，以通过间接减小熵值的方式让两域的预测结果更加接近，从而使得分割网络对目标域也能产生高置信度的预测结果。实验表明，该方法相较于不进行任何迁移，在 mIoU 上提升 18.4%，该方法网络结构如图 3-28 所示。

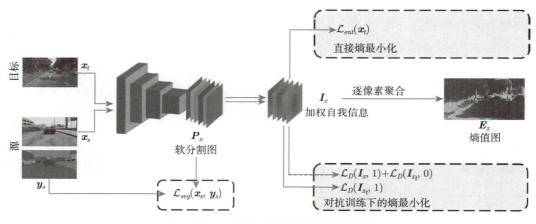

图 3-28　ADVENT 方法网络结构图

3.7　医疗图像分割

医学图像分割技术旨在清晰定位且识别出医疗图像中的解剖或病理结构，作为一项关键基础技术，其在计算机辅助诊断和智能医学等应用中发挥了重要的作用，大大增强了诊断效率和准确性。随着医学影像设备的发展和普及，X 射线、计算机断层扫描（CT）、磁共振成像（MRI）和超声已成为帮助临床医生诊断疾病、评估预后和规划手术的 4 种重要的影像辅助手段。常见的医学图像分割任务也是基于以上模态数据，包括基于 CT 图像的肝脏和肝肿瘤分割、基于 MRI 的脑和脑肿瘤分割、基于超声的胎盘分割，基于 X 射线的病灶分割，其余的也有基于眼底图像的视盘分割，基于切片图像的细胞分割等分割任务。早期的医学图像分割方法通常依赖于边缘检测、模板匹配技术、统计形状模型、机器学习等技术，Zhao 等人[110] 提出了一种新的肺部 CT 图像形态学边缘检测算法对肺部进行分割，Lalonde 等人[111] 将基于 Hausdorff 的模板匹配算法应用于眼底视盘分割，Chen 等人[112] 提出了一种基于形状的方法，使用水平集算法对心脏 MRI 图像进行二维分割和对前列腺 MRI 图像进行三维分割，Held[113] 等人将马尔可夫随机场 (MRF) 应用于脑 MRI 图像分割。尽管有多种方法已经被提出并取得一定进展，但由于特征设计的困难，图像分割仍然是计算机视觉领域中最具挑战性的问题之一。特别是在从医学图像中提取具有辨别性特征方面，相较于普通 RGB 图像，存在着更大的困难，因为医学图像常常具有模糊、噪声、低对比度等问题。随着深度学习技术的迅猛发展，医学图像分割不再需要手工特征，而是利用卷积神经网络（CNN）成功地实现了图像的分层特征表示，这使其成为图像处理和计算机视觉领域中最受关注的研究课题。通过使用 CNN 进行特征学习，医学图像分割在处理图像噪声、模糊和低对比度等问题时表现出一定的稳健性，同时能够提供稳定的分割结果。这一进展使得医学图像分割领域取得了显著的进步，为临床医生提供了更准确和可靠的图像分析工具，有助于改善疾病诊断和治疗过程。正如前文所述，目前存在两类图像分割任务，即语义分割和实例分割。在医学图像分割领域，实例分割任务相对较少，这是因为每个器官或组织在形态、大小和位置等方面具有很大的差异性。

本节将重点回顾深度学习技术在医学图像分割方面的进展。在深度学习中，根据标记数据的数量，学习方法通常分为监督学习、弱监督学习和无监督学习。监督学习的优点是可以根据精细标注数据训练模型，性能往往较好。然而，在特定领域如医疗图像中，获取大量高质量的医学图像标注数据往往困难。相反，无监督学习不需要标注数据，但学习过程的难度增加，模型往往无法获得令人满意的结果。弱监督学习则介于有监督学习和无监督学习之间，因为它只需要对少量数据进行标注，而大部分数据则不需要任何标注。在医学图像分割领域，由于数据获取和标注的困难性，弱监督学习和无监督学习方法在近年来得到了广泛研究和应用。这些方法通过利用数据的内在结构、先验知识或者自我学习的方式，尽可能地提高模型的性能和泛化能力，以满足医学图像分割的需求。下面将主要围绕全监督医疗图像分割和弱监督医疗图像分割这两个方向展开，因为它们是最为典型和常见的范式。对于全监督医疗图像分割，将重点介绍常见的分割网络和构建模块。此外，还将详细探讨特定任务下设计的先验监督方法，例如，为了小物体分割而设计的 Tversky Loss[114] 等分割损失函数。对于弱监督医疗分割，将重点介绍几种常见的解决方法，并详细讨论当前算法的发展情况。这些方法旨在利用医学图像的一部分标注信息或者无标注数据进行分割任务，以应对数据获取和标注的困难。本节将探讨这些方法的原理和优势，以及在不同应用场景中的适用性。

3.7.1 全监督医疗图像分割

医学图像分割任务中，全监督学习是主流方法，因为这些任务通常对精度要求较高且具有高风险性质。本小节将重点回顾全监督学习中训练方法的改进。这些改进主要涵盖主干网络、网络模块和损失函数的设计。

1. 常见分割网络结构

图像语义分割的目标是对图像中的每个像素进行分类。为了实现这一目标，研究人员提出了编码器-解码器结构，这是最流行的端到端架构之一。例如，全卷积网络（FCN）、U-Net 和 Deeplab 等都采用了编码器-解码器结构。在这些结构中，编码器通常用于提取图像特征，而解码器通常用于将提取的特征恢复到原始图像大小并输出最终的分割结果。

（1）编码器-解码器模型 第一个具有高影响力的编码器-解码器结构是由 Ronneberger 等人[115]提出的 U-Net，在医学图像分割领域得到了广泛应用。U-Net 的设计巧妙地解决了用于医学图像分割的卷积神经网络（CNN）结构的问题，其关键在于采用了对称的结构和跳跃连接。在医学图像中，与常见的图像分割不同，图像通常具有噪声并且边界模糊。因此，仅仅依靠低级特征来检测或识别医学图像中的物体是非常困难的。同时，仅仅依靠图像的语义特征也无法准确获取边界，因为缺乏图像的细节信息。U-Net 通过使用跳跃连接将低层次和高层次的图像特征有效地融合在一起，从而提供了医学图像分割任务的完美解决方案。另外，考虑到医学图像数据（如 CT、MRI 等）大多以三维数据的形式存在，使用三维卷积核可以更好地挖掘数据的高维空间相关性。受到这一思想的启发，Çiçek 等人[116]将 U-Net 架构扩展到处理三维医学数据的应用，并提出了直接处理三维医学数据的 3D U-Net。然而，在最初的 3D U-Net 中，由于当时计算资源的限制，它仅包括了三个下采样操作，无法有效地提取深层图像特征，因此在医学图像分割任务中的精度有限。此外，Milletari 等人[117]提出了一种类似的架构，称为 V-Net，该架构引入了残差连接的概念。众所周知，残差连接可以解决梯度消失问题，加速网络的收敛，并允许设计更深的网络结构，以提供更好的特征表示能力。相比于 3D U-Net，V-Net 使用残差连接来构建更深的网络，从而实现更高的性能。常见医疗分割网络结构如图 3-29 所示。类似地，还有其他的基于残差连接的三维网络被提出。例如，Chen 等人[118]提出了 Voxresnet、Lee 等人[119]提出了 3DRUNet，Xiao 等人[120]提出了 Res-UNet。这些网络结构都借鉴了残差连接的优势，通过在三维网络中引入残差连接，提高了网络的性能和效果。这些架构在医学图像分割任务中得到广泛应用，并取得了显著的成果。然而，这些三维网络由于参数数量非常多，同样会遇到计算成本高和 GPU 内存使用率高的问题。

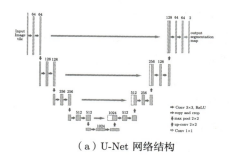
（a）U-Net 网络结构

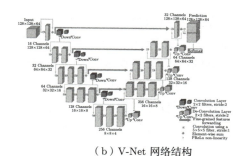
（b）V-Net 网络结构

图 3-29　常见医疗分割网络结构

（2）级联模型　对于图像分割任务，级联模型是一种常见的方法，通常训练两个或多个模型以提高分割的精度。在医学图像分割中，这种方法尤其流行。级联模型通常可以分为 coarse-to-fine 分割、检测分割两种类型的框架。coarse-to-fine 分割框架使用两个级联的分割网络进行预测。第一个网络用于进行粗糙的分割，然后使用另一个网络在前一个粗分割结果的基础上进行精细分割。例如，Christ 等人[121] 提出了一种用于肝脏和肝肿瘤分割的级联网络。该网络首先使用全卷积网络（FCN）对肝脏进行分割，然后将之前的肝脏分割结果作为第二个 FCN 的输入，进行肝肿瘤的分割。除了粗细分割框架外，检测分割框架也非常流行。这种框架首先使用网络模型如 R-CNN 或 You-Only-Look-Once (YOLO) 进行目标位置的检测，然后在之前的粗略分割结果的基础上使用另一个网络进行更详细的分割。例如，Al-Antari[122] 等人提出了一种类似的方法，用于从乳房 X 射线照片中检测、分割和分类乳房肿块。该方法首先使用区域深度学习方法 YOLO 进行目标检测，然后将检测到的目标输入到一个新设计的全分辨率卷积网络（FCN）中进行分割，最后使用深度卷积神经网络对肿块进行识别和分类。类似地，Tang 等人[121] 使用 Faster R-CNN 和 Deeplab 的级联方法对肝脏进行定位分割。此外，Salehi[123] 等人提出了一种用于全脑 MRI 和高分辨率乳房 X 射线照片分割的级联网络。这种级联网络通过有效地利用第一个网络产生的后验概率来提取比传统级联网络更丰富的多尺度上下文信息。这些检测分割框架的优势在于它们能够结合目标检测和分割的任务，提供更准确和详细的分割结果。通过首先定位目标位置，然后在该位置上进行进一步的分割，这些方法能够充分利用目标的上下文信息和细节特征，提高分割的精度和稳健性，在医学图像分割中得到了广泛的应用和研究。

此外，将关于器官形状和位置的先验知识与 CNN 模型相结合，对于改善医学图像分割的效果至关重要。然而，有关如何将先验知识融入 CNN 模型的研究工作相对较少。作为该领域最早的研究之一，Oktay 等人[124] 提出了一种新颖且通用的方法，将形状和标签结构的先验知识融入解剖学约束神经网络（ACNN）中，用于医学图像分析任务。通过这种方式，可以在神经网络的训练过程中约束和引导模型以做出更具解剖意义的预测。尤其是在输入图像数据信息不足或不一致的情况下（如缺少对象边界），这种方法能够帮助模型更好地理解解剖结构。同样地，Boutillon 等人[125]将解剖先验知识纳入肩胛骨分割的条件对抗框架中，通过将形状先验与条件神经网络相结合，鼓励模型遵循全局解剖特性的形状和位置信息，并尽可能准确地进行分割。这些研究表明，通过将先验知识与神经网络训练过程结合起来，可以改进模型的性能并提供更高的分割精度。由于采用了先验知识的约束，这些算法在处理输入数据信息不足或不一致的情况下具有更好的稳健性。这些方法为医学图像分割提供了一种更加可靠和有效的方式。

2. 常见分割网络模块

（1）密集连接　密集连接常用于构建一种特殊的卷积神经网络结构。在密集连接网络中，每一层的输入都来自前向传输过程中所有前一层的输出。受到密集连接的启发，Guan 等人[126]提出了一种改进的 U-Net 架构，将 U-Net 中的每个子块的跳跃连接替换为密集连接。Zhou 等人[127]将所有 U-Net 的层（从一层到四层）通过密集连接进行聚合，这种结构的优点是它能够让网络自动学习不同层特征的重要性。此外，他们还重新设计了跳跃连接，以便在解码器中聚合不同语义尺度的特征，从而形成高度灵活的特征融合方案。然而，由于采用了密集连接，这种方法会增加网络的参数数量。虽然密集连接有助于获取更丰富的图像特征，但在一定程度上可能会降低特征表示的稳健性，并增加网络的参数数量。因此，密集连接在医学图像分割中提供了一种有效的特征融合方法，但需要权衡稳健性和模型复杂度之间的关系。在设计网络架构时，需要综合考虑这些因素，以找到适合特定任务的最佳平衡点。

（2）注意力机制　对于神经网络，注意力块可以选择性地改变输入或根据不同的重要性为输入变量分配不同的权重。近年来，深度学习与视觉注意力机制相结合的研究大多集中在使用掩码形成注意力机制上。掩码的原理是设计一个新的层，可以通过训练和学习来识别图像中的关键特征，然后让网络只关注图像中感兴趣的区域。空间注意力模块旨在计算空间域中每个像素的特征重要性并提取图像的关键信息。Jaderberg[128]等人早期提出了一种用于图像分类的空间变换网络（ST-Net），它利用空间注意力将原始图像的空间信息转换到另一个空间并保留关键信息。普通池化相当于容易导致关键信息丢失的信息合并。针对这个问题，设计了一个称为空间变换器的模块，通过执行空间变换来提取图像的关键信息。受此启发，Oktay 等人[129]对 U-Net 进行了改进，在融合来自编码器和相应解码器的特征之前，使用注意力块来改变编码器的输出。注意块输出一个门控信号来控制不同空间位置的像素的特征重要性。该块通过 1×1 卷积结合了 ReLU 和 sigmoid 函数，以生成权重图，该权重图通过乘以来自编码器的特征进行校正。而通道注意力模块则可以实现特征重新校准，它利用学习到的全局信息来强调选择性有用的特征并抑制无用的特征。Hu 等人[130]提出 SE-Net，将通道注意力引入图像分析领域，并在 2017 年赢得 ImageNet 挑战赛。简而言之，空间和通道注意力机制是改善特征表示的两种流行策略。但是，空间注意力忽略了不同通道信息的差异，对每个通道一视同仁。相反，通道注意力机制直接汇集了全局信息，而忽略了每个通道中的局部信息，这是一个比较粗糙的操作。因此，结合两种注意力机制的优势，研究人员设计了许多基于混合域注意力块的模型。Kaul[131]等人提出了将空间注意力和通道注意力混合用于医学图像分割的 focusNet，其中 SE-Block 用于通道注意力并设计了空间注意力的一个分支。尽管上面提到的那些注意力机制提高了最终的分割性能，但它们只执行了局部卷积的操作。该操作侧重于相邻卷积核的区域，但错过了全局信息。此外，下采样的操作会导致空间信息的丢失，这对生物医学图像分割尤其不利。一个基本的解决方案是通过堆叠多个层来提取长距离信息，但由于参数数量多，计算成本高，效率低。在解码器中，上采样、反卷积和插值也是以局部卷积的方式进行的。非局部注意力机制的应用可以帮助克服局部卷积在医学图像分割中的局限性。最近，Wang 等人[132]提出了一种非局部 U-Net，旨在提高分割的精度。该方法在上采样和下采样的过程中引入了自注意力机制和全局聚合块，以提取完整的图像信息。非局部注意力模块是一种通用的块，可以轻松地嵌入到不同的卷积神经网络中以提高其性能。通过引入非局部块，非局部 U-Net 能够捕捉更远距离的像素间关系，而不仅仅局限于相邻的卷积核区域。这种全局信息的获取有助于提高分割模型的准确性和稳健性。总的来说，网络功能模块的设计旨在有效地融合特征，并提供更好的特征表示。这样可以帮助解码器生成更准确地分割结果，并提高医学图像分割任务的性能。

3. 常见分割损失函数

除了设计主干网络和功能块来提高分割速度和精度，设计适当的损失函数也可以改善医学图像分割的结果。在医学图像分割任务中，已经涌现出大量关于设计合适的损失函数的相关工作。交叉熵是最常用的损失函数之一，它通过比较预测的类别向量和实际的分割结果向量来衡量预测的准确性。然而，交叉熵损失函数对图像中的每个像素平等对待，忽视了类别之间的不平衡性，导致学习过程中的类别不平衡问题。这使得交叉熵在处理小目标分割时性能较低。为了解决类别不平衡的问题，一种常见的方法是使用加权交叉熵损失（weighted cross entropy, WCE）。加权交叉熵损失对样本数量较少的类别进行加权，以抵消类别不平衡带来的影响，从而提高网络对小目标样本的分割性能。另一个流行的损失函数是 Dice Loss（骰子损失），它是一种常用的评估医学图像分割质量的性能指标。Dice Loss 衡量分割结果与真实结果之间的重叠程度，其取值范围从 0 到 1，其中 "1" 表示分割结果与真实结果完全重叠。Dice Loss 在一定程度上解决了类别不平衡的问题，但在严重的类别不平衡情况下仍然存在限制。基于 Dice Loss、Salehi[114] 等人提出了 Tversky Loss，作为 Dice Loss 的正则化版本。Tversky Loss 通过控制假阳性和假阴性对损失函数的贡献，进一步缓解了类别不平衡问题。综上所述，选择合适的损失函数对于医学图像分割任务至关重要。不同的损失函数可以在不同的场景中提供更好的性能，解决类别不平衡问题，并改善分割结果的准确性。研究人员对损失函数的改进和探索仍在不断进行，以进一步提升医学图像分割的质量。

3.7.2 弱监督医疗图像分割

尽管卷积神经网络在医学图像分割方面表现出很强的适应性，但其分割结果严重依赖于高质量的标签数据。然而，构建大规模且具有高质量标签的数据集非常昂贵且困难，特别是在医学图像分析领域，因为数据采集和标注通常涉及高昂的知识成本。因此，研究人员一直致力于使用少量或不完整的数据来训练模型，以达到与全监督方法相媲美的性能水平，这被统称为弱监督学习范式。弱监督医疗图像分割目前的研究方法归纳为以下 3 个方向：数据增强、迁移学习和人机交互分割。这些方法旨在利用有限的标签数据进行模型训练和学习，以提高医学图像分割的性能。数据增强方法通过应用各种变换和扩展技术来生成合成数据，从而扩充有限标签数据的多样性和数量。这些技术包括旋转、翻转、缩放、平移等，以及更高级的生成模型如生成对抗网络 (GAN)。迁移学习方法通过利用已有的大规模数据集或预训练模型的知识，将其迁移到目标医学图像分割任务中。这样可以通过在较少标签数据上进行微调或特定任务的训练来提高模型的性能。人机交互分割方法结合人工智能算法和人类专家的交互，利用人类专家的知识和标注来指导模型的学习和分割过程。这种方法通常涉及与医学专家的合作，通过交互式分割和反馈机制来不断优化模型的结果。这些弱监督学习方法为医学图像分割提供了一种有效的方式，以克服标签数据不足的问题，并取得了令人鼓舞的研究进展。随着技术的不断发展，可以期待更多创新的方法和技术来提高医学图像分割的性能和效率。

1. 数据增强

在面对缺乏大量高质量标签数据集的情况下，数据增强是一种有效的解决样本不足的方法。一般的数据增强方法包括改善图像质量，如抑制噪声、改变图像强度（亮度、饱和度和对比度），以及改变图像布局，如旋转、扭曲和缩放等。这些方法在一定范围内提高了模型的性能和稳健性。例如，Irinukunwattana 等人[133] 利用高斯模糊来实现数据增强，并提高了在结肠组织图像中执行腺体分割任务的模型性能。Dong[134] 等人在三维 MRI 图像中随机使用亮度增强功能来扩增脑瘤分割的训练数据，在图像显示强度不均匀时尤为有帮助。此外，Ronneberger 等人[115]使用随机弹性变形来对原始数据集进行数据扩展，进一步提高了模型性能。常见的数据增强方法通常是对图像进行参数化变换（如旋转、平移、剪切、翻转等），计算成本几乎可以忽略不计。然而，这些方法产生的图像与原始图像极高程度相关，在样本量较少的学习任务中带来的收益往往有限。近年来，Goodfellow 提出的生成对抗网络（GAN）已被证实为一种有效的学习式数据扩增策略。GAN 通过拟合原始数据的分布，使模型能够无限采样并生成新样本。例如，Guibas[133] 等人提出了基于 GAN 的视网膜眼底图像合成网络，并合成眼底血管标注图像作为额外的训练数据。Mahapatra 等人[135]使用条件式 GAN 合成具有目标疾病的 X 射线图像，极大地缓解了少样本学习问题。尽管 GAN 生成的图像存在一些缺陷，如边界模糊和分辨率低，但它们为弱监督学习提供了新的思路，并在一定程度上提高了模型的性能。

2. 迁移学习

迁移学习是一种利用一个模型的训练参数来初始化新模型的方法，通过迁移知识来实现对有限标签数据的快速模型训练。在医学图像分析中，迁移学习常被用来解决有限数据标记的问题。一种常见的方法是对在 ImageNet 等自然图像数据集上预训练的模型进行微调，针对目标医学图像分析任务进行调整。例如，Kalinin 等人[136]使用了在 ImageNet 上进行了预训练对 VGG-11,VGG-16 和 ResNet-34 网络作为 UNet 的编码器，执行从内窥镜视频中对机器器械进行语义分割的任务。Conze 等人[137]使用 VGG-11 在 ImageNet 上进行了预训练，作为下游分割网络的编码器，实验证明，预训练的网络对于提高分割性能是非常有用的。然而，将预训练模型应用于医学图像分析时，领域适应性可能成为一个问题。当下游任务与上游预训练任务之间存在较大差异时，可能会出现性能下降的情况。此外，流行的自然图像迁移学习模型往往难以适用于三维医学图像分析，因为它们通常依赖于二维图像数据集。目前，针对带有语义标签的大规模三维图像数据仍然相对不足，因此开发自监督预训练方法是一个亟待解决的问题。

3. 人机交互分割

交互式分割在医学图像分析中扮演着重要角色，它允许临床医生通过交互方式对模型生成的初始分割图像进行修正，从而获得更准确的分割结果。交互式分割的关键在于临床医生可以使用交互方法，如鼠标点击和轮廓框，来改善模型的初始分割结果。随后，模型根据临床医生的反馈更新参数，并生成新的分割图像。经过校正的图像和分割结果可以被视为高质量的数据，可用于其他模型的训练。一种交互式分割方法是由 Wang 等人提出的 DeepIGeoS。它使用两个级联的 CNN 来进行二维和三维医学图像的交互式分割。第一个 CNN（P-Net）生成一个粗略的分割结果，然后用户通过提供交互式的点或短线来标记错误的分割区域。这些标记被用作第二个 CNN（R-Net）的输入，以获得更正的结果。实验结果表明，DeepIGeoS 相对于传统的交互式分割方法（如 GraphCuts、RandomWalks 和 ITK-Snap）显著降低了用户的交互需求并减少了时间消耗。另外，Wang 等人[138]还提出了一种与 GrabCut 原理相似的方法，称为 BIFSeg。用户首先绘制一个边界框，框内的区域被视为 CNN 模型的输入。在获得初始结果后，用户可以通过微调图像来改进 CNN 模型的分割结果。Rupprecht 等人[139]提出了一种名为 GM interacting 的新型交互式分割方法，它根据用户的输入文本来更新图像分割结果。这种方法通过修改编码器和解码器之间的特征图来改变网络的输出，从而实现分割结果的更新。这些交互式分割方法为临床医生提供了更多的灵活性和控制权，帮助他们获得更准确的分割结果，并在某种程度上减少了对用户的交互需求。

参考文献

[1] OHLANDER R, PRICE K, REDDY D R. Picture segmentation using a recursive region splitting method[J]. Computer Graphics and Image Processing, 1978, 8(3): 313-333.

[2] BRICE C R, FENNEMA C L. Scene analysis using regions[J]. Artificial intelligence, 1970, 1(3-4): 205-226.

[3] HOROWITZ S L, PAVLIDIS T. Picture segmentation by a tree traversal algorithm[J]. Journal of the ACM (JACM), 1976, 23(2): 368-388.

[4] PAVLIDIS T, LIOW Y-T. Integrating region growing and edge detection[J]. IEEE Transactions on Pattern Analysis and Machine Intelligence, 1990, 12(3): 225-233.

[5] VINCENT L, SOILLE P. Watersheds in digital spaces: an efficient algorithm based on immersion simulations[J]. IEEE Transactions on Pattern Analysis & Machine Intelligence, 1991, 13(06): 583-598.

[6] FELZENSZWALB P F, HUTTENLOCHER D P. Efficient graph-based image segmentation[J]. International Journal of Computer Vision, 2004, 59: 167-181.

[7] COMANICIU D, MEER P. Mean shift: A robust approach toward feature space analysis[J]. IEEE Transactions on Pattern Analysis and Machine Intelligence, 2002, 24(5): 603-619.

[8] SHI J, MALIK J. Normalized cuts and image segmentation[J]. IEEE Transactions on Pattern Analysis and Machine Intelligence, 2000, 22(8): 888-905.

[9] WEISS Y. Segmentation using Eigenvectors: A Unifying View[C]//Proceedings of the International Conference on Computer Vision. [S.l.]: IEEE Computer Society, 1999: 975-982.

[10] WANG J, JIA Y, HUA X, et al. Normalized tree partitioning for image segmentation[C]// 2008 IEEE Computer Society Conference on Computer Vision and Pattern Recognition (CVPR 2008). [S.l.]: IEEE Computer Society, 2008.

[11] WANG J, JIANG H, JIA Y, et al. Regularized tree partitioning and its application to unsupervised image segmentation[J]. IEEE Transactions on Image Processing, 2014, 23(4): 1909–1922.

[12] WANG J. Graph Based Image Segmentation: A modern approach[M]. [S.l.]: VDM Verlag Dr. Müller, 2008.

[13] MEILA M, SHI J. Learning Segmentation by Random Walks[C] // LEEN T K, DIETTERICH T G, TRESP V. Advances in Neural Information Processing Systems 13, Papers from Neural Information Processing Systems (NIPS) 2000. [S.l.]: MIT Press, 2000: 873–879.

[14] HE X, ZEMEL R S, CARREIRA-PERPIÑÁN M Á. Multiscale Conditional Random Fields for Image Labeling[C] // 2004 IEEE Computer Society Conference on Computer Vision and Pattern Recognition (CVPR 2004). [S.l.]: IEEE Computer Society, 2004: 695–702.

[15] SHOTTON J, WINN J M, ROTHER C, et al. TextonBoost: Joint Appearance, Shape and Context Modeling for Multi-class Object Recognition and Segmentation[C] // LEONARDIS A, BISCHOF H, PINZ A. Lecture Notes in Computer Science, Vol 3951: Computer Vision - ECCV 2006, 9th European Conference on Computer Vision. [S.l.]: Springer, 2006: 1–15.

[16] LONG J, SHELHAMER E, DARRELL T. Fully convolutional networks for semantic segmentation[C] // IEEE Conference on Computer Vision and Pattern Recognition, CVPR 2015. [S.l.]: IEEE Computer Society, 2015: 3431–3440.

[17] SHELHAMER E, LONG J, DARRELL T. Fully Convolutional Networks for Semantic Segmentation[J]. IEEE Transactions on Pattern Analysis and Machine Intelligence, 2017, 39(4): 640–651.

[18] BADRINARAYANAN V, KENDALL A, CIPOLLA R. Segnet: A deep convolutional encoder-decoder architecture for image segmentation[J]. IEEE Transactions on Pattern Analysis and Machine Intelligence, 2017, 39(12): 2481–2495.

[19] RONNEBERGER O, FISCHER P, BROX T. U-net: Convolutional networks for biomedical image segmentation[C] // Medical Image Computing and Computer-Assisted Intervention–MICCAI 2015: 18th International Conference, Munich, Germany, October 5-9, 2015, Proceedings, Part III 18. 2015: 234–241.

[20] NOH H, HONG S, HAN B. Learning Deconvolution Network for Semantic Segmentation[C]// 2015 IEEE International Conference on Computer Vision, ICCV 2015. [S.l.]: IEEE Computer Society, 2015: 1520–1528.

[21] YU F, KOLTUN V. Multi-Scale Context Aggregation by Dilated Convolutions[C/OL]// BENGIO Y, LECUN Y. 4th International Conference on Learning Representations, ICLR 2016, Conference Track Proceedings. 2016. http://arxiv.org/abs/1511.07122.

[22] SUN K, XIAO B, LIU D, et al. Deep High-Resolution Representation Learning for Human Pose Estimation[C] // IEEE Conference on Computer Vision and Pattern Recognition, CVPR 2019. [S.l.]: Computer Vision Foundation / IEEE, 2019: 5693–5703.

[23] WANG J, SUN K, CHENG T, et al. Deep high-resolution representation learning for visual recognition[J]. IEEE Transactions on Pattern Analysis and Machine Intelligence, 2020, 43(10): 3349–3364.

[24] YUAN Y, FU R, HUANG L, et al. HRFormer: High-Resolution Vision Transformer for Dense Predict[C] // RANZATO M, BEYGELZIMER A, DAUPHIN Y N, et al. Advances in Neural Information Processing Systems 34: Annual Conference on Neural Information Processing Systems 2021. 2021: 7281–7293.

[25] CHEN L-C, PAPANDREOU G, KOKKINOS I, et al. Deeplab: Semantic image segmentation with deep convolutional nets, atrous convolution, and fully connected crfs[J]. IEEE Transactions on Pattern Analysis and Machine Intelligence, 2017, 40(4): 834–848.

[26] ZHAO H, SHI J, QI X, et al. Pyramid scene parsing network[C] // Proceedings of the IEEE Conference on Computer Vision and Pattern Recognition. 2017: 2881–2890.

[27] YUAN Y, HUANG L, GUO J, et al. OCNet: Object context for semantic segmentation[J]. International Journal of Computer Vision, 2021, 129(8): 2375–2398.

[28] YUAN Y, CHEN X, WANG J. Object-Contextual Representations for Semantic Segmentation[C] // VEDALDI A, BISCHOF H, BROX T, et al. Lecture Notes in Computer Science, Vol 12351: Computer Vision - ECCV 2020 - 16th European Conference, Proceedings, Part VI. [S.l.]: Springer, 2020: 173–190.

[29] YUAN Y, XIE J, CHEN X, et al. Segfix: Model-agnostic boundary refinement for segmentation[C] // Computer Vision–ECCV 2020: 16th European Conference, Proceedings, Part XII 16. 2020: 489–506.

[30] ZHENG S, LU J, ZHAO H, et al. Rethinking semantic segmentation from a sequence-to-sequence perspective with transformers[C] // Proceedings of the IEEE/CVF Conference on Computer Vision and Pattern Recognition. 2021: 6881–6890.

[31] XIE E, WANG W, YU Z, et al. SegFormer: Simple and efficient design for semantic segmentation with transformers[J]. Advances in Neural Information Processing Systems, 2021, 34: 12077–12090.

[32] CHENG B, SCHWING A, KIRILLOV A. Per-pixel classification is not all you need for semantic segmentation[J]. Advances in Neural Information Processing Systems, 2021, 34: 17864–17875.

[33] HE K, GKIOXARI G, DOLLÁR P, et al. Mask R-CNN[C] // IEEE International Conference on Computer Vision, ICCV 2017. [S.l.]: IEEE Computer Society, 2017: 2980–2988.

[34] DAI J, HE K, SUN J. Instance-Aware Semantic Segmentation via Multi-task Network Cascades[C] // 2016 IEEE Conference on Computer Vision and Pattern Recognition, CVPR 2016. [S.l.]: IEEE Computer Society, 2016: 3150–3158.

[35] PINHEIRO P H O, COLLOBERT R, DOLLÁR P. Learning to Segment Object Candidates[C]// CORTES C, LAWRENCE N D, LEE D D, et al. Advances in Neural Information Processing Systems 28: Annual Conference on Neural Information Processing Systems 2015, Montreal, Quebec, Canada. 2015: 1990–1998.

[36] TU Z, CHEN X, YUILLE A L, et al. Image parsing: Unifying segmentation, detection, and recognition[J]. International Journal of computer vision, 2005, 63: 113–140.

[37] KIRILLOV A, HE K, GIRSHICK R B, et al. Panoptic Segmentation[C] // IEEE Conference on Computer Vision and Pattern Recognition, CVPR 2019. [S.l.]: Computer Vision Foundation / IEEE, 2019: 9404–9413.

[38] LI Y, SUN J, TANG C-K, et al. Lazy snapping[J]. ACM Transactions on Graphics (ToG), 2004, 23(3): 303–308.

[39] ROTHER C, KOLMOGOROV V, BLAKE A. "GrabCut" interactive foreground extraction using iterated graph cuts[J]. ACM Transactions on Graphics (TOG), 2004, 23(3): 309–314.

[40] BOYKOV Y, FUNKA-LEA G. Graph cuts and efficient ND image segmentation[J]. International Journal of Computer Vision, 2006, 70(2): 109–131.

[41] SERMANET P, EIGEN D, ZHANG X, et al. Overfeat: Integrated recognition, localization and detection using convolutional networks[J]. arXiv preprint arXiv:1312.6229, 2013.

[42] LIN G, MILAN A, SHEN C, et al. Refinenet: Multi-path refinement networks for high-resolution semantic segmentation[C] // Proceedings of the IEEE Conference on Computer Vision and Pattern Recognition. 2017: 1925–1934.

[43] YU C, WANG J, PENG C, et al. Learning a discriminative feature network for semantic segmentation[C] // Proceedings of the IEEE Conference on Computer Vision and Pattern Recognition. 2018: 1857–1866.

[44] FU J, LIU J, TIAN H, et al. Dual attention network for scene segmentation[C] // Proceedings of the IEEE/CVF Conference on Computer Vision and Pattern Recognition. 2019: 3146–3154.

[45] YU C, WANG J, PENG C, et al. Bisenet: Bilateral segmentation network for real-time semantic segmentation[C] // Proceedings of the European Conference on Computer Vision (ECCV). 2018: 325–341.

[46] YU C, GAO C, WANG J, et al. Bisenet v2: Bilateral network with guided aggregation for real-time semantic segmentation[J]. International Journal of Computer Vision, 2021, 129: 3051–3068.

[47] LIU W, RABINOVICH A, BERG A C. Parsenet: Looking wider to see better[J]. arXiv preprint arXiv:1506.04579, 2015.

[48] WANG W, XIE E, LI X, et al. Pyramid vision transformer: A versatile backbone for dense prediction without convolutions[C]// Proceedings of the IEEE/CVF International Conference on Computer Vision. 2021: 568-578.

[49] RANFTL R, BOCHKOVSKIY A, KOLTUN V. Vision transformers for dense prediction[C]// Proceedings of the IEEE/CVF international conference on computer vision. 2021: 12179-12188.

[50] YUAN Y, CHEN X, CHEN X, et al. Segmentation transformer: Object-contextual representations for semantic segmentation. arXiv 2019[J]. arXiv preprint arXiv:1909.11065, 2019.

[51] STRUDEL R, GARCIA R, LAPTEV I, et al. Segmenter: Transformer for semantic segmentation[C]// Proceedings of the IEEE/CVF International Conference on Computer Vision. 2021: 7262-7272.

[52] PENG L, CHEN Z, FU Z, et al. BEVSegFormer: Bird's Eye View Semantic Segmentation From Arbitrary Camera Rigs[C]// Proceedings of the IEEE/CVF Winter Conference on Applications of Computer Vision. 2023: 5935-5943.

[53] HE K, GKIOXARI G, DOLLÁR P, et al. Mask r-cnn[C]// Proceedings of the IEEE International Conference on Computer Vision. 2017: 2961-2969.

[54] LIU S, QI L, QIN H, et al. Path aggregation network for instance segmentation[C]// Proceedings of the IEEE Conference on Computer Vision and Pattern Recognition. 2018: 8759-8768.

[55] HUANG Z, HUANG L, GONG Y, et al. Mask scoring r-cnn[C]// Proceedings of the IEEE/CVF Conference on Computer Vision and Pattern Recognition. 2019: 6409-6418.

[56] KIRILLOV A, WU Y, HE K, et al. Pointrend: Image segmentation as rendering[C]// Proceedings of the IEEE/CVF Conference on Computer Vision and Pattern Recognition. 2020: 9799-9808.

[57] BOLYA D, ZHOU C, XIAO F, et al. Yolact: Real-time instance segmentation[C]// Proceedings of the IEEE/CVF International Conference on Computer Vision. 2019: 9157-9166.

[58] CHEN X, GIRSHICK R, HE K, et al. Tensormask: A foundation for dense object segmentation[C]// Proceedings of the IEEE/CVF International Conference on Computer Vision. 2019: 2061-2069.

[59] XIE E, SUN P, SONG X, et al. Polarmask: Single shot instance segmentation with polar representation[C]// Proceedings of the IEEE/CVF Conference on Computer Vision and Pattern Recognition. 2020: 12193-12202.

[60] TIAN Z, SHEN C, CHEN H, et al. Fcos: Fully convolutional one-stage object detection[C]// Proceedings of the IEEE/CVF International Conference on Computer Vision. 2019: 9627-9636.

[61] PENG S, JIANG W, PI H, et al. Deep snake for real-time instance segmentation[C]//Proceedings of the IEEE/CVF Conference on Computer Vision and Pattern Recognition. 2020: 8533−8542.

[62] YANG Z, XU Y, XUE H, et al. Dense reppoints: Representing visual objects with dense point sets[C]//Computer Vision–ECCV 2020: 16th European Conference, Proceedings, Part XXI 16. 2020: 227−244.

[63] WEI F, SUN X, LI H, et al. Point-set anchors for object detection, instance segmentation and pose estimation[C]//Computer Vision–ECCV 2020: 16th European Conference, Proceedings, Part X 16. 2020: 527−544.

[64] CARION N, MASSA F, SYNNAEVE G, et al. End-to-end object detection with transformers[C]//Computer Vision–ECCV 2020: 16th European Conference, Proceedings, Part I 16. 2020: 213−229.

[65] HU J, CAO L, LU Y, et al. Istr: End-to-end instance segmentation with transformers[J]. arXiv preprint arXiv:2105.00637, 2021.

[66] SUN P, ZHANG R, JIANG Y, et al. Sparse r-cnn: End-to-end object detection with learnable proposals[C]//Proceedings of the IEEE/CVF Conference on Computer Vision and Pattern Recognition. 2021: 14454−14463.

[67] CHENG T, WANG X, CHEN S, et al. Sparse instance activation for real-time instance segmentation[C]//Proceedings of the IEEE/CVF Conference on Computer Vision and Pattern Recognition. 2022: 4433−4442.

[68] KIRILLOV A, HE K, GIRSHICK R, et al. Panoptic segmentation[C]//Proceedings of the IEEE/CVF Conference on Computer Vision and Pattern Recognition. 2019: 9404−9413.

[69] DE GEUS D, MELETIS P, DUBBELMAN G. Panoptic segmentation with a joint semantic and instance segmentation network[J]. arXiv preprint arXiv:1809.02110, 2018.

[70] XIONG Y, LIAO R, ZHAO H, et al. Upsnet: A unified panoptic segmentation network[C]//Proceedings of the IEEE/CVF Conference on Computer Vision and Pattern Recognition. 2019: 8818−8826.

[71] LI Y, CHEN X, ZHU Z, et al. Attention-guided unified network for panoptic segmentation[C]//Proceedings of the IEEE/CVF Conference on Computer Vision and Pattern Recognition. 2019: 7026−7035.

[72] LIU H, PENG C, YU C, et al. An end-to-end network for panoptic segmentation[C]//Proceedings of the IEEE/CVF Conference on Computer Vision and Pattern Recognition. 2019: 6172−6181.

[73] YANG T-J, COLLINS M D, ZHU Y, et al. Deeperlab: Single-shot image parser[J]. arXiv preprint arXiv:1902.05093, 2019.

[74] CHENG B, COLLINS M D, ZHU Y, et al. Panoptic-deeplab: A simple, strong, and fast baseline for bottom-up panoptic segmentation[C] // Proceedings of the IEEE/CVF Conference on Computer Vision and Pattern Recognition. 2020: 12475-12485.

[75] WANG H, ZHU Y, GREEN B, et al. Axial-deeplab: Stand-alone axial-attention for panoptic segmentation[C] // Computer Vision–ECCV 2020: 16th European Conference, Proceedings, Part IV. 2020: 108-126.

[76] LI Y, ZHAO H, QI X, et al. Fully convolutional networks for panoptic segmentation[C] // Proceedings of the IEEE/CVF Conference on Computer Vision and Pattern Recognition. 2021: 214-223.

[77] CHENG B, MISRA I, SCHWING A G, et al. Masked-attention mask transformer for universal image segmentation[C] // Proceedings of the IEEE/CVF Conference on Computer Vision and Pattern Recognition. 2022: 1290-1299.

[78] LI Z, WANG W, XIE E, et al. Panoptic segformer: Delving deeper into panoptic segmentation with transformers[C] // Proceedings of the IEEE/CVF Conference on Computer Vision and Pattern Recognition. 2022: 1280-1289.

[79] LIN T-Y, MAIRE M, BELONGIE S, et al. Microsoft coco: Common objects in context[C] // European Conference on Computer Vision. 2014: 740-755.

[80] CORDTS M, OMRAN M, RAMOS S, et al. The cityscapes dataset for semantic urban scene understanding[C] // Proceedings of the IEEE Conference on Computer Vision and Pattern Recognition. 2016: 3213-3223.

[81] ZHANG W, ZENG S, WANG D, et al. Weakly supervised semantic segmentation for social images[C] // Proceedings of the IEEE Conference on Computer Vision and Pattern Recognition. 2015: 2718-2726.

[82] SHI Z, YANG Y, HOSPEDALES T M, et al. Weakly-supervised image annotation and segmentation with objects and attributes[J]. IEEE Transactions on Pattern Analysis and Machine Intelligence, 2016, 39(12): 2525-2538.

[83] LIU Y, LIU J, LI Z, et al. Weakly-supervised dual clustering for image semantic segmentation[C] // Proceedings of the IEEE Conference on Computer Vision and Pattern Recognition. 2013: 2075-2082.

[84] LIU Y, LI Z, LIU J, et al. Boosted MIML method for weakly-supervised image semantic segmentation[J]. Multimedia Tools and Applications, 2015, 74(2): 543-559.

[85] YING P, LIU J, LU H. Dictionary learning based superpixels clustering for weakly-supervised semantic segmentation[C] // 2015 IEEE International Conference on Image Processing (ICIP). 2015: 4258-4262.

[86] LI Y, GUO Y, KAO Y, et al. Image piece learning for weakly supervised semantic segmentation[J]. IEEE Transactions on Systems, Man, and Cybernetics: Systems, 2016, 47(4): 648-659.

[87] ACHANTA R, SHAJI A, SMITH K, et al. SLIC superpixels compared to state-of-the-art superpixel methods[J]. IEEE Transactions on Pattern Analysis and Machine Intelligence, 2012, 34(11): 2274–2282.

[88] XU J, SCHWING A G, URTASUN R. Learning to segment under various forms of weak supervision[C] // Proceedings of the IEEE Conference on Computer Vision and Pattern Recognition. 2015: 3781–3790.

[89] LU Z, FU Z, XIANG T, et al. Learning from weak and noisy labels for semantic segmentation[J]. IEEE Transactions on Pattern Analysis and Machine Intelligence, 2016, 39(3): 486–500.

[90] ARBELÁEZ P, PONT-TUSET J, BARRON J T, et al. Multiscale combinatorial grouping[C] // Proceedings of the IEEE Conference on Computer Vision and Pattern Recognition. 2014: 328–335.

[91] ZHOU B, KHOSLA A, LAPEDRIZA A, et al. Learning deep features for discriminative localization[C] // Proceedings of the IEEE Conference on Computer Vision and Pattern Recognition. 2016: 2921–2929.

[92] KOLESNIKOV A, LAMPERT C H. Seed, expand and constrain: Three principles for weakly-supervised image segmentation[C] // European Conference on Computer Vision. 2016: 695–711.

[93] WEI Y, XIAO H, SHI H, et al. Revisiting dilated convolution: A simple approach for weakly- and semi-supervised semantic segmentation[C] // Proceedings of the IEEE Conference on Computer Vision and Pattern Recognition. 2018: 7268–7277.

[94] CHANG Y-T, WANG Q, HUNG W-C, et al. Weakly-supervised semantic segmentation via sub-category exploration[C] // Proceedings of the IEEE/CVF Conference on Computer Vision and Pattern Recognition. 2020: 8991–9000.

[95] AHN J, KWAK S. Learning pixel-level semantic affinity with image-level supervision for weakly supervised semantic segmentation[C] // Proceedings of the IEEE Conference on Computer Vision and Pattern Recognition. 2018: 4981–4990.

[96] LEE J, KIM E, LEE S, et al. Ficklenet: Weakly and semi-supervised semantic image segmentation using stochastic inference[C] // Proceedings of the IEEE/CVF Conference on Computer Vision and Pattern Recognition. 2019: 5267–5276.

[97] OH S J, BENENSON R, KHOREVA A, et al. Exploiting saliency for object segmentation from image level labels[C] // 2017 IEEE Conference on Computer Vision and Pattern Recognition (CVPR). 2017: 5038–5047.

[98] WANG X, YOU S, LI X, et al. Weakly-supervised semantic segmentation by iteratively mining common object features[C] // Proceedings of the IEEE Conference on Computer Vision and Pattern Recognition. 2018: 1354–1362.

[99] SUN F, LI W. Saliency guided deep network for weakly-supervised image segmentation[J]. Pattern Recognition Letters, 2019, 120: 62−68.

[100] PATHAK D, KRAHENBUHL P, DARRELL T. Constrained convolutional neural networks for weakly supervised segmentation[C] // Proceedings of the IEEE International Conference on Computer Vision. 2015: 1796−1804.

[101] WEI Y, LIANG X, CHEN Y, et al. Stc: A simple to complex framework for weakly-supervised semantic segmentation[J]. IEEE Transactions on Pattern Analysis and Machine Intelligence, 2016, 39(11): 2314−2320.

[102] ZENG Y, ZHUGE Y, LU H, et al. Joint learning of saliency detection and weakly supervised semantic segmentation[C] // Proceedings of the IEEE/CVF International Conference on Computer Vision. 2019: 7223−7233.

[103] FAN R, HOU Q, CHENG M-M, et al. Associating inter-image salient instances for weakly supervised semantic segmentation[C] // Proceedings of the European Conference on Computer Vision (ECCV). 2018: 367−383.

[104] LI Y, LIU Y, LIU G, et al. Weakly supervised semantic segmentation by iterative superpixel-CRF refinement with initial clues guiding[J]. Neurocomputing, 2020, 391: 25−41.

[105] RICHTER S R, VINEET V, ROTH S, et al. Playing for data: Ground truth from computer games[C] // European Conference on Computer Vision. 2016: 102−118.

[106] ROS G, SELLART L, MATERZYNSKA J, et al. The synthia dataset: A large collection of synthetic images for semantic segmentation of urban scenes[C] // Proceedings of the IEEE Conference on Computer Vision and Pattern Recognition. 2016: 3234−3243.

[107] ZHU J-Y, PARK T, ISOLA P, et al. Unpaired image-to-image translation using cycle-consistent adversarial networks[C] // Proceedings of the IEEE International Conference on Computer Vision. 2017: 2223−2232.

[108] CHEN H, WU C, XU Y, et al. Unsupervised domain adaptation for semantic segmentation via low-level edge information transfer[J]. arXiv preprint arXiv:2109.08912, 2021.

[109] VU T-H, JAIN H, BUCHER M, et al. Advent: Adversarial entropy minimization for domain adaptation in semantic segmentation[C] // Proceedings of the IEEE/CVF Conference on Computer Vision and Pattern Recognition. 2019: 2517−2526.

[110] YU-QIAN Z, WEI-HUA G, ZHEN-CHENG C, et al. Medical images edge detection based on mathematical morphology[C] // 2005 IEEE Engineering in Medicine and Biology 27th Annual Conference. 2006: 6492−6495.

[111] LALONDE M, BEAULIEU M, GAGNON L. Fast and robust optic disc detection using pyramidal decomposition and Hausdorff-based template matching[J]. IEEE Transactions on Medical Imaging, 2001, 20(11): 1193−1200.

[112] CHEN W, SMITH R, JI S-Y, et al. Automated ventricular systems segmentation in brain CT images by combining low-level segmentation and high-level template matching[J]. BMC Medical Informatics and Decision Making, 2009, 9(1): 1–14.

[113] HELD K, KOPS E R, KRAUSE B J, et al. Markov random field segmentation of brain MR images[J]. IEEE Transactions on Medical Imaging, 1997, 16(6): 878–886.

[114] SALEHI S S M, ERDOGMUS D, GHOLIPOUR A. Tversky loss function for image segmentation using 3D fully convolutional deep networks[C] // Machine Learning in Medical Imaging: 8th International Workshop, MLMI 2017, Held in Conjunction with MICCAI 2017, Proceedings 8. 2017: 379–387.

[115] RONNEBERGER O, FISCHER P, BROX T. U-net: Convolutional networks for biomedical image segmentation[C] // Medical Image Computing and Computer-Assisted Intervention–MICCAI 2015: 18th International Conference, Proceedings, Part III 18. 2015: 234–241.

[116] ÇIÇEK Ö, ABDULKADIR A, LIENKAMP S S, et al. 3D U-Net: learning dense volumetric segmentation from sparse annotation[C] // Medical Image Computing and Computer-Assisted Intervention–MICCAI 2016: 19th International Conference, Proceedings, Part II 19. 2016: 424–432.

[117] MILLETARI F, NAVAB N, AHMADI S-A. V-net: Fully convolutional neural networks for volumetric medical image segmentation[C] // 2016 fourth international conference on 3D vision (3DV). 2016: 565–571.

[118] CHEN H, DOU Q, YU L, et al. Voxresnet: Deep voxelwise residual networks for volumetric brain segmentation[J]. arXiv preprint arXiv:1608.05895, 2016.

[119] LEE K, ZUNG J, LI P, et al. Superhuman accuracy on the SNEMI3D connectomics challenge[J]. arXiv preprint arXiv:1706.00120, 2017.

[120] XIAO X, LIAN S, LUO Z, et al. Weighted res-unet for high-quality retina vessel segmentation[C] // 2018 9th International Conference on Information Technology in Medicine and Education (ITME). 2018: 327–331.

[121] CHRIST P F, ELSHAER M E A, ETTLINGER F, et al. Automatic liver and lesion segmentation in CT using cascaded fully convolutional neural networks and 3D conditional random fields[C] // International Conference on Medical Image Computing and Computer-Assisted Intervention. 2016: 415–423.

[122] AL-ANTARI M A, AL-MASNI M A, CHOI M-T, et al. A fully integrated computer-aided diagnosis system for digital X-ray mammograms via deep learning detection, segmentation, and classification[J]. International Journal of Medical Informatics, 2018, 117: 44–54.

[123] SALEHI S S M, ERDOGMUS D, GHOLIPOUR A. Auto-context convolutional neural network (auto-net) for brain extraction in magnetic resonance imaging[J]. IEEE Transactions on Medical Imaging, 2017, 36(11): 2319–2330.

[124] OKTAY O, FERRANTE E, KAMNITSAS K, et al. Anatomically constrained neural networks (ACNNs): application to cardiac image enhancement and segmentation[J]. IEEE Transactions on Medical Imaging, 2017, 37(2): 384–395.

[125] BOUTILLON A, BOROTIKAR B, BURDIN V, et al. Combining shape priors with conditional adversarial networks for improved scapula segmentation in MR images[C]//2020 IEEE 17th International Symposium on Biomedical Imaging (ISBI). 2020: 1164–1167.

[126] GUAN S, KHAN A A, SIKDAR S, et al. Fully dense UNet for 2-D sparse photoacoustic tomography artifact removal[J]. IEEE Journal of Biomedical and Health Informatics, 2019, 24(2): 568–576.

[127] ZHOU Z, SIDDIQUEE M M R, TAJBAKHSH N, et al. Unet++: Redesigning skip connections to exploit multiscale features in image segmentation[J]. IEEE Transactions on Medical Imaging, 2019, 39(6): 1856–1867.

[128] JADERBERG M, SIMONYAN K, ZISSERMAN A, et al. Spatial transformer networks[J]. Advances in Neural Information Processing Systems, 2015, 28.

[129] OKTAY O, SCHLEMPER J, FOLGOC L L, et al. Attention u-net: Learning where to look for the pancreas[J]. arXiv preprint arXiv:1804.03999, 2018.

[130] HU J, SHEN L, SUN G. Squeeze-and-excitation networks[C]//Proceedings of the IEEE Conference on Computer Vision and Pattern Recognition. 2018: 7132–7141.

[131] KAUL C, MANANDHAR S, PEARS N. Focusnet: An attention-based fully convolutional network for medical image segmentation[C]//2019 IEEE 16th International Symposium on Biomedical Imaging (ISBI 2019). 2019: 455–458.

[132] WANG Z, ZOU N, SHEN D, et al. Non-local u-nets for biomedical image segmentation[C]//Proceedings of the AAAI Conference on Artificial Intelligence: Vol 34. 2020: 6315–6322.

[133] SIRINUKUNWATTANA K, PLUIM J P, CHEN H, et al. Gland segmentation in colon histology images: The glas challenge contest[J]. Medical Image Analysis, 2017, 35: 489–502.

[134] DONG H, YANG G, LIU F, et al. Automatic brain tumor detection and segmentation using U-Net based fully convolutional networks[C]//Medical Image Understanding and Analysis: 21st Annual Conference, MIUA 2017, Proceedings 21. 2017: 506–517.

[135] MAHAPATRA D, BOZORGTABAR B, THIRAN J-P, et al. Efficient active learning for image classification and segmentation using a sample selection and conditional generative adversarial network[C]//Medical Image Computing and Computer Assisted Intervention-MICCAI 2018: 21st International Conference, Proceedings, Part II 11. 2018: 580–588.

[136] KALININ A A, IGLOVIKOV V I, RAKHLIN A, et al. Medical image segmentation using deep neural networks with pre-trained encoders[J]. Deep Learning Applications, 2020: 39–52.

[137] CONZE P-H, BROCHARD S, BURDIN V, et al. Healthy versus pathological learning transferability in shoulder muscle MRI segmentation using deep convolutional encoder-decoders[J]. Computerized Medical Imaging and Graphics, 2020, 83: 101733.

[138] WANG G, LI W, ZULUAGA M A, et al. Interactive medical image segmentation using deep learning with image-specific fine tuning[J]. IEEE Transactions on Medical Imaging, 2018, 37(7): 1562–1573.

[139] RUPPRECHT C, LAINA I, NAVAB N, et al. Guide me: Interacting with deep networks[C] // Proceedings of the IEEE Conference on Computer Vision and Pattern Recognition. 2018: 8551–8561.

第4讲
目标检测

4.1 目标检测概述

4.1.1 目标检测的概念

作为计算机视觉的核心和根本问题之一，目标检测是许多其他视觉任务的基础，如目标跟踪[1-3]、实例分割[4-6]等。目标检测旨在利用特定的算法，对图像中的感兴趣目标进行精准定位和分类。该任务需要解决两个问题：① 判断图像中目标的类别，解决目标"是什么"的问题；② 判断图像中目标的具体位置，解决目标"在哪里"的问题。图 4-1 展示了目标检测的示例。

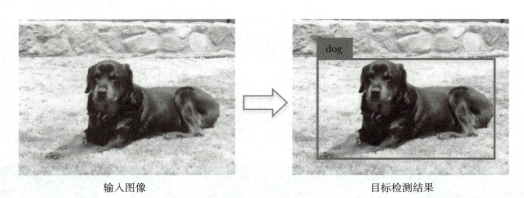

图 4-1　目标检测示例

4.1.2 目标检测的研究意义

目标检测是计算机视觉/人工智能的重要组成部分，作为计算机理解人类世界的一个入口，有着广泛的应用：如行人检测[7-8]、车流量监测[9-10]、自动驾驶[11]、智能视频监控[12-13]等，如图 4-2 所示。

（1）行人检测　行人检测可以视为目标检测的特例之一。行人检测是在给定的图像或视频中，判断其中是否包含行人并对其位置进行准确定位。行人检测是行人跟踪、行人识别、步态分析、行为分析等任务的基础，一个可靠的行人检测系统可以为后续任务提供良好的条件。

（2）车流量监测　车流量监测技术可以通过对视频或图像中车辆进行检测，实时统计交通枢纽、道路等特定区域的车流量，全天候获取交通流量数据，分析实时状况，为智能信号灯控制、车辆分流和拥堵道路疏通提供坚实的基础和保证。

（1）行人检测

（2）车流量监测

（3）自动驾驶

（4）智能视频监控

图 4-2　目标检测在不同场景下的应用

（3）自动驾驶　在自动驾驶技术中，决策系统的基础是感知。为了安全与准确感知，自动驾驶系统安装多种传感器，使用目标检测方法精确地识别在行驶途中遇到的目标，如行人、红绿灯、其他车辆、地面标志和交通指示牌等。

（4）智能视频监控　随着"智慧城市""平安城市"建设的推进，大量的智能监控摄像头被布控在城市的各个角落。智能视频监控可以对一些如商场、机场安检、交通管控、银行等大型公共场合的人群进行行为分析，及时识别和预警异常的人类行为。

然而，由于实际场景中目标的形状、姿态变化，以及背景光照、角度、天气等复杂环境因素的影响，目标检测仍是一个十分具有挑战性的任务。近年来，随着深度学习的快速发展，目标检测技术取得了显著突破。尽管如此，现有的目标检测算法在准确性和实时性方面仍有很大的提升空间。因此，研究通用的目标检测算法，使其更加准确、快速地进行目标检测与识别，对于推动计算机视觉、人工智能等领域的发展具有重要意义。

4.1.3 目标检测的发展路线

经过 20 多年的研究与发展,目标检测大致经历了"传统目标检测算法"(2014 年之前)和"基于深度学习的目标检测算法"(2014 年之后)两个阶段,发展路线如图 4-3 所示。

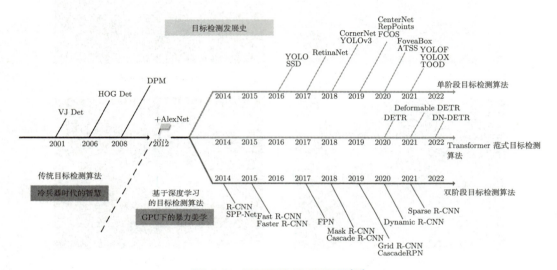

图 4-3 目标检测发展路线图[14]

(1)"冷兵器时代的智慧" 大多数目标检测算法主要基于手工设计特征,如 VJ[15]、HOG[16]、DPM[17]。由于缺乏有效的图像表示,只能通过设计复杂的特征,以及各种加速技巧提高目标检测性能,但是会消耗大量的计算资源。随着手工设计特征的性能逐渐达到饱和,传统目标检测的发展进入瓶颈期。

(2)"GPU 下的暴力美学" 2012 年 AlexNet[18] 在 ImageNet[19] 大规模视觉识别挑战赛中一举夺冠,标志着卷积神经网络(CNN)在图像分类任务中取得了巨大进展。此后,研究人员开始探索将深度卷积神经网络应用到目标检测任务中。2014 年基于区域的卷积神经网络(region-based convolutional neural network,R-CNN)[20] 的提出,使得基于深度学习的目标检测算法逐渐成为主流。相比于传统目标检测算法,基于深度学习的目标检测算法能够学习稳健的高级特征表示,因而受到广泛关注。其主要包括:以 SPP-Net[21]、Fast R-CNN[22]、Faster R-CNN[23] 等为代表的双阶段目标检测算法,以 YOLO[24]、SSD[25]、RetinaNet[26] 等为代表的单阶段目标检测算法,以 DETR[27] 为代表的基于 Transformer 范式目标检测算法。

下面内容将对目标检测的传统方法与深度学习方法进行详细分析与阐述。

1. 传统方法

传统目标检测算法主要基于图像处理，一般分为 3 个阶段：① 在图像中的不同位置选取候选区域；② 提取候选区域的手工设计特征；③ 使用分类器对区域特征进行分类，判断目标类别。

由于目标大小和位置不确定，传统目标检测常采用滑动窗口遍历图像生成候选目标框。然而，通过滑动窗口会产生大量冗余候选框，极大地影响了目标检测速度，而且通过滑框选择的区域会丢失一些位于图像角落的目标。为提升检测效率，研究学者提出了边界框[28]（edge boxes）、选择性搜索[29]（selective search）等更先进的自适应候选框提取方法。自适应算法产生的候选区域数量大大减少，而且所选定候选框天然兼顾了不同大小和长宽比的目标。

传统的目标检测算法大多基于手工设计特征，可细分为视觉特征和可学习特征两类。基于视觉的特征主要采用低层次的形状、颜色、纹理等信息。Ojala 等人[30] 提出了局部二值特征（local binary pattern，LBP），其计算简单且对光照变化稳健的特性，在人脸识别和文本分类广泛应用。Lowe 等人[31] 提出具有尺度不变性和光照不变性的特征描述子（scale invariant feature transform，SIFT）。SIFT 特征对旋转、尺度缩放、亮度变化等保持不变性，是一种非常稳定的局部特征。基于 SIFT 特征，Dalal 等人[16] 根据梯度统计信息提出梯度直方图特征描述器（histogram of oriented gridients，HOG），对图像几何和光学保持良好的特征不变性，高效地实现了行人检测。Viola 等人[15] 采用数字图像特征 Haar，通过反映图像的灰度变化情况实现即时人脸检测。为了增强特征的判别性，基于数据驱动的可学习特征被进一步研究。Ke 等人[32] 使用主成分分析降低特征维度，提取稳健且紧凑的 PCA-SIFT 特征。Brown 等人[33] 设计了可学习框架，并使用线性判别分析学习非线性局部特征[34-35]。特征学习可以捕捉更高层次的语义特征，进一步增强了特征判别性。然而，手工特征的设计依赖于人对特定任务的主观先验认识，判别和泛化能力有限。

提取到候选区域特征后，需利用预训练好的分类器判断候选框的目标类别。传统目标检测的主流分类器有支持向量机（SVM）、AdaBoost、可变形组件模型（deformable part model，DPM）[17]。其中 DPM 考虑实际目标的多视角以及目标本身的形变问题，采用多组件和基于图结构的部件模型策略。此外，DPM 将样本所属的模型类别、部件模型的位置等作为潜变量，采用多示例学习来自动确定目标类别。

2. 深度学习方法

2014 年 Girshick 等人[20] 提出基于深度学习的目标检测算法 R-CNN，成功地将卷积神经网络应用在目标检测任务中。此后，目标检测算法有了飞速的发展。与传统目标检测算法不同，基于深度学习的目标检测算法将特征提取、特征选择和特征分类集成在一个模型中，通过端到端训练，达到整体性能和效率的全面优化。

从算法处理流程划分，基于深度学习的目标检测算法可分为双阶段目标检测（two-stage object detection）算法[20,22-23]、单阶段目标检测（one-stage object detection）算法[21,24-26]和基于Transformer的目标检测算法[27]。

双阶段目标检测通过选择性搜索[20-22]或区域生成网络（region proposals network, RPN）[23]得到一系列候选框，并对这些候选框进行分类及回归。R-CNN[20]率先将CNN应用于目标检测任务，它首先通过选择性搜索提取一组候选区域，随后使用在ImageNet上预训练的CNN模型实现特征提取，最后通过SVM完成目标预测。由于R-CNN分别提取每个候选框的深度特征，因此存在推理速度慢的问题。针对这一问题，He等人[21]采用共享卷积提取整幅图像的特征，加快了特征提取速度，并利用空间金字塔池化（spatial pyramid pooling，SPP）将任意大小的特征图转换为固定大小的输出。Girshick等人[22]在此基础上，将分类和回归损失加入CNN共同训练，减少了训练步骤，并提出ROI Pooling对不同大小的候选框提取固定大小的特征。2017年，Ren等人[23]提出Faster R-CNN，使用RPN生成区域框，融合了检测器中区域生成、特征提取和边框回归等独立的模块，突破了检测速度瓶颈。至此，目标检测开始向端到端、实时性迈进[36-37]。由于RPN产生的密集候选框，造成检测效率低下，Sun等人[38]在Faster R-CNN的基础上，通过可学习候选框，避免了人工设置锚点框的大量超参，并且实现了一对一的匹配，去除了非极大值抑制（NMS）后处理操作，提升了检测速度。

单阶段检测器通过均匀地在图像不同位置进行不同尺度和比例的密集采样，直接对锚点框完成目标分类和回归。Redmon等人[24]将图像划分为网格，直接在每个网格中预测目标边框和类别，大大提升了检测速度。Zheng等人[39]将解耦头、数据增强、标签分配策略等目标检测领域的先进技术与YOLO进行了巧妙的集成组合，不仅实现了超越YOLOv3[40]的检测精度，而且取得了极具竞争力的推理速度。Bochkovskiy等人[41]引入了加权残差连接、跨阶段部分连接、自对抗训练、小批量标准化和Drop Block正则化等调优手段，实现了当时最优检测结果。Liu等人[25]通过引入多尺度检测和预设多个锚点框，在深层特征层上检测小目标，在浅层特征层上检测大目标，从而实现对不同尺度目标的识别。Lin等人[26]提出Focal Loss损失函数，解决样本类别不平衡以及样本分类难度不平衡等问题。Feng等人[42]则基于学习的方式显式地来增强分类和回归任务之间的交互，解决分类和定位不对齐的问题。

近年来，Carion等人[27]提出一种新型的基于Transformer的目标检测框架（detection Transformer，DETR）。Transformer 最初主要应用于自然语言处理领域，且取得了巨大的成功，其主要利用注意力机制来捕获全局的上下文信息，实现长距离 (long-range) 的信息融合，从而更有效地进行特征提取。受此启发，机器视觉的研究人员尝试将其应用到图像处理任务中，并在目标检测中取得重大进展。然而 DETR 存在训练时间较长且对小目标的检测性能相对不足等问题，因此如何加速 DETR 收敛成为近些年的研究重点。Zhu 等人[43] 采用可变形注意力模块仅关注参考点周围的小部分关键区域，有效降低计算复杂度，加快收敛速度。Dai 等人[44] 引入动态注意力模块，显著降低学习难度，实现更快地收敛。Sun 等人[45] 结合 CNN 的思想，设计新颖的特征选择机制和二部匹配机制，加速了 DETR 模型的收敛速度。Meng 等人[46] 提出条件交叉注意力机制，显式地寻找目标区域，缩小了目标搜索范围，加速了模型收敛。Li 等人[47] 提出去噪训练解决了 DETR 二分图匹配不稳定的问题，让模型收敛速度翻倍，并对检测结果带来显著提升。Zhang 等人[48] 引入一个简单的即插即用的语义对齐匹配模块，使 DETR 能够迅速收敛。

  根据是否需要预设锚点框（anchor），深度检测框架又可分为基于锚点框（anchor-based）和无锚点框（anchor-free）目标检测算法。对比基于锚点框目标检测算法从每个位置不同尺度和长宽比的预设目标框检测目标，无锚点框目标检测算法仅依靠点高效地生成预测框。Huang 等人[49] 首先使用全卷积网络，实现了端到端的训练和识别；其次，采用两次线性插值进行上采样，并将其与卷积输出的特征图进行融合，实现了多尺度预测。Zhi 等人[50] 采用全卷积构造目标检测算法框架，使用逐像素的预测方法，拥有较快的检测速度与较高的检测精度。Law 等人[51] 提出使用一对关键点 (边界框的左上角和右上角) 来确定目标位置。Zhou 等人[52] 将目标检测问题变成中心点估计问题，无需对关键点进行检测、分析和后期处理。它通过将目标建模成目标框的中心，并使用关键点估计找到中心，然后回归得到目标的大小、位置和方向。Yang 等人[53] 使用可变型卷积提取多个目标关键点来识别和定位目标。Dong 等人[54] 在生成候选角点后，引入向心偏移法对角点进行匹配，并向心偏移对齐，以获得高质量的角点；随后采用十字星可变形卷积模块，通过从角点到中心点的偏移量来学习偏移场，增强角点位置的视觉特征，以提高向心偏移模块的精度。在每个点只生成一个预测框的情况下，特征金字塔网络[55]（feature pyramid network, FPN）采用单个检测网络内部不同层检测不同尺度的目标，很好地适应了目标尺度变化，而 Focal Loss 则是解决了无锚点框检测中正负样本极度不平衡的问题。无锚点框目标检测算法摆脱了使用锚点框带来的大量计算，且具有更大更灵活的解空间，从而让检测进一步走向实时和高精度。

4.1.4 小结

基于深度学习的目标检测算法相比传统检测算法在精度和实时性上获得了较大的提升,但由于现实场景的复杂多变性,依然面临许多问题,如何减小背景复杂对目标检测的影响以及如何解决因目标尺度和形状变化引起的精度下降问题成为目标检测领域研究的热点。

基于深度学习目标检测的主流框架分为两阶段和单阶段目标检测算法。两阶段目标检测算法相比单阶段目标检测算法,优点是在定位和检出率方面精度高;缺点是速度慢,训练时间长。单阶段目标检测算法相比两阶段目标检测算法,优点是速度快,能够学习到目标的泛化特征;缺点是在定位和检出率方面精度低,对小目标检测效果不好。

4.2 非深度学习目标检测方法

传统目标检测方法虽在检测精度和速度上已远落后于基于深度学习的目标检测方法,但在整个目标检测发展过程中起着极其重要的推动作用。本节对经典的传统目标检测方法进行详细介绍,大致可以分为两大类:基于图像匹配的目标检测和基于机器学习的目标检测。

4.2.1 图像匹配方法

图像匹配用数学公式定义为:用特定的方法找到同一场景下获得的基准图像和待匹配图像之间的某种对应关系的过程。若是将两幅图像定义成给定了一个固定尺寸的二维阵列 $\boldsymbol{I}_1$ 和 $\boldsymbol{I}_2$,$\boldsymbol{I}_1(x,y)$ 和 $\boldsymbol{I}_2(x,y)$ 则表示为对应坐标上 (x,y) 灰度值的大小,那么图像间的匹配关系的数学表达式为:

$$\boldsymbol{I}_2(x,y) = g(\boldsymbol{I}_1(f(x,y))) \tag{4-1}$$

其中,g 表示一维灰度变换函数,f 为二维几何空间变换函数。

从式 (4-1) 可以看出,图像匹配的目的一方面是将图像像素之间的灰度进行一致性关联,由函数的求解过程来实现。另一方面是寻找配准图像之间的空间与灰度的最佳变换关系。

根据匹配基元的不同,现有的图像匹配方法可以分为 3 类:基于像素灰度的匹配方法、基于特征的匹配方法和基于变换域的匹配方法[56]。

（1）基于像素灰度的匹配方法　基于像素灰度的图像匹配方法是指利用图像的灰度信息来度量两幅或者多幅图像的特征。对于不同的灰度匹配算法而言，如何选择相关准则和模板是决定匹配效果的关键。用模板匹配法，首先需要利用图像的像素灰度信息建立模板图像和目标图像之间的相似性度量准则，再通过搜索策略（通常是在样本图像中通过窗口滑动）查找与模板图像相似性最接近的区域，并求解出相应的变换模型参数，完成图像匹配。

定义待匹配的目标图像为 $\boldsymbol{I}(x,y)$，模板图像为 $\boldsymbol{T}(x,y)$。目标图像中遍历与模板图像大小一致的子图 $\boldsymbol{f}(x+u,y+v)$，并计算其之间的相似度 S。此处 S 代表相似度函数，计算方式如下：

$$S(x,y) = S(\boldsymbol{T}(x,y), \boldsymbol{f}(x+u,y+v); (u,v) \in \boldsymbol{I}) \tag{4-2}$$

通过比较子图与模板图像之间的灰度值之差来判断两者之间的关联性，若低于给定的阈值，则认为子图与模板图是相似的，反之，则为不相似。比较灰度值之差的代表性算法有平均绝对差算法（mean absolute difference，MAD）、绝对误差和算法（sum of absolute differences，SAD）、平均误差平方和算法（mean square differences，MSD）、误差平方和算法（sum of squared differences，SSD）、归一化互相关法（normalized cross correlation，NCC），以及序贯相似性检测法（sequential similarity detection algorithm，SSDA）[57] 等。

基于像素灰度的匹配方法实现简单，在几何畸变不大的情况下有较好的估计精度和稳健性，抗噪性也比较强。其不足是应用范围比较局限，不能直接用于校正图像的非线性形变，在最优变换的搜索过程中往往需要较大的运算量等。

（2）基于特征的匹配方法　基于特征的图像匹配方法需要提取图像的特征信息，如图像边缘、图像关键点和图像纹理等，而后将图像的匹配过程转变为特征之间的匹配过程。Brown 等人[58] 研究指出基于图像特征的匹配算法可分为以下 4 个步骤：特征提取、特征匹配、模型参数估计、图像灰度插值。

1）特征提取。特征提取是根据待匹配图像的显著特性，选择使用何种特征进行匹配的过程。要求所选特征必须易于提取，且在模板图像和目标图像上有足够多的分布。另外，所选特征需要适用于后续的匹配步骤。在图像匹配过程中常用的特征有特征点，如角点、拐点、交点等；特征线，如边缘曲线等。

2）特征匹配。当提取出模板图像和目标图像的特征后，需要通过某种匹配策略建立这些特征的对应关系，这个过程称为特征匹配。特征匹配通常需要使用所提取的特征的自身属性，结合特征之间的几何拓扑关系确定特征间的对应关系。

3）模型参数估计。确定特征的对应关系之后，考虑待匹配图像间的几何变换情况选择合适的空间变换模型，并选择一定数量的特征对应关系求解相应的空间模型变换参数。

4）图像灰度插值。所谓插值，是指图像经过空间变换后，坐标值常出现小数的情况，这时就需要依据邻近像素的值来对该坐标进行插值。插值方法中最常用的有最近邻插值和双线性插值。

常用的特征点检测算法有 Harris 角点提取算法[59]、SUSAN 算法[60]、SIFT 特征点提取算法[31]。基于边缘的特征匹配算法有：微分检测边缘算法、基于曲面拟合的边缘检测算法和现代边缘检测算法。

基于特征的匹配方法能够对整个图像的各种分析转化为对图像特征的分析，从而大大减少了图像处理过程的运算量，对灰度变化、图像变形，以及遮挡等问题都有较好的适应能力。但是该方法没有统一的模型，而且所提取的特征各不相同，因此每种方法都有各自的适用领域。

（3）基于变换域的匹配方法　基于变换域的匹配方法包括：傅里叶变换、小波变换和 Warsh 变换等。其中常用的是傅里叶变换图像匹配方法[61]，该方法根据傅里叶变换的平移、旋转、缩放特性计算图像间的变换参数。要求待匹配的两幅图像灰度特征线性正相关，其原理可以大致描述如下。

设图像 $I_1(x,y)$ 和图像 $I_2(x,y)$ 之间的平移量为 (t_x, t_y)，旋转量为 θ_0，缩放的尺度因子为 λ，则数学模型可表述为：

$$I_2(x,y) = \lambda \begin{bmatrix} \cos\theta_0 & -\sin\theta_0 & t_x \\ \sin\theta_0 & \cos\theta_0 & t_y \\ 0 & 0 & 1 \end{bmatrix} I_1(x,y) \tag{4-3}$$

式 (4-3) 中的傅里叶变换在极坐标系下的表示为：

$$F_2(\rho,\theta) = \exp[j(\rho t_x \cos\theta_0 + \rho t_y \sin\theta_0)]\lambda^{-2} F_1(\rho/\lambda, \theta - \theta_0) \tag{4-4}$$

式 (4-4) 中，F_1 和 F_2 是待匹配图像的傅里叶变换，幅值分别用 M_1 和 M_2 表示，且满足公式 (4-5)：

$$M_2(\rho,\theta) = \lambda^{-2} M_1(\rho/\lambda, \theta - \theta_0) \tag{4-5}$$

利用对数变换及相位相关技术计算出旋转角度 θ 和尺度因子 λ，并利用这两个参数校正图像的尺度和旋转角，再通过两幅图像功率谱的反傅里叶变换所对应的峰值位置得到校正图像的平移参数，进而校正图像平移。

4.2.2 机器学习方法

机器学习已经成为视觉目标检测的主流方法,其基本流程是通过标定学习样本,提取合适的特征,然后采用机器学习获得检测模型。以下分别对 VJ[15]、HOG[16] 和 DPM[17] 几种里程碑式的目标检测器原理进行介绍。

(1) VJ 检测器 2001 年,Viola 和 Jones 提出的 VJ[15] 算法是第一种能实时处理且效果较好的人脸检测算法,此算法的提出标志着人脸检测进入实际应用阶段。

VJ 检测算法使用 Haar 特征来描述窗口,反映局部区域的明暗变化,并利用积分图的思路解决 Haar 特征提取时计算量大、重复的缺点。由图 4-4 可知,运用 VJ 框架矩阵模型可以把人脸图像表示成多个白色区域和黑色区域。同时,VJ 引入了级联的思想,根据分类器的复杂程度和计算代价排列,分类代价越高的分类器需要分类的图像越少,从而减少分类工作量。

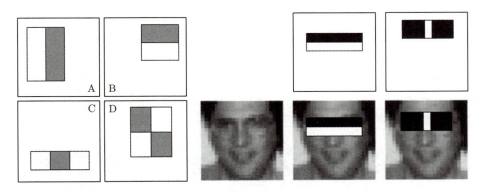

图 4-4 VJ 框架矩阵(图中 A、B 为边界特征;C 为细线特征;D 为对角线特征)

(2) HOG 检测器 HOG 特征描述符[16] 最初是由 Dalal 和 Triggs 在 2005 年提出的。HOG 的核心思想是在一幅图像中,局部目标的形状特征能够被梯度或边缘的方向密度分布很好地描述。它通过计算和统计图像局部区域的梯度方向直方图构成特征。首先,将整个图像分割成小的区域,每个小区域称为细胞单元。对于每个细胞单元,采集其中各个像素点的梯度和方向生成方向梯度直方图。然后,将几个细胞单元组成一个块进行归一化,减少光照变化和阴影的影响。最后,将每个块内的 HOG 特征串联起来得到目标的 HOG 特征描述符。HOG 特征描述符生成步骤如下:设图像中像素点 (x,y) 的灰度值为 $H(x,y)$,该像素点的水平方向和垂直方向梯度计算方法为:

$$G_x(x,y) = H(x+1,y) - H(x-1,y) \\ G_y(x,y) = H(x,y+1) - H(x,y-1) \tag{4-6}$$

从而得到像素点 (x,y) 处梯度和梯度方向为：

$$G(x,y) = \sqrt{G_x^2(x,y) + G_y^2(x,y)}$$
$$\alpha(x,y) = \tan[G_y(x,y)/G_x(x,y)]$$
(4-7)

（3）DPM 检测器　DPM[17] 是于 2008 年提出的目标检测传统算法，并连续夺得 2007 年至 2009 年 VOC 目标检测挑战赛的冠军。该方法在 HOG 的基础上进行了改进，算法由一个根滤波器（root-filter）和多个部件滤波器（part-filters）组成，通过难例样本挖掘（hard negative mining）、边框回归（bounding box regression）和上下文启动（context priming）技术改进检测精度。

具体地，一个包含 n 个部件的目标可以由根滤波器 F_0 和部件滤波器 $(P_1, P_2, \cdots, P_n)$ 进行建模。其中，$P_i = (F_i, \boldsymbol{v}_i, s_i, \boldsymbol{a}_i, \boldsymbol{b}_i)$，$F_i$ 代表第 i 个部件的滤波器，$\boldsymbol{v}_i$ 是一个二维向量，它指代第 i 个部件相对于根位置的潜在定位框的中心，s_i 表示这个框的大小，$\boldsymbol{a}_i$ 和 $\boldsymbol{b}_i$ 二维向量为用来衡量第 i 部分的每一种可能放置的得分的系数。图 4-5 为行人检测模型。该模型包含了一个 8×8 分辨率的根滤波器（4-5（b））和 4×4 分辨率的部件滤波器（图 4-5（c））。其中，图 4-5（c）的分辨率为图 4-5（b）的 2 倍，并且部件滤波器的大小是根滤波器的 2 倍，因此，梯度会更加精细。图 4-5（d）为其高斯滤波后的 2 倍空间模型。

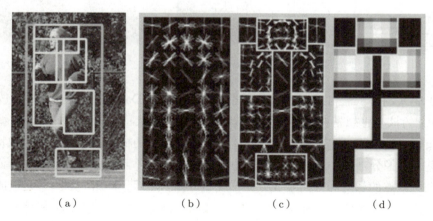

图 4-5　行人检测模型样本[17]

上述基于手工提取特征的传统目标检测算法主要有以下 3 个缺点：① 识别效果差，准确率较低；② 计算量较大，运算速度慢；③ 可能产生多个冗余的检测结果。

4.2.3 小结

本节主要回顾了基于图像匹配与基于机器学习的传统目标检测方法。将基于图像匹配的方法分为基于像素灰度的匹配、基于特征的匹配和基于变换域的匹配，并展开详细介绍。回顾了基于机器学习的里程碑式的目标检测器：VJ 检测器[15]、HOG 检测器[16]和 DPM 检测器[17]，并介绍了它们的基本原理，为后续章节做铺垫。

4.3 深度学习目标检测方法

4.3.1 深度学习简介

自从 2012 年 AlexNet[18] 在 ILSVRC 竞赛（图像分类任务）中取得巨大成功之后，深度学习技术被广大学者关注。随着相关研究的不断深入，深度学习在其他相关领域（如医学图像处理[62-63]，视频处理[64-65]，自然语言处理等[66-67]）也不断取得革命性的进展。

作为深度学习最具代表性的模型，卷积神经网络（CNN）在处理自然信号时具备平移不变性、局部连通性，以及清晰的层次结构。如图 4-6（a）中所示，CNN 通过一系列共享参数的卷积来对输入数据提取特征，然后使用非线性的激活函数来对特征进行进一步处理。最后使用特定的池化层来聚合提取到的特征。具体而言，每一次的特征处理过程可以抽象为：

$$\boldsymbol{x}^l = \sigma(\boldsymbol{x}^{l-1} * \boldsymbol{w}^l + \boldsymbol{b}^l) \tag{4-8}$$

其中，$\boldsymbol{x}^{l-1}$ 为第 $l-1$ 层的特征图，$\boldsymbol{w}^l$ 为第 l 层的卷积核且 $\boldsymbol{b}^l$ 为其对应的偏置参数。此外，$*$ 表示卷积操作，σ 表示非线性激活函数，一个典型的例子为线性修正单元（ReLU）：

$$\sigma(x) = \max\{x, 0\} \tag{4-9}$$

池化操作对应于特征图的下采样/上采样。基于以上 3 种类型的操作，深度卷积神经网络才得以构建。如图 4-6（b）所示，VGG[68] 作为一个经典的网络架构由卷积层、激活函数和池化层构成。通过不断地叠加卷积核，感受野范围不断扩大，提取到的特征也由低层次的边缘信息等逐渐变为高等级的语义信息。

深度卷积神经网络通常具备如下优点：① 它具备明显的层次结构，能够学习数据的多级抽象表征；② 它具备学习复杂函数的能力；③ 它能够通过梯度反向传递自动地从数据中学习特征表示。此外，受益于大规模数据集和 GPU 强大的计算能力，深度神经网络取得了空前的成功。需要注意的是,尽管它取得了巨大的成功,但仍然存在一些不足之处:① 深度学习非常依赖于人工标注训练数据和昂贵的计算资源;② 基于深度学习的方法可解释性较差。除此之外,如何有针对性地选择合适的学习参数和网络架构也是一个需要深入研究的问题。这些问题都限制了深度卷积网络在现实场景中的应用。

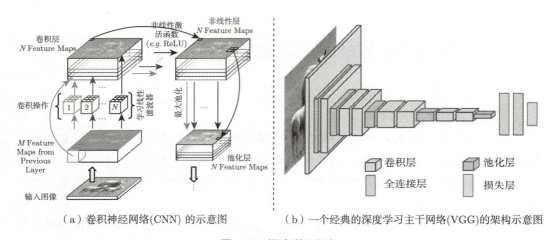

(a)卷积神经网络(CNN)的示意图　　(b)一个经典的深度学习主干网络(VGG)的架构示意图

图 4-6　深度学习框架

4.3.2　深度学习模型

自 2012 年起,基于深度学习的方法大幅度提升了目标检测任务的基准性能(如图 4-7(a)所示)。在此之后,不断地有新的基于深度神经网络(deep neural network,DNN)的方法被提出,相应的基准性能也逐渐被提升(如图 4-7 所示)。图 4-8 总结了自 2013 年至 2018 年出现的推动目标检测领域发展的关键技术,主要涉及特征提取和目标检测框架两方面。

在特征提取方面,包括 VGG[68]、ResNet[69]、DenseNet[70] 在内的主干网络相继提出,不断强化 CNNs 在图像数据中提取有效特征的能力。除此之外,特征金字塔网络[55](FPN)的提出进一步增强了 CNN 对不同尺度目标的表征能力。在检测框架方面,R-CNN[20] 开创性地将 CNN 引入到了目标检测领域,并构建出了双阶段目标检测框架,启发了后续一系列的相关算法(如 Fast R-CNN[22]、Faster R-CNN[23])。除此之外,以 YOLO[24]、SSD[25]、RetinaNet[26] 为代表的单阶段算法也相继提出,不断提高目标检测算法的检测精度和运行速度。

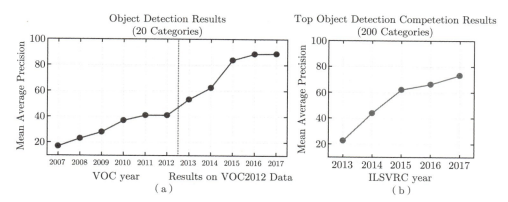

图 4-7 目标检测挑战赛（VOC 和 ILSVRC）性能回顾（可以看到，自 2012 年进入深度学习时代以来，目标检测算法的精度出现了显著地提升，并且仍在不断提高）

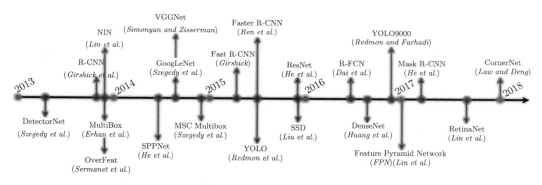

图 4-8 基于深度学习的目标检测发展里程碑

1. 主干网络

（1）VGG 如图 4-6（b）所示，VGG 网络是一个标准化的卷积神经网络，它由 3×3 的卷积核、ReLU 激活函数和最大池化构成。VGG 由于其简洁的网络架构和高效的特征提取能力成为当时最为流行的主干网络。然而，该网络系列一般不超过 20 层，这成为制约 VGG 网络性能的主要因素。随着深度学习的不断发展，更深的网络不断提出，VGG 也逐渐被其他网络所取代。

（2）ResNet 在深度学习时代，学者们不断致力于设计更深层次的网络结构以获得更强的学习能力。然而相关工作指出随着网络深度不断增加，网络性能趋于饱和，甚至产生了退化现象。为了解决这一问题，何恺明等人提出来了残差网络（residual neural network, ResNet）。如图 4-9 所示，ResNet 采用了残差学习的方式，令网络不再直接对目标进行优化，而是优化目标与输入之间的残差。具体地，假设某一层网络的输入特

征为 x，则该层的输出从原始的 $F(x)$ 转变为 $F(x)+x$。基于这一设计，何恺明等人成功构建出了 100 层以上的神经网络，大幅度地提升了 CNN 的表征能力。如今，残差学习的思想已经被广泛应用于网络结构设计中，ResNet 也逐渐成为最为流行的主干网络结构。

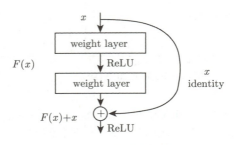

图 4-9　残差学习示意图

（3）DenseNet　ResNet 中的残差结构对后续工作产生了深远的影响，该结构可以看成是为相邻的网络层之间添加了一条"捷径"。受此启发，黄高等人提出了 DenseNet（densely connected network）。该网络结构进一步强化了这一思想，将每层网络的"捷径"引入到该层网络之前的每一层中。受益于此，DenseNet 进一步提升了网络的性能。

2. 特征聚合

在目标检测的实际应用场景中，目标的尺度范围通常较大。基于单一尺度的目标检测方法（如图 4-10（b）所示）通常难以检测出所有目标，特别是小目标。一个简单的方法是通过缩放图像来构建图像金字塔，然后在不同图像尺度针对不同大小的目标分别进行检测（如图 4-10（a）所示）。尽管这种方法能够有效地提升目标检测精度，但是它使得计算开销成倍增加。一种折中的方案是在不同的特征尺度分别检测不同尺度的目标（如图 4-10（c）所示）。然而这种方案在每个检测尺度所包含的特征仍旧比较单一，特别是高分辨率的特征由于层数较浅而导致特征辨识度不高，难以达到最好的效果。因此，Tsung-Yi Lin 等人提出了特征金字塔网络（feature pyramid network，FPN）来改善这个问题。该方案在利用 CNN 提取到不同层级的特征之后，对图像特征图进行二次融合，使其富含不同尺度的特征。然后再利用多尺度预测的思想，在不同尺度上检测对应目标（如图 4-10（d）所示）。FPN 有效地利用了 CNN 提取到的多层次特征，在没有明显引入额外计算开销的同时，极大地提升了检测精度。随着目标检测领域的持续发展，该方案已经逐步成为目标检测提取多尺度特征的标准方案之一。

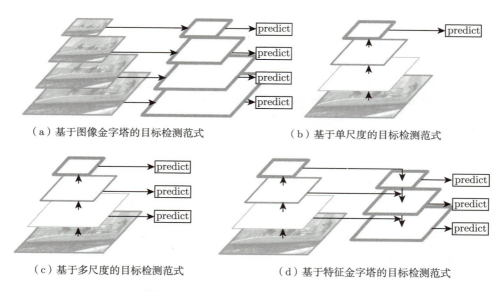

（a）基于图像金字塔的目标检测范式　　　（b）基于单尺度的目标检测范式

（c）基于多尺度的目标检测范式　　　（d）基于特征金字塔的目标检测范式

图 4-10　基于不同尺度的目标检测范式

4.3.3　基于深度学习的方法框架

现有的基于深度学习的检测框架可以分为双阶段方法和单阶段方法。下面分别介绍这两类检测框架及其代表性方法。

1. 双阶段检测框架

基于区域候选框的方法[20,22-23]，也称为双阶段的方法。顾名思义，基于该检测框架的方法可以被清晰地分为两个阶段：对给定图像数据生成一系列的类别无关的区域候选框，以及对区域候选框进行微调且判断其类别。下面详细介绍该类型的代表性方法。

（1）R-CNN　受到 D-CNN 在图像分类领域取得巨大成功的启发，Ross Girshick 等人开始探索 D-CNN 在目标检测中的应用，并据此提出了 R-CNN 算法。如图 4-11 所示，R-CNN 首先使用 Selective Search 算法从给定图像中生成一系列的区域候选框（region proposal），其次将这些区域从原始图像中截取出来，并缩放到统一尺寸。然后利用 CNN 来提取这些图像区域的特征，最后使用基于 SVM 的分类器来得到候选框的类别，并且训练了额外的回归器对候选框进行微调。

该方法在当时取得了巨大成功：首次将深度学习方法引入到目标检测领域，并大幅度刷新性能指标。然而，该方法仍然存在相应的问题，包括：

1）该方法使用了外部算法（Selective Search 算法）来生成候选区域，运行速度较慢，且无法和后续 CNN 相关部分联合训练；

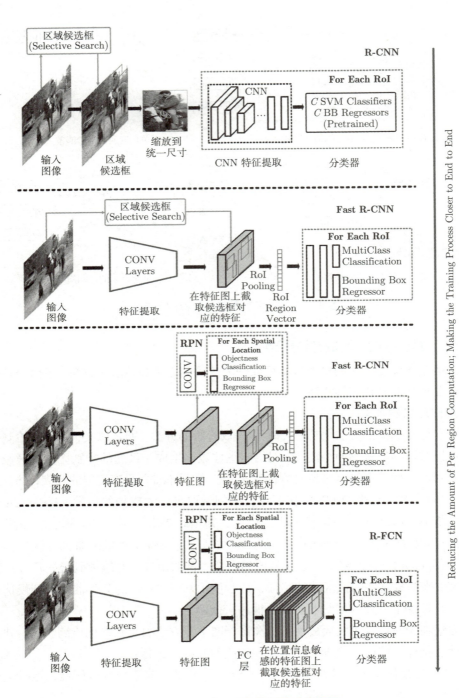

图 4-11 双阶段目标检测算法流程图

2）该方法使用了基于传统机器学习方法的分类器和回归器，需要额外空间来存储 CNN 处理得到的特征，且这部分无法和 CNN 相关部分联合训练；

3）Selective Search 算法生成了大量重叠的候选框，后续步骤产生了大量冗余计算，大大地拖慢了算法的运行速度。

（2）Fast R-CNN　针对 R-CNN 算法存在的问题，Ross Girshick 进一步提出了 Fast R-CNN 算法。在 R-CNN 的基础上，Fast R-CNN 使用 CNN 直接对原始图像提取特征图，然后在特征图上截取候选框对应的特征，并提出了 RoI Pooling 操作，将候选框对应的特征映射到统一尺寸。在此之后，Fast R-CNN 摒弃了基于传统机器学习的分类/回归方式，而是在 CNN 上追加了基于全连接层的分类头和回归头，直接输出优化结果。上述设计使得 Fast R-CNN 相比于 R-CNN 算法训练速度提升了 3 倍，推理速度提升了 10 倍，且无须额外的 CNN 特征存储开销。

（3）Faster R-CNN　虽然 Fast R-CNN 大幅度地提升了检测算法的运行速度，但它仍然依赖外部算法来生成区域候选框，这一设计成为新的速度瓶颈。与此同时，一些相关研究也表明了 CNN 具备出色的定位物体位置的能力。据此，任少卿等人提出了 Faster R-CNN，该方法提出了区域候选框生成网络（region proposal network，RPN）用来取代常用的 Selective Search 算法。

该子网络通过共享主干网络的最后一层共享特征来生成区域候选框。如图 4-12 所示，它采用了滑动窗口的设计，在特征图的每个位置都以不同的大小、纵横比初始化了 k 个参考框（也称为 anchor）。在每个滑动窗口的位置，每个参考框的 CNN 特征都被映射为一个 256 维的特征向量，然后通过两个全连接层（一个分类层，一个回归层）分别得到目标分类得分和候选框大小与位置的修正量。然后选取得分超过阈值的参考框作为候选框送入下一个阶段。因为区域候选框生成网络（RPN）与主干网络共享 CNN 特征，所以该设计大大加快了算法运行速度，同时也实现了端到端的检测。对于一个基于 VGG16 主干网络的检测算法，Faster R-CNN 在 GPU 设备上以每秒 5 帧的速度运行，同时在 PASCAL VOC 数据集上实现了当时最佳的检测效果。

（4）R-FCN　尽管相对其他算法（如 Fast R-CNN），Faster R-CNN 在运行速度上取得了数量级上的提高，但仍有一部分子网络需要在每个候选框上单独运行，而 RPN 通常会对一张图像生成几百个候选框，导致产生了冗余计算。为了进一步提升算法速度，代季峰等人提出了 R-FCN 算法[36]。该算法整体不包含任何全连接层，都由可以共享计算量的卷积层构成。需要注意的是，由于要保持卷积层的平移不变形导致其对位置信息不敏感。简单地将全连接层替换为卷积层后会导致性能出现明显下降。为了解决这个问题，代季峰等人进一步提出了位置敏感的 RoI Pooling 操作，且用一组卷积来专门处理位置特性。在此基础上，采用 ResNet101 作为主干网络的 R-FCN 以更快的速度实现了和 Faster R-CNN 相匹配的性能。

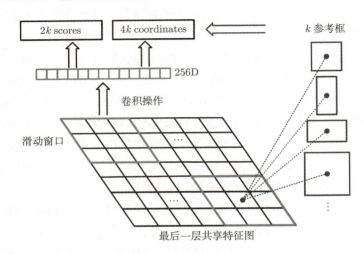

图 4-12　区域候选框预测网络（RPN）示意图

2. 单阶段检测框架

自从 R-CNN 算法提出以来，双阶段的检测算法一直占据主导地位。然而，双阶段的方法通常相对复杂，计算开销较大，且不容易被人工智能芯片支持。相关研究人员开始构建单阶段的目标检测框架。该类型算法通常不涉及区域候选框的生成，多级分类等策略，而是将所有的操作封装在一个统一的前馈网络中，直接输出检测结果。因此该类方法具备更快的检测速度，同时也更易于部署。如图 4-13 所示，其代表方法有 YOLO，SSD 等。

（1）YOLO　YOLO（you only look once）算法由 Redmon 等人于 2016 年提出，该方法完全摒弃了候选框的概念，在一小组候选区域直接预测最终结果。具体而言，YOLO 在使用 CNN 提取图像特征图后，将图像特征划分为一个 $S \times S$ 的网格，然后在每个格子内预测存在物体的概率及其种类，物体的尺寸以及偏移量等信息。基于这种设计，YOLO 能够以每秒 45 帧的速度给出预测结果，其快速版本甚至可以达到每秒 155 帧。然而，相比于 Fast R-CNN 等算法，YOLO 算法容易出现一些定位错误。

（2）SSD　为了兼顾检测速度与精度，刘巍等人提出了 SSD（single-shot detector）算法，有效地结合了 RPN 和 YOLO 的思想，实现了比 YOLO 更快的检测速度和 Faster R-CNN 相当的检测精度。与 YOLO 相似，SSD 直接在特征图上预测固定数量的检测框及其对应的类别，然后使用非极大值抑制（NMS）算法去除冗余结果。不同的是，SSD

使用了全卷积的神经网络，进一步提升了检测速度。然后在不同尺度的特征图上分别预测不同大小的目标物体（如图 4-10（c）所示）。这一多尺度检测的设计大大地提升了检测精度。以 300×300 大小的图像为例，SSD 可以在 VOC2007 上以 59 帧每秒的速度达到 74.3mAP 的检测精度。与之相比，Faster R-CNN 以每秒 7 帧的速度实现了 73.2 mAP 的精度，YOLO 以 45 帧每秒的速度达到了 63.4 mAP 的精度。

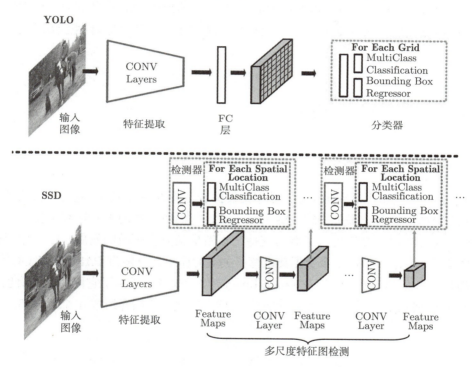

图 4-13　单阶段目标检测算法流程图

（3）RetinaNet　对于单阶段和双阶段的检测框架来说，一个共识就是基于单阶段的算法运行速度更快，而基于双阶段的算法则更精确。Tsung-Yi Lin 等人深入分析了二者之间产生性能差异的原因，发现单阶段的检测器由于密集采样会生成更多的背景样本，导致了背景样本与前景样本之前存在明显的不平衡。在进行样本分类的时候，大量的背景样本积累的梯度过大，使得网络针对那些难例样本做出优化，进而导致性能降低。为了解决这个问题，Tsung-Yi Lin 等人提出了 Focal Loss：

$$\mathrm{FL}(p_t) = -(1-p_t)^\gamma \log(p_t), \tag{4-10}$$

其中，p_t 的定义为：

$$p_t = \begin{cases} p, & y = 1 \\ 1-p, & \text{其他} \end{cases} \tag{4-11}$$

该损失函数能够极大地压缩那些易于分类的背景样本的损失值，从而使 CNN 更关注那些难例样本。基于 Focal Loss，Tsung-Yi Lin 等人采用了特征金字塔和多尺度检测等策略，构建的基于单阶段的目标检测器 RetinaNet，在保证检测速度的同时，极大地提高了算法的检测性能。同时 Focal Loss 也被广泛地应用于其他目标检测方法以及其他任务中。

4.4 评价指标和数据集

4.4.1 数据集

在目标检测的整个研究历史中，数据集发挥着至关重要的作用。它们不仅为衡量不同算法之间的性能差异提供了统一的平台，而且它们所提供的大量训练数据为目前流行的基于深度学习的算法提供了有力支持，不断推动整个领域的发展。在通用目标检测的发展历史中，一共有 4 个数据集发挥了关键的作用，分别为 PASCAL VOC[71-72]，ILSVRC[19]，MS COCO[73]，以及 Open Images[74]。表 4-1 总结了它们的主要信息，同时图 4-14 中展示了相关样例图像。本小节后续内容将会详细介绍这 4 个数据集。

表 4-1 面向目标检测的主流数据集简介

	公布年度	# 图象数	# 种类数	# 平均每幅图像中物体数目
PASCAL VOC	2005	11 540	20	2.4
ILSVRC	2009	1 百万 +	21 841	1.5
MS COCO	2014	328 000+	91	7.3
Open Images	2017	9 百万 +	6000+	8.3

1. PASCAL VOC

PASCAL VOC 开创了年度竞赛形式对目标检测算法进行标准化评估的先例。从 2005 年仅有的 4 个类别开始，该数据集已逐步增加到日常生活中常见的 20 个类别。自 2009 年以来，图像数量每年都在增长，但保留了所有以前的图像，以便能够逐年比较。近年来，由于出现了数据量更大，目标种类更多，场景更丰富的数据集（如 ImageNet、MS COCO 和 Open Images），该数据集逐渐地淡出了主流视野。

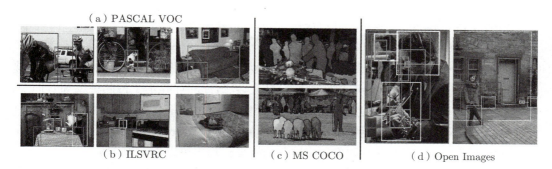

图 4-14 PASCAL VOC，ILSVRC，MS COCO 和 Open Images 数据集的样例图像

2. ILSVRC

ILSVRC (the ImageNet Large Scale Visual Recognition Challenge) 的数据源自 ImageNet 数据集（该数据集主要面向图像分类任务）。该数据同样以年度竞赛的形式向公众开放（始于 2010 年，于 2017 年举办最后一届）。该数据集采用了 VOPASCAL VOC 数据集的标准化检测流程和评估指标，但其数据规模要超过 PASCAL VOC 一个数量级。它包含 1000 个不同的待检测目标类别和超过 120 万张图像。

3. MS COCO

微软于 2014 年构建了 MS COCO 数据集，该数据集涉及更复杂的场景，涵盖更多的目标种类，且贴合实际应用场景，以提供更准确的检测器评估。该数据集的出现，为目标检测领域带来新的挑战，主要包括：

1）该数据集涵盖了更多的目标种类，其中有许多是难以检测的小目标；

2）对象不太具有标志性，并且场景复杂或目标处于严重遮挡状态下；

3）该数据集应用了更加精细的指标以促进该领域进一步的提升。

基于以上特性，近年来 MS COCO 逐步成为验证目标检测算法的标准数据集。

4. Open Images

Open Images 是目前最大的目标检测数据集，它包含了 900 万张图像数据，涵盖了超过 6000 种待检测目标。与以前的大规模对象检测数据集（如 ILSVRC 和 MS COCO）不同，该数据集不仅仅是增加了类、图像、边界框注释的数量和实例级的掩码注释，还涉及注释过程。具体来讲，在 ILSVRC 和 MS COCO 中，标准人员对数据集中的所有类都进行了详尽的注释，而 Open Images 团队首先使用一个图像分类器对原始图像进行预测，然后仅标注那些有高置信度分类得分的图像数据，即只有那些存在明显目标的阳性样本被标注。

4.4.2 评价指标

对于目标检测任务，评价因素主要涉及 3 个层面，分别为平均每张图像检测速率（frames per second, FPS）、检测精度（precision）、召回率（recall）。目前最常用的准确率指标为平均精度（average precision, AP），该指标的计算基于检测精度和召回率，且它常用于计算单类目标的检测精度。为了给出所有目标的综合精度，通常会对全部目标种类计算其平均精度，然后得到平均精度均值（mean average precision, mAP）。

具体来讲，对于一张输入图像，检测器的标准化输出可以表示为 $\{(b_j, c_j, p_j)\}_j$，其中 b_j, c_j 和 p_j 分别为检测到的第 j 个目标包围框、对应的目标种类和置信度。一般来讲，置信度小于预定阈值的预测目标将被忽略。对检测器预测的一个（置信度高于阈值的）目标来说，当其满足如下条件时，将其视为一个真阳性（true positive, TP）：

- 预测的样本类别 c 与真实值的类别 c_g 一致；
- 预测的样本框和真实值的样本框的交并比（intersection over union, IOU）超过预定阈值（常用 0.5），其中交并比的定义如下：

$$\text{IOU}(b, b^g) = \frac{\text{area}(b \cap b^g)}{\text{area}(b \cup b^g)} \tag{4-12}$$

其中，$\cap$ 和 $\cup$ 表示求两个包围框（b 和 b^g）的交集和并集操作。

在其他情况下，检测器预测的（置信度高于阈值的）目标都将被视为假阳性（false positive, FP）。精度 p (precision) 以及召回率 r（recall）可以通过如下公式计算：

$$p = \frac{\#\text{TP}}{\#\text{TP} + \#\text{FP}}, r = \frac{\#\text{TP}}{\#\text{TP} + \#\text{FN}} \tag{4-13}$$

其中，#TP, #FP, #FN 分别代表真阳性、假阳性、假阴性（检测器未检测出的目标）样本的数据量。另外，精度 p 可以看作召回率 r 的函数，即 $p(r)$。为了降低精度-召回率曲线中的震荡现象，在计算平均精度 AP 时通常取当前召回率下的精度最大值，即：

$$\text{AP} = \frac{1}{|\mathbb{R}|} \sum_{r \in \mathbb{R}} p_{\text{interp}}(r) \tag{4-14}$$

其中，$\mathbb{R}$ 为预先定义的召回率采样集合。$p_{\text{interp}}(r)$ 为精度 p 的采样函数，其具体定义为：

$$p_{\text{interp}}(r) = \max_{r': r' \geqslant r} p(r'). \tag{4-15}$$

至此，就可以得到对某一特定类别的平均精度 AP。在逐一计算完所有类别的 AP 之后，取其均值即可得到平均精度均值 mAP。该指标被包含 PASVAL VOC, ILSVRC,

以及 MS COCO 在内的诸多目标检测数据集采用。MS COCO 还对数据集的待检测目标做了进一步划分，将其分为小/中/大 3 种目标，分别计算 mAP。此外，MS COCO 还会额外计算检测器在不同 IOU 阈值下的精度，以全方面地展示检测算法的能力。

4.5 讨论与展望

本章前述内容详尽地回顾了目标检测现有的代表性算法，并介绍了常用的数据集、目标检测任务的评价指标。尽管目标检测在大数据和深度学习的驱动下得到了快速的发展，但是仍然面临着不同实际应用场景的多样化需求带来的诸多挑战。下面将对当前目标检测面临的典型挑战进行概述性总结，并对目标检测未来的发展趋势进行展望。

4.5.1 目标检测面临的挑战

1）深度学习凭借其强大的特征表达能力，在目标检测中已得到大量研究。众多基于深度神经网络的目标检测模型相继被提出并取得了里程碑式的突破。然而，深度神经网络模型因其超高的特征描述能力和模型复杂度，使得基于深度学习的目标检测算法普遍需要依赖硬件系统强大的计算能力。然而，在自动驾驶、遥感监测等领域，车载/星载设备的存储空间、计算能力有限，制约着大型神经网络模型的实际部署与应用。因此，如何将深度学习模型高效地部署在计算资源受限的车载/星载等边缘设备，在低算力的条件下实现高精度、实时的智能目标检测是一项极具挑战性的任务。

2）在现实场景中，存在着大量的小目标，如遥感影像中的车、船和飞机等目标。相对于常规尺寸的目标，小目标在图像中面积占比小且无有效的轮廓信息和纹理信息，使得网络难以提取到有判别性的特征，导致现有的目标检测算法难以精准定位和识别小目标。在目标检测公共数据集 MS COCO 上，小目标和大目标在检测性能上存在显著差距，小目标的检测性能通常只有大目标的一半。此外，真实场景是错综复杂的，通常会存在剧烈的光照变化、目标遮挡、目标密集排布和目标尺度变化等问题，而这些因素对小目标特征的影响更加剧烈，进一步加大了小目标检测的难度[75]。因此，小目标检测仍然是目标检测中的一大挑战。

3）现有基于深度学习的目标检测算法依赖于海量的有完整标注信息（完整标注信息指包含目标的类别、位置、大小等信息）的数据训练模型，才能取得良好的目标检测效果。但是在很多场景下，由于感知手段的限制，很难获取大量的标注数据。而且在一些特定的领域，如医疗、遥感影像分析等领域，对数据进行详尽的标注还需要相应的专业知识，使得人们在收集大量有标注数据时将耗费巨大的人力、物力和财力。有完整标注信息样本的稀缺导致主流的目标检测算法容易遭遇过拟合、检测性能不佳等问题，限制了其在特定领域的应用和推广。如何利用少量带完整标注信息的数据或只有弱标注的数据（如图像只包含类别信息而缺失目标位置、大小等示例级别信息）进行训练就能得到一个性能良好的目标检测模型是目标检测面临的一大挑战。

4）虽然深度神经网络凭借强大的非线性拟合能力，在目标检测领域发挥着重要作用，但是其"端到端"的训练模式导致人们很难获知神经网络模型从数据中学到了哪些知识以及如何做出决策的逻辑，即很难解释神经网络的内部建模机制。模型建模的不可知性不仅降低了模型的可信度，而且当模型受到外来的扰动或攻击时，人们无法获知模型出现偏差的原因，难以给出合理、可信的解决方案，限制了其在自动驾驶、医疗诊断、军事应用等关键领域的实际部署。因此，现阶段需提高神经网络模型的可解释性，增强对深度神经网络内部复杂过程的理解，为目标检测模型的设计和优化提供指导，并向用户提供可理解的决策逻辑。

4.5.2　目标检测的发展趋势

针对现阶段目标检测仍然存在的问题和挑战，未来的目标检测研究可能呈现以下几个发展趋势[14,75-79]。

1）轻量化目标检测。为了将深度学习模型高效地部署在计算资源受限的车载/星载等边缘设备，在低算力的条件下实现高精度、实时的目标智能检测，设计轻量化的目标检测模型成为重要的解决途径。模型轻量化包括轻量化神经网络模型设计和模型优化两个方面[76]。轻量化神经网络模型设计着眼于设计更加高效的网络计算方式，减少模型参数，提高算法运算速度，同时尽可能不损失网络性能。模型优化主要有模型剪枝和模型量化两个方向。模型剪枝旨在删除初始网络结构中冗余的参数或网络层，通过减少每个参数的比特数达到压缩初始网络规模和降低内存占用的目的。虽然模型轻量化为目标检测模型在资源受限的设备上部署提供了保障，但现阶段模型轻量化通常会伴随着算法性能的下降。因此，如何在压缩网络模型的同时保持模型的高精度检测是轻量化目标检测的研究重点。

2）弱小目标检测。弱小目标包含的可用特征少，算法难以提取到有鉴别力的特征，导致弱小目标的检测性能不佳。为此，许多研究人员通过特征融合和上下信息交互来提升弱小目标的检测性能。但是现有的特征融合方式很少考虑特征融合过程中的语义差距和噪声干扰问题。而在上下文信息交互方面，现有的目标检测算法没有考虑无效的上下文信息可能会对目标区域特征造成破坏的问题。因此，针对弱小目标检测，如何消除特征融合中的语义间隔和噪声干扰，以及如何设计更加合理的上下文信息利用交互是未来重要的研究方向。此外，基于深度神经网络的目标检测算法利用池化操作来降低特征图尺寸，实现局部空间不变和增加特征的感受野，但是池化操作会丢失部分特征信息，使得提取弱小目标的特征更加困难。为此，如何设计能有效保持甚至增强弱小目标的特征的神经网络结构也是值得关注的研究重点。

3）小样本目标检测。现有主流的目标检测算法在小样本条件下训练难以取得令人满意的目标检测效果。为此，很多研究人员开始关注小样本条件下的目标检测算法。经典的小样本目标检测方法在有充足数据的基类上进行训练，然后依靠少量的有完整标注信息的新类别样本对模型进行微调，实现对新类目标的定位和分类。虽然研究人员借助元学习、度量学习、样本生成等方法在小样本目标检测任务上取得了一些进展，但是依赖大规模的基类数据进行预训练然后利用少量类样本进行微调的方式，容易产生基类偏置和过拟合问题，导致模型的泛化性能低，无法满足实际的需求。因此，如何有效解决基类偏置和过拟合问题，提高小样本目标检测算法的泛化性能是未来重要的研究方向。

4）弱监督目标检测。全监督的目标检测算法需要训练集图像的实例级标签提供目标的类别与位置信息。由于数据海量性、内容复杂性，以及图像中目标形态、种类多样性等特点，对图像进行人工标注需要花费大量的人力、物力和时间成本。为此，只利用图像中目标的类别信息实现对目标的定位和分类的弱监督目标检测受到了研究人员广泛的关注。现阶段，弱监督目标检测面临的主要挑战有：① 候选框冗余且质量不高；② 过分聚焦于局部区域，导致最终的检测结果可能无法覆盖整个目标；③ 检测器通常选取各类中得分最高的候选框作为正例候选框，从而忽略了其他实例，产生目标实例丢失的问题。现有的弱监督目标检测算法依然无法很好地解决上述挑战。因此，探索能产生数量少且质量高的候选框生成算法以及设计更加精准的正样本选取机制是弱监督目标检测未来重要的研究方向。

5）可解释的目标检测。可解释目标检测的研究重点在于如何模拟和解释目标检测模型的推理逻辑和因果关系。目前主流的方法主要通过可视化输入像素和输出结果之间的相关性对网络进行解释，然而这种像素级（pixel-level）的可解释性方法无法提供直观的决策逻辑解释。为了克服像素级可解释性方法的缺陷，研究人员提出了概念级（concept-level）的可解释性方法，旨在找到对决策重要的视觉概念。但是现有基于概念的可解释性方法孤立地对待每个视觉概念对网络决策的贡献而忽略了视觉概念之间潜在的空间结构关系的重要性。此外，现阶段的可解释性方法主要应用在图像识别任务，没有针对目标检测任务进行设计。因此，借鉴现有的可解释性方法，为目标检测设计合理、可提供直观决策的推理框架是可解释性目标检测的重点研究方向。

参考文献

[1] LI B, YAN J, WU W, et al. High performance visual tracking with siamese region proposal network[C] //Proceedings of the IEEE Conference on Computer Vision and Pattern Recognition. 2018: 8971–8980.

[2] LI B, WU W, WANG Q, et al. Siamrpn++: Evolution of siamese visual tracking with very deep networks[C] //Proceedings of the IEEE/CVF Conference on Computer Vision and Pattern Recognition. 2019: 4282–4291.

[3] BHAT G, DANELLJAN M, GOOL L V, et al. Learning discriminative model prediction for tracking[C] //Proceedings of the IEEE/CVF International Conference on Computer Vision. 2019: 6182–6191.

[4] DAI J, HE K, SUN J. Instance-aware semantic segmentation via multi-task network cascades[C] //Proceedings of the IEEE Conference on Computer Vision and Pattern Recognition. 2016: 3150–3158.

[5] HE K, GKIOXARI G, DOLLÁR P, et al. Mask r-cnn[C] //Proceedings of the IEEE International Conference on Computer Vision. 2017: 2961–2969.

[6] LIU S, QI L, QIN H, et al. Path aggregation network for instance segmentation[C] //Proceedings of the IEEE Conference on Computer Vision and Pattern Recognition. 2018: 8759–8768.

[7] ZHANG S, BENENSON R, SCHIELE B, et al. Filtered channel features for pedestrian detection[C] //Proceedings of the IEEE Conference on Computer Vision and Pattern Recognition. 2015: 1751–1760.

[8] GERONIMO D, LOPEZ A M, SAPPA A D, et al. Survey of pedestrian detection for advanced driver assistance systems[J]. IEEE Transactions on Pattern Analysis and Machine Intelligence, 2009, 32(7): 1239–1258.

[9] TANG Y, ZHANG C, GU R, et al. Vehicle detection and recognition for intelligent traffic surveillance system[J]. Multimedia Tools and Applications, 2017, 76(4): 5817–5832.

[10] WANG G, XIAO D, GU J. Review on vehicle detection based on video for traffic surveillance[C] //2008 IEEE international conference on automation and logistics. 2008: 2961–2966.

[11] LI J, LIANG X, SHEN S, et al. Scale-aware fast R-CNN for pedestrian detection[J]. IEEE transactions on Multimedia, 2017, 20(4): 985–996.

[12] SMEUREANU S, IONESCU R T, POPESCU M, et al. Deep appearance features for abnormal behavior detection in video[C] //International Conference on Image Analysis and Processing. 2017: 779–789.

[13] LI C, HAN Z, YE Q, et al. Visual abnormal behavior detection based on trajectory sparse reconstruction analysis[J]. Neurocomputing, 2013, 119: 94–100.

[14] ZOU Z, SHI Z, GUO Y, et al. Object detection in 20 years: A survey[J]. arXiv preprint arXiv:1905.05055, 2019.

[15] VIOLA P, JONES M. Rapid object detection using a boosted cascade of simple features[C] // Proceedings of the 2001 IEEE Computer Society Conference on Computer Vision and Pattern Recognition. 2001: I–I.

[16] DALAL N, TRIGGS B. Histograms of oriented gradients for human detection[C] //2005 IEEE Computer Society Conference on Computer Vision and Pattern Recognition 2005: 886–893.

[17] FELZENSZWALB P, MCALLESTER D, RAMANAN D. A discriminatively trained, multi-scale, deformable part model[C] //2008 IEEE Conference on Computer Vision and Pattern Recognition. 2008: 1–8.

[18] KRIZHEVSKY A, SUTSKEVER I, HINTON G E. Imagenet classification with deep convolutional neural networks[J]. Advances in Neural Information Processing Systems, 2012, 25.

[19] RUSSAKOVSKY O, DENG J, SU H, et al. Imagenet large scale visual recognition challenge[J]. International Journal of Computer Vision, 2015, 115(3): 211–252.

[20] GIRSHICK R, DONAHUE J, DARRELL T, et al. Rich feature hierarchies for accurate object detection and semantic segmentation[C] //Proceedings of the IEEE Conference on Computer Vision and Pattern Recognition. 2014: 580–587.

[21] HE K, ZHANG X, REN S, et al. Spatial pyramid pooling in deep convolutional networks for visual recognition[J]. IEEE Transactions on Pattern Analysis and Machine Intelligence, 2015, 37(9): 1904–1916.

[22] GIRSHICK R. Fast r-cnn[C] //Proceedings of the IEEE International Conference on Computer Vision. 2015: 1440–1448.

[23] REN S, HE K, GIRSHICK R, et al. Faster r-cnn: Towards real-time object detection with region proposal networks[C] //Advances in Neural Information Processing Systems: Vol 28. 2015.

[24] REDMON J, DIVVALA S, GIRSHICK R, et al. You only look once: Unified, real-time object detection[C] //Proceedings of the IEEE Conference on Computer Vision and Pattern Recognition. 2016: 779–788.

[25] LIU W, ANGUELOV D, ERHAN D, et al. Ssd: Single shot multibox detector[C] //European Conference on Computer Vision. 2016: 21–37.

[26] LIN T-Y, GOYAL P, GIRSHICK R, et al. Focal loss for dense object detection[C] //Proceedings of the IEEE International Conference on Computer Vision. 2017: 2980–2988.

[27] CARION N, MASSA F, SYNNAEVE G, et al. End-to-end object detection with transformers[C] //European Conference on Computer Vision. 2020: 213–229.

[28] ZITNICK C L, DOLLÁR P. Edge boxes: Locating object proposals from edges[C] //European Conference on Computer Vision. 2014: 391–405.

[29] Van de SANDE K E, UIJLINGS J R, GEVERS T, et al. Segmentation as selective search for object recognition[C] //2011 International Conference on Computer Vision. 2011: 1879–1886.

[30] OJALA T, PIETIKAINEN M, MAENPAA T. Multiresolution gray-scale and rotation invariant texture classification with local binary patterns[J]. IEEE Transactions on Pattern Analysis and Machine Intelligence, 2002, 24(7): 971–987.

[31] LOWE D G. Distinctive image features from scale-invariant keypoints[J]. International Journal of Computer Vision, 2004, 60(2): 91–110.

[32] KE Y, SUKTHANKAR R. PCA-SIFT: A more distinctive representation for local image descriptors[C] //Proceedings of the 2004 IEEE Computer Society Conference on Computer Vision and Pattern Recognition. 2004: II–II.

[33] BROWN M, HUA G, WINDER S. Discriminative learning of local image descriptors[J]. IEEE Transactions on Pattern Analysis and Machine Intelligence, 2010, 33(1): 43–57.

[34] SIMONYAN K, VEDALDI A, ZISSERMAN A. Learning local feature descriptors using convex optimisation[J]. IEEE Transactions on Pattern Analysis and Machine Intelligence, 2014, 36(8): 1573–1585.

[35] TRZCINSKI T, CHRISTOUDIAS M, LEPETIT V. Learning image descriptors with boosting[J]. IEEE Transactions on Pattern Analysis and Machine Intelligence, 2014, 37(3): 597–610.

[36] DAI J, LI Y, HE K, et al. R-fcn: Object detection via region-based fully convolutional networks[J]. Advances in Neural Information Processing Systems, 2016, 29.

[37] LI Z, PENG C, YU G, et al. Light-head r-cnn: In defense of two-stage object detector[J]. arXiv preprint arXiv:1711.07264, 2017.

[38] SUN P, ZHANG R, JIANG Y, et al. Sparse r-cnn: End-to-end object detection with learnable proposals[C] //Proceedings of the IEEE/CVF Conference on Computer Vision and Pattern Recognition. 2021: 14454–14463.

[39] GE Z, LIU S, WANG F, et al. Yolox: Exceeding yolo series in 2021[J]. arXiv preprint arXiv:2107.08430, 2021.

[40] REDMON J, FARHADI A. Yolov3: An incremental improvement[J]. arXiv preprint arXiv:1804.02767, 2018.

[41] BOCHKOVSKIY A, WANG C-Y, LIAO H-Y M. Yolov4: Optimal speed and accuracy of object detection[J]. arXiv preprint arXiv:2004.10934, 2020.

[42] FENG C, ZHONG Y, GAO Y, et al. Tood: Task-aligned one-stage object detection[C] //2021 IEEE/CVF International Conference on Computer Vision (ICCV). 2021: 3490–3499.

[43] ZHU X, SU W, LU L, et al. Deformable detr: Deformable transformers for end-to-end object detection[J]. arXiv preprint arXiv:2010.04159, 2020.

[44] DAI X, CHEN Y, YANG J, et al. Dynamic detr: End-to-end object detection with dynamic attention[C] //Proceedings of the IEEE/CVF International Conference on Computer Vision. 2021: 2988–2997.

[45] SUN Z, CAO S, YANG Y, et al. Rethinking transformer-based set prediction for object detection[C] //Proceedings of the IEEE/CVF International Conference on Computer Vision. 2021: 3611–3620.

[46] MENG D, CHEN X, FAN Z, et al. Conditional detr for fast training convergence[C] //Proceedings of the IEEE/CVF International Conference on Computer Vision. 2021: 3651–3660.

[47] LI F, ZHANG H, LIU S, et al. Dn-detr: Accelerate detr training by introducing query denoising[C] //Proceedings of the IEEE/CVF Conference on Computer Vision and Pattern Recognition. 2022: 13619–13627.

[48] ZHANG G, LUO Z, YU Y, et al. Accelerating DETR Convergence via Semantic-Aligned Matching[C] //Proceedings of the IEEE/CVF Conference on Computer Vision and Pattern Recognition. 2022: 949–958.

[49] HUANG L, YANG Y, DENG Y, et al. Densebox: Unifying landmark localization with end to end object detection[J]. arXiv preprint arXiv:1509.04874, 2015.

[50] TIAN Z, SHEN C, CHEN H, et al. Fcos: Fully convolutional one-stage object detection[C] //Proceedings of the IEEE/CVF International Conference on Computer Vision. 2019: 9627–9636.

[51] LAW H, DENG J. Cornernet: Detecting objects as paired keypoints[C] //Proceedings of the European Conference on Computer Vision (ECCV). 2018: 734–750.

[52] DUAN K, BAI S, XIE L, et al. Centernet: Keypoint triplets for object detection[C] //Proceedings of the IEEE/CVF International Conference on Computer Vision. 2019: 6569–6578.

[53] YANG Z, LIU S, HU H, et al. Reppoints: Point set representation for object detection[C] //Proceedings of the IEEE/CVF International Conference on Computer Vision. 2019: 9657–9666.

[54] DONG Z, LI G, LIAO Y, et al. Centripetalnet: Pursuing high-quality keypoint pairs for object detection[C] //Proceedings of the IEEE/CVF Conference on Computer Vision and Pattern Recognition. 2020: 10519–10528.

[55] LIN T-Y, DOLLÁR P, GIRSHICK R, et al. Feature pyramid networks for object detection[C] //Proceedings of the IEEE Conference on Computer Vision and Pattern Recognition. 2017: 2117–2125.

[56] MOUNT D M, NETANYAHU N S, LE MOIGNE J. Efficient algorithms for robust feature matching[J]. Pattern Recognition, 1999, 32(1): 17–38.

[57] BARNEA D I, SILVERMAN H F. A class of algorithms for fast digital image registration[J]. IEEE Transactions on Computers, 1972, 100(2): 179–186.

[58] BROWN L G. A survey of image registration techniques[J]. ACM Computing Surveys (CSUR), 1992, 24(4): 325–376.

[59] MIKOLAJCZYK K, SCHMID C. Indexing based on scale invariant interest points[C] //Proceedings Eighth IEEE International Conference on Computer Vision. ICCV 2001: Vol 1. 2001: 525–531.

[60] SMITH S M, BRADY J M. SUSAN—a new approach to low level image processing[J]. International Journal of Computer Vision, 1997, 23(1): 45–78.

[61] WEBSTER M A, DE VALOIS R L. Relationship between spatial-frequency and orientation tuning of striate-cortex cells[J]. JOSA A, 1985, 2(7): 1124–1132.

[62] SHEN D, WU G, SUK H-I. Deep learning in medical image analysis[J]. Annual Review of Biomedical Engineering, 2017, 19: 221.

[63] ANWAR S M, MAJID M, QAYYUM A, et al. Medical image analysis using convolutional neural networks: a review[J]. Journal of Medical Systems, 2018, 42(11): 1–13.

[64] LIU Z, NING J, CAO Y, et al. Video swin transformer[C] //Proceedings of the IEEE/CVF Conference on Computer Vision and Pattern Recognition. 2022: 3202–3211.

[65] FEICHTENHOFER C, FAN H, MALIK J, et al. Slowfast networks for video recognition[C] //Proceedings of the IEEE/CVF International Conference on Computer Vision. 2019: 6202–6211.

[66] VASWANI A, SHAZEER N, PARMAR N, et al. Attention is all you need[C] //Advances in Neural Information Processing Systems. 2017: 1–11.

[67] DEVLIN J, CHANG M-W, LEE K, et al. Bert: Pre-training of deep bidirectional transformers for language understanding[J]. arXiv preprint arXiv:1810.04805, 2018.

[68] SIMONYAN K, ZISSERMAN A. Very deep convolutional networks for large-scale image recognition[J]. arXiv preprint arXiv:1409.1556, 2014.

[69] HE K, ZHANG X, REN S, et al. Deep residual learning for image recognition[C] //Proceedings of the IEEE Conference on Computer Vision and Pattern Recognition. 2016: 770–778.

[70] HUANG G, LIU Z, VAN DER MAATEN L, et al. Densely connected convolutional networks[C] //Proceedings of the IEEE Conference on Computer Vision and Pattern Recognition. 2017: 4700–4708.

[71] EVERINGHAM M, VAN GOOL L, WILLIAMS C K, et al. The pascal visual object classes (voc) challenge[J]. International Journal of Computer Vision, 2010, 88(2): 303–338.

[72] EVERINGHAM M, ESLAMI S, VAN GOOL L, et al. The pascal visual object classes challenge: A retrospective[J]. International Journal of Computer Vision, 2015, 111(1): 98–136.

[73] LIN T-Y, MAIRE M, BELONGIE S, et al. Microsoft coco: Common objects in context[C] //European Conference on Computer Vision. 2014: 740–755.

[74] KUZNETSOVA A, ROM H, ALLDRIN N, et al. The open images dataset v4[J]. International Journal of Computer Vision, 2020, 128(7): 1956–1981.

[75]　高新波, 莫梦竟成, 汪海涛, 等. 小目标检测研究进展 [J]. 数据采集与处理, 2021, 36(3): 391–417.

[76]　孙显, 梁伟, 刁文辉, 等. 遥感边缘智能技术研究进展及挑战 [J]. 中国图象图形学报, 2020, 25(9): 1719–1738.

[77]　OKSUZ K, CAM B C, KALKAN S, et al. Imbalance problems in object detection: A review[J]. IEEE Transactions on Pattern Analysis and Machine Intelligence, 2020, 43(10): 3388–3415.

[78]　谭志. 基于深度学习的目标检测与识别技术 [J]. 北京: 化学工业出版社, 2021.

[79]　JIAXU L, TAIYUE C, XINBO G, et al. A comparative review of recent few-shot object detection algorithms[J]. arXiv preprint arXiv:2111.00201, 2021.

第 5 讲
目标跟踪

5.1 引言

目标跟踪是计算机视觉领域经典和前沿的研究课题之一。在计算机视觉领域，目标跟踪技术是对视频序列中的运动目标进行跟踪，运动目标是指用户感兴趣的各种物体，如行人、车辆、飞机等。目标跟踪的目的是获得目标在视频各帧中的位置和尺度，通常被表示为包围物体的边界框。根据被跟踪目标的数目，跟踪问题可以被分为单目标跟踪和多目标跟踪两大类。前者旨在将视频中的某个感兴趣目标从视频帧（背景）中鉴别出来；后者旨在以目标检测结果为基础将不同目标在时序上关联起来。随着深度神经网络兴起与发展，目标跟踪模型及算法逐步进入深度学习时代，特别是近年系列基于卷积神经网络模型和基于 Transformer 模型的算法陆续提出，不断刷新着跟踪算法精度。但目标跟踪问题研究还面临多模态、轻量化、开放环境等诸多挑战，值得进一步探索。本章以单目标跟踪和多目标跟踪两大类算法为主线较为系统地介绍目标跟踪基本概念、代表性算法及未来趋势。

5.2 目标跟踪概述

5.2.1 目标跟踪的基本概念

目标跟踪的研究内容主要包含 3 个方面：① 特征表示；② 目标匹配；③ 运动模型。

（1）特征表示 使用适当的特征来表示目标，在目标跟踪中具有关键作用。好的特征应具有判别性，算法利用好的特征可以更精确地将目标从背景中分离出来，并将不同目标有效区分出来。传统目标跟踪中常用的特征包含颜色、边缘、梯度、光流、纹理，以及它们的组合等。在深度学习时代，通常使用深度神经网络（如 CNN、Transformer 等）来直接提取图像和目标的特征，从而获得具有更强判别性的特征。

（2）目标匹配 目标匹配则是根据目标的模板，在图像中寻找与该模板最相似的区域，或进行候选目标物体之间的对应。单目标跟踪中常用的模板匹配方法通常基于相关算子，即以滑动窗口的形式计算模板特征与搜索区域的局部特征之间的线性相似度，获得概率分布图，从而估计目标位置。多目标跟踪中常用的关联方法包括位置关联（依据边界框交并比）、外观关联（依据外观特征相似度）、运动关联（依据运动信息和运动预测）等。

（3）运动模型　跟踪中的运动模型主要是利用目标的运动信息来校正当前的位置预测，并预测目标未来的运动趋势。经典的方法有卡尔曼滤波、粒子滤波等。

5.2.2　目标跟踪的分类方式

依据不同的分类标准，可以对目标跟踪算法进行不同的分类。

（1）目标数目　比较常用的分类方法是根据目标数目对跟踪进行分类，可以将跟踪算法分类为单目标跟踪算法和多目标跟踪算法两大类。其中单目标跟踪在不同视频帧识别同一个给定的感兴趣目标，而多目标跟踪则需识别多个目标在不同视频帧的对应关系。在单目标跟踪和多目标跟踪的基础上，可以对跟踪进行进一步细分。在单目标跟踪中，根据使用的特征类型，可以分类为传统方法与深度学习的方法。前者基于传统的手工特征进行目标跟踪，后者则依赖于强大的深度特征进行跟踪。其中，传统方法包含基于模板匹配的算法、基于在线检测的算法、基于状态估计的算法、基于相关滤波的算法等，深度学习方法包含基于在线滤波器的算法、基于孪生匹配网络的算法、基于 Transformer 的算法等。在多目标跟踪中，包含先检测后跟踪的范式、一体化多目标跟踪的范式，前者先对特定类别的目标进行检测，再通过位置、外观等信息，对检测出的目标进行匹配对应，后者则使用一个端到端的网络，在一个阶段内完成检测与跟踪。

（2）目标类型　根据目标类型，跟踪可以分为刚性目标和非刚性目标的跟踪。刚性目标，如汽车、飞机等，外观通常不会发生明显变化，因此可以通过简单的外观建模来描述目标。而非刚性目标，如人体、动物等，外观通常会产生形变，因此可以将目标划分为"部件"来进行建模，或利用"掩码""轮廓"的方式同时实现跟踪与分割。

（3）传感器类型　根据传感器类型，可以将跟踪算法分类为可见光图像跟踪和其他图像跟踪，可见光图像跟踪利用传统的可见光相机，捕获可见光图像进行跟踪。其他图像包括热红外、深度图、三维点云、事件数据等。

（4）摄像机数目　根据摄像机数目，可以将跟踪算法分为单目摄像机跟踪和多目摄像机跟踪。由于单目摄像机视野有限，实际应用中无法覆盖完整场景，因此可采用多个摄像机扩大视野。此外，多目摄像机可以恢复部分深度信息，从而使基于可见光图像和深度信息的跟踪成为可能。

（5）摄像机运动　根据摄像机是否运动，可以将跟踪算法分类为静止背景下的跟踪和运动背景下的跟踪。在摄像机静止的情况下，图像背景通常相对固定，因此可以对背景进行建模，使用背景差分法等技术进行目标跟踪。而在摄像机运动的情况下，场景则变得更复杂，需要算法有更强的判别能力。

（6）跟踪处理速度　根据跟踪的处理速度，可以将跟踪算法分类为实时跟踪和非实时跟踪。实时跟踪主要应用在需要系统做出快速反应的场景下，如机器人视觉、自动驾驶等，这类应用对跟踪算法的速度有较高要求。非实时跟踪主要应用在视频处理和编辑等领域，如特技制作、监控视频分析等，这类算法对速度要求不高，但对精度有较高要求。

（7）目标状态表示　根据目标状态的表示，可以将跟踪算法分类为基于矩形包围框的跟踪和基于目标分割掩码的跟踪。基于矩形包围框的跟踪以能包围物体的最小矩形边界框来表示目标状态，这种表示方式更稳健简洁。基于目标分割掩码的跟踪则使用像素级的掩码来分割出目标，这种表示方式更精确，但不如矩形包围框稳健。采用掩码表示方式往往将视频跟踪与视频分割问题联系起来。

5.2.3　目标跟踪的研究意义

目标跟踪作为计算机视觉领域的核心研究课题之一，在学术与实际应用中，具有广泛的研究意义。

目标跟踪作为计算机视觉的基础任务，已被应用于各种高层次视觉任务中，作为帮助各类视觉任务提升性能的技术手段，包括视频目标检测、视频理解、行为理解、动作识别、视频分析、视频检索等。从学术角度，目标跟踪是一个典型的序列分析问题，因此序列处理技术的发展可以推动跟踪技术的发展。目标外观表示和建模的突破对跟踪算法精度的提升也至关重要。此外，在线学习、少样本学习等前沿理论和技术也能够被用于解决跟踪问题。

经过多年的研究与发展，目标跟踪技术已经在军事侦察、智能交通、安全监控、视觉导航、医疗诊断、气象分析等领域取得广泛应用。例如，在军事领域，应用目标跟踪技术的无人机侦察系统、雷达跟踪系统、导弹制导、空间飞行体、导弹测量系统等已被成功应用。在智能交通方面，目标跟踪可以进行车辆的实时监测，实时监控车流量、车速、车流密度、交通事故、违章逃逸车辆，应用于车流量统计、交通事故检测、行人行为识别、自动驾驶等。在安全监控方面，通过监控摄像实现动态场景的视频跟踪监控，我国大多数城市社区、大型公共场所及重要设施中都有应用。在视觉导航中，目标跟踪技术可用于场景中的目标定位与分析，在智能驾驶系统中得到应用。此外，视觉目标跟踪技术在视频会议、视频分析与编辑、水文观测、港口管理、医学图像分析、远距离测量、零部件质量检测等领域也有应用。

5.2.4 小结

本节对目标跟踪的基本概念、分类方式及研究意义进行了简述和讨论，本章后续内容将以可见光图像序列为基础，重点讨论以矩形包围框为目标形状的单目标跟踪和多目标跟踪问题。

5.3 单目标跟踪

5.3.1 传统方法

1. 基于模板匹配的跟踪算法

基于模板匹配的跟踪算法旨在通过利用单一或多个模板来建模待跟踪目标的外观变化，从而将单目标跟踪问题转化为在局部候选区域内寻找与目标模板最相似图像块的问题，经典算法包括：基于全局模板匹配的均值漂移跟踪[1]、基于局部多分块匹配的子块跟踪[2]、基于子空间模型的增量视觉跟踪[3]、基于稀疏表示理论的 L1 范数最小化跟踪[4] 等。这些经典算法为后来的研究提供了进一步优化改进的基础。针对主成分分析（PCA）子空间模型在目标出现较大姿态变化、非刚性运动及遮挡时容易跟踪失败的特点[3]，Hu 等人[5] 利用对数黎曼空间来更好地描述目标在跟踪过程中的变化，并利用分块思想来提升算法对遮挡的稳健性。针对 L1 跟踪算法速度慢、精度不理想和子空间模型不够稳健的特点，一些研究工作利用前沿理论及先验知识对其进行不断改进，包括 APG 算法加速求解[6]、稳健字典学习[7]、多任务学习[8]、稀疏编码特征[9-10]、生成判决模型协同[11]、线性回归模型延伸[12] 等。一些工作[13-14] 将子空间表示和稀疏表示模型有效结合，提出最小软阈值均方回归理论和稀疏原型跟踪算法，并在此基础上设计有效的观测似然函数，从而提升跟踪算法精度。为获得好的跟踪效果，这类算法往往需要建立较复杂的生成模型来刻画目标的外观变化，导致跟踪速度不理想。

2. 基于在线检测的跟踪算法

基于在线检测的跟踪算法利用分类或回归思想将单目标跟踪问题当作局部搜索区域内的检测问题，经典算法包括 Avidan 的集成跟踪[15]、Grabner 等人的在线 Boosting 跟踪[16]、Kalal 等人的 Tracking-Learning-Detection 算法[17] 等。由于此类算法与机器学习算法密切相关，许多学者尝试将跟踪问题的先验知识与经典或前沿分类器学习算法相结合来解决在线目标跟踪问题，如朴素贝叶斯[18]、随机森林[19]、多实例学习[20-21]、度量学习[22-23]、结构化学习[24-25]、SVM 分类器与时空隐变量结构相结合[26] 等。

3. 基于状态估计的跟踪算法

基于模板匹配和基于在线检测两类算法着重研究目标外观模型，而基于状态估计的跟踪算法偏重于研究目标运动模型，即跟踪过程中目标状态的帧间关联，比较经典的有卡尔曼滤波和粒子滤波。随着硬件运算能力提升，更多研究学者开始尝试采用较为复杂的运动模型来建模目标的帧间运动，如动态决策过程[27]、马尔科夫–蒙特卡洛[28]等。一般而言，目标外观模型在传统目标跟踪问题上占据主导作用，有研究表明在外观模型相同的情况下，不同类型的运动模型对跟踪结果影响不大[29]。

4. 基于相关滤波的跟踪算法

前面所提到的跟踪算法一般采用粒子滤波、随机采样或滑动窗口密集采样方式获取目标候选样本，为了达到较为理想的跟踪效果往往需要采集非常多的候选样本，从而导致计算复杂度较高，严重制约跟踪算法的实用速度[29]。为此，相关滤波算法[30]提出了新颖的循环采样方式，将循环采样获得的样本构成循环矩阵，利用循环矩阵傅里叶变换独特的"空域–频域"变换性质，将分类器训练和目标位置检测都转化在频域进行计算，利用快速傅里叶变换技术加速跟踪模型。基于原始相关滤波算法的缺点，许多研究工作从自适应尺度估计、特征改进与融合、分块相关滤波算法、边界效应和背景抑制等方面改进并提升相关滤波跟踪器的性能。从自适应尺度估计的角度，例如，SAMF[31]和 DSST[32] 算法在传统相关滤波算法的基础上引入了多尺度估计机制，即利用滤波器在多尺度图像块上进行检测，选取响应值最大处所对应的位置及尺度。这种多尺度估计机制被后续相关滤波类跟踪算法广泛采用，对跟踪目标实现了较好的尺度估计。从特征改进与融合的角度，原始相关滤波算法采用的是简单灰度图像特征，为提升原始相关滤波跟踪算法特征表达能力，Henriques 等人[33] 提出的 KCF 算法将多通道 HOG 特征与相关滤波相结合，这种特征有利于提取物体的边缘和纹理信息，对光照变化和复杂背景等挑战更加稳健。STAPLE 算法[34] 和 MOCA 算法[35] 均将 HOG 和颜色特征有效结合，再融合响应图来估计目标位置，进一步提升跟踪精度。

由于原始相关滤波算法通常采用整体表达方式，即利用一个矩形框内的图像数据描述待跟踪目标，其不利于处理目标遮挡和复杂背景等挑战。一些研究工作试图从分块的角度优化解决这一问题。例如 Li 等人提出的算法[36] 利用有效局部图像块来表示物体结构，计算每个局部图像块的响应置信图，并采用霍夫投票算法来融合多个响应图并估计目标位置和尺度。也有研究工作[37] 提出了基于分块思想的相关滤波算法来增强跟踪器处理遮挡的能力。该算法将目标区域分为五部分，每一部分分别训练一个对应的相关滤波器，将得到的多个响应图权重融合获得最终响应图，从而精确定位目标。LGCF 算法[38] 为增强原始相关滤波跟踪算法的遮挡处理能力，将全局整体与局部分块目标表达相结合，在相关滤波优化方程中加入整体和局部优化过程，利用交替方向乘子迭代算法进行优化求解。

此外，在相关滤波跟踪算法中，密集样本是经过中心图像块循环移位得到的。因此，除中心样本外的其他样本都存在一定的位移边界，且中心样本也包含部分背景信息。为了克服由此产生的边界效应和抑制背景噪声影响，Danelljan 等人提出 SRDCF 算法[39]，该算法通过在滤波器系数上引入反高斯形状的权重约束，滤波器系数主要集中在中心区域。在 SRDCF 的基础上，Danelljan 等人又改进提出 C-COT 算法[40]，将原来时域离散位置估计转换为时域连续位置估计。随后，ECO 算法[41] 针对 C-COT 算法从训练样本、滤波器系数和模板更新 3 个方面进行去冗余处理，使得计算量大大降低。一些研究工作还尝试通过引入空域二值掩码[42]、判决性和可靠性分离[43]、自适应空间正则[44] 等方式处理边界效应和抑制背景噪声。

5.3.2 深度学习方法

传统跟踪模型都采用手工设计的特征或者预训练主干网络提取目标特征，导致目标类别信息被忽略，即不同目标作为前背景时的特征相同。此外，当目标发生遮挡、形变等挑战时，传统算法不能根据需要相应地调整特征表示适应当前目标所处环境。因此，为了更好地突出前景信息，建模特定目标表示，多域网络跟踪器（multi-domain network，MDNet）[45] 将每一个跟踪目标看作一个独立域并且通过不同分支进行跟踪，该算法将跟踪问题定义为二分类问题，在图像中随机采样区域，网络估计该区域属于被跟踪目标的概率。这种方式采用更大的搜索空间进行模型训练和目标定位有效提升了对数据的利用率，避免了相关滤波类算法中的边界效应[46-47]。

MDNet 模型包含两个部分：统一的特征提取网络和目标特有分类分支。特征提取网络为 CNN（VGG-M）用于学习目标通用特征，目标特有分类分支对于每个目标使用特定分支进行处理，学习每个目标的特有信息。MDNet 网络结构如图 5-1 所示。网络使用 ImageNet-VID 数据集进行训练，优化方法为随机梯度下降。离线训练过程中，首先统计训练序列数量，并初始化相同数量的目标特有分支，在每一个视频中随机选择不同帧组成批训练样本，对某一特有分支进行训练。其中，在每一帧中，根据样本框与真值框交并比选择正负样本，其采样服从高斯分布，在样本选择过程中对样本进行缩放操作模拟目标尺度变化，最后将样本调整到相同尺度作为网络输入。样本经过 MDNet 得到该样本为目标的概率并使用交叉熵损失对网络进行监督。

在线跟踪过程中，网络会重新初始化一个目标特有分类分支对当前目标进行建模，并利用视频第一帧中给定目标的真值框对特征提取网络中的全连接层和目标特有分类分支进行微调来适应当前环境和目标特性，其训练方式和离线训练方式相同。跟踪中将目标概率最高的样本作为当前帧跟踪结果。为了适应视频中目标和环境的变化，MDNet采用长时更新和短时更新两种更新方式。其中长时更新过程旨在维持目标长期属性，使用最近 100 帧的可靠正负样本（网络给出的目标概率大于固定阈值）对全连接层和目标特有分类分支进行微调，每 10 帧更新一次。短时更新的目标是修正算法误差防止跟踪器丢失目标，当网络给出的目标概率小于固定阈值，算法将使用最近 20 帧的正负样本对全连接层和目标特有分类分支进行更新，使得网络能够适应当前目标和环境状态。在线更新过程中，为了提高训练样本质量，MDNet 还采用了负样本挖掘机制，在所有负样本中选择目标概率最高的困难样本对网络进行更新，采用负样本挖掘机制能够提升网络学习效率，利用困难样本提升模型判别能力。为了更好地进行尺度估计，算法设计了基于线性回归的目标框回归模块对目标位置和长宽进行微调。回归模块只在跟踪开始时利用视频第一帧真值进行训练，在后续帧不更新。

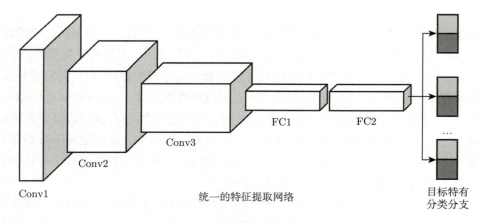

图 5-1　MDNet 方法框架图

MDNet 算法的优势在于利用大规模训练数据的同时学习通用特征和目标特有特征，并且采用在线更新方式应对目标与环境变化。但是，算法还存在跟踪速度慢（大约 1FPS），以及目标分支之间的区分度不高的缺点。为了解决上述两个问题，实时多域网络模型（RT-MDNet[48]）被提出，其网络结构如图 5-2 所示。该网络由统一的特征提取网络（conv1~3），自适应感兴趣区域对齐层（adaptive RoIAlign）和三层目标特有分类分支（FC4~6）组成。

MDNet 算法跟踪速度慢的原因在于采样样本过程中每个样本都需要经过所有网络层得到对应的得分，导致样本间重叠区域特征被多次计算。为了解决跟踪速度慢的问题，RT-MDNet 提出自适应感兴趣区域对齐层提取不同样本特征。相比于使用候选框提取感兴趣区域特征，传统 RoIAlign 层由于进行了特征下采样和卷积层感受野过小导致提取到的特征更加粗糙，不能满足跟踪任务精细定位的要求。为此，RT-MDNet 首先去掉了卷积层之后的池化操作，并且使用空洞卷积（dilated convolutions）[49] 提高卷积层感受野。此外，传统 RoIAlign 操作根据临近网格点计算插值，导致在跟踪较大尺寸目标时会有部分信息损失。RT-MDNet 提出的自适应感兴趣区域对齐层根据 RoI 大小自适应确定网格宽度以适应不同尺度目标，从而可以更好地应对跟踪中目标尺度变化来提供更准确的感兴趣区域特征。

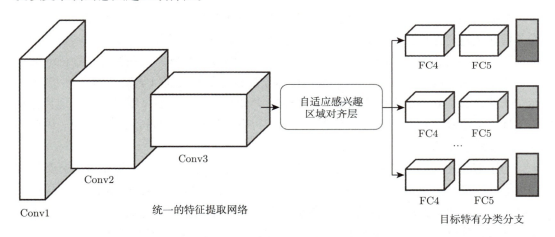

图 5-2　RT-MDNet 方法框架图

其次，MDNet 跟踪器虽然采用了共享特征提取网络和目标特有分类分支学习不同目标的特征表达，但是不同域之间目标区分度不足，无法体现出不同目标之间的差异，尤其是当不同目标同属于一个语义类别或者具有相似外观属性。为解决这个问题，RT-MDNet 引入了一个目标聚合损失，度量不同域正样本之间的距离，使得在跟踪过程中当前域的正样本分数高于其他视频中正样本分数。目标聚合损失有助于提高未知目标的特征判别力并且可以更好地区分视频中的相似目标。综上，RT-MDNet 采用 MDNet 相同的训练数据和离线训练策略，并且在跟踪过程中同样采用长时更新和短时更新策略更新模型参数。RT-MDNet 延续 MDNet 的跟踪框架，利用感兴趣区域对齐操作优化样本采样策略，并且设计辅助损失函数挖掘不同域样本关联。与原始 MDNet 相比，RT-MDNet 实现了 25 倍速度提升，并且在常用数据集上取得了更高的精度。

后续算法 ANT[50] 在 RT-MDNet 基础上进行了改进，利用视频训练数据中的标签信息挖掘目标在不同场景中的特征表示。ANT 跟踪器在特征提取网络后增加了 5 个标签分支提取不同标签视频的特征，包括光照变化、遮挡、尺度变化、目标运动和相机运动属性。每个标签分支包含多层卷积网络，提取标签特有信息。由于跟踪过程中无法确定目标处于何种属性下，因此在学习到不同标签信息后，算法将不同标签下的特征进行级联并用卷积层对特征进行聚合，提升特征判别力。算法使用提供标签信息的数据集进行多阶段训练：在第一阶段训练中，视频先根据其对应的标签划分成 5 类不同数据用于训练各自分支；在第二阶段训练中，算法混合不同分支的训练数据对聚合层以及全连接层进行训练，提升算法的标签适应性。

1. 基于在线滤波器的跟踪：ATOM 和 Dimp

根据任务层次不同，单目标跟踪问题可以被分解为分类任务和回归任务，其中分类任务旨在通过对图像进行前景和背景的二分类实现目标区域的粗定位，而回归任务则用来预测准确的目标状态，如目标框等。近年来，大多数跟踪方法试图构建更稳健的分类器，如基于相关滤波的方法[39,51]；或试图探索更强大的深度特征表征，如文献 [52-53]。而对于估计目标状态的回归模块却鲜有研究，大多方法仍通过多尺度搜索来实现目标状态估计，这种依赖分类模块的状态估计无法获得有关目标姿态的高层理解信息，因此限制了这类跟踪方法的目标状态估计性能。

为了解决此问题，ATOM 方法[54]将两个子任务分离，即将跟踪框架分为分类模块和目标估计模块两部分。其中目标估计由交并比（intersection over union，IoU）预测子网络实现，并使用大规模的视频跟踪数据集和目标检测数据集进行离线训练，而分类模块则通过在线学习区分目标及其他干扰物，并预测对应的置信分数。如图 5-3 所示，两个子模块共享 CNN 主干网络提取的深度特征。通过处理参考帧及初始的目标框，IoU 调制模块将计算出包含特定于目标外观信息的调制向量，该向量协同测试帧的特征及目标候选框输入 IoU 预测模块，并输出每个目标框的 IoU 预测值。分类模块则通过在线学习输出对应的置信分数。

对于目标估计模块，ATOM 方法引入 IoU 网络来预测目标候选框与图像目标的 IoU，进而目标框估计通过最大化 IoU 预测实现。与类别特定的目标检测任务不同，跟踪任务特定于目标，即待跟踪目标无须属于任何预定义类别。为了满足目标特定的需求，ATOM 提出调制模块来提取参考帧中特定目标的外观信息，并以调制向量的形式保存。测试帧通过 PrPooling 技术提取出指定候选框的目标特征后将之与对应的调制向量进行逐通道相乘，实现特征调制过程。调制后的特征将输入三层全连接层预测其对应的 IoU。该模块通过预测 IoU 与真值的均方误差损失实现端到端的离线训练。

尽管目标估计模块可以提供精确的目标框预测，但仍缺少辨别背景与目标前景区域的稳健能力，因此需要独立的分类模块为跟踪方法提供辨别能力。该分类模块由两层全卷积网络实现，通过 L2 分类损失实现在线学习。为保证在线学习的效率，该方法提出基于共轭梯度的优化方法实现快速收敛。此外，为提高分类模块对于干扰物的辨别性，该方法采用难样本挖掘策略，进一步提升了方法的稳健性。

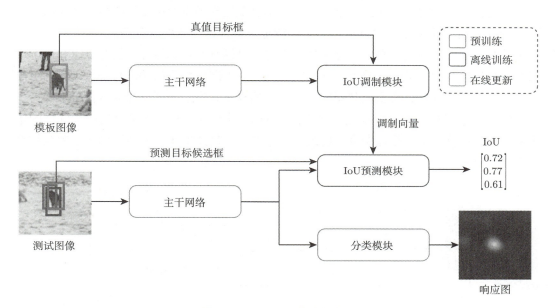

图 5-3　ATOM 方法框架图

在线跟踪过程中，对于给定目标状态的初始帧，ATOM 方法首先对其执行数据增强策略，包括移位、旋转、模糊和随机失活，生成 30 个初始的训练样本，并在线学习分类模块的参数。在之后的跟踪过程中，将依据当前帧的目标预测目标框生成高斯分布标签并保存对应的特征图，其作为训练样本每十帧更新学习一次分类模块的最后一层卷积层参数。对于分类模块输出的响应图，回归模块首先找到具有最高响应的位置，并依据上一帧的尺度随机生成 10 个目标候选框，最终的目标状态估计为 IoU 预测值最高的 3 个目标候选框的平均。通过显式地分别设计分类模块与回归模块，并通过调制向量引入特定于目标的参考信息，ATOM 跟踪方法在多个跟踪数据集上都表现出更加精确和稳健的跟踪性能。

为进一步提升在线滤波器的判决能力，DiMP 方法[55]通过一个高效的优化过程及一个辨别性学习损失学习一个目标模型预测网络，使网络仅在几次迭代中快速收敛并学习到强大的辨别能力。该方法提出的目标模型预测网络源自两个主要的准则，分别是一个促进目标模型稳健性的辨别性学习损失和一个保证快速收敛的强大的优化策略。该目标模型以若干有标注的图像样本作为输入，并输出目标分类分数。模型预测器包含一个初始网络来高效地提供模型权重的初始估计，该过程仅依赖目标外观信息。这些权重将在之后被优化模块处理，优化过程将综合考虑目标及背景的外观信息。为了避免在离线训练中过拟合至特定的类别或场景，该优化模块仅处理很少的可学习参数。因此该模型预测器可以泛化至未见过的目标中，实现特定于目标的视觉跟踪任务。如图 5-4 所示，方法的跟踪框架包含两个分支，分别是用于辨别目标和背景的目标分类分支，和用于预测准确目标框的回归分支。两个分支的输入均是主干网络提取的深度特征。给定训练样本集及对应的目标框，模型预测器生成分类器的权重，为了计算目标的置信分数，这些权重将应用于测试图像的特征图。对于回归分支，则利用与 ATOM 方法[54]同样的重叠率最大化结构。整个跟踪网络，包括分类分支、回归分支和主干网络均通过跟踪数据集离线训练。

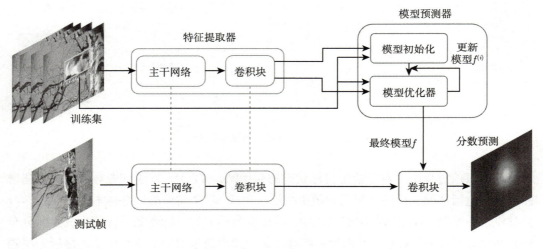

图 5-4　DiMP 方法框架图

对于判别性学习损失，该方法泛化了传统的最小二乘损失。在最小二乘损失函数中，残差函数往往使用预测响应图与真值高斯图的差值，然而由于目标与背景数据分布不均问题，以及简单的差值计算会导致模型被迫专注于负样本，导致模型无法学习最佳的判别能力。为解决这一问题，该方法引入空间权重函数以及铰链损失（hinge loss）来优化传统的最小二乘损失函数。优化的判别性学习损失能够根据目标的中心位置以连续的方式在标准最小二乘损失及铰链损失间转换，使模型专注判别性的学习。为了加速模型预测器的收敛速度，该方法提出高效的优化策略，核心是基于最速下降法计算步长，使模型能够仅迭代几次的情况下收敛，并学习到强大的判别性。

类似 ATOM 方法，在测试跟踪阶段，给定初始帧及对应的目标标注，该方法首先使用数据增强策略构造 15 个初始训练样本，并训练出初始的目标模型。跟踪过程中持续搜集高置信度的训练样本，检测干扰物峰值，以及每 20 帧时更新目标模型。该方法通过提出的辨别性学习损失函数及高效的迭代优化策略，进一步提升了跟踪模型对于目标及背景的辨别性，在多个跟踪数据集上都表现出当时最先进性能。

之后若干工作在 DiMP 的网络结构上进行改进，从不同的角度出发，进一步提升跟踪模型的性能。例如，PrDiMP 方法[56]针对跟踪任务里目标状态估计的不确定性问题，提出了一个概率回归模型，来预测目标状态的条件概率密度。它能够对任务中不准确的注释和歧义引起的标签噪声进行建模。所提出的概率模型通过最小化预测分布和真实分布的 Kullback-Leibler 散度来训练。ToMP 方法[57]则引入基于 Transformer 模型的预测模块，以较小的归纳偏差捕捉全局关系，使其能够学习到更强大的模型预测。

对于上述判别式方法，一方面在线更新能够让模型更加适应目标和背景的外观变化，但另一方面由于在线更新的训练样本均基于预测的目标状态生成，无法避免噪声样本，这些错误观测经过累积误差，在一定程度上会引发模型的退化。因此当前跟踪状态是否足够可靠用于更新模型也是一个值得研究的问题。LTMU 方法[58]为解决该问题提出了一个离线训练的 Meta-Updater，该模块的输入是一个集成了几何信息、判别式信息和外观信息的序列数据。其中几何信息为预测的目标框，判别式信息包含置信度分数和从响应图中提取的判别式信息，而外观信息则是通过一个匹配网络得到的当前帧目标和初始帧目标的外观匹配分数。Meta-Updater 模块最终输出二值分类结果，跟踪方法将根据此结果来决定当前帧是否用于更新模型，从而有效地过滤了错误观测，很大程度上避免了由于在线更新导致的模型退化风险，在线判别式方法表现得更加稳健。

2. 基于孪生匹配网络的跟踪：SiamFC，SiamRPN，SiamRPN++

得益于大规模数据训练，深度卷积网络能够学习到强大的视觉表征，促进了诸多计算机视觉任务的发展。但在单目标跟踪领域，早期方法只是简单地使用卷积网络提取视觉特征，并没有对其应用进行更深入的探索，尤其是忽略了网络训练所能发挥的重要作用。在此背景下，SiamFC[59]对卷积网络的使用做出了开创性的探索，利用大数据离线训练的深度卷积网络，在不依赖于在线更新的条件下，实现了高速目标跟踪。

如图 5-5 所示，SiamFC 算法使用了一种孪生（Siamese）网络结构，包含了两个一模一样的卷积网络（如 AlexNet[60]），并共享同一组网络预训练参数。基于这种结构，SiamFC 提出利用相似性学习来解决任意目标的跟踪问题。首先是孪生网络的两个子网络分别提取目标模板和搜索区域的深度卷积特征。由于两个子网络共享参数，因此提取到的特征处于同一特征空间之中。之后，使用一个互相关算子来计算两个特征之间的相似性。互相关计算最终会得到一个相似度分数图，图上的最大值正好对应目标所在位置，从而便于实现目标定位。

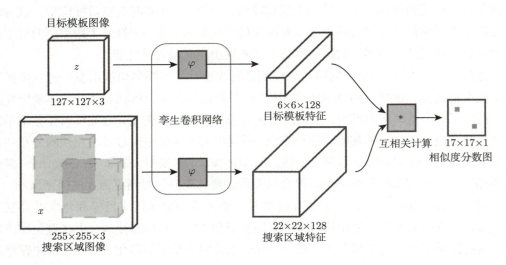

图 5-5　SiamFC 方法框架图

为了实现相似性学习，SiamFC 使用了 Logistic 损失函数来监督网络训练，并对样本图片按照正、负类别进行标注。对每张搜索区域图片，以目标为中心，按照预先设定的半径画设目标区域，目标所在区域被标注为正样本，其他区域标注为负样本。通过训练，网络能够具备相似性判别的能力，在目标所在位置会预测出较高的相似度得分。此外，SiamFC 使用了大规模视频检测数据集（ImageNet-VID）[61] 作为训练数据，通过在视频序列中随机采样，构建了大量不重复的训练样本对，以此来驱动孪生网络的相似性学习。SiamFC 为视觉跟踪领域开辟了一条新的发展路线，为后续衍生出的一系列工作奠定了重要的基础。

原始 SiamFC 利用孪生卷积网络实现了目标定位，但依旧使用传统的多尺度预测方法来粗略估计目标大小。这种目标尺度预测方式成为当时限制跟踪器性能的重要原因之一。针对该问题，SiamRPN[62] 在孪生网络结构的基础上，提出利用区域候选网络（region proposal network，RPN）[63]，以类似目标检测的方式实现更为准确的目标跟踪。

如图 5-6 所示，SiamRPN 方法由 3 部分组成，包括孪生卷积网络、区域候选网络、目标检测头。其中目标检测头包括两个分支，一个是用于定位的分类分支，另一个是用于目标大小预测的回归分支。与 SiamFC 类似，SiamRPN 同样使用了孪生网络结构来分别提取目标模板和搜索区域的深度卷积特征。不同之处在于，该算法将目标跟踪看作是单样本目标检测问题，也就是只根据第一帧图像中的目标外观信息来检测其他帧里的被跟踪目标。SiamRPN 使用了 RPN 来实现目标检测。RPN 包含了两个分支，一个用于分类前景目标与背景，另一个用于回归候选目标框。该方法源于目标检测，使用该方法需要预设锚点（anchor），每个锚点预测一个分类得分和一个对应的候选目标框，之后选出最佳目标框作为最终的跟踪结果。为了实现单样本检测，该算法在 RPN 中使用了元学习（meta learning）方法。这种方法旨在学习一个子网络，该子网络以目标模板特征为输入，预测一组与目标对应的卷积核参数。使用这个卷积核来处理搜索区域特征，之后用于 RPN 预测，便可以实现对特定目标的检测。

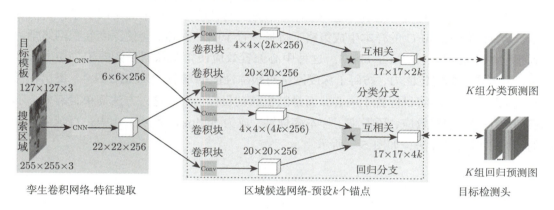

图 5-6　SiamRPN 方法框架图

针对目标框的选择问题，SiamRPN 提出了两种策略。第一种策略是抛弃边缘预测。由于搜索区域通常是以前一帧的目标位置为中心画设，且在相邻的两帧中目标的运动幅度较小，目标出现在搜索区域边缘的可能性较小。第二种是位置、大小惩罚策略。根据上述分析，目标主要出现在搜索区域中心附近，因此可以用余弦窗来进一步抑制离中心较远的预测结果。另外，在相邻两帧中，目标的大小与长宽比不太可能出现大幅度变化，因此可以对变化幅度较大的候选框做抑制。在以上两种策略之后，进一步使用非极大抑制（NMS）就可以选出最终的跟踪结果。

另外，对于网络训练，SiamRPN 在 ImageNet-VID 之外，又引入了一个更大规模的 YouTube-BB[64] 数据集。实验结果表明，SiamRPN 方法可以被大规模数据训练有效驱动，通过简单地增加训练样本数量便可以提升跟踪性能。后续的 Siamese 系列工作引入了更多的视频训练集，进一步展现了 Siamese 方法良好的数据驱动性。

SiamRPN 将目标检测领域的成果应用到视觉跟踪任务中来，确立 Siamese 系列方法中的"分类 + 回归"跟踪范式。尽管该方法成功地利用了卷积神经网络来实现视觉目标跟踪并充分利用了大规模数据训练所带来的优势，但其并不能够从网络结构的升级中获益，使用更深、更好的网络结构（如 ResNet）无法带来实际的性能提升。这样的结果与卷积网络在其他视觉任务中的应用规律截然不同。为此，SiamRPN++[65] 对这一问题做出了深入研究，并从网络训练的角度提出了解决方案。

SiamRPN++ 首先从理论层面进行了分析，认为 Siamese 跟踪器里的卷积网络需要满足"平移不变性（translation invariance）"，特征融合方法则要满足"结构对称性（structure symmetry）"。但在像 ResNet 这样的先进卷积网络中，通常都会使用边缘填充（padding），这样便破坏了平移不变性。而在 RPN 方法中，分类网络分支和回归网络分支也不满足对称性。之后，这一工作又通过实验证明了，在不满足以上条件的前提下，继续沿用 SiamFC 的样本生成策略（将目标置于图片中心）会使深度卷积网络学习到很强的中心偏置（center bias）。这种中心偏置效应使得跟踪器更倾向于关注中心区域，损害了目标定位能力，妨碍了深度网络对跟踪性能的增益。SiamRPN++ 提出在样本生成阶段，不再将目标置于中心，而是随机移动目标位置。这一方法简单且有效，不仅消除了中心偏置效应，还提高了样本多样性，成为 Siamese 系列工作中一直延续至今的经典数据增强方法，如图 5-7 所示。

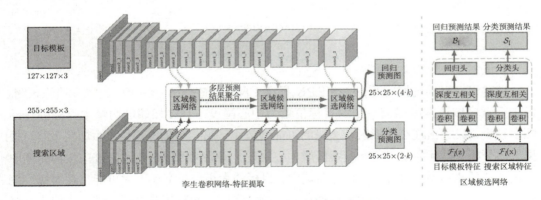

图 5-7　SiamRPN++ 方法框架图

从 SiamFC 到 SiamRPN++，Siamese 系列算法的主要框架和模型训练方法基本确立，后续衍生出的算法主要是从不同的角度进行了优化、改进。SiamMask[66] 在 SiamRPN 算法的基础上，提出在分类与回归分支外，增加一个额外的目标分割分支，以此来实现目标跟踪与半监督目标分割的统一，体现出 Siamese 算法框架良好的扩展性。SiamDW[67] 同样试图训练更深、更宽的卷积网络来实现更好的跟踪性能。该工作从网络降采样步长、感受野大小、有无边缘填充等多个角度进行了实验与分析，并通过设计新的网络结构来提升跟踪器性能。SiamFC++[68] 在 SiamFC 和 SiamRPN 的基础上，提出了一套针对跟踪器头部网络的设计方案。除了常规的分类与回归分支外，该方案提出增加质量预测分支，专门用于评估预测结果的质量。随着目标检测领域的发展，基于锚点（anchor-based）的检测方法逐渐被锚点无关（anchor-free）的方法所替代。越来越多的单目标跟踪工作开始借鉴此类检测方法。SiamCAR[69] 抛弃了预设锚点框的设计，转而令特征图上每个位置只预测一个单独的候选目标框和一个相应的分类得分，大大减少了超参数量。同时，该算法增加了一个额外的中心预测分支来提高定位准确性。SiamBAN[70] 在采用类似检测方法的同时，还对类别标签的分配方式做出了深入探索，提出了一种与目标大小相关的椭圆形标签分配方法。Ocean[71] 同样对类别标签的分配方式做出了改进，提出按照预测目标框与真实目标框的重叠区域来分配类别标签。在特征融合阶段，该算法还利用空洞卷积对目标模板特征和搜索区域特征进行了多尺度处理，通过调整空洞卷积扩张率来融合不同尺度的特征，融合后的特征具有更好的尺度不变性。另外，该工作还额外增加了在线更新分支，将在线滤波器算法和孪生网络算法融合在一起，进一步提升跟踪性能。

3. 基于 Transformer 的跟踪：TransT，Stark，OSTrack

以往的跟踪算法大多依赖于相关运算来进行模板和搜索区域之间的信息交互，即得到模板和搜索区域的特征后，比较模板特征与搜索区域的局部特征的相似度，来确定目标的位置及尺度。尽管相关运算取得了很好的效果，但它仍存在以下缺点：① 相关运算是一种线性比较运算，它输出模板和搜索区域的相似度，不可避免地丢失了其他语义信息；② 相关运算对搜索区域的局部特征进行比较，没有很好地考虑到图像的全局信息。这样的特点制约了相关运算输出特征的表达力，成为设计更高精度跟踪算法的瓶颈。

为了解决此问题，受到 Transformer 模型在目标分类、检测等问题上成功应用的启发，TransT[72] 提出了使用 Transformer 来代替基于相关运算的特征交互网络。如图 5-8 所示，TransT 的整体结构包含 3 部分：特征提取网络、特征融合网络、预测头部网络。与孪生跟踪器类似，TransT 的特征提取部分使用一个 CNN 网络（如 ResNet[73]）来处理模板和搜索区域，得到它们的深度特征。特征融合部分使用一个变体的 Transformer 网络，来对模板和搜索区域的特征进行融合。Transformer 取代了以前的基于相关或卷积的特征融合方法，它输出了具有丰富的语义信息和全局信息的融合特征。最终，在融合后的特征上，TransT 使用了一个分类网络对每个特征点进行前景/背景二分类，以及一个回归网络在每个特征点进行边界框回归，分类和回归网络都是简单的三层感知机。

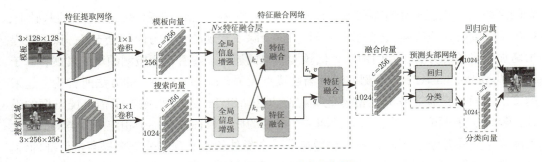

图 5-8 TransT 方法框架图

  TransT 的特征融合部分使用的是修改后的 Transformer 网络，充分利用了 Transformer 的核心机制：注意力机制。具体来说，该融合网络由基于自注意力机制的全局信息增强（ECA）模块和基于互注意力机制的特征融合（CFA）模块组成。全局信息增强模块对模板特征和搜索区域特征本身进行特征增强，以使每个特征点都能融合全局特征信息。在全局信息增强模块中，输入的特征向量中每个向量映射到 v、k、q 3 个特征空间；然后，使用自注意力机制，特征向量两两之间的 k 和 q 进行点乘运算得到注意力图；最后，使用注意力图对 v 进行加权，再利用残差结构加在原始输入特征向量组上。通过这种方式，全局信息增强模块输出的每个特征向量都有重点地聚合了所有特征向量的信息。特征融合模块用于模板和搜索区域之间的特征交互，它取代了相关运算。特征融合模块接收两个输入特征向量组，一个特征向量组被映射到 k、v 空间，一个特征向量组被映射到 q 空间。然后，使用互注意力机制，k 和 q 计算注意力图对 v 进行加权，再通过残差结构加在 q 的原始输入特征向量组上，完成特征的融合。通过这种方式，特征融合的输出整合了模板和搜索区域特征，并且保留了特征中丰富的语义信息。两个全局信息增强模块和两个特征融合模块构成一个特征融合层，分别对两个分支的输入进行全局信息增强和融合，特征融合层级联 N 次再接一个特征融合模块，构成特征融合网络。

  TransT 使用了 COCO、GOT-10k、LaSOT 和 TrackingNet 数据集来进行模型训练，优化算法采用 AdamW[74]，训练损失函数为回归损失函数和分类损失函数的线性结合，其中分类损失函数为交叉熵损失，回归损失函数包括 GIoU 损失函数[75] 和 L_1 损失函数。在推理时，分类网络输出了每个特征点的分类置信度分数，回归网络输出了每个特征点对应的边界框预测。此外，还引入了余弦窗口惩罚机制来抑制离中心较远的预测（即特征点距离中心点越远，它所对应的置信度分数衰减越大）。最终置信度分数最高的特征点所对应的边界框预测即为最终的跟踪结果。

在 TransT 方法中，Transformer 的引入提升了模板与搜索区域融合特征的表达力，从而显著地提升了跟踪的性能。但它仍存在两点明显不足之处：① TransT 更关注空间上的信息融合，没有利用时序信息；② TransT 仍依赖于余弦窗口惩罚来对跟踪网络预测结果进行后处理。为了改进这些短板，Stark[76] 提出了能够有效利用时空信息的基于 Transformer 的跟踪框架。

如图 5-9 所示，Stark 包含特征提取主干网络、Transformer 特征融合网络、边界框预测头部网络、模板更新模块四部分。不同于一般的跟踪框架以一张搜索区域图片和一张模板图片作为输入，Stark 的输入包含 3 张图片：搜索区域、初始模板、动态模板。搜索区域和初始模板与以前的孪生跟踪器相同，而动态模板则会在跟踪过程中被不断更新，以记录时序上目标外观的变化。Stark 先用 CNN（ResNet）来分别处理输入的三张图片，得到它们的深度特征。然后，Stark 使用原版编码器−解码器形式的 Transformer 来融合这些特征。具体来说，处理后的特征在空间维度上展平并拼接在一起，送入 Transformer 的编码器中进行特征融合。特征拼接的输入方式，使得 Transformer 中的自注意力机制可以同时进行搜索区域和模板特征的信息增强与信息交互，不需要分别使用自注意力机制和互注意力机制。Transformer 的解码器中输入了一个目标查询向量，该查询向量在训练开始时被随机初始化，然后随着训练过程更新。查询向量通过交叉注意力机制来观察编码器中的特征，整合模板和搜索区域的信息。最终，边界框预测头部网络接收 Transformer 编码器输出的视觉特征和解码器输出的查询向量，然后预测出目标的边界框。特别地，Stark 的边界框预测头部并没有采用经典的"分类 + 回归"的范式，而是在特征上预测一张左上角点概率分布图和一张右下角点概率分布图，通过计算概率分布图的期望来得到边界框左上角点与右下角点，从而确定边界框，预测头部网络由堆叠的卷积层组成。这样的预测方式摆脱了余弦窗口惩罚的后处理，可以端到端地进行目标跟踪。

对于动态模板的更新，Stark 在预测的边界框周围截取局部图片区域，作为新的动态模板。然而，模型的预测未必总是准确的，如果盲目地更新模板，容易造成较大的累积误差，为了挑选出适合更新的模板，Stark 额外训练了一个分数预测头部网络。它在目标查询向量上预测一个分数，如果该分数较高，那么则认为当前的边界框预测较为准确，可以用来更新动态模板。

Stark 的训练数据、优化算法与 TransT 一致，损失函数为 GIoU 损失函数和 L_1 损失函数的线性组合。在推理时，初始模板和动态模板初始化为视频第一帧的目标，初始模板始终固定不变，动态模板则随着跟踪过程进行更新。Stark 设置了一个固定的更新间隔和更新阈值，当帧数达到更新间隔，且预测的分数高于更新阈值，则当前帧的预测结果被用作新的动态模板。Stark 进一步提升了基于 Transformer 的跟踪算法的性能。

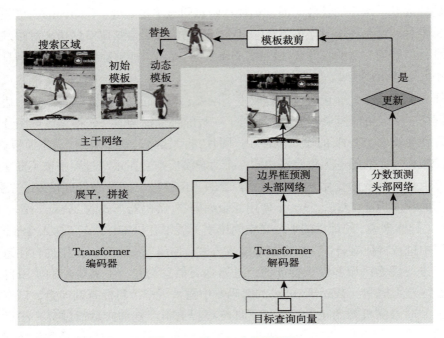

图 5-9　Stark 方法框架图

用 Transformer 来替换掉基于相关运算的特征融合网络，已经被证明是一种非常有效的方法。那么，如果将跟踪网络的各部分都统一为一个简单的 Transformer 网络，是否可以取得更好的跟踪效果呢？最近，很多工作在这个方向上做出了努力，接下来介绍一个代表性方法 OSTrack。之前的跟踪算法通常是两分支、两阶段的（如 SiamRPN、TransT、Stark 等），即对模板图片和搜索区域图片分别进行处理的两个分支，与特征提取与特征融合的两个阶段。这类方法存在以下问题：① 骨干网络在提取搜索区域和模板的特征时，两者的信息没有发生交互，因此特征提取阶段没有完全利用已知的信息；② 两分支、两阶段的网络框架不够简洁，较低的并行度和烦琐的网络架构影响了模型的速度。

为了解决这些问题，如图 5-10 所示，OSTrack 将两个分支和两个阶段的跟踪流程合并到一个统一的视觉 Transformer 中，网络结构仅包含一个 Transformer 和两个简单的头部预测网络。具体来说，输入的模板和搜索区域图片都被分割成相同大小的若干个图块，每个图块展平为一个一维向量，这些向量组成了一个向量组。该向量组被输入到一个视觉 Transformer（ViT[77]）中，视觉 Transformer 由多层自注意力层和前向传播层以残差网络形式交替堆叠而成，类似视觉 Transformer 内部同时完成了模板和搜索区域的特征提取与特征交互。尽管这样的结构没有像以前的方法一样显式地设计特征提取与特征融合网络，但 Transformer 在训练过程中仍然学会了隐式地完成这些任务。在视觉 Transformer 输出的特征中，搜索区域对应的特征向量被取出来，送入到头部预测网络。与 TransT 类似，OSTrack 的头部预测网络包含一个前景/背景二分类网络和一个边界框回归网络，分类网络和回归网络由多层堆叠的卷积层组成。此外，图像信息通常是冗余的，而 Transformer 中的注意力机制随着层数加深，会逐渐关注关键信息，而冗余的信息则不会被关注。因此，OSTrack 还提出了候选特征消除模块，来丢弃掉冗余的特征向量，以降低计算量，加快模型速度。具体来说，每隔若干个自注意力层，OSTrack 会依据搜索区域对应特征向量与模板对应特征向量计算所得的注意力分数，对搜索区域对应的特征向量进行丢弃。注意力分数较小的搜索区域特征向量被丢弃掉，不参与后续网络运算，从而在一定程度上提升了模型的速度。

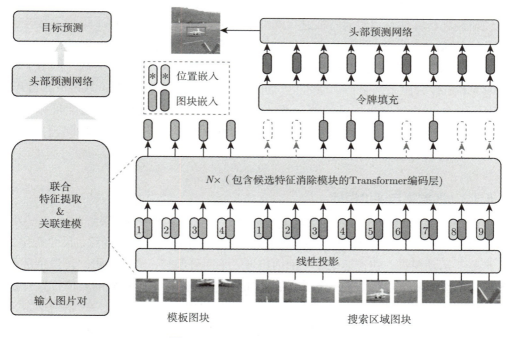

图 5-10　OSTrack 方法框架图

OSTrack 的训练数据、优化算法、推理过程与 TransT 一致，损失函数除了将交叉熵损失替换为 Focal 损失[78] 外，其他也与 TransT 相同，这里不再赘述。值得一提的是，OSTrack 简单的结构使得网络可以更好地利用一些预训练好的 Transformer，通过加载更先进的预训练方法（MAE[79]）的模型参数，Transformer 跟踪器的性能被进一步提升。除了可以提升性能，加载更多的预训练参数也可以缩短训练周期，OSTrack 能够将 TransT 和 Stark 的训练周期缩短了近一半。

基于 Transformer 的跟踪方法已经变得越来越流行，除了上述 3 个算法，还有很多其他优秀的尝试。TMT[80] 将 Transformer 作为特征增强模块插入到 SiamRPN++[65] 和 DiMP[55] 中，同时利用多模板时序信息，从而提高了这些跟踪器的性能。SwinTrack[81] 采用 Swin-Transformer[82] 作为主干网络，获得了更强的特征表达能力。ToMP[57] 用 Transformer 替换掉判别式跟踪器中的在线优化器，克服了判别式跟踪器在线训练容易过拟合的问题。单阶段单分支的跟踪算法近期越来越受欢迎，除了上述的 OSTrack，SBT[83]、Mixformer[84]、SimTrack[85] 都使用了一个统一的 Transformer 来完成模板和搜索区域的特征提取与交互。其中，SBT 和 Mixformer 为跟踪任务设计了新的 Transformer 主干网络，SimTrack 使用了标准的视觉 Transformer。SBT 在主干网络中交替进行搜索区域与模板图片的自注意和互注意，它使用空间缩减注意力机制构成主干网络，该机制在计算注意力时对特征进行降维以减少计算量。Mixformer 设计了混合注意力模块来构成主干网络，该模块在进行注意力运算时，将模板和搜索区域特征混合，同时完成模板和搜索区域的特征提取与交互。SimTrack 与 OSTrack 类似，使用了视觉 Transformer 作为主干网络，加载了更先进的预训练参数（CLIP[86]）。此外 SimTrack 还使用了中央凹窗策略来提升性能，通过输入额外的模板图片块，来增强目标外观信息。这些方法将 Transformer 应用到了跟踪的各种环节中，解决了不同的问题，促进了单目标跟踪领域的发展。

5.3.3 数据集与评价指标

OTB2015 数据集[87] 总共包含 100 个视频，帧率为 30FPS，视频长度最短为 71 帧，最长为 3 872 帧，平均长度 590 帧。视频包含 11 个属性：光照变化、尺寸变化、遮挡、形变、运动模糊、快速运动、平面内旋转、平面外旋转、离开视野、背景杂乱和低分辨率。评价执行 OPE（One-Pass Evaluation）准则，即从第一帧的真值位置开始跟踪整个测试视频，并汇报平均精确率（precision）和成功率（success）。精确率定义为预测包围框中心和真值框中心的平均欧氏距离大于阈值的比例（如 20pixels）；成功率定义为预测包围框和真值框的交并比得分（IoU，如图 5-11 所示）大于阈值的比例。其中，成功率曲线下面积 AUC（area under curve）作为算法比较的指标。除此 One-Pass Evaluation 评价，该数据集还提出了时序稳健性评估和空间稳健性评估用以分别分析跟踪算法对初始化位置和初始化包围框的稳健性。

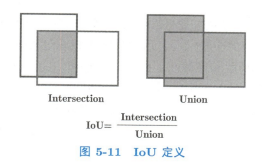

图 5-11 IoU 定义

TrackingNet[88] 数据集包含了 30 643 个视频段,平均视频长度为 16.6s。共有 30 132 段视频为训练集,511 段视频为测试集。测试集视频共有 15 个属性标签,包括 5 个根据目标框变化自动分析得到的属性,尺度变化、比例变化、快速运动、低分辨率、离开视野;还有 10 个人工标注的属性,光照变化、相机运动、运动模糊、背景杂乱、相似物体、形变、平面内旋转、平面外旋转、部分遮挡、完全遮挡。评价指标继承 OTB2015 数据集的方案,执行 OPE 准则,使用精确率、归一化精确率和成功率 3 个指标,其中新增了归一化精确率(normalized precision)指标。归一化精确率指标是为了解决精确率指标对图像尺寸和目标包围框大小敏感的问题而提出,其使用目标包围框真值的大小对精确率指标进行归一化获得。

GOT-10k[89] 数据集总共包含 563 个物体类别和 87 个运动类别,训练集视频共 9 335 段,测试集视频共 180 段,帧率为 10FPS。评价指标包含平均重叠率和成功率。前者代表预测包围框和真值的平均 IoU,后者代表成功跟踪的帧(IoU 大于阈值)所占比例。成功率共选择 0.5 和 0.75 两个阈值。

LaSOT[90] 数据集是 2019 年提出的一个包含 352 万帧的大规模的目标跟踪数据集,总共有 1 400 个视频,共 70 个类别,每个类别的视频数量是均等的,帧率为 30FPS。最短的视频有 1 000 帧,最长的视频有 11 397 帧。视频的平均长度为 2 512 帧。每段视频具有 14 类属性的标签,包括光照变化、完全遮挡、部分遮挡、形变、运动模糊、快速运动、尺度变化、相机运动、旋转、背景杂乱、低分辨率、角度变化、离开视野、比例变化。视频的每一帧同时配有是否离开视野和是否完全遮挡的标签。LaSOT 的 1 400 个视频中,有 280 个属于测试集,其余 1 120 个分属训练集。评价执行 OPE 准则,使用精确率、归一化精确率和成功率 3 个指标来进行算法的评估和比较。2021 年,LaSOT 数据集又增加了 15 个新类别的共 150 个视频[91],提供单样本模式测试方式。

VOT(Visual Object Tracking)比赛自 2013 开始举办,每年一届,提供目标跟踪数据集和对应评测标准。VOT 数据集的评测引入了重启机制,当跟踪算法丢失目标,跟踪算法将被重新初始化。精度和稳健性作为数据集的性能评测指标，前者反映了预测目标包围框和真值框之间的交叠情况，后者反映了跟踪过程中跟踪算法丢失目标的次数。2015 年，比赛结合精度和稳健性，提出了 Expected Average Overlap（EAO）指标。EAO 指标由视频划分的若干子序列计算平均精度，划分位置受重启位置影响。短时赛道数据集标注改进为旋转矩形框。同年，比赛还引入了热红外目标跟踪的赛道。2017 年，比赛新增实时跟踪赛道。2018 年，比赛新增长时跟踪赛道。2019 年，比赛新增可见光–红外光跟踪赛道。2020 年，比赛新增可见光 + 深度跟踪赛道，并取消了失败重启机制，改为使用固定的多个初始化位置。EAO 指标划分子序列的方式也改为受初始化位置影响。同年，短时跟踪赛道的数据集标注由旋转矩形框改为分割掩膜。2022 年，短时赛道拆分为分割跟踪赛道和包围框跟踪赛道，数据集的包围框标签为与坐标轴平行的矩形框。

UAV123[92] 数据集是一个由无人机拍摄的数据集，共包含 123 段视频。评价指标包括精确率和成功率指标。视频最短为 109 帧，最长为 3 085 帧，平均长度 915 帧。帧率为 30FPS，每段视频包含 12 个属性标签。TempleColor128[93] 数据集共 128 段视频，平均视频长度 429 帧，帧率 30FPS，最短视频有 71 帧，最长有 3 872 帧。数据集使用成功率和精确率两个常见指标评价跟踪算法。NFS[94] 数据集共 100 段视频，帧率 240FPS，视频平均长度为 3 830 帧，最长视频为 20 665 帧。数据集使用成功率指标评价跟踪算法。TNL2K[95] 是一个提供自然语言标注的跟踪数据集，共包含 2 000 段视频，其中训练集为 1 300 段，测试集为 700 段。该数据集除目标包围框外，可提供语言初始化跟踪任务。每段视频包含 17 个属性，数据集评价指标为成功率和精确率两个常见指标。

此外，跟踪数据集还包括长时跟踪数据集（OxUvA[96]，TLP[97] 等），多模态跟踪数据集，包括可见光–红外光（RGBT）跟踪数据集（GTOT[98]，RGBT210[99]，RGBT234[100]，LSS[101]，LasHeR[102] 和 VTUAV[103] 等），以及可见光–深度（RGBD）跟踪数据集（PTB[104]，STC[105]，CDTB[106]，DepthTrack[107] 等）。

5.3.4 小结

单目标跟踪算法从以传统方法为中心到以深度学习为中心，性能上得到了显著的提升。其中，基于在线滤波器的跟踪框架和深度孪生匹配网络在深度学习技术时代，一度成为最主流的跟踪框架，大量基于该框架开发的算法获得了优秀的性能表现。近期，基于 Transformer 的跟踪方案进一步推动了单目标跟踪算法的进步，注意力机制为跟踪任务的深入理解提供了丰富的线索。与此同时，单目标跟踪的数据集也越来越丰富，数据量不断扩大，多模态跟踪方向也在不断涌现新的工作。

5.4 多目标跟踪

多目标跟踪（multi-object tracking, MOT）是目标跟踪问题的一个重要分支，其目的是识别感兴趣目标在不同视频帧的同一身份，并得到该目标在一段视频中的运动轨迹，包括代表物体位置信息的包围框（bounding box）和代表物体身份信息的编号（identity number），同一个物体的身份编号在视频中应当保持不变，如图 5-12 所示，框代表人的位置，框上面的数字代表人的编号，为了更好地视觉效果，不同颜色的框代表不同编号的人。

图 5-12　多目标跟踪示意图

多目标跟踪存在着大量的应用场景，如视频内容分析、人体行为识别等任务。这些任务通常需要先得到视频中目标的编号，再分别对每个目标进行动作识别和分析。在智慧城市中也需要应用多目标跟踪技术，例如，得到经过红绿灯路口的行人和车辆的轨迹并进行计数，再动态地调节红绿灯时长，让城市高效率运转。近年来自动驾驶中同样也要用到多目标跟踪的技术，自动驾驶车辆的感知技术需要对周围行人、车辆等物体进行跟踪并预测行进轨迹，再做决策。

5.4.1 多目标关联技术

当前主流多目标跟踪方法遵循"先检测后跟踪（tracking-by-detection）"的范式，即首先使用一个目标检测模型得到当前帧所有目标的检测框（detection bounding box），在第一帧时赋予每个检测框不同的身份编号（identity），并初始化为轨迹对象（tracklet）。轨迹对象可以理解为带有身份编号的物体边界框。从第二帧开始后，将当前帧的检测框与之前帧的轨迹对象进行多目标关联，也称数据关联（data association），得到当前帧检测框的身份编号，形成跟踪片段。整个过程一直持续到视频最后一帧，完成跟踪。数据关联是多目标跟踪中独有且核心的问题，整个流程如图 5-13 所示，其关键是计算检测框与轨迹对象之间的相似度，再根据相似度分配身份编号。

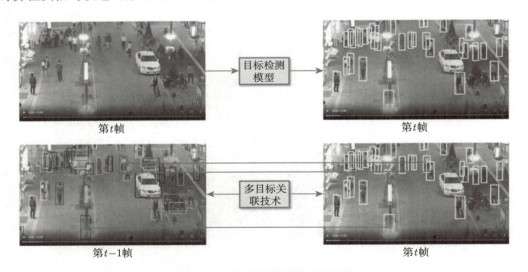

图 5-13　多目标关联技术示意图

根据视频时序信息的利用方式可将多目标关联技术主要分为在线方法和离线方法两大类。在线方法，如文献 [108-110]，指的是只使用视频当前帧和过去帧的信息，在实际应用中有着较为广泛的用途；离线方法，如文献 [111-113]，可以利用未来帧的信息，甚至可以在整个视频上做优化，所以其精度通常高于在线方法，但是在应用场景上不如在线方法广泛，通常只适用于对视频进行离线处理。

在线多目标关联技术一般分为两个步骤：相似度计算和关联策略。相似度计算是多目标关联技术的核心模块，主要是计算轨迹对象和检测信息之间的相似度。在相似度计算较为准确的情况下，简单的关联方法便足以取得较好的效果。在获得轨迹对象和检测框的相似度之后，需要使用合适的关联策略得到物体的身份编号。匈牙利算法[114]是关联中最常用的匹配算法，可以根据相似度矩阵以损失最小的方式获得检测框和轨迹对象的匹配对。

关联策略是利用轨迹对象与检测目标的相似度来获取检测目标身份编号的策略。其中位置、运动、外观信息是目标关联中的三个重要的参考。根据依赖参考信息的不同类别，在线多目标跟踪关联可以划分为：依赖位置的关联方法、依赖位置和外观的关联方法及依赖位置和运动的关联方法。值得注意的是，这里的运动是指通过神经网络运动建模学习得到的运动信息，并非数学上的运动模型。

1. 依赖位置的关联方法

位置信息在短时间间隔内可以作为一种较为准确的相似度，一般使用检测框与轨迹对象之间的包围框交并比（IOU）[115]或者目标中心点之间的距离[116]作为相似度。位置信息大多配合线性运动模型使用，运动模型（motion model）通常根据目标在历史帧的运动状态来预测其在下一帧的位置。线性运动模型很早就开始被使用，如文献[117-118]，假设目标的速度在相邻帧之间平滑地变化。卡尔曼滤波[119]是在多目标跟踪中使用最多的线性运动模型，其建模了预测的不确定性，并对预测的状态进行更新。SORT[120]将卡尔曼滤波和位置相似度进行了简单有效的结合，首先利用卡尔曼滤波预测轨迹对象在当前帧的位置，再计算预测的位置和当前帧的检测框之间的 IoU 作为相似度，SORT 的关联过程如图 5-14 所示，SORT 只对检测框和轨迹对象进行了一次关联。最朴素的 IOUTracker 直接使用相邻帧之间的对象边界框交并比作为相似度，并将获得关联的检测直接作为对应轨迹对象的跟踪结果。ByteTrack[121]研究了检测框分数与目标遮挡之间的相关性，提出高低分检测框层次关联的方法来解决只使用高分检测框进行关联带来的漏跟踪和轨迹中断问题。该算法首先将所有得分的检测框都保留，再将高分检测框和轨迹对象进行关联，对于没有关联上高分框的轨迹，使用低分检测框与其进行第二次关联。对于丢失的轨迹，ByteTrack 则使用卡尔曼滤波线性运动模型来建模丢失轨迹对象的运动，并期望在之后的检测中恢复丢失的轨迹对象。

2. 依赖位置和外观的关联方法

尽管位置信息和运动信息在视频中短时间间隔内可以取得较为准确的关联结果，但长时间间隔的关联则需要使用目标的外观特征（appearance features）。早期的外观特征通常使用局部特征（local features），例如 KLT 或者光流，用来产生短的跟踪轨迹[122]或者估计相机运动[123]，其中光流还能够包含一些运动信息[124]，给跟踪带来帮助。随着目标检测的发展，物体包围框变得越来越准确，研究者们开始使用区域特征（region features）作为外观特征，即提取目标包围框内的特征作为该目标的外观特征。深度学习之前使用色彩直方图[125]、原始像素模板[126]或者以 HOG 为代表的梯度特征[127]。深度学习时代大部分方法（如文献 [128-129] 等）通常使用卷积神经网络（CNN）来提取外观特征，其中 DeepSORT[130] 使用在行人重识别数据集上训练的卷积神经网络（外观模型）来提取外观特征，也称行人重识别特征，通过计算检测框和轨迹对象的外观特征之间的余弦距离作为外观相似度。如图 5-15 所示，DeepSORT 提出了一个级联的关联策略，首先将检测框与上一帧中确认（非丢失）的轨迹对象进行关联，再和丢失 30 帧以内的轨迹对象进行关联。DeepSORT 之后许多方法（如文献 [131-132] 等）都延续这种使用行人重识别模型来提取外观特征的方式。外观特征的优势在于能够在较长的时间间隔后仍可以取得较好的关联效果，缺陷是在遮挡严重的情况下会变得十分不可靠。为了缓解这个问题，MOTDT[131] 首先使用重识别特征在所有检测框和轨迹对象之间进行一次关联，再使用 IoU 作为相似度对在第一次关联中没有关联上的检测框和轨迹对象之间再进行一次关联，第二次关联中的对象大多都是遮挡严重的物体，重识别特征不再可靠，所以用 IoU 作为相似度。

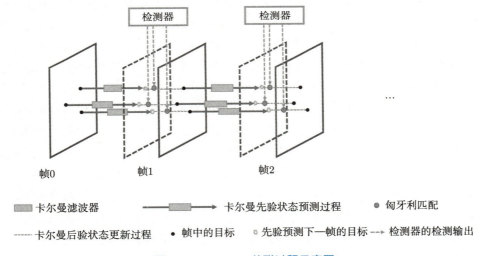

图 5-14 SORT 关联过程示意图

3. 依赖位置和运动的关联方法

随着深度学习的发展，以及多目标跟踪复杂场景的使用需求，一些方法（如文献 [133-134]）开始利用神经网络构建可学习的运动模型，以增强跟踪器在复杂运动场景下的稳健性。在相机运动剧烈或者低帧率视频上能够取得比卡尔曼滤波更好的效果。CenterTrack[133] 通过神经网络预测相邻帧之间的运动信息用于估计当前帧的检测对象中心在前一帧中的位置，随后利用检测目标与轨迹对象的中心点位置距离作为关联相似度。通过神经网络预测得到的运动信息对相邻帧之间的目标运动具有良好的稳健性，可以为位置关联提供可靠的依据。同时利用基于"点"而非"框"的相似度可以避免因运动剧烈导致检测目标与对应轨迹对象交并比为 0 的情况，确保位置关联的稳健性。CenterTrack 的框架示意图如图 5-16 所示。由于神经网络可以提供可靠的运动信息，因此 CenterTrack 没有使用传统的卡尔曼滤波对关联的轨迹对象进行更新，而是将当前帧的检测结果直接作为轨迹对象的跟踪结果。事实上在相机运动和目标运动变化较大的场景中，基于卡尔曼滤波运动模型的先验预测位置往往与目标的实际位置偏差较大，这会导致卡尔曼滤波难以有效地修正边界框的先验信息，而基于神经网络的运动预测可以很大程度上缓解这一难点。

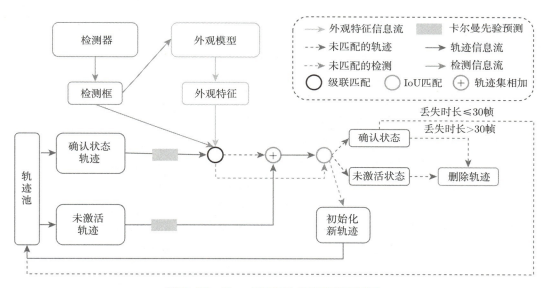

图 5-15　DeepSORT 关联过程示意图

4. 其他的关联方法

上述的关联方法均是依赖于显式的位置、运动或外观信息执行目标的关联，这类关联方法具有计算复杂度低，运行速度快以及关联稳健的优势。然而，伴随着关联步骤和所依赖的关联信息种类增多，对应匹配阈值的设定数量也会线性增加，例如，ByteTrack[121] 跟踪器采用 3 次关联步骤，1 次初始化轨迹阈值，以及 1 次高低分检测阈值的设置，在不同场景下的应用时，需要进行调参优化。

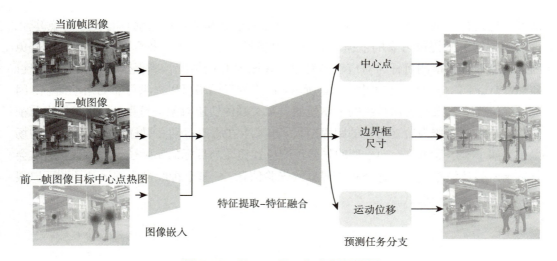

图 5-16　CenterTrack 框架示意图

随着检测技术和跟踪框架的不断发展，基于 Transformer 框架的隐式跟踪方法受到了研究学者的广泛关注，并由此产生了一系列基于查询（query）的跟踪范式。TransTrack[135] 是首次使用基于"查询–键"（query-key）机制的在线联合检测跟踪方法。它利用学习的对象查询检测当前帧中的对象，来自上一帧的对象特征查询将当前对象与先前的对象相关联，从而简化了先前方法中的复杂步骤和多步骤组件，显著减少了可调超参的数量。TrackFormer[136] 引入了跟踪查询嵌入，该跟踪查询嵌入以自回归方式通过视频序列跟踪对象，DETR[137] 目标检测器会生成新的跟踪查询，并随时间嵌入其对应对象的位置。TransCenter[138] 遵循了 CenterTrack[133] 将目标表示为"点"进行跟踪的方法，并抛弃了以往从稀疏查询输出稀疏目标框的方式，提出采用像素级密集多尺度查询（dense pixel-level multi-scale queries）预测密集目标中心点热力图的方式，大幅提高了查询与图像的相关性，并进一步提高跟踪精度。MOTR[139] 通过引入轨迹查询（track query）这个概念，一个轨迹查询负责建模一个目标的整个轨迹，它可以在帧间传输并更新从而无缝完成目标检测和跟踪任务。同时 MOTR 引入时间聚合网络（temporal aggregation network，TAN）配合多帧训练来建模长程时间关系，进一步提高了稀疏查询跟踪范式的精度。

5. 离线多目标跟踪技术

对于离线多目标跟踪方法，Zhang 等人将多目标跟踪等效成一个图模型[113]，每个节点代表检测结果，并使用最小成本流算法搜索最优分配，该算法利用图的特定结构比线性规划更快达到最优。Berclaz 等人同样将数据关联视作一个流优化问题[140]，使用

K-最短路径算法来解这个问题，显著加快计算速度并减少需要调整的参数。Milan 等人将多目标跟踪任务定义为了一个最小化连续能量的问题[141]，专注于设计能够建模所有目标位置、运动和物理约束的能量函数。MPNTrack[142] 提出了一个可以学习的图神经网络（graph neural network，GNN）对所有帧中的检测结果进行全局关联，让多目标跟踪这个任务变得完全可导。Lif-T[143] 将多目标跟踪定义为一个提升的不相交路径问题，并提出了提升的边缘来进行远距离的时间交互，显著减少了身份跳变，还能够将已丢失目标的身份重新识别正确。

5.4.2　一体化多目标跟踪技术

一体化多目标跟踪技术是指在一个阶段内进行检测和跟踪，将检测器部分集成到多目标跟踪系统中的跟踪技术。一体化跟踪器大大提高了在线跟踪的性能，并在实时的场景中得到了广泛的应用。目前最流行的一体化跟踪技术仍然遵循着"先检测，后跟踪"的范式，而基于 Transformer 架构的一体化跟踪器[135]，通过其独特的查询机制突破了"先检测，后跟踪"的范式，并实现了端到端的一体化跟踪系统。然而由于 Transformer 的计算复杂度以及实时多目标跟踪的要求，基于卷积神经网络的"先检测，后跟踪"范式仍为首选。本小节主要介绍 3 个应用较为广泛的典型的一体化跟踪方法。

1. 面向实时的检测与跟踪：JDE

联合检测和嵌入（joint detections and embedding，JDE）[144] 首次提出将检测器纳入多目标跟踪系统的范式，开创了一体化多目标跟踪的技术先河。JDE 的框架结构如图 5-17 所示。相比于 DeepSORT[130] 独立构建外观模型并从检测的边界框中提取外观特征方法，JDE 将独立的外观模型嵌入到检测器的一个任务分支中，在一个阶段内同时输出检测和外观特征，随后利用检测信息和外观信息执行轨迹的关联过程，这样做的优势有两点：一是外观模型作为任务分支的集成可以极大地提高整个跟踪系统的效率，速度更快，同时也不会牺牲精度；二是外观模型（分支）的性能不再受限于检测器的性能，即外观特征不再受到检测边界框精度的影响，从任务上将检测和外观预测进行独立处理。

2. 检测与跟踪的公平性研究：FairMOT

FairMOT[145] 首次提出一体化多目标跟踪中检测和外观预测任务之间的公平性问题，并设计了一种公平处理检测和外观预测任务的一体化跟踪方案，如图 5-18 所示。JDE 虽然将检测和外观模型在训练中进行了独立处理，但是由于 JDE 的检测器使用的是基于锚点框的检测器（anchor-based detector），因此在相同的位置上，会预测出不同的边界框，而对应的外观特征却仅有一个。这时就会出现"锚点框模糊"的现象：即一个外观特征会对应多个检测结果。为了解决这个问题，FairMOT 提出采用无锚点框检测器（anchor-free detector）、多尺度主干网络（DLA[146]、HRNet[147] 等），以及平衡检测特征和外观特征向量的维度，并且继承了 JDE 框架中独立处理外观与检测分支的优点，从任务平衡的角度上做到了真正的检测与外观预测的公平性。该算法在多个行人跟踪数据集上，如文献 [148-149]，一致取得了当时最好的速度与精度上的优势。

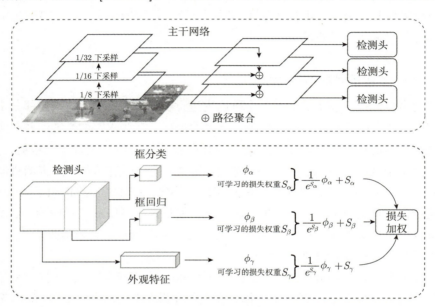

图 5-17 JDE 框架示意图

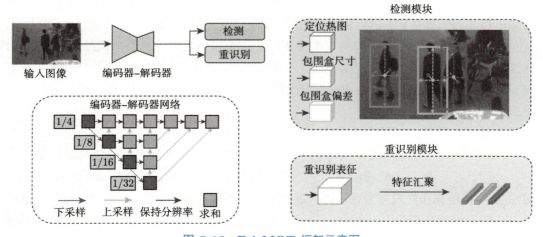

图 5-18 FairMOT 框架示意图

3. 关联所有检测框的跟踪：ByteTrack

尽管 JDE 和 FairMOT 在检测与外观模型的任务上做到了很好的平衡，但是在关联过程中对于低分检测的处理仍然是通过人工设定的阈值来实现的，这会导致部分有价值的低分检测被丢弃，从而影响跟踪器的整体精度。ByteTrack[121] 指出，检测目标的遮挡与其边界框分数是相关的，遮挡程度越大，其检测置信度分数往往会越低，现有跟踪器的精度受限的原因是没能很好地处理低分的（较大遮挡）检测结果。根据目标被遮挡的程度，ByteTrack 将检测结果划分为低分检测和高分检测，往往低分检测对应着遮挡目标，高分检测对应着没有遮挡或少遮挡的目标。通过对高分检测和低分检测的分别处理，ByteTrack 实现了将同一场景中的密集目标转换为两类（高分和低分）稀疏目标的关联，极大地提高了跟踪器对于遮挡（低分）目标的关联能力。通过对低分检测框的独立处理，ByteTrack 在多个行人跟踪数据集上取得了优异的结果。值得一提的是由于 ByteTrack 对低分检测独立地处理，因此其优越的性能在很大程度上依赖于检测器对于遮挡目标的识别性能，其跟踪过程如图 5-19 所示。

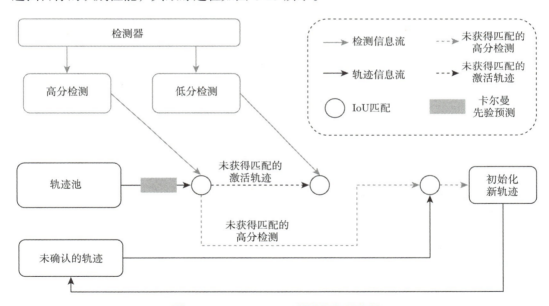

图 5-19 ByteTrack 跟踪框架示意图

ByteTrack 的核心在于其中的 BYTE 关联算法，尽管这是一个关联方法，但是它对于检测也有帮助，因为 BYTE 能够将之前低于非极大值抑制（NMS）阈值的被过滤掉的检测结果重新找回，从而提升检测的结果，因此，本章将 ByteTrack 放到一体化多目标跟踪部分叙述。

5.4.3 数据集与评价指标

MOT15 数据集[150] 总共包含了 22 个视频序列，帧率最低为 2.5FPS，最高为 30FPS，最短的视频仅有 71 帧，最长的视频则有 1 194 帧。整体数据集被平均划分为训练集和测试集，各自包含 11 个视频序列，标注对象为行人和车辆，跟踪主体为移动的行人。视频序列之间的特征差异较大，拍摄相机自身运动性和拍摄视角存在差异性，并且拍摄场景包含：多云、晴天、夜晚。

针对评价指标，MOT15 以各个跟踪轨迹为评价对象。如图 5-20 所示，MOT15 数据集使用假阳例数（false positive，FP）、真阳例数（true positive，TP）、假阴例数（false negative，FN），以及轨迹序号转换数（ID switch，IDSW）对单个跟踪轨迹进行评价，并且划分为 MT（mostly tracked）、PT（partially tracked）、ML（mostly lost）。最终可以利用式（5-1）和式（5-2）分别计算得到多目标跟踪的准确度（MOTA）和多目标跟踪的精确度（MOTP）。MOTA 主要衡量跟踪器在检测物体和保持轨迹时的性能，用于统计跟踪中的误差积累情况，与物体位置的估计精度无关。MOTP 基于 c_t（第 t 帧成功与真值 GT 匹配的检测框数目）和 $d_{t,i}$（匹配对之间的距离度量）进行计算，重点衡量检测结果的精度。

$$\mathrm{MOTA} = 1 - \frac{\sum_t (\mathrm{FN}_t + \mathrm{FP}_t + \mathrm{IDSW}_t)}{\sum_t \mathrm{GT}_t}, \tag{5-1}$$

$$\mathrm{MOTP} = \frac{\sum_{t,i} d_{t,i}}{\sum_t c_t}, \tag{5-2}$$

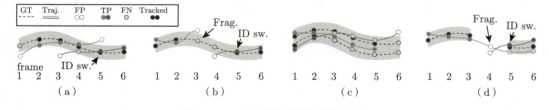

图 5-20　单个轨迹评价过程示意图

MOT16 数据集[151] 是 MOT Challenge 官方在 2016 年提出的全新标注的视频序列集合，共有 14 个视频序列，其中 7 个为带有标注信息的训练集，训练集共包含 5 316 帧，另外 7 个为测试集，测试集共包含 5 919 帧。MOT16 数据集中视频序列的帧率主要为 30FPS，但也存在个别视频序列帧率较低的情况，视频长度最短为 450 帧，最长为 1 500 帧，平均长度为 564 帧，整体视频分辨率也高于 MOT15 数据集。相比于 MOT15

数据集，MOT16 的标注精度更高，同时挑战性也更大，表现为更高的行人密度。评价继承 MOT15 数据集的方案，分别对于各个轨迹进行判断与统计，并最终计算得到多目标跟踪算法的整体准确度（MOTA）和精确度（MOTP），如图 5-21 所示。

MOT17 数据集[148] 使用了和 MOT16 数据集相同的视频序列，但是进一步提升了标注的准确性，是当前多目标跟踪领域最主流的数据集。同时，MOT17 数据集引入了基于身份 ID 信息的视频跟踪评价指标 IDF1[152]，IDF1 更加侧重于评估算法对于视频序列中各个跟踪对象 ID 识别的能力，较好地衡量了多目标跟踪算法的关联能力。在使用匈牙利匹配算法[114] 对预测跟踪结果和真值 GT 进行匹配后，以各个 ID 轨迹为对象，统计各个 ID 的 IDTP（true positive IDs）、IDFN（false negative IDs）和 IDFP（false positive IDs），最后计算得到 ID 识别精确度（identification precision，IDP）、ID 识别召回率（identification recall，IDR）和 IDF1（identification F-score），综合评价算法的跟踪关联能力。

$$\text{IDF1} = \frac{2 \cdot \text{IDTP}}{2 \cdot \text{IDTP} + \text{IDFP} + \text{IDFN}}. \tag{5-3}$$

图 5-21 MOT16/MOT17 数据集总览

MOT20 数据集[149] 由 8 个全新的视频序列构成，拍摄场景为 3 个稠密人群场景。MOT20 数据集训练集和测试集各有 4 段视频，训练集共计 8 931 帧，测试集共计 4 479 帧，帧率为 25FPS。同时，MOT20 数据集对拍摄视角进行了固定，整体分辨率较高，最小为 1 173×880 像素，最大能达到 1 920×1 080 像素。和其他主流多目标跟踪数据集相比，MOT20 数据集对稠密人群场景下的多目标跟踪算法提出了较大挑战，平均每帧行人数能达到 256 人。评价指标继承于 MOT17 数据集，主要使用指标为 MOTA 和 IDF1，前者用于评估视频序列跟踪的准确性，后者用于衡量视频序列跟踪的关联能力。

此外，多目标跟踪数据集还包括自动驾驶场景下的数据集（Waymo、BDD100k[153] 等）、3D 多目标跟踪数据集（KITTI[154] 等）、大规模多类别多目标跟踪数据集（TAO[155] 等）、复杂场景中以人为中心的视频分析数据集（HiEve[156]）、目标运动模式复杂的多目标跟踪数据集（DanceTrack[157] 等）。

5.4.4 小结

基于检测的跟踪（tracking-by-detection）是目前最流行的多目标跟踪范式，并已经得到了广泛的应用。得益于目标检测器的精度和计算效率的不断提高，MOT 方法的效果也得到了显著提升。近期业内领先方法 ByteTrack 集成了目标检测的优异性能并设计了更适合高精度目标检测的目标关联方法，在高性能、简洁性、可扩展性等方面都取得了成功。未来，基于 Transformer 的一体化多目标跟踪方法通过对视频进行全面的时空特征学习有望在复杂场景中同时精准地预测出目标的位置和身份特征，从而将 MOT 技术带到一个新的高度。

5.5 其他跟踪问题

5.5.1 视频目标检测与多目标跟踪

视频目标检测（video object detection, VOD）与多目标跟踪（MOT）是一个相关的概念，VOD 和 MOT 之间的关系和区别是不少初次进入这个领域的研究者的一个困惑。VOD 是在给定的视频连续帧中进行目标检测，相对于图片级别的目标检测能够获取额外的时间上下文信息。如何利用好时间上下文信息从而进行稳健的检测是 VOD 中的重要科学问题。针对这一问题，研究者们尝试了基于特征关联的方法，通过聚合前后帧的特征加强当前帧的检测减少了当前帧检测的计算量[158-159]。另一种方式则是对前后帧检测出来的目标进行关联，这种关联和 MOT 有着一定的相似性，不同在于在 VOD 中是通过将视频划分多个短序列，对每个短序列的相邻帧中的目标位置关系进行目标关联，旨在提高检测的稳定性和准确性，而 MOT 算法则是需要关联目标的特征和位置，旨在对视频里出现的目标进行完整的跟踪。

5.5.2 视频实例分割中的跟踪问题

随着多目标跟踪以及视频目标检测方向的快速发展，研究者们开始尝试去预测更精确的定位信息，即像素级分割信息。文献 [160] 首次将流行的多目标跟踪任务扩展到多目标跟踪与分割（multi-object tracking and segmentation，MOTS）任务，并为 KITTI[154] 和 MOTChallenge[151] 数据集额外提供了每个目标的分割标注，分别命名为 KITTI MOTS 和 MOTS Challenge。其中 KITTI MOTS 由 21 段视频组成，共包含 167 个行人、582 个车辆；MOTS Challenge 只标注了 MOT Challenge 7 段视频中的 4

段，包含 228 个行人。

与 MOTS 任务类似，文献 [161] 提出了视频实例分割（video instance segmentation，VIS）任务，将图像数据上的实例分割任务扩展到了视频数据上，如图 5-22 所示，并基于 YouTube-VOS 数据集[162] 标注了 YouTube-VIS 数据集。2019 年第一版 YouTube-VIS 数据集包含 2 883 段视频、40 个类别、4 883 个实例，以及约 13 万个掩码标注。2021 年公布的第二版数据集扩展到了 3 859 段视频、8 171 个实例，以及约 23 万个掩码标注。

图 5-22　视频实例分割任务示意图

但 YouTube-VIS 中视频的场景比较简单，且每段视频中的实例较少，视频较短。为此，文献 [163] 针对更复杂的遮挡场景构建了更有挑战性的 OVIS 数据集，包含 901 段视频、25 个类别，以及约 30 万个掩码标注。此外，文献 [164] 针对开集场景提出了 UVO 数据集，包含密集标注的 1 200 段视频。

实际上，所谓的多目标跟踪与分割任务（MOTS）与视频实例分割任务（VIS）有着相同的任务目标，都要求算法检测、分类、跟踪、分割视频中的所有属于目标类别的物体，所以本质上两者是同一个任务。但由于数据集设置上的不同，两者之间可以视为有以下两点区别：① 目标类别不同：多目标跟踪与分割一般只处理行人和车辆目标，而视频实例分割任务则更倾向于处理通用类别，如人、动物、交通工具等。② 评价指标不同：多目标跟踪与分割将 MOTA 指标改进为 sMOTSA[160] 以作为其评价指标，而视频实例分割任务将图像实例分割中的 AP 指标拓展到视频数据上作为评价指标。其中，sMOTSA 相对而言更看重算法的跟踪性能，AP 指标则对算法的分割精确度要求较高。

大部分视频实例分割方法遵循"先检测分割再跟踪"的范式，如 MaskTrack R-CNN[161]、Track R-CNN[160]、Sipmask-VIS[165]、QueryVis[166] 等都是在其对应的图像实例分割算法的基础上，增加了一个单独的跟踪分支，以对每个物体提取特征，通过不同帧物体之间的特征相似度、距离、分类置信度等信息来分配跟踪的身份编号。类似地，MaskProp[167] 通过帧之间的掩码传播进一步提升了分割、跟踪效果；CrossVIS[168] 引入了不同帧特征之间的交叉学习；CMaskTrack R-CNN[163] 则尝试利用时序信息提升模型在遮挡场景下的感知能力。2020 年，随着 Transformer 技术在计算机视觉领域的发展，VisTR[169]将查询机制引入视频实例分割，IFC[170]、TeViT[171]、Mask2Former-VIS[172]、SeqFormer[173]等进一步优化了其查询机制，IDOL[174]凭借对比学习技术提升了其跟踪效果。

5.5.3 半监督视频物体分割

半监督视频物体分割（semi-supervised video object segmentation，semi-supervised VOS）也是视频跟踪领域的经典任务之一。与视频实例分割不同的是，半监督视频物体分割任务会给出目标物体在第一帧中的分割掩码，只要求在视频之后的帧中跟踪并分割目标物体。因为目标物体在第一帧中已经给定，所以半监督视频物体分割并不需要进行检测，也不关心目标物体的类别，而是更关注模型的像素级跟踪性能。

DAVIS[175]是第一个专门为半监督视频物体分割任务设计构建的数据集，其最初的版本DAVIS 2016包含50段密集标注的视频，每段视频只包含一个目标物体。2017年，DAVIS 2017[176]将视频段数扩展到了150段，每段视频包含一个或多个目标物体，共376个物体。2018年，文献[162]为了进一步扩大视频标注规模，以每6帧标注1帧的粒度标注了YouTube-VOS数据集，其中共包含4 453段视频，7 755个物体。

这些数据集都采用J&F作为其评价指标，其中J指预测的掩码与真实掩码之间的交并比（Jaccard index），F指预测的掩码边界与真实边界之间的F_1分数（F-measure），将两者取平均即为最终的J&F分数。此外，由于在实际应用（如视频抠图等）中，半监督视频物体分割算法通常被期望能够跟踪分割任何类别的物体，所以YouTube-VOS专门将其验证集分成了两部分，第一部分物体为训练集中出现过的65类物体，第二部分为训练集中未出现过的26类物体。然后根据两部分验证集之间的J&F分数差距即可判断算法对未知类别物体的稳健性，且最终以两部分的平均J&F分数作为算法的整体分数。

目前主流的半监督视频物体分割算法的跟踪方式可以分为以下3大类。① 最早期的半监督视频物体分割算法[177-180]采用在线学习的方式，在测试时，它们会先在已给定标注的第一帧图像上训练一段时间，再在后面的帧上进行分割。这类方法可以视为是将目标物体信息存储进了模型参数中，再在后面的帧直接分割目标物体，因此没有一个显式的跟踪过程。而它们在第一帧图像上微调所需的昂贵时间成本使得研究者们转而去探索更高效的新方法。② 一些工作[181-183]参照多目标跟踪任务中流行的"先检测后跟踪"思想，将后面帧的检测分割结果与第一帧中的目标物体进行匹配，以此来实现跟踪。这类方法取得了不错的效果和速度，但依赖于一个能覆盖所有类别物体的检测分割模型，这一缺点使其逐渐被研究者们抛弃。③ 目前更流行、效果更优的方法[184-188]采用基于像素匹配/传播的思路，这些方法以像素为单位，将后面帧的每个像素与第一帧中有标注的像素进行匹配，或将有标注的像素级分割掩码从第一帧逐渐向后面的帧传播，以此来实现分割。其中，FEELVOS[185] 提出引入局部匹配，节省计算量的同时提升精度；STM[186] 则将之前帧的信息全部存储起来作为参考，充分利用了历史帧的信息，还利用 COCO[189] 等图片数据集经过数据增强后生成伪视频片段来对模型进行预训练，有效缓解了视频标注数据不足的问题，大幅提升了半监督视频物体分割的精度；CFBI[187] 在之前方法的基础上进一步加入了对背景像素的匹配，并额外引入了实例级的特征以提升分割精度。

5.5.4 小结

本节阐述了多目标跟踪（MOT）与视频目标检测（VOD）之间的联系和区别，并梳理了视频目标分割（VIS）和半监督视频目标分割（VOS）这两个任务所对应的数据集和主要方法。VIS 和 VOS 与 MOT 非常相关，同时也颇具特色。VIS 和 VOS 都十分注重像素级的预测结果，类似 MOT 依赖于物体检测结果，VIS 也十分依赖于实例分割方法的结果，最新的一些研究表明，采用查询（query）特征可以高效地完成 VIS 中的多目标跟踪问题。半监督 VOS 任务由于存在第一帧的像素级目标标注结果，当前业内领先的 VOS 主要通过像素级特征匹配来同时完成分割和跟踪问题。

5.6 应用

5.6.1 目标跟踪与安防监控

智能视频安防监控是目标跟踪技术最为广泛的应用方向之一。随着智慧城市建设、"天网工程"的推进，部署的摄像头数量日益增多，通过传统的人工方式对海量数据进行分析整理存在成本高、准确率低、关联性差等问题。因此，利用目标跟踪技术对监控记录的视频序列进行分析，可以实现对场景中目标的定位、识别和分析，为后续基于视频的运动分析、行为理解等应用打下基础。相比于现有目标跟踪领域，安防监控场景下的目标跟踪具有以下挑战：第一，监控场景拍摄的数据由于网络带宽、传输时延等限制，采集图像的分辨率较低，导致可利用的目标外观信息受限，跟踪难度增加；第二，监控场景下需要长时间记录有关目标的行动轨迹，由于单一摄像头采集数据的视野有限，如何解决多摄像头视角下的目标外观变化大和轨迹关联等问题，实现跨摄像头联动跟踪，是安防监控场景下目标跟踪亟待解决的问题。

为了解决跟踪过程中目标外观信息受限的问题，文献 [190] 挖掘多摄像头监控场景下的地面占用一致性、外观相机性和运动关联性，提出一种多层级组合模型，算法首先对场景中存在的目标进行检测，之后分别利用目标外观信息、几何一致性和运动关联性对目标轨迹进行关联，对跟踪中可利用信息进行充分利用。DyGLIP[191] 从提升多相机数据关联准确性的角度出发，将多相机目标跟踪问题建模成动态图模型，并利用自注意力模块分别挖掘目标结构信息与时序信息，最后利用连接预测网络判断当前目标关联的置信度，实现跨相机目标间的准确关联。为了解决跟踪过程中出现的频繁遮挡和跟踪器漏检问题，文献 [192] 将多相机目标跟踪建模成跨相机轨迹匹配问题。算法首先利用传统多目标跟踪器给出单一相机下的目标跟踪结果，其次用受限非负矩阵分解计算多个目标轨迹之间的相似度实现跟踪结果的跨相机关联。文献 [193] 针对城市场景下的多相机车辆跟踪问题，提出了一个二阶段的多相机多目标跟踪算法。在第一阶段下算法利用图聚类算法生成所有单相机下的目标轨迹，并利用时空注意力机制生成稳健轨迹表示；在第二阶段下算法使用车辆拓扑推理完成跟踪轨迹的跨相机匹配。

5.6.2 目标跟踪与智能机器人

智能机器人旨在让计算机模拟人的思维，具有感知外部环境、自我认知和识别的能力。随着人工智能几十年的发展，目前智能机器人在智能家居、工业服务、安防监控、军事侦察等领域实现了初步的应用。为了使智能机器人具有自主跟踪能力，研究者们提出了主动目标跟踪问题。相比于传统跟踪算法将目标定位与相机控制拆分成两个独立的任务，主动目标跟踪需要智能体根据视觉观测信息主动地移动相机，从而与目标保持特定距离和角度。主动目标跟踪在真实机器人任务中需求广泛，如无人机跟拍、智能跟随旅行箱等。目前主动跟踪已经取得了初步的研究成果。文献 [194] 将目标定位与相机控制问题结合到一起，提出了基于强化学习的端到端主动跟踪模型。算法利用卷积长短时记忆网络估计相机运动，并在仿真场景下进行实验，为主动跟踪的发展奠定基础。后续改进算法[195] 使用演员–评论家方法更好地估计智能体动作奖励，学习智能体决策模型，并且算法首次实现真实场景下的机器人主动跟踪并取得了不错的结果，为主动跟踪的应用落地提供思路。为了更好地模拟实际场景下的目标跟踪问题，ADVAT 算法及其扩展方法[196-197] 在上述论文的基础上引入了对跟踪物体的建模，算法利用多智能体强化学习策略，将主动跟踪定义为零和博弈问题，对于跟踪器和被跟踪目标分别使用卷积长短时记忆网络进行建模，并且为跟踪器和被跟踪目标设计更完善的奖励函数，提升跟踪性能。算法分别在二维和三维仿真场景下进行实验，对真实场景下的主动跟踪实现了进一步的探索。文献 [198] 进一步完善主动跟踪问题设定，算法分别对跟踪器、被跟踪目标和干扰目标进行建模，模拟实际跟踪场景中干扰目标对跟踪器的影响。算法采用强化学习与模仿学习策略实现多智能体博弈。另外，文献 [199] 将单相机主动跟踪扩展到跨相机主动跟踪领域，实现多相机协同跟踪，相比于传统主动跟踪，算法中每个智能体包含两个相机控制器和一个相机切换器，相机控制器包含视觉控制器和位姿控制器分别利用观测图像和相机历史位姿信息判断当前目标是否被遮挡，并使用相机切换器对两个控制器给出的动作进行选择。

5.6.3 目标跟踪与自动驾驶

自动驾驶汽车在行驶时需要精确感知周围物体的运动状态，以便为后续的自主规划和控制提供决策依据。目标跟踪对于自动驾驶汽车精确感知周围物体的运动状态有着极为重要的作用，因此在自动驾驶领域受到了广泛关注。为了在真实世界中获得更优的感知效果，自动驾驶领域往往需要进行三维空间中的多目标跟踪。相比于二维空间中的目标跟踪，三维空间中的目标多出了一维的空间几何信息，如何高效地利用丰富的三维几何信息，是三维空间目标检测需要解决的一大难题。同时，现有的三维多目标跟踪都是遵循"先检测再跟踪"的范式。在此范式中，关联策略通常会设置一个时间窗口用于终止轨迹关联，即在时间窗口内没有新目标关联到先前轨迹上，先前轨迹便会停止关联。这种设置忽略了目标物体被暂时遮挡或重新出现的情况，尝尝导致轨迹中断。因此，如何处理暂时消失的目标也是一个需要解决的难点。此外，相比于二维目标检测大多使用图片数据作为数据输入，三维多目标检测还会采用点云数据作为输入。如何在点云数据中完成多目标的检测与跟踪，以及如何结合图片和点云这两种模态的数据仍需进一步的探索。

三维多目标跟踪算法通常在 nuScene[200]、KITTI[154] 和 Waymo Open Dataset[201] 等公开数据集上进行性能评测。nuScene 数据集采集自波士顿和新加坡两处，其由覆盖 150 个场景的 1 000 条数据片段组成。每个数据片段中的点云数据都由一台 32 线激光雷达记录，激光雷达以 20Hz 的频率扫描周围环境，然后以 2Hz 的频率进行标注。KITTI 数据集采集自德国卡尔斯鲁厄，场景数据由一台 64 线的激光雷达以 10Hz 的频率进行扫描采集。Waymo Open Dataset 包含有 1000 条视频片段，每条片段的时长都大于 20s，帧率为 10FPS。每帧对应的点云数据都会标注出行人、车辆等物体的三维边界框。与二维多目标跟踪相似，三维多目标跟踪采用 AMOTA、MOTA 和 IDS 等指标来评判算法性能的强弱。下面介绍一些典型的面向自动驾驶的三维多目标跟踪方法。

为了最大限度地利用三维几何信息，PolarMOT[202] 提出了一个仅使用几何信息进行三维目标跟踪的算法框架。该算法使用极坐标系下目标物体的三维边界框作为输入，并使用图神经网络对输入的三维检测框在空间和时间上的关联进行建模，从而可以更好地泛化到不同的场景下。同时通过稀疏构图的方式，PolarMOT 可以在在线场景中实施有效的数据关联。在三维目标跟踪数据集 nuScene 上，PolarMOT 仅凭输入几何信息就取得了 AMOTA 为 66.4 以及 IDS 为 242 的实验结果，超越了所有的同期工作。

考虑到目标物体会被暂时遮挡以及重新出现的情况，Immortal Tracker[203] 提出应当高效地优化现有的轨迹关联策略。该算法会维护一个本应该被终止的轨迹，并使用三维卡尔曼滤波去预测此轨迹的可能走向。一旦有物体出现在预测走向上，这条轨迹就会被此物体继续更新，从而很好地避免了错误的轨迹中断。在大规模公开数据集 Waymo Open Dataset 上，Immortal Tracker 取得了 MOTA=60.6 的结果，在 nuScene 数据集上，Immortal Tracker 取得了 AMOTA 为 66.1 以及 IDS 为 365 的实验结果。

CenterPoint[204] 提出了一个简洁高效的二阶段三维目标检测方案：其将点云数据编码为特征向量后，首先使用卷积神经网络预测每个物体的中心点以及对应的三维属性；然后使用对应位置的特征对已得到的预测结果进行优化。在跟踪阶段，CenterPoint 仅使用近邻匹配策略，就在 nuScene 数据集上取得了 AMOTA 为 63.7 的不错结果。

不同于 CenterPoint 仅使用点云数据进行预测，AlphaTrack[205] 提出了一种结合图片数据和点云数据的新框架。该框架首先通过提取体素化后图片和点云的融合数据，分别得到视觉和点云的鸟瞰图（bird's eye view，BEV）特征；然后将视觉特征和点云特征融合处理获取空间位置信息，并基于视觉特征获取实例信息；最后基于获取到的两种信息进行三维目标跟踪。在 nuScene 数据集上，AlphaTrack 取得了 AMOTA 为 70.4 的结果，性能超越了所有同期同类工作。

EagerMOT[206] 也是一个融合多模态数据输入进行目标跟踪的一项工作。其主要思路是：尽可能地使用到所有模态的检测结果，并对其进行多阶段的关联，从而可以最大限度地发掘出不同模态数据间的信息。其在 KITTI 数据集的汽车类别上取得了 AMOTA=96.93 的实验结果。

5.6.4 无人机精准跟踪

无人机具有机身体积小、操作灵活和受场景约束小等特点，在特定、民用、工业和军事领域应用广泛。在众多无人机任务中，无人机目标跟踪在民用拍摄、工业测量、安防监控、军事侦察等领域具有重要意义，备受研究学者关注。无人机场景多目标跟踪能够对地进行鸟瞰视角的侦察和监控，用以分析车辆、行人等多目标的运动模式和行为。与多目标跟踪相比，无人机场景下单目标精准跟踪在实践中应用更加广泛，如嫌疑人跟踪、靶标跟踪、跟随摄影等。相比于传统单目标跟踪任务，无人机精准跟踪具有以下挑战：第一，无人机在拍摄过程中，相机视野更大，这会导致视野中干扰物体显著增多，目标特征不明显，从而加大跟踪难度；第二，无人机在飞行过程中可能会受到极端环境和障碍物的影响，产生相机抖动，相机剧烈运动等，导致图像发生运动模糊或者目标剧烈运动等现象；第三，由于无人机负载重量限制，能携带的算力有限，这会导致现有先进算法无法部署到无人机端。为了解决无人机跟踪中相机剧烈运动的问题，文献 [207] 中提出相机运动模型挖掘三维世界坐标和图像平面坐标之间的关系。由于相机距离目标较远，该模型假定目标和背景的深度差异可忽略不计。因此，算法将图像间变换关系简化成投影变换，通过提取相邻两帧图像的特征点并进行特征点匹配，得到投影变换矩阵。该模型将目标位置偏移量表示为目标运动和相机运动偏移量之和。后续工作 [208-209] 也采用相似的相机模型利用图像变换关系挖掘相机运动信息，该模型可以显著提升跟踪器应对相机剧烈运动的稳健性。ARCF[210] 旨在解决跟踪过程中目标外观信息不准确的问题，通过引入对跟踪响应图的约束项防止跟踪结果发生漂移。BiCF[211] 利用帧间信息解决无人机跟踪中目标外观信息频繁变化的挑战实现跟踪准确率的提升，算法采用正向跟踪和反向验证的策略，通过对比正向和反向跟踪结果，计算出双向误差，用于更新滤波器参数。由于算法所采用的交替方向乘子法能够对模型进行快速更新，该算法在单 CPU 条件下可以达到超过 40FPS 的速度，为实现移动端实时跟踪打下基础。为了解决无人机跟踪中目标发生频繁变化的问题，AutoTrack[212] 旨在自适应学习模型时空正则项。该算法将前后两帧响应图之差的函数作为时空正则项，使得算法可以得到更平滑的跟踪响应图，防止跟踪结果发生漂移。HiFT 方法[213] 提出了多层级特征 Transformer 实现浅层特征与深层特征的融合解决无人机跟踪中目标分辨率较低的问题。在多层级特征 Transformer 中，特征编码器用于融合浅层特征信息，并送入特征解码器与深层特征进行融合实现对响应图的修正。算法在常用 UAV 跟踪数据集（UAV123[92]、DTB70[207]）取得了非常优异的性能。TCTrack[214] 挖掘无人机跟踪下的时序关联。首先，算法采用时序自适应卷积神经网络，通过可学习的时序权重调制当前帧特征，实现时序信息聚合；其次，算法包含响应图微调模块，利用时序 Transformer 网络学习多帧响应图关联，细化响应图映射并过滤掉无用的上下文信息。算法在 NVIDIA Jetson AGX Xavier 开发板上达到实时跟踪速度。此外，近年来一些通用的轻量化单目标跟踪算法在无人机跟踪任务上也能够获得优异的精度和速度性能（如 LightTrack[215]、FEAR[216]、HCAT[217]、ETTrack[218] 等）。

5.6.5 跟踪辅助视频标注

基于深度学习的视觉跟踪算法需要大规模的有精确目标框标注的视频数据集进行离线预训练，而逐帧标注视频十分耗费人力和时间成本。近年来，若干工作开始尝试使用跟踪方法来辅助视频数据的逐帧标注，减轻人工负担。例如，大规模跟踪数据集 TrackingNet[88] 采用稀疏人工标注，即每隔 1 秒标注 1 帧，并利用跟踪方法 STAPLE$_{CA}$[219] 对每一段子序列执行前向和反向跟踪，最终通过简单的基于时序的权重结合前向和反向的轨迹，对其他未标注帧进行插值标注。但由于该方法没有对生成的标注进行筛选和校正，该数据集的标注存在若干标签噪声。

为了解决这一问题，VASR 方法[220] 提出了一个新颖的框架来解决视频序列的目标框标注。该框架研究了一种选择和细化策略，来自动改进通过跟踪算法初步生成的注释。该框架包含一个时序评估网络和一个视觉几何细化网络。其中，前者能够捕获目标位置的时间一致性，并通过度量其质量来选择可靠的跟踪结果；后者则通过考虑目标外观和时间几何约束来进一步增强所选的跟踪结果，从而纠正不准确的跟踪结果。上述两个网络的结合提供了一种规范的方法来保证自动视频标注的质量。给定一个视频序列，首先需要人工进行稀疏标注，例如每 30 帧标注 1 帧。然后利用现有优秀的跟踪方法（如 DiMP[55]）对稀疏标注分割出的每一个子片段执行前向和反向跟踪，并生成初始标注。其中每个片段的第一帧和最后一帧包含人工标注的精确目标框。由于初始标注不可避免地会包含失败标注，因此该方法通过执行时序评估网络进一步衡量初始标注的质量，并从每帧的正向和反向结果中选择出更可靠的标注，然后执行视觉几何细化网络，进一步提升标注质量，产生序列的最终标注。跟踪质量低于预定义阈值的帧将被标记为跟踪失败，并求助于人工标注。在大规模跟踪基准的实验结果中表明，该方法可以提供高准确度的边界框标注，并显著减少约 94% 的人力成本，是一种有效的利用跟踪技术辅助标注视频数据的方法。

5.7 总结与展望

5.7.1 目标跟踪面临的挑战

1. 多模态

在跟踪过程中，目标外观信息会受到遮挡、形变、光照变化等影响，导致跟踪器性能下降。随着多模态传感器的普及，多模态数据可以提供不同维度信息，为解决上述挑战创造条件。在自动驾驶中，多目标跟踪算法往往利用三维激光点云和可见光信息两种模态的信息来实现稳健的多车辆和多行人的跟踪。在单目标跟踪中，可见光、深度、热红外、语言描述等多种模态信息在不同的跟踪任务中得以体现。例如，深度信息的引入，使得跟踪器可以将目标位置映射到三维空间，从而解决遮挡问题[221]。热红外信息让跟踪器具有夜视能力，并且可以在极端雨雪雾天气和光照变化中保持稳健[103]。文本信息可以提供目标外观信息对跟踪结果进行约束[95]。因此多模态目标跟踪有着极大发展潜力，助力实现全天时全天候稳健跟踪。目前，多模态跟踪算法研究已经取得了初步进展。JMMAC 算法[208] 聚焦可见光–热红外跟踪任务，提出多模态决策融合方法，并且利用运动信息辅助视觉跟踪器提升跟踪稳健性。DepthTrack[107] 提出了第一个大规模可见光–深度图跟踪数据集并且设计了一个基准算法，证明了深度信息在跟踪中的潜力。TNL2K[95] 提出了联合文本描述和可见光信息的跟踪框架，算法使用通用主干网络和文本特征提取网络分别进行特征提取聚合并用于预测目标位置。虽然，多模态信息在提升跟踪精度、扩展应用场景等方面取得了一些进展，但是现有多模态跟踪还存在以下挑战：第一，现有方法大都采用较为单一的融合方式，即通过模块对多模态特征进行融合，如何根据多模态信息特征设计有效的融合策略是未来主要的研究方向；第二，受到传感器限制，多模态数据在配准、标注上需要大量人力参与。如何利用大规模仿真数据或自监督方法提升算法性能同样具有较大的研究价值。

2. 轻量化

现有的主流跟踪算法大多是在具有较强运算能力的桌面级 GPU 上开发和应用，在取得高性能的同时，它们大多数在桌面级 GPU 上单独运行时可以达到实时（30 FPS）的速度。在实际应用过程中，计算资源通常是受限的，智能系统不可能将所有计算资源都分配给一个跟踪算法，而且，无人机、机器人等应用通常都要求算法运行在嵌入式平台上，这些平台通常不具有高性能 GPU，多数仅配备 NVIDIA Jetson 或 CPU 等边缘设备。因此，跟踪算法的轻量化是一个亟待解决且具有实际应用价值的问题。实践中，多目标跟踪最常用"先检测后跟踪"范式，因此检测模型的轻量化能够显著提升跟踪系统在资源受限条件下的表现。同时，也有一些算法初步探索单目标跟踪算法轻量化问题，例如，LightTrack[215] 使用神经网络结构搜索来寻找适合跟踪的轻量化 CNN 结构；FEAR[216] 利用轻量的主干网络和像素级相关运算，开发了轻量化孪生跟踪器；HCAT[217] 和 ETTrack[218] 设计了轻量化的 Transformer 跟踪网络。这些算法在边缘设备上也达到了较快的速度，然而，它们与主流的跟踪算法仍存在较大的性能差距，跟踪结果不够可靠。因此，跟踪模型的轻量化仍是一个长期的挑战，轻量、高速、高性能的跟踪算法将极大地提升跟踪算法的应用价值。

3. 长时间

现有的评测数据集大多聚焦秒级到分钟级的短时目标跟踪性能，而分钟级乃至小时级的长时目标跟踪更加贴近实际应用需求。在长时多目标跟踪中，相关研究通常用与目标重识别密切相关，如跨境多摄像头多行人跟踪[222]等任务。在长时单目标跟踪中，一方面，更长的视频时长可能带来更为复杂的跟踪挑战，如显著的目标外观变化，严重的误差累积等；另一方面，长视频中还可能存在目标由于遮挡或离开视野而不可见后，又再次在视野中出现的情况，这需要算法兼备局部跟踪，丢失判断，以及全图重找回的能力，同时算法还需保持较快的运行速度。TLD 算法较早提出了一个"局部跟踪–全局检测"的长时跟踪范式，利用光流匹配作为局部跟踪器，采用集成的分类器在全图范围内进行目标重检测。SiamFC+R 算法[96] 在局部跟踪算法 SiamFC[59] 基础上增添了重检测机制，在随机的搜索区域中寻找跟踪目标。SPLT[223] 则从简化全图重检测计算负担的角度，设计了一个两阶段的模式，先对滑动窗口机制产生的所有局部搜索区域进行目标存在置信度的预测和初筛，再对剩余的高置信度搜索区域搜索潜在的目标。GlobalTrack[224] 则在每一帧都进行全图范围内的跟踪目标搜索，基于 Faster R-CNN 构造了一个孪生结构的全图跟踪目标检测器，并设计特征融合模块使得搜索区域特征对目标具有较强的分辨能力，但这样的方案忽视了目标的运动信息。一些工作则采用离线训练的全图重检测模块与局部区域的短时跟踪结合[225]，也使得框架更加简单。LTMU[58] 从更新的角度出发，设计了一个外部的更新控制模块，对在线更新的跟踪算法所需的更新样本加以筛选，尤其避免在长时跟踪中不恰当的更新导致的跟踪失败。部分长时跟踪的相关算法和评测结果在文献 [226] 中进行了整理。设计快速稳健的长时跟踪算法，在充分捕捉长视频中的外观及运动变化，降低长时跟踪中的误差累积影响，提升目标丢失的判断准确度及重检测的准确率等方面，仍具有一定的研究空间。

4. 强干扰

现有跟踪数据更加强调跟踪类别的多样性和跟踪数据的典型性导致跟踪目标或场景较为简单。但是在实际场景中，目标可能会受到未知干扰，如相机剧烈运动、目标光照变化、目标形变等。上述场景会导致跟踪器跟踪失败。另外，在一些特定需求场景如低光照、频繁遮挡等场景下，通用跟踪器的跟踪准确率会大大降低。因此设计高稳健性跟踪器可以提升跟踪性能，提高应对强干扰场景的能力。现有方法在解决低光照环境和严重遮挡等挑战上取得了初步的进展。UDAT 方法[227] 针对低光照场景下的跟踪问题，提出 HighlightNet 对低光照图像进行增强，并用现有跟踪器进行跟踪。SiamON[228] 利用预先定义好的掩码表征目标被遮挡的位置，并与目标特征进行级联，得到不同的目标表示。之后，算法将所有学习到的特征进行聚合，得到更完善的目标表达来生成跟踪响应图。上述算法针对某一特定挑战进行研究，给出目标在强干扰情况下的解决方案。但是目前这类问题还未能得到研究者的广泛关注，如何设计极端场景下的跟踪算法对于解决特定任务有着较高的研究价值。

5. 开放环境和弱小目标

在自动驾驶、视频监控、机器人等诸多应用中，离线训练得到的多目标跟踪模型希望能够在开放环境中获得精确问题的效果。然而，开放场景中测试数据和训练数据的分布不尽相同，且训练数据采集和标注的成本巨大，开放场景下的多目标跟踪应用往往不是一蹴而就的，经常需要不断添加对于当前模型难以识别的训练样本，或对模型进行领域自适应。实际上，开放场景中多目标跟踪问题仍然值得深入地研究。例如，类似于开放场景目标检测，如何让多目标跟踪模型能够准确地检测和跟踪一些新出现的类别，针对领域差异，如何让多目标跟踪模型能够在测试视频中自主地学习并不断地更新和提升模型在新场景中的识别能力等。

此外，弱小目标的跟踪问题有着很好的应用价值和发展前景。弱小是用来形容外观特征等。当外观特征不强，包括且不限于以下情况：目标尺寸极小带来的特征弱小，目标受到干扰或与背景混为一体带来的特征弱，多目标之间特征极为相似带来特征弱（如前文中提到的 DanceTrack 数据集指出了该问题）。这些特征弱小问题给目标跟踪带来的困扰是全方位的。首先，传统的目标检测方法往往是针对自然场景中的可见目标设计的，难以适应弱小目标检测，因此，当前的基于检测的目标跟踪方法都难以奏效，需要重新构建目标跟踪的框架。其次，弱小目标的跟踪也变得十分有难度，因为外观特征变得不可靠，目标之间的 IoU 几乎始终为零，只能依靠运动模型来完成多目标的跟踪。未来，应当有更多的方法和数据集来研究弱小目标的跟踪问题。

5.7.2 目标跟踪的发展趋势

对于单目标跟踪而言，未来极具潜力的发展方向在于：① 建立统一的多模态跟踪框架来融合多种模态信息实现在复杂环境、强干扰条件下的精准稳健跟踪；② 完善有效的检测与跟踪切换机制，来在更长时间内实现目标持续稳定跟踪；③ 设计硬件友好的轻量化目标跟踪模型，来在边缘设备上达到高速和实用跟踪效果。

对于多目标跟踪而言，未来极具潜力的发展方向在于：① 不断推进和完善基于 Transformer 的一体化多目标跟踪，设计合适的 Transformer 能够更加准确地梳理出目标在视频中的轨迹，匹配并超越现实的运动模型；② 探索基于无监督视频预训练的视频多目标跟踪技术，通过大规模无监督视频预训练来学习得到目标在视频中出现的规律，然后在下游应用中采用少量的标注数据来实现针对特定应用的视频多目标跟踪；

③ 探索弱小目标的多目标跟踪技术，通过构建与真实应用相对应的弱小目标跟踪数据集来定义弱小目标跟踪问题，突破传统基于检测的多目标跟踪框架，探索能够同时促进弱小目标检测和跟踪的技术框架。

5.7.3 小结

本节介绍了多模态数据、轻量化、长时跟踪、强干扰、开放场景、弱小目标等问题对目标跟踪带来的挑战，并从基于 Transformer 的一体化多目标跟踪、基于无监督视频预训练的多目标跟踪、弱小目标跟踪等方面展望了目标跟踪的发展趋势。

参考文献

[1] COMANICIU D, RAMESH V, MEER P. Kernel-Based Object Tracking[J]. IEEE Transactions on Pattern Analysis and Machine Intelligence, 2003, 25(5): 564–575.

[2] ADAM A, RIVLIN E, SHIMSHONI I. Robust Fragments-based Tracking using the Integral Histogram[C] //2006 IEEE Computer Society Conference on Computer Vision and Pattern Recognition (CVPR 2006). 2006: 798–805.

[3] ROSS D A, LIM J, LIN R, et al. Incremental Learning for Robust Visual Tracking[J]. International Journal of Computer Vision, 2008, 77(1-3): 125–141.

[4] MEI X, LING H. Robust Visual Tracking and Vehicle Classification via Sparse Representation[J]. IEEE Transactions on Pattern Analysis and Machine Intelligence, 2011, 33(11): 2259–2272.

[5] HU W, LI X, LUO W, et al. Single and Multiple Object Tracking Using Log-Euclidean Riemannian Subspace and Block-Division Appearance Model[J]. IEEE Transactions on Pattern Analysis and Machine Intelligence, 2012, 34(12): 2420–2440.

[6] BAO C, WU Y, LING H, et al. Real time robust L1 tracker using accelerated proximal gradient approach[C] //2012 IEEE Conference on Computer Vision and Pattern Recognition. [S.l.]: IEEE Computer Society, 2012: 1830–1837.

[7] WANG N, WANG J, YEUNG D. Online Robust Non-negative Dictionary Learning for Visual Tracking[C] //IEEE International Conference on Computer Vision, ICCV 2013. [S.l.]: IEEE Computer Society, 2013: 657–664.

[8] ZHANG T, XU C, YANG M. Robust Structural Sparse Tracking[J]. IEEE Transactions on Pattern Analysis and Machine Intelligence, 2019, 41(2): 473–486.

[9] WANG Q, CHEN F, XU W, et al. Object Tracking With Joint Optimization of Representation and Classification[J]. IEEE Transactions on Circuits and Systems for Video Technology, 2015, 25(4): 638–650.

[10] JIA X, LU H, YANG M. Visual Tracking via Coarse and Fine Structural Local Sparse Appearance Models[J]. IEEE Transactions on Image Processing, 2016, 25(10): 4555–4564.

[11] ZHONG W, LU H, YANG M. Robust Object Tracking via Sparse Collaborative Appearance Model[J]. IEEE Transactions on Image Processing, 2014, 23(5): 2356–2368.

[12] MA B, HU H, SHEN J, et al. Linearization to Nonlinear Learning for Visual Tracking[C] // 2015 IEEE International Conference on Computer Vision. [S.l.]: IEEE Computer Society, 2015: 4400–4407.

[13] WANG D, LU H, YANG M. Online Object Tracking With Sparse Prototypes[J]. IEEE Transactions on Image Processing, 2013, 22(1): 314–325.

[14] WANG D, LU H, YANG M. Robust Visual Tracking via Least Soft-Threshold Squares[J]. IEEE Transactions on Circuits and Systems for Video Technology, 2016, 26(9): 1709–1721.

[15] AVIDAN S. Ensemble Tracking[C] //2005 IEEE Computer Society Conference on Computer Vision and Pattern Recognition (CVPR 2005). 2005: 494–501.

[16] GRABNER H, BISCHOF H. On-line Boosting and Vision[C] //2006 IEEE Computer Society Conference on Computer Vision and Pattern Recognition (CVPR 2006). [S.l.]: IEEE Computer Society, 2006: 260–267.

[17] KALAL Z, MIKOLAJCZYK K, MATAS J. Tracking-learning-detection[J]. IEEE Transactions on Pattern Analysis and Machine Intelligence, 2011, 34(7): 1409–1422.

[18] ZHANG K, ZHANG L, YANG M. Fast Compressive Tracking[J]. IEEE Transactions on Pattern Analysis and Machine Intelligence, 2014, 36(10): 2002–2015.

[19] GODEC M, ROTH P M, BISCHOF H. Hough-based tracking of non-rigid objects[J]. Computer Vision and Image Understanding, 2013, 117(10): 1245–1256.

[20] BABENKO B, YANG M, BELONGIE S J. Robust Object Tracking with Online Multiple Instance Learning[J]. IEEE Transactions on Pattern Analysis and Machine Intelligence, 2011, 33(8): 1619–1632.

[21] NING J, SHI W, YANG S, et al. Visual tracking based on Distribution Fields and online weighted multiple instance learning[J]. Image and Vision Computing, 2013, 31(11): 853–863.

[22] JIANG N, LIU W. Data-Driven Spatially-Adaptive Metric Adjustment for Visual Tracking[J]. IEEE Transactions on Image Processing, 2014, 23(4): 1556–1568.

[23] WU Y, MA B, YANG M, et al. Metric Learning Based Structural Appearance Model for Robust Visual Tracking[J]. IEEE Transactions on Circuits and Systems for Video Technology, 2014, 24(5): 865–877.

[24] HARE S, GOLODETZ S, SAFFARI A, et al. Struck: Structured Output Tracking with Kernels[J]. IEEE Transactions on Pattern Analysis and Machine Intelligence, 2016, 38(10): 2096–2109.

[25] YAO R, SHI Q, SHEN C, et al. Part-Based Robust Tracking Using Online Latent Structured Learning[J]. IEEE Transactions on Circuits and Systems for Video Technology, 2017, 27(6): 1235–1248.

[26] SUN C, WANG D, LU H. Occlusion-Aware Fragment-Based Tracking With Spatial-Temporal Consistency[J]. IEEE Transactions on Image Processing, 2016, 25(8): 3814–3825.

[27] HUANG C, LUCEY S, RAMANAN D. Learning Policies for Adaptive Tracking with Deep Feature Cascades[C] //IEEE International Conference on Computer Vision, ICCV 2017. 2017: 105–114.

[28] KWON J, LEE K M. Tracking by Sampling and Integrating Multiple Trackers[J]. IEEE Transactions on Pattern Analysis and Machine Intelligence, 2014, 36(7): 1428–1441.

[29] WANG N, SHI J, YEUNG D, et al. Understanding and Diagnosing Visual Tracking Systems[C] //2015 IEEE International Conference on Computer Vision, ICCV 2015. 2015: 3101–3109.

[30] HENRIQUES J F, CASEIRO R, MARTINS P, et al. Exploiting the Circulant Structure of Tracking-by-Detection with Kernels[C] //FITZGIBBON A W, LAZEBNIK S, PERONA P, et al. Computer Vision - ECCV 2012 - 12th European Conference on Computer Vision, Proceedings, Part IV: Vol 7575. 2012: 702–715.

[31] LI Y, ZHU J. A Scale Adaptive Kernel Correlation Filter Tracker with Feature Integration[C] //AGAPITO L, BRONSTEIN M M, ROTHER C. Computer Vision - ECCV 2014 Workshops, Proceedings, Part II: Vol 8926. 2014: 254–265.

[32] DANELLJAN M, HÄGER G, KHAN F S, et al. Discriminative Scale Space Tracking[J]. IEEE Transactions on Pattern Analysis and Machine Intelligence, 2017, 39(8): 1561–1575.

[33] HENRIQUES J F, CASEIRO R, MARTINS P, et al. High-Speed Tracking with Kernelized Correlation Filters[J]. IEEE Transactions on Pattern Analysis and Machine Intelligence, 2015, 37(3): 583–596.

[34] BERTINETTO L, VALMADRE J, GOLODETZ S, et al. Staple: Complementary Learners for Real-Time Tracking[C] //2016 IEEE Conference on Computer Vision and Pattern Recognition, CVPR 2016. 2016: 1401–1409.

[35] ZHU G, WANG J, WU Y, et al. MC-HOG Correlation Tracking with Saliency Proposal[C] //SCHUURMANS D, WELLMAN M P. Proceedings of the Thirtieth AAAI Conference on Artificial Intelligence. 2016: 3690–3696.

[36] LI Y, ZHU J, HOI S C H. Reliable Patch Trackers: Robust visual tracking by exploiting reliable patches[C] //IEEE Conference on Computer Vision and Pattern Recognition, CVPR 2015. [S.l.]: IEEE Computer Society, 2015: 353–361.

[37] LIU T, WANG G, YANG Q, et al. Part-based Tracking via Discriminative Correlation Filters[J]. IEEE Transactions on Circuits and Systems for Video Technology, 2016: 1–1.

[38] FAN H, XIANG J. Robust Visual Tracking via Local-Global Correlation Filter[C] //SINGH S, MARKOVITCH S. Proceedings of the Thirty-First AAAI Conference on Artificial Intelligence. 2017: 4025–4031.

[39] DANELLJAN M, HAGER G, SHAHBAZ KHAN F, et al. Learning spatially regularized correlation filters for visual tracking[C] //Proceedings of the IEEE International Conference on Computer Vision. 2015: 4310–4318.

[40] DANELLJAN M, ROBINSON A, KHAN F S, et al. Beyond Correlation Filters: Learning Continuous Convolution Operators for Visual Tracking[C] //LEIBE B, MATAS J, SEBE N, et al. Computer Vision - ECCV 2016 - 14th European Conference, Proceedings, Part V: Vol 9909. 2016: 472–488.

[41] DANELLJAN M, BHAT G, KHAN F S, et al. ECO: Efficient Convolution Operators for Tracking[C] //2017 IEEE Conference on Computer Vision and Pattern Recognition, CVPR 2017. 2017: 6931–6939.

[42] GALOOGAHI H K, FAGG A, LUCEY S. Learning Background-Aware Correlation Filters for Visual Tracking[C] //IEEE International Conference on Computer Vision, ICCV 2017. 2017: 1144–1152.

[43] SUN C, WANG D, LU H, et al. Correlation Tracking via Joint Discrimination and Reliability Learning[C] //2018 IEEE Conference on Computer Vision and Pattern Recognition, CVPR 2018. 2018: 489–497.

[44] DAI K, WANG D, LU H, et al. Visual Tracking via Adaptive Spatially-Regularized Correlation Filters[C] //IEEE Conference on Computer Vision and Pattern Recognition, CVPR 2019. 2019: 4670–4679.

[45] NAM H, HAN B. Learning Multi-domain Convolutional Neural Networks for Visual Tracking[C] //Proceedings of the IEEE Conference on Computer Vision and Pattern Recognition. 2016: 4293–4302.

[46] GALOOGAHI H K, SIM T, LUCEY S. Correlation filters with limited boundaries[C] //Proceedings of the IEEE Conference on Computer Vision and Pattern Recognition. 2015: 4630–4638.

[47] GALOOGAHI H K, FAGG A, LUCEY S. Learning Background-Aware Correlation Filters for Visual Tracking[C] //Proceedings of the IEEE International Conference on Computer Vision. 2017: 1144–1152.

[48] JUNG I, SON J, BAEK M, et al. Real-Time MDNet[C] //Proceedings of the European Conference on Computer Vision: Vol 11208. 2018: 89–104.

[49] CHEN L, PAPANDREOU G, KOKKINOS I, et al. DeepLab: Semantic Image Segmentation with Deep Convolutional Nets, Atrous Convolution, and Fully Connected CRFs[J]. IEEE Transactions on Pattern Analysis and Machine Intelligence, 2018, 40(4): 834–848.

[50] QI Y, ZHANG S, ZHANG W, et al. Learning Attribute-Specific Representations for Visual Tracking[C] //Proceedings of the AAAI Conference on Artificial Intelligence. 2019: 8835–8842.

[51] SUN C, WANG D, LU H, et al. Correlation tracking via joint discrimination and reliability learning[C] //Proceedings of the IEEE Conference on Computer Vision and Pattern Recognition. 2018: 489–497.

[52] BHAT G, JOHNANDER J, DANELLJAN M, et al. Unveiling the power of deep tracking[C] //Proceedings of the European Conference on Computer Vision. 2018: 483–498.

[53] VALMADRE J, BERTINETTO L, HENRIQUES J, et al. End-to-end representation learning for correlation filter based tracking[C] //Proceedings of the IEEE Conference on Computer Vision and Pattern Recognition. 2017: 2805–2813.

[54] DANELLJAN M, BHAT G, KHAN F S, et al. ATOM: Accurate tracking by overlap maximization[C] //Proceedings of the IEEE Conference on Computer Vision and Pattern Recognition. 2019: 4660–4669.

[55] BHAT G, DANELLJAN M, GOOL L V, et al. Learning discriminative model prediction for tracking[C] //Proceedings of the IEEE International Conference on Computer Vision. 2019: 6182–6191.

[56] DANELLJAN M, GOOL L V, TIMOFTE R. Probabilistic regression for visual tracking[C] //Proceedings of the IEEE Conference on Computer Vision and Pattern Recognition. 2020: 7183–7192.

[57] MAYER C, DANELLJAN M, BHAT G, et al. Transforming model prediction for tracking[C] //Proceedings of the IEEE Conference on Computer Vision and Pattern Recognition. 2022: 8731–8740.

[58] DAI K, ZHANG Y, WANG D, et al. High-performance long-term tracking with meta-updater[C] //Proceedings of the IEEE Conference on Computer Vision and Pattern Recognition. 2020: 6298–6307.

[59] BERTINETTO L, VALMADRE J, HENRIQUES J F, et al. Fully-Convolutional Siamese Networks for Object Tracking[C] //Proceedings of the European Conference on Computer Vision Workshops. 2016: 850–865.

[60] KRIZHEVSKY A, SUTSKEVER I, HINTON G E. ImageNet Classification with Deep Convolutional Neural Networks[C] //Advances in Neural Information Processing Systems. 2012: 1106–1114.

[61] RUSSAKOVSKY O, DENG J, SU H, et al. ImageNet Large Scale Visual Recognition Challenge[J]. International Journal of Computer Vision, 2015, 115(3): 211–252.

[62] LI B, YAN J, WU W, et al. High Performance Visual Tracking With Siamese Region Proposal Network[C] //Proceedings of the IEEE Conference on Computer Vision and Pattern Recognition. 2018: 8971–8980.

[63] REN S, HE K, GIRSHICK R B, et al. Faster R-CNN: Towards Real-Time Object Detection with Region Proposal Networks[C] //Advances in Neural Information Processing Systems. 2015: 91–99.

[64] REAL E, SHLENS J, MAZZOCCHI S, et al. YouTube-BoundingBoxes: A Large High-Precision Human-Annotated Data Set for Object Detection in Video[C] //Proceedings of the IEEE Conference on Computer Vision and Pattern Recognition. 2017: 7464–7473.

[65] LI B, WU W, WANG Q, et al. SiamRPN++: Evolution of Siamese Visual Tracking With Very Deep Networks[C] //Proceedings of the IEEE Conference on Computer Vision and Pattern Recognition. 2019: 4282–4291.

[66] WANG Q, ZHANG L, BERTINETTO L, et al. Fast Online Object Tracking and Segmentation: A Unifying Approach[C] //Proceedings of the IEEE Conference on Computer Vision and Pattern Recognition. 2019: 1328–1338.

[67] ZHANG Z, PENG H. Deeper and Wider Siamese Networks for Real-Time Visual Tracking[C] //Proceedings of the IEEE Conference on Computer Vision and Pattern Recognition. 2019: 4591–4600.

[68] XU Y, WANG Z, LI Z, et al. Siamfc++: Towards robust and accurate visual tracking with target estimation guidelines[C] //Proceedings of the AAAI Conference on Artificial Intelligence. 2020: 12549–12556.

[69] GUO D, WANG J, CUI Y, et al. SiamCAR: Siamese Fully Convolutional Classification and Regression for Visual Tracking[C] //Proceedings of the IEEE Conference on Computer Vision and Pattern Recognition. 2020: 6268–6276.

[70] CHEN Z, ZHONG B, LI G, et al. Siamese Box Adaptive Network for Visual Tracking[C] //Proceedings of the IEEE Conference on Computer Vision and Pattern Recognition. 2020: 6667–6676.

[71] ZHANG Z, PENG H, FU J, et al. Ocean: Object-Aware Anchor-Free Tracking[C] //Proceedings of the European Conference on Computer Vision. 2020: 771–787.

[72] CHEN X, YAN B, ZHU J, et al. Transformer tracking[C] //Proceedings of the IEEE Conference on Computer Vision and Pattern Recognition. 2021: 8126–8135.

[73] HE K, ZHANG X, REN S, et al. Deep residual learning for image recognition[C] //Proceedings of the IEEE Conference on Computer Vision and Pattern Recognition. 2016: 770–778.

[74] LOSHCHILOV I, HUTTER F. Decoupled Weight Decay Regularization[C] //Proceedings of the International Conference on Learning Representations. 2018.

[75] REZATOFIGHI H, TSOI N, GWAK J, et al. Generalized intersection over union: A metric and a loss for bounding box regression[C] //Proceedings of the IEEE Conference on Computer Vision and Pattern Recognition. 2019: 658–666.

[76] YAN B, PENG H, FU J, et al. Learning spatio-temporal transformer for visual tracking[C] //Proceedings of the IEEE International Conference on Computer Vision. 2021: 10448–10457.

[77] DOSOVITSKIY A, BEYER L, KOLESNIKOV A, et al. An Image is Worth 16x16 Words: Transformers for Image Recognition at Scale[C] //Proceedings of the International Conference on Learning Representations. 2020.

[78] LIN T-Y, GOYAL P, GIRSHICK R, et al. Focal loss for dense object detection[C] //Proceedings of the IEEE International Conference on Computer Vision. 2017: 2980–2988.

[79] HE K, CHEN X, XIE S, et al. Masked autoencoders are scalable vision learners[C] //Proceedings of the IEEE Conference on Computer Vision and Pattern Recognition. 2022: 16000–16009.

[80] WANG N, ZHOU W, WANG J, et al. Transformer Meets Tracker: Exploiting Temporal Context for Robust Visual Tracking[C] //Proceedings of the IEEE Conference on Computer Vision and Pattern Recognition. 2021: 1571–1580.

[81] LIN L, FAN H, XU Y, et al. Swintrack: A simple and strong baseline for transformer tracking[C] //Advances in Neural Information Processing Systems: Vol 35. 2022: 16743–16754.

[82] LIU Z, LIN Y, CAO Y, et al. Swin transformer: Hierarchical vision transformer using shifted windows[C] //Proceedings of the IEEE International Conference on Computer Vision. 2021: 10012–10022.

[83] XIE F, WANG C, WANG G, et al. Correlation-aware deep tracking[C] //Proceedings of the IEEE Conference on Computer Vision and Pattern Recognition. 2022: 8751–8760.

[84] CUI Y, JIANG C, WANG L, et al. MixFormer: End-to-End Tracking with Iterative Mixed Attention[C] //Proceedings of the IEEE Conference on Computer Vision and Pattern Recognition. 2022: 13608–13618.

[85] CHEN B, LI P, BAI L, et al. Backbone is All Your Need: A Simplified Architecture for Visual Object Tracking[C] //Proceedings of the European Conference on Computer Vision. 2022: 375–392.

[86] RADFORD A, KIM J W, HALLACY C, et al. Learning transferable visual models from natural language supervision[C] //Proceedings of the International Conference on Machine Learning. 2021: 8748–8763.

[87] WU Y, LIM J, YANG M. Object Tracking Benchmark[J]. IEEE Transactions on Pattern Analysis and Machine Intelligence, 2015, 37(9): 1834–1848.

[88] MULLER M, BIBI A, GIANCOLA S, et al. TrackingNet: A large-scale dataset and benchmark for object tracking in the wild[C] //Proceedings of the European Conference on Computer Vision. 2018: 300–317.

[89] HUANG L, ZHAO X, HUANG K. Got-10k: A large high-diversity benchmark for generic object tracking in the wild[J]. IEEE Transactions on Pattern Analysis and Machine Intelligence, 2019: 1562–1577.

[90] FAN H, LIN L, YANG F, et al. LaSOT: A High-Quality Benchmark for Large-Scale Single Object Tracking[C] //Proceedings of the IEEE Conference on Computer Vision and Pattern Recognition. 2019: 5374–5383.

[91] FAN H, BAI H, LIN L, et al. LaSOT: A High-quality Large-scale Single Object Tracking Benchmark[J]. International Journal of Computer Vision, 2021, 129(8): 439–461.

[92] MUELLER M, SMITH N, GHANEM B. A Benchmark and Simulator for UAV Tracking[C] // LEIBE B, MATAS J, SEBE N, et al. Proceedings of the European Conference on Computer Vision: Vol 9905. 2016: 445–461.

[93] LIANG P, BLASCH E, LING H. Encoding Color Information for Visual Tracking: Algorithms and Benchmark[J]. IEEE Transactions on Image Processing, 2015, 24(12): 5630–5644.

[94] GALOOGAHI H K, FAGG A, HUANG C, et al. Need for Speed: A Benchmark for Higher Frame Rate Object Tracking[C] //Proceedings of the IEEE International Conference on Computer Vision. 2017: 1134–1143.

[95] WANG X, SHU X, ZHANG Z, et al. Towards More Flexible and Accurate Object Tracking With Natural Language: Algorithms and Benchmark[C] //Proceedings of the IEEE Conference on Computer Vision and Pattern Recognition. 2021: 13763–13773.

[96] Valmadre J, Bertinetto L, Henriques J F, et al. Long-term Tracking in the Wild: a Benchmark[C] //Proceedings of the European Conference on Computer Vision. 2018: 692–707.

[97] Moudgil A, Gandhi V. Long-Term Visual Object Tracking Benchmark[C] //Asian Conference on Computer Vision. 2018: 629–645.

[98] LI C, CHENG H, HU S, et al. Learning Collaborative Sparse Representation for Grayscale-Thermal Tracking[J]. IEEE Transactions on Image Processing, 2016, 25(12): 5743–5756.

[99] LI C, ZHAO N, LU Y, et al. Weighted Sparse Representation Regularized Graph Learning for RGB-T Object Tracking[C] //LIU Q, LIENHART R, WANG H, et al. Proceedings of the 2017 ACM on Multimedia Conference. 2017: 1856–1864.

[100] LI C, LIANG X, LU Y, et al. RGB-T object tracking: Benchmark and baseline[J]. Pattern Recognition, 2019, 96.

[101] ZHANG T, LIU X, ZHANG Q, et al. SiamCDA: Complementarity- and Distractor-Aware RGB-T Tracking Based on Siamese Network[J]. IEEE Transactions on Circuits and Systems for Video Technology, 2022, 32(3): 1403–1417.

[102] LI C, XUE W, JIA Y, et al. LasHeR: A Large-Scale High-Diversity Benchmark for RGBT Tracking[J]. IEEE Transactions on Image Processing, 2022, 31: 392–404.

[103] ZHANG P, ZHAO J, WANG D, et al. Visible-Thermal UAV Tracking: A Large-Scale Benchmark and New Baseline[C] //Proceedings of the IEEE Conference on Computer Vision and Pattern Recognition. 2022: 8876–8885.

[104] SONG S, XIAO J. Tracking Revisited Using RGBD Camera: Unified Benchmark and Baselines[C] //Proceedings of the IEEE International Conference on Computer Vision. 2013: 233–240.

[105] XIAO J, STOLKIN R, GAO Y, et al. Robust Fusion of Color and Depth Data for RGB-D Target Tracking Using Adaptive Range-Invariant Depth Models and Spatio-Temporal Consistency Constraints[J]. IEEE Transactions on Cybernetics, 2018, 48(8): 2485–2499.

[106] LUKEZIC A, KART U, KÄPYLÄ J, et al. CDTB: A Color and Depth Visual Object Tracking Dataset and Benchmark[C] //Proceedings of the IEEE International Conference on Computer Vision. 2019: 10012–10021.

[107] YAN S, YANG J, KÄPYLÄ J, et al. DepthTrack: Unveiling the Power of RGBD Tracking[C] //Proceedings of the IEEE International Conference on Computer Vision. 2021: 10705–10713.

[108] HU W, LI X, LUO W, et al. Single and Multiple Object Tracking Using Log-Euclidean Riemannian Subspace and Block-Division Appearance Model[J]. IEEE Transactions on Pattern Analysis and Machine Intelligence, 2012, 34(12): 2420–2440.

[109] ZHANG J, PRESTI L L, SCLAROFF S. Online Multi-person Tracking by Tracker Hierarchy[C] //2012 IEEE Ninth International Conference on Advanced Video and Signal-Based Surveillance. 2012: 379–385.

[110] XIANG Y, ALAHI A, SAVARESE S. Learning to Track: Online Multi-object Tracking by Decision Making[C] //2015 IEEE International Conference on Computer Vision (ICCV). 2015: 4705–4713.

[111] SONG B, JENG T-Y, STAUDT E, et al. A Stochastic Graph Evolution Framework for Robust Multi-Target Tracking[C] //European Conference on Computer Vision. 2010: 605–619.

[112] HENRIQUES J F, CASEIRO R, BATISTA J. Globally optimal solution to multi-object tracking with merged measurements[C] //2011 International Conference on Computer Vision. 2011: 2470–2477.

[113] ZHANG L, LI Y, NEVATIA R. Global data association for multi-object tracking using network flows[C] //2008 IEEE Conference on Computer Vision and Pattern Recognition. 2008: 1–8.

[114] KUHN H W. The Hungarian method for the assignment problem[J]. Naval Research Logistics (NRL), 2010, 52.

[115] BOCHINSKI E, EISELEIN V, SIKORA T. High-Speed tracking-by-detection without using image information[C] //2017 14th IEEE International Conference on Advanced Video and Signal Based Surveillance (AVSS). 2017: 1–6.

[116] GAIDON A, WANG Q, CABON Y, et al. Virtual worlds as proxy for multi-object tracking analysis[C] //Proceedings of the IEEE Conference on Computer Vison and Pattern Recognition, 2016: 4340–4349.

[117] YU Q, MEDIONI G, COHEN I. Multiple Target Tracking Using Spatio-Temporal Markov Chain Monte Carlo Data Association[C] //2007 IEEE Conference on Computer Vision and Pattern Recognition. 2007: 1–8.

[118] SHAFIQUE K, LEE M W, HAERING N. A rank constrained continuous formulation of multi-frame multi-target tracking problem[C] //2008 IEEE Conference on Computer Vision and Pattern Recognition. 2008: 1–8.

[119] KALMAN R E. A New Approach to Linear Filtering and Prediction Problems[J]. Journal of Basic Engineering, 1960, 82(1): 35–45.

[120] BEWLEY A, GE Z, OTT L, et al. Simple online and realtime tracking[C] //2016 IEEE International Conference on Image Processing (ICIP). 2016: 3464–3468.

[121] ZHANG Y, SUN P, JIANG Y, et al. ByteTrack: Multi-Object Tracking by Associating Every Detection Box[C] //European Conference on Computer Vision. 2022: 1–21.

[122] SUGIMURA D, KITANI K M, OKABE T, et al. Using individuality to track individuals: Clustering individual trajectories in crowds using local appearance and frequency trait[C] //2009 IEEE 12th International Conference on Computer Vision. 2009: 1467–1474.

[123] CHOI W, SAVARESE S. Multiple Target Tracking in World Coordinate with Single, Minimally Calibrated Camera[C] //European Conference on Computer Vision. 2010: 553–567.

[124] CHOI W. Near-Online Multi-target Tracking with Aggregated Local Flow Descriptor[C] //2015 IEEE International Conference on Computer Vision (ICCV). 2015: 3029–3037.

[125] YU H, ZHOU Y, SIMMONS J, et al. Groupwise Tracking of Crowded Similar-Appearance Targets from Low-Continuity Image Sequences[C] //2016 IEEE Conference on Computer Vision and Pattern Recognition (CVPR). 2016: 952–960.

[126] YAMAGUCHI K, BERG A C, ORTIZ L E, et al. Who are you with and where are you going?[C] //Proceedings of the IEEE/CVF Conference on Computer Vision and Pattern Recognition. 2011: 1345–1352.

[127] YU T, WU Y, KRAHNSTOEVER N O, et al. Distributed data association and filtering for multiple target tracking[C] //2008 IEEE Conference on Computer Vision and Pattern Recognition. 2008: 1–8.

[128] KIM C, LI F, REHG J. Multi-object Tracking with Neural Gating Using Bilinear LSTM: 15th European Conference, Proceedings, Part VIII[C] //European Conference on Computer Vision. 2018: 208–224.

[129] HE Z, LI J, LIU D, et al. Tracking by Animation: Unsupervised Learning of Multi-Object Attentive Trackers[C] //2019 IEEE/CVF Conference on Computer Vision and Pattern Recognition (CVPR). 2019: 1318–1327.

[130] WOJKE N, BEWLEY A, PAULUS D. Simple online and realtime tracking with a deep association metric[C] //2017 IEEE International Conference on Image Processing (ICIP). 2017: 3645–3649.

[131] CHEN L, AI H, ZHUANG Z, et al. Real-Time Multiple People Tracking with Deeply Learned Candidate Selection and Person Re-Identification[C] //2018 IEEE International Conference on Multimedia and Expo (ICME). 2018: 1–6.

[132] CHU P, LING H. FAMNet: Joint Learning of Feature, Affinity and Multi-Dimensional Assignment for Online Multiple Object Tracking[C] //Proceedings of the IEEE International Conference on Computer Vision. 2019: 6171–6180.

[133] ZHOU X, KOLTUN V, KRÄHENBÜHL P. Tracking Objects as Points[J]. ArXiv, 2020, abs/2004.01177.

[134] WU J, CAO J, SONG L, et al. Track to Detect and Segment: An Online Multi-Object Tracker[C/OL] //2021 IEEE/CVF Conference on Computer Vision and Pattern Recognition (CVPR). 2021: 12347–12356.

[135] SUN P, CAO J, JIANG Y, et al. TransTrack: Multiple Object Tracking with Transformer[J]. arXiv preprint arXiv:2012.15460, 2020.

[136] MEINHARDT T, KIRILLOV A, LEAL-TAIXE L, et al. Trackformer: Multi-object tracking with transformers[C] //Proceedings of the IEEE/CVF conference on computer vision and pattern recognition. 2022: 8844–8854.

[137] CARION N, MASSA F, SYNNAEVE G, et al. End-to-end object detection with transformers[C] //European conference on computer vision. 2020: 213–229.

[138] XU Y, BAN Y, DELORME G, et al. TransCenter: Transformers with dense representations for multiple-object tracking[J]. IEEE Transactions on Pattern Analysis and Machine Intelligence, 2022, 45(6): 7820–7835.

[139] ZENG F, DONG B, ZHANG Y, et al. Motr: End-to-end multiple-object tracking with transformer[C] //European Conference on Computer Vision. 2022: 659–675.

[140] BERCLAZ J, FLEURET F, TURETKEN E, et al. Multiple Object Tracking Using K-Shortest Paths Optimization[J]. IEEE Transactions on Pattern Analysis and Machine Intelligence, 2011, 33(9): 1806–1819.

[141] MILAN A, ROTH S, SCHINDLER K. Continuous Energy Minimization for Multitarget Tracking[J]. IEEE Transactions on Pattern Analysis and Machine Intelligence, 2014, 36(1): 58–72.

[142] BRASó G, LEAL-TAIXé L. Learning a Neural Solver for Multiple Object Tracking[C] //2020 IEEE/CVF Conference on Computer Vision and Pattern Recognition (CVPR). 2020: 6246–6256.

[143] HORNÁKOVÁ A, HENSCHEL R, ROSENHAHN B, et al. Lifted Disjoint Paths with Application in Multiple Object Tracking[C] //International Conference on Machine Learning. 2020: 4364–4375.

[144] WANG Z, ZHENG L, LIU Y, et al. Towards real-time multi-object tracking[C] //European Conference on Computer Vision. 2020: 107–122.

[145] ZHANG Y, WANG C, WANG X, et al. Fairmot: On the fairness of detection and re-identification in multiple object tracking[J]. International Journal of Computer Vision, 2021, 129: 3069–3087.

[146] YU F, WANG D, SHELHAMER E, et al. Deep layer aggregation[C] //Proceedings of the IEEE conference on computer vision and pattern recognition. 2018: 2403–2412.

[147] WANG J, SUN K, CHENG T, et al. Deep high-resolution representation learning for visual recognition[J]. IEEE transactions on pattern analysis and machine intelligence, 2020, 43(10): 3349–3364.

[148] DENDORFER P, OšEP A, MILAN A, et al. MOTChallenge: A Benchmark for Single-Camera Multiple Target Tracking[J]. arXiv preprint arXiv:2010.07548, 2020.

[149] DENDORFER P, REZATOFIGHI H, MILAN A, et al. MOT20: A benchmark for multi object tracking in crowded scenes[J]. arXiv preprint arXiv:2003.09003, 2020.

[150] LEAL-TAIXé L, MILAN A, REID I, et al. MOTChallenge 2015: Towards a Benchmark for Multi-Target Tracking[J]. arXiv preprint arXiv:1504.01942, 2015.

[151] MILAN A, LEAL-TAIXÉ L, REID I, et al. MOT16: A benchmark for multi-object tracking[J]. arXiv preprint arXiv:1603.00831, 2016.

[152] RISTANI E, SOLERA F, ZOU R S, et al. Performance Measures and a Data Set for Multi-Target, Multi-Camera Tracking[J]. arXiv preprint arXiv:1609.01775, 2016.

[153] YU F, CHEN H, WANG X, et al. BDD100K: A Diverse Driving Dataset for Heterogeneous Multitask Learning[J]. arXiv preprint arXiv:1805.04687, 2018.

[154] GEIGER A, LENZ P, URTASUN R. Are we ready for autonomous driving? the kitti vision benchmark suite[C] //Proceedings of the IEEE Conference on Computer Vision and Pattern Recognition. 2012: 3354–3361.

[155] DAVE A, KHURANA T, TOKMAKOV P, et al. TAO: A Large-Scale Benchmark for Tracking Any Object[J]. arXiv preprint arXiv:2005.10356, 2020.

[156] LIN W, LIU H, LIU S, et al. Human in events: A large-scale benchmark for human-centric video analysis in complex events[J]. arXiv preprint arXiv:2005.04490, 2020.

[157] SUN P, CAO J, JIANG Y, et al. DanceTrack: Multi-Object Tracking in Uniform Appearance and Diverse Motion[J]. arXiv preprint arXiv:2111.14690, 2021.

[158] CHEN Y, CAO Y, HU H, et al. Memory enhanced global-local aggregation for video object detection[C] //Proceedings of the IEEE/CVF Conference on Computer Vision and Pattern Recognition. 2020: 10337–10346.

[159] WANG X, HUANG Z, LIAO B, et al. Real-time and accurate object detection in compressed video by long short-term feature aggregation[J]. Computer Vision and Image Understanding, 2021, 206: 103188.

[160] VOIGTLAENDER P, KRAUSE M, OSEP A, et al. Mots: Multi-object tracking and segmentation[C] //Proceedings of the IEEE Conference on Computer Vision and Pattern Recognition. 2019: 7942–7951.

[161] YANG L, FAN Y, XU N. Video instance segmentation[C] //Proceedings of the IEEE International Conference on Computer Vision. 2019: 5188–5197.

[162] XU N, YANG L, FAN Y, et al. Youtube-vos: Sequence-to-sequence video object segmentation[C] //Proceedings of the European Conference on Computer Vision. 2018: 585–601.

[163] QI J, GAO Y, HU Y, et al. Occluded video instance segmentation: A benchmark[J]. International Journal of Computer Vision, 2022, 130(8): 2022–2039.

[164] WANG W, FEISZLI M, WANG H, et al. Unidentified video objects: A benchmark for dense, open-world segmentation[C] //Proceedings of the IEEE International Conference on Computer Vision. 2021: 10776–10785.

[165] CAO J, ANWER R M, CHOLAKKAL H, et al. Sipmask: Spatial information preservation for fast image and video instance segmentation[C] //Proceedings of the European Conference on Computer Vision. 2020: 1–18.

[166] FANG Y, YANG S, WANG X, et al. Instances as queries[C] //Proceedings of the IEEE International Conference on Computer Vision. 2021: 6910–6919.

[167] BERTASIUS G, TORRESANI L. Classifying, segmenting, and tracking object instances in video with mask propagation[C] //Proceedings of the IEEE Conference on Computer Vision and Pattern Recognition. 2020: 9739–9748.

[168] YANG S, FANG Y, WANG X, et al. Crossover learning for fast online video instance segmentation[C] //Proceedings of the IEEE International Conference on Computer Vision. 2021: 8043–8052.

[169] WANG Y, XU Z, WANG X, et al. End-to-end video instance segmentation with transformers[C] //Proceedings of the IEEE Conference on Computer Vision and Pattern Recognition. 2021: 8741–8750.

[170] HWANG S, HEO M, OH S W, et al. Video instance segmentation using inter-frame communication transformers[J]. Advances in Neural Information Processing Systems, 2021, 34: 13352–13363.

[171] YANG S, WANG X, LI Y, et al. Temporally Efficient Vision Transformer for Video Instance Segmentation[C] //Proceedings of the IEEE Conference on Computer Vision and Pattern Recognition. 2022: 2885–2895.

[172] CHENG B, CHOUDHURI A, MISRA I, et al. Mask2former for video instance segmentation[J]. arXiv preprint arXiv:2112.10764, 2021.

[173] WU J, JIANG Y, BAI S, et al. Seqformer: Sequential transformer for video instance segmentation[C] //Proceedings of the European Conference on Computer Vision. 2022: 553–569.

[174] WU J, LIU Q, JIANG Y, et al. In defense of online models for video instance segmentation[C] //Proceedings of the European Conference on Computer Vision. 2022: 588–605.

[175] PERAZZI F, PONT-TUSET J, MCWILLIAMS B, et al. A benchmark dataset and evaluation methodology for video object segmentation[C] //Proceedings of the IEEE Conference on Computer Vision and Pattern Recognition. 2016: 724–732.

[176] PONT-TUSET J, PERAZZI F, CAELLES S, et al. The 2017 davis challenge on video object segmentation[J]. arXiv preprint arXiv:1704.00675, 2017.

[177] CAELLES S, MANINIS K-K, PONT-TUSET J, et al. One-shot video object segmentation[C] //Proceedings of the IEEE Conference on Computer Vision and Pattern Recognition. 2017: 221–230.

[178] MANINIS K-K, CAELLES S, CHEN Y, et al. Video object segmentation without temporal information[J]. IEEE Transactions on Pattern Analysis and Machine Intelligence, 2018, 41(6): 1515–1530.

[179] VOIGTLAENDER P, LEIBE B. Online adaptation of convolutional neural networks for video object segmentation[J]. arXiv preprint arXiv:1706.09364, 2017.

[180] PERAZZI F, KHOREVA A, BENENSON R, et al. Learning video object segmentation from static images[C] //Proceedings of the IEEE Conference on Computer Vision and Pattern Recognition. 2017: 2663–2672.

[181] CHENG J, TSAI Y-H, HUNG W-C, et al. Fast and accurate online video object segmentation via tracking parts[C] //Proceedings of the IEEE Conference on Computer Vision and Pattern Recognition. 2018: 7415–7424.

[182] ZENG X, LIAO R, GU L, et al. Dmm-net: Differentiable mask-matching network for video object segmentation[C] //Proceedings of the IEEE International Conference on Computer Vision. 2019: 3929–3938.

[183] VOIGTLAENDER P, LUITEN J, TORR P H, et al. Siam r-cnn: Visual tracking by re-detection[C] //Proceedings of the IEEE Conference on Computer Vision and Pattern Recognition. 2020: 6578–6588.

[184] OH S W, LEE J-Y, SUNKAVALLI K, et al. Fast video object segmentation by reference-guided mask propagation[C] //Proceedings of the IEEE Conference on Computer Vision and Pattern Recognition. 2018: 7376–7385.

[185] VOIGTLAENDER P, CHAI Y, SCHROFF F, et al. Feelvos: Fast end-to-end embedding learning for video object segmentation[C] //Proceedings of the IEEE Conference on Computer Vision and Pattern Recognition. 2019: 9481–9490.

[186] OH S W, LEE J-Y, XU N, et al. Video object segmentation using space-time memory networks[C] //Proceedings of the IEEE International Conference on Computer Vision. 2019: 9226–9235.

[187] YANG Z, WEI Y, YANG Y. Collaborative video object segmentation by foreground-background integration[C] //Proceedings of the European Conference on Computer Vision. 2020: 332–348.

[188] YANG Z, WEI Y, YANG Y. Associating objects with transformers for video object segmentation[J]. Advances in Neural Information Processing Systems, 2021, 34: 2491–2502.

[189] LIN T-Y, MAIRE M, BELONGIE S J, et al. Microsoft COCO: Common Objects in Context[C] //Proceedings of the European Conference on Computer Vision. 2014: 740–755.

[190] XU Y, LIU X, LIU Y, et al. Multi-view People Tracking via Hierarchical Trajectory Composition[C] //Proceedings of the IEEE Conference on Computer Vision and Pattern Recognition. 2016: 4256–4265.

[191] QUACH K G, NGUYEN P, LE H, et al. DyGLIP: A Dynamic Graph Model With Link Prediction for Accurate Multi-Camera Multiple Object Tracking[C] //Proceedings of the IEEE Conference on Computer Vision and Pattern Recognition. 2021: 13784–13793.

[192] HE Y, WEI X, HONG X, et al. Multi-Target Multi-Camera Tracking by Tracklet-to-Target Assignment[J]. IEEE Transactions on Image Processing, 2020, 29: 5191–5205.

[193] HE Y, HAN J, YU W, et al. City-Scale Multi-Camera Vehicle Tracking by Semantic Attribute Parsing and Cross-Camera Tracklet Matching[C] //CVPR Workshop. 2020: 2456–2465.

[194] LUO W, SUN P, ZHONG F, et al. End-to-end Active Object Tracking via Reinforcement Learning[C] //Proceedings of the International Conference on Machine Learning: Vol 80. 2018: 3292–3301.

[195] LUO W, SUN P, ZHONG F, et al. End-to-End Active Object Tracking and Its Real-World Deployment via Reinforcement Learning[J]. IEEE Transactions on Pattern Analysis and Machine Intelligence, 2020, 42(6): 1317–1332.

[196] ZHONG F, SUN P, LUO W, et al. AD-VAT: An Asymmetric Dueling mechanism for learning Visual Active Tracking[C] //Proceedings of the International Conference on Learning Representations. 2019.

[197] ZHONG F, SUN P, LUO W, et al. AD-VAT+: An Asymmetric Dueling Mechanism for Learning and Understanding Visual Active Tracking[J]. IEEE Transactions on Pattern Analysis and Machine Intelligence, 2021, 43(5): 1467–1482.

[198] ZHONG F, SUN P, LUO W, et al. Towards Distraction-Robust Active Visual Tracking[C] //Proceedings of the International Conference on Machine Learning: Vol 139. 2021: 12782–12792.

[199] LI J, XU J, ZHONG F, et al. Pose-Assisted Multi-Camera Collaboration for Active Object Tracking[C] //Proceedings of the AAAI Conference on Artificial Intelligence. 2020: 759–766.

[200] CAESAR H, BANKITI V, LANG A H, et al. nuScenes: A multimodal dataset for autonomous driving[C] //Proceedings of the IEEE/CVF Conference on Computer Vision and Pattern Recognition. 2020: 11621–11631.

[201] SUN P, KRETZSCHMAR H, DOTIWALLA X, et al. Scalability in Perception for Autonomous Driving: Waymo Open Dataset[C] //Proceedings of the IEEE/CVF Conference on Computer Vision and Pattern Recognition (CVPR). 2020: 2446–2454.

[202] KIM A, BRASÓ G, OSEP A, et al. PolarMOT: How far can geometric relations take us in 3D multi-object tracking?[C] //European Conference on Computer Vision. 2022: 41–58.

[203] WANG Q, CHEN Y, PANG Z, et al. Immortal Tracker: Tracklet Never Dies[J]. arXiv preprint arXiv:2111.13672, 2021.

[204] YIN T, ZHOU X, KRAHENBUHL P. Center-based 3d object detection and tracking[C] //Proceedings of the IEEE/CVF conference on computer vision and pattern recognition. 2021: 11784–11793.

[205] ZENG Y, MA C, ZHU M, et al. Cross-modal 3d object detection and tracking for auto-driving[C] //2021 IEEE/RSJ International Conference on Intelligent Robots and Systems (IROS). 2021: 3850–3857.

[206] KIM A, OSEP A, LEAL-TAIXÉ L. Eagermot: 3d multi-object tracking via sensor fusion[C] // 2021 IEEE International Conference on Robotics and Automation (ICRA). 2021: 11315–11321.

[207] LI S, YEUNG D. Visual Object Tracking for Unmanned Aerial Vehicles: A Benchmark and New Motion Models[C] //Proceedings of the AAAI Conference on Artificial Intelligence. 2017: 4140–4146.

[208] ZHANG P, ZHAO J, BO C, et al. Jointly Modeling Motion and Appearance Cues for Robust RGB-T Tracking[J]. IEEE Transactions on Image Processing, 2021, 30: 3335–3347.

[209] ZHAO J, ZHANG X, ZHANG P. A Unified Approach for Tracking UAVs in Infrared[C] // Proceedings of the IEEE International Conference on Computer Vision Workshops. 2021: 1213–1222.

[210] HUANG Z, FU C, LI Y, et al. Learning Aberrance Repressed Correlation Filters for Real-Time UAV Tracking[C] //Proceedings of the IEEE International Conference on Computer Vision. 2019: 2891–2900.

[211] LIN F, FU C, HE Y, et al. BiCF: Learning Bidirectional Incongruity-Aware Correlation Filter for Efficient UAV Object Tracking[C] //Proceedings of the International Conference on Robotics and Automation. 2020: 2365–2371.

[212] LI Y, FU C, DING F, et al. AutoTrack: Towards High-Performance Visual Tracking for UAV With Automatic Spatio-Temporal Regularization[C] //Proceedings of the IEEE Conference on Computer Vision and Pattern Recognition. 2020: 11920–11929.

[213] CAO Z, FU C, YE J, et al. HiFT: Hierarchical Feature Transformer for Aerial Tracking[C] // Proceedings of the IEEE International Conference on Computer Vision. 2021: 15437–15446.

[214] CAO Z, HUANG Z, PAN L, et al. TCTrack: Temporal Contexts for Aerial Tracking[C] // Proceedings of the IEEE Conference on Computer Vision and Pattern Recognition. 2022: 14778–14788.

[215] YAN B, PENG H, WU K, et al. LightTrack: Finding lightweight neural networks for object tracking via one-shot architecture search[C] //Proceedings of the IEEE/CVF Conference on Computer Vision and Pattern Recognition. 2021: 15180–15189.

[216] BORSUK V, VEI R, KUPYN O, et al. FEAR: Fast, Efficient, Accurate and Robust Visual Tracker[C] //European Conference on Computer Vision. 2022: 644–663.

[217] CHEN X, WANG D, LI D, et al. Efficient Visual Tracking via Hierarchical Cross-Attention Transformer[J]. arXiv preprint arXiv:2203.13537, 2022.

[218] BLATTER P, KANAKIS M, DANELLJAN M, et al. Efficient Visual Tracking with Exemplar Transformers[J]. arXiv preprint arXiv:2112.09686, 2021.

[219] MUELLER M, SMITH N, GHANEM B. Context-aware correlation filter tracking[C] //Proceedings of the IEEE Conference on Computer Vision and Pattern Recognition. 2017: 1396–1404.

[220] DAI K, ZHAO J, WANG L, et al. Video Annotation for Visual Tracking via Selection and Refinement[C] //Proceedings of the IEEE International Conference on Computer Vision. 2021: 10296–10305.

[221] KART U, LUKEZIC A, KRISTAN M, et al. Object Tracking by Reconstruction With View-Specific Discriminative Correlation Filters[C] //Proceedings of the IEEE Conference on Computer Vision and Pattern Recognition. 2019: 1339–1348.

[222] RISTANI E, TOMASI C. Features for Multi-Target Multi-Camera Tracking and Re-Identification[C] //Proceedings of the IEEE/CVF Conference on Computer Vision and Pattern Recognition (CVPR). 2018: 6036–6046.

[223] Yan B, Zhao H, Wang D, et al. "Skimming-Perusal" Tracking: A Framework for Real-Time and Robust Long-Term Tracking[C] //Proceedings of the IEEE International Conference on Computer Vision. 2019: 2385–2393.

[224] Huang L, Zhao X, Huang K. GlobalTrack: A Simple and Strong Baseline for Long-term Tracking[C] //Proceedings of the AAAI Conference on Artificial Intelligence. 2020: 11037–11044.

[225] ZHAO H, YAN B, WANG D, et al. Effective Local and Global Search for Fast Long-term Tracking[J]. IEEE Transactions on Pattern Analysis and Machine Intelligence, 2022(01): 1–1.

[226] LIU C, CHEN X, BO C, et al. Long-term Visual Tracking: Review and Experimental Comparison[J]. International Journal of Automation and Computing, 2022, 19(6): 512–530.

[227] YE J, FU C, ZHENG G, et al. Unsupervised Domain Adaptation for Nighttime Aerial Tracking[C] //Proceedings of the IEEE Conference on Computer Vision and Pattern Recognition. 2022: 8886–8895.

[228] FAN C, YU H, HUANG Y, et al. SiamON: Siamese Occlusion-aware Network for Visual Tracking[J]. IEEE Transactions on Circuits and Systems for Video Technology, 2021: 1–14.

第6讲
行人重识别

6.1 行人重识别的定义与常用方法

6.1.1 背景与问题

现代社会的快速发展引领着大量人口向城市聚集。在许多公众场所中，大规模的人流很容易导致一些公共安全事件。因此，在这些公众场所中安装了大量的视频监控摄像设备。随着这些大规模视频监控网络的部署应用，大量监控数据也变得唾手可得。人们希望分析并利用这些监控数据来对公共安全事件进行预警或处理，从而实现如智慧城市等战略。然而，海量监控视频数据难以完全由人工快速分析处理，因此利用计算机视觉与机器学习等技术来进行监控视频数据分析的需求便应运而生。分析视频监控数据一个非常基础的问题是如何找到某些曾经被观测过的目标人员，如嫌犯或走失的儿童。这个问题也被称为行人重识别（RE-ID）。RE-ID 是视频监控中一个非常基础的子问题：给定一张从某个摄像机视域下拍摄到的目标人员的图像，RE-ID 问题可以归纳为寻找该人员在另外哪些摄像机视域下出现过[1]。显然，对于监控场景下的跨视域追踪以及场景寻人，RE-ID 都是一个首先要解决的重要问题，如图 6-1 所示。

图 6-1　行人重识别示意图

除了监控场景之外，RE-ID 技术还能被应用于商场或零售店等商业场景中。例如，在商场中，RE-ID 技术能够帮助自动追踪顾客的进行路线、出入时间等，从而为人流量估计、商铺位置设计、智能推荐等应用提供数据支持。又如，在无人零售店中，客户的行进轨迹、在不同商柜前的停留时间等数据还可以支持分析顾客的购物兴趣，优化商品摆放。鉴于这些应用潜力，行人重识别问题正越来越受到学术界与工业界的重视。

6.1.2 常用方法
1. 有监督学习方法

自 2008 年起,行人重识别技术经历了从手工特征设计到距离度量学习和端到端深度学习的快速发展。大多数现有的行人重识别研究都从可见光图像中提取视觉表观特征,然后学习计算相似度进行匹配。

在早期的研究中,通常使用手工设计的特征与度量/子空间学习相结合的框架,如图 6-2 所示。对于手工设计的特征,颜色是最常用的信息,通常被编码成直方图特征[2-5]。其中代表性的方法有对称性驱动的局部特征聚合方法(Symmetry-Driven Accumulation of Local Features,SDALF)[3] 和局部最大出现表征(Local Maximal Occurrence Representation,LOMO)[5]。纹理的特征也经常被用到,如 HOG 特征[6] 和 LBP 特征[7]。此外,手工特征还提取一些其他方面的信息,如基于协方差的 GOG 描述子[8] 和自定义图形结构特征[9]。这些手工设计的特征通常基于行人图像的局部区域提取,直观地反映了行人不同部位颜色、纹理等信息的分布,结合多个局部的特征能描述更细粒度的行人表观信息。然而,手工特征的设计依赖于人对特定任务的主观先验认识,判别能力有限。

图 6-2 手工设计的特征与度量/子空间学习相结合的行人重识别框架

为了增强特征的判别性,更先进的特征学习方法被进一步研究,如显著性学习[10]、镜像特征表达[11-12]、姿态先验特征学习[13]、颜色不变特征学习[14-15]、字典学习[16-17]、属性学习[18-19]、二元表示学习[20-21]、特征融合[22-25]、稀疏特征学习[26]。特征学习方法的特点是,以数据驱动的形式基于手工设计的特征进行学习,进一步增强了特征的判别性。然而,判别能力有限的手工设计特征仍然限制了这些方法的泛化能力。

得到行人的特征表达后,为了实现更可靠的匹配,研究了大量的度量学习和子空间学习模型[5-7,27-43]。其中代表性的方法有 RDC[31]、KISSME[30]、LFDA[32]、MLAPG[36]、DNS[39] 和非对称度量学习[44]。这些方法依赖于有标签数据,以特征的判别性为准则设计损失函数，以学习一个距离度量或者子空间，使得特征的判别性得到最大化。一般来说，学习的准则是同时最小化类内距离和最大化类间距离。虽然这些方法比起直接应用手工设计特征可以显著提高匹配的准确率，但大部分度量学习和子空间学习模型都是基于线性模型设计的，无法建模复杂行人重识别场景中所需的高度非线性特征映射。

自 2014 年来，随着深度学习的快速发展，基于深度神经网络的行人重识别方法[45-54]由于其具有强大判别性的深度特征而受到了很大的关注。一般而言，基于深度学习的行人重识别框架使用深度卷积神经网络或者视觉 transformer 网络提取特征表达，然后使用分类或者度量学习的损失函数进行学习（如 softmax 交叉熵分类损失[52] 和三元组损失[55]），形成一个端到端的学习框架，如图 6-3 所示。

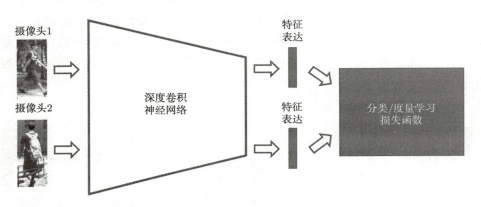

图 6-3　基于深度学习的行人重识别框架

与手工设计的特征相比，深度学习是一种端到端的学习方法，突破了过去的手工设计特征与度量学习结合的框架，直接从数据中学习具有强大判别性的特征。利用大量的有标签训练数据，高度非线性的深度神经网络能有效地以数据驱动的方式建模复杂行人重识别场景中行人表观信息的各种变化，使得行人重识别性能有了很大的飞跃。近年来有代表性的深度行人重识别模型有以下几种。基于孪生网络的模型[46] 是 2015 年提出的早期深度行人重识别模型，使用孪生网络让行人样本对共享特征提取的模型参数通过正负样本对的分类进行学习。基于联合训练的模型[47] 在 2016 年行人重识别研究领域中仍缺乏大规模行人数据集的时候，通过联合多个数据集进行训练，学习数据集共享和特有的知识，提高深度模型的泛化能力。其后，在行人数据量充足的情况下，模型的设计更加注重行人图像的局部特征。以此为原则发展了基于注意力机制的模型[50,56-58] 和基于局部特征的模型[52,59]。除了基于卷积神经网络的架构之外，基于神经网络架构搜索的模型[60]和基于视觉 transformer 结构的模型[61]也在行人重识别领域得到发展。

目前基于深度学习的方法可以获得很高的性能，例如使用 ResNet-50[62]可以在 Market-1501 数据集和 DukeMTMC 数据集获得超过 90% 的平均精度均值。但是它们依赖于大量的有标签数据来学习判别性强的特征，过高的标注成本阻碍了这些方法的可扩展性。

2. 无监督与半监督学习方法

尽管有监督行人重识别已经得到很大的发展，在扩展行人重识别系统时，由于无法为每个新的场景标注大量的身份信息，如何降低行人重识别的标注成本受到了越来越多的关注。2016 年起，行人重识别开始了无监督学习[55,63-76]的研究，从无标签的目标场景数据中学习特征。现有的无监督学习方法，大部分是依靠其他场景的源域数据学习先验知识或进行迁移学习。具有代表性的无监督行人重识别方法包括以下几种。在基于先验知识学习的一类方法[55,65,67]中，模型由源域数据进行预训练，然后通过聚类学习伪标签并微调，从无标签的目标数据中学习。在基于图像风格迁移的一类方法[68-72]中，通过从源域图像到目标域图像的风格变换，将知识从源域迁移到目标域。Wang 等人[66]提出从属性标签中迁移知识辅助无监督学习。Li 等人[73]将视频中的无标注行人轨迹进行跨摄像头关联。Yu 等人[74]提出对目标域数据学习源域数据的软标签，利用软标签建立源域与目标域的联系，帮助迁移知识用于目标域的无监督学习。Yang 等人[75]利用图像局部的小块学习更具有泛化性的局部特征表达，帮助对行人整体图像的无监督学习。Zhong 等人[76]提出利用与邻域和摄像头相关的几种一致性，指导无监督学习。与无监督学习的目的相同，半监督学习研究如何利用少量有标签数据以及无标签的数据进行学习。与无监督学习相比，行人重识别中半监督学习[67,77-82]的研究相对较少。PUL[67]和 MVC[77]是基于聚类的伪标签学习方法，基于用有标签数据预训练的模型进行聚类学习伪标签。Liu 等人[80]提出通过字典学习来建模无标签的数据，以学习行人的特征表达。Liu 等人[79]基于属性学习辅助半监督学习。Li 等人[78]通过探索邻域样本来学习距离度量。Ding 等人[81]提出利用生成对抗网络（GAN）产生的额外无标签数据辅助提高有标签数据的学习效果。

虽然无监督学习和半监督学习有一定的发展，但当有标签数据较少时，性能与有监督学习仍有差距。

6.2 行人重识别中的小样本问题

6.2.1 弱监督建模

在有监督学习中，需要跨摄像头匹配监控数据并将行人从监控视频中截取出来，从而收集行人图片以及相应的行人标签。这种跨摄像头的标注过程非常耗时且花费巨大。为了克服这个问题，考虑采用弱监督行人重识别进行建模，旨在发现给定目标人物出现的原始视频片段。由于视频中往往包含多个行人的多个图片，弱监督下的行人重识别可以建模成多实例多标签问题。

通常在训练过程中，给定一个摄像头下拍摄的行人样本，弱监督的设置并不需要行人在其他不重叠摄像头下的实例级别标签，从而大大减少了标注过程中的花费。在该设置下，期望识别系统能够找到给定目标人物出现的原始视频。弱监督下的行人重识别可以定义为：假设每个目标人物在查询图像集中有一个图像序列，图库集由带有视频级别弱标签的原始视频片段组成。这些视频级别的弱标签给出了视频中出现的行人身份，但是并没有给出行人出现的具体位置。如图 6-4（b）所示，图库集中的一个视频带有多个视频级别弱标签 {行人 A, 行人 B, 行人 C} 表示行人 A、行人 B 和行人 C 出现在此视频片段中，但是出现的具体位置和时间并不知道。在弱监督行人重识别中，同一行人跨摄像头的成对样本并没有显式地标注出来。

为了解决弱监督行人重识别问题，将图库集中的每个视频片段看作一个包，每个包包含从该视频中检测出的行人图片并且与多个包级别的标签关联。在这个基础上，首先要解决两个问题：一个是包内的学习，由于时空连续性，连续的视频片段往往包含有同个行人的多个行人图片，引导识别系统正确识别这些行人图片有助于提高系统的识别能力；另一个则是包间的学习，行人重识别需要识别跨摄像头的行人图片，学习如何更好地联系不同包之间的行人图片，能够进一步增强识别系统对视角变换的稳健性。

对于从一个视频片段中应用行人检测算法得到的图包 X_b，其中的所有图片 $\{x_{b,i}\}_{i=1}^{n_b}$ 共享视频级别的弱标签 y_b。由于图片实例级标签的缺失，无法直接应用 softmax 分类器进行分类。因此，使用当前模型预测每张行人图片属于视频级标签 c 的概率 $\tilde{y}_{b,i}^c$，对于包 X_b 的任意一个视频级标签 c，筛选出对于 c 类来说具有最大先验概率的行人图片，即 x_{b,q_c}，称此类行人图片为 "种子图片"，其下标 q_c 通过以下方式获得：

$$q_c = \mathop{\mathrm{argmax}}_{i \in \{1,2,\cdots,n_b\}} \{\tilde{y}_{b,i}^c\} \tag{6-1}$$

然后期望将该种子图片分类到 c 类中。因此，图库集上的分类函数为：

$$\mathcal{L}_g = \frac{1}{N_g} \sum_{X_b \in \mathcal{X}_g} \sum_{c \in \{0,\cdots,C\}} (-y_b^c \log \max\{\tilde{y}_{b,1}^c, \tilde{y}_{b,2}^c, \cdots, \tilde{y}_{b,n_b}^c\}) \tag{6-2}$$

其中，$\max\{\tilde{y}_{b,1}^c, \tilde{y}_{b,2}^c, \cdots, \tilde{y}_{b,n_b}^c\}$ 用来得到种子图片 x_{b,q_c} 相对于 c 类的最大先验概率 $\mathcal{X}_g$ 是图包的集合，N_g 是图包的数量。

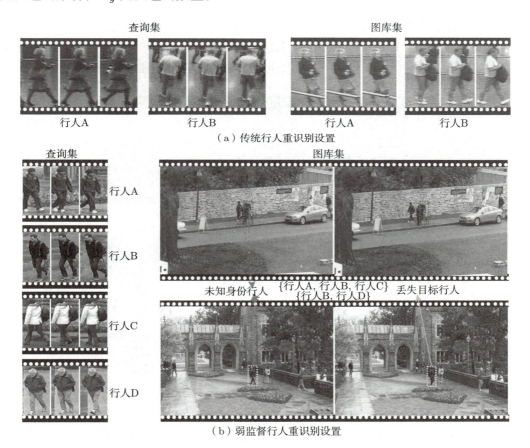

图 6-4 传统行人重识别设置与弱监督行人重识别设置对比（图中显示的边界框只是为了说明问题，在训练过程中并不存在）

为了实现包间学习，期望可能属于同一类的图片可以聚集在相应的种子图片 x_{b,q_c} 周围，形成组 $\mathcal{G}_{b,c} = \{p|x_{b,p} \in \mathcal{N}_{q_c} \text{ 且 } \tilde{y}_{b,p}^c \geq \gamma \tilde{y}_{b,q_c}^c\}$。这个组中的图片应该在种子图片 x_{b,q_c} 的 K 近邻 $\mathcal{N}_{q_c}$ 中，同时，其相对于 c 类的先验概率应该不小于一个阈值 $\gamma \tilde{y}_{b,q_c}^c$，$\tilde{y}_{b,q_c}^c$ 是种子图片相对于 c 类的最大先验概率，$\gamma \in (0,1)$ 是一个超参数。因此，包内对齐函数定义为：

$$\mathcal{L}_{\mathrm{IA}} = \frac{1}{N_{\mathrm{IA}}} \sum_{X_b \in \mathcal{X}_g} \sum_{c \in \{0,\cdots,C\}} \sum_{p \in \mathcal{G}_{b,c}} y_b^c D_{\mathrm{KL}}(\tilde{y}_{b,p} \| \tilde{y}_{b,q_c}) \tag{6-3}$$

$$D_{\mathrm{KL}}(\tilde{y}_{b,p} \| \tilde{y}_{b,q_c}) = \sum_{c \in \{0,\cdots,C\}} \tilde{y}_{b,p}^c (\log \tilde{y}_{b,p}^c - \log \tilde{y}_{b,q_c}^c) \tag{6-4}$$

式 (6-3) 中的包对齐函数用来评估组 $\mathcal{G}_{b,c}$ 中图片与相应种子图片 x_{b,q_c} 之间的差异，该差异由式 (6-4) 中的 Kullback-Leibler（KL）散度来衡量。如图 6-5 所示，通过最小化包内对齐函数，潜在的属于同一行人的图片在特征空间将会被相互拉近。

图 6-5　包内对齐过程示例

此外，在得到每个包中每个类的种子图片及种子图片周围的图片后，可以通过引导识别系统识别在不同包内但代表相同类的种子图片及相应实例，从而能够实现包间联系学习，使得识别系统学会抵抗视角的变换，识别不同视角下的行人。

6.2.2 无监督建模

在无监督学习中，每个行人图片中的身份信息并不可用，如何在无身份信息的指引下训练识别系统抵抗视角、姿态等变换是无监督行人重识别的关键。为此，如何挖掘无标签数据集中的正样本对和负样本对，是无监督方法的核心。正样本对由两张包含相同行人的图片组成，负样本对则表明两张图片包含不同的行人。在一般情况下，对正负样本对的判断主要是基于两张图片的特征相似度，或者是两张图片的排序关系，又或者是基于无监督聚类方法进行判断。

对于非聚类的方法，PAUL（patch-based unsupervised learning framework）是一个基于局部区域的无监督学习框架，被设计用来从特征图中选择局部区域并对每个局部区域学习判别性的特征。方法的整体思想为：如果两幅图片相似，那么它们的局部区域也会相似，而且局部区域比整体来看更相似一些，因此一个基于局部区域的判别性特征学习模型在不同的数据集之间会具有更强的泛化性。PAUL 将图片分块处理，为了挖掘正负样本对，对同一个图片块应用不同的数据增强，将不同数据增强后的样本以及原样本视为正样本对，引导模型提取更稳健的特征对正样本对进行识别，同时，基于循环排序原则，如果两个样本不同时在对方的邻域中，则将两个样本视为负样本对，引导模型提取更具分辨性的特征进行区分。

由于无监督聚类算法的快速发展，目前主流的无监督行人重识别方法大多基于无监督聚类算法。其主要想法是，通过将样本进行无监督聚类得到伪标签，然后利用伪标签引导网络对无标签数据集进行分类，提升网络性能。得到更好的网络模型后，使用新网络重新为无监督样本提取特征并聚类，更新伪标签，并应用新的伪标签继续训练模型。在更新网络和更新特征两个步骤间循环，直至模型收敛。在这个框架下，主流的方法主要关注于：如何提取更好的特征，提高聚类效果。

在数据收集过程中，很容易收集数据的位置信息，即这些数据是由哪一个摄像头采集的。一些方法利用数据集的摄像头信息提高聚类效果[1]。由于视角变化剧烈，为全部样本学习的通用特征投影很难在剧烈的跨视域人物外观变化下捕获跨视域判别信息。这种剧烈的外观变化是由特定于视域的一些拍摄条件引起的，如图 6-6（a）所示。例如，在一个照明较暗的摄影机视域中，白色的人可能看起来穿着灰色，而他可能会在另一幅照明更亮的视域中看起来像雪白色。没有人工正确标注的指导，通用特征投影很难将同一个人的这种截然不同的跨视域图像特征映射到子空间中非常接近的点。更一般而言，特定于视域的条件会引入特定于视域的特征偏差，即不同相机视域中的某些特定特征失真。在寻找跨视域匹配行人中更具有判别性的特征线索时，这可能会非常具有干扰性。图 6-6 中展示了一个示例来说明这种干扰效果。在图 6-6（a）中，人肩膀的颜色特征可能位于相机 1 图像的中央位置，因为相机 1 通常会拍摄到人的侧面，而相应的颜色特征可能会出现在相机 2 的图像边界上，因为它拍摄了人的背部。因此，特定于视域的特

---

[1] 部分学者认为摄像头标签虽然可以免费获得，但即使如此，使用了摄像头信息辅助学习也应该视为弱监督学习。但主流观点认为使用无须人工采集的信息仍应该归类为无监督学习。

征失真会使跨视域匹配更加困难，如图 6-6（b）中所示。大多数现有的无监督模型都以相同的方式处理来自不同视域的样本，因此可能会受到特定视域偏差的影响。

 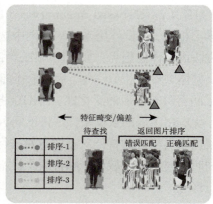 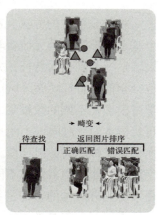

（a）特定于视域的拍摄条件　　（b）特定于视域的特征畸变（偏差）　　（c）减少特征畸变

图 6-6　特定于视域的特征偏差的成因

无监督的非对称距离度量学习利用了数据的摄像头标签来显式地处理特定于视域的偏差问题[65,83]。给定一对样本特征表示 x_i 和 x_j，常规的距离度量学习是：

$$d_l(x_i, x_j) = \sqrt{(x_i - x_j)^\top M(x_i - x_j)} = \|U^\top x_i - U^\top x_j\|_2 \tag{6-5}$$

其中，$M = UU^\top$ 是一个正半定矩阵，而 U 是一个投影矩阵。学习这样一个度量等同于在每个相机视域[84]中找到一个通用的空间。通过使用 U 投影所有样本，可以找到此通用空间。但是，不同的相机视域可能会导致不同的特征畸变失真，例如，摄像头 1 中人物的侧视域与摄像头 2 中人物的后视域，如图 6-6（a）所示。直观上，使用特定于视域的映射以获取通用特征以在摄像机视域之间匹配人物图像非常重要（例如，从不同的相机视域中选择图像的不同位置处的颜色特征）。因此，对于通用映射而言，很难隐式解决来自不同摄像机视域的特定于视域的特征失真，特别是当人们缺乏标签信息来指导时。这促使人们显式考虑特定于视域的特征失真，从而引入了非对称特征映射：

$$d_l(\{x_i, v_i\}, \{x_j, v_j\}) = \|U_{v_i}^\top x_i - U_{v_j}^\top x_j\|_2 \tag{6-6}$$

其中，v_i 表示第 i 个样本来自哪个摄像机视域，U_{v_i} 是对应于特定视域的映射。这种非对称度量允许对每个视域进行特定映射来解决特定于视域的特征失真。非对称度量能够很好地提升聚类的效果，得到质量更好的伪标签，从而提升模型的识别性能。

除了将摄像头信息用于距离度量，还可以将其用于分类[85]。无监督替代类学习旨在把每个无标注的样本都分到一个替代类（即创造出来的伪类）中去。希望每个替代类能够表示无标注训练集里的一个未知的人，构造一个替代分类任务作为一个简单的学习模型。不过，这种无监督的伪分类显然常常不准确，一个重要原因就是上面提到的视觉差异。当视觉差异不太大时，在特征空间里无标注的样本就会穿过决策边界，从本应属于的决策区域里"溜"到旁边的替代类的决策区域去。可以参见图 6-7 的中间部分。这种效应称为特征畸变/失真。根据这些现象，一种无监督决策边界调整的方法被提出用来解决这个问题。其想法是调整决策边界以让"溜走"的无标注样本回到正确的决策区域。然而，当特征畸变比较严重的时候，无标注样本们可能被推离正确的决策区域很远之外了。幸运的是，由一个状态引发的特征畸变常常遵循一些特定的畸变模式，例如极端昏暗的环境下多数视觉特征可能会遭到抑制而变小。而从总体的视角来看，这会导致一个特定的全局性特征漂移，如图 6-7 右边所示。因此，可以通过反抗这种全局尺度的特征漂移来把特征畸变减轻到一个比较适度的范围内，从而使决策边界调整能够处理。

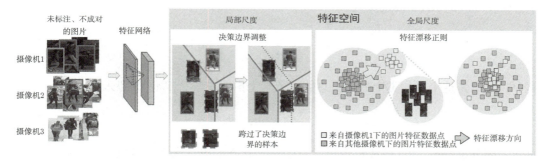

图 6-7 决策边界调整方法图示，以 RE-ID 为例，其中状态信息为相机视域

令 $\mathcal{U} = \{u_i\}_{i=1}^{N}$ 表示无标注训练集，其中 u_i 是一个无标注图片，其相应的摄像头标签 $s_i \in \{1, \cdots, J\}$。目标是学习一个深度网络 f 来提取身份判别信息，记为 $\boldsymbol{x} = f(u; \theta)$。一个直接的想法是假设在特征空间中每个 $\boldsymbol{x}$ 都属于一个替代类，由分类器 $\boldsymbol{\mu}$ 来表示。我们希望一个替代类可以建模无标注训练集里的一个潜在的未知个体。判别学习可以通过替代分类任务来实现：

$$\min_{\theta, \{\boldsymbol{\mu}_k\}} L_{\text{surr}} = -\Sigma_{\boldsymbol{x}} \log \frac{\exp(\boldsymbol{x}^\top \boldsymbol{\mu}_{\hat{y}})}{\sum_{k=1}^{K} \exp(\boldsymbol{x}^\top \boldsymbol{\mu}_k)} \tag{6-7}$$

其中，$\hat{y}$ 表示 x 的伪类标，即被分到了哪个替代类，K 表示替代类的总个数。一个直接的替代类的伪类标分配方式是

$$\hat{y} = \arg\max_k \exp(x^\top \mu_k) \tag{6-8}$$

然而，前述的由于不同摄像头导致的视觉差异会引起许多错误的伪分类结果。

首先，考虑当特征畸变不大时的情况。此时畸变会把图片特征 x 给错误地推过决策边界，进入一个错误的替代类的决策区域里。例如，两个穿着深色衣服的人处于比较昏暗的相机视域下时，两者会变得更难区分。因此，这些行人图片被分配到了同一个替代类。此时，一个很直接的观察是该替代类里的大多数成员都是从同一个昏暗的相机视域下来的（即同一个状态）。因此，把这个某状态在某替代类中的"统治地位"程度给量化。然后把决策边界推向一个高度"受单一状态统治"的替代类，或者甚至直接撤销掉这个替代类，从而希望能够纠正这个局部的跨决策边界的错误分配。这里提出一个指标，即最大统治指数（maximum predominance index，MPI）来量化这个程度。MPI 被定义成最具有统治性的状态在一个替代类中的成员占比率。用数学语言来描述，第 k 个替代类 R_k 的 MPI 被定义为：

$$R_k = \frac{\max_j |\mathcal{M}_k \cap \mathcal{Q}_j|}{|\mathcal{M}_k|} \in [0, 1] \tag{6-9}$$

其中，分母是这个替代类中的成员总数，数学上由成员集合 $\mathcal{M}_k$ 的势来表示：

$$\mathcal{M}_k = \{x_i | \hat{y}_i = k\} \tag{6-10}$$

而分子部分是 $\mathcal{M}_k$ 中这些成员中最常见的那个状态的出现次数，数学上由 $\mathcal{M}_k$ 和状态集合的交集 $\mathcal{Q}_j$ 来表示：

$$\mathcal{Q}_j = \{x_i | s_i = j\} \tag{6-11}$$

注意到成员集合 $\mathcal{M}_k$ 是动态更新的，因为替代类的分配 [式 (6-8)] 也是动态的。当没有任何成员时 $R_k = 0$。

由以上分析可见，比较高的 R_k 表明更有可能是许多样本越过决策边界，错误地进入了这个替代类 μ_k 里。因此，可以收缩 μ_k 的决策边界来尝试把这些可能的跨边界样本给清回原本的决策区域。特别地，我们发展出弱监督调整的伪类标分配：

$$\hat{y} = \arg\max_k p(k) \exp(x^\top \mu_k) \tag{6-12}$$

其中，$p(k)$ 是一个随着 R_k 单调递减的调整函数：

$$p(k) = \frac{1}{1+\exp(a\cdot(R_k-b))} \in [0,1] \tag{6-13}$$

其中，$a \geqslant 0$ 是调整强度，$b \in [0,1]$ 是调整阈值。对任意两个近邻的替代类 $\boldsymbol{\mu}_1$ 和 $\boldsymbol{\mu}_2$，容易推导得到决策边界为：

$$(\boldsymbol{\mu}_1 - \boldsymbol{\mu}_2)^\top \boldsymbol{x} + \log\frac{p(1)}{p(2)} = 0 \tag{6-14}$$

图 6-8（b）画出了一系列决策边界。

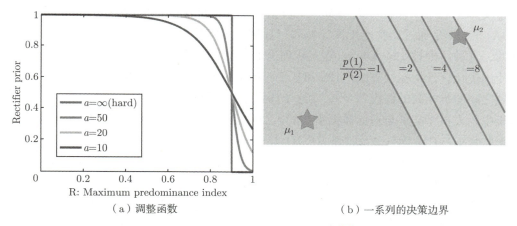

（a）调整函数　　　　　　　　　（b）一系列的决策边界

图 6-8　不同强度 a 下的调整函数 $p(k)$ 和不同 $\dfrac{p(1)}{p(2)}$ 值下的决策边界

一个视觉上非常显著的状态会导致显著的特征畸变，从而把无标注的样本都推离正确的决策区域很远。这个问题很棘手，如果只考虑局部因素的话难以解决。不过，好在这样的显著特征畸变很可能遵循一定的模式。例如，极其昏暗的照明可能会抑制所有的颜色特征和纹理特征（因为纹理无法分辨了），让它们都变小。总体来说，人们可以从全局的角度来捕捉这种模式。换言之，这种对状态特定的特征畸变可能导致许多这个状态下的样本都在特征空间中朝一个方向漂移，如图 6-7 所示。对于这种全局特征的处理，一种有效的方式是计算各个摄像头下的特征分布，并施加一定的一致性约束，学习到摄像头无关的特征分布，实现特征漂移正则。把整个训练集上的分布记为 $\mathbb{P}(\mathcal{X})$，其中 $\mathcal{X} = f(\mathcal{U})$。一致性约束可以形式化为：

$$\min_\theta L_{\text{drift}} = \Sigma_j d(\mathbb{P}(\mathcal{Q}_j)\mathbb{P}(\mathcal{X})) \tag{6-15}$$

其中，$d(\cdot,\cdot)$ 是分布距离。由于在实践中观测到的行人图片特征大体上服从一个对数高斯分布，可以使用简化 2-Wasserstein 距离[86-87]来实例化一致性约束，即：

$$d(\mathbb{P}(\mathcal{Q}_j), \mathbb{P}(\mathcal{X})) = ||\boldsymbol{m}_j - \boldsymbol{m}||_2^2 + ||\boldsymbol{\sigma}_j - \boldsymbol{\sigma}||_2^2 \tag{6-16}$$

其中，m_j/σ_j 是 $\mathcal{Q}_j$ 上的均值/标准差向量，m/σ 则是定义在整个无监督数据集 $\mathcal{X}$ 上的均值/标准差向量。

6.2.3 迁移学习建模

无监督 RE-ID 中的一个主流方法是发展出新型的迁移学习技术，又称无监督域适应（unsupervised domain adaptation，UDA），来迁移源数据集的知识。在 UDA[88-95]的定义中，有一个已标注数据集（源数据集）和未标注的目标数据集。大多数现有的 UDA 方法都是通过调整匹配在源域和目标域之间的数据分布来在目标域学习判别性特征的，这种原则被 Ben-David 等人从理论上证明是合理的[96]。为了对齐数据分布，通常使用优化统计指标的方法[96-99]和基于对抗学习的方式[93-95]。但是，它们主要基于两个域之间的类相同的假设[96-99]，而这个假设在 RE-ID 的问题背景中不成立，因为源数据集中的人员（类）与目标数据集中的人员完全不同，这就导致这些 UDA 模型不适用于无监督 RE-ID。因此，无监督 RE-ID 方法需要重新设计 UDA 技术的算法和细节，使之能够适应无监督 RE-ID 的问题背景[100-103]，例如应用生成对抗网络等无须对不同域之间的类分布做出假设的技术[100-101]。

迁移学习技术的关键在于如何利用源域的知识，辅助模型在目标域上的学习。一种最基础的方式是先将模型在源域上做有监督学习，然后利用无监督学习技术，将模型直接用于目标域进行学习。这种方式忽略了源域与目标域的联系，仅仅是使用源域上的标签数据集做预训练。

为了建立源域和目标域之间的联系，一种方式是利用生成对抗网络[100-101,103]，将源域的数据集进行风格转换，得到带目标域风格的有标注数据，再对模型进行训练，使得模型能够适应目标域的视角变换风格，进而提高模型的适应能力。

然而，基于生成模型的风格迁移方法得到的图像不可避免地带有噪声，与真实图像有差距。软多标签分类克服了对图像生成模型的依赖，以软多类标的形式建立了源域与目标域的联系。其主要的想法是，对目标场景收集到的无标注训练集里的每张行人图片，都学习一个软多类标（这是一个实值的类标似然向量，而不是一个单一的伪类标）。较多类标的学习通过将这张无标注行人图片和一些参考人员（reference persons）作对比来得到，而这些参考人员来自一个已经存在并且标注过的，但独立于目标数据集的源数据集。图 6-9 展示了软多类标的概念。

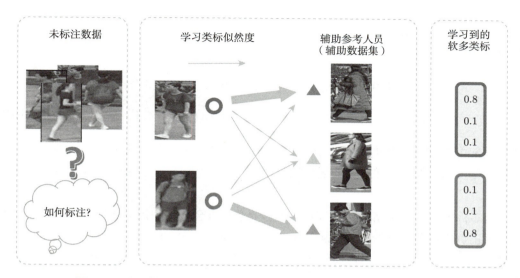

图 6-9 关于软多类标概念的图示，越粗的灰色箭头表明越大的似然度

首先来定义软多类标函数。对于一个无标注样本 x，由于软多类标 y 的每个维度代表一个概率并且相加为 1，可以将其定义为

$$y^{(k)} = l(f(x), \{a_i\}_{i=1}^{N_p})^{(k)} = \frac{\exp(a_k^\top f(x))}{\sum_i \exp(a_i^\top f(x))} \tag{6-17}$$

其中，$y^{(k)}$ 是 y 的第 k 个维度，a_i 是源域上的参考人物，N_p 代表了参考人物的数量。源域上参考人物的特征学习，可以通过引导模型将行人图片与其相应代表的参考人物特征拉近，同时与其他参考人物特征拉远来实现。编码在软多类标里的对比特性的相似度度量，可以用软多类标同意度 $A(\cdot,\cdot)$ 表示，定义为：

$$A(y_i, y_j) = \Sigma_k \min(y_i^{(k)}, y_j^{(k)}) = 1 - \frac{\|y_i - y_j\|_1}{2} \tag{6-18}$$

直觉上看，软多类标同意度模仿了参考人员的"投票"过程：每个参考人员 k 都给出自己的保守意见 $\min(y_i^{(k)}, y_j^{(k)})$ 在有多相信这个相似对是同一个人上，而越与之相似的参考人的话语权重越大。软多类标聚集了所有的同意度，并最后给出置信度判断。通过结合特征相似度和软多标签同意度来共同判别正样本对和困难负样本对，可以有效地利用源域的知识，辅助目标域的学习。首先定义一个挖掘比率 p：取无标注训练集 $\mathcal{X}$ 中所有 $M = N_u \times (N_u - 1)/2$ 个样本对中的视觉特征相似度最高的 pM 个作为相似对。对于一个相似对 (x_i, x_j)，再看其比较特性的相似度，若也是属于最高的 pM 个之中的话，将其放进挖掘到的正样本集合 $\mathcal{P}$ 中，否则放到困难负样本集合 $\mathcal{N}$ 中。用数学语言来表达为：

$$\mathcal{P} = \{(i,j)|f(\boldsymbol{x}_i)^\top f(\boldsymbol{x}_j) \geqslant S, A(\boldsymbol{y}_i, \boldsymbol{y}_j) \geqslant T\}$$
$$\mathcal{N} = \{(k,l)|f(\boldsymbol{x}_k)^\top f(\boldsymbol{x}_l) \geqslant S, A(\boldsymbol{y}_k, \boldsymbol{y}_l) < T\} \tag{6-19}$$

其中，S 可以定义为数据集中第 pM 个最相似的样本对（在余弦相似度的意义下）的余弦相似度值。换句话说 S 就是视觉特征的相似度阈值，T 是相应的对比特性的相似度阈值。

软多标签包含了丰富的源域知识，使得模型有机会修正在目标域上依据特征相似度得到的正负样本对的判断结果，从而实现了知识迁移。软多标签的质量影响着知识迁移的效果。依据先验知识，可以对软多标签施加视角不变性约束，也即不同视角下的数据的软多标签分布一致：

$$L_{\text{CML}} = \Sigma_v d(\mathbb{P}_v(\boldsymbol{y}), \mathbb{P}(\boldsymbol{y}))^2 \tag{6-20}$$

其中，$\mathbb{P}(\boldsymbol{y})$ 是软多类标在 $\mathcal{X}$ 上的总体分布，$\mathbb{P}_v(\boldsymbol{y})$ 是软多类标在第 v 个相机视域下的分布，$d(\cdot,\cdot)$ 是两个分布之间的距离，可以使用任何分布距离度量方法，如 KL 散度[104]或 Wasserstein 距离[105]。例如，采用了简化的 2-Wasserstein 距离，可以将约束实例化为：

$$L_{\text{CML}} = \Sigma_v \|\boldsymbol{\mu}_v - \boldsymbol{\mu}\|_2^2 + \|\boldsymbol{\sigma}_v - \boldsymbol{\sigma}\|_2^2 \tag{6-21}$$

其中，μ/σ 是对数软多类标的均值/标准差向量，μ_v/σ_v 是其在第 v 个相机视域下的均值/标准差向量。

6.3 行人重识别中的开放性建模问题

6.3.1 遮挡问题

在实际场景中，行人被各种物体（如树木、车辆、广告牌等）遮挡的情况是非常普遍的。此前基于图像的数据集没有专门针对遮挡问题收集行人数据。随着学术界和工业界越来越重视该问题，几个专门针对遮挡问题的图像数据集[108-110]被相继推出。目前关于遮挡行人重识别的研究大致分为两类方法，分别是不借助辅助信息的方法[109,111-113]

和借助辅助信息的方法[110,114-116]。如图 6-10（a）所示，Zhou 等人[109] 提出一个关注行人身体的注意力框架（attention framework of person body，AFPB）。AFPB 通过设计一个遮挡模拟器来对正常图像产生随机遮挡，使得网络在学习各种各样的遮挡图像的过程中逐渐地只关注遮挡行人的可见部位。同时，AFPB 引入了一个多任务学习损失函数，不只使用行人的身份信息去引导网络学习，同时还增加了一个判断当前图像是否存在遮挡的二分类损失函数将先验知识编码到网络的学习中，从而学习到一个对遮挡稳健的特征。Tan 等人[113] 设计了一种多头自注意力网络（multi-head self-attention network，MHSA-Net）来排除掉不重要的信息和捕获关键的局部信息。MHSA-Net 包含两个关键的组成部件，即多头自注意力分支（multi-head self-attention branch，MHSAB）和注意力竞争机制（attention competition mechanism，ACM）。MHSAB 首先自适应性地捕获丰富多样的局部特征，然后 ACM 再进一步过滤掉噪声和非关键信息，如图 6-10（b）所示，相比基准模型的激活图，MHSA-Net 的激活图关注的信息更丰富。Gao 等人[115] 提出了一个姿态引导可见部分匹配（pose-guided visible part matching，PVPM）方法，如图 6-10（c）所示。PVPM 主要包含两个模块，即姿态引导的部分注意力（pose-guided part attention，PGA）模块和姿态引导的可见度预测器（pose-guided visibility predictor，PVP）模块。PGA 学习更具有鉴别性的局部特征，PVP 被设计用来估计行人部分是否受到遮挡。测试阶段通过 PVM 对各身体局部的距离进行加权求和作为最终的距离。Wang 等人[114] 提出了一个基于图卷积的网络框架 HOReID 来同时建模行人关键点间的高阶关系和行人的拓扑结构信息，如图 6-10（d）所示。HOReID 首先使用人体姿态检测器提取出行人关键点对应的特征，将这些特征看作是图中的节点，然后设计了一个自适应的方向图卷积（adaptive direction graph convolutional，ADGC）层学习节点间的高阶信息。ADGC 能够通过动态地学习边之间的方向和关系来自动地抑制无意义的特征。然后，HOReID 将行人对齐看作一个图匹配的问题，设计了一个跨图的嵌入对齐（cross-graph embedded alignment，CGEA）层来同时学习和嵌入行人的拓扑信息到局部特征。CGEA 通过图匹配充分利用了学习到的对齐信息，同时也替代了原始的节点一对一的匹配方式。测试阶段通过 CGEA 计算两张图像的匹配分数作为其最终的相似度分数。此外，最近 Hou 等人[117] 提出了一个多视角检测器（multiview detector，MVDet）来联合利用多个相机的信息，这可以缓解行人检测问题中存在的遮挡问题。但该设定下对多相机系统有严格的要求，其要求多相机系统需要包含多个同步、有重叠视野、标定好的相机能从不同的角度记录同一个场景。这一点在行人重识别这个研究领域是不能满足的，行人重识别问题在实际应用中面临的关键挑战就是监控网络中的不同摄像头视角间是互相不重叠的。因此，该方法无法解决行人重识别领域中的遮挡问题。此外，这些方法目前都严重依赖于人体姿态或者人体语义辅助信息的粒度，使用了复杂的建模方法来利用这些辅助信息，如图 6-12（a）所示。该建模方法预先通过人体关键点信息大致将人的身体部位分为头的区域，上半身区域和下半身区域，然后再建模这三部分之间的关系。这在辅助信息完全准确的情况下，对缓解遮挡问题是有帮助的。但是，现实情况中，由于这些方法使用的人体姿态检测器或者人体语义分割器都是在其他数据集上训练得到的，如 Microsoft COCO 数据集[106]。如图 6-11 所示，这些数据集和行人重识别数据集之间存在较大的分布偏差，在其他数据集训练好的辅助信息提取器用到行人重识别中会出现较大的估计错误。如图 6-12（b）～图 6-12（e）所示，可以看出图 6-12（b）和图 6-12（d）关键点数量较少，但几乎没有噪声。从图 6-12（c）和图 6-12（e）可以看出，关键点数量增多的时候，噪声也伴随着增多了。因此目前这些利用辅助信息的方法[110,114-116]就面临着如何权衡辅助信息中粒度和噪声的关系。辅助信息粒度稀疏的时候噪声少，但可利用信息也少，粒度增多的时候，可用信息会增多，但同时也伴随着噪声的增多，所以目前这些方法对辅助信息中出现的错误和噪声都不稳健。同时，目前这些利用辅助信息解决遮挡的方法都要在测试阶段使用人体姿态检测器或者人体语义分割器提取姿态或者语义的辅助信息，这会明显地增加处理时间和系统开销，不利于实际环境中的部署。

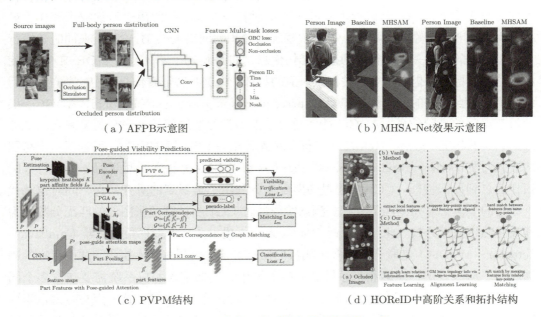

（a）AFPB示意图　　　　　　　　　（b）MHSA-Net效果示意图

（c）PVPM结构　　　　　　　　　（d）HOReID中高阶关系和拓扑结构

图 6-10　近年来一些遮挡行人重识别的工作

（a）人体姿态数据集　　（b）语义分割数据集　　（c）行人重识别数据集

图 6-11　展示辅助信息检测器（如人体姿态检测器或人体语义分割器）训练的数据集[113]分布和行人重识别数据集[106]分布的不同

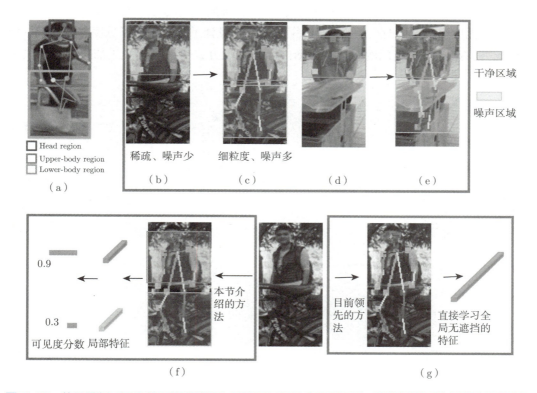

图 6-12　基于局部可见度学习的遮挡行人重识别与其他方法的比较，以及目前人体关键点信息存在的问题

本节下面介绍一个简单有效的基于行人局部可见信息感知的方法来高效且稳健地利用有噪声的辅助信息。该方法通过离散化地利用这些辅助信息，大大减弱了辅助信

息中的噪声或者错误对模型性能的影响。如图6-12（f）所示，将从行人的局部可见度出发，通过预测一个行人局部可见度来显式地减弱遮挡的影响。而其他领先的方法目前采用的方式如图6-12（g）所示，他们通过利用辅助信息期望学习到一个对遮挡稳健的全局特征。但由于前面提到的辅助信息噪声问题，使得直接利用辅助信息提炼出干净可用的特征是非常难的任务。该方法总体框架如图6-13所示，基于行人局部可见度的框架主要由一个卷积主干网络，一个行人局部可见性标签生成器，一个行人局部可见度判别器组成。首先，我们使用ResNet50作为主干网络提取图像的特征。原始的输入图像大小为$384 \times 128 \times 3$，经过主干网络得到的特征图大小为$24 \times 8 \times 2048$。然后，特征图被水平等分为若干部分，每个分块特征被平均池化和1×1卷积降维处理，再使用交叉熵损失函数对每个分块进行有监督学习。其次，这些分块特征也会被送入局部可见度判别器，在局部标签生成器产生的标签下进行局部特征的可见度学习。同时，受文献[116]的启发，设计了一个基于可见度分数加权的距离计算方式来产生更准确的距离，该新的距离度量方式也被用于改进的三元组损失函数中。

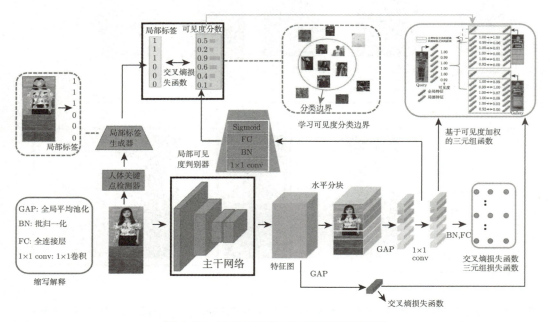

图6-13 本节提出的网络框架总体示意图

局部标签生成器将人体姿态检测器提取的关键点信息转换为行人分块的可见度标签。标签值为1或者0，1代表该行人分块可见，0代表该行人分块不可见。对于一张行人图像，使用人体姿态检测器，如 AlphaPose，可以得到 K 个人体关键点的坐标和置信度，表示为 $(cx_j, cy_j, s_j), j=1,2,\cdots,K$。$cx_j, cy_j, s_j$ 分别代表该关键点的横坐标，纵坐标和置信度。其中关键点置信度的原始意义是该关键点属于某个人体关节点的概念（如胳膊，膝盖等部位），因此可以使用关键点的置信度表示一个更粗糙的意义，即该行人部位是否存在遮挡。如图 6-14 所示，一个行人分块可能包含多个人体关键点，该方法设计了一个冗余决策的方法将行人分块中多个关键点的置信度信息转化为该分块的可见度信息。该方法认为每个人体关键点应该有一个决策权重表明其所处的行人分块是否可见。当一个行人关键点的置信度高，则代表其可信度越高，表示该分块是可见的；当一个行人关键点的置信度低的时候，则代表其可信度越低，该分块更可能是被遮挡的。因此，设置了一个决策阈值 λ 来表示一个人体关键点是否能产生有效的决策。当人体关键点的置信度 $s_j \geqslant \lambda$ 时，认为这个关键点可以产生一个有效的决策，将其决策权重设为 1。当 $s_j < \lambda$ 时，认为这个关键点不足以产生一个有效的决策，将其决策权重设为 0。最终，统计每个行人分块内的所有人体关键点决策权重之和，记为 T。如果一个分块的决策权重之和达到一定程度，说明该行人分块很有可能是可见的。因此设计了权重阈值 W 来判断一个行人分块是否可见，当 $T \geqslant W$，该行人分块被认为是可见的，他的局部标签被设为 1。反之，当 $T < W$ 时，该行人分块被认为是被遮挡的，他的局部标签将被设为 0。因此，对于每个行人分块 $i=1,\cdots,N$，将其局部可见度标签记为 l_i，数学表达式如下：

$$w_j = f(s_j - \lambda) \quad (j=1,\cdots,K)$$
$$T_i = \sum_{j=1}^{K} w_j, \exists cy_j \in \left[\frac{i-1}{N}H, \frac{i}{N}H\right) \quad (6\text{-}22)$$
$$l_i = f(T_i - W) \quad (i=1,\cdots,N)$$

其中，当 $x \geqslant 0$ 时，$f(x)=1$，当 $x<0$ 时，$f(x)=0$。H 代表原始图像的高度。因此，一张行人图像水平均分为 N 块，通过局部标签生成器，每块可以得到一个局部标签 $l_i \in \{0,1\}$。当 $l_i = 0$ 时，表明该分块被遮挡；当 $l_i = 1$ 时，表明该分块是可见的。

行人重识别本质是一个图像检索问题，其目的是相同的行人图像之间距离尽可能近。如果直接计算遮挡行人图像和完整行人图像之间的距离，因为遮挡的干扰，最终的距离极有可能是不准确的。一个直观的想法是利用额外的辅助信息（如人体关键点）去大致估计行人的遮挡情况。但是原始的辅助信息形式不能直接被量化地用于计算遮挡图像和正常图像的有效距离，因此本节介绍的方法设计了一个局部可见度判别器。该局部可见度判别器能够学习一个从粗糙辅助信息到行人分块可见度的稳健映射。首先，对于一张行人图像，将其记为 I。图像被主干网络提取的特征图记为 F。$F \in \mathbb{R}^{h \times w \times c}$，其中 h, w, c 分别为特征图的高、宽和通道数。特征图 F 被水平地分为 N 个分块。然后每个特征分块经过平均池化后的新特征记为 $x_i \in \mathbb{R}^c, i = 1, \cdots, N$，$c$ 是特征的维度。局部可见度判别器输入为 x_i，输出为该特征分块的可见度分数。局部标签生成器生成的局部标签以一个端到端的方式来监督局部可见度判别器的学习。

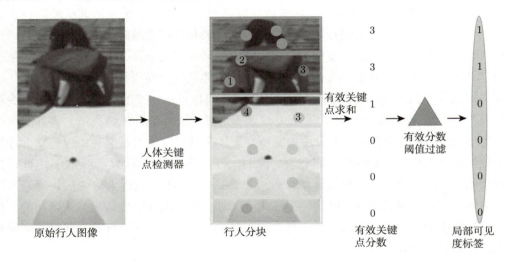

图 6-14　局部可见度标签生成器（图中原点代表人体的关键点，颜色深浅代表置信度。颜色越深，代表该点处的人体区域未被遮挡的可能性越大。反之，则代表该点处的人体区域被遮挡的可能性越大。先统计不同行人分块中的有效关键点数量，然后使用一个权重阈值来判断该分块是否可见。可见时，该行人分块标签记为 1。反之，则为 0）

依据局部可见度判别器预测的行人分块可见度分数可以用来减缓遮挡的干扰。如图 6-15 所示，在进行两张图片的特征匹配时，综合考虑两张图像的全局特征和局部特征之间的距离作为两张图像的有效距离，数学表达式为：

$$\mathrm{dist} = \frac{\sum_{i=1}^{N} (l_i^q \cdot l_i^g) \cdot D(x_i^q, x_i^g) + D(F^q, F^g)}{\sum_{i=1}^{N} l_i^q \cdot l_i^g + 1}, \tag{6-23}$$

其中，l_i^q 和 l_i^g 分别代表查询图像和候选图像的第 i 个分块的可见度分数。· 代表乘法，$D(x_i^q, x_i^g)$ 是两张图像原始的分块特征之间的距离。然后通过 $l_i^q \cdot l_i^g$ 来加权分块特征之间的距离，如果对应的特征对之间存在遮挡，l_i^q 或者 l_i^g 任何一方的可见度很低都会使

得 $l_i^q \cdot l_i^g$ 值很小（接近于 0），只有当两块都可见时，他们之间的原始特征才算有效距离，此时 $l_i^q \cdot l_i^g$ 的值几乎接近于 1，对原始特征没有影响。同时，测试阶段也使用式 (6-23) 作为查询图像和候选图像之间的最终距离计算公式。因为已使用局部可见度判别器来产生行人分块可见度分数判断，不需要借助其他额外的辅助信息提取器来估计行人遮挡情况，这意味着在测试阶段不依赖任何辅助信息提取器，从而大大减少资源开销和处理时间，有利于实际系统部署。

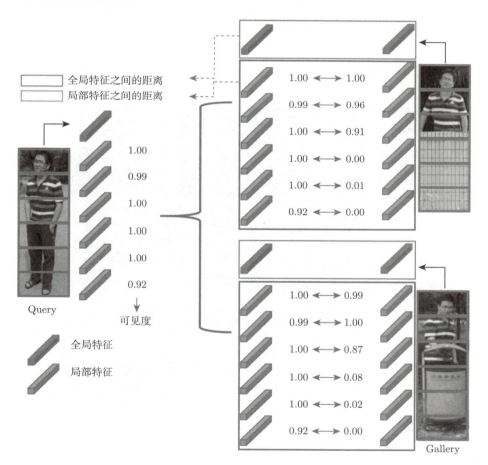

图 6-15　基于可见度分数加权的距离度量方法（当计算的两张图像之间存在遮挡图像时，直接计算全局特征之间的距离是不够准确的。因此，通过局部分块的可见度分数来加权局部特征间的距离，从而解决遮挡的影响。最终，使用全局特征间的距离和经过可见度分数加权后的局部特征距离之和作为一对图像之间更准确的距离）

6.3.2 跨模态问题

前面介绍的研究主要集中在基于可见光图像（RGB 可见光图像）的方法上。然而，当行人出现在照明不良的黑暗环境中，如夜间，基于 RGB 图像的单模态行人重识别方法会受到限制。RGB 图像在夜间不具有判别性信息，如图 6-16 所示。在这种情况下，使用可见光图像会导致不可靠的行人匹配。当照明条件发生显著变化时，许多现代的监控摄像机可以随时在可见光（RGB）和红外（IR）模式之间自动切换。因此，有必要解决红外图像与 RGB 图像的跨模态匹配问题。本小节称这个问题为 RGB-IR 行人重识别问题。

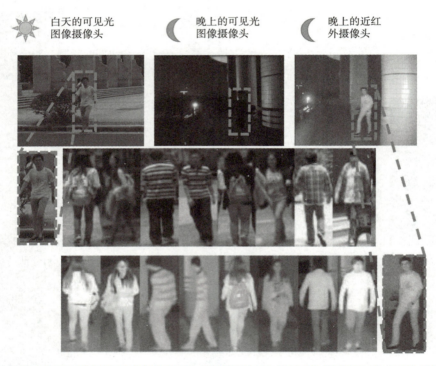

图 6-16 分别在白天和夜间的两个室外场景中拍摄的可见光（RGB）图像和红外（IR）图像的示例（每两列中的图像是同一个人的，由于是用不同波长的光成像的，同一个人的 RGB 图像和 IR 图像看起来非常不同）

此前，RGB-IR 行人重识别很少被研究。两种模态之间的视觉差异导致了很大的困难，主要有两方面。首先，由于成像过程中使用的波长范围不同，RGB 图像和 IR 图像之间存在本质上的差异。如图 6-16 所示，RGB 图像（第一行）有三个通道，包含从可见光获得的颜色信息，而红外图像（第二行）只有一个通道，包含从近红外光获得的信息。因此，在 RGB 图像和 IR 图像中找到对应的相同颜色是不可能的，这意味着在现有行人重识别方法中用于识别人的最重要的表观信息[4-5]的判别性大大降低。其次，视角和人物姿态变化这些在基于 RGB 图像的单模态行人重识别中的难点，会给 RGB-IR 行人重识别带来更大的困难。

RGB-IR 行人重识别是一个跨模态匹配问题。处理不同模态之间的类内成像差异是关键的问题。虽然 RGB 图像和 IR 图像在视觉上看起来是不同的，但它们仍然包含一些共享的信息（如形状）。因此，在跨模态匹配中学习提取两种模态的共享知识是至关重要的。一种常见的跨模态匹配方法是通过身份分类和特征分布对齐[118-121]来在某个特征空间中最小化不同模态之间的差异。然而，这个方法假设训练集和测试集的数据分布是相同的，这一假设对于行人重识别不适用。因为训练集和测试集中不重叠的行人身份导致了这两个数据分布之间存在差异。为了可视化训练和测试数据之间分布差异的影响，在 RGB-IR 行人重识别数据集 SYSU-MM01 上训练了一个 ResNet-50 模型[122]。在图 6-17 中，展示了使用 t-SNE[123] 进行降维后特征空间中训练集和测试集的分布，很明显，训练集和测试集在特征空间中的分布差异显著。解决 RGB-IR 行人重识别问题时，不假设训练数据和测试数据有相同的分布，而是在相似度空间中挖掘共享知识进行跨模态匹配，因为相似度值是样本之间相对的信息，不需要假设相同的训练集和测试集的数据分布。

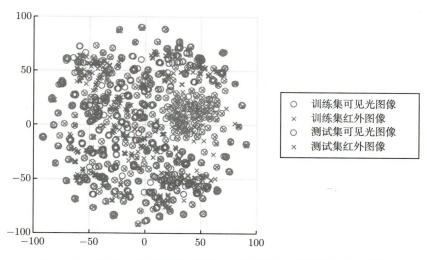

图 6-17　使用 t-SNE[123] 降维显示的训练集和测试集中的特征

本节将 RGB-IR 跨模态共享知识的学习看作一个跨模态相似度保持问题，用同模态匹配作为正则化约束来指导学习跨模态匹配,并提出一种选择性跨模态相似度保持损失。

在特征提取方面,我们期望用于跨模态匹配的共享知识对于模态内的匹配是有效的,这样可以减少特征空间学习到的模态特有信息。这里介绍一个称为模态选通提取器的结构可学习网络,该网络使用模态选通节点作为模态特有和共享结构的通用表示来帮助提取用于匹配的共享知识。在构造用于跨模态匹配的特征提取器时,学习合适的模态共享和模态特有结构是很重要的。而现有的跨模态匹配网络[118-119],通常在模型中使用了固定的模态特有和共享结构。在这些结构中,特定的节点是否应该被不同模态共享以及在多大程度上被共享是手动设计的。由于这些参数不能基于训练数据来学习,因此设计的结构是次优的,并且不能动态调整以适应不同数据的特征提取。通过在提出的模型中引入模态选通节点,提出的特征提取网络能够从训练数据中隐式地学习模态特有的和共享的网络结构,而无须人工干预。

1. 跨模态相似度保持损失

为了消除相似度空间中两种模态之间的差异,期望在进行跨模态匹配和同模态匹配时,检索结果能够在某个特征空间中保持一致。因此,强制两个对象之间的跨模态相似度和同模态相似度尽可能等价,即跨模态相似度保持。由于跨模态匹配的检索结果与同模态匹配的检索结果具有一致性约束,因此可以在共享的特征空间中减小模态特有信息的影响。为此,提出了如下的跨模态相似度保持损失。

为了详细说明提出的损失函数,对于行人 J_k,假设有一对同步的 RGB 图像 $\boldsymbol{I}^{m1}(J_k)$ 和 IR 图像 $\boldsymbol{I}^{m2}(J_k)$。对于任意两个图像 $\boldsymbol{I}_1$ 和 $\boldsymbol{I}_2$,目标是学习一个函数 $f_{\text{sim}}(\boldsymbol{I}_1, \boldsymbol{I}_2)$ 来计算它们之间的相似度。对于两个行人 J_k 和 J_l,期望在某个特征空间中,跨模态相似度 $f_{\text{sim}}(\boldsymbol{I}^{m1}(J_k), \boldsymbol{I}^{m2}(J_l))$ 和 $f_{\text{sim}}(\boldsymbol{I}^{m2}(J_k), \boldsymbol{I}^{m1}(J_l))$ 可以保持为同模态相似度 $f_{\text{sim}}(\boldsymbol{I}^{m1}(J_k), \boldsymbol{I}^{m1}(J_l))$ 和 $f_{\text{sim}}(\boldsymbol{I}^{m2}(J_k), \boldsymbol{I}^{m2}(J_l))$;也就是说,跨模态匹配受相同模态匹配的约束和指导。理想情况下,跨模态相似度保持的表达式为

$$\sum_{J_k, J_l \in \mathcal{J}} (f_{\text{sim}}(\boldsymbol{I}^{m1}(J_k), \boldsymbol{I}^{m1}(J_l)) - f_{\text{sim}}(\boldsymbol{I}^{m1}(J_k), \boldsymbol{I}^{m2}(J_l)))^2 \\ + (f_{\text{sim}}(\boldsymbol{I}^{m2}(J_k), \boldsymbol{I}^{m2}(J_l)) - f_{\text{sim}}(\boldsymbol{I}^{m2}(J_k), \boldsymbol{I}^{m1}(J_l)))^2 \tag{6-24}$$

其中,$\mathcal{J}$ 是行人的集合。

然而,在实践中,对于 RGB-IR 行人重识别,很难得到同步的 RGB 和 IR 图像,因为它们不是由同一个摄像头同时拍摄的。为了解决这一问题,引入了一种基于同一身份的 RGB 和 IR 图像对的跨模态相似度保持方法,如图 6-18 所示。让 $\{\boldsymbol{I}_i^{m1}, y_i^{m1}\}_{i=1}^{n_1}$

和 $\{\boldsymbol{I}_j^{m2}, y_j^{m2}\}_{j=1}^{n_2}$ 分别表示来自模态 1 和模态 2 的训练样本，其中 $\boldsymbol{I}_i^{m1}$ 和 $\boldsymbol{I}_j^{m2}$ 是图像，y_i^{m1} 和 y_j^{m2} 是身份标签。让 f_{ex} 表示用于特征提取的模型。特征是 $f_i^{m1} = f_{ex}(\boldsymbol{I}_i^{m1}; \boldsymbol{\Theta})$ 和 $f_j^{m2} = f_{ex}(\boldsymbol{I}_j^{m2}; \boldsymbol{\Theta})$。特征 f_i^{m1} 和 f_j^{m2} 由 2 范数归一化。因此，这两个特征的内积是余弦相似度。基于样本之间的相似度，分别为模态 1 和模态 2 引入两个模态特有的最近邻分类器 C_1 和 C_2，如下所示：

$$C_1(f, \boldsymbol{W}_1) = \boldsymbol{W}_1^\top f, \quad C_2(f, \boldsymbol{W}_2) = \boldsymbol{W}_2^\top f \tag{6-25}$$

其中，f 是要分类的特征。对于模态 1，$\boldsymbol{W}_1 = [f_{id,1}^{m1}, f_{id,2}^{m1}, \cdots, f_{id,K}^{m1}]$，其中每列是模态 1 中第 k 个 ID 的样本的特征向量 $f_{id,k}^{m1}$。K 是分类器 C_1 包含的行人身份数目。$C_1(f, \boldsymbol{W}_1)$ 是由内积计算的相似度得分向量，由特征 f 和模态 1 中的每个身份的特征之间的相似度得分组成。对于模态 2，$C_2(\boldsymbol{f}, \boldsymbol{W}_2)$ 以 $\boldsymbol{W}_2 = [f_{id,1}^{m2}, f_{id,2}^{m2}, \cdots, f_{id,K}^{m2}]$ 作为参数进行类似的定义。在训练期间，在每一个小批量的迭代中，$\boldsymbol{W}_1$ 和 $\boldsymbol{W}_2$ 使用当前小批量的样本中提取的特征向量构造。损失函数对于 $\boldsymbol{W}_1$ 和 $\boldsymbol{W}_2$ 的梯度通过特征向量 $f_{id,k}^{m1}$ 和 $f_{id,k}^{m2}$ 传播到特征提取器的参数 $\boldsymbol{\Theta}$。

假设模态 1 的特征 f_i^{m1} 和模态 2 的特征 f_j^{m2} 具有相同的身份（即 $y_i^{m1} = y_j^{m2}$）并把它们作为查询样本，则 $\boldsymbol{W}_1$ 可被看作是模态 1 中 K 个身份的图库集。对于同模态匹配和跨模态匹配，可以使用最近邻分类器 C_1 计算相似度得分向量 $C_1(f_i^{m1}, \boldsymbol{W}_1)$ 和 $C_1(f_j^{m2}, \boldsymbol{W}_1)$。通过使相似度得分向量 $C_1(f_j^{m2}, \boldsymbol{W}_1)$ 尽可能接近 $C_1(f_i^{m1}, \boldsymbol{W}_1)$，保持同模态相似度作为约束来指导跨模态相似度的学习。

$$L_{\text{MSP}} = \sum_{(i,j)\in\mathcal{P}} ||C_1(f_i^{m1}, \boldsymbol{W}_1) - C_1(f_j^{m2}, \boldsymbol{W}_1)||^2 + \\ ||C_2(f_j^{m2}, \boldsymbol{W}_2) - C_2(f_i^{m1}, \boldsymbol{W}_2)||^2 \tag{6-26}$$

其中，$\mathcal{P} = \{(i,j)|y_i^{m1} = y_j^{m2}, i \in \{1, \cdots, n_1\}, j \in \{1, \cdots, n_2\}\}$ 是所有跨模态正样本对的索引对集合。由于负样本对来自不同的身份，分类器输出的相似度得分应该不同，所以不用来计算相似度保持的约束。L_{MSP} 称为跨模态相似度保持损失。

在上述的跨模态相似度保持损失（式 (6-26)）中，所有正样本对被同等地加权用于学习。然而，在训练期间，当分类器 C_1 和 C_2 的分类结果不正确时，保持相应的相似度无法提供有价值的指导信息。如果强制保持相似性，则会学习到错误的知识。因此，在学习过程中，应该关注正确分类的可靠正样本对，而忽略未正确分类的不可靠样本对。为了解决这个问题，通过引入两个置信因子 $p_{i,j}^{C_1}$ 和 $p_{i,j}^{C_2}$ 来动态调整每个跨模态正样本

对 (f_i^{m1}, f_j^{m2}) 的权重，分别用于分类器 C_1 和 C_2，其定义如下：

$$p_{i,j}^{C_1} = f_{\text{sm}}(C_1(f_i^{m1}, \boldsymbol{W}_1), y_i^{m1}) \cdot f_{\text{sm}}(C_1(f_j^{m2}, \boldsymbol{W}_1), y_j^{m2})$$
$$p_{i,j}^{C_2} = f_{\text{sm}}(C_2(f_j^{m2}, \boldsymbol{W}_2), y_j^{m2}) \cdot f_{\text{sm}}(C_2(f_i^{m1}, \boldsymbol{W}_2), y_i^{m1})$$
(6-27)

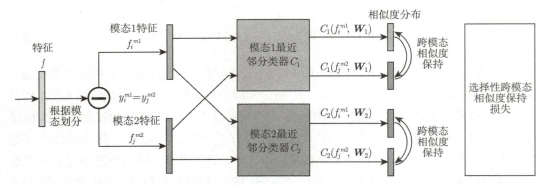

图 6-18 跨模态相似度保持的示意图：首先，跨模态正样本对 (f_i^{m1}, f_j^{m2})（具有相同的身份 $y_i^{m1} = y_j^{m2}$）被采样，其中 ⊖ 表示按模态划分的样本特征。然后，分别使用两个模态特有的最近邻分类器 C_1 和 C_2 得到同模态和跨模态匹配的相似度得分。最后，利跨模态相似度保持损失来最小化同模态相似度和跨模态相似度之间的差异

其中，f_{sm} 是 softmax 函数，定义如下：

$$f_{\text{sm}}(\boldsymbol{s}, y) = \frac{\exp(s_y)}{\sum_{k=1}^{K} \exp(s_k)} \tag{6-28}$$

其中，$\boldsymbol{s}$ 是相似度得分向量，s_k 是相似度得分向量 $\boldsymbol{s}$ 的第 k 个元素，y 表示身份标签。例如，$f_{\text{sm}}(C_1(f_i^{m1}, \boldsymbol{W}_1), y_i^{m1})$ 是分类器 C_1 将特征 f_i^{m1} 正确分类为 y_i^{m1} 的概率，如果 f_i^{m1} 被正确地以高置信度分类，那么 $f_{\text{sm}}(C_1(f_i^{m1}, \boldsymbol{W}_1), y_i^{m1})$ 就会接近 1。对其他与 f_{sm} 相关的项的解释是类似的。如果正样本对中的样本 f_i^{m1} 和 f_j^{m2} 都能以高置信度被 C_1 正确分类，则置信因子 $p_{i,j}^{C_1}$ 接近于 1。因此，置信因子 $p_{i,j}^{C_1}$ 和 $p_{i,j}^{C_2}$ 的值在 0 到 1 之间，分别表示样本对 (f_i^{m1}, f_j^{m2}) 对于 C_1 和 C_2 的可靠性。通过将置信因子 $p_{i,j}^{C_1}$ 和 $p_{i,j}^{C_2}$ 引入式 (6-26) 中给出的跨模态相似度保持损失中，可以得到：

$$\begin{aligned} L_{\text{FMSP}} = \sum_{(i,j) \in \mathcal{P}} & p_{i,j}^{C_1} \| C_1(f_i^{m1}, \boldsymbol{W}_1) - C_1(f_j^{m2}, \boldsymbol{W}_1) \|^2 + \\ & p_{i,j}^{C_2} \| C_2(f_j^{m2}, \boldsymbol{W}_2) - C_2(f_i^{m1}, \boldsymbol{W}_2) \|^2 \end{aligned} \tag{6-29}$$

其中，$\mathcal{P} = \{(i,j) | y_i^{m1} = y_j^{m2}, i \in \{1, \cdots, n_1\}, j \in \{1, \cdots, n_2\}\}$ 是所有跨模态正样本对的索引对集合。因此，每个样本对 (f_i^{m1}, f_j^{m2}) 对跨模态相似度保持的影响是由置信因子动态调整的。L_{FMSP} 称为选择性跨模态相似度保持损失。为了提取不同模态中共享的知识用作跨模态匹配，选择性跨模态相似度保持损失通过把同模态与跨模态相似度保持一致，在共享的特征空间中减小模态特有信息的影响。

2. 跨模态匹配框架

将选择性跨模态相似度保持损失应用于图 6-19 所示的跨模态匹配框架中，用来训练一个特征提取器。在训练阶段，需要提供训练图像 $\{I_i\}$、对应的身份标签 $\{y_i\}$ 和模态标签 $\{y_i^{\text{mod}}\}$。然后，最小化以下损失函数：

$$L = L_{\text{cls}} + \lambda L_{\text{FMSP}} \tag{6-30}$$

其中，L_{cls} 是常用于分类的 softmax 交叉熵损失，L_{FMSP} 是选择性跨模态相似度保持损失，λ 是一个加权参数。L_{cls} 是为学习判别性特征而设计的分类损失，并不考虑两种模态之间的差异。L_{FMSP} 可以通过保持跨模态相似度来消除两种模态之间的差异。因而它们之间是互补的。

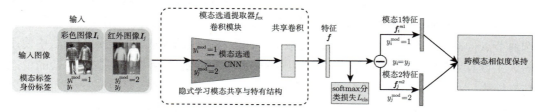

图 6-19 跨模态匹配框架示意图（该框架由两部分组成，跨模态相似度保持和模态选通提取器，其中 ⊖ 表示按模态划分样本特征）

跨模态相似度保持得到的结果是，对于跨模态匹配和同模态匹配，身份的排序列表是一致的。为了可视化选择性跨模态相似度保持损失的效果，图 6-20 展示了使用不同损失的同模态匹配和跨模态匹配的几个示例，其中图 6-20（a）是本节提出的选择性模态相似度保持损失，图 6-20（b）是 softmax 交叉熵损失，图 6-20（c）是 softmax 交叉熵损失和领域自适应代表方法 MMD 损失的组合[124]。对于同一身份的 RGB 查询图像或 IR 查询图像，检索训练集中的 RGB 图像，列出排名前六的匹配图像，图中线条表示正确的匹配。另外还计算了在测试集中前六排名列表中身份重叠的比例：本节提出的方法的比例为 38.0%，"softmax" 的比例为 31.8%，"softmax+MMD" 的比例为 31.6%。本节提出的方法可以检索到更多的重叠身份，这表明同模态相似度与跨模态相似度更加一致，减小了相似度空间中的模态差异。

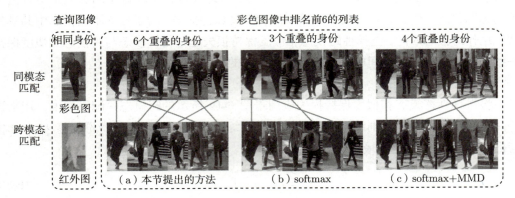

图 6-20 基于使用三种不同损失学习的特征的同模态匹配和跨模态匹配的排序结果比较

3. 跨模态特征提取

为了确定如何辅助特征提取器提取用于跨模态匹配的共享知识，首先通过定义模态特有和共享节点的概念，分析了用于跨模态图像匹配的深度神经网络。然后，提出了模态选通节点，这是一种既能表示模态特有节点又能表示共享节点的通用结构。使用模态选通节点构造一个结构可学习的特征提取器，称为模态选通提取器，与现有方法中使用的人工设计和固定模态特有结构的方法[118,120,125-126]相比，它能够构造更复杂的模态特有结构。

（1）跨模态卷积神经网络结构的类型　一般来说，跨模态卷积神经网络由模态特有和模态共享的结构组成，可以分为 3 种类型，如图 6-21 所示。① 单流结构：如图 6-21 中第一个网络所示，有单一的输入，所有参数都是共享的，这种结构通常用于单模态数据。代表性网络包括 AlexNet[127]、VGG[128]、GoogleNet[129] 和 ResNet[122] 等。对于行人重识别，大多数用于匹配 RGB 行人图像的网络使用单流结构，例如 JSTL-DGD[47]、PCB[52] 和孪生网络[46] 等。用于跨模态行人重识别的 cmGAN[121] 也使用单流结构。② 双流结构：如图 6-21 中第二个网络所示，在双流结构中，有两个输入，对应于来自两个不同模态的数据。在较浅的层中，网络的参数是不同模态特有的，而在较深的层中，则使用共享的参数。双流网络使用浅层的模态特有结构来缓解低层的模态差异。对于 RGB-IR 行人重识别，TONE+HCML[119] 和 BDTR[130] 均采用双流网络结构。③ 非对称全连接层结构：如图 6-21 中的第三个网络所示，除了最后一个全连接层（FC），几乎所有的参数都是共享的。其目的是在特征层上缓解模态差异。有代表性的方法包括用于 VIS-NIR 人脸识别的 IDR[118] 和 WCNN[120]。

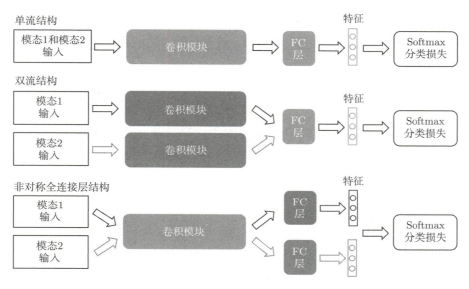

图 6-21　三种常用的跨模态图像匹配卷积神经网络结构

（2）模态特有和共享节点　用于跨模态图像匹配的常用结构，即单流结构、双流结构和非对称全连接层结构，都包括模态特有和共享结构。尽管这 3 种结构看起来都是不同的，但如果在网络中使用了模态选择模块，则双流结构实际上可以表示为单流结构，如图 6-22 所示。模态选择模块 f_{sel} 定义如下：

$$f_{\text{sel}}(\boldsymbol{x}, y^{\text{mod}}) = \begin{cases} [\boldsymbol{E}_d, \boldsymbol{O}_d]^\top \boldsymbol{x}, & y^{\text{mod}} = 1, \\ [\boldsymbol{O}_d, \boldsymbol{E}_d]^\top \boldsymbol{x}, & y^{\text{mod}} = 2, \end{cases} \quad (6\text{-}31)$$

其中，$\boldsymbol{x} \in \mathbb{R}^d$ 是输入，$y^{\text{mod}} \in \{1,2\}$ 是表示模态 1 或者模态 2 的模态标签，$\boldsymbol{E}_d \in \mathbb{R}^{d \times d}$ 是单位矩阵，$\boldsymbol{O}_d \in \mathbb{R}^{d \times d}$ 是零矩阵。

本节试图用与单流结构相同的方法来分析双流结构。为了能够将网络分解为模态特有和共享结构进行分析，将模态特有节点和共享节点定义为基本网络组成部件。

定义 6.1　对于一个有模态 1 和模态 2 输入的神经网络，每一层的节点可以分为模态 1 特有节点、模态 2 特有节点和共享节点三种类型。设 $\boldsymbol{x}^{m1}_{(l)}$ 和 $\boldsymbol{x}^{m2}_{(l)}$ 分别表示模态 1 和模态 2 在第 $l+1$ 层的输入。$\boldsymbol{x}^{m1}_{(0)}$ 和 $\boldsymbol{x}^{m2}_{(0)}$ 是网络的输入。设 $\eta_{(l),(i)}$ 表示第 l 层中的第 i 个节点，设 $\eta_{(l),(i)}(\boldsymbol{x}_{(0)})$ 表示网络输入 $\boldsymbol{x}_{(0)}$ 时的 $\eta_{(l),(i)}$ 的输出：

$$\eta_{(l),(i)}(\boldsymbol{x}_{(0)}) = \sigma\left(\sum_j \boldsymbol{w}_{(l),(j),(i)} \eta_{(l-1),(j)}(\boldsymbol{x}_{(0)}) + \boldsymbol{b}_{(l),(i)}\right), \tag{6-32}$$

其中，$\sigma(\cdot)$ 是激活函数，$\boldsymbol{w}_{(l),(j),(i)}$ 和 $\boldsymbol{b}_{(l),(i)}$ 分别是第 l 层的权重和偏置参数。

节点类型 $\text{type}(\eta_{(l),(i)})$ 定义如下：

$$\text{type}(\eta_{(l),(i)}) = \begin{cases} \text{模态 1 特有}, & \eta_{(l),(i)}(\boldsymbol{x}_{(0)}^{m1}) \not\equiv 0 \text{ 且 } \eta_{(l),(i)}(\boldsymbol{x}_{(0)}^{m2}) \equiv 0 \\ \text{模态 2 特有}, & \eta_{(l),(i)}(\boldsymbol{x}_{(0)}^{m2}) \not\equiv 0 \text{ 且 } \eta_{(l),(i)}(\boldsymbol{x}_{(0)}^{m1}) \equiv 0 \\ \text{共享}, & \text{其他} \end{cases} \tag{6-33}$$

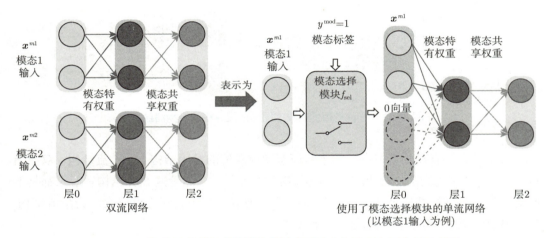

图 6-22 使用具有模态选择模块的单流网络来表示双流网络的示意图

对于模态 1 特有节点，在 $\eta_{(l),(i)}(\boldsymbol{x}_{(0)}^{m2}) \equiv 0$ 中使用了恒等号，这意味着对于模态 2 的任何输入，节点 $\eta_{(l),(i)}$ 的输出始终为零。类似的条件也适用于模态 2 特有节点。

假设一个网络中同时存在三种类型的节点，分析模态特有和共享节点的性质如下：① 对于模态特有节点，在前向传播中，模态特有权重参数 $\boldsymbol{w}_{(l+1),(i)}^{\text{1spe}}$ 和 $\boldsymbol{w}_{(l+1),(i)}^{\text{2spe}}$ 仅影响来自相应模态的输入，在反向传播中，这些参数只能根据相应模态的输入进行更新；② 对于模态共享节点，在前向传播中，共享权重参数 $\boldsymbol{w}_{(l+1),(i)}^{\text{sh}}$ 同时对两种模态有效，在反向传播中，它们基于两种模态的输入进行更新。

证明 设 $\boldsymbol{x}_{(l)}$ 表示第 $l+1$ 层的输入，设 $\boldsymbol{o}_{(l+1),(i)}$ 表示第 $l+1$ 层第 i 个节点在激活函数前的输出，设 $\boldsymbol{w}_{(l+1),(i)}$ 和 $\boldsymbol{b}_{(l+1),(i)}$ 表示权重和偏置参数，即 $\boldsymbol{o}_{(l+1),(i)} = (\boldsymbol{w}_{(l+1),(i)})^\top \boldsymbol{x}_{(l)} + \boldsymbol{b}_{(l+1),(i)}$。使用定义 6.1 中对于节点类型的定义，不失一般性，$\boldsymbol{x}_{(l)}^{m1}$

和 $\boldsymbol{x}_{(l)}^{m2}$ 可以被分解为以下三个部分：$\boldsymbol{x}_{(l)}^{m1} = [\boldsymbol{x}_{(l)}^{m1,1\text{spe}}; \boldsymbol{x}_{(l)}^{m1,2\text{spe}}; \boldsymbol{x}_{(l)}^{m1,\text{sh}}]$ 以及 $\boldsymbol{x}_{(l)}^{m2} = [\boldsymbol{x}_{(l)}^{m2,1\text{spe}}; \boldsymbol{x}_{(l)}^{m2,2\text{spe}}; \boldsymbol{x}_{(l)}^{m2,\text{sh}}]$，其中"；"表示串联，三个分量分别是模态 1 特有节点、模态 2 特有节点和共享节点。同理，可以把 $\boldsymbol{w}_{(l+1),(i)}$ 表示为 $\boldsymbol{w}_{(l+1),(i)} = [\boldsymbol{w}_{(l+1),(i)}^{1\text{spe}}; \boldsymbol{w}_{(l+1),(i)}^{2\text{spe}}; \boldsymbol{w}_{(l+1),(i)}^{\text{sh}}]$。

设 L 表示网络的损失函数。对于模态 2 特有节点，当输入模态 1 的数据 $\boldsymbol{x}_{(0)}^{m1}$ 的时候，输出是 $\boldsymbol{x}_{(l)}^{m1,2\text{spe}} = \boldsymbol{0}$；这可以根据式 (6-33) 中的节点定义推导出来。因此，在前向传播中，第 $l+1$ 层的输出为：

$$\boldsymbol{o}_{(l+1),(i)} = (\boldsymbol{w}_{(l+1),(i)}^{1\text{spe}})^\top \boldsymbol{x}_{(l)}^{m1,1\text{spe}} + (\boldsymbol{w}_{(l+1),(i)}^{\text{sh}})^\top \boldsymbol{x}_{(l)}^{m1,\text{sh}} + \boldsymbol{b}_{(l+1),(i)} \tag{6-34}$$

在反向传播时，损失函数 L 对权重的导数为：

$$\frac{\partial L}{\partial \boldsymbol{w}_{(l+1),(i)}^{1\text{spe}}} = \frac{\partial L}{\partial \boldsymbol{o}_{(l+1),(i)}} \frac{\partial \boldsymbol{o}_{(l+1),(i)}}{\partial \boldsymbol{w}_{(l+1),(i)}^{1\text{spe}}} = \frac{\partial L}{\partial \boldsymbol{o}_{(l+1),(i)}} \boldsymbol{x}_{(l)}^{m1,1\text{spe}} \tag{6-35}$$

$$\frac{\partial L}{\partial \boldsymbol{w}_{(l+1),(i)}^{2\text{spe}}} = \frac{\partial L}{\partial \boldsymbol{o}_{(l+1),(i)}} \frac{\partial \boldsymbol{o}_{(l+1),(i)}}{\partial \boldsymbol{w}_{(l+1),(i)}^{2\text{spe}}} = \frac{\partial L}{\partial \boldsymbol{o}_{(l+1),(i)}} \boldsymbol{x}_{(l)}^{m1,2\text{spe}} = 0 \tag{6-36}$$

$$\frac{\partial L}{\partial \boldsymbol{w}_{(l+1),(i)}^{\text{sh}}} = \frac{\partial L}{\partial \boldsymbol{o}_{(l+1),(i)}} \frac{\partial \boldsymbol{o}_{(l+1),(i)}}{\partial \boldsymbol{w}_{(l+1),(i)}^{\text{sh}}} = \frac{\partial L}{\partial \boldsymbol{o}_{(l+1),(i)}} \boldsymbol{x}_{(l)}^{m1,\text{sh}} \tag{6-37}$$

对于模态 2 的输入数据 $\boldsymbol{x}_{(0)}^{m2}$，可以得到相似的结论。由于偏置参数 $\boldsymbol{b}_{(l+1),(i)}$ 可以通过在输入 $\boldsymbol{x}_{(l)}$ 中填充 1 来使它被包含在权重 $\boldsymbol{w}_{(l+1),(i)}$ 中，偏置参数在此不做单独的分析。

基于以上描述的性质可以发现，所有由模态特有和共享结构构造的跨模态匹配网络都可以由模态特有和共享节点组成的单流网络来表示。以双流网络为例，如图 6-22 所示，根据定义 6.1，在具有模态选择模块的单流网络的第 0 层中，前两个节点是模态 1 特有节点，后两个节点是模态 2 特有节点，后续第 1 层和第 2 层中的节点是共享节点。

然而，很难手动确定一个网络中有多少节点应该是模态特有或模态共享的，因为这个数量取决于特定任务的数据分布。通过设计一个基于单流网络的模态选通节点来解决这个问题。

（3）模态选通节点　下面从模态选通节点的定义、前向传播分析、反向传播分析以及与现有网络结构的关系 4 个方面进行介绍。

1）模态选通节点的定义。虽然模态特有节点和共享节点是神经网络中针对多模态建模的关键，但使用模态特有节点（如双流结构中的非共享卷积层）构建模态特有结构只允许节点在两种模态之间非共享或共享，而无法确定节点可以共享的程度，即部分共享。因此，这种方法对于具有挑战性的 RGB-IR 行人重识别任务是不够灵活的。

因此，目标是建立一种模型结构，以不同的权重在两种模态之间实现部分共享。为了实现这种更加灵活的建模，提出了模态选通节点作为一种通用结构，它既能表示模态特有节点，又能表示共享节点，并且具有可学习的参数来控制模态特有的程度。

模态选通节点的结构如图 6-23（a）所示。对于一般节点 η，该节点的原始输出为 x_η。然后，有两个模态选择权重分别为 a_1 和 a_2 的分支，其值范围为 0 到 1。原始输出将在这两个分支乘以模态选择权重。模态选通开关由模态标签 $y^{\mathrm{mod}} \in \{1,2\}$ 控制，它指示样本是属于模态 1 还是模态 2。模态选通节点 o_η 的输出计算如下：

$$o_\eta = \begin{cases} a_1 x_\eta, & y^{\mathrm{mod}} = 1, \\ a_2 x_\eta, & y^{\mathrm{mod}} = 2, \end{cases} \text{其中 } a_1 + a_2 = 1, a_1, a_2 \geqslant 0 \tag{6-38}$$

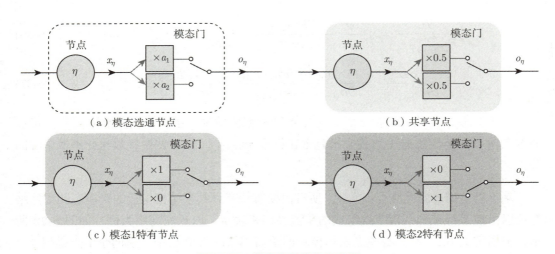

图 6-23　模态选通节点示意图

为了避免 a_1 和 a_2 都为 0 而导致出现无效节点的情况，将 a_1 和 a_2 约束为 $a_1 + a_2 = 1$ 和 $a_1, a_2 \geqslant 0$。在优化过程中，为了避免直接截断 a_1 和 a_2 的值以满足约束，使用两个参数 a_1' 和 a_2' 对 a_1 和 a_2 进行参数化，如下所示：

$$a_1 = \frac{|a_1'|}{|a_1'| + |a_2'|}, \ a_2 = \frac{|a_2'|}{|a_1'| + |a_2'|} \tag{6-39}$$

其中，a_1' 和 a_2' 是非零实数。

2）前向传播分析。在模态选通节点中，关键参数是模态选择权重 a_1 和 a_2，取从 0 到 1 的连续值。在不同的模态选择权值下，模态选通节点可以表示具有不同模态特有度的节点。图 6-23（b）～图 6-23（d）显示了当模态选择权重变化时模态选通节点可以表示的不同类型节点的三个示例。对于两种模态（模态 1 和模态 2），列出以下三种特殊情况。

① 当 $a_1 = 0.5$ 和 $a_2 = 0.5$，模态选通节点表示共享节点（见图 6-23（b））。
② 当 $a_1 = 1$ 和 $a_2 = 0$，模态选通节点表示模态 1 特有节点（见图 6-23（c））。
③ 当 $a_1 = 0$ 和 $a_2 = 1$，模态选通节点表示模态 2 特有节点（见图 6-23（d））。

这三种情况严格满足定义 6.1 中的条件。因此，模态选通节点既能表示模态特有节点，也能表示共享节点。

分析表明，模态特有节点和共享节点是模态选通节点的极端情况。当模态选择权重 a_1 和 a_2 的值介于 0 和 1 之间时，该节点是软性的模态特有节点，由两个模态部分共享；当权重 a_1（或 a_2）较高时，该节点倾向于有更高的模态 1（或模态 2）特有性。因此，相比于现有方法中使用的人工设计、固定模态特有结构的方法，模态选通节点提供了更灵活的构造更复杂的模态特有结构的方法。

3）反向传播分析。进一步分析模态选通节点在反向传播中的性质。计算节点输出 o_η 对输入 x_η 的导数如下：

$$\frac{\partial o_\eta}{\partial x_\eta} = \begin{cases} a_1, & y^{\mathrm{mod}} = 1 \\ a_2, & y^{\mathrm{mod}} = 2 \end{cases} \tag{6-40}$$

当梯度流通过模态选通开关时，模态 1 和模态 2 的梯度加权的权重分别为 a_1 和 a_2。因此，这两种模态的学习过程是不同的，但部分是共享的。

由于模态选择权重 a_1 和 a_2 可以通过端到端的训练来学习，因此由模态选通节点构成的网络可以在损失函数的指导下，从数据中学习模态特有和共享的结构，而无须任何手动设计。

4）与现有网络结构的关系。用于跨模态建模的大多数神经网络，例如具有双流结构或非对称全连接层结构的网络，由模态特有节点和共享节点组成。模态选通节点可以通用地表示模态特有节点和共享节点，允许网络自动学习模态特有和共享结构，从而网络可以变成一种结构可学习的特征提取器。图 6-24 展示了如何使用由模态选通节点组成的单流网络来表示双流网络。

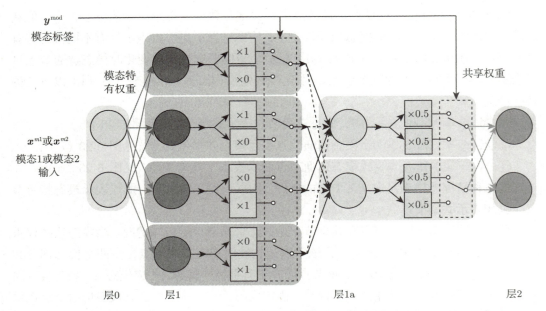

图 6-24 由模态选通节点组成的与图 6-22 所示双流网络在前向传播中等效的单流网络

为了说明模态选通节点的结构表示能力,以一个简单的双流网络为例。在图 6-24 中,数据 x^{m1} 和 x^{m2} 被输入到第 0 层的相同节点。在第 1 层,有四个模态选通节点,其中两个是模态 1 特有节点,其他节点是模态 2 特有节点。在层 1a 中,有两个共享的模态选通节点。黑色实线表示权重为 1,黑色虚线表示权重为 0。模态标签 y^{mod} 控制模态选通节点的状态。因此,由模态选通节点组成的单流结构与图 6-22 中的双流结构在前向传播中等效。更一般地,模态选通节点可以表示软模态特有节点,提供更具灵活性的网络以学习得到任何形式的模态特有和共享结构。

(4)模态选通提取器 为了从输入图像中提取特征,使用模态选通节点构造一个卷积神经网络作为图 6-19 虚线框中所示模态选通提取器。基于给定的基础模型(如 ResNet[122])构建模态选通 CNN,用模态选通节点替换基础模型中的所有一般节点。为了学习模态共享的特征表达,随后的卷积层是共享的。模态选通 CNN 和共享卷积层构成模态选通提取器 f_{ex}。

全连接网络中的节点对应于 CNN 中的通道。对于每个特征图通道 X_η,类比式 (6-38),模态选通节点的输出 O_η 为

$$O_\eta = \begin{cases} a_1 X_\eta, & y^{\mathrm{mod}} = 1, \\ a_2 X_\eta, & y^{\mathrm{mod}} = 2, \end{cases} \text{其中 } a_1 + a_2 = 1, a_1, a_2 \geqslant 0 \qquad (6\text{-}41)$$

其中，a_1 和 a_2 是标量，取值范围为 $[0,1]$，分别对应于 RGB 和 IR 的特征图通道。

在训练阶段，模态选通提取器中的模态选通节点辅助选择性跨模态相似度保持损失去学习跨模态匹配的有效特征，如图 6-19 所示。在测试阶段，对于一个带有模态标签 y_i^{mod} 的测试图像 $\boldsymbol{I}_i$，使用模态选通提取器进行特征提取。RGB 图像和 IR 图像之间的相似度用余弦距离来计算。

6.3.3 换装问题

虽然行人重识别已经得到了长足的发展[131-135]，但是现在大多数的方法都将行人重识别建模成一个短时域的问题，并没有充分考虑长时域条件下，同一个行人存在更换衣服的场景。例如，在长时域行人重识别中[136]，同一个行人随着时间的推移将会更换衣服；更进一步，考虑行人重识别在城市智能监控安防的应用中，犯罪嫌疑人可能会为了躲避智能监控系统的自动追踪而故意更换衣服着装，如图 6-25 所示。这样的问题被定义为换衣服行人重识别（cross-changing person ReID）[137]。当许多有监督的强力模型迁移到换衣服行人重识别的数据集上时[137-141]，性能均出现了大幅度的下降。究其原因，在于没有根据换衣服行人重识别的假设，设计专门化的特征学习机制去解决这个难题。

图 6-25 换衣服行人重识别场景样例（"在做出了一系列的枪击之后，犯罪嫌疑人停下了他的汽车，并且从容地走出车外更换了衣服着装，然后接着往道路行驶。"）

本节旨在介绍轻微换衣服情况下的行人重识别难题。这里的轻微指同一个行人穿着不同衣服的样本形体上是保持基本不变的，因此可以将行人形体特征视作一种相对不变的信息去解决轻微换衣服行人重识别难题。这也是克服换衣服行人重识别难题的一个基本假设。当前解决换衣服行人重识别难题的形体特征学习方法主要从两个方面入手：① 基于三维源数据的立体形体学习[136,142-143]；② 基于二维视觉观测数据的形体特征学习，如基于轮廓图的方法[143]。三维源数据的获取需要依赖额外的三维数据采集设备，如深度传感器，激光雷达等，这会使得基于三维源数据的方法无法在监控场景的应用中广泛推行。相比之下，基于二维形体低层统计信息的方法可以避免额外的设备依赖，并学习到一个稳健的形体表征去适应行人衣服的变化，这类方法在实际场景的应用中更具实践意义。

然而，直接基于低层二维形体统计数据进行形体特征提取，如基于轮廓图的方法[137]，行人重识别的性能将会在很大程度上受限于信息丢失问题。因为基于轮廓图的表征无法编码精细化的形体信息（如脸部五官形状，肢体细节处形状等）和不随衣服而改变的外观特性（如头发颜色，肤色等），丢失掉这部分有用的信息将会使行人重识别方法的性能大打折扣。行人轮廓图通常整体上看是大体上是趋于一致的，因为只有边缘的线条信息，呈现出来的形象状态是非常抽象的，并无法唯一性地表征全部的形体信息，提供非常有效的判别性。因此单单使用轮廓图中蕴含的信息是远远不够的，因为这一类的信息过于粗略，不足以涵盖行人重识别的综合性特征。为了克服轮廓图信息丢失的难题，有学者提出直接从原 RGB 图片中学习形体可感知的特征，通过轮廓形体信息作为前置引导正则项。基于原图的形体可感知特征学习算法即可以充分利用原图中保存的大量信息保持特征丰富性和不同行人个体之间的判别性，同时还能充分利用轮廓图中蕴含的显式先验信息学习到对换衣服行人重识别稳健的特征表达。如图 6-26 中所示，形体可感知学习算法可以成功避免衣服信息的干扰，同时关注形体相关的部分，并且可以有效保持其他有用的特征用于换衣服行人重识别。在这里显示的形体以外的有用信息，主要包含了脸部以及头发区域，在其他样本中这样的轮廓形体以外的辅助信息还可以是多种多样的特征信息。

其中一种解决方法是两分支互作用的网络架构，一个分支以 RGB 图片作为输入用以提取外观相关的特征，另一个分支以轮廓图作为输入提取轮廓形体特征。通过最大化 RGB 外观特征和轮廓图形体特征之间的互信息[144-146]以让原始外观特征更加关注形体相关的区域，通过这样来学习形体可感知的外观特征。互信息是信息论的概念，度量的是两个随机变量之间相互依赖的程度。从 RGB 中提取到的特征实际上包含了形体相关的部分，但是由于经过层层的抽象和池化，最终得到的特征编码往往会更偏向于以纹理为主的信息表示。文献 [147] 通过严谨的对比实验，验证了卷积神经网络确实会更加关注块状的纹理区域，而忽视了长范围之内的行人形体概念学习。因此需要引入额外的信息源作为正则引导去学习对应的形体可感知特征。互信息正则化可以形式化为以下式子：这里将从 RGB 原图中提取的外观特征分布表示成 $A = \{a_i\}_{i=1}^{N}$，从轮廓图中提取的轮廓形体特征分布表示成 $C = \{c_i\}_{i=1}^{N}$，这里 N 对应的是训练批次的大小。从一个信息论的角度出发，本节旨在正则对应的外观特征分布 A 使其变得更加形体可感知，通过互信息最大化学习过程从 C 接收额外的形体正则信息。A 和 C 之间的互信息，也就是 $I(A,C)$，可以被定义为以下的形式：

$$\begin{aligned} I(A;C) &= \iint p(\boldsymbol{a},\boldsymbol{c}) \log \frac{p(\boldsymbol{a},\boldsymbol{c})}{p(\boldsymbol{a})p(\boldsymbol{c})} \mathrm{d}\boldsymbol{a}\mathrm{d}\boldsymbol{c} \\ &= D_{\mathrm{KL}}(p(\boldsymbol{a},\boldsymbol{c}) \| p(\boldsymbol{a})p(\boldsymbol{c})) \\ &= D_{\mathrm{KL}}(J \| M) \end{aligned} \qquad (6\text{-}42)$$

其中，$D_{\mathrm{KL}}(\cdot)$ 表示的是 Kullback-Leibler 散度，简称 KL 散度。J 和 M 分别表示的是联合概率分布 $p(\boldsymbol{a},\boldsymbol{c})$ 和边缘概率分布的乘积 $p(\boldsymbol{a})p(\boldsymbol{c})$。

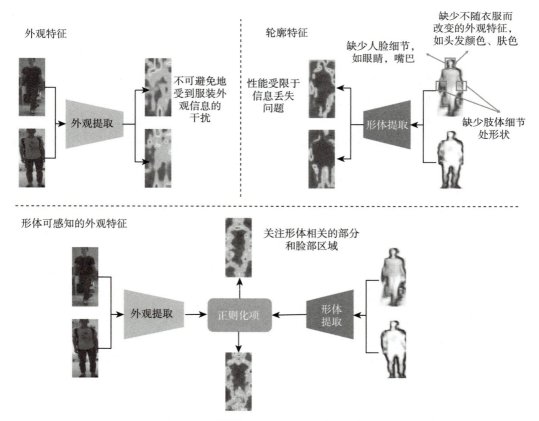

图 6-26 对于 PRCC[137] 数据集中不同种类的特征图可视化结果

本质上，最大化 A 和 C 之间的互信息等价于最大化 J 和 M 之间的差别。但是

KL 散度 D_{KL} 在理论数值上并没有一个确定的上界存在。本节最大化互信息的过程不需要精确计算预测出互信息的具体数值，只需要保证一个准确的特征学习方向即可。因此为了避免散度计算出现大数值的情况，我们用理论上界可以计算的 Jensen-Shannon 散度，也就是 JS 散度，表征为 D_{JS}，替换了 KL 散度 D_{KL}：

$$D_{\text{JS}}(J\|M) = \frac{1}{2}D_{\text{KL}}\left(J\|\frac{J+M}{2}\right) + \frac{1}{2}D_{\text{KL}}\left(M\|\frac{J+M}{2}\right) \tag{6-43}$$

根据 F-GAN 中的公式定义[148]，这里采用了一个基于判别器模型的互信息预测器。对应的 JS 散度可以通过以下的形式进行计算：

$$\begin{aligned}D_{\text{JS}}(J\|M) :=& \mathbb{E}_{(\bm{a},\bm{c})\sim J}[-sp(-D_\theta(\bm{a},\bm{c}))] \\ & - \mathbb{E}_{(\bm{a},\bm{c}')\sim M}[sp(D_\theta(\bm{a},\bm{c}'))]\end{aligned} \tag{6-44}$$

其中，D_θ 表示的是一个特征判别器网络，对应的是模型参数是 θ。判别器网络结构 D_θ 可以由简单的全连接层组成。$sp(z) = \log(1+e^z)$ 表示的是 softplus 激活函数。从 J 采样得到的数据项 $(\bm{a},\bm{c})$ 包含了同一个行人提取得到成对的外观特征和轮廓特征，从 M 采样得到的数据项 $(\bm{a},\bm{c}')$ 包含的是在一个训练批次内部随机组合生成的外观和轮廓特征对。这里采用简单直接的方法，直接随机扰乱了同一个批次内部的顺序，让不同样本之间的外观特征和轮廓特征随机搭配。从逻辑上来讲，$(\bm{a},\bm{c})$ 定义为正样本对，也就是外观特征和轮廓形体特征均属于同一个行人的样本配对。$(\bm{a},\bm{c}')$ 被定义为负样本对，也就是外观特征和轮廓形体特征属于随机搭配的样本配对。根据式 (6-44)，最大化互信息其实就是使得判别器给正样本对更大的输出分数，给负样本对更小的输出分数，去扩大分布 J 和 M 之间的差别。

可以从度量学习的角度来理解 RGB 外观特征和轮廓图形体特征之间的互信息最大化操作。在换衣服行人重识别的场景之中，RGB 外观特征因为无法有效摆脱行人着装信息的干扰，因此会受限于较大的类内距离。而轮廓图形体特征因为缺乏有效的信息体量支撑，无法使不同行人之间的特征表示具有足够大的距离，也就是不具备足够大的类间距离。通过互信息最大化操作，可以充分利用蕴含在 RGB 原图中的丰富信息来维持一定的类间差距，同时利用轮廓图信息源提供可靠性的形体特征正则来拉近同一个行人内部的类内差距。也就是说，正则之后的形体可感知外观特征可以受益于不同类型特征之间的互补特性。

6.3.4 其他问题

1. 视频行人重识别

相较于静止的单张图片，视频中包含了行人的运动动态信息，同时提供了行人外观的互补信息。为了捕捉到行人的动态信息，早期主要是手动提取行人的时空信息（如 HOG3D[149]，STFV3D[150] 和 TAPR[151]）作为视频的特征表达。这种手工设计的特征表达能力有限，现在很多工作采用深度学习网络来解决视频行人重识别问题。

为了建模视频中行人的外观与运动信息，双流网络已经被应用在基于视频的行人重识别中[152-155]，如图 6-27 所示。在基于双流网络的架构中，有两个子网络分别建模行人的图像序列与光流序列用来捕捉 RGB 信息与运动信息，最后再设计损失函数将两者信息结合起来。具体来说，Liu 等人[152] 在用双流网络分别提取行人的外表特征和运动特征后，提出了一个 AMOC 模块来递归地整合得到的运动特征。Chung 等人[153] 也是用双流网络来分别建模外表和运动信息，但每个支流是一个孪生网络。Li 等人[154] 将几个多尺度的三维卷积层嵌入到二维的卷积神经网络中来提取运动信息。Meng 等人[155] 则采用光流来提取运动特征。

另一种典型的方法是基于循环神经网络（RNN）的学习框架来建模视频中的动态信息[156-161]。在该学习框架中，首先利用卷积神经网络提取每张图片的特征，然后通过循环神经网络将这些图片特征结合起来得到整个序列的时空特征。该种类型的方法不再显式地区分外观特征与运动特征，而是通过循环层，使得行人在连续帧之间的外观特征可以随着时间流动，最终得到序列的时空表达。Yan 等人[162] 采用 LSTM 来融合手工提取的特征。Zheng 等人[163] 首先利用 CNN 提取单张图片的特征，然后通过递归神经网络将其结合起来。Wu 等人[158] 利用 GRU 来捕捉动态时间信息。双向 RNN 网络也被用来融合动态信息[164]。Li 等人[165] 提出了一个 DFGP 模型来结合深度特征与手工特征 LOMO[5]。而一个相似的 CNN-RNN 框架[166] 则采用全局图像特征与局部身体特征。

基于注意力机制的方法也经常被用来解决视频行人重识别问题[159-160,167-169]。该方法的主要思想是在网络中嵌入一个注意力模块，然后通过该模块赋予每张图片一个权重，通过权重的大小将具有判别性的图像挑选出来以得到更加稳健的行人表达。该模型目前已经取得了显著的效果。ASTPN 模型[160] 分别在空间特征图和时间特征图上嵌入注意力模块来学习权重进一步融合单张图片特征。Zhou 等人[159] 主要利用相似度来挑选具有判别性的帧。在 QAN 模型中[167] 采用了双支流网络，一个支流用来提取每一帧的特征，另一个支流用来学习每一帧的质量分数，最后根据分数将这些图像帧的特征结合起来得到视频序列最后的特征表达。Li 等人[168] 提出了一个时空注意力模型用来自动学习身体不同部分的重要程度，得到行人序列的最终时空表达。Chen 等人[169]将长的视频序列分解为短的视频片段，然后再进行基于注意力的学习。Li 等人[170] 提出的注意力模型将不同区域之间的关系和不同图像之间的关系考虑进去来得到最终的序列特征表达。COSAM 模型[171]通过一种无监督的相互协商方式激活图像序列中的显著特征。在 A3D 模型[172] 中，注意力机制主要用于筛选出三维直方图中的显著时空部分。

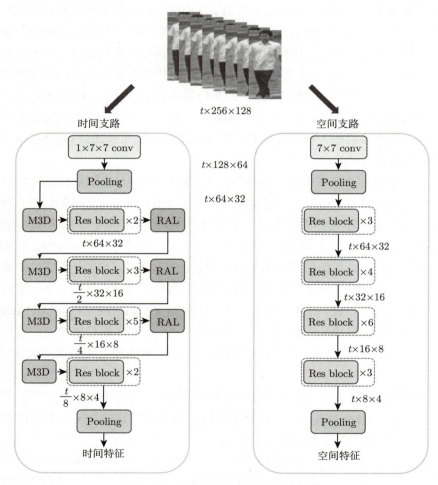

图 6-27　视频行人重识别学习示意图

后续的方法开始利用三维卷积来建模视频行人重识别问题[154,173-175]。该方法主要是在提取行人运动特征时，不再使用传统的光流，而是通过三维卷积，即在卷积过程中增加一个时间维度上的卷积以建模行人的运动特征。Liao 等人[173] 采用三维卷积来提取视频序列中的时空特征，Li 等人[154] 则采用多尺度三维卷积来捕捉多尺度信息。Liu 等人[174] 采用了稠密三维卷积来增大模型的感受野来获得行人的运动模式。由于行人检测算法检测出的行人边界框通常是不完美的，并且行人的姿势也会随着时间变化，可能会对三维卷积过程造成影响，因此 Gu 等人[175] 提出了外表保持三维卷积（AP3D）来解决这个问题。

2. 三维立体行人形体学习

三维立体行人形体学习主流的方法主要是通过三维源数据进行特征提取，如三维关键点，三维点云、射频信号等[136,142-143]。Wu 等人[142] 提出了一种基于手工特征建模的三维形体特征学习，主要是通过三维点云信息和三维骨架关节点对三维立体形体进行描述刻画。如图 6-28 所示，借助于三维关键点信息的连接特性提出了骨架关节点特征描述子。同时基于三维点云信息对身体结构进行刻画，在三维点云构成的立体体素内部和

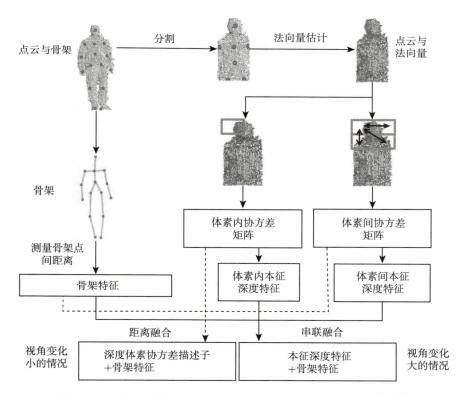

图 6-28　基于三维点云信息和三维骨架关节点的行人重识别[142]

体素之间进行协方差统计量的计算作为行人立体形体的特征表示。进一步提取协方差矩阵的特征值，作为具有旋转不变性的特征表示。最后通过分数层面和特征层面的融合，将多种三维源域信息进行了有效融合，得到最终的立体形体表示，克服了由于视角带来的形体表征抖动和变化。Pietro 等人[143] 同样提出了基于三维骨架关节点的三维特征学习，通过对三维点的显式划分，逐步形成最终的三维形体表示。Fan 等人[136] 提出了基于射频信号的长时域行人重识别特征学习，基于不可见光频段的射频信号，对单帧中的行人形体信息和跨帧的运动序列信息进行建模，克服了行人重识别对于可见光 RGB 图片的依赖，给实际应用场景的拓展提供了全新的思路。

对于相似着装行人重识别，Yin 等人[54] 提出了一个全新的数据集，包含了几组着装相似的行人数据样本，并提出了细粒度行人重识别的概念。他们还提出了一个结合全局外观特征和运动序列信息的模型框架，通过引入定位网络进行单帧全局特征学习，通过时序循环网络提取运动序列信息，两个分支互相融合互相学习，获得了更加丰富的特征表示。

参考文献

[1] ZHENG L, YANG Y, HAUPTMANN A G. Person Re-identification: Past, Present and Future[J]. arXiv preprint arXiv:1610.02984. 2016.

[2] GRAY D, TAO H. Viewpoint invariant pedestrian recognition with an ensemble of localized features[J]. European Conference on Computer Vision (ECCV), 2008: 262–275.

[3] FARENZENA M, BAZZANI L, PERINA A, et al. Person re-identification by symmetry-driven accumulation of local features[C] //IEEE Conference on Computer Vision and Pattern Recognition (CVPR). 2010: 2360–2367.

[4] LIU C, GONG S, LOY C C, et al. Person re-identification: What features are important?[C] //European Conference on Computer Vision (ECCV). 2012: 391–401.

[5] LIAO S, HU Y, ZHU X, et al. Person re-identification by local maximal occurrence representation and metric learning[C] //IEEE International Conference on Computer Vision and Pattern Recognition (CVPR). 2015: 2197–2206.

[6] ZHENG W-S, LI X, XIANG T, et al. Partial Person Re-Identification[C] //IEEE International Conference on Computer Vision (ICCV). 2015: 4678–4686.

[7] XIONG F, GOU M, CAMPS O, et al. Person re-identification using kernel-based metric learning methods[C] //European Conference on Computer Vision (ECCV). 2014: 1–16.

[8] MATSUKAWA T, OKABE T, SUZUKI E, et al. Hierarchical Gaussian Descriptor for Person Re-identification[C] //IEEE Conference on Computer Vision and Pattern Recognition (CVPR). 2016: 1363–1372.

[9] DONG S C, CRISTANI M, STOPPA M, et al. Custom Pictorial Structures for Re-identification[C] //British Machine Vision Conference (BMVC). 2011: 1–11.

[10] ZHAO R, OYANG W, WANG X. Person Re-Identification by Saliency Learning[J]. IEEE Transactions on Pattern Analysis and Machine Intelligence (TPAMI), 2017, 39(2): 356–370.

[11] CHEN Y-C, ZHENG W-S, LAI J. Mirror Representation for Modeling View-Specific Transform in Person Re-Identification.[C] //International Joint Conference on Artificial Intelligence. 2015: 3402–3408.

[12] CHEN Y-C, ZHU X, ZHENG W-S, et al. Person Re-Identification by Camera Correlation Aware Feature Augmentation[J]. IEEE Transactions on Pattern Analysis and Machine Intelligence (TPAMI), 2018, 40(2): 392–408.

[13] WU Z, LI Y, RADKE R J. Viewpoint Invariant Human Re-Identification in Camera Networks Using Pose Priors and Subject-Discriminative Features[J]. IEEE Transactions on Pattern Analysis and Machine Intelligence (TPAMI), 2015, 37(5): 1095–1108.

[14] YANG Y, YANG J, YAN J, et al. Salient color names for person re-identification[C] //European Conference on Computer Vision (ECCV). 2014: 536–551.

[15] KVIATKOVSKY I, ADAM A, RIVLIN E. Color Invariants for Person Reidentification[J]. IEEE Transactions on Pattern Analysis and Machine Intelligence (TPAMI), 2013, 35(7): 1622–1634.

[16] JING X Y, ZHU X, WU F, et al. Super-resolution Person re-identification with semi-coupled low-rank discriminant dictionary learning[C] //IEEE Conference on Computer Vision and Pattern Recognition (CVPR). 2015: 695–704.

[17] KARANAM S, LI Y, RADKE R J. Person Re-Identification with Discriminatively Trained Viewpoint Invariant Dictionaries[C] //IEEE International Conference on Computer Vision (ICCV). 2015: 4516–4524.

[18] SHI Z, HOSPEDALES T M, XIANG T. Transferring a semantic representation for person re-identification and search[C] //IEEE Conference on Computer Vision and Pattern Recognition (CVPR). 2015: 4184–4193.

[19] SU C, ZHANG S, XING J, et al. Deep Attributes Driven Multi-camera Person Re-identification[C] //European Conference on Computer Vision (ECCV). 2016: 475–491.

[20] CHEN J, WANG Y, QIN J, et al. Fast Person Re-identification via Cross-Camera Semantic Binary Transformation[C] //IEEE Conference on Computer Vision and Pattern Recognition (CVPR). 2017: 5330–5339.

[21] ZHU X, WU B, HUANG D, et al. Fast Open-World Person Re-Identification[J]. IEEE Transactions on Image Processing (TIP), 2017, 27(5): 2286–2300.

[22] 张耿宁, 王家宝, 张亚非, 等. 基于特征融合的行人重识别方法 [J]. 计算机工程与应用, 2017, 53(12): 185–189.

[23] 袁立, 田子茹. 基于融合特征的行人再识别方法 [J]. 模式识别与人工智能, 2017, 30(3): 269–278.

[24] 齐美彬, 王慈淳, 蒋建国, 等. 多特征融合与交替方向乘子法的行人再识别 [J]. 中国图象图形学报, 2018, 23(6): 53–62.

[25] 翟懿奎, 陈璐菲. 面向行人再识别的特征融合与鉴别零空间方法 [J]. 信号处理, 2018, 34(4): 476–485.

[26] 孙金玉, 王洪元, 张继, 等. 基于块稀疏表示的行人重识别方法 [J]. 计算机应用, 2018, 038(2): 448–453.

[27] 张耿宁, 王家宝, 李阳, 等. 基于特征融合与核局部 Fisher 判别分析的行人重识别 [J]. 计算机应用, 2016, 36(9): 2597–2600, 2635.

[28] GRAY D, TAO H. Viewpoint invariant pedestrian recognition with an ensemble of localized features[C] //European conference on computer vision. 2008: 262–275.

[29] PROSSER B, ZHENG W-S, GONG S, et al. Person Re-Identification by Support Vector Ranking.[C] //British Machine Vision Conference. 2010: 1–11.

[30] KÖSTINGER M, HIRZER M, WOHLHART P, et al. Large scale metric learning from equivalence constraints[C] //IEEE International Conference on Computer Vision and Pattern Recognition (CVPR). 2012: 2288–2295.

[31] ZHENG W-S, GONG S, XIANG T. Reidentification by Relative Distance Comparison[J]. IEEE Transactions on Pattern Analysis and Machine Intelligence (TPAMI), 2013, 35(3): 653–668.

[32] PEDAGADI S, ORWELL J, VELASTIN S, et al. Local Fisher Discriminant Analysis for Pedestrian Re-identification[C] //IEEE Conference on Computer Vision and Pattern Recognition (CVPR). 2013: 3318–3325.

[33] LI Z, CHANG S, LIANG F, et al. Learning Locally-adaptive Decision Functions for Person Verification[C] //IEEE Conference on Computer Vision and Pattern Recognition (CVPR). 2013: 3610–3617.

[34] PAISITKRIANGKRAI S, SHEN C, HENGEL A V D. Learning to rank in person re-identification with metric ensembles[C] //IEEE Conference on Computer Vision and Pattern Recognition (CVPR). 2015: 1846–1855.

[35] CHEN Y-C, ZHENG W-S, LAI J-H, et al. An Asymmetric Distance Model for Cross-View Feature Mapping in Person Reidentification[J]. IEEE Transactions on Circuits and Systems for Video Technology (TCSVT), 2017, 27(8): 1661–1675.

[36] LIAO S, LI S Z. Efficient PSD Constrained Asymmetric Metric Learning for Person Re-Identification[C] //IEEE International Conference on Computer Vision (ICCV). 2015: 3685–3693.

[37] ZHENG W-S, GONG S, XIANG T. Towards Open-World Person Re-Identification by One-Shot Group-based Verification[J]. IEEE Transactions on Pattern Analysis and Machine Intelligence (TPAMI), 2016, 38(3): 591–606.

[38] YOU J, WU A, LI X, et al. Top-push Video-based Person Re-identification[C] //IEEE Conference on Computer Vision and Pattern Recognition (CVPR). 2016: 1345–1353.

[39] ZHANG L, XIANG T, GONG S. Learning a Discriminative Null Space for Person Re-identification[C] //IEEE Conference on Computer Vision and Pattern Recognition (CVPR). 2016: 1239–1248.

[40] LI X, ZHENG W-S, WANG X, et al. Multi-Scale Learning for Low-Resolution Person Re-Identification[C] //IEEE International Conference on Computer Vision (ICCV). 2015: 3765–3773.

[41] WANG X, ZHENG W-S, LI X, et al. Cross-Scenario Transfer Person Reidentification[J]. IEEE Transactions on Circuits and Systems for Video Technology (TCSVT), 2016, 26(8): 1447–1460.

[42] BAK S, CARR P. One-Shot Metric Learning for Person Re-identification[C] //IEEE Conference on Computer Vision and Pattern Recognition (CVPR). 2017: 1571–1580.

[43] 杜宇宁, 艾海舟. 基于二次相似度函数学习的行人再识别 [J]. 计算机学报, 2016(8): 1639–1651.

[44] 郑伟诗, 吴岸聪. 非对称行人重识别: 跨摄像机持续行人追踪 [J]. 中国科学: 信息科学, 2018, 48(5): 65–83.

[45] LI W, ZHAO R, XIAO T, et al. DeepReID: Deep Filter Pairing Neural Network for Person Re-identification[C] //IEEE Conference on Computer Vision and Pattern Recognition (CVPR). 2014: 152–159.

[46] AHMED E, JONES M, MARKS T K. An Improved Deep Learning Architecture for Person Re-Identification[C] //IEEE International Conference on Computer Vision and Pattern Recognition (CVPR). 2015: 3908–3916.

[47] XIAO T, LI H, OUYANG W, et al. Learning deep feature representations with domain guided dropout for person re-identification[C] //IEEE International Conference on Computer Vision and Pattern Recognition (CVPR). 2016: 1249–1258.

[48] ZHAO L, LI X, ZHUANG Y, et al. Deeply-Learned Part-Aligned Representations for Person Re-identification[C] //IEEE International Conference on Computer Vision (ICCV). 2017: 3239–3248.

[49] ZHENG Z, ZHENG L, YANG Y. Unlabeled Samples Generated by GAN Improve the Person Re-identification Baseline in Vitro[C] //IEEE International Conference on Computer Vision (ICCV). 2017: 3774–3782.

[50] SONG C, HUANG Y, OUYANG W, et al. Mask-guided contrastive attention model for person re-identification[C] //IEEE Conference on Computer Vision and Pattern Recognition (CVPR). 2018: 1179–1188.

[51] CHEN D, XU D, LI H, et al. Group consistent similarity learning via deep crf for person re-identification[C] //IEEE Conference on Computer Vision and Pattern Recognition. 2018: 8649–8658.

[52] SUN Y, ZHENG L, YANG Y, et al. Beyond Part Models: Person Retrieval with Refined Part Pooling[C] //European Conference on Computer Vision (ECCV). 2018: 480–496.

[53] YANG Q, WU A, ZHENG W-S. Person Re-identification by Contour Sketch under Moderate Clothing Change[J]. IEEE Transactions on Pattern Analysis and Machine Intelligence (TPAMI), 2021, 43(6): 2029–2046.

[54] YIN J, WU A, ZHENG W-S. Fine-grained person re-identification[J]. International Journal of Computer Vision (IJCV), 2020, 128: 1654–1672.

[55] SONG L, WANG C, ZHANG L, et al. Unsupervised domain adaptive re-identification: Theory and practice[J]. arXiv preprint arXiv:1807.11334, 2018.

[56] CHEN B, DENG W, HU J. Mixed High-Order Attention Network for Person Re-Identification[C] //The IEEE International Conference on Computer Vision (ICCV). 2019: 371–381.

[57] SUBRAMANIAM A, NAMBIAR A, MITTAL A. Co-Segmentation Inspired Attention Networks for Video-Based Person Re-Identification[C] //The IEEE International Conference on Computer Vision (ICCV). 2019: 562–572.

[58] XIA B N, GONG Y, ZHANG Y, et al. Second-Order Non-Local Attention Networks for Person Re-Identification[C] //The IEEE International Conference on Computer Vision (ICCV). 2019: 3759–3768.

[59] GUO J, YUAN Y, HUANG L, et al. Beyond Human Parts: Dual Part-Aligned Representations for Person Re-Identification[C] //The IEEE International Conference on Computer Vision (ICCV). 2019: 3641–3650.

[60] QUAN R, DONG X, WU Y, et al. Auto-ReID: Searching for a Part-Aware ConvNet for Person Re-Identification[C] //The IEEE International Conference on Computer Vision (ICCV). 2019: 3749–3758.

[61] HE S, LOU H, WANG P, et al. TransReID: Transformer-based object re-identification[C] //The IEEE International Conference on Comptuer Vision (ICCV). 2021: 14993-15002.

[62] LUO H, GU Y, LIAO X, et al. Bag of Tricks and A Strong Baseline for Deep Person Re-identification[C] //IEEE International Conference on Computer Vision and Pattern Recognition Workshop (CVPRW). 2019: 1487–1495.

[63] PENG P, XIANG T, WANG Y, et al. Unsupervised Cross-Dataset Transfer Learning for Person Re-identification[C] //IEEE Conference on Computer Vision and Pattern Recognition (CVPR). 2016: 1306–1315.

[64] KODIROV E, XIANG T, FU Z, et al. Person Re-Identification by Unsupervised $\ell 1$ Graph Learning[C] //European Conference on Computer Vision (ECCV). 2016: 178–195.

[65] YU H-X, WU A, ZHENG W-S. Cross-View Asymmetric Metric Learning for Unsupervised Person Re-Identification[C] //IEEE International Conference on Computer Vision (ICCV). 2017: 994–1002.

[66] WANG J, ZHU X, GONG S, et al. Transferable Joint Attribute-Identity Deep Learning for Unsupervised Person Re-identification[C] //IEEE Conference on Computer Vision and Pattern Recognition (CVPR). 2018: 2275–2284.

[67] FAN H, ZHENG L, YAN C, et al. Unsupervised person re-identification: Clustering and fine-tuning[J]. ACM Transactions on Multimedia Computing, Communications, and Applications (TOMM), 2018, 14(4): 83.

[68] WEI L, ZHANG S, GAO W, et al. Person Transfer GAN to Bridge Domain Gap for Person Re-identification[C] //IEEE Conference on Computer Vision and Pattern Recognition (CVPR). 2018: 79–88.

[69] DENG W, ZHENG L, YE Q, et al. Image-Image Domain Adaptation with Preserved Self-Similarity and Domain-Dissimilarity for Person Re-identification[C] //IEEE Conference on Computer Vision and Pattern Recognition (CVPR). 2018: 994–1003.

[70] BAK S, CARR P, LALONDE J-F. Domain Adaptation through Synthesis for Unsupervised Person Re-identification[C] //European Conference on Computer Vision (ECCV). 2018: 189–205.

[71] ZHONG Z, ZHENG L, ZHENG Z, et al. Camera Style Adaptation for Person Re-Identification[C] //IEEE Conference on Computer Vision and Pattern Recognition (CVPR). 2018: 5157–5166.

[72] ZHONG Z, ZHENG L, LI S, et al. Generalizing a person retrieval model hetero-and homogeneously[C] //European Conference on Computer Vision (ECCV). 2018: 172–188.

[73] LI M, ZHU X, GONG S. Unsupervised person re-identification by deep learning tracklet association[C] //European Conference on Computer Vision (ECCV). 2018: 737–753.

[74] YU H-X, ZHENG W-S, WU A, et al. Unsupervised Person Re-identification by Soft Multilabel Learning[C] //IEEE Conference on Computer Vision and Pattern Recognition (CVPR). 2019: 2148–2157.

[75] YANG Q, YU H-X, WU A, et al. Patch-Based Discriminative Feature Learning for Unsupervised Person Re-Identification[C] //IEEE Conference on Computer Vision and Pattern Recognition (CVPR). 2019: 3633–3642.

[76] ZHONG Z, ZHENG L, LUO Z, et al. Invariance matters: Exemplar memory for domain adaptive person re-identification[C] //IEEE Conference on Computer Vision and Pattern Recognition (CVPR). 2019: 598–607.

[77] XIN X, WANG J, XIE R, et al. Semi-supervised person re-identification using multi-view clustering[J]. Pattern Recognition, 2019, 88: 285–297.

[78] LI J, MA A J, YUEN P C. Semi-supervised region metric learning for person re-identification[J]. International Journal of Computer Vision, 2018, 126(8): 855–874.

[79] LIU W, CHANG X, CHEN L, et al. Semi-supervised Bayesian attribute learning for person re-identification[C] //AAAI Conference on Artificial Intelligence. 2018: 7162–7169.

[80] LIU X, SONG M, TAO D, et al. Semi-supervised coupled dictionary learning for person re-identification[C] //IEEE Conference on Computer Vision and Pattern Recognition (CVPR). 2014: 3550–3557.

[81] DING G, ZHANG S, KHAN S, et al. Feature Affinity based Pseudo Labeling for Semi-supervised Person Re-identification[J]. IEEE Transactions on Multimedia, 2019, 21(11): 2891–2902.

[82] WU A, ZHENG W-S, GUO X, et al. Distilled Person Re-identification: Towards a More Scalable System[C] //IEEE Conference on Computer Vision and Pattern Recognition (CVPR). 2019: 1187–1196.

[83] YU H-X, WU A, ZHENG W-S. Unsupervised Person Re-identification by Deep Asymmetric Metric Embedding[J]. IEEE Transactions on Pattern Analysis and Machine Intelligence (TPAMI), 2020, 42(4): 956–973.

[84] KULIS B, OTHERS. Metric learning: A survey[J]. Foundations and Trends® in Machine Learning, 2013, 5(4): 287–364.

[85] YU H-X, ZHENG W-S. Weakly supervised discriminative feature learning with state information for person identification[C] //IEEE International Conference on Computer Vision and Pattern Recognition (CVPR). 2020: 5528–5538.

[86] BERTHELOT D, SCHUMM T, METZ L. BEGAN: boundary equilibrium generative adversarial networks[J]. arXiv preprint arXiv:1703.10717, 2017.

[87] HE R, WU X, SUN Z, et al. Wasserstein CNN: Learning Invariant Features for NIR-VIS Face Recognition[J]. IEEE Transactions on Pattern Analysis and Machine Intelligence, 2019, 41(7): 1761–1773.

[88] LONG M, CAO Y, WANG J, et al. Learning transferable features with deep adaptation networks[C] //International Conference on Machine Learning. 2015: 97–105.

[89] SUN B, FENG J, SAENKO K. Return of frustratingly easy domain adaptation[C] //AAAI Conference on Artificial Intelligence. 2016: 2058–2065.

[90] SUN B, SAENKO K. Deep coral: Correlation alignment for deep domain adaptation[C] //European Conference on Computer Vision Workshop (ECCVW). 2016: 443–450.

[91] SHU R, BUI H H, NARUI H, et al. A DIRT-T Approach to Unsupervised Domain Adaptation[C] //International Conference on Learning Representations (ICLR). 2018: 1–13.

[92] MORERIO P, CAVAZZA J, MURINO V. Minimal-Entropy Correlation Alignment for Unsupervised Deep Domain Adaptation[C] //International Conference on Learning Representations (ICLR). 2018: 1–10.

[93] TZENG E, HOFFMAN J, SAENKO K, et al. Adversarial discriminative domain adaptation[C] //IEEE International Conference on Computer Vision and Pattern Recognition (CVPR). 2017: 7167–7176.

[94] GANIN Y, LEMPITSKY V. Unsupervised domain adaptation by backpropagation[C] //International Conference on Machine Learning (ICML). 2015: 1180–1189.

[95] LONG M, ZHU H, WANG J, et al. Deep transfer learning with joint adaptation networks[C] //International Conference on Machine Learning (ICML). 2017: 2208–2217.

[96] BEN-DAVID S, BLITZER J, CRAMMER K, et al. A theory of learning from different domains[J]. Machine learning, 2010(79): 151–175.

[97] PAN S J, YANG Q, OTHERS. A survey on transfer learning[J]. IEEE Transactions on knowledge and data engineering (TKDE), 2009, 22(10): 1345–1359.

[98] CSURKA G. Domain adaptation for visual applications: A comprehensive survey[J]. arXiv preprint arXiv:1702.05374, 2017.

[99] PAN S J, TSANG I W, KWOK J T, et al. Domain adaptation via transfer component analysis[J]. IEEE Transactions on Neural Networks, 2011, 22(2): 199–210.

[100] WEI L, ZHANG S, GAO W, et al. Person transfer gan to bridge domain gap for person re-identification[C] // IEEE International Conference on Computer Vision and Pattern Recognition (CVPR). 2018: 79–88.

[101] DENG W, ZHENG L, YE Q, et al. Image-image domain adaptation with preserved self-similarity and domain-dissimilarity for person reidentification[C] //IEEE International Conference on Computer Vision and Pattern Recognition (CVPR). 2018: 994–1003.

[102] ZHONG Z, ZHENG L, LI S, et al. Generalizing a person retrieval model hetero-and homogeneously[C] //European Conference on Computer Vision (ECCV). 2018: 172–188.

[103] WANG J, ZHU X, GONG S, et al. Transferable Joint Attribute-Identity Deep Learning for Unsupervised Person Re-Identification[C] //IEEE International Conference on Computer Vision and Pattern Recognition (CVPR). 2018: 2275–2284.

[104] GOODFELLOW I, POUGET-ABADIE J, MIRZA M, et al. Generative adversarial nets[C] // Annual Conference on Neural Information Processing Systems. 2014: 1–9.

[105] ARJOVSKY M, CHINTALA S, BOTTOU L. Wasserstein generative adversarial networks[C] // International Conference on Machine Learning (ICML). 2017: 214–223.

[106] LIN T-Y, MAIRE M, BELONGIE S, et al. Microsoft coco: Common objects in context[C] // European Conference on Computer Vision. 2014: 740–755.

[107] ZHENG L, SHEN L, TIAN L, et al. Scalable person re-identification: A benchmark[C] // IEEE International Conference on Computer Vision (ICCV). 2015: 3356–3365.

[108] ZHENG W-S, GONG S, XIANG T. Person re-identification by probabilistic relative distance comparison[C] //IEEE Conference on Computer Vision and Pattern Recognition. 2011: 649–656.

[109] ZHUO J, CHEN Z, LAI J, et al. Occluded person re-identification[C] //Proceedings of the IEEE International Conference on Multimedia and Expo (ICME). 2018: 1–6.

[110] MIAO J, WU Y, LIU P, et al. Pose-guided feature alignment for occluded person re-identification[C] //Proceedings of the IEEE International Conference on Computer Vision. 2019: 542–551.

[111] HUANG H, LI D, ZHANG Z, et al. Adversarially occluded samples for person re-identification[C] //Proceedings of the IEEE Conference on Computer Vision and Pattern Recognition. 2018: 5098–5107.

[112] ZHUO J, LAI J, CHEN P. A Novel Teacher-Student Learning Framework For Occluded Person Re-Identification[J]. arXiv preprint arXiv:1907.03253, 2019.

[113] TAN H, LIU X, TIAN S, et al. MHSA-Net: Multi-Head Self-Attention Network for Occluded Person Re-Identification[J]. arXiv preprint arXiv:2008.04015, 2020.

[114] WANG G, YANG S, LIU H, et al. High-Order Information Matters: Learning Relation and Topology for Occluded Person Re-Identification[C] //Proceedings of the IEEE Conference on Computer Vision and Pattern Recognition. 2020: 6449–6458.

[115] GAO S, WANG J, LU H, et al. Pose-guided Visible Part Matching for Occluded Person ReID[C] //Proceedings of the IEEE Conference on Computer Vision and Pattern Recognition. 2020: 11744–11752.

[116] HE L, WANG Y, LIU W, et al. Foreground-aware pyramid reconstruction for alignment-free occluded person re-identification[C] //Proceedings of the IEEE International Conference on Computer Vision. 2019: 8450–8459.

[117] HOU Y, ZHENG L, GOULD S. Multiview detection with feature perspective transformation[C] //European Conference on Computer Vision. 2020: 1–18.

[118] HE R, WU X, SUN Z, et al. Learning Invariant Deep Representation for NIR-VIS Face Recognition.[C] //Association for Advancement of Artificial Intelligence (AAAI). 2017: 2000–2006.

[119] YE M, LAN X, LI J, et al. Hierarchical Discriminative Learning for Visible Thermal Person Re-Identification[C] //Association for Advancement of Artificial Intelligence (AAAI). 2018: 7501–7508.

[120] HE R, WU X, SUN Z, et al. Wasserstein CNN: Learning Invariant Features for NIR-VIS Face Recognition[J]. IEEE Transactions on Pattern Analysis and Machine Intelligence (TPAMI), 2019, 41(7): 1761–1773.

[121] DAI P, JI R, WANG H, et al. Cross-Modality Person Re-Identification with Generative Adversarial Training[C] //International Joint Conferences on Artificial Intelligence (IJCAI). 2018: 677–683.

[122] HE K, ZHANG X, REN S, et al. Deep Residual Learning for Image Recognition[C] //IEEE Conference on Computer Vision and Pattern Recognition (CVPR). 2016: 770–778.

[123] MAATEN L V D, HINTON G. Visualizing data using t-SNE[J]. Journal of Machine Learning Research (JMLR), 2008, 9(11): 2579–2605.

[124] GRETTON A, BORGWARDT K M, RASCH M J, et al. A kernel two-sample test[J]. Journal of Machine Learning Research (JMLR), 2012, 13(Mar): 723–773.

[125] LIN L, WANG G, ZUO W, et al. Cross-Domain Visual Matching via Generalized Similarity Measure and Feature Learning[J]. IEEE Transactions on Pattern Analysis and Machine Intelligence (TPAMI), 2017, 39(6): 1089–1102.

[126] KAN M, SHAN S, CHEN X. Multi-view deep network for cross-view classification[C] //IEEE Conference on Computer Vision and Pattern Recognition (CVPR). 2016: 4847–4855.

[127] KRIZHEVSKY A, SUTSKEVER I, HINTON G E. Imagenet classification with deep convolutional neural networks[C] //Annual Conference on Neural Information Processing Systems (NeurIPS). 2012: 1097–1105.

[128] SIMONYAN K, ZISSERMAN A. Very deep convolutional networks for large-scale image recognition[C] //International Conference on Learning Representations (ICLR). 2015: 1–14.

[129] SZEGEDY C, LIU W, JIA Y, et al. Going deeper with convolutions[C] //IEEE Conference on Computer Vision and Pattern Recognition (CVPR). 2015: 1–9.

[130] YE M, WANG Z, LAN X, et al. Visible Thermal Person Re-Identification via Dual-Constrained Top-Ranking[C] //International Joint Conferences on Artificial Intelligence (IJCAI). 2018: 1092–1099.

[131] SUN Y, ZHENG L, YANG Y, et al. Beyond part models: Person retrieval with refined part pooling (and a strong convolutional baseline)[C] //Proceedings of the European conference on computer vision (ECCV). 2018: 480–496.

[132] WANG G, YUAN Y, CHEN X, et al. Learning discriminative features with multiple granularities for person re-identification[C] //ACM international conference on Multimedia. 2018: 274–282.

[133] YANG W, HUANG H, ZHANG Z, et al. Towards rich feature discovery with class activation maps augmentation for person re-identification[C] //IEEE/CVF Conference on Computer Vision and Pattern Recognition. 2019: 1389–1398.

[134] ZHOU J, SU B, WU Y. Online Joint Multi-Metric Adaptation From Frequent Sharing-Subset Mining for Person Re-Identification[C] //IEEE/CVF Conference on Computer Vision and Pattern Recognition. 2020: 2909–2918.

[135] ZHOU K, YANG Y, CAVALLARO A, et al. Omni-Scale Feature Learning for Person Re-Identification[C] //IEEE International Conference on Computer Vision. 2019: 3702–3712.

[136] FAN L, LI T, FANG R, et al. Learning longterm representations for person re-identification using radio signals[C] //IEEE/CVF Conference on Computer Vision and Pattern Recognition. 2020: 10699–10709.

[137] YANG Q, WU A, ZHENG W-S. Person re-identification by contour sketch under moderate clothing change[J]. IEEE Transactions on Pattern Analysis and Machine Intelligence, 2019: 1.

[138] WAN F, WU Y, QIAN X, et al. When person re-identification meets changing clothes[C] // IEEE/CVF Conference on Computer Vision and Pattern Recognition Workshops. 2020: 830–831.

[139] QIAN X, WANG W, ZHANG L, et al. Long-term cloth-changing person re-identification[C] // Proceedings of the Asian Conference on Computer Vision. 2020: 1.

[140] YU S, LI S, CHEN D, et al. Cocas: A large-scale clothes changing person dataset for re-identification[C] //IEEE/CVF Conference on Computer Vision and Pattern Recognition. 2020: 3400–3409.

[141] HUANG Y, XU J, WU Q, et al. Beyond scalar neuron: Adopting vector-neuron capsules for long-term person re-identification[J]. IEEE Transactions on Circuits and Systems for Video Technology, 2019, 30(10): 3459–3471.

[142] WU A, ZHENG W-S, LAI J-H. Robust depth-based person re-identification[J]. IEEE Transactions on Image Processing, 2017, 26(6): 2588–2603.

[143] PALA P, SEIDENARI L, BERRETTI S, et al. Enhanced skeleton and face 3D data for person re-identification from depth cameras[J]. Computers & Graphics, 2019, 79: 69–80.

[144] BELGHAZI M I, BARATIN A, RAJESWAR S, et al. Mine: mutual information neural estimation[J]. arXiv preprint arXiv:1801.04062, 2018.

[145] HJELM R D, FEDOROV A, LAVOIE-MARCHILDON S, et al. Learning deep representations by mutual information estimation and maximization[J]. arXiv preprint arXiv:1808.06670, 2018.

[146] ZHANG Q, WU Y N, ZHU S-C. Interpretable convolutional neural networks[C] //Proceedings of the IEEE Conference on Computer Vision and Pattern Recognition. 2018: 8827–8836.

[147] GEIRHOS R, RUBISCH P, MICHAELIS C, et al. ImageNet-trained CNNs are biased towards texture; increasing shape bias improves accuracy and robustness[J]. arXiv preprint arXiv:1811.12231, 2018.

[148] NOWOZIN S, CSEKE B, TOMIOKA R. f-gan: Training generative neural samplers using variational divergence minimization[J]. arXiv preprint arXiv:1606.00709, 2016.

[149] KLASER A, MARSZAŁEK M, SCHMID C. A spatio-temporal descriptor based on 3d-gradients[C] //British Machine Vision Conference (BMVC). 2008: 275–284.

[150] LIU K, MA B, ZHANG W, et al. A spatio-temporal appearance representation for video-based pedestrian re-identification[C] //IEEE International Conference on Computer Vision. 2015: 3810–3818.

[151] GAO C, WANG J, LIU L, et al. Temporally aligned pooling representation for video-based person re-identification[C] //IEEE International Conference on Image Processing. 2016: 4284–4288.

[152] LIU H, JIE Z, JAYASHREE K, et al. Video-based person re-identification with accumulative motion context[J]. IEEE Transactions on Circuits and Systems for Video Technology, 2018, 28(10): 2788–2802.

[153] CHUNG D, TAHBOUB K, DELP E J. A Two Stream Siamese Convolutional Neural Network For Person Re-Identification[C] //IEEE International Conference on Computer Vision and Pattern Recognition. 2017: 1992–2000.

[154] LI J, ZHANG S, HUANG T. Multi-scale 3D Convolution Network for Video Based Person Re-Identification[C] //Association for the Advancement of Artificial Intelligence. 2019: 8618–8625.

[155] MENG J, WU A, ZHENG W-S. Deep asymmetric video-based person re-identification[J]. Pattern Recognition, 2019, 93: 430–441.

[156] MCLAUGHLIN N, Martinez del RINCON J, MILLER P. Recurrent convolutional network for video-based person re-identification[C] //IEEE International Conference on Computer Vision and Pattern Recognition. 2016: 1325–1334.

[157] WU L, SHEN C, van den HENGEL A. Convolutional LSTM Networks for Video-based Person Re-identification[J]. arXiv preprint arXiv:1606.01609, 2016.

[158] WU L, SHEN C, HENGEL A V D. Deep recurrent convolutional networks for video-based person re-identification: An end-to-end approach[J]. arXiv preprint arXiv:1606.01609, 2016.

[159] ZHOU Z, HUANG Y, WANG W, et al. See the forest for the trees: Joint spatial and temporal recurrent neural networks for video-based person re-identification[C] //IEEE International Conference on Computer Vision and Pattern Recognition. 2017: 6776–6785.

[160] XU S, CHENG Y, GU K, et al. Jointly Attentive Spatial-Temporal Pooling Networks for Video-based Person Re-Identification[J]. arXiv preprint arXiv:1708.02286, 2017: 4743–4752.

[161] LIU Y, YUAN Z, ZHOU W, et al. Spatial and temporal mutual promotion for video-based person re-identification[C] //AAAI conference on artificial intelligence (AAAI). 2019: 8786–8793.

[162] YAN Y, NI B, SONG Z, et al. Person re-identification via recurrent feature aggregation[C] //European Conference on Computer Vision. 2016: 701–716.

[163] ZHENG L, BIE Z, SUN Y, et al. Mars: A video benchmark for large-scale person re-identification[C] //European Conference on Computer Vision: Vol 9910. 2016: 868–884.

[164] ZHANG W, HU S, LIU K. Learning Compact Appearance Representation for Video-based Person Re-Identification[J]. arXiv preprint arXiv:1702.06294, 2017, 29(8): 2442–2452.

[165] LI Y, ZHUO L, LI J, et al. Video-based person re-identification by deep feature guided pooling[C] //IEEE Conference on Computer Vision and Pattern Recognition Workshops. 2017: 39–46.

[166] CHEN L, YANG H, ZHU J, et al. Deep spatial-temporal fusion network for video-based person re-identification[C] //IEEE Conference on Computer Vision and Pattern Recognition Workshops. 2017: 63–70.

[167] LIU Y, YAN J, OUYANG W. Quality aware network for set to set recognition[C] //IEEE International Conference on Computer Vision and Pattern Recognition. 2017: 4694–4703.

[168] LI S, BAK S, CARR P, et al. Diversity regularized spatiotemporal attention for video-based person re-identification[C] //Proceedings of the IEEE Conference on Computer Vision and Pattern Recognition. 2018: 369–378.

[169] CHEN D, LI H, XIAO T, et al. Video person re-identification with competitive snippet-similarity aggregation and co-attentive snippet embedding[C] //Proceedings of the IEEE Conference on Computer Vision and Pattern Recognition. 2018: 1169–1178.

[170] LI X, ZHOU W, ZHOU Y, et al. Relation-Guided Spatial Attention and Temporal Refinement for Video-Based Person Re-Identification[C] //Association for the Advancement of Artificial Intelligence. 2020: 11434–11441.

[171] SUBRAMANIAM A, NAMBIAR A, MITTAL A. Co-segmentation inspired attention networks for video-based person re-identification[C] //IEEE International Conference on Computer Vision. 2019: 562–572.

[172] CHEN G, LU J, YANG M, et al. Learning Recurrent 3D Attention for Video-Based Person Re-identification[J]. IEEE Transactions on Image Processing, 2020, 29: 6963–6976.

[173] LIAO X, HE L, YANG Z, et al. Video-based person re-identification via 3d convolutional networks and non-local attention[C] //Asian Conference on Computer Vision. 2018: 620–634.

[174] LIU J, ZHA Z-J, CHEN X, et al. Dense 3D-convolutional neural network for person re-identification in videos[J]. ACM Transactions on Multimedia Computing, Communications, and Applications, 2019, 15(1s): 1–19.

[175] GU X, CHANG H, MA B, et al. Appearance-preserving 3d convolution for video-based person re-identification[C] //European Conference on Computer Vision. 2020: 228–243.

第 7 讲
视频行为识别

7.1 引言

视频分析与理解已经成为计算机视觉领域的一个重要研究方向,其中基于视频的人体行为识别是近年来一个非常重要的研究课题。视频行为识别主要以视频中的人物为研究对象,识别其正在做什么动作或者整个场景(多个人物)正在发生什么事件。该技术在智能安防、健康医疗、人机交互、体育娱乐、社交分析等领域都有着广泛的应用前景。需要注意,除了视频行为识别之外,也有部分工作是基于图像进行人体行为分析和事件理解[1-5],这部分工作不在本章内容讨论范围之内。

现阶段视频行为识别依然是一项极具挑战性的视觉任务。不同于静态图像分析与识别,视频行为识别既需要考虑静态表象特征,又要考虑时序运动信息,有效融合视频时空特征才能完成视频行为任务。具体而言,主要面临的挑战有:行为语义定义模糊、视频时空建模困难、视频数据运算量大、视频应用场景复杂等。为了应对上述研究挑战,现有视频行为识别领域已经从视频行为数据库与标定、视频基础表示模型、视频行为分析框架、视频模型高效学习算法等角度开展了大量研究工作,并且取得了一定进展。这些研究工作通常将视频行为识别任务组织成如下几种形式。

- 视频行为分类。给定一段事先剪接好的短视频,通常持续时长 3 至 10 秒并且包含一个主要行为,视频行为分类任务只要识别出正在发生的行为类别。这是最基本和简单的视频行为识别任务,它处理的视频数据通常是需要经过预处理。但是这个任务除了完成基本的行为分类目标之外,它还可以为其他更加复杂的任务提供视频的时空特征表示,是其他很多识别任务的基本模块。
- 视频时域行为定位。给定一段未经剪接的长视频,时序长度不受限制,并且可能包含多个行为类别,视频时域行为定位任务需要识别出所有的行为实例,并且还要检测出每个行为实例的开始时间和结束时间。该任务可以用来对长视频内容进行分析和编辑。
- 视频时空行为定位。给定一段多人运动场景下的原始视频,视频中会包含多个人物,并且不同人物可能会进行不同的行为,视频时空行为定位任务需要识别出所有行为实例,并且定位出每个实例的时空区间。通常根据数据库标定的粒度,每个行为实例的时空区间可以用一个时空立方体(volume)或者用更加精确的轨迹立方体(tube)表示。时空立方体表示通常假设行为主体运动和形变不大,不同图像帧都使用相同的包围框(bounding box),轨迹立方体是由每帧图像中间行为主体的包围框组成,不同帧的包围框都不相同,因此表示更加灵活。

● 视频交互及群体行为识别。除了识别和检测个体行为的研究工作之外，还有不少研究工作会考虑更加复杂的视频交互及群体行为识别任务。交互行为识别主要判断两人之间的交互关系（interaction）。运动主体的相对关系在交互行为判别中起着重要作用。群体行为识别主要考虑多人运动的群体动作和事件，通常都是群体运动会呈现一定运动整体性或者目标性，因此多人之间的运动和位置关系也是群体行为识别重要考虑因素。

除了上述基本以视频数据作为输入的行为识别相关任务之外，近期还有一些基于其他模态的人体行为识别任务，其中最常见的就是基于人体骨架的行为识别和基于多模态信息的行为定位。基于人体骨架的行为识别任务主要利用姿态估计算法或者其他传感器数据先获取人体的骨架信息，然后针对骨架的运动信息来识别运动主体的行为类别。基于语言查询的行为定位任务主要利用自然语言的灵活性和丰富性，直接使用一句话来表示需要查询内容的语义性，然后利用多模态信息进行视频片段的时域定位或者时空定位。本章将对上述不同视频行为识别任务的研究工作进行详细介绍。

7.2 视频行为识别数据集

视频数据集是行为识别领域不可或缺的一部分，随着的行为识别的深度学习算法和计算机硬件的进步，视频行为识别数据集也向着大规模和高复杂度的方向发展。视频行为识别数据集主要具有以下特征。

1）种类繁多。据统计，目前视频行为识别数据集多达 84 个。这些视频数据集短则数秒，长则数分钟；或是第一人称，也有第三人称拍摄；涉及不同的下游行为识别任务，如行为分类、行为时域定位和行为时空定位等。

2）来源复杂。行为识别的视频数据主要采集自不同网页（如 Youtube，Google）的视频。通过不同的渠道如公司企业、赛事举办、高校研究团队与科研机构进行发布。

3）质量参差。通过复杂来源采集的原始视频数据在被用作行为识别研究前，需要经过特定预处理和标注。根据标注的精细和完整程度，视频行为识别数据集展现出不同质量。

因此想要对视频行为识别数据集进行完整的归纳总结，需要较长篇幅的分析。本节选取从 2010 年前后至今比较典型的视频行为识别数据集，如图 7-1 所示，并按照数据集的任务类型依次介绍，希望能为相关科研人员提供有价值的数据参考。

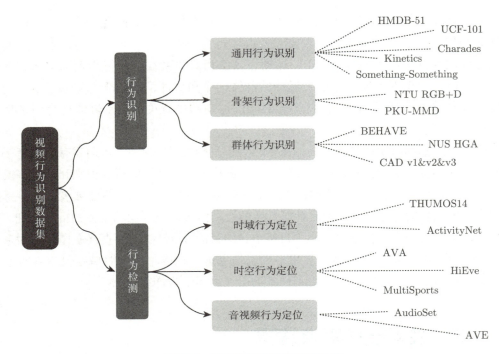

图 7-1 视频行为识别数据集总览

7.2.1 通用行为识别数据集

1) HMDB-51 数据集[6] 发布于 2011 年 3 月,彼时的图像识别已步入较高水平,并伴随大量精力投入到包含上千个图象类别的大型可扩展静态图像数据集,而与正成为计算机视觉研究领域前沿最有活力的行为识别方向相关的视频行为识别数据集却远远落后。出于这个考虑,文献 [6] 从各种来源收集视频数据并构建数据集,来源主要是电影,还有一小部分来自公共数据库,如 Prelinger archive、视频网站 YouTube 和搜索引擎 Google。该数据集包含 6 766 个视频片段,分为 51 个行为类别,每个类别至少包含 101 个视频片段。

2) UCF-101 数据集[7] 于 2012 年 10 月发布,该数据集从视频网站 YouTube 收集真实行为视频,并拥有 101 个行为类别共计 13 320 个视频片段。除了在行为类别方面有较大的多样性,UCF-101 在相机运动、物体外观和姿势、物体尺度、视角、杂乱背景、照明条件等方面存在很大变化,是迄今为止最具有挑战性的数据集。由于目前大多数视频行为识别数据集都是由演员表演的不真实的行为,因此 UCF101 的提出旨在通过学习和探索真实行为类别来鼓励对行为识别的进一步研究。UCF-101 数据集将 101 个行为类别的视频分为 25 组，每组可以包含 4~7 个行为视频。来自同一组的视频可能具有一些共同的元标签属性，例如相似的背景、相似的视角等。

3）Charades 数据集[8] 发布于 2016 年 4 月。该数据集从 Amazon Mechanical Turk 平台上收集了 9 848 个平均时长为 30 秒的日常室内行为视频，涉及 15 种室内场景下的 46 个目标对象类别和 157 个行为类别。每个视频都由多个自由文本描述、行为标签、行为间隔和交互对象类进行标注。经统计，对于 46 个目标对象类别共计 41 104 个标签，对于 157 个行为类别共计 66 500 个时域标注。

4）Kinetics 数据集[9] 于 2017 年 5 月发布。该数据集的每个片段都来自不同视频，使得不同视频片段的相机抖动、光照变化、阴影背景，甚至行为执行者的服装外形和身体姿势都不相同，从而避免了数据分布变化较小的问题。Kinetics 数据集有 400 个行为类别，每个行为包含 400~1 150 个视频片段，每个片段来自一个独立的视频，每个片段持续约 10 秒。当前版本有 306 245 个视频，这些视频来自 YouTube 视频，分辨率和帧速率均可变。虽然该数据集规模巨大，但是并不像 ActivityNet 那样包含深层次的类别分层结构，而是由多个父类–子类结构构成。其行为类别可分为：单人行为、人与人的交互行为和人与物体的交互行为。值得注意的是，有些行为是细粒度的以至于较难识别，例如不同类型的游泳、演奏不同类型的管乐器，需要时域推理和更严格的对象区分。

5）Something-Something[10] 于 2017 年 6 月发布，是一个包含 108 499 个描述人类对于日常目标物品基本行为的视频行为识别数据集，旨在训练机器学习模型对人类手势的细粒度理解。该数据集涉及 174 个行为类别标签，平均每个行为类别包含约 620 个持续时间为 4 秒左右的视频。

7.2.2 骨架行为识别数据集

1）NTU RGB+D[11] 发布于 2016 年 4 月，是用于 RGB-D 人体行为识别的大规模数据集。该数据从 40 个受试者采集了 60 个行为类别的 56 880 个样本。行为大体可分为三类：40 个日常行为（如喝酒、吃饭、阅读等），9 个与健康相关的行为（如打喷嚏、跌跤、摔倒等）和 11 个交互行为（如拳打脚踢、拥抱等）。这些行为在对应于 17 个视频序列（即 S001-S017）的 17 个不同场景条件下发生。此外，这些行为是使用三个具有不同水平成像视点的相机捕获的，即 −45、0 和 +45。从而为行为表征提供多模态信息，包括深度图、三维骨骼关节位置、RGB 帧和红外序列。

2）PKU-MMD[12] 数据集是一个发布于 2017 年 3 月的基于骨架的大型行为检测数据集。该数据集专注于长时连续序列行为检测和多模态行为分析。数据集通过 Kinect v2 传感器捕获。它包含三个摄像机视角下的由 66 个对象执行的 1 076 个未修剪的长视频序列的行为。总共标注了 51 个行为类别，产生近 20 000 个行为实例和总共 540 万帧。与 NTU RGB+D 类似，也提供多模态的深度图、RGB 图像、骨骼关节、红外序列和 RGB 视频。

7.2.3 群体行为识别数据集

不同于传统的简单行为识别，群体行为识别需要理解场景中由若干人物的单人行为和他们之间的交互行为所构成的复杂语义。近年来，群体行为识别在公共安全监控、体育视频分析和社会角色理解等领域的研究与应用，引起了学者们的广泛关注[13]。

1）NUS-HGA 数据集[14] 发布于 2009 年，由新加坡国立大学通过监控室外场景（大学停车场）收集得到的视频组成。包括 6 个群体行为类别：群体行走、群体奔跑、站立说话、聚集、打架和人员独立行走。该数据集共包含 5 期视频，涉及不同的人、不同数量的演员或时间，每期都包含 6 类集体活动，每个活动中有 10~20 个实例，4~8 个人。整个数据集共包含 476 个带标签的视频样本，每个类别平均约有 80 个视频片段，每个视频片段包含一个 1~8 秒的人类活动实例，并标记了相应的群体行为类别。

2）BEHAVE 数据集[15] 发布于 2009 年。该数据集来自监控视频，包含 163 个样本，共计 76 800 帧。数据集中包括 10 个群体行为类别：聚集但不移动、相互靠近、一起走、相互打招呼、彼此分开、人员独立行走、追逐、打架、一起跑和跟随。每个视频中通常有 2~5 个人作为一个小组，一个组内或者两个小组之间会进行互动。每个参与互动的人都有一个边框进行标记，共有 125 个人的实例，83 545 个边界框。该数据集提供了群体活动中的人员轨迹信息以及交互群体的行为描述。

3）CAD 数据集[16-18] 最初发布于 2009 年。该数据集由手持摄像机录制而成，共 44 个视频序列。包含过马路、等待、排队、步行和交谈共计 5 个行为类别以及前后左右等 8 个位置方向。该数据集每 10 帧标注出场景内人物位置和行为信息，是群体活动识别的广泛使用的基准之一。此后，在此基础上于 2011 年扩增得到拥有 75 个视频的 CAD-v2[17]。与 CAD-v1[16] 相比，CAD-v2 删除了"步行"并添加"舞蹈"和"慢跑"。CAD-v3[18] 于 2012 年发布，相比于前两个版本，CAD-v3 提供了更为丰富的标注内容，额外定义 9 种人物位置关系：接近、相反方向行走、面对面、站成一排、并排走等，以及 3 个单人行为：行走、静止和跑步。

7.2.4 时域行为定位数据集

时域行为定位假设输入是一个长的且未剪辑的视频，目的不仅是识别行为类别，还检测每个行为实例的开始和结束时间。由于该问题在视频数据分析中的潜在应用，近年来受到了广泛的研究关注。

1）THUMOS14[19]于 2014 年 7 月发布。目前大多数现有的行为识别数据集的视频片段都是经过手动修剪以更好地匹配行为事件。但是修剪处理并不符合在实际环境中应用行为识别的方式。因此，THUMOS14 数据集将挑战未修剪的视频。模型可以使用修剪的视频片段来训练，但需要在未修剪的数据上进行测试。作为 UCF101 行为数据集的子集，THUMOS14 仅包括原有 101 个行为类别中的 20 个。此外，还提供了包含 20 个行为类别的 200 个视频作为验证集。这些视频与原始 UCF101 数据集具有相同的属性。

2）ActivityNet[20]于 2015 年 6 月提出，旨在涵盖人们广泛日常生活中感兴趣的复杂人类行为，是目前用于理解人类行为的大规模视频数据集。该数据集每个视频片段可能包含多个行为，这是其与 HMDB-51 和 UCF-101 的显著区别。目前版本的 ActivityNet 数据集包含 19 994 个未修剪的视频片段，共计 849 小时。该数据集包含 203 个类别，平均每个类别有 137 个未修剪的视频片段，每个视频平均有 1.41 个行为实例，这些行为实例均带有时间边界标注。ActivityNet 的行为可分为七大类型：个人护理行为、与工作相关的行为、体育锻炼行为、社交行为、饮食行为，教育行为和家务活动行为。

7.2.5　时空行为定位数据集

时空行为定位不仅检测每个行为实例的开始和结束时间，还要检测行为发生的空间位置。

1）AVA 数据集[21]于 2017 年 5 月发布。该数据集的每个视频片段都经过了人工标注者在丰富多样的场景和录制条件下的人类行为表达方式的详尽标注，以提高我们对人类行为的理解。AVA 数据集在时间和空间上对约 351 000 个电影片段中的 80 个行为类别进行了密集标注，从而生成了 165 万个行为标签，并经常对单个人打上了多个行为标签。因此，相比于其他数据集，该数据集拥有以下几个关键特征：① 定义的不是复合行为，而是原子行为（复合行为可以看成原子行为组成的序列）；② 对每个人可能有多个精确的时空标注；③ 在 15 分钟的视频片段中对这些原子行为进行详尽的标注；④ 使用电影收集一组不同的行为表示。

2）HiEve[22]数据集于 2020 年 5 月发布，其专注于密集人群和复杂事件中非常具有挑战性和现实性的以人为中心的行为识别任务，包括用餐、地震逃生、地铁下车和碰撞等共计 14 个类别（参见图 7-2）。该数据集具有大规模和密集注释的标签，在 32 个视频中具有多达 130 万个边界框标注和 56 643 个行为实例标注。

 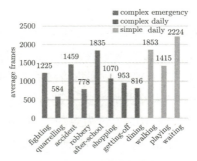 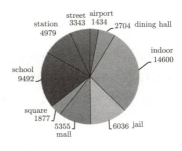

（a）HiEve 的 14 个行为类别组织架构，具有三个层次（类型–事件–行为）

（b）HiEve 的不同事件分布，展示出 HiEve 数据集以复杂事件为主

（c）HiEve 的行为所处不同场景，场景中包含了人与人之间的复杂互动

图 7-2　HiEve 数据集

3）MultiSports[23] 于 2021 年 5 月发布，包含来自 4 种不同体育运动的共 66 个细粒度行为类别。该数据集旨在提出一个新的多人体育运动行为数据集。为保证不同体育运动行为之间的数据大小平衡，MultiSports 对 247 条比赛录像手动剪辑，最终形成每项体育运动均有 800 个视频片段的数据集。MultiSports 排除只有背景场景的片段，例如颁奖，并选择比赛的高光部分作为视频片段进行行为定位。与 HiEve 类似，该数据集同样具有高质量的详细标注，对 3 200 个视频片段标注有 90.2 万个边界框和大约 37 701 个行为实例。

7.2.6　音视频行为定位数据集

在音视频行为定位任务下，一个视听事件可能包含多个行为或声音静止的对象。不同于时域行为定位，音视频行为定位需要在音频和视频域上同时建模。

1）AudioSet[24] 发布于 2017 年，是一个音频事件数据集，由超过 200 万个人工注释的 10 秒视频片段组成。这些视频片段是从 YouTube 收集的，因此其中许多片段质量很差，并且包含多个声源。使用 632 个事件类的分层本体来注释这些数据，这意味着可以将相同的声音注释为不同的标签。例如，吠叫的声音被注释为"动物"，"宠物"和"狗"。

2）AVE 数据集[25] 发布于 2018 年 3 月。作为 AudioSet 的一个子集，AVE 数据集包含 4 143 个视频，涵盖 28 个事件类别。AVE 中的视频标注有时域标签和视听事件边界。每个视频至少包含一个 2 秒长的视听事件。该数据集涵盖了广泛的不同领域（如人类活动、动物活动、音乐表演和车辆声音）的视听事件（例如，男人说话、女人说话、狗吠、弹吉他和炸食物等）。每个事件类别至少包含 60 个视频，最多包含 188 个视频，AVE 中三分之二的视频包含跨越 10 秒的视听事件。

7.3 视频行为分类

行为分类[9,26-28]是视频行为识别任务中最基本的形式。具体而言，给定一段预处理好的视频片段，算法需要识别出正在发生的行为类别，并且通常只包含一个行为类别，因此该任务可以被视为一个标准的模式分类任务。视频行为分类的研究难点主要集中在如何对视频数据进行特征抽取，然后基于该特征进行行为类别识别。从视频特征抽取方法角度看，现有行为分类方法大体可以分为：基于手工特征的视频行为分类方法和基于深度学习的视频行为分类方法，下面将详细介绍这两类方法。

7.3.1 基于手工特征的视频行为分类方法概述

视频行为识别是视频理解领域一个重要问题，对其研究工作始于 20 世纪 90 年代[32-33]。21 世纪的早期，行为识别方法通常采用手工特征（如 Improved Trajectory[34]）和浅层机器学习算法（如 SVM[35]），比较依赖专业的手工特征设计与编码，识别性能易受手工特征影响。在这些基于手工特征表示的研究工作中间，局部特征（local features），例如 STIP[29]，成为一种非常有效的视频表示方法，它非常灵活和稳健，可以较好地捕捉到显著的时空运动模式。然后，通过中层特征编码（如 Bag of Visual Words[36]）和池化操作（pooling），这些局部特征就可以转化为全局特征，从而被用来进行视频行为分类。

视频局部特征提取流程通常包括两部分：局部特征检测子（detector）和局部特征描述子（descriptor）。局部特征检测子负责从视频数据中检测出运动显著的时空区域，这类区域通常被认为蕴含重要的时空判别信息，对行为类别分类能够提供重要的线索。局部特征描述子负责对检测出的时空区域进行特征表示，通常需要较强的描述能力（包括表象信息和运动信息），对干扰因素（如光照、视角、尺度等）具有一定的稳健性。常见的局部特征检测子包括：基于局部兴趣点检测的方法（如 3D-Harris[29]）和基于局部兴趣点跟踪的方法（如稠密轨迹方法[31]）结果如图 7-3 所示。Laptev 等人[29]在 2003 年提出了 3D-Harris 检测子，它可以看作是 2D-Harris 角点检测子的时空拓展版本，基于时空二阶矩阵的角点分析函数进行时空特征点检测。Dollar 等人[37]在 2005 年提出了 Cuboid 时空兴趣点检测子，该检测子基于二维的高斯滤波器和 2 个对偶的时序小波滤波器，通过滤波器相应的局部极大值作为 Cuboid 检测子结果。Willems 等人[38]在 2008 年提出了 3D-Hessian 时空兴趣点检测子，该检测子可以看作是 2D-Hessian 图像 Blob 检测子的时空拓展版本，基于时空 Hessian 矩阵的特征值进行时空兴趣点定位。

Wang 等人[39]在 2009 年对稠密采样点特征做了详细的实验对比分析，并且和时空兴趣点局部特征点进行了结果对比，实验结果表明稠密采样也是一种极具竞争力的时空检测子。基于兴趣点跟踪的检测子方法包括稠密轨迹方法（dense trajectory）[31]和改进的轨迹方法（improved trajectory）[34]，这类检测子方法通常会产生跟踪的运动轨迹，然后沿着运动轨迹在其周围产生一个时空管道（tube），作为特征提取区域。稠密轨迹方法采用了多尺度和稠密采样方法进行轨迹跟踪，中间也会对不稳定区域或者静态区域的跟踪轨迹进行删除。改进的轨迹方法事先对相机运动进行了估计，然后删除了跟相机运动比较一致的跟踪轨迹。

图 7-3　视频局部特征检测结果展示图（左侧为时空兴趣点检测结果，右侧为稠密轨迹检测结果）

视频局部特征描述子负责对提取出的比较显著的时空区域进行特征抽取，简单描述方法[26,37,40]包括高阶导数、梯度信息、运动光流、亮度信息等，这类方法的描述能力稳健性不够。相对高级的视频局部描述子方法将图像描述子（如 SIFT[41]，HOG[42]）拓展到视频领域，例如 3D-SIFT, HOG3D, extended SURF 等。3D-SIFT[43] 和 HOG3D[44] 都是在时空区域里面对每个像素点进行时空梯度计算，该梯度信息既包含了空间外观信息，又包含了时序运动信息，然后按照分格子方式进行直方图统计。extended SURF[39] 也是按照类似的方式将图像 SURF 描述子拓展到了视频领域。Laptev 等人[40] 在 2018 年提出了 HOG/HOF 描述子，由 HOG 描述子和 HOF 描述子组成，HOG 负责对图像梯度信息进行直方图编码，HOF 负责对光流运动信息进行直方图编码。Wang 等人[31] 在 2011 年将运动边界直方图 MBH[45] 应用到了视频行为识别，MBH 分别对光流信息的 x 运动分量和 y 运动分量进行 HOG 直方图编码，MBH 描述子对相机运动具有很好的抑制作用，因此它的识别性能比 HOF 直方图更优。稠密轨迹和改进轨迹特征采用了较强的特征工程方法，对轨迹特征、HOG 特征、HOF 特征、MBH 特征进行了融合，因此在手工特征方面的研究工作中取得了最优识别性能。

视频局部特征通常需要经过中层特征编码和池化操作，才可以形成视频级别的全局表示特征。最常见的特征编码方式就是词袋模型（BoVW），如图 7-4 所示，该方法由字典学习、特征编码、特征池化和归一化组成。字典学习通常使用 k-means 或者混合高斯模型 GMM 进行聚类学习得到码本（codebook），特征池化通常使用平均池化（sum pooling）[47] 或者最大值池化（max pooling）[48] 进行汇聚特征，常见特征归一化操作包括 L_1 归一化[48] 和 L_2 归一化[49]，以及 Power-归一化[49]。特征编码是研究工作最多的模块，早期工作主要采用基于量化的编码方法，例如向量量化方法（vector quantization）[36] 和软性编码（soft assignment）[50]，逐渐转变为基于稀疏编码的方法，例如稀疏特征编码（sparse coding）[48] 和局部限定的线性编码（locality-constrained linear encoding）[51]，这类编码方法可以更多保留编码信息损失，并且只需要线性分类器就可以取得不错的识别性能。当前，基于超向量的编码方式逐渐成为特征编码的主流方式，这类超向量不仅保留了特征编码的零阶信息，还会保留编码的一阶残差和高阶信息，常见编码方式包括超向量编码（super vector coding）[52]、局部汇聚的描述子向量（vector of locally aggregated vector）[53]、Fisher 向量（Fisher vector）[54-55]、多视角超向量编码（multi-view super vector）[56]。Wang 等人[57] 在 2012 年将 Fisher 向量首次应用到了视频行为分类，并且取得了优异的识别性能，Peng 等人[46] 于 2016 年对词袋模型各种设定在主流视频分类数据集上进行了详细实验对比分析，并且总结出了一些重要规律。

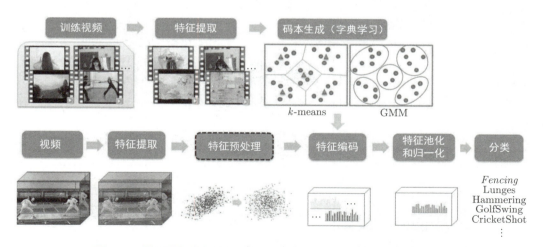

图 7-4　基于局部特征的视频行为分类词袋模型（BoVW）流程图

除了局部特征提取和编码之外，还有一类传统行为分类方法是基于启发式的方法挖掘视频运动的中层语义部件，来模拟人类大脑中间的祖母细胞（grandmother cell）[58]。这类方法旨在模拟人类的视觉认识过程，从底层特征抽取，到中层特征表示，最后到高层语义信息，希望通过这种层次化的特征表示可以有效地处理底层视觉信号和高层感知之间的语义鸿沟。Liu 等人[59]在 2011 基于有监督学习方法对视频数据中的视觉中层属性进行表示学习，Sapienza 等人在 2012 年[60]利用多示例学习方法来学习判别性强的行为部件，Raptis 等人[61]在 2012 年利用无监督聚类方法对视频行为部件进行挖掘，Wang 等人[62]在 2013 年基于无监督聚类和特征选择挖掘中层运动部件（Motionlet），Zhu 等人[63]在 2013 年提出了新的多示例学习框架挖掘两层的中层视频表示（Acton）。Zhang 等人[64]在 2013 年利用强监督学习抽取出了中层动作表示（Actemes），相对其他无监督学习方法，该方法得到的中层部件语义更加明确，但是对训练数据的标定要求也更高。Wang 等人[65]在 2013 年将中层时空部件表示方法推广到中层时序片段表示方法，提出了基于判别式聚类的视频运动原子发现算法，并且进一步提出了组合式的运动短语挖掘算法，这类方法在视频行为理解上取得了优异识别性能，该工作在 2016 年被拓展到了多层次视频表示特征 MoFAP[66]，验证这些中层次视频表示方法与之前局部特征编码方法的互补性，如图 7-5 所示。

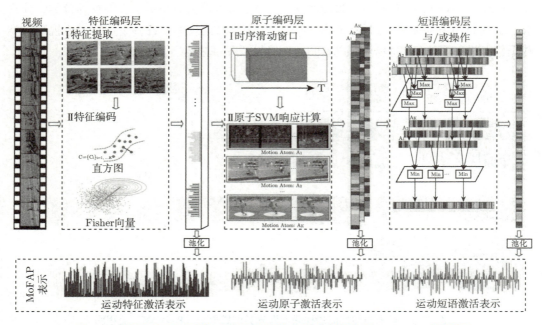

图 7-5　基于手工特征设计和特征挖掘的多层次视频表示 MoFAP 流程图

7.3.2 基于深度学习的视频行为分类方法概述

随着深度学习方法在计算机视觉不同领域不断取得成功，深度卷积神经网络（CNN）也逐渐在视频行为识别任务上取得优异的识别性能，成为现阶段视频行为识别的主流方法。目前主流的行为分类卷积神经网络架构大体可以分为：① 双流卷积神经网络，② 三维卷积神经网络，③ 新型卷积神经网络，④ 长时建模卷积神经网络等。它们分别从不同的研究视角进行切入，着力解决视频时空表征这一关键科学技术问题。

1）双流卷积神经网络[67]是第一个在视频行为识别问题上取得与传统手工特征相匹配性能的深度学习方法。双流卷积神经网络采用两个分支（two-stream）网络的架构，一个分支（stream）以彩色图像（RGB image）作为输入，另外一个分支以光流（optical flow）图像作为输入，两个分支都是以二维卷积作为主干网络（backbone），对输入图像进行空间特征抽取和行为识别，最后将两个分支的预测结果进行融合，得到双流卷积神经网络的识别结果。双流卷积神经网络的优势在于它显式提取了光流信息，从而可以比较精确地描述视频的运动信息，克服了卷积神经网络难以提取运动特征的缺陷。当然，双流卷积神经网络的缺点也比较明显，它需要额外提取光流，增加了计算开销和存储空间。

2）三维卷积神经网络[68]输入原始视频片段，使用三维卷积和三维池化操作，直接从视频图像立方体中学习时空特征。该时空特征通常被认为既包含了视频的静态表象特征，又蕴含了视频的动态运动特征，可以作为视频行为识别的一种有效表示，比较容易实现端到端视频行为识别。三维卷积和三维池化操作都是对二维版本进行直接时序拓展，将其窗口大小（kernel size）从二维空间变成三维空间。该拓展虽然简单，但是也忽略了时间维度和空间维度本质上的不同之处，缺少对时间维度专门考虑与设计。整体上，相对双流卷积神经网络而言，三维卷积神经网络结构简单，不需要额外光流运算，计算效率相对较高。但是，三维卷积神经网络本身也面临一些缺陷，例如参数量大、计算复杂高、运动特征提取较困难等。

3）新型卷积神经网络[69-75]通常也是输入视频片段，直接学习视频的时空特征，但是会针对三维卷积神经网络一些缺陷做出针对性改进。近期的主流改进方向可以分为以下 4 种：针对三维卷积神经网络运算代价高，提出新型轻量级计算架构或者网络模块；针对三维卷积神经网络缺少动态灵活建模能力，提出新型时序自注意力模块和计算方法；针对三维卷积神经网络无法显式提取运动信息，提出基于匹配操作的高阶关系模块和计算方法；针对时序卷积缺乏高频动态信息抽取能力，提出基于时序差分操作的高频运动信息显式抽取方法和网络模块。目前在视频行为识别领域，这几种思路已经成为主流改进方向，并且在主流数据集上验证了有效性。除此之外，还有一些针对视频采样和网络架构搜索的研究，也慢慢成为研究方向之一。

4）长时建模卷积神经网络[75-80] 主要考虑对更长时间视频结构信息，利用长时时序信息辅助更加稳健和有效地开展视频行为识别。由于计算设备存储受限，上述几种神经网络结构通常只能处理较短的视频片段（1~3s），但是一个行为持续的时间可能会超过这个时长，因此需要专门设计长时建模方式。在长时建模方面，现有做法大体可以分为两类：① 基于稠密采样（dense sampling）和循环神经网络（recurrent neural networks），这类方法首先使用卷积神经网络提取单帧或者短时特征，然后稠密堆叠短时视觉特征，形成特征时间序列，再基于此时间序列表示方法，采用循环神经网络进行长时特征抽取和行为识别；② 基于稀疏采样（sparse sampling）和时序融合（temporal fusion），这类方法较好地考虑视频时序信息的冗余性，认为一个视频行为可以被稀疏地分解为几个片段（segment），然后在每个片段随机或者动态抽取代表性短时特征，最后采用时序融合和建模方法，将不同片段的信息整合成全视频级别的特征表示，完成行为识别。稠密采样可以较为丰富地刻画视频长时信息，但是同时也增加了计算开销和优化难度。相比而言，稀疏采样可以更加高效和近似地捕捉视频的长时信息，在现有基准数据集上面取得了较好的识别效果。

近年来，基于深度学习的视频行为识别方法已经成为主流，上述的方法归类和分析通常只是从某单一维度进行展开，近期好多工作的研究往往包含了上述多个维度的改进和发展，综合考虑运动建模、计算效率、长时建模、高效采样等已经成为视频行为识别的发展趋势和研究热点。

7.3.3 常用方法

1. 基于双流卷积神经网络的视频行为识别方法及其变种

视频行为识别通常既需要考虑静态表象特征，又需要考虑动态运动特征，因此在设计深度神经网络架构的时候，可以采用双流卷积神经网络架构来分别捕捉静态信息和动态信息。

如图 7-6 所示，双流卷积神经网络架构[67] 由空间流（spatial stream）网络和时间流（temporal stream）网络组成。空间流网络负责抽取静态表象特征，它的输入是单张视频帧（RGB 图像），然后经过二维卷积神经网络，得到空间流预测分数。时间流网络负责抽取动态运动特征，它的输入是堆叠的光流图像，然后也是经过二维卷积神经网络得到时间流预测分数。光流可以直观解释为三维运动在二维成像平面的投影（注意光流的形成不一定由真实运动导致，光照变化等因素也会产生光流，在此不深入分析）。最后双流卷积神经网络的结果由空间流预测分数和时间流预测分数融合产生。通过额外引入光流输入和时间流，双流卷积神经网络的识别精度有了大幅度提升，超过了单流卷积神经网络识别精度，首次在视频行为识别基准数据集上取得了与传统手工特征[46] 相匹配的性能，因此双流卷积神经网络逐渐成为后续视频深度学习方法采用的网络架构。Wang 等人[312] 提出的用深度卷积轨迹描述子 TDD 就是基于双流神经网络进行特征提取，然后利用运动轨迹对双流神经网络特征进行池化聚合操作，融合了传统特征和深度特征的优势，首次在 UCF101 数据集上面获得了超过 90% 的识别精度。后续还有一些工作研究了不同融合双流卷积神经网络特征的策略[84-87]，在此不再赘述，感兴趣的读者可以参考相关文献。

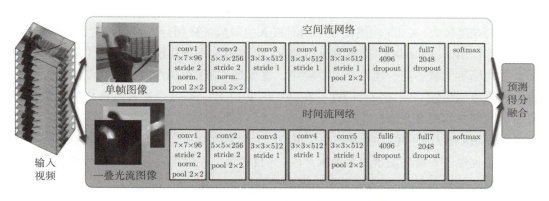

图 7-6　双流卷积神经网络的架构框架[67]

双流卷积神经网络的一个重要缺陷就是需要进行光流估计，由于光流估计需要提前计算好且本身的计算机开销比较大，使得整个双流卷积神经网络不能进行端到端优化。一种加速方式是寻找可以快速获得的光流代替物，例如 Zhang 等人[313] 提出使用视频编码过程中保存的运动向量（motion vector）来近似表达光流的运动信息，然后通过知识蒸馏的方式来增强运动向量的性能，最后实现了能够实时运行的双流卷积神经网络架构，并且性能优异。另一种加速方法是尝试使用神经网络来进行光流估计[88-90]，其中隐双流网络（Hidden Two-Stream Network）架构使用了轻量级神经网络 MotionNet 来模拟光流估计的过程，这样就避免了在训练和推理阶段的光流估计，并且实现了整体架构的端到端训练。MARS[91] 方法使用了知识蒸馏的训练策略，通过仅仅输入 RGB 图像来模拟运动信息，在提升识别精度的同时还保证了计算效率。

2. 基于三维卷积神经网络的视频行为识别方法及其变种

视频行为识别的另一种常见的网络架构就是三维卷积神经网络。视频信号可以看成图像信号的三维拓展，多了一个时间维度。因此视频卷积神经网络设计的一个直观思路，就是将图片卷积神经网络、卷积操作、池化操作从二维拓展为三维，中间核心的变化就是将卷积操作或者池化操作的感受野从二维拓展为三维，这样三维卷积神经网络或者池化操作就可以直接从视频 RGB 图像中间提取时空特征，而不需要额外的光流计算。

使用三维卷积神经网络进行视频行为识别的开创之作是文献 [68]，该文献只是从概念层面论证了三维卷积神经网络进行视频行为识别的可行性，但是实验结果比较一般，并没有完全展现深度神经网络在视频行为识别上的巨大潜力。Tran 等人[92] 将其扩展到更深的三维卷积神经网络架构，基于 VGGNet-11 的网络架构设计了 C3D 视频行为识别网络[93]。C3D 工作进行了大规模视频训练，验证了三维卷积神经网络作为通用视频表征学习器的可行性，并且获得了不错的识别结果。同时，从头训练一个三维卷积神经网络的难度较大，C3D 网络使用了当时最大的弱监督视频行为识别数据集 Sports1M 进行训练，由于 Sports1M 数据集是直接从 YouTube 下载且没有经过手工筛选和标定的，因此标签质量不高，还存在大量噪声，这也是 C3D 识别性能当时在基准数据集上比不过双流网络的原因之一。因此，在 2014~2017 年，双流卷积神经网络依然是视频行为识别领域的主流方法。

Carreira 等人[96] 在 2017 年提出了视频行为识别领域一个重要的数据集 Kinetics[9]。该数据集收集了大量高质量的短视频片段，并且对每个片段都进行了人工标定。Kinetics 数据集第一版具备 400 个动作类别，每个类别至少含有 400 个视频片段，后续版本逐渐把动作类别扩展到 700 个。该数据集的发布极大地缓解了视频三维卷积神经的网络训练难度，实现了以视频数据从头训练三维卷积神经网络，而不需要图像模型进行预训练。另外，Carreira 等人[96] 还提出了一种构造三维卷积神经网络的方法，称为 I3D。其核心思想就是基于现有的图像二维卷积神经网络成熟架构（如 VGGNet、Inception 等），将二维卷积神经网络中间的二维卷积膨胀成三维卷积，通过这种方法就可以构造出对应的三维神经网络架构。I3D 有两个优点：① 它可以复用二维卷积神经网络已经发现的成熟神经网络架构，而不必再用三维卷积神经网络的架构设计或者搜索；② 通过复用二维卷积神经网络在 ImageNet 上的预训练模型来对 I3D 网络进行初始化，既可以加快 I3D 网络的收敛速度，也可以提升最后 I3D 网络的识别精度。同时，I3D 网络考虑了双流输入（RGB 和光流输入），验证了 I3D 网络对不同输入模态的稳健性，也表明了双流网络架构可以跟三维卷积神经网络进行有机融合。

C3D 网络和 I3D 网络的一个严重缺陷就是三维卷积计算复杂度高，通常呈现出三次方复杂度，因此有一些提升三维卷积计算效率的工作尝试将三维卷积操作进行时空分解，分解成一个空间的二维卷积和一个时间的一维卷积，经典工作包括 P3D[99] 和 R2+1D[100]。这种分解方法一方面可以降低原始三维卷积计算的复杂度，另一方面也提供了一种新型的视频卷积神经网络设计思路，即对空间和时间分开建模，这样有利于对时间维度进行有针对性的设计，提升视频卷积神经网络的时序表征学习能力。轨迹卷积（Trajectory convolution）[101]是将轨迹建模和对齐的思路融入时序卷积操作，动态改变时序卷积的空间感受野，从而更加灵活。S3D[103]工作也是利用三维卷积的时空分解思路，探究了不同层数对二维卷积和三维卷积的选择，实验结果表明可优先在网络底部层数使用二维卷积操作，网络头部层数使用三维卷积，这样可以达到效率更高和精度更优的效果。

3. 行为识别的新型网络结构与方法

（1）轻量级建模方法　由于三维卷积神经网络运算代价高，使用新型轻量级计算架构或者网络模块成为一种改进方法。ECO[104]提出将视频分成 N 个子段，在每个子段内采样单帧图像，并用二维卷积获取其外观特征。然后为了获得长时程的图像帧间的上下文关系，对采样后的各帧之间以三维卷积的方式进行端到端的融合。受组卷积的启发，CSN[105]分离了通道交互和时空交互，GST[106]用并行分解的方法将特征通道分解为时间和空间两组。更进一步地，GSM[107]将输入的特征自适应地划分成两部分，分别进行二维卷积的空间建模和三维卷积的时序建模。针对帧之间的时序关系，使用三维卷积是一种简单且自然的建模方法。但是，有许多替代方法可以实现此目标。Lin 等人[69]引入了一种新的方法，称为时序偏移模块（temporal shift module，TSM）。TSM 将移位操作[108]扩展到视频理解领域，它沿着时间维度移动部分通道，从而促进相邻帧之间交换信息，如图 7-7 所示。为了保持空间特征的学习能力，他们将时间偏移模块放在残差块的残差分支内。因此，在进行时间位移之后恒等映射后，仍可以访问原始激活中的所有信息。TSM 的最大优点是可以将其插入二维 CNN 中，以零计算和零参数的方式实现时间建模。类似于 TSM，TIN[109]引入了一个时间交织模块来对时间卷积进行建模。Feichtenhofer[110]引入了 X3D，X3D 沿着多个网络轴逐步扩展了二维图像分类体系结构，例如时序持续时间、帧速率、空间分辨率、宽度、瓶颈宽度（bottleneck width）和深度。X3D 将三维模型的修改 / 分解推到了极致，是一种高效的视频网络，并且可以满足不同目标的不同负载型要求。一个类似的启发，A3D[111]还利用了多种网络配置。A3D 同时训练这些网络配置，但是在推理期间仅部署一个网络，这样可以使模型的最终效率更高。

（2）注意力建模方法　Transformer[112]中的自注意力操作也适用于视频识别任务。Wang 等人[70]提出了用于视频行为识别的 non-local 操作，他们在残差网络的后续阶段使用一个时空 non-local 模块来捕获时空范围内的长期依赖关系，如图 7-8 所示。non-local 操作是一种 Transformer 自注意力模块，能以即插即用的方式用于许多计算机视觉任务。Long-term feature bank[113]中的全局信息为当前视频片段的局部信息提供过去和未来的特征，两者交互的计算采用的是注意力机制。non-local方法则使用空间注意力，也有方法使用通道注意力。STCNet[114]提出在三维块整合通道方式（channel-wise）信息，以捕获整个网络中的空间通道和时间通道相关信息。Google公司提出了图像Transformer方法ViT的扩展，并将其命名为TimeSformer[115]。ViT中是将自然语言处理（NLP）中的词更换为图片中的区块（patch），但是视频中存在大量的patch，计算量巨大，而且忽略了视频中的时空信息。为了解决这些问题，文献[115]提出了几种基于时空容量（space-time volume）的可扩展自注意力设计结构。其中最好的设计是"分散注意力（divided attention）"架构，它分别在网络的每个区块内应用时间注意力和空间注意力。

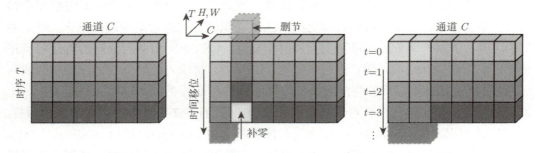

图 7-7　时间移位模块（TSM）[69]通过沿时间维度移动特征图来执行有效的时间建模

图 7-8　non-local 操作将某个位置的响应计算为输入特征图中所有位置的特征的加权和，这组位置可以是空间、时间或时空

（3）高阶相关操作方法　为了获得运动信息，可以用基于匹配操作的高阶关系模块和计算方法去提取。PWCNet[116]用卷积神经网络实现光流估计的方法，在该方法中采用了经典的特征金字塔结构作为特征提取网络。文献[117]用代价容量（cost volume）

来作为运动表征。CPNet[118] 将视频的特征张量视作一个点云，特征张量中的每一个特征即"点"。CP Module 负责找出每一个给定的特征在其他不同帧中最相邻的 k 个特征的具体位置信息与特征信息。MotionSqueeze[119] 通过估计相邻帧特征图 $(F(t), F(t+1))$ 的相关性，得到一个位移张量。位移张量再经过卷积层的变换，获得最终的运动特征。

（4）时序建模方法　视频中的时序维度可以从两个方面来帮助解决行为识别问题，分别是运动信息与时间上下文信息。但由于受多种因素的影响（如相机运动、视角切换、场景多样），导致视频数据在时序维度上具有极其复杂的动态特性。为了能够有效捕捉视频中的时序动态特性，文献 [71] 提出了一个 STM 模块，它包括两个部分：CSTM 模块通过 channel-wise 的时域卷积和普通的空间卷积来高效建模时间和空间信息；CMM 模块通过在网络中计算类似帧差的方式建模运动信息。Feichtenhofer 等人[120] 提出了 SlowFast，一种同时具有慢速路径和快速路径的高效网络。慢速路径以低帧率输入来捕捉运动变化缓慢的视觉特征，而快速路径以高帧率输入来捕捉快速运动的视觉特征。为了结合运动信息，SlowFast 采用横向连接来融合每个路径学习的表示。虽然 SlowFast 有两条路径，但它不同于双流网络，因为这两条路径旨在模拟不同的时间速度，而不是对空间和时间建模。TAM[121] 以自适应的方式学习视频中的时空线索，由局部分支和全局分支组成。它将时序建模核参数分解成位置敏感的重要性权重和位置无关的时序聚合卷积。通过这样的分解方式，可以互补地学习视频中运动模式的多样性。

4. 面向长时建模的行为识别网络结构与方法

（1）基于稠密采样和循环神经网络　在三维卷积神经网络中，长距离的时间关系可以通过堆叠多个短的时间卷积来实现。然而，时间信息可能会在深度网络的后期阶段丢失，特别是对于相隔很远的帧。由于视频可以看成一个时间序列，研究人员已经探索了循环神经网络（RNN）在视频中的时间建模，特别是长短时记忆（LSTM）网络的使用[122]。LRCN[76] 和 Beyond-Short-Snippets[77] 是在双流网络环境下使用 LSTM 进行视频行为识别的论文。他们将 CNN 的特征图作为深度 LSTM 网络的输入，并将帧级 CNN 特征汇总到视频级预测中。在 CNN-LSTM 框架之后，提出了几个变体，如双向 LSTM[123]、CNN-LSTM 融合[124] 和分层多粒度 LSTM 网络[125]。Li 等人[126] 提出了 VideoLSTM，它包括一个基于相关的空间注意力机制和一个轻量级的运动注意力机制。VideoLSTM 不仅显示了在行为识别上的改进结果，而且还证明了学习到的注意力如何仅仅依靠行为类标签来进行行为定位。Lattice-LSTM[127] 通过学习各个空间位置的记忆单元的独立隐藏状态转换来扩展 LSTM，可以实现长时复杂运动的精确建模。ShuttleNet[128] 是一项同时进行的工作，它考虑了循环神经网络中的前馈和反馈连接，以学习长期依赖关系。FASTER[129] 设计了一个 FAST-GRU 来聚合片段级特征。

（2）基于稀疏采样和时序融合　Wang 等人[78] 提出了一个时间段网络（TSN）来进行视频级行为识别。具体来说，TSN 首先将整个视频划分为若干片段，这些片段沿时间维度均匀分布。然后，TSN 在每个片段中随机选择一个视频帧，并通过共享权重的网络提取空间特征。最后，进行分段共识来融合视频帧的信息。分段共识可以是平均、取最大值、双线性编码等操作。在这个意义上，TSN 能够对长距离的时间结构进行建模，因为该模型看到了来自整个视频的内容。此外，这种稀疏的采样策略降低了长视频序列的训练成本，但保留了相关信息。由于 TSN 对于不同段的视频帧只采取简单的平均融合策略，TRN[79] 在 TSN 的基础上学习和推理多个时间尺度的视频帧之间的时间依赖关系。它以不同的采样率对视频进行下采样，使用 MLP 对以相同采样率采样出的视频帧特征进行时域上的融合，最后将多级（不同采样率）出来的分类结果叠加作为最终的预测值。V4D[80] 提出了视频级的四维 CNN，用四维卷积来模拟长距离的时空表征的演变。

7.4　行为定位

7.4.1　时域行为定位

伴随着社交媒体和短视频平台的快速发展，上传并分享到互联网上的视频呈指数级增长。对海量视频数据的理解具有庞大的研究价值和商业潜力。视频理解成为计算机视觉领域中炙手可热的问题。时域行为定位是视频理解领域的重要任务之一，如图 7-9 所示，其目标是在未经剪辑的视频中定位行为的开始和结束位置，并预测该行为的类别标签。由于未经剪辑的视频中包含多个行为实例且不同行为持续时间差别较大，因此在时域对行为实现精确定位是一个具有挑战的任务。早期的时域行为定位方法[130-133]采用循环神经网络（recurrent neural network，RNN）的短期记忆对视频段进行时序建模，直接生成时序行为候选框。Daps[131] 采用长短期记忆（long short-term memory，LSTM）网络将视频特征编码为一系列隐状态，并从中推理出不同长度的时序行为框；Yeung 等人[130] 利用强化学习训练一个基于 RNN 网络的智能体（agent）来判断行为何时开始与结束。由于循环神经网络可建模的时序长度有限，自 2017 年起，基于卷积神经网络（CNN）的时域行为定位模型逐渐成为主流方法。如图 7-10 所示，目前主流的时域行为定位方法主要分为 3 类：自顶向下的方法、自底向上的方法和稀疏检测的方法。

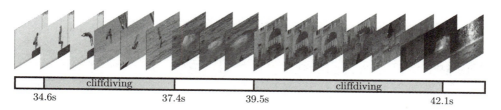

图 7-9 时域行为定位的目标是在未经剪辑的长视频中定位人类行为的开始和结束位置并预测行为类别标签

1. 自顶向下的时域检测方法

2017 年以来，时域行为定位领域受到较为成功的二阶段目标检测方法的影响，如图 7-10（a）所示，许多方法[134-140]依赖于大量预定义的多尺度行为锚点框来覆盖所有可能的行为真值，基于锚点框**自顶向下**地进行进一步分类和定位。一些自顶向下的方法采用"先定位–再分类"的二阶段结构，在第一阶段生成类别无关的时序行为锚点框，而后在第二阶段读入这些动作锚点框并进行进一步的边界调整和类别预测。

较早的自顶向下的方法有 S-CNN[139]，它采用滑动窗口生成一系列时序行为锚点框，而后对于每个锚点框用 C3D 网络抽取特征，特征通过由全连接层构成的三分支结构分别得到行为置信度、锚点框和行为真值的重合置信度以及行为类别，最后通过非极大值抑制（NMS）后处理得到最终行为预测结果。

TURN[134]专注于生成更加可靠精确的时序行为候选框，首次提出了基于行为上下文的边界回归策略，通过调整锚点框的边界得到更加精确的行为定位。如图 7-11 所示，TURN 方法将长视频分割为一系列更短的视频单元（unit），扫描整个视频，将每个视频单元都作为锚点（anchor unit）生成多尺度的锚点框（clip pyramid），将锚点框划分为内部片段（internal unit）和在内部片段两端的上下文片段（context unit），对这三个片段均匀池化得到锚点框特征，最后通过线性层预测该锚点框的边界偏移量和为行为的概率。

基于级联（cascaded）结构的 CBR[136]取得了很好的定位性能，网络包括两个模块：边界回归和行为分类，每个模块均采用级联多层感知机（multilayer perceptron，MLP）网络结构来获得更准确的定位和分类结果。边界回归模块的输入为视频特征和滑动窗口形成的多尺度锚点框，通过多层感知机网络预测出一组边界偏移量和二分类置信度分数后，边界更新后的候选框再次作为输入送进候选框网络进行新一轮优化。K 轮优化后的候选框对应的二分类打分为 K 次分数的乘积。行为分类模块类似边界预测模块，对于输入的时序候选框生成 $C+1$ 维向量预测行为类别（C 为类别数量）和 C 组边界偏移量，偏移量和行为类别存在对应关系。选取分数最大的类及其对应的偏移量更新候选框边界后重新输入行为分类模块进行新一轮迭代更新。

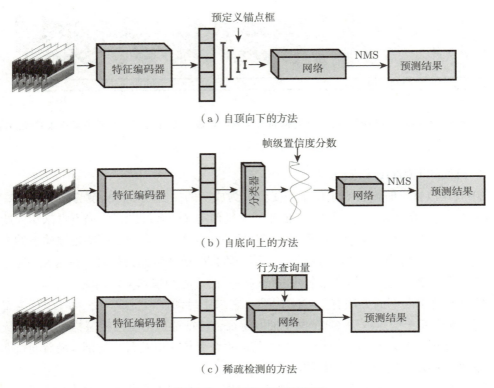

图 7-10 时域行为定位方法

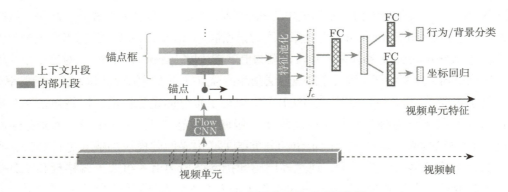

图 7-11 TURN 的网络结构示意图[134]

另一些方法[135,137,141-142]将候选框的生成和分类融合成一阶段的网络，更加灵活地优化时序锚点框。SSAD[137]参考一阶段目标检测器 SSD[143]的结构，通过由几层卷积网络形成的锚点框层得到多尺度视频特征后，直接预测行为时序位置并给出对应的置信度、行为类别。GTAN[142] 与 SSAD 类似，首先生成多尺度的锚点框特征图，而后利用一系列高斯核动态地在视频特征上建模行为的时序结构和上下文信息，多个高斯核的融合可以灵活地近似不同行为的长度。最后基于高斯核权重的高斯池化为每个行为候选框抽取特征，用于边界回归和行为分类。R-C3D[135] 参考 Faster R-CNN[144]，将候选框生成和候选框分类在一阶段网络中完成。如图 7-12 所示，模型分为三个部分：由三维卷积网络构成的特征提取网络、候选框生成网络、行为分类网络，其中候选框生成网络和行为分类模块共享特征提取网络生成的三维特征。候选框生成网络基于三维特征生成不同尺度的时序候选框并进行打分。行为分类网络将生成的候选框筛选后，用从目标检测的二维 RoI 算子拓展成的三维 RoI 算子对候选框提取分类特征，并通过全连接层预测行为的时序范围和类别标签。TAL-Net[141] 在 R-C3D 的基础上，针对时域行为定位任务做出改进：在候选框子网络为不同尺度的锚点框匹配不同感受野的空洞卷积网络来对齐锚点框尺度和卷积感受野；为每个筛选后的锚点框生成分类特征时增加行为开始前和结束后的上下文，锚点框延长后对应的特征一起池化得到分类特征。

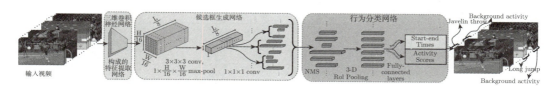

图 7-12　R-C3D 的网络结构示意图

2. 自底向上的时域检测方法

由于视频中行为持续时长差异大，较短行为仅持续 1 秒不到，而长行为可以超过 30 秒，自顶向下的方法为尽可能覆盖所有行为，需要在视频上密铺多个尺度的锚点框，带来巨大的计算复杂度。如图 7-10（b）所示，另一类时域行为定位方法[145-149] 从密集预测的角度出发，对输入视频中的每个时序位置预测行为或边界置信度，通过聚类（grouping）或匹配（matching）的策略**自底向上**地生成更加灵活、精确的行为候选框。CDC[145] 采用卷积–反卷积网络为视频的三维特征压缩空间维度并上采样时序维度，逐帧地预测动作置信度，以达到帧级别的精细定位。

SSN[146] 分为两个阶段：候选框生成和行为分类。候选框的生成即基于行为概率序列的 TAG 方法，如图 7-13 所示，TAG 方法采用一个二分类分类器对视频的每个时序位置预测是否为行为的概率，而后采用分水岭算法（watershed）基于某阈值处理行为概率序列，将连续的高概率帧合并为一个行为预测。在行为分类阶段，SSN 对行为的内部结构建模,将行为拆解为开始阶段、内容阶段和结束阶段。图 7-14 展示了 SSN 的行为分类模块。在用 CNN 对视频抽取特征后,网络又基于 TAG 生成的每个时序候选框完成 3 个步骤:① 将时序锚点框分解为行为开始阶段、内容阶段和结束阶段;② 为每个阶段建立时序金字塔结构进行池化,对于语义结构更加丰富的行为内容阶段采用两层金字塔分为两个子阶段池化,对于开始和结束阶段采用一层金字塔池化;③ 将每个阶段的特征拼合,得到行为的全局表示。最后对行为的全局表示用两个分类器分别预测行为的类别和预测行为的完整程度,最终预测结果为不属于背景类且完整的行为预测。

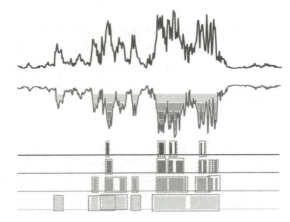

图 7-13　TAG 采用分水岭算法从行为概率序列中生成时序候选框

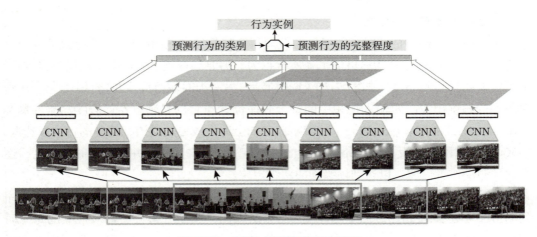

图 7-14　SSN 的网络结构示意图

BSN[147] 认为边界置信度的预测相比行为内容置信度的预测更加稳定，对精确行为定位有着更大的帮助。因此，如图 7-15 所示，在用视频编码网络为视频抽取特征后，模型首先通过三层卷积网络在视频上密集预测每一帧为行为开始、内容和结束的概率，形成行为开始概率序列（starting）、行为概率序列（actionness）和行为结束概率序列（ending）。其次，基于行为开始概率序列和结束概率序列取局部最大值，形成一系列行为开始位置和结束位置的预测，再将开始预测和结束预测进行两两匹配，生成行为候选框提名。最后，对每个候选框提名均匀取 D 个点，在每个点插值行为概率序列，生成 D 维的候选框特征，通过两层全连接层预测二分类行为置信度。

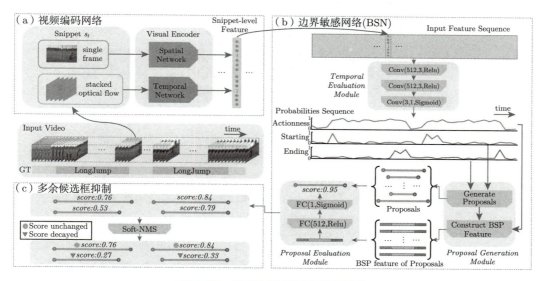

图 7-15　BSN 的网络结构示意图

BMN[148] 在 BSN 的基础上提出了边界匹配策略（boundary matching），将边界概率预测和候选框质量评估并行训练优化，实现了端到端训练。图 7-16 为 BMN 框架的示意图，模型利用基础模块（base module）生成视频特征，基于视频特征分别在视频的每个位置预测行为开始、结束概率。同时，穷举所有视频开始位置和行为持续时长，形成边界匹配置信度图，每一格对应一个行为开始位置和一个行为时长，定义了一个行为候选框。边界匹配置信度图由应用在边界匹配特征图的几层卷积层生成。边界匹配特征图的每个格子都对应了候选框的特征，不同长度候选框的特征统一通过在候选框对应区域均匀取点并加权平均后生成。BMN 在这一步采用生成稀疏采样矩阵和视频特征点乘，简便地实现采样和加权平均。类似 BSN，根据开始概率和结束概率序列生成一系列候选框提名，再从边界匹配置信图中查表得到候选框打分，再和开始、结束概率相乘后得到行为预测。

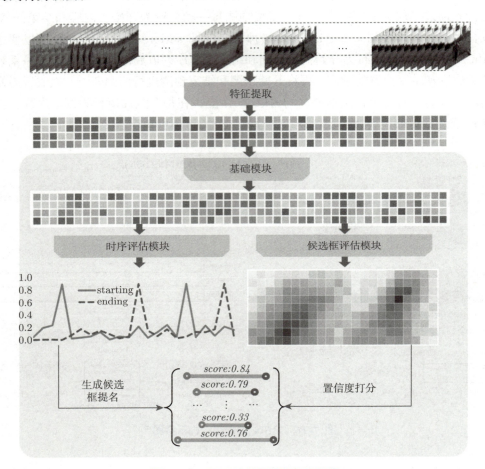

图 7-16　BMN 的网络结构示意图

3. 稀疏的时域检测方法

自底向上的方法虽缓解了密铺锚点框带来的计算资源消耗，但边界匹配算法仍具有着 $O(T^2)$ 的计算复杂度（T 为输入视频长度）。此外，基于锚点框和自底向上的方法都为了取得高召回率而生成过多的时序候选框，需要耗时且冗余的非极大值抑制（Non-maximum suppression, NMS）作为后处理才能得到较高的定位性能。伴随着 DETR[150] 和 Transformer[151] 结构在目标检测上取得成功，RTD-Net[152] 首次将 Transformer 结构运用在时域行为定位任务，将时域行为定位问题转换为一个在行为预测集合与行为真值集合之间的集合元素匹配问题，实现了稀疏检测的直接出框范式。如图 7-10（c）所示，稀疏检测方法引入一系列稀疏的行为查询量处理视频全局特征，利用注意力机制自适应地结合行为特征，最后从行为查询量中直接解码出行为边界、行为置信度和行为完整度，无须预先定义的多尺度锚点框或是冗余的边界点匹配。稀疏检测的方法结合查询量自注意力模块和较为严格的集合匹配训练策略，可以在很少的行为查询量内达到较高的定位召回率，因此不需要 NMS 后处理。图 7-17 展示了 RTD-Net 的主体框架，RTD-Net 针对时域行为定位中视频特征冗余，利用了线性复杂度的逐帧边界概率序列和输入特征点乘作为特征编码模块，取代了平方复杂度的 Transformer 编码器；针对时域行为标注模糊的问题，RTD-Net 松弛了一对一的严格集合匹配训练策略，如果行为预测和真值的时间交并比较高，也分配为正样本加入训练，帮助模型收敛。

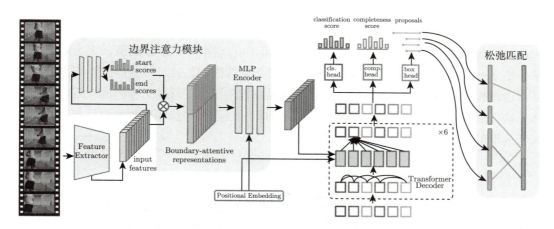

图 7-17　RTD-Net 的网络结构示意图

4. 最新时域检测方法进展简介

除却以上 3 种主流时域行为定位方法，一些方法[153-154]将预定义锚点框和帧级概率序列结合起来，共同完成行为的精细定位。CTAP[153]认为基于帧级行为置信度的方法虽然可以取得更加精细的行为定位，但行为置信度很容易受到局部噪声等影响而给出不稳定的打分，影响检测性能；相比之下，锚点框虽局限于较为粗糙的边界定位，但可以较全面的覆盖视频中可能的行为真值。因此，CTAP 提出将锚点框和行为置信度生成的候选框互为补充。对于每一个锚点框，用一个简单的分类器预测该锚点框所对应的行为真值被行为置信度方法正确预测的概率。凭借这个分数，CTAP 将行为置信度方法生成的候选框和覆盖了不能被行为置信度方法正确预测的行为的锚点框样本合并，后处理后得到最终预测。MGG[154]的思路和 CTAP 类似，但进一步采用了帧级别的行为置信度分数对锚点框的边界进行了精细调整。在已有锚点框的边界处取开始区域和结束区域，再找到对应最高置信度的开始位置和结束位置，和锚点框原本的边界加权相加，获得更加准确的行为定位。

还有一类方法[140,155]将重心放在自顶向下方法中的第二阶段，即输入一系列定位较准确的时序行为候选框，进行进一步行为分类和边界回归。其中比较经典的工作是基于图卷积网络的 P-GCN[140]，其探究了时序候选框之间的关系。如图 7-18 所示，PGCN 认为候选框之间的有效关系分为两类：① 一个行为真值一般会被多个时序锚点框所覆盖（p_1, p_2, p_3），对预测同一个行为的候选框之间的关系建模有助于为候选框自适应的扩展感受野；② 在行为真值附近与其无覆盖的候选框（p_4）刻画了和行为有关的背景信息，可以为行为预测提供补充的背景信息，帮助网络提取重要的行为内容。因此，PGCN 对这样两种候选框之间的关系建立图结构，每个节点都是一个时序候选框。如果两个候选框之间的重叠程度超过某阈值，则属于第一类关系，建立一条上下文边（contextual edge）；如果两个候选框之间没有重叠程度，但中心点距离小于某阈值，则为第二类关系，建立一条包围边（surrounding edge）。对于候选框图，通过堆叠的图卷积神经网络学习边的权重，为每个行为锚点框结合邻接锚点框的信息。通过图卷积网络编码后的候选框特征通过线性层预测候选框的行为类别向量、边界偏移量和预测完整度打分，以完成候选框的精确边界微调和行为类别预测。

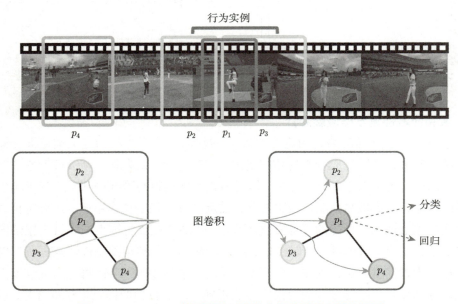

图 7-18　PGCN 基于两种时序锚点框关系建立候选框图

此外，AFSD[156] 和 BasicTAD[157] 仿效无锚点框（anchor-free）目标检测方法 FCOS[158]，实现了可端到端训练的无锚点框时域行为定位框架。AFSD 模型将视频特征的每个时序位置作为行为候选框的中心，预测中心点到边界的偏离距离，还采用对比学习为边界区域提取区分性特征，以增加定位精度。BasicTAD 基于无锚点框出框范式提出了一个只基于 RGB 信息的简洁时域行为定位基线方法，其核心结构在于对主干网络的最后一层特征进行时序降采样形成时序金字塔结构，在金字塔每层的每个时序位置上直接回归行为边界和行为类别，获得了不输于采用双流特征和复杂结构的时域行为定位方法的性能。

7.4.2 时空行为定位

1. 任务定义

视频时空行为定位是在时域行为定位的基础上进一步提出的定位任务，它不仅要求在时域上定位出特定行为的起止时间，还要求模型准确检测出行为发生的目标在起止时间内的空间位置和行为轨迹，从而形成目标实例级的时空行为管道。图 7-19 展示了一个时空行为定位结果实例。因此，相较于时域行为定位，时空行为定位任务还要求模型对视频空间语义信息有全面的感知和提取能力，从而定位出视频中每一帧和行为相关的局部区域。此外，该任务还要求算法能够准确地将所有定位到的区域在行为起止时间内进行逐帧关联，从而形成目标级的行为时空轨迹。由于该任务能够提供更细粒度的视频行为信息，所以它在自动驾驶、人机交互、视频内容理解等领域有着广泛应用。

图 7-19　视频时空行为定位结果示例（包含行为起止时间、行为人的空间位置以及行为类别）

2. 评价指标

Frame-mAP（mean average precision）：该指标对每一帧的预测结果衡量 precision-recall（PR）曲线下的区域面积（类似于 VOC 目标检测任务）。如果一个检测结果和该帧标注的 IoU 大于 σ 且行为类别预测正确，则该检测结果视为正确。

Video-mAP：该指标对行为时空管道的预测结果衡量 precision-recall（PR）曲线

下的区域面积。如果行为管道（action tube）内每帧的预测结果和该帧标注的平均 IoU 大于 σ 且行为类别预测正确，则该管道检测结果视为正确。

在实际评估中，通常汇报不同 IoUs 阈值下的 video-mAP 指标和 frame-mAP@IoU =0.5 指标。由于 AVA 数据集只提供了关键帧标注，所以评估算法在 AVA 上的性能时通常只汇报 frame-mAP。

3. 主流方法

如图 7-20 所示，主流的时空行为定位方法可划分为两大类：① 基于帧级别的定位方法，② 基于管道级别的定位方法。

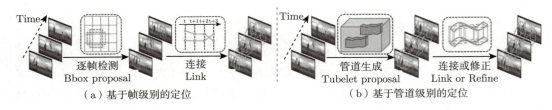

图 7-20 时空行为定位方法

（1）基于帧级别的时空定位　当前大多数视频时空行为定位算法遵循帧级别（frame-level）的定位流程，如图 7-20（a）所示，即首先在视频的每一帧上进行目标的定位和行为识别，再将所有帧级别的预测通过特定的连接（link）算法生成连贯的时空行为管道（action tube），以此作为最终输出。具体而言，它们使用预定的目标框生成算法（如 Selevctive Search, RPN）或者使用一个离线的二维目标检测器（如 Faster-RCNN, YOLO, SSD）对关键帧上的目标直接进行定位，再根据目标框在提取的帧特征或视频特征上裁剪对应目标的局部特征，最后送入行为分类器进行分类。

由于上述基本框架主要考虑在单帧内对目标进行检测和识别，而忽略了目标行为在时空上存在的高度语义相关性，需要有连续的动态信息才能更好判别，因此许多方法都尝试引入时间建模模块对时域信息进行补充，以得到更好的时空行为定位性能。Gkioxari[159] 和 Saha 等人[160] 引入视频帧对应的光流信息作为额外的检测支路，通过图像–光流双流网络分别提取空域和时域信息对关键帧对应的目标区域进行更好的行为检测。另外一些方法则使用针对视频数据设计的神经网络模型来提取时域信息，如 Girdhar[161] 使用 I3D[96] 网络为一整段视频片段提取时空特征，再使用 RoIPool 提取出目标区域在图像上的局部时空特征。SlowFast[120] 则通过设计以不同帧频率为输入的单一流网络结构以替代 I3D 模型，并能够有效感知不同时间尺度下的行为特征。

大部分方法都遵循目标检测框架，即目标最终的行为分类结果都只依赖于裁剪出的局部特征，而其他信息都被丢弃。因此，一些方法通过探索视频中的时空交互行为，即目标人和各类时空语义之间的关系，如图 7-21 所示，来获得更完整的时空行为表征。AIA[162] 通过构建帧内的人–人、人–物、时间 3 种交互关系，使用自注意力模块对视频中各语义信息之间的交互进行建模，从而能够增强单个目标的表征。此外，它还设计了异步记忆更新算法，使得网络能够提供长程的时间语义信息来帮助每一帧上的行为识别。Pan 等人[163] 在实体间的成对关系建模基础上，进一步考虑了建立在多个元素上的间接高阶语义关系，它通过建立行为人–上下文–行为人（actor-context-actor）三元关系组并使用注意力机制进行高阶关系建模和学习，大幅提升了时空行为定位的性能。LSTC[164] 则将时空行为中的上下文交互关系分为条件独立的两部分，即短时上下文关系和长时上下文关系，并分别通过两种交互关系进行独立推断。如图 7-22 所示，特征存储模块用来维持视频中行为的长时时空特征，短时上下文模块则基于注意力机制来对局部时空特征进行聚合，最终长时时空特征和局部时空特征进行融合后得到更具有判别性的语义表征。

图 7-21　视频时空交互关系示例

一些方法则尝试通过改进连接算法来提高时空管道生成质量并将该任务引入在线的情景。Singh 等人[165] 提出了一个在线的高效行为时空管道生成算法，不同于其他方法需要对所有帧完成预测后再聚合所有结果进行时空管道生成，该方法使用一种在线贪心匹配的策略来不断寻找局部最优的检测和链接关系，以此根据新一帧上的定位结果实现行为时空管道的实时更新。

如图 7-23（a）所示，大部分帧级别的时空定位算法都包含两个主干模型（two-backbone，目标检测模型和行为识别模型），并对这两个模型进行两阶段式（two-stage）的训练，这导致行为时空定位网络模型参数多、训练流程复杂。因此，一些方法对该任务的主干模型结构和训练流程进行了有效改进。YOWO[167] 将二维目标检测模型和三维行为分类模型分配在两个并行支路，在单一阶段（single-stage）中同时进行端到端训练（如图 7-23（b）所示）。WOO[166] 则进一步尝试仅使用一个主干模型（single-backone）同时完成检测和分类任务并能够在单一阶段进行端到端地训练，给定一个视频片段，它能够同时直接输出目标框和行为类（如图 7-23（c）所示）。

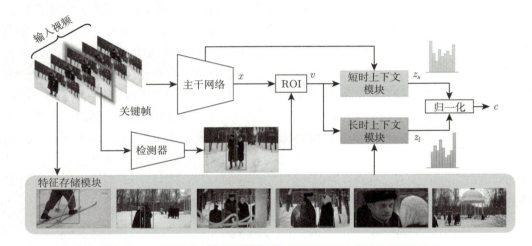

图 7-22　LSTC：基于长短程独立推理的原子级行为检测框架

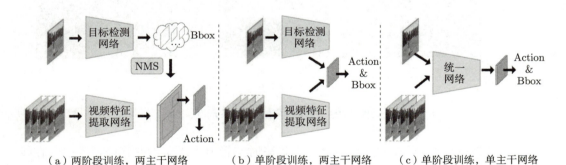

（a）两阶段训练，两主干网络　　（b）单阶段训练，两主干网络　　（c）单阶段训练，单主干网络

图 7-23　时空行为检测模型训练流程、主干网络结构分类

（2）基于管道级别的时空定位　最近几年，基于时空管道级别（tubelet-level）的定位方法受到了广泛关注。如图 7-20（b）所示，它们直接从视频片段中学习并预测行为目标所处的时空轨迹管道，以获取连贯且动态的时空行为模式。这类方法能够在一定程度上弥补帧级别的行为定位方法只使用单独帧进行定位带来的缺陷。

Kalogeiton 等人[168] 提出了 ACT 行为检测器，ACT 通过将连续多帧输入的二维特征进行级联并联合提取短时内的行为轨迹预测，输出行为在多帧上的多个目标框构成的立方体（anchor cuboids），再将立方体中每个时刻上的目标进行修正后得到行为管道（tubelet），最后将视频中的所有行为管道使用连接算法生成行为时空管道（action tubes）作为最终输出。类似地，T-CNN[169]将整个视频均分为多个视频片段（clip），基于每个视频片段提取出的三维特征，T-CNN 使用候选管道生成算法生成多个对应时段的行为管道。最终，不同视频片段的候选管道通过连接算法生成最终的时空行为管道，同时，通过管道区域池化（tube of interest（ToI）pooling）提取出目标级的时空特征，送入行为识别分类器进行分类。但是，ACT 和 T-CNN 都只能够关注有限时间长度内的时序信息，而无法感知长程时序上下文信息。因此，在 ACT 的基础上，Lin Song[170]等人进一步引入双向 LSTM 以增强模型对于长程时序上下文的建模，同时设计了一个时序判断模块来判别当前帧是否为行为的起始帧或结束帧，用来代替之前的重标签[160]算法。

由于直接获得准确的时空管道比较困难，最近一些方法则尝试以一种渐进式的方式不断修正管道的时空位置。如图 7-24（a）所示，STEP[171]首先为一个长度有限的视频片段生成一个粗糙的行为管道预测，后续则不断将行为管道向两端进行扩展组成更长的行为时空管道，同时通过邻近帧的信息对上一步估计的粗糙行为管道进行精细化修正。CFAD[172]则设计了一种由粗到细的定位框架，如图 7-24（b）所示，粗定位模块首先根据视频片段的三维特征生成粗糙的行为时空管道，细定位模块则学习如何有选择性地在特定的关键帧位置对管道进行修正。

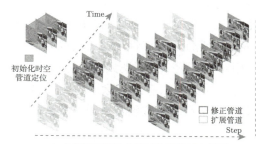 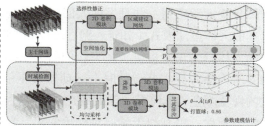

（a）STEP渐进式修正和扩展时空管道　　（b）CFAD由粗到细选择性修正时空管道

图 7-24　渐进式行为时空管道生成算法

Yixuan Li 等人[173]则将时空管道简化建模为行为目标中心点沿时序的运动轨迹，以每个行为管道中间帧行为实例的中心点为目标，构建三个分支分别预测该中心点所属行为类别和空间位置、中心点到相邻帧对应行为实例中心点的运动向量、每一帧中心点所属目标的矩阵框大小。这三个分支共同合作生成最终的行为管道候选结果，最后使用连接算法生成视频的行为时空管道。

受到 Transformer[112] 在一系列计算机视觉工作中成功应用的启发，Jiaojiao Zhao[174] 等人将基于管道级别的时空行为定位任务建模为一个序列到序列（sequence-to-sequence）学习问题，并提出基于 Transformer 的 TubeR 网络来解决这一问题。TubeR 首先使用 I3D 网络提取每个视频片段的三维特征作为 Transformer 中编码器（encoder）的输入，特征在经过一系列注意力模块后送入解码器。同时，解码器接收 N 个可学习的行为管道查询向量作为输入，它们表示视频中 N 个候选的行为管道的时空特征。编码器输出 N 个特定于行为管道的特征，它们最终送入分类支路和回归支路分别对行为类别和行为管道坐标进行预测。TubeR 网络接收视频作为输入并直接输出任意长度的行为管道，而不需要使用额外的目标检测器或是先验的立方体假设（cubiods hypothese）[168-169]。此外，受益于 Transformer 中的注意力机制，TubeR 更能够捕捉视频中长程和短程的时序上下文信息。

7.5 骨架行为识别

1973 年瑞典研究者 Johansson[175] 利用一个认知心理学实验证明人类观察者可以借助稀疏的人体骨架关节点的运动–几何（Kinetic-Geometric）结构表达高效地感知一些基本的人体运动行为模式。在实验中，研究者通过在人体关节点贴反光片的方法提取人体骨架运动序列，并且发现人们仅通过观察 10 到 12 个关节点运动，就能区分一些基本的人体运动模式（如走、跑、跳舞等）以及行为者性别等属性。这一发现为基于骨架的人体行为识别提供了最直接的研究依据。相对于基于 RGB 视频的人体行为识别，由若干人体骨架关节点的时空运动轨迹表示行为动作的方法有效去除了与行为语义无关的视觉颜色、几何形状等大量冗余信息。尤其当骨架运动轨迹被转换为以人为中心的三维坐标后，更有利于学习对视角变化、光照变化和图像噪声等因素稳健的行为表达。而随着微软 Kinect 等消费级体感传感器的出现，以及基于深度学习的人体姿态估计算法的巨大进步，基于骨架的人体行为识别日趋成为视觉行为识别领域中的一个重要研究方向。

以 2015 年为界限，我们可将基于骨架的人体行为识别相关研究工作分为早期骨架行为识别方法和基于深度学习的骨架行为方法。本节将对早期骨架行为识别做简要研究，对深度学习的骨架行为识别进行重点介绍，最后进行总结和展望。

7.5.1 早期骨架行为识别方法

在 2009 年微软开发出消费级深度传感器 Kinect 之前，大多数工作假设人体骨架关节点由低层图像处理方法获得，研究主要侧重于骨架关节点运动轨迹建模方法。例如，Parameswaran 与 Chellappa[176] 利用二维和三维不变性理论，从 6 个主要关节点轨迹中抽取对视角、速度和行为主体等因素不变的特征表达，以区分简单的走、跑行为；Sheikh 和 Shah[177] 将人体运动表示为 13 个关节点的轨迹序列，并将一个行为序列表示为若干时空行为基向量的线性组合，并利用特征子空间中查询向量与模板向量的夹角余弦距离区分简单的人体动作，如站、走、跑、坐、摔倒和跳舞；Lv 和 Nevatia[178] 利用隐马尔可夫模型（hidden markov models, HMM）为每个关节点序列建立一个行为识别的弱分类器，并利用级联分类思想基于若干弱分类器构建强分类器用于行为识别；Zhang 等人[179] 同样利用隐马尔可夫模型为手和脚关节点的运动轨迹构建原子行为模型，之后利用扩展随机句法建立复杂行为模型。以上工作对骨架行为识别进行了初步探索，但由于缺少大规模基准测试数据集，早期骨架行为识别研究进展较为缓慢。

随深度传感器 Kinect 的出现，Shotton 等人[180] 提出基于单张深度图像的三维人体姿态估计方法，实现了对多个人体骨架关节三维坐标的实时、精确捕捉。凭借数据采集技术的进步，研究者们随后收集了大规模人体骨架行为数据集，如 MSR-Action3D[181]，极大促进了骨架行为识别的蓬勃发展。而在 2009 年到 2015 年之前，深度学习还没有在视觉行为识别领域得到广泛应用。在这个阶段，大多数研究者依靠从骨架运动轨迹中提取手工设计特征，并利用支持向量机等传统方法识别行为类别。如 Wang 等人[182] 首先将人体骨架表示为两两关节点之间的相对位置，之后利用在时序信号中提取的傅里叶变换系数构建特征表达，最后利用支持向量机进行行为分类；在文献 [183] 中，作者先利用聚类方法将骨架关节点分为 5 个部件，之后利用数据挖掘技术分别在空间和时序两个维度获得每个身体部件最具有代表性的部件姿态集合，最后在整个行为序列中计算部件姿态的统计直方图特征，同样使用支持向量机进行行为分类；Vemulapalli 等人[184] 将骨架序列描述为李群流形中的一条曲线，曲线上的每个点表示不同人体部件在三维空间的旋转和平移关系（即一种典型的人体姿态），之后利用李代数将其映射为一个向量表达用于行为分类。早期工作所提出的手工设计骨架行为特征虽然具有一定行为识别能力，但其表达泛化性依然不足，行为识别性能很难令人满意。

7.5.2 基于深度学习的骨架行为识别

根据所使用的深度模型类别，本节将基于深度学习的骨架行为识别方法分为四个类别，包括：基于循环神经网络（recurrent neural network, RNN）的骨架行为识别方法、基于卷积神经网络（convolutional neural network，CNN）的骨架行为识别方法、基于图卷积神经网络（graph convolutional network，GCN）的骨架行为识别方法和基于非局部注意力（non-local attention）模型的骨架行为识别方法。

1. 基于循环神经网络的方法

由于骨架运动序列同样属于一种时间序列数据，因此早期的骨架行为识别主要是利用基于循环神经网络的模型在时间维度上进行特征提取，捕捉运动目标随时间变化的动态信息，作为行为识别的依据。图 7-25 展示了典型的基于循环神经网络的骨架行为识别代表性工作。

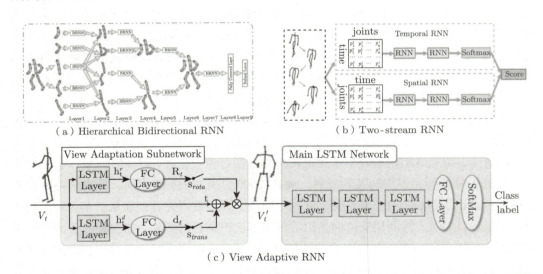

图 7-25 基于循环神经网络的骨架行为识别代表性工作，包括层级式双向循环神经网络（HBRNN）[185]，二流循环神经网络（2 Stream RNN）[186] 和视角自适应的循环神经网络模型[187]

2015 年 Du 等人[185] 首次将循环神经网络引入骨架行为识别，并提出一种层级式双向循环神经网络（HBRNN）用于行为识别。首先该工作将人体骨架关节点划分为由 5 个部件，对应左臂、右臂、左腿、右腿和躯干；之后进行部件级特征提取，将每个部件内的关节点级联在一起输入一个双向循环神经网络（BRNN）提取动态时序特征；接下来将四肢部件特征分别与躯干部件特征进行级联，同样利用 BRNN 进行第二层的特征提取；以此类推再进行上半身和下半身部件的特征提取，以及整体骨架的特征提取，最终接入一个全连接层（FC）识别行为类别。此后，Liu 等人[188] 提出一种基于门控长短时记忆网络（LSTM）的骨架行为识别方法，通过将时间和空间两个维度的 LSTM 融合在一起并共享隐含状态的方式处理骨架序列数据，其中每个骨架图也被转换成一个树状结构，对每个关节点采取循环遍历方式处理。但这种树结构循环遍历会导致每个叶子节点只经过处理一次，每个中间节点则被处理两次，可能会造成关节点间的信息差。Wang 等人[186]提出二流循环神经网络模型（2 Stream RNN），同样也在时间和空间两个维度上构建 LSTM 模型，但与前述时空融合的方法不同，该模型使用两个独立网络分别提取时间和空间特征，同时该工作还提出了一种骨架数据预处理方法，分别对关节点沿三个维度进行旋转和缩放，使所有的关节点数据满足同一分布，有效地降低数据采集误差带来的影响。Zhang 等人[187]则针对视角不变的骨架行为识别问题，提出了一个可学习的视角自适应模块，该模块通过对每一个骨架序列分别进行自适应旋转，使每个骨架序列的视觉变为正面向前，最后对视角变换后的骨架序列利用三层的 LSTM 进行时序信息编码完成行为分类。

除上述模型外，Zhang 等人[189]将多种预处理得到的特征输入到多层 LSTM 中，融合多种特征进行行为识别，该方法也表明了数据预处理在骨架行为识别中的重要性。Wang 等人[190]则关注到不同时间粒度的特征编码问题，将骨架关节点运动轨迹分成单帧、短时切片、长时切片三种时间粒度的表达形式，并采用多层 LSTM 提取骨架时序特征，有效提高了骨架行为识别精度。

总之，基于循环神经网络的模型对时间维度上的动态信息提取效果良好，可实现较高精度的骨架行为识别。但在空间维度方面，基于循环神经网络的模型缺少对骨架空间结构信息挖掘，同时 LSTM 等循环神经网络序列模型由于需要按逐帧处理，无法采用并行加速，导致其训练及测试速度都较低。

2. 基于卷积神经网络的方法

卷积神经网络（CNN）作为一种最常见的深度学习模型，在视觉图像的层级式表征学习中被广泛使用。因此，一些研究者也尝试将人体骨架运动序列转换为一个二维图像，之后利用 CNN 提取图像特征用于行为识别。图 7-26 展示了将骨架序列转换为二维图像的一些典型方法。

其中，Ke 等人[191]最先将骨架序列的空间和时间维度看成是图像的长和宽，即将同一时刻所有骨架关节点连在一起（同一身体部件关节点相邻）对应一副图像的一行，同一关节点的不同时刻的位置连在一起对应图像的一列，将三维坐标位置的每一维对应一个灰度图像成为一个切片，分别输入卷积神经网络提取特征。同时 Ke 等人注意到早期工作中使用关节点相对位置可以更好地提取行为特征，因此挑选了 4 个参考关节点（左肩顶点、右肩顶点、左髋顶点和右髋顶点）与所有关节点位置计算坐标差后获得 4 帧（frame）图像用于卷积神经网络特征提取，并利用多任务学习策略融合 4 帧图像的分类损失训练整个网络。由于卷积神经网络滤波器可同时融合空间和时间的近邻关节信息提取层级式的深度特征表达，相对循环神经网络模型获得巨大的性能优势（例如在 NTU 数据集[194]，相对于 HBRNN[185] 模型，CNN 模型取得 20 个点的性能提升）。

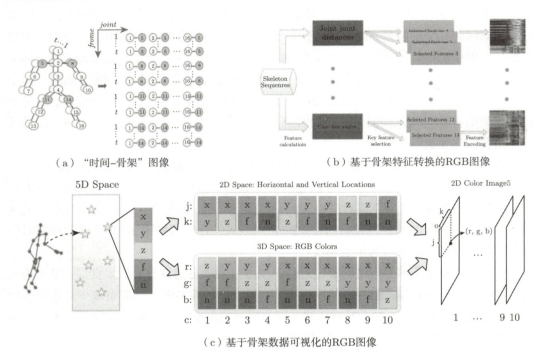

（a）"时间–骨架"图像　　　（b）基于骨架特征转换的RGB图像

（c）基于骨架数据可视化的RGB图像

图 7-26　骨架序列转换为二维图像的典型方法

之后的研究者提出了多种骨架序列的图像生成方法：Ding 等人[192] 探索了多种骨架序列的预处理方法，包括骨架边长（骨骼长度）、骨骼方向、骨架关节点与边之间的距离、两边之间的旋转角等 5 种预处理方法，并从预处理数据中提取 13 类骨架特征，之后将每类特征利用颜色编码（color encoding）转换为一张 RGB 图像，最后利用卷积神经网络提取图像特征，并经特征融合后识别行为类别；Liu 等人[193] 提出一种基于骨架序列的可视化增强方法，将一个三维骨架序列的 5 维信息（骨架关节点索引、帧索引、X 轴位置、Y 轴位置和 Z 轴位置）经不同排列组合后与二维图像的 X，Y 坐标以及 RGB 三通道进行对应，从而转换为多种骨架可视化图像并进行图像增强，最后利用多流卷积神经网络抽取骨架行为特征；Kim 和 Reiter[195] 设计了一个时间维度上的残差网络（ResNet），该模型将所有的骨架关节点级联后作为输入图像的通道维度，然后利用 9 层时序 CNN 提取特征，每个卷积层后跟随批归一化（BN）层和线性整流函数（ReLU），最后经过时间维度的全局均值池化后用一个全连接（FC）层识别行为类别；将级联后的骨架关节点看作图像通道维度的做法同样出现在 Li 等人[196] 的工作中，其利用转置操作将第一层卷积后位于特征图宽度维的级联关节点转置到特征通道维度后进行第二层卷积操作，这被解释为在所有骨架关节点计算共生关系，同时该工作还引入了双流输入思想，将骨架关节点前后时差（速度）作为额外的运动信息流进行单独编码，最后将两条流的特征级联后再进行卷积融合。

卷积神经网络模型相比循环神经网络模型推理更高效，但骨架图的转换方式没有统一标准，一些图像转换方式并不能自然表达人体部件间的近邻结构关系，如"时间–骨架"图在人体部件交叠区域的卷积操作不够合理，因此基于卷积神经网络的骨架行为识别模型依然存在较大的改进空间。

3. 基于图卷积神经网络的方法

为了更自然地表达人体关节点间结构关系，基于图神经网络（graph neural network, GNN）的骨架行为识别逐渐占据研究主流。GNN 最早由 Scarselli 等人[197] 提出，其主要思路基于图嵌入模型，采用类似于 RNN 的隐含特征，利用图结构节点间关系进行信息传递实现图节点特征的稳健嵌入。Si 等人[198] 将 GNN 应用于骨架行为识别，用于为 5 个人体部位之间的空间邻域关系建模，同时在时间维度上，该模型采用了两条 LSTM 网络流分别处理空间位置信息和运动速度信息。其后续工作[199] 在 GNN 中引入层级式计算策略，使得该模型不仅能处理人体部位之间的结构关系，还可在每个部位的内部关节点间进行信息传递，有效提高行为识别的准确性。

随着卷积神经网络在图像识别领域的成功，Kipf 和 Welling 将卷积思想拓展到图神经网络，提出了计算更为高效的图卷积神经网络（GCN），成为后续基于 GNN 的骨架行为识别的主流模型，一些基于 GCN 的骨架行为识别代表性工作如图 7-27 所示。由于图中不同节点与其相邻节点间的结构关系都不相同，缺乏图像中像素点间的规整结构，最初 GCN 为每个邻接节点一视同仁地赋予一个可学习的共享权重，这限制了 GCN 模型拟合程度。针对近邻节点加权策略问题，骨架行为识别领域的研究者们不断进行探究，如 Yan 等人[200] 最早在骨架行为识别中引入 GCN，提出了时空图卷积网络（ST-GCN）模型，在空间维度上对人体骨架关节图进行图卷积操作，考察了统一共享权重、按距离加权和按结构加权三种近邻节点加权策略，在时间维度上，采用一个简单的一维 CNN 为每个时刻的关节点融合前后若干帧信息提取时序特征。这样的时空分离卷积操作实现了在关节点时空图中的高效信息传递，同时 Yan 等人还发现按距离加权策略对行为识别建模效果最为稳定可靠。实验结果表明，ST-GCN 模型在 NTU RGB+D 60[194] 和 Kinectic[201] 等大规模骨架行为数据集上的性能超越了当时所有基于 RNN 和基于 CNN 的模型，成为骨架行为识别最常用的基准模型之一。

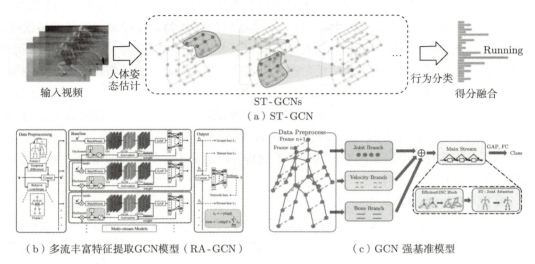

图 7-27 基于 GCN 的骨架行为识别代表性工作

此后的骨架行为识别研究工作围绕如何在人体骨架构序列中构建更好的时空图结构开展了大量探究。如 Tang 等人[204]考虑到传统 GCN 只能在骨架关节点局部近邻间传递信息的局部性，在原骨架图中增加了双手、双臂、手脚之间的辅助连接，实现了虽然远距离但统计相关的四肢关节点间的信息传递；Li 等人[205]则在时间维度上加入了辅助边以在时间间隔较远的节点间传递信息，同时这些辅助边的构建过程是可学习的，比人工设定的辅助边更灵活、稳健；在自动挖掘关节点间层级关系方面，Huang 等人[206]也提出一种部件级的行为建模方法，他们利用一种可微的图池化（graph pooling）操作将骨架关节点聚合为若干部件，进而构建了部件关系模块和部件注意力模块分别学习部件间的关系和不同部件的重要性，并将其加入图卷积神经网络进行端到端训练，借助在部件级和关节级同时挖掘行为特征获得了良好的骨架行为识别性能。

除了构造、挖掘人体骨架图中关节点间的结构关系，研究者们还通过设计多流输入的图卷积神经网络架构，进一步利用更丰富的人体骨架特征提高骨架行为识别性能。如 Song 等人[202]利用多条图卷积神经网络分别学习位于不同人体部件和不同时刻的骨架特征，通过增加特征表达的冗余性提高行为识别模型对部分遮挡或姿态估计噪声的稳健性；Shi 等人[207]提出双流输入的自适应图卷积神经网络（2s-AGCN），将骨架数据中的二阶信息，即人体关节点间的骨骼长度和方向，作为骨骼（bone）流与原有的关节（joint）信息分别接入图卷积神经网络提取特征并进行行为分类，最终在分数层进行融合获得最终识别结果；Cheng 等人[208] 基于 2s-AGCN 的两条信息流，进一步提出四流转移图卷积神经网络（4s-Shift-GCN），将在骨架序列中显式获得的关节运动（joint motion）和骨骼运动（bone motion）信息当作额外两条信息流送入图卷积神经网络提取更丰富的行为特征。多流模型使用多个网络结构相同但不共享参数的图卷积神经网络，从骨架序列的高阶统计信息（运动速度，骨骼长度和方向等）中提取更丰富的行为特征，因而可有效提升骨架行为识别的性能。但同时多流模型的计算推理时间复杂度与整个模型的参数量都很高，如 2s-AGCN 的双流网络模型一共包含 6.94×10^6 个模型参数，利用一块主流 GPU 卡在 NTU RGB+D 60[194] 训练数据集上需要近 4 天才能获得一个模型，因此多流模型所带来的巨大参数量极大限制了骨架行为识别模型的实际应用和部署。

对此，近来一些研究者开始在骨架行为识别的 GCN 模型中加入模型轻量化技术，在不降低识别性能的同时提高多流 GCN 模型的计算效率。如 Song 等人[209] 将残差网络（ResNet）中的瓶颈（bottleneck）处理思想引入图卷积神经网络，提出了残差图卷积神经网络（ResGCN），同时利用多流分支早期融合策略，其中三种骨架信息流经过各自独立的三层图卷积操作后进行特征融合，之后再经过六个图卷积层获得最终特征表达，以上操作大大降低了模型参数量和推理时间。在其后续提出的高效图卷积神经网络（EfficientGCN）模型[203] 中，作者进一步利用可分离卷积操作降低模型参数量和计算量，同时使用复合放缩策略同步扩展模型的宽度和深度，在 NTU RGB+D 60[194] 和 NTU RGB+D 120[210] 数据集中取得优异识别性能的同时大大降低模型参数量和计算耗费。

综上所述，GCN 模型可以更自然、有效地对人体骨架序列进行建模，避免了基于 RNN 或 CNN 相关模型所存在的空间信息缺失问题，极大地推动了骨架行为识别领域的发展。但其仍存在一些难以解决的问题。例如，传统的 GCN 仅考虑近邻节点间信息传递，但在不同动作行为中两个距离较远的关节点也许更有相关性，因此一些基于非局部注意力的方法应运而生。

4. 基于非局部注意力模型的方法

基于 CNN 与 GCN 的骨架行为识别模型一般只在转换后的"时序-骨架"图或人体骨架图的局部近邻节点间传递信息，不能发现和利用动作行为中可能存在的长时间隔或远距离节点间的依赖关系。对此，在计算机视觉和自然语言处理领域已获得成功应用的基于自注意力（self-attention）的 Transformer 模型[211] 和非局部网络（non-local network）模型[212] 自然受到行为识别研究者的广泛关注。

一些研究者将非局部注意力机制嵌入图卷积模型，为每个骨架运动序列建立骨架关节点间相关关系图，并与原有骨架图融合在一起进行图卷积操作。如图 7-28（a）所示，Shi 等人提出的自适应图卷积网络（adaptive graph convolutional network，AGCN）[207]

首次将非局部注意力机制引入骨架行为卷积网络，所有骨架关节点特征经两个可学习的嵌入函数后两两计算点积获得一个反映所有骨架关节点相关性的关系图，之后再与只定义局部近邻关系的初始骨架图以及另一个可学习的骨架图相加获得最终用于图卷积操作的全局骨架图，在一定程度上解决了骨架关节点间长距离信息传递问题。

Ye 等人提出的动态图卷积网络 Dynamic GCN[213] 则使用一种上下文编码网络（context encoding network，CeN），在计算两个骨架关节点相关性时额外考虑了其他骨架关节点的上下文信息。如图 7-28（b）所示，对于输入的骨架关节点特征序列，该方法首先利用两个 1×1 的卷积核，分别将特征通道维数和时间维度降到 1 维，之后将所有骨架关节点组成的 N 维向量映射为 $N\times N$ 的关系矩阵（N 为骨架关节点个数）构成全局关系图。由于上下文编码网络计算简便，可以嵌入到每一个图卷积层中，实现在不同深度特征层的动态图卷积。

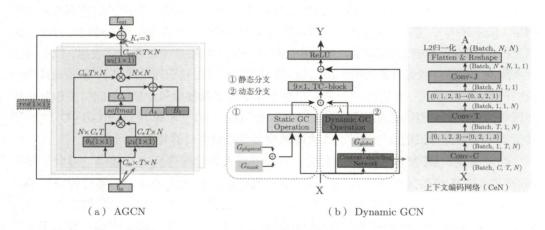

图 7-28　AGCN[207] 与 Dynamic GCN[213] 中针对人体骨架图设计的非局部注意力机制

另外一些研究者则抛弃原有骨架图结构，直接尝试利用自注意力以及变换器模型构建骨架关节点间不同行为动作中的动态关联关系，进行骨架行为建模和识别。例如，Cho 等人[214] 提出一种自注意力网络（self-attention network，SAN）为骨架序列时间维度上的远距离依赖关系建模，首先将骨架位置序列和运动速度序列经过特征编码器转换为一个时间序列，每帧内所有骨架关节点信息经由一个 4 层 CNN 网络转换为一个特征向量。之后类似自注意力网络对自然语言符号（token）序列的处理方式[211]，经位置嵌入（position embedding）后的 token 序列输入一个自注意力网络，其中每个 token 的输出特征为所有 token 的值（value）向量加权和，权重大小则取决于这个 token 的查询（query）向量与其他 token 的键值（key）向量的相关性（点乘）。对依赖关系的可视化结果发现同类行为不同序列关注到的依赖关系大体相似,同时也发现了时间相距 30 帧以上的远距离依赖关系。

Plizzari 等人[215]提出时空变换器(spatial-temporal transformer,ST-TR)网络,在时间和空间两个维度分别寻找骨架关节点间的依赖关系,在每一时刻的骨架图中利用一个多头自注意力模块度量不同骨架关节点间空间依赖关系并为每个节点计算新的嵌入特征,同时对同一骨架关节点在不同时刻组成的特征序列应用时间维度的自注意力模块计算新的节点特征,之后时间和空间两个自注意力模块分别与传统的空间图卷积(GCN)模块和时序卷积网络(TCN)模块组合并叠加多层构成两条并行执行的变换器网络(S-TR 和 T-TR),最终经分类器输出后进行分数层融合。在实验中,Plizzari 等人也对将空间注意力与时间注意力模块叠加构成单流变换器的网络结构进行了测试,发现虽然性能较双流网络有所下降,但模型参数量极大降低,同时表明该结构识别性能相对 GCN 基准网络也有一定优势。

以上基于非局部注意力的模型解决了人体骨架关节点的远距离信息传递问题,但计算注意力关系时可能需要规模较大的矩阵乘法运算,导致显存占用量急剧升高,特别在将骨架运动序列看成是时序空间中所有关节点组成的大图时,节点数量上百倍增加,全局互相关图规模上万倍增大,一般的 GPU 显存无法承担如此规模的计算量。因此已有的非局部注意力方法都会分为空间图卷积与时序卷积两步处理,还未能实现骨架关节点间真正的时空全局关系建模。一个有希望的解决方案是为骨架序列构建包含多个不同粒度关系图的层级式模型,将关系紧密的骨架关节点先聚合为不同的局部运动基元(或者运动模式),从而大大降低高层图的节点数量,实现层级式的图关系挖掘。

7.5.3 总结与展望

骨架行为识别利用人体骨架关节点的空间与运动结构信息表达和区分不同的人体运动行为。相对于基于 RGB 视频的人体行为识别,骨架行为识别首先通过人体姿态估计算法或深度传感器从视频中提取人体骨架运动序列,使行为动作的表达效率大大提高,尤其三维骨架序列的行为表达模型可有效提高行为识别模型对不同拍摄视角、光照变化等各种复杂变化的稳健性。以上优点吸引了大量研究者投身到骨架行为识别研究之中,随大规模骨架数据集如 NTU RGB+D 60[194]、NTU RGB+D 120[210] 和 Kinectics-Skeleton[201] 等的提出,基于深度学习的骨架行为识别蓬勃发展,其中由于图卷积神经网络可以自然高效地表达人体骨架关节点空间结构关系,成为当前骨架行为识别最常见的基础模型,同时非局部注意力机制也被广泛用于对远距离时空骨架关节点间依赖关系的建模。

当前，骨架行为识别主要还是基于监督性学习范式进行骨架行为表达的学习，但随着自注意力预训练模型在自然语言处理、视觉–语言多模态领域中取得令人瞩目的研究成果，一些研究者也开始关注在骨架行为识别中引入自注意力预训练学习方法，快速出现了一批基于自编码器[216]、对比损失[217]、骨架运动连续性[218]，以及类 BERT 变换器模型[219] 的自注意力骨架行为表达学习研究工作，成为当前骨架行为识别研究的新热点。同时，如何处理人体骨架提取过程中产生的骨架关节点位置误差和噪声区分细粒度人体运动行为，以及如何结合人体骨架信息与 RGB 视频信息进行多模态融合都是骨架行为识别未来的挑战性问题。

7.6 多模态行为识别

7.6.1 基于文本的视频定位

1. 时序视频定位

（1）基于提案的全监督方法　基于提案的全监督方法通常将原任务目标归结为对多个候选视频子区间的排序与选择问题。在该类方法中，可能的候选提案将通过人为预定义或使用独立预测组件的方式生成，主模型仅需对候选集内的提案进行排序，并选择具有最大权重的目标作为预测结果即可。该类方法的模型复杂度通常较小，且往往可以取得具有竞争力的性能，但其在提案生成的阶段中极大程度上依赖于专家先验知识与启发式策略，且部分方法需要进行大量提案特征的冗余重复计算，可能导致资源的额外消耗。依据其计算阶段与流程的不同，该类方法可以进一步划分为两阶段方案与一阶段方案。

1）两阶段方案。基于提案的两阶段方法通常将原任务目标划归为"提案生成"与"提案选择"两个阶段，其首先生成若干可能的候选提案，然后依据提案相应的特征与文本查询的一致性来对提案进行排序筛选。其中，由于提案的生成阶段没有相应的监督信息，且提案边界与输入特征、输出目标均无直接关联，无法通过可微或求导等方式进行反向求解优化，因此整个训练过程需要被显式地拆分为独立的两步进行。以 CTRL[220] 方法为例，该方法使用滑动窗口的启发式方法预提取若干不同长度的候选段，并使用多种不同的操作符（包括加、乘、全连接等）将候选段对应的视觉编码与文本表示进行融合，从而预测候选提案与目标结果之间的对齐分数和位置偏移。为了避免基于预定义启发式方案带来的大量低质量候选区间与冗余计算，SAP 方法[221] 则尝试计算每一个独立视频帧与查询语句之间的语义关联得分，并对相关度高的帧进行分组聚合从而得到有效的候选提案，以此实现可学习的提案生成方案。

2）一阶段方案。虽然基于提案的两阶段方案在一般情况下可以获得较为理想的性能，但其通常需要额外的预处理与特征提取，这些操作增大了模型的整体运算时延，也提高了模型对计算资源与环境等条件的需求。回顾上述方案，不难发现，该类模型无法端到端训练的原因主要源于其对原始特征的重复裁剪与使用，如果使用视频的中间表示进行进一步的区间裁剪、编码与融合，则可以使整个模型在单一阶段内进行训练、学习与预测。该类方法的代表作为 2D-TAN[222]，其尝试通过建模相邻提案的时序关系，从而充分捕捉提案的上下文信息。如图 7-29 所示，该方法首先生成各个视频片段的独立特征与文本查询的紧凑表示，将不同模态的特征进行融合后，在二维时序网格中预定义的稀疏提案位置上聚合得到对应区间的特征表达，然后使用卷积神经网络嵌入提案的上下文信息，最终生成每个候选提案的置信度得分从而进行预测。

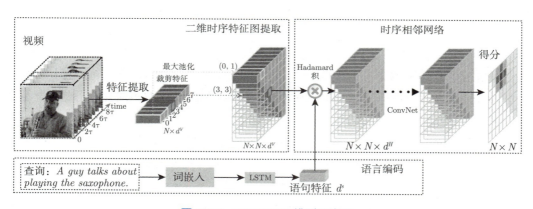

图 7-29 2D-TAN 模型示意图

（2）提案无关的全监督方法　基于提案的方法通常可以通过预定义候选提案长度和起止点来提供关于目标区间的先验知识，以此降低目标的预测难度并提高预测的精准性，从而综合提升模型的预测性能。然而，基于启发式的提案生成不仅可能带来大量的重复计算，还通常依赖于人为定义的提案参数和生成策略，这就需要研究者预先了解并评估目标数据集的相应性质；而基于可学习的提案生成方法存在计算逻辑上的先后顺序关系，后续的预测结果将极大程度上依赖于第一阶段的提案质量。因此，研究者们也开始将目光着眼于提案无关的方法，从而尝试减少学习模型对先验知识的依赖。按照模型的学习机制与策略，提案无关的方法主要分为端到端的方案与基于强化学习的方案。端到端的方案主要使用有监督的学习策略来直接指导模型进行参数学习与目标预测，基于强化学习的方案则使用基于环境交互与决策选择的方式使模型具有逐步迭代调整目标预测的能力。

1）端到端的方案。基于端到端的方案一般可以分为两类，即基于起止位置配对的方法与基于偏移长度预测的方法。前者的代表性方法为 CPN[223] 与 CBLN[224]，而后者的代表性方法为 DEBUG[225]。CPN 首先对视频与文本进行帧级别的特征融合，使用基于线段树的结构维护不同尺度的区间特征，并在树形结构上完成特征间的融合与上下文依赖捕捉。获取融合后的各尺度特征后，该方法尝试自顶向下地二分寻找目标区间的起止点，进而生成相应的置信度分布，并以此对起止点进行配对，选择其中具有最高联合置信度的目标区间。CBLN 方法则尝试从全局和局部两个不同的层次对视频–文本融合特征进行建模，并使用 Non-Local Block[226] 融合不同层次特征，最后使用双仿射结构来同时获取所有可能区间的配对分数。而 DEBUG 则将每个区间内的独立帧均视为正样本，并在每个正样本的位置上预测其距离真实目标起止点的时间差距，通过稠密建模实现稳健的目标预测。此外，考虑到数据集存在不同程度的标注噪声、虚假相关与干扰因素等内在偏置，研究者们也开始将目光投向对稳健性与分布偏置纠正的研究。DeNet[227] 在模型中加入了纠偏与解耦的相关组件操作，从而减小标注不确定性与标注内在偏置对模型预测的影响；IVG-DCL[228] 则引入因果推理的计算机制，使用后门调整对因果计算进行干预，并通过基于最大信息系数（MIC）的双重对比学习方法增强视频与文本的对齐效果。

2）基于强化学习的方案。不同于上述基于位置回归与片段排序的方法，基于强化学习的方案通常将目标区间的定位视为一组连续的人为定义的决策过程，从而通过反馈函数调节智能体的决策选择。根据决策行为空间的设计不同，模型的推理过程与反馈交互行为也会有所不同。例如，SM-RL[229] 将行为空间规定为"所有可被浏览的视频时刻的集合"，从而训练智能体自行选择整个视频的浏览顺序，并在该过程中确定最优的目标锚点作为输出；TSP-PRL[230] 则尝试将决策空间分解为树状结构，将"对当前区间所进行的操作"与"对应操作的变换比例"组合得到全部决策，并通过迭代式的优化和调节来实现最终目标区间的确定。

（3）弱监督/半监督方法　尽管全监督问题设置下的上述模型在测试和验证中取得了良好的效果，但其依然存在实际应用上的固有局限性。例如，输入的未经裁剪的视频往往连续地表达多个具有一定语义一致性的视频子片段，人工标注所产生的标记边界通常不够准确，从而使模型在进行建模与判断时混入一定量的噪声与模糊信息。此外，进行目标区间的标注往往需要标注员完整地浏览整段视频，这会导致大量的人力、设备等资源消耗与较长的标注时间。考虑到以上问题，研究者们尝试在弱监督与半监督的问题定义下实现目标区间的标定。在弱监督的设置下，训练数据无须包含目标片段的起止时间戳，仅需提供视频与文本之间的配对关系，模型则尝试在学习过程中通过这些粗粒度的配对信息来捕捉片段级别的细粒度对齐关系。而在半监督的设置下，标注员仅需标注所有训练数据中的一部分，模型则尝试同时对无监督与有监督的信息进行建模。虽然这些设置降低了标注成本，但准确起止时间标注的缺乏给模型的学习带来了很大的挑战。

截至目前，弱监督方法的相关研究主要围绕两大架构展开，即基于多实例学习的方案与基于重构的方案。基于多实例学习的方案将整个视频视为包含多个视频子片段实例的标记包，基于带噪学习的模式对模型进行训练，以图 7-30 所示的 TGA[231] 方法为例，该方法使用文本引导的注意力机制来计算视频各个片段对应不同语义视图的注意力权值，并基于该权值进行自适应的视频特征聚合，最终使用度量学习的机制进行样本级别的对齐，从而在训练过程中调整各个子片段对文本查询的响应分数。在测试过程中，模型仅需直接输出具有最大注意力权值的子片段即可。由于该类方法主要使用以对比学习为核心的学习策略，其性能表现不仅依赖于模型结构与训练方案，也十分依赖模型对负例的采样策略。而基于重构的方案则尝试以各个候选视频片段为输入信息对给定的语句查询进行重构，从而以间接的方式习得视频片段与文本间的对齐关系。其中，SCN[232] 为这一类方法的典型代表。该方法采用了对偶学习的策略，其中一个分支使用基于锚点的预测方案，对不同位置不同跨度的提案进行评分，而另一个分支使用各个视频片段对掩码后的文本查询进行重构，模型最终将两个评分进行对齐，从而实现细粒度的排序分数调整。

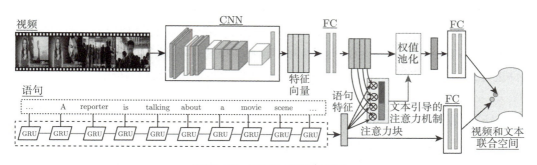

图 7-30　TGA 模型示意图

此外，基于半监督的研究也获得了一定进展，S^4TLG[233] 方法尝试将对比学习与蒸馏学习相结合，并通过启发式数据增强的方式来充分利用有监督与无监督的信息。

2. 时空视频定位

在部分实际场景中，仅仅查询得到目标事件的起止时间无法满足需求，所描述的主体的空间位置可能也需要被准确标定。因此，时空视频定位也逐渐得到了越来越多的关注与重视。时空视频定位不仅需要模型具有对视频中相应事件的时序理解，还依赖于模型对空间关系与布局结构的整体把握。按照是否需要额外的空间物体检测器进行空间提案的预处理，时空视频定位可分为二阶段方法与一阶段方法。

（1）二阶段方法　在二阶段方法中，模型通常依赖额外的预训练视觉区域检测器来捕捉所有可能的物体提案，并在后续的计算中对每个独立的区域进行融合建模与语义匹配。以 STGRN[234] 方法为例，该方法首先使用 Faster-R-CNN[235] 对所有视觉目标进行捕捉，获取各个对象特征后，依照其空间共现性、时序重合度与语义关联性分别构建三种不同形式、不同模式的图结构，并在此网络上进行充分的语义建模与信息捕捉，进而预测相应物体的运动轨迹。而 VOGNet[236] 则预先按照设定的语义标签将原始查询划分为多个独立短语，依照划分结果对不同短语进行独立的语义建模与动态对比采样，并结合视频中的静态物体特征与动态行为动作特征进行编码、融合与预测，从而实现良好的性能与可解释性。

（2）一阶段方法　在一阶段方案中，模型可以以端到端的形式进行学习、训练与推理，从而避免了两阶段的独立建模，使模型具有更好的表现力与部署能力。STVG-Bert[237] 设计了 BERT 的多模态变体，尝试对文本与视频数据进行充分的联合交互与融合，并使用两个独立的预测头来分别生成时间与空间定位的相关预测。而随着近期 ViT[238] 在视觉处理上的良好表现与广泛应用，基于 DETR[239] 架构的 TubeDETR[240] 应运而生。如图 7-31 所示，该方法首先使用了双流的融合架构对视频和文本数据进行融合建模，并使用了一组可学习的查询向量在编码器端交互并计算相应时刻对应的区域框和起止时间概率。以上两种方法所使用的预测策略整体相似，都采用了较为轻量的小组件进行预测，而将模型的重点放在模态间与模态内的特征融合与建模。

7.6.2　音视频行为识别

得益于现代互联网的快速发展，人们很容易获得海量大规模的视频数据。这些视频数据通常包含视频帧的视觉信息及其伴随的声音信息。这两个不同模态的信号具有天然的时域同步性，能够在缺乏人工标注的情况下，提供有效的自监督信号，促进对视频行为事件的理解。例如，在有遮挡视觉场景中，可以通过音频信号辅助对场景中的行为事件进行分析，增强模型稳健性；在音乐演奏场景中，可以通过音频判断发声的乐器类别，同时通过视频的运动信息判断发声乐器的实例，基于此来构建增强的环绕立体声。

鉴于这些音视频联合行为事件理解的应用潜力，音视频行为识别得到越来越多的关注。下面从两方面对音视频行为识别进行详细阐释。

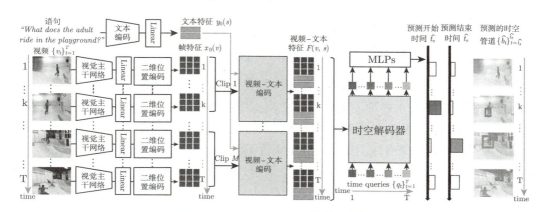

图 7-31　TubeDETR 模型示意图

1. 发声物体定位

音视频数据中，发声物体是构成音视频行为的基本单位，因此通过对发声物体进行定位，能够有效帮助进行音视频行为理解。声音和视觉之间自然的对应关系为音视频联合学习提供了必要的自监督信号[241-243]，能够摆脱人工标注的限制，将其扩展到大量无标签的数据中。这类方法大多基于一套统一的架构，首先通过两个主干网络分别提取视觉和听觉特征，其次在特征空间中进行跨模态融合，最后根据特定的约束条件对融合的特征进行优化。

相对早期的方法引入某种模态（视觉或听觉）的预训练模型作为先验知识，指导另一模态的学习：Owens 等人[243] 使用音频的分布监督视觉信号的特征学习；Aytar 等人[242] 则通过视觉预训练模型生成的类别预测指导音频的表征学习。后续的一系列方法根据采样得到的音视频片段是否来源于同一视频[241,244]，或是否发生于同一时间戳[245-246]，来判断输入的样本对为正样本还是负样本，以此为线索构造对比损失函数（contrastive loss）[247] 对网络进行训练。L3 模型[241] 将音视频同步关系的判别转化为一个二分类问题，通过将提取到的音频和图片特征在通道维度拼接，然后传入一个多层感知机（MLP）生成二维的分类概率，通过交叉熵损失（cross-entropy loss）进行优化。然而，直接使用一个二分类器对音视频同步性进行判别难以在特征空间中建立多模态特征的相关性[244-245]。因此，之后的一系列方法直接在特征空间中设计了多模态对比学习的损失函数，其主要有两种具体形式：一种是式 (7-1)所示的边界对比损失（margin loss）[247]，另一种是式 (7-2)所示的基于噪声对比估计的损失函数（InfoNCE loss）[248]。

具体地，一些方法[244-246]采用式(7-1)，对每个查询样本跨模态地采样一个正样本和一个负样本集合，通过拉近正样本对之间的距离、推远负样本对的距离使其大于某一边界阈值。

$$\mathcal{L} = D(q,k^+)^2 + \sum \max\left(0, \Delta - D(q,k^-)\right)^2 \tag{7-1}$$

其中，q 表示当前样本，k^+ 表示对应的正样本集合，k^- 表示负样本集合，Δ 为边界值，$D(,)$ 表示特征空间中的距离度量，一般为 L_2 距离。这些方法证明了通过边界对比损失能够有效地帮助视觉和听觉模态的特征在场景维度[244]、动作维度[245]实现对齐，并且能够作为通用的表征来有效应用到行为识别等下游任务上[246]。另外一系列方法[249-252]受自监督视觉表征学习[248,253-254]的启发，采用式(7-2)，对查询样本采样一个正样本和大量负样本进行噪声对比估计（noise contrastive estimation）[255]，最后进行实例判别（instance discrimination）。

$$\mathcal{L} = -\log \frac{\exp\left(\cos(q,k^+)/\tau\right)}{\exp\left(\cos(q,k^+)/\tau\right) + \sum \exp\left(\cos(q,k^-)/\tau\right)} \tag{7-2}$$

其中，$\cos(,)$ 表示余弦相似度计算，τ 为温度系数超参数，用于控制分布的集中程度[256]。这些方法证明音视频的多模态数据，能够为自监督的表征学习提供一个非常有价值的数据增强视角，并且与纯视觉模态的方法[257-261]相比，极大提升了在行为识别任务上的性能[249-251,262]。

然而，以上方法大多都将某一场景的音视频特征图通过全局平均池化（global average pooling）得到紧凑的特征向量，进而对该向量执行特征融合、计算损失函数等操作，来对网络进行优化。在平均池化的操作过程中，将场景特征的稠密表示转化为了稀疏的语义特征，丢失了对场景中多个物体的位置关系、多种声音的时间关系等丰富特征[263-265]，同时可能导致最终的特征向量受某一显著成分主导而丢失其他实例的信息[266-268]。因此，这些方法大多适用于单声源的简单场景，而为了实现在多声源复杂场景中的音视频目标解析，需要设计一套有效能够处理场景中丰富特征的机制，来对视觉和听觉的不同实例进行关联。为解决此问题，音视频内容建模的方法[269]通过特征空间中不同的聚类中心来表示不同的音视频实例，并根据聚类中心之间的 L_2 距离进行配对。亦有方法以声音分割为前置任务，建立逐通道的跨模态相关性，基于通道维度的相应激活进行场景的内容分析[270]。但是，这些方法或依赖于场景中声源个数的先验知识[269]，或依赖大量干净的声音数据进行预训练[270]，仍难以直接从大量无语义标签甚至无约束场景的数据中实现高效的音视频联合学习。

为将音视频学习有效扩展到复杂场景中并将声音与物体进行实例匹配关联，文献 [271] 提出从粗到细的声源物体定位，其整体流程如图 7-32 所示。该架构是一个二阶段的学习范式。第一阶段致力于通过分类和场景级别音视频关联的多任务学习方案，进行粗粒度的音视频内容分析。第二阶段将提取到的音视频特征图和分类概率预测输入 Grad-CAM[272] 模块，解耦出类别可知的多模态特征，进而基于场景和类别两个层级进行采样，实现细粒度的音视频实例对齐。

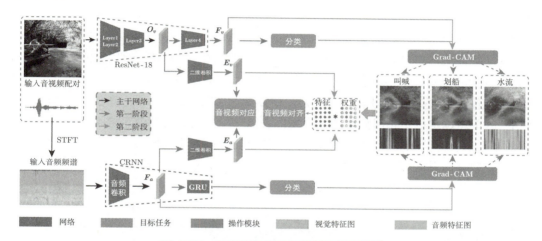

图 7-32　从粗到细多声源定位框架图[271]

在第一阶段，给定从第 i 个视频中提取的音频和视觉（图像）信号 $\{a_i, v_i\}$，根据天然的场景级别跨模态对应关系，以及视频的互联网标签或从预训练模型生成的类别预测作为语义先验，该方法设计了多任务学习架构：分别使用二元交叉熵损失和交叉熵损失进行分类以及跨模态关联学习。第二阶段基于第一阶段的分类学习，借助 Grad-CAM 方法生成类别可知的定位图，辅助语义级别的空间解耦。具体地，给定最后一个卷积层提取到的特征图 $F_r, r \in \{a, v\}$，以及分类分支对类别 c 的输出 $\hat{p}_r^c$，可计算得到特定类别的定位图 W_r^c。基于 W_r^c，也就是图 7-32 中可视化的热力图，作为权重对特征图 E_r 进行带权重的全局池化，得到类别可知的特征表示：

$$f_r^c = \frac{\sum_{u,v} E_r(u,v) W_r^c(u,v)}{\sum_{u,v} W_r^c(u,v)} \tag{7-3}$$

其中，u, v 表示特征图的空间位置索引。通过这种方式，即可得到 C 个 512 维的向量作为解耦出的所有类别表征，并用 $\{f_{a_i}^m | m = 1, 2, \cdots, C\}$ 和 $\{f_{v_i}^n | n = 1, 2, \cdots, C\}$ 分别表示第 i 个视频中，音频和视觉模态类别可知的特征表示。考虑到每个类别往往包含

多种实体，为减少不同实体间的干扰，将同一场景中同一类别的音视频表征作为正样本对，其余均作为负样本对。通过边界对比损失函数[247]进行声音物体实例配对，该对齐的目标函数可以表示为：

$$\mathcal{L}_{\text{ava}} = \sum_{i,j=1}^{N} \sum_{m} \sum_{n} \left(\delta_{i=j}^{m=n} D^2(\boldsymbol{f}_{\boldsymbol{a}_i}^m, \boldsymbol{f}_{\boldsymbol{v}_j}^n) + (1 - \delta_{i=j}^{m=n}) \max(\Delta - D(\boldsymbol{f}_{\boldsymbol{a}_i}^m, \boldsymbol{f}_{\boldsymbol{v}_j}^n), 0)^2 \right) \quad (7\text{-}4)$$

其中，$\delta_{i=j}^{m=n}$ 用于指示该音视频特征对是否为正样本对，也就是当 $i=j$ 并且 $m=n$ 时，$\delta_{i=j}^{m=n}=1$，否则为 0，Δ 为边界超参数。

此从粗到细的音视频学习框架能够实现声音物体的一一对应，但仍需依赖一定的语义先验且无法排除场景中不发声的视觉物体的干扰。为解决这项挑战，文献 [273] 提出了一个从简单到复杂的渐进式学习框架，整体流程如图 7-33 所示。该方法先从简单场景 $\mathcal{X}^s$ 的单声源定位中学习潜在的发声物体表征，并在此基础上构建物体表征字典作为一种视觉知识参考。然后通过参考构建的表征字典，进一步在复杂场景 $\mathcal{X}^c$ 中判别性地定位多个物体，并且要求发声物体与混合声音的概率分布在类别层级匹配。

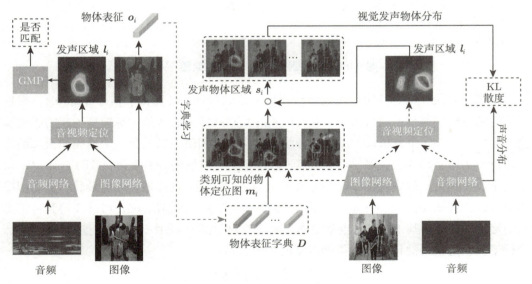

图 7-33 从简单到复杂的二阶段渐进式学习框架[273]

对于任意的简单场景样本对 $(\boldsymbol{a}_i^s, \boldsymbol{v}_i^s) \in \mathcal{X}^s$，采用全局池化得到音频嵌入 $g(\boldsymbol{a}_i^s) \in \mathbb{R}^C$ 用于描述音频的全局特征，并且使用带空间信息的视觉特征图 $f(\boldsymbol{v}_i^s) \in \mathbb{R}^{C \times H \times W}$ 用于描述图像每个空间位置的局部特征，此处 C 表示特征的通道数，$H \times W$ 表示视觉特征

图的空间分辨率。通过优化音视频定位模型来提升 $g(\boldsymbol{a}_i^s)$ 和 $f(\boldsymbol{v}_i^s)$ 中发声区域的特征相似度，并抑制不匹配的音频和物体的相似度。由此学习到的定位图能够揭示声源物体的大致区域，因此该定位图能够过滤视觉背景信息的干扰从而促进对物体外观信息的感知，通过定位结果来提纯物体表征并建立涵盖各个物体种类的表征字典。为从此粗糙的物体表征获得稳健的类别可知的视觉引导，目标联合学习一个字典 $\boldsymbol{D} \in \mathbb{R}^{K \times C}$，以及对应于每个物体候选 $\boldsymbol{o}_i$ 的伪标签分配 y_i，最终学习到的表征字典的键值 $\boldsymbol{d}^k \in \mathbb{R}^C$ 用于表示第 k 类别的属性，借鉴 k-means 方法优化：

$$\mathcal{L}_{\text{clu}}(D, y_i) = \sum_{i=1}^{N^s} \min_{y_i} \|\boldsymbol{o}_i - \boldsymbol{D}^\top \cdot y_i\|_2^2 \tag{7-5}$$

$$s.t. \quad y_i \in \{0,1\}^K, \sum y_i = 1 \tag{7-6}$$

其中，K 表示物体类别总数。通过这种方式，$\boldsymbol{D}^*$ 可用于在复杂场景中检索潜在的视觉物体，而 y_i^* 能够揭示物体所属的语义类别。

为扩展到复杂场景中实现判别性的发声物体定位，该方法采用渐进的推导方式：首先感知场景中的所有物体，然后通过物体是否位于发声区域中来判断哪些物体正在发声，最后通过细粒度的音视频一致性在类别层级对发声物体和声音的特征分布进行对齐。该方案的架构如图 7-33 的右半部分所示。对第 i 个复杂场景的音视频样本对 $(\boldsymbol{a}_i^c, \boldsymbol{v}_i^c) \in \mathcal{X}^c$，通过参考构建的表征字典 $\boldsymbol{D}^*$，计算字典键值 $\boldsymbol{d}^k$ 和当前场景 $f(\boldsymbol{v}_i^c)$ 每个空间位置的特征之间的内积，得到概率分布图 $\boldsymbol{m}_i^k = \boldsymbol{d}^k \cdot f(\boldsymbol{v}_i^c), \boldsymbol{m}_i^k \in \mathbb{R}^{H \times W}$。这 k 个不同的定位图，分别表示每个类别物体的空间位置分布。为了突出发声物体同时抑制静音物体，进一步利用全局音视频定位图 $\boldsymbol{l}_i$ 对不发声物体进行过滤 $\boldsymbol{s}_i^k = \boldsymbol{m}_i^k \circ \boldsymbol{l}_i$，$\boldsymbol{s}_i^k$ 可视为第 k 类发声物体的定位结果。这种方式能够滤除静音物体，并得出发声物体的类别概率分布：

$$p_{\boldsymbol{v}_i}^{so} = \text{softmax}([\text{GAP}(\boldsymbol{s}_i^1), \text{GAP}(\boldsymbol{s}_i^2), \cdots, \text{GAP}(\boldsymbol{s}_i^k)]). \tag{7-7}$$

由于声音的属性和发声物体的视觉特性在类别的统计上具有强相关性，类似于 $p_{\boldsymbol{v}_i}^{so}$，一阶段学习的声音分类网络能够有效建模声音 $\boldsymbol{a}_i^c$ 的概率分布 $p_{\boldsymbol{a}_i}^{so} = \text{softmax}(h_a(g(\boldsymbol{a}_i^c)))$，并且通过 KL 散度来对音视频特征分布进行对齐：

$$\mathcal{L}_c = \mathcal{D}_{\text{KL}}(p_{\boldsymbol{v}_s}^{so} \| p_{\boldsymbol{a}_i}^{so}) \tag{7-8}$$

通过这种方式，能够利用类别层级的音视频一致性关系作为自监督信号将场景级别的对应关系转化为细粒度的分布匹配。该渐进式学习框架能够有效区分不同语义的声音物体，并准确判断发声的物体实例，进一步辅助精准的音视频行为分析。

2. 行为事件分析

在音视频场景中，多个发声物体的联合作用构成了抽象的音视频行为事件。不同于单模态的视频行为理解，音视频行为识别需要充分利用两种模态信息的相关性、互补性，以实现更精细、更稳健的行为事件理解。其典型的任务包括音视频行为识别，时域定位等。

在音视频行为识别任务中，和视觉模态行为识别类似，主流工作都基于 Kinetics-400[96]，UCF-101[7]，HMDB-51[6] 等标准数据集进行研究。这些数据集中的视频本身都包含伴随的声音，音视频行为识别方法无须引入额外的标注代价，即可充分利用这些数据集所提供的原始数据提升行为识别效果。典型的方法主要分为两大类：一是将音视频特征进行融合，以融合后的多模态表征进行行为分类[275-278]；二是基于音视频数据进行无监督预训练，赋予模型多模态的感知能力然后在下游数据集进行微调[249,252,274,279-281]。第一类工作的特征融合与传统行为识别中 RGB 和光流融合相似，但音频的不同之处在于该模态与原视觉模态之间没有空间位置对应关系，因此在视听特征融合方面有一定挑战性和创新空间。文献 [276] 通过教师学生网络学习机制，对视频帧稀疏采样，对音频稠密采样，并通过后融合的方式补全视频流信息。由于音频特征提取的计算开销远小于视频序列，该方法能够显著降低计算量，并取得可观的效果。文献 [275] 将视频 SlowFast 网络[120] 扩展到了音视频多模态数据上，并设计了不同梯度优化速率来适应不同模态的数据。近期也有工作引入了注意力机制用于音视频特征融合[277]，来更精准地抓取跨模态相关性并实现更高效的特征融合。第二类基于无监督预训练的工作，主要利用音视频同步关系构造正负样本，并通过聚类或对比学习等方式赋予网络多模态感知能力。文献 [280] 将 DeepCluster[282] 扩展到音视频数据中，并通过跨模态相互监督使得模型理解音视频对应关系。文献 [249, 252, 274, 279, 281] 将对比学习用于多模态场景中，其典型的流程如图 7-34 所示。相比单模态自监督学习，跨模态的正负样本能够显著扩充样本丰富性，增强模型的感知能力，并在下游行为识别任务中取得极大提升。

在音视频事件时域定位任务中，模型需要充分融合两个模态的信号，从视频和音频两个模态判断事件类别，并对事件发生的起始、终止时间进行定位。该任务典型的数据集有 AVE[25]，AudioSet[24] 等。相比传统的时域行为检测，音视频数据额外提供了音频参考，能帮助解决视觉场景中的歧义（例如遮挡）。该任务的开创性工作[25] 通过跨模态注意力机制以及 LSTM 对时序音视频信号进行融合，并对每个时间单元的音视频特征进行最近邻匹配来检测事件的起止时间。更进一步，文献 [283] 提出多模态特征调制，通过模态内和跨模态特征归一化，以及多尺度特征融合，提取时间相关的多模态特征，实现精准的时域定位。文献 [284] 提出对事件发生的关键节点以及事件持续的时间段分别建模，并在不同粒度的特征上进行时域定位。文献 [285] 针对不同的事件类别设计不同的融合方式，增强了模型对不同时间长度事件的感知能力。

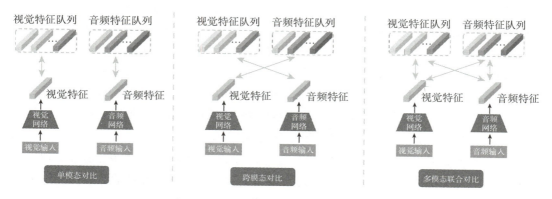

图 7-34　典型音视频跨模态对比学习架构[274]

7.7　交互及组群行为识别

7.7.1　交互行为识别

1. 任务简介

人与人之间的交互行为是指人群中至少两个人的人类活动，如握手和交谈，人与人之间相互关联。作为人类活动的基本单元，交互行为出现在视频监控、智能安防和视频检索等多种重要场景。交互行为识别任务旨在有效利用视频中给出的信息，自动理解场景中至少两个人进行的交互，在计算机视觉和模式识别领域备受关注。

通常情况下，两个交互的人分别有两个单独的动作，其中一些在某一时刻是相互关联的（例如，两个交互的人在拥抱交互中伸出手）。此外，在人们交互的大多数情况下，多人之间并发的相互关联的动态是强烈交互，如 A 踢 B，B 后退。这些交互的人之间同时存在的相互关联的运动对于识别人与人的交互行为具有判别性作用。因此，如何有效分析单人动作和双人动作中存在的复杂的交互特征是交互行为识别的重要挑战。

2. 典型方法

交互行为识别的发展经历了两个主要的阶段，非深度学习阶段和深度学习阶段。

（1）非深度学习阶段　双人交互行为识别相比于单人行为识别，具有更复杂的身体姿态变化和时空位置关系，因此更具有挑战性。在非深度学习阶段，行为识别的总体流程是：首先利用设计好的特征提取方法提取输入视频序列中的人体行为特征，如密集轨迹（dense trajectory shape，DTS）、方向梯度直方图（histogram of oriented gradient，HOG）、光流直方图（histogram of optic flow，HOF）、时空兴趣点（spatio-temporal interest point，STIP）等，然后利用传统的机器学习方法，如主成分分析（principal component analysis，PCA）、支持向量机（support vector machine，SVM）、k 均值聚类（k-means）、隐马尔可夫模型（hidden markov model，HMM）等，对上述特征进行训练和识别。在此基础上，针对交互识别问题的解决思路大致分为两种：基于整体的交互行为识别方法和基于单人分割的交互行为识别方法。

在基于整体的交互行为识别方法中，交互双方通常被视作一个整体，通过特别设计的时空描述符去提取相应的时空特征表示双人交互关系，最后将测试样本与训练得到的交互行为模板库进行匹配，从而进行交互行为的理解和识别。因此，在此类方法中，研究人员关注更多的是如何设计有效的时空特征描述符以及相应的时空特征匹配算法。Yu[286] 等人首先通过拓展的 V-FAST 检测器定位时空兴趣点，然后通过学习语义纹元森林（semantic texton forests，STFs）编码将局部的时空块转换为视觉编码。其次，引入金字塔时空关系匹配（pyramidal spatiotemporal relationship match，PSRM）算法来捕获行为特征中的结构信息，最后使用带有金字塔匹配内核的分层 k-means 聚类算法有效地进行分类。为了解决之前大多数特征描述符通常只能单独计算形状或者运动特征的问题，文献 [287] 提出了一种新的特征描述符 HON4D（histogram of oriented 4D）来描述人类行为的深度序列特征，这种四维直方图算子可以捕获表面法线方向在时间、深度和空间坐标的四维空间中的分布，从而更好地在像素层面获取复杂的形状–运动的联合线索。除此以外，还有研究者使用多种不同的特征描述符进行组合编码，也能得到不错的效果。然而，尽管通过设计巧妙的时空特征描述符可以有效地表示人类的交互行为，但是基于整体的识别方法本质上依旧是将交互行为看作是单人行为。这种思路处理相对简单，但却无法捕获交互行为中交互对象的隐式联系，虽然可以通过设计复杂的特征描述符和匹配算法来提升识别性能，但也会随之带来计算复杂度增加的问题。

与上述基于整体的交互方法不同，在基于单人分割的交互行为识别方法中，研究人员首先将参与交互的对象分割为单个的子行为或原子行为，然后对这些子行为之间的时空交互关系进行构建，最后训练分类器进行识别。Kong 等人[288] 提出了一种通过互动短语来识别人类交互行为的新方法。首先利用边界框或者检测器定位视频中正在交互的人，然后在相应的边界框内提取三维兴趣点并使用词袋模型提取单个人的行为特征，紧接着使用属性模型同时检测每个交互对象的多个行为属性（词汇），最后将两个交互对象的行为特征及其行为属性（词汇）输入到交互模型中（一个基于 latent SVM 的判别模型）进行类别推断。文献 [289] 提出了一种新的基于共生视觉词典（co-occurring visual words）的交互识别框架，该框架为每个参与互动的对象生成一个三维时空体并提取一组视觉词汇来表示该对象的行为，然后利用对象之间共同出现的视觉词汇的频率来表示交互关系。基于单人分割的交互行为识别方法也具有一定的局限性，由于需要对单人行为进行切割和识别，受到实际场景中复杂的背景环境和不确定干扰因素的影响以及现有的检测器的精度影响，此类方法无法保证获取边界框和原子行为识别的准确性。

（2）深度学习阶段　在早期的非深度学习算法中，识别性能的好坏很大程度上依赖于所提取特征的质量。然而，手工设计的特征需要极强的先验知识和专业知识，代价昂贵。其次，随着当前数据集的规模越来越大，越来越接近真实世界的设置，传统的手工设计特征以及引入复杂匹配算法的方式已经不适合当前的交互识别任务。而受益于深度学习技术端到端的设计特性以及机器算力的迅猛发展，基于深度学习的行为识别在过去的十年间得到了极大的关注与发展，并且快速取代了传统的非深度学习识别算法在计算机视觉领域中的主流地位。

从主干网络的角度可以将基于深度学习的交互行为识别大致分为以下几类。

1）基于循环神经网络的交互识别。基于循环神经网络（recurrent neural networks，RNN）结构，长短时记忆（long short-term memory，LSTM）网络能够对各种动态上下文范围内的时间信息进行建模，从而对单人行为识别的个体动力学进行建模。一些研究人员希望借助 LSTM 强大的序列建模能力去解决更具有挑战性的交互识别任务。在交互识别任务中，每个视频帧中都包含交互个体之间同时发生的个体行为，这些行为可能是相互关联的。文献 [290] 引入了 LSTM 并将交互行为看作一个整体并进行建模。文献 [291] 利用多个 LSTM 分别建模单人的动态特征，然后融合这些 LSTM 的输出序列。然而，无论是简单地结合个体的活动动态，还是将它们建模为一个整体来捕捉人与人交互的时间动态，都会忽略人与人之间的交互随着时间变化的内在关联动态。

为了解决上述问题，Shu 等人[292] 提出了一种用于交互行为识别的长短时子记忆并发感知（concurrence-aware long short-term sub-memories，Co-LSTSM）网络模型，整体框架如图 7-35 所示。Co-LSTSM 着重解决如何去捕捉交互个体之间同时存在的相互关联的动态，而非每个人的个体动态的问题。这种方法的关键思想是设置两个子记忆单元来分别存储每个人的个体运动信息，同时使用一个并发的 LSTM 单元来选择性地整合和存储交互个体之间相互关联的运动信息。如图 7-35 所示，每个时间步长的并发 LSTM 单元由一个共同记忆单元和两个特定的子记忆单元组成，每个子记忆单元包括各自的输入门、遗忘门和记忆单元。具体地，对于 t 时刻的输入 $\boldsymbol{x}_t^a$ 和 $\boldsymbol{x}_t^b$：

① 首先，分别计算得到输入门 $\boldsymbol{i}_t^s$（$s \in \{a,b\}$，后同）和输出门 $\boldsymbol{f}_t^s$；
② 然后，根据 $\boldsymbol{i}_t^s$ 和 $\boldsymbol{f}_t^s$ 更新子记忆单元 $\boldsymbol{c}_t^s$；
③ 激活门单元 π_t^s（通过一个非线性函数）；
④ 计算共同记忆单元 $\boldsymbol{c}_t = \pi_t^a \odot \boldsymbol{c}_t^a + \pi_t^b \odot \boldsymbol{c}_t^b$；
⑤ 计算输出门，即两个子内存单元共享的公共输出门 $\boldsymbol{o}_t$；
⑥ 最后，时刻 t 的隐藏状态可以表示为 $\boldsymbol{h}_t = \boldsymbol{o}_t \odot \varphi(\boldsymbol{c}_t)$。

随着时间的推移，Co-LSTSM 能够从参与互动的对象的个体记忆中聚集相互关联的记忆，从而达到建模交互对象之间的长期动态交互关系的目的。

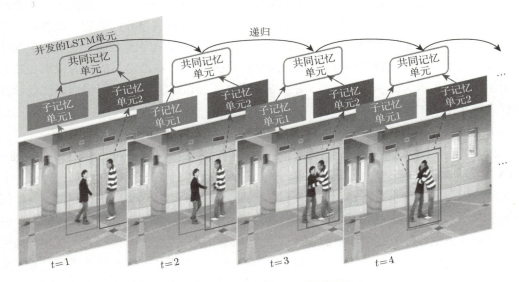

图 7-35 Co-LSTSM 模型说明

然而，上述模型 Co-LSTSM 的设计仅适合双人交互进行建模与识别，具有很强针对性的同时也具有一定的局限性。而分层长短时并发记忆（hierarchical long short-term concurrent memory，H-LSTCM）网络则旨在通过探索多人之间的长期相互关联的动态来识别人类互动，解决视频中的人机交互识别问题，其整体框架如图 7-36 所示。

具体来说，对于每个交互对象，H-LSTCM 首先将他/她的静态特征（如 CNN 特征）输入到一个 single-person LSTM 中，以建立单人动态模型来表示一个人在整个视频中的长时运动信息。然后，single-person LSTM 的所有输出被送入到一个新设计的并发 LSTM（Co-LSTM）单元中，此单元主要由多个子记忆单元、多个新单元门和一个新的共同记忆单元组成。Co-LSTM 单元使用多个子记忆单元存储来自 Single-Person LSTM 单元的单人运动信息。在这些子记忆单元之后，单元门允许子记忆单元中相互关联的运动记忆进入一个新的共同记忆单元，该单元选择性地整合和存储相互关联的记忆，以揭示人与人之间同时存在的相互关联的运动信息。总的来说，每个时刻中所有互动的人都由一个 Co-LSTM 单元进行联合建模，在最后一个时刻，Co-LSTM 的输出是参与交互对象的动态关联表示。

2）基于深度强化学习的交互识别。强化学习是机器学习领域中除了监督学习和非监督学习之外的另一种学习模式。无须带标签的输入输出对，强化学习关注的是如何在一个未知的、复杂的环境中，通过感知目前的状态进行决策并获得最大奖励或收益，实际上是一个交互学习的过程。而深度学习的出现赋予了强化学习新的生命力，深度强化学习集成了深度学习的视觉感知与学习以及强化学习的决策能力，当前已被应用到诸多计算机视觉领域的任务中，如目标检测、跟踪、定位等，但是在行为理解与分析方面的研究进展甚微。

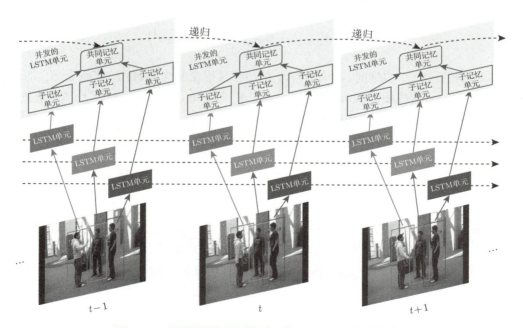

图 7-36 分层长短时并发记忆（H-LSTCM）的框架

文献 [294] 提出了一种部分激活的深度强化学习（part-activated deep reinforcement learning，PA-DRL）模型来进行交互行为的预测。相比于交互行为识别，预测任务无法观察到完整的时间信息，因此更具挑战性。现有的行为预测算法存在以下问题：① 容易受到异常值或者噪声的影响，当参与交互的对象出现比较大的姿态变化时，结果表现不佳；② 提取帧的整体信息来利用时间信息，却忽略了人体的基本结构信息。总体来说，在交互行为预测中，能够获取的有用信息非常少，而且冗余信息具有很强的干扰预测的能力。

为了解决上述问题，PA-DRL 在获取基于骨架特征的人体结构信息的基础上，通过深度强化学习来激活人体的行为相关部分并抑制噪音部分。具体地，首先根据由骨架关节点决定的局部骨架提名提取第 w 个视频在第 t 次迭代时激活的特征 S_w^t，用作部分激活的候选，表示为：

$$S_w^t = \Gamma_{u \in U}(\beta_{u,w}^t) \tag{7-9}$$

其中，$\beta_{u,w}^t$ 是 S_w 在第 t 次迭代以后的第 u 个部分，其对应的动作 $a_{u,w}^t$ 分为激活与停用，分别用 1 向量和 0 向量表示（维度与 $\beta_{u,w}^t$ 相同）。然后将来自同一帧的特征按照骨架的顺序拼接起来得到 A_w^t，可以表示为：

$$A_w^t = (a_{1,w}^t, \cdots, a_{U,w}^t), a_{u,w}^t \in \{1^b, 0^b\}, \tag{7-10}$$

其中，b 是特征 $\beta_{u,w}^t$ 的维度。将动作 A_w^t 的步骤奖励定义为 $r(A_w^t)$，将状态 S_w^t 的预测标签表示为 η_w^t，对应帧的实例标签是 ε_w。若 η_w^t 等于 ε_w，则动作 A_w^{t-1} 是预测正例，接收到正向回馈。如果在连续迭代中正确预测了行为类别，该行为的奖励为 $|r(A_w^{t-1})|+1$。否则，用 $-|r(A_w^{t-1})|-1$ 对连续错误预测给予负奖励。在第 t 次迭代中，将步骤奖励 $r(A_w^t)$ 表示为：

$$r(A_w^t) = \Theta(\eta_w^t, \varepsilon_w) \times (|r(A_w^{t-1})|+1) \tag{7-11}$$

其中，$\Theta(\cdot)$ 是特征函数，若预测正确为 1，否则为 0。基于步骤奖励，最终奖励函数定义为 $R(w)$。在最后一次迭代之后，用最终奖励 $R(w)$ 反馈系列动作 $A(w)$。当状态在最终迭代 S_w^T 处停止时，最终奖励 $R(w)$ 是每次迭代的所有步骤奖励的平均值。将视频 w 的最终奖励 $R(w)$ 表示为：

$$R(w) = \frac{1}{T} \sum_{t \in T} r(A_w^t) \tag{7-12}$$

7.7.2 组群行为识别

1. 任务简介

组群行为识别旨在识别一段视频中由多人（≥3 人）同时进行的活动，如多人的体育运动（篮球、排球等）。近年来，随着研究人员对视频分析领域的研究越来越深入，组群行为识别也受到了越来越多的关注，在智能体育分析、公共安全管理等领域都有重要的实际应用意义。组群行为通常包含了多个单人行为以及来自两个或更多人的共同（交互）行为，因此组群行为识别需要对多人情况下的个人行为及其交互进行更为复杂的建模。与传统的单人行为识别和双人交互行为识别相比，更具挑战性。

2. 典型方法

随着近几年视频理解与分析领域中基础视觉表示研究的不断发展，组群行为识别的研究方案也层出不穷。当前，研究人员对组群行为识别方法的分类归纳依据并不统一，如根据主干网络所提特征类型进行划分、根据模型框架结构进行划分等。本小节主要从对个体特征进行关联建模的角度，对当前的组群行为识别方法进行一个简要的分类与阐述，具体如下。

（1）基于线性关联的组群行为识别方法　基于线性关联的组群行为识别方法主要侧重于找到合适的权重（可学习），对视频样本中多个个体动作特征进行加权融合，以得到最终的群体特征表示。Yan 等人[295] 观察到并非所有个体都对组群行为的发生有重要贡献，即只有少数关键参与者在组群活动中扮演重要角色，但是之前的方法大多数是对多个个体行为进行等效建模。基于上述观察，他们提出了一种新的参与–贡献时序动态模型（participation-contributed temporal dynamic model，PC-TDM），首先建模每个人的个人动作，然后按照个人移动时间的顺序送入双向长短时记忆（bidirectional LSTM，Bi-LSTM）网络，随后由可训练的时变注意因子加权的 Bi-LSTM 的每个输出状态通过 LSTM 逐一地进行聚合，整体框架如图 7-37 所示。文献 [296] 提出了一个基于长短时记忆网络的分层注意力和上下文建模的新框架，利用分层注意力网络对不同的人和他们的身体部分进行特别的关注，使用层次化语义网络将前者输出的层次特征作为输入，并对组群内/组群间的语义结构进行循环建模。注意力和上下文表征被串联起来输入到一个 LSTM 中，为组群行为识别产生高层次的判别性时间表征。进一步地，还有学者提出了基于时空的多层注意力框架[297] 和多模态关系网络[298]，都取得了不错的组群识别效果。

（2）基于序列关联的组群行为识别方法　基于序列关联的组群行为识别方法主要是基于循环神经网络（RNN）来实现的，更关注如何在相邻的特征节点之间构建有效联系，总体上多个个体行为特征是通过序列的形式进行串联的。Wang 等人[299] 提出了一种分层递归的交互式上下文建模框架,利用 LSTM 的信息传递与聚集的能力,统一建模单人行为、组内和组间上下文特征,可以非常灵活地处理不同数量的输入实例(例如不同数量的组群和组群内不同数量的人)。Yan[300] 等人提出了一个基于位置感知的参与–贡献时序动态模型(position-aware participation-contributed temporal dynamic model,P²CTDM)。如图 7-38 所示,首先利用一个 LSTM 网络提取每个人的时空动态表示,然后利用 P²CTDM 去聚合涉及长时行为(保持稳定的行为,long motion)和显著行为(与其他人或组群行为密切相关的行为,flash motion)的关键参与者的时空特征。P²CTDM 由两个模块组成:位置感知交互模块(position-aware interaction module,PIM)和聚合长短时记忆模块(aggregation LSTM, Agg-LSTM)。具体来说,PIM 在考虑特征相似性和空间位置信息的同时,也关注与他人具有紧密交互关联的人。然后,来自 PIM 的特征按照其长时动作(long motion)的顺序被输入到 Agg-LSTM 中,Agg-LSTM 将这些隐藏特征与可学习的时变注意力权重相融合,从而关注到与组群行为密切相关的人。

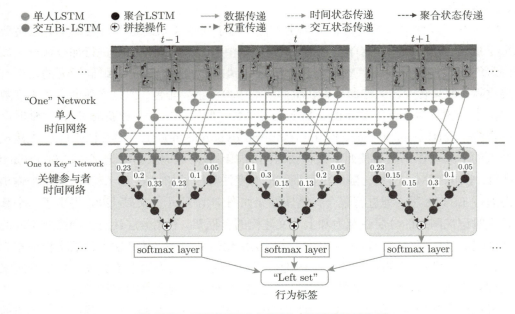

图 7-37　PC-TDM 框架图,以排球运动为例

(3)基于图关联的组群行为识别方法　基于图关联的组群行为识别方法主要侧重于构建个体特征之间的类似图结构的交互关系,个体特征被看作图结构中的节点。Wu 等人[301] 构建了一种灵活的人物关系图(actor relation graph, ARG),将个体特征作

为节点，参与者之间的关系作为边，同时捕捉个体的外观信息以及他们之间的位置关系。为了进一步增强 ARG 在视频中的长时建模能力，Wu 等人设计了两种策略去稀疏 ARG 中的连接：在空间域中，通过设计一个局部 ARG 来强制个体特征之间的连接只在一个局部邻域内；对于时序信息，随机丢弃掉一些视频帧（只保留部分帧参与训练）可以大大提升建模效率并降低过拟合的风险。文献 [302] 和文献 [303] 在 ARG 的基础上做了进一步的改进，前者提出了一种由动态关系（dynamic relation，DR）模块和动态行走（dynamic walk，DW）模块组成的动态推理网络（dynamic inference network，DIN），来实现针对特定人的时空推理；而后者则构建了一种只包含关键参与者及其交互关系的场景表示，并基于图卷积和自注意力机制进行组群行为识别。为了灵活有效地利用组群行为中多层次的结构与交互关系，Lu 等人[304] 设计了一种多层次交互关系（multi-level interaction relation，MIR）模型，利用基于关键人物的群体池化层（key actor based group pooling layer，KeyPool）和群体反池化层（key actor based group unpooling layer，KeyUnPool）来共同构建多粒度的组群关系图。Pei 等人[305] 提出了一个双流关系网络来同时处理位置分布信息和外观关系信息，前者由一个位置分布网络（position distribution network，PDN）获取，后者则通过一个外观关系网络（appearance relation network，ARN）来捕捉，最后融合两者获得组群行为的全局表示。

为了更有效地增强相关性更高的行为对组群行为识别的贡献并抑制不相关行为的干扰，Tang 等人[306] 分别设计了一个时空上下文一致性（spatio-temporal context coherence，STCC）约束和一个全局上下文一致性约束（global context coherence，GCC），以此捕捉相关行为并量化它们对组群行为的贡献。在此基础上，他们提出了一个新的一致性约束图长短时记忆网络（coherence constrained graph LSTM，CCG-LSTM）。整体框架如图 7-39 所示，使用一个带有时空上下文一致性约束的图结构 LSTM 单元来建模个体以及个体之间的时空动态关系。

更具体地，时序上下文一致性约束（temporal context coherence，TCC）由某个个体在两个连续帧之间行为特征的一致性程度来激活，则在 TCC 约束下的记忆状态可以表示为：

$$c_v^t = \tau_v^t \odot i_v^t \odot g_v^t + \odot c_v^{t-1} + \tilde{f}_v^t \odot c_v^{t-1} \tag{7-13}$$

其中，τ_v^t 表示时间置信门（即 TCC 约束），i_v^t、f_v^t、$\tilde{f}_v^t$ 分别为图 LSTM 中的输入门、遗忘门、邻接遗忘门，g_v^t 表示在上述存储状态 c_v^t 的更新过程中，如果当前运动状态与之前的运动状态不一致，则为无关运动，更新存储状态 c_v^t 时会被时间置信门 τ_v^t 抑制。

类似的，空间上下文一致性约束（spatial context coherence，SCC）则由某个个体的行为特征与其空间上下文状态的一致性程度来激活。在 GCC 约束下，时刻 t 的记忆状态 c_v^t 可以表示为：

$$c_v^t = \varsigma_v^t \odot i_v^t \odot g_v^t + f_v^t \odot c_v^{t-1} + \tilde{f}_v^t \odot c_v^{t-1} \tag{7-14}$$

其中，ς_v^t 表示空间置信门（即 GCC 约束）。在上述记忆状态更新过程中，如果某个人的输入特征与她/他的空间上下文状态不一致，则为无关运动，在记忆状态更新过程中被抑制。所以在 TCC 与 GCC 的共同约束下的记忆状态可以进行如下更新：

$$c_v^t = \tau_v^t \odot \varsigma_v^t \odot i_v^t \odot g_v^t + f_v^t \odot c_v^{t-1} + \tilde{f}_v^t \odot c_v^{t-1} \tag{7-15}$$

STCC 虽然可以捕捉到个体的相关行为，但无法量化相关行为对群体活动的贡献，因此采用全局上下文一致性（GCC）约束。GCC-LSTM 采用注意力机制来衡量自身与整个活动之间的一致性，得到 STCC 约束和 GCC 约束下的最终运动状态。

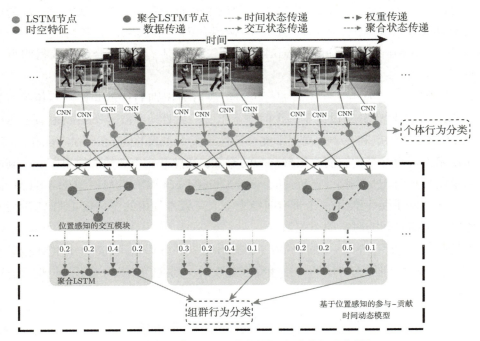

图 7-38 P^2CTDM 框架图，以跑步运动为例

文献 [307] 从一个新颖的角度来看待个体行为与组群行为的关系，即组群行为（"宿主"）和个体行为（"寄生"）之间的"宿主-寄生"关联，并在此基础上提出了一个新的

Graph LSTM-in-LSTM（GLIL）框架。和上述大多数方法先建模个体行为表示再融合以得到组群行为表示的两阶段策略不同，GLIL 同时对个体行为和组群行为进行建模。

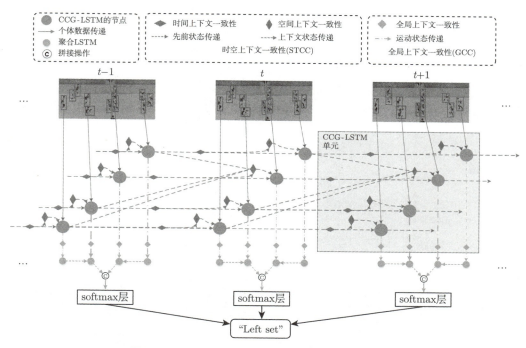

图 7-39 CCG-LSTM 框架图，以排球运动为例

整体框架如图 7-40 所示，它自底向上地堆叠了一个预训练的 CNN、一个残差 LSTM、GLIL（Person-LSTM 或 Graph-LSTM）和一个 softmax 层。GLIL 是一种"宿主–寄生"架构，在局部视图中可以看作是多个 Person-LSTMs（P-LSTMs），在全局视图中则可以看作是一个 Graph-LSTM（G-LSTM）。具体地，① 首先采用预训练的 CNN 在每个时刻从人物边界框上提取个体静态特征，通过残差 LSTM（R-LSTM）随时间学习个体时间特征，并组合两种特征得到 $\{d_s^t\}_{t=1}^T$，作为图残差网络的节点，输入到 GLIL 中；② 在局部视图中，GLIL 可以被看作是多个 Person-LSTM（P-LSTM）单元，P-LSTM 在时刻 t 的输出是第 s 个人的个体运动状态，第 s 个人的相邻运动状态是所有相邻人的个体运动状态的平均值；③ 在全局视图中，GLIL 变成了一个 Graph-LSTM 网络，每一个 P-LSTM 充当一个图节点，通过一个作用门（role gate）集成所有个体级别的记忆单元来模拟组群级别的行为。组群级别记忆单元使用一个作用门来控制哪些类型的个体行为信息会随着时间的推移进入或离开组群级别记忆单元，实现选择性地整合

和存储有用的个体行为信息，从而得到组群行为信息。

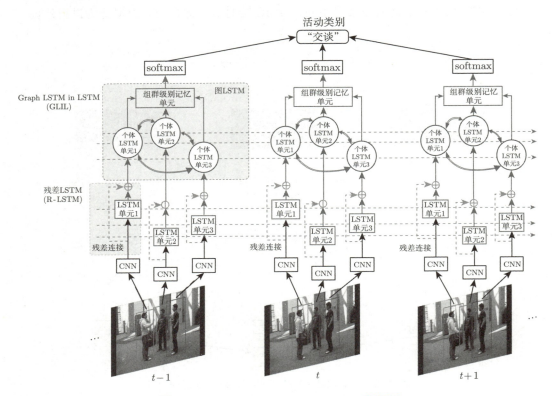

图 7-40　Graph LSTM-in-LSTM 框架图

Yan 等人[308]提出了一个新的基于弱监督的组群行为识别任务，训练过程中只能看到视频级的标签，相比于传统有监督的组群行为识别任务（上述提到的方法基本都属于有监督方法）显然更具有挑战性，但是从数据收集与注释的角度来说却相对容易。他们提出了一个社交适应模块（social adaptive module，SAM）去构建所有可能的社交表示（由个体特征和它们之间的潜在关系组成的中间表示可以被称为社交表示），然后基于关键实例（人）彼此密切相关的社交假设找到有效的社交表示。具体框架如图 7-41 所示。

形式上，给定一系列帧 $(V_1, V_2, \cdots, V_T)$，建模方法如下：

$$O = \mathcal{O}(\mathcal{F}(V_1; \mathcal{D}(V_1); W), \mathcal{F}(V_2; \mathcal{D}(V_2); W), \cdots, \mathcal{F}(V_T; \mathcal{D}(V_T); W)) \qquad (7\text{-}16)$$

其中，$\mathcal{D}(V_t)$ 表示从每帧中检测到的 N^p 个提名，$\mathcal{F}(V_t; \mathcal{D}(V_t); W))$ 表示：① 利用预训练的 CNN 提取 V_t 的卷积特征图，② 根据来自 $\mathcal{D}(V_t)$ 的相应提名，应用 RoIAlign 来

提取个体级别的特征，③ 将个体特征融合到单帧级别的特征中。其中提议的数量（N^p）在实际应用中随样本而变化。$\mathcal{O}(\cdot)$ 是一个时间建模函数，它从整个视频序列（T 帧）中采样 N^f 帧作为输入。上述操作生成了个体行为特征间的密集关系图，然后 SAM 则根据与关键实例高度相关的社交假设进行特征选择，即保留 Top-K 个强连接的节点形成稀疏关系图，继而进行组群行为识别。

除了上述利用卷积神经网络或者循环神经网络提取行为特征的方法之外，最近也有研究人员逐渐将 Transformer 引入到组群行为识别中[309-311]，合适地利用 Transformer 中的自注意力机制，可以更有效地去构建个体行为特征及其融合。

7.7.3 群体行为识别的未来研究趋势

目前，群体行为分析技术的落地应用依然比较局限，主要是三个方面：算法可应对场景有限，实际应用中难以满足现有模型所需的监督信息，模型和表示厚重难以达到实时应用的要求。未来的研究方向可以分为以下三种。

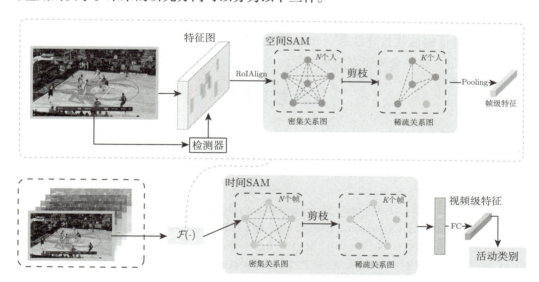

图 7-41　SAM 方法整体框架

1）多场景。现有常用群体行为数据集，通常是从某个特定场景（如某个体育运动场景、室内场景）下采集而得。这极大程度上限定了群体行为的多样性和复杂性，继而给现有算法在落地应用方面带来重重困难。从更实际的角度出发，期望未来能够设计出可以应用在多种场景下的识别模型。这就给群体行为的定义带来巨大挑战。既然是跨场景的应用，那么这些预先定义的行为类别应该具有一定程度的抽象或者通用性。例如，我们或许不该再去定义排球运动中所特有的群体行为（如"一传"），而需要将其抽象为更为通用的一个行为（如"传递"）。

2）少标注。鉴于群体行为识别的复杂程度较高，现有方法都会借助细粒度的标注信息，如人物位置，人物行为，来理解最终的群体行为。这种学习范式给群体行为识别研究的发展带来巨大阻碍。因为这样的细粒度标注需要大量人力和物力，不利于构建更大规模的数据集。幸运的是，有少量工作已经开始探索弱标注下的群体行为识别。这里的弱标注指的是只给一个视频级别的群体行为类别标签，丢弃所有其他细粒度标注信息。弱标注设定对构建大规模数据集更加友好，但同时也带来了新的挑战。弱标注使得模型在个体行为间进行关联建模时难以聚焦到有效信息。

3）轻量化。现有研究中所用到的视觉数据和模型设计仍然厚重，不利于群体行为分析技术的落地应用。因此，未来可聚焦以下两个方面的轻量化研究。① 模型轻量化：最近提出的一些更复杂的模型并不能给群体行为理解带来明显增益。换而言之，是否可以考虑在不影响模型性能的情况下，尽可能地降低模型的复杂度和计算量，以面向未来的实际应用场景。② 表示轻量化：相比于其他模态的信息（姿态，几何位置等），RGB 视觉信息的特征提取代价非常高。充分利用其他高效的模态信息替代或者辅助单一的 RGB 视觉特征，也是未来研究的重要方向之一。

参考文献

[1] BOURDEV L D, MAJI S, MALIK J. Describing people: A poselet-based approach to attribute classification[C] // METAXAS D N, QUAN L, SANFELIU A, et al. IEEE International Conference on Computer Vision, ICCV 2011. [S.l.]: IEEE Computer Society, 2011: 1543–1550.

[2] YAO B, FEI-FEI L. Recognizing Human-Object Interactions in Still Images by Modeling the Mutual Context of Objects and Human Poses[J]. IEEE Transactions on Pattern Analysis and Machine Intelligence, 2012, 34(9): 1691–1703.

[3] YAO B, JIANG X, KHOSLA A, et al. Human action recognition by learning bases of action attributes and parts[C] // METAXAS D N, QUAN L, SANFELIU A, et al. IEEE International Conference on Computer Vision, ICCV 2011. [S.l.]: IEEE Computer Society, 2011: 1331–1338.

[4] ZHAO Z, MA H, CHEN X. Generalized symmetric pair model for action classification in still images[J]. Pattern Recognition, 2017, 64: 347–360.

[5] WANG L, WANG Z, QIAO Y, et al. Transferring Deep Object and Scene Representations for Event Recognition in Still Images[J]. International Journal of Computer Vision, 2018, 126(2-4): 390–409.

[6] KUEHNE H, JHUANG H, GARROTE E, et al. HMDB: a large video database for human motion recognition[C] // Proceedings of the International Conference on Computer Vision (ICCV). 2011: 2556–2563.

[7] SOOMRO K, ZAMIR A R, SHAH M. UCF101: A dataset of 101 human actions classes from videos in the wild[J]. arXiv preprint arXiv:1212.0402, 2012.

[8] SIGURDSSON G A, VAROL G, WANG X, et al. Hollywood in homes: Crowdsourcing data collection for activity understanding[C] // European Conference on Computer Vision. 2016: 510–526.

[9] KAY W, CARREIRA J, SIMONYAN K, et al. The kinetics human action video dataset[J]. arXiv preprint arXiv:1705.06950, 2017.

[10] GOYAL R, EBRAHIMI KAHOU S, MICHALSKI V, et al. The "something something" video database for learning and evaluating visual common sense[C] // Proceedings of the IEEE international conference on computer vision. 2017: 5842–5850.

[11] SHAHROUDY A, LIU J, NG T-T, et al. Ntu rgb+ d: A large scale dataset for 3d human activity analysis[C] // Proceedings of the IEEE conference on computer vision and pattern recognition. 2016: 1010–1019.

[12] LIU C, HU Y, LI Y, et al. Pku-mmd: A large scale benchmark for continuous multi-modal human action understanding[J]. arXiv preprint arXiv:1703.07475, 2017.

[13] 严锐, 葛晓静, 黄捧, 等. 基于深度学习的群体动作识别综述 [J]. 计算机学报, 2022, 43(1).

[14] NI B, YAN S, KASSIM A. Recognizing human group activities with localized causalities[C]// 2009 IEEE Conference on Computer Vision and Pattern Recognition. 2009: 1470–1477.

[15] BLUNSDEN S, FISHER R. The BEHAVE video dataset: ground truthed video for multi-person behavior classification[J]. Annals of the BMVA, 2010, 4(1-12): 4.

[16] CHOI W, SHAHID K, SAVARESE S. What are they doing?: Collective activity classification using spatio-temporal relationship among people[C] // 2009 IEEE 12th international conference on computer vision workshops, ICCV Workshops. 2009: 1282–1289.

[17] CHOI W, SHAHID K, SAVARESE S. Learning context for collective activity recognition[C]// Computer Vision and Pattern Recognition Conference (CVPR). 2011: 3273–3280.

[18] CHOI W, SAVARESE S. A unified framework for multi-target tracking and collective activity recognition[C] // European Conference on Computer Vision. 2012: 215–230.

[19] JIANG Y-G, LIU J, ROSHAN ZAMIR A, et al. THUMOS Challenge: Action Recognition with a Large Number of Classes[C] THUMOS14. 2014.

[20] CABA HEILBRON F, ESCORCIA V, GHANEM B, et al. Activitynet: A large-scale video benchmark for human activity understanding[C] // Proceedings of the IEEE conference on Computer Vision and Pattern Recognition. 2015: 961–970.

[21] GU C, SUN C, ROSS D A, et al. Ava: A video dataset of spatio-temporally localized atomic visual actions[C] // Proceedings of the IEEE Conference on Computer Vision and Pattern Recognition. 2018: 6047–6056.

[22] LIN W, LIU H, LIU S, et al. Human in events: A large-scale benchmark for human-centric video analysis in complex events[J]. arXiv preprint arXiv:2005.04490, 2020.

[23] LI Y, CHEN L, HE R, et al. Multisports: A multi-person video dataset of spatio-temporally localized sports actions[C] // Proceedings of the IEEE/CVF International Conference on Computer Vision. 2021: 13536–13545.

[24] GEMMEKE J F, ELLIS D P, FREEDMAN D, et al. Audio set: An ontology and human-labeled dataset for audio events[C] // 2017 IEEE International Conference on Acoustics, Speech and Signal Processing (ICASSP). 2017: 776–780.

[25] TIAN Y, SHI J, LI B, et al. Audio-visual event localization in unconstrained videos[C] // Proceedings of the European Conference on Computer Vision (ECCV). 2018: 247–263.

[26] SCHÜLDT C, LAPTEV I, CAPUTO B. Recognizing Human Actions: A Local SVM Approach[C] // International Conference on Pattern Recognition (ICPR). 2004: 32–36.

[27] KUEHNE H, JHUANG H, GARROTE E, et al. HMDB: A large video database for human motion recognition[C] // International Conference on Computer Vision (ICCV). 2011: 2556–2563.

[28] SOOMRO K, ZAMIR A R, SHAH M. UCF101: A Dataset of 101 Human Actions Classes From Videos in The Wild[J]. Computing Research Repository (CoRR), 2012, abs/1212.0402.

[29] LAPTEV I, LINDEBERG T. Space-time Interest Points[C] // 9th IEEE International Conference on Computer Vision (ICCV 2003), 14-17 October 2003, Nice, France. [S.l.]: IEEE Computer Society, 2003: 432–439.

[30] WANG L, QIAO Y, TANG X. Latent Hierarchical Model of Temporal Structure for Complex Activity Classification[J]. IEEE Transactions on Image Processing, 2014, 23(2): 810–822.

[31] WANG H, KLÄSER A, SCHMID C, et al. Action recognition by dense trajectories[C] // Computer Vision and Pattern Recognition Conference (CVPR). 2011: 3169–3176.

[32] BOBICK A F. Computers Seeing Action[C] // FISHER B, TRUCCO M. British Machine Vision Conference (BMVC). [S.l.]: British Machine Vision Association, 1996: 1–10.

[33] POLANA R, NELSON R C. Detecting activities[C] // Conference on Computer Vision and Pattern Recognition, CVPR 1993. [S.l.]: IEEE, 1993: 2–7.

[34] WANG H, SCHMID C. Action Recognition with Improved Trajectories[C] // International Conference on Computer Vision (ICCV). 2013: 3551–3558.

[35] BURGES C J C. A Tutorial on Support Vector Machines for Pattern Recognition[J]. Data Mining and Knowledge Discovery, 1998, 2(2): 121–167.

[36] CSURKA G, DANCE C, FAN L, et al. Visual categorization with bags of keypoints[C] // ECCV Workshop on statistical learning in computer vision. 2004: 1–22.

[37] DOLLÁR P, RABAUD V, COTTRELL G, et al. Behavior Recognition via Sparse Spatio-Temporal Features[C] // IEEE International Workshop on PETS. 2005.

[38] WILLEMS G, TUYTELAARS T, GOOL L J V. An Efficient Dense and Scale-Invariant Spatio-Temporal Interest Point Detector[C] // European Conference on Computer Vision (ECCV). 2008: 650-663.

[39] WANG H, ULLAH M M, KLÄSER A, et al. Evaluation of Local Spatio-temporal Features for Action Recognition[C] // British Machine Vision Conference (BMVC). 2009: 1-12.

[40] LAPTEV I, MARSZALEK M, SCHMID C, et al. Learning realistic human actions from movies[C] // Computer Vision and Pattern Recognition Conference (CVPR). 2008: 1-8.

[41] LOWE D G. Distinctive Image Features from Scale-Invariant Keypoints[J]. International Journal of Computer Vision, 2004, 60(2): 91-110.

[42] DALAL N, TRIGGS B. Histograms of Oriented Gradients for Human Detection[C]// Computer Vision and Pattern Recognition Conference (CVPR). 2005: 886-893.

[43] SCOVANNER P, ALI S, SHAH M. A 3-dimensional sift descriptor and its application to action recognition[C] // LIENHART R, PRASAD A R, HANJALIC A, et al. Proceedings of the 15th International Conference on Multimedia 2007. [S.l.]: ACM, 2007: 357-360.

[44] KLÄSER A, MARSZALEK M, SCHMID C. A Spatio-Temporal Descriptor Based on 3D-Gradients[C] // British Machine Vision Conference (BMVC). 2008: 1-12.

[45] DALAL N, TRIGGS B, SCHMID C. Human Detection Using Oriented Histograms of Flow and Appearance[C] // LEONARDIS A, BISCHOF H, PINZ A. Lecture Notes in Computer Science, Vol 3952: Computer Vision - ECCV 2006, 9th European Conference on Computer Vision, Proceedings, Part II. [S.l.]: Springer, 2006: 428-441.

[46] PENG X, WANG L, WANG X, et al. Bag of visual words and fusion methods for action recognition: Comprehensive study and good practice[J]. Computer Vision and Image Understanding, 2016, 150: 109-125.

[47] LAZEBNIK S, SCHMID C, PONCE J. Beyond Bags of Features: Spatial Pyramid Matching for Recognizing Natural Scene Categories[C] // Computer Vision and Pattern Recognition Conference (CVPR). [S.l.]: IEEE Computer Society, 2006: 2169-2178.

[48] YANG J, YU K, GONG Y, et al. Linear spatial pyramid matching using sparse coding for image classification[C] // Computer Vision and Pattern Recognition Conference (CVPR). 2009.

[49] PERRONNIN F, SÁNCHEZ J, MENSINK T. Improving the Fisher Kernel for Large-Scale Image Classification[C] // DANIILIDIS K, MARAGOS P, PARAGIOS N. Lecture Notes in Computer Science, Vol 6314: European Conference on Computer Vision (ECCV). [S.l.]: Springer, 2010: 143-156.

[50] GEMERT J V, GEUSEBROEK J-M, VEENMAN C J, et al. Kernel Codebooks for Scene Categorization[C] // European Conference on Computer Vision (ECCV). 2008: 696-709.

[51] WANG J, YANG J, YU K, et al. Locality-constrained Linear Coding for image classification[C] // Computer Vision and Pattern Recognition Conference (CVPR). 2010: 3360–3367.

[52] ZHOU X, YU K, ZHANG T, et al. Image Classification Using Super-Vector Coding of Local Image Descriptors[C] // European Conference on Computer Vision (ECCV). 2010: 141–154.

[53] JÉGOU H, PERRONNIN F, DOUZE M, et al. Aggregating Local Image Descriptors into Compact Codes[J]. IEEE Transactions on Pattern Analysis and Machine Intelligence, 2012, 34(9): 1704–1716.

[54] JAAKKOLA T, HAUSSLER D. Exploiting Generative Models in Discriminative Classifiers[C]// Neural Information Processing Systems (NIPS). 1998: 487–493.

[55] SÁNCHEZ J, PERRONNIN F, MENSINK T, et al. Image Classification with the Fisher Vector: Theory and Practice[J]. International Journal of Computer Vision, 2013, 105(3): 222–245.

[56] CAI Z, WANG L, PENG X, et al. Multi-View Super Vector for Action Recognition[C]// Computer Vision and Pattern Recognition Conference (CVPR). 2014: 596–603.

[57] WANG X, WANG L, QIAO Y. A Comparative Study of Encoding, Pooling and Normalization Methods for Action Recognition[C] // Asian Conference on Computer Vision (ACCV). 2012: 572–585.

[58] QUIROGA R Q, REDDY L, KREIMAN G, et al. Invariant visual representation by single neurons in the human brain[J]. Nature, 2005, 435(7045): 1102–1107.

[59] LIU J, KUIPERS B, SAVARESE S. Recognizing human actions by attributes[C] // Computer Vision and Pattern Recognition Conference (CVPR). 2011: 3337–3344.

[60] SAPIENZA M, CUZZOLIN F, TORR P H S. Learning discriminative space-time actions from weakly labelled videos[C] // British Machine Vision Conference (BMVC). 2012: 1–12.

[61] RAPTIS M, KOKKINOS I, SOATTO S. Discovering discriminative action parts from mid-level video representations[C] // Computer Vision and Pattern Recognition Conference (CVPR). 2012: 1242–1249.

[62] WANG L, QIAO Y, TANG X. Motionlets: Mid-Level 3D Parts for Human Motion Recognition[C] // Computer Vision and Pattern Recognition Conference (CVPR). 2013: 2674–2681.

[63] ZHU J, WANG B, YANG X, et al. Action Recognition with Actons[C] // International Conference on Computer Vision (ICCV). 2013: 3559–3566.

[64] ZHANG W, ZHU M, DERPANIS K G. From Actemes to Action: A Strongly-Supervised Representation for Detailed Action Understanding[C] // International Conference on Computer Vision (ICCV). 2013: 2248–2255.

[65] WANG L, QIAO Y, TANG X. Mining Motion Atoms and Phrases for Complex Action Recognition[C] // International Conference on Computer Vision (ICCV). 2013: 2680–2687.

[66] WANG L, QIAO Y, TANG X. MoFAP: A Multi-level Representation for Action Recognition[J]. International Journal of Computer Vision, 2016, 119(3): 254–271.

[67] SIMONYAN K, ZISSERMAN A. Two-stream convolutional networks for action recognition in videos[C] // Advances in Neural Information Processing Systems. 2014: 568–576.

[68] JI S, XU W, YANG M, et al. 3D convolutional neural networks for human action recognition[J]. IEEE Transactions on Pattern Analysis and Machine Intelligence, 2012, 35(1): 221–231.

[69] LIN J, GAN C, HAN S. Tsm: Temporal shift module for efficient video understanding[C]// Proceedings of the IEEE/CVF International Conference on Computer Vision. 2019: 7083–7093.

[70] WANG X, GIRSHICK R, GUPTA A, et al. Non-local neural networks[C] // Proceedings of the IEEE Conference on Computer Vision and Pattern Recognition. 2018: 7794–7803.

[71] JIANG B, WANG M, GAN W, et al. Stm: Spatiotemporal and motion encoding for action recognition[C] // Proceedings of the IEEE/CVF International Conference on Computer Vision. 2019: 2000–2009.

[72] LI Y, JI B, SHI X, et al. TEA: Temporal Excitation and Aggregation for Action Recognition[C] // 2020 IEEE/CVF Conference on Computer Vision and Pattern Recognition, CVPR 2020. [S.l.]: Computer Vision Foundation / IEEE, 2020: 906–915.

[73] LIU Z, LUO D, WANG Y, et al. TEINet: Towards an Efficient Architecture for Video Recognition[C]// The Thirty-Fourth AAAI Conference on Artificial Intelligence, AAAI 2020, The Thirty-Second Innovative Applications of Artificial Intelligence Conference, IAAI 2020, The Tenth AAAI Symposium on Educational Advances in Artificial Intelligence, EAAI 2020. [S.l.]: AAAI Press, 2020: 11669–11676.

[74] LIU Z, WANG L, WU W, et al. TAM: Temporal Adaptive Module for Video Recognition[C]// 2021 IEEE/CVF International Conference on Computer Vision, ICCV 2021. [S.l.]: IEEE, 2021: 13688–13698.

[75] WANG L, TONG Z, JI B, et al. TDN: Temporal Difference Networks for Efficient Action Recognition[C] // IEEE Conference on Computer Vision and Pattern Recognition, CVPR 2021. [S.l.]: Computer Vision Foundation / IEEE, 2021: 1895–1904.

[76] DONAHUE J, ANNE HENDRICKS L, GUADARRAMA S, et al. Long-term recurrent convolutional networks for visual recognition and description[C] // Proceedings of the IEEE Conference on Computer Vision and Pattern Recognition. 2015: 2625–2634.

[77] YUE-HEI NG J, HAUSKNECHT M, VIJAYANARASIMHAN S, et al. Beyond short snippets: Deep networks for video classification[C] // Proceedings of the IEEE Conference on Computer Vision and Pattern Recognition. 2015: 4694–4702.

[78] WANG L, XIONG Y, WANG Z, et al. Temporal segment networks: Towards good practices for deep action recognition[C] // European Conference on Computer Vision. 2016: 20–36.

[79] ZHOU B, ANDONIAN A, OLIVA A, et al. Temporal relational reasoning in videos[C]// Proceedings of the European Conference on Computer Vision (ECCV). 2018: 803–818.

[80] ZHANG S, GUO S, HUANG W, et al. V4d: 4d convolutional neural networks for video-level representation learning[J]. arXiv preprint arXiv:2002.07442, 2020.

[81] HORN B K, SCHUNCK B G. Determining optical flow[J]. Artificial Intelligence, 1981, 17(1-3): 185−203.

[82] GOODALE M A, MILNER A D. Separate visual pathways for perception and action[J]. Trends in Neurosciences, 1992, 15(1): 20−25.

[83] WANG L, XIONG Y, WANG Z, et al. Towards good practices for very deep two-stream convnets[J]. arXiv preprint arXiv:1507.02159, 2015.

[84] FEICHTENHOFER C, PINZ A, ZISSERMAN A. Convolutional two-stream network fusion for video action recognition[C] // Proceedings of the IEEE Conference on Computer Vision and Pattern Recognition. 2016: 1933−1941.

[85] CHRISTOPH R, PINZ F A. Spatiotemporal residual networks for video action recognition[J]. Advances in Neural Information Processing Systems, 2016: 3468−3476.

[86] FEICHTENHOFER C, PINZ A, WILDES R P. Spatiotemporal multiplier networks for video action recognition[C] // Proceedings of the IEEE Conference on Computer Vision and Pattern Recognition. 2017: 4768−4777.

[87] WANG Y, LONG M, WANG J, et al. Spatiotemporal pyramid network for video action recognition[C] // Proceedings of the IEEE Conference on Computer Vision and Pattern Recognition. 2017: 1529−1538.

[88] NG J Y-H, CHOI J, NEUMANN J, et al. Actionflownet: Learning motion representation for action recognition[C] // 2018 IEEE Winter Conference on Applications of Computer Vision (WACV). 2018: 1616−1624.

[89] DIBA A, PAZANDEH A M, VAN GOOL L. Efficient two-stream motion and appearance 3d cnns for video classification[J]. arXiv preprint arXiv:1608.08851, 2016.

[90] ZHU Y, LAN Z, NEWSAM S, et al. Hidden two-stream convolutional networks for action recognition[C] // Asian Conference on Computer Vision. 2018: 363−378.

[91] CRASTO N, WEINZAEPFEL P, ALAHARI K, et al. Mars: Motion-augmented rgb stream for action recognition[C] // Proceedings of the IEEE/CVF Conference on Computer Vision and Pattern Recognition. 2019: 7882−7891.

[92] TRAN D, BOURDEV L, FERGUS R, et al. Learning spatiotemporal features with 3d convolutional networks[C] // Proceedings of the IEEE International Conference on Computer Vision. 2015: 4489−4497.

[93] SIMONYAN K, ZISSERMAN A. Very deep convolutional networks for large-scale image recognition[J]. arXiv preprint arXiv:1409.1556, 2014.

[94] YAO L, TORABI A, CHO K, et al. Describing videos by exploiting temporal structure[C]// Proceedings of the IEEE International Conference on Computer Vision. 2015: 4507−4515.

[95] KARPATHY A, TODERICI G, SHETTY S, et al. Large-scale video classification with convolutional neural networks[C] // Proceedings of the IEEE Conference on Computer Vision and Pattern Recognition. 2014: 1725−1732.

[96] CARREIRA J, ZISSERMAN A. Quo vadis, action recognition? a new model and the kinetics dataset[C] // proceedings of the IEEE Conference on Computer Vision and Pattern Recognition. 2017: 6299−6308.

[97] HARA K, KATAOKA H, SATOH Y. Can spatiotemporal 3d cnns retrace the history of 2d cnns and imagenet?[C] // Proceedings of the IEEE Conference on Computer Vision and Pattern Recognition. 2018: 6546−6555.

[98] HE K, ZHANG X, REN S, et al. Deep Residual Learning for Image Recognition[C] // IEEE Conference on Computer Vision and Pattern Recognition (CVPR). 2016: 770−778.

[99] QIU Z, YAO T, MEI T. Learning spatio-temporal representation with pseudo-3d residual networks[C] // proceedings of the IEEE International Conference on Computer Vision. 2017: 5533−5541.

[100] TRAN D, WANG H, TORRESANI L, et al. A closer look at spatiotemporal convolutions for action recognition[C] // Proceedings of the IEEE Conference on Computer Vision and Pattern Recognition. 2018: 6450−6459.

[101] ZHAO Y, XIONG Y, LIN D. Trajectory convolution for action recognition[J]. Advances in Neural Information Processing Systems, 2018, 31.

[102] ZHOU Y, SUN X, ZHA Z-J, et al. Mict: Mixed 3d/2d convolutional tube for human action recognition[C] // Proceedings of the IEEE Conference on Computer Vision and Pattern Recognition. 2018: 449−458.

[103] XIE S, SUN C, HUANG J, et al. Rethinking spatiotemporal feature learning: Speed-accuracy trade-offs in video classification[C] // Proceedings of the European Conference on Computer Vision (ECCV). 2018: 305−321.

[104] ZOLFAGHARI M, SINGH K, BROX T. Eco: Efficient convolutional network for online video understanding[C] // Proceedings of the European Conference on Computer Vision (ECCV). 2018: 695−712.

[105] TRAN D, WANG H, TORRESANI L, et al. Video classification with channel-separated convolutional networks[C] // Proceedings of the IEEE/CVF International Conference on Computer Vision. 2019: 5552−5561.

[106] LUO C, YUILLE A L. Grouped spatial-temporal aggregation for efficient action recognition[C] // Proceedings of the IEEE/CVF International Conference on Computer Vision. 2019: 5512−5521.

[107] SUDHAKARAN S, ESCALERA S, LANZ O. Gate-shift networks for video action recognition[C] // Proceedings of the IEEE/CVF Conference on Computer Vision and Pattern Recognition. 2020: 1102−1111.

[108] WU B, WAN A, YUE X, et al. Shift: A zero flop, zero parameter alternative to spatial convolutions[C] // Proceedings of the IEEE Conference on Computer Vision and Pattern Recognition. 2018: 9127–9135.

[109] SHAO H, QIAN S, LIU Y. Temporal interlacing network[C] // AAAI Conference on Artificial Intelligence (AAAI): Vol 34. 2020: 11966–11973.

[110] FEICHTENHOFER C. X3d: Expanding architectures for efficient video recognition[C] // Proceedings of the IEEE/CVF Conference on Computer Vision and Pattern Recognition. 2020: 203–213.

[111] ZHU S, YANG T, MENDIETA M, et al. A3d: Adaptive 3d networks for video action recognition[J]. arXiv preprint arXiv:2011.12384, 2020.

[112] VASWANI A, SHAZEER N, PARMAR N, et al. Attention is all you need[J]. Advances in Neural Information Processing Systems, 2017, 30.

[113] WU C-Y, FEICHTENHOFER C, FAN H, et al. Long-term feature banks for detailed video understanding[C] // Proceedings of the IEEE/CVF Conference on Computer Vision and Pattern Recognition. 2019: 284–293.

[114] DIBA A, FAYYAZ M, SHARMA V, et al. Spatio-temporal channel correlation networks for action classification[C] // Proceedings of the European Conference on Computer Vision (ECCV). 2018: 284–299.

[115] BERTASIUS G, WANG H, TORRESANI L. Is space-time attention all you need for video understanding[J]. arXiv preprint arXiv:2102.05095, 2021, 2(3): 4.

[116] SUN D, YANG X, LIU M-Y, et al. Pwc-net: Cnns for optical flow using pyramid, warping, and cost volume[C] // Proceedings of the IEEE Conference on Computer Vision and Pattern Recognition. 2018: 8934–8943.

[117] BADDAR W J, GU G, LEE S, et al. Dynamics transfer gan: Generating video by transferring arbitrary temporal dynamics from a source video to a single target image[J]. arXiv preprint arXiv:1712.03534, 2017.

[118] LIU X, LEE J-Y, JIN H. Learning video representations from correspondence proposals[C] // Proceedings of the IEEE/CVF Conference on Computer Vision and Pattern Recognition. 2019: 4273–4281.

[119] KWON H, KIM M, KWAK S, et al. Motionsqueeze: Neural motion feature learning for video understanding[C] // European Conference on Computer Vision. 2020: 345–362.

[120] FEICHTENHOFER C, FAN H, MALIK J, et al. Slowfast networks for video recognition[C] // Proceedings of the IEEE/CVF International Conference on Computer Vision. 2019: 6202–6211.

[121] LIU Z, WANG L, WU W, et al. Tam: Temporal adaptive module for video recognition[C] // Proceedings of the IEEE/CVF International Conference on Computer Vision. 2021: 13708–13718.

[122] HOCHREITER S, SCHMIDHUBER J. Long short-term memory[J]. Neural Computation, 1997, 9(8): 1735−1780.

[123] ULLAH A, AHMAD J, MUHAMMAD K, et al. Action recognition in video sequences using deep bi-directional LSTM with CNN features[J]. IEEE Access, 2017, 6: 1155−1166.

[124] GAMMULLE H, DENMAN S, SRIDHARAN S, et al. Two stream lstm: A deep fusion framework for human action recognition[C] // 2017 IEEE Winter Conference on Applications of Computer Vision (WACV). 2017: 177−186.

[125] LI Q, QIU Z, YAO T, et al. Action recognition by learning deep multi-granular spatio-temporal video representation[C] // Proceedings of the 2016 ACM on International Conference on Multimedia Retrieval. 2016: 159−166.

[126] LI J, MA A J, YUEN P C. Semi-supervised region metric learning for person re-identification[J]. International Journal of Computer Vision, 2018, 126(8): 855−874.

[127] SUN L, JIA K, CHEN K, et al. Lattice long short-term memory for human action recognition[C] // Proceedings of the IEEE International Conference on Computer Vision. 2017: 2147−2156.

[128] SHI Y, TIAN Y, WANG Y, et al. Learning long-term dependencies for action recognition with a biologically-inspired deep network[C] // Proceedings of the IEEE International Conference on Computer Vision. 2017: 716−725.

[129] ZHU L, TRAN D, SEVILLA-LARA L, et al. Faster recurrent networks for efficient video classification[C] // AAAI Conference on Artificial Intelligence (AAAI): Vol 34. 2020: 13098−13105.

[130] YEUNG S, RUSSAKOVSKY O, MORI G, et al. End-to-End Learning of Action Detection from Frame Glimpses in Videos[C] // Computer Vision and Pattern Recognition Conference (CVPR). [S.l.]: IEEE Computer Society, 2016: 2678−2687.

[131] ESCORCIA V, HEILBRON F C, NIEBLES J C, et al. DAPs: Deep Action Proposals for Action Understanding[C] // Lecture Notes in Computer Science, Vol 9907: European Conference on Computer Vision (ECCV). [S.l.]: Springer, 2016: 768−784.

[132] HEILBRON F C, NIEBLES J C, GHANEM B. Fast Temporal Activity Proposals for Efficient Detection of Human Actions in Untrimmed Videos[C] // Computer Vision and Pattern Recognition Conference (CVPR). [S.l.]: IEEE Computer Society, 2016: 1914−1923.

[133] BUCH S, ESCORCIA V, GHANEM B, et al. End-to-End, Single-Stream Temporal Action Detection in Untrimmed Videos[C] // British Machine Vision Conference (BMVC). [S.l.]: BMVA Press, 2017.

[134] GAO J, YANG Z, SUN C, et al. TURN TAP: Temporal Unit Regression Network for Temporal Action Proposals[C] // International Conference on Computer Vision (ICCV). [S.l.]: IEEE Computer Society, 2017: 3648−3656.

[135] XU H, DAS A, SAENKO K. R-C3D: Region Convolutional 3D Network for Temporal Activity Detection[C] // International Conference on Computer Vision (ICCV). [S.l.]: IEEE Computer Society, 2017: 5794-5803.

[136] GAO J, YANG Z, NEVATIA R. Cascaded Boundary Regression for Temporal Action Detection[C] // British Machine Vision Conference (BMVC). [S.l.]: BMVA Press, 2017.

[137] LIN T, ZHAO X, SHOU Z. Single Shot Temporal Action Detection[C] // ACM Conference on Multimedia (MM). [S.l.]: ACM, 2017: 988-996.

[138] BUCH S, ESCORCIA V, SHEN C, et al. SST: Single-Stream Temporal Action Proposals[C] // Computer Vision and Pattern Recognition Conference (CVPR). [S.l.]: IEEE Computer Society, 2017: 6373-6382.

[139] SHOU Z, WANG D, CHANG S. Temporal Action Localization in Untrimmed Videos via Multi-stage CNNs[C] // Computer Vision and Pattern Recognition Conference (CVPR). [S.l.]: IEEE Computer Society, 2016: 1049-1058.

[140] ZENG R, HUANG W, GAN C, et al. Graph Convolutional Networks for Temporal Action Localization[C] // International Conference on Computer Vision (ICCV). [S.l.]: IEEE, 2019: 7093-7102.

[141] CHAO Y, VIJAYANARASIMHAN S, SEYBOLD B, et al. Rethinking the Faster R-CNN Architecture for Temporal Action Localization[C] // Computer Vision and Pattern Recognition Conference (CVPR). [S.l.]: Computer Vision Foundation / IEEE Computer Society, 2018: 1130-1139.

[142] LONG F, YAO T, QIU Z, et al. Gaussian Temporal Awareness Networks for Action Localization[C] // Computer Vision and Pattern Recognition Conference (CVPR). [S.l.]: Computer Vision Foundation / IEEE, 2019: 344-353.

[143] LIU W, ANGUELOV D, ERHAN D, et al. SSD: Single Shot MultiBox Detector[C] // Lecture Notes in Computer Science, Vol 9905: European Conference on Computer Vision (ECCV). [S.l.]: Springer, 2016: 21-37.

[144] REN S, HE K, GIRSHICK R B, et al. Faster R-CNN: Towards Real-Time Object Detection with Region Proposal Networks[C] // Neural Information Processing Systems (NIPS). 2015: 91-99.

[145] SHOU Z, CHAN J, ZAREIAN A, et al. CDC: Convolutional-De-Convolutional Networks for Precise Temporal Action Localization in Untrimmed Videos[C] // Computer Vision and Pattern Recognition Conference (CVPR). [S.l.]: IEEE Computer Society, 2017: 1417-1426.

[146] ZHAO Y, XIONG Y, WANG L, et al. Temporal Action Detection with Structured Segment Networks[C] // International Conference on Computer Vision (ICCV). [S.l.]: IEEE Computer Society, 2017: 2933-2942.

[147] LIN T, ZHAO X, SU H, et al. BSN: Boundary Sensitive Network for Temporal Action Proposal Generation[C] // Lecture Notes in Computer Science, Vol 11208: European Conference on Computer Vision (ECCV). [S.l.]: Springer, 2018: 3-21.

[148] LIN T, LIU X, LI X, et al. BMN: Boundary-Matching Network for Temporal Action Proposal Generation[C] // International Conference on Computer Vision (ICCV). [S.l.]: IEEE, 2019: 3888-3897.

[149] SU H, GAN W, WU W, et al. BSN++: Complementary Boundary Regressor with Scale-Balanced Relation Modeling for Temporal Action Proposal Generation[C] // AAAI Conference on Artificial Intelligence (AAAI). [S.l.]: AAAI Press, 2021: 2602-2610.

[150] CARION N, MASSA F, SYNNAEVE G, et al. End-to-End Object Detection with Transformers[C] // Lecture Notes in Computer Science, Vol 12346: European Conference on Computer Vision (ECCV). [S.l.]: Springer, 2020: 213-229.

[151] VASWANI A, SHAZEER N, PARMAR N, et al. Attention is All you Need[C] // Neural Information Processing Systems (NIPS). 2017: 5998-6008.

[152] TAN J, TANG J, WANG L, et al. Relaxed Transformer Decoders for Direct Action Proposal Generation[C] // International Conference on Computer Vision (ICCV). [S.l.]: IEEE, 2021: 13506-13515.

[153] GAO J, CHEN K, NEVATIA R. CTAP: Complementary Temporal Action Proposal Generation[C] // Lecture Notes in Computer Science, Vol 11206: European Conference on Computer Vision (ECCV). [S.l.]: Springer, 2018: 70-85.

[154] LIU Y, MA L, ZHANG Y, et al. Multi-Granularity Generator for Temporal Action Proposal[C] // Computer Vision and Pattern Recognition Conference (CVPR). [S.l.]: Computer Vision Foundation / IEEE, 2019: 3604-3613.

[155] QING Z, SU H, GAN W, et al. Temporal Context Aggregation Network for Temporal Action Proposal Refinement[C] // Computer Vision and Pattern Recognition Conference (CVPR). [S.l.]: Computer Vision Foundation / IEEE, 2021: 485-494.

[156] LIN C, XU C, LUO D, et al. Learning Salient Boundary Feature for Anchor-free Temporal Action Localization[C] // Computer Vision and Pattern Recognition Conference (CVPR). [S.l.]: Computer Vision Foundation / IEEE, 2021: 3320-3329.

[157] YANG M, CHEN G, ZHENG Y, et al. BasicTAD: an Astounding RGB-Only Baseline for Temporal Action Detection[J]. Computing Research Repository (CoRR), 2022, abs/2205.02717.

[158] TIAN Z, SHEN C, CHEN H, et al. FCOS: Fully Convolutional One-Stage Object Detection[C] // International Conference on Computer Vision (ICCV). [S.l.]: IEEE, 2019: 9626-9635.

[159] GKIOXARI G, MALIK J. Finding action tubes[C] // Proceedings of the IEEE Conference on Computer Vision and Pattern Recognition. 2015: 759-768.

[160] SAHA S, SINGH G, SAPIENZA M, et al. Deep learning for detecting multiple space-time action tubes in videos[J]. arXiv preprint arXiv:1608.01529, 2016.

[161] GIRDHAR R, CARREIRA J, DOERSCH C, et al. A better baseline for ava[J]. arXiv preprint arXiv:1807.10066, 2018.

[162] TANG J, XIA J, MU X, et al. Asynchronous interaction aggregation for action detection[C]//European Conference on Computer Vision. 2020: 71–87.

[163] PAN J, CHEN S, SHOU M Z, et al. Actor-context-actor relation network for spatio-temporal action localization[C]//Proceedings of the IEEE/CVF Conference on Computer Vision and Pattern Recognition. 2021: 464–474.

[164] LI Y, ZHANG B, LI J, et al. LSTC: Boosting Atomic Action Detection with Long-Short-Term Context[C]//Proceedings of the 29th ACM International Conference on Multimedia. 2021: 2158–2166.

[165] SINGH G, SAHA S, SAPIENZA M, et al. Online real-time multiple spatiotemporal action localisation and prediction[C]//Proceedings of the IEEE International Conference on Computer Vision. 2017: 3637–3646.

[166] CHEN S, SUN P, XIE E, et al. Watch only once: An end-to-end video action detection framework[C]//Proceedings of the IEEE/CVF International Conference on Computer Vision. 2021: 8178–8187.

[167] KÖPÜKLÜ O, WEI X, RIGOLL G. You only watch once: A unified cnn architecture for real-time spatiotemporal action localization[J]. arXiv preprint arXiv:1911.06644, 2019.

[168] KALOGEITON V, WEINZAEPFEL P, FERRARI V, et al. Action tubelet detector for spatio-temporal action localization[C]//Proceedings of the IEEE International Conference on Computer Vision. 2017: 4405–4413.

[169] HOU R, CHEN C, SHAH M. Tube convolutional neural network (T-CNN) for action detection in videos[C]//Proceedings of the IEEE International Conference on Computer Vision. 2017: 5822–5831.

[170] SONG L, ZHANG S, YU G, et al. Tacnet: Transition-aware context network for spatio-temporal action detection[C]//Proceedings of the IEEE/CVF Conference on Computer Vision and Pattern Recognition. 2019: 11987–11995.

[171] YANG X, YANG X, LIU M-Y, et al. Step: Spatio-temporal progressive learning for video action detection[C]//Proceedings of the IEEE/CVF Conference on Computer Vision and Pattern Recognition. 2019: 264–272.

[172] LI Y, LIN W, SEE J, et al. Cfad: Coarse-to-fine action detector for spatiotemporal action localization[C]//European Conference on Computer Vision. 2020: 510–527.

[173] LI Y, WANG Z, WANG L, et al. Actions as moving points[C]//European Conference on Computer Vision. 2020: 68–84.

[174] ZHAO J, ZHANG Y, LI X, et al. TubeR: Tubelet transformer for video action detection[C]// Proceedings of the IEEE/CVF Conference on Computer Vision and Pattern Recognition. 2022: 13598-13607.

[175] JOHANSSON G. Visual Perception of Biological Motion and A Model for Its Analysis[J]. Perception and Psychophysics, 1973: 201-211.

[176] PARAMESWARAN V, CHELLAPPA R. View Invariants for Human Action Recognition[C]// IEEE Conference on Computer Vision and Pattern Recognition (CVPR). 2003: 613-619.

[177] SHEIKH Y, SHAH M. Exploring the Space of an Action for Human Action Recognition[C]// IEEE Conference on Computer Vision and Pattern Recognition (CVPR). 2005: 144-149.

[178] LV F, NEVATIA R. Recognition and Segmentation of 3D Human Action Using HMM and Multi-class Adaboost[C] // European Conference on Computer Vision (ECCV). 2006: 359-372.

[179] ZHANG Z, HUANG K, TAN T. An Extended Grammar System for Learning and Recognizing Complex Visual Events[J]. IEEE Transactions on Pattern Analysis and Machine Intelligence (TPAMI), 2011: 240-255.

[180] SHOTTON J, FITZGIBBON A, COOK M. Real-time Human Pose Recognition in Parts from Single Depth Images[C] // IEEE Conference on Computer Vision and Pattern Recognition (CVPR). 2011: 1297-1304.

[181] LI W, ZHANG Z, LIU Z. Action Recognition Based on A Bag of 3D Points[C] // IEEE Conference on Computer Vision and Pattern Recognition (CVPR). 2011: 9-14.

[182] WANG J, LIU Z, WU Y, et al. Mining Actionlet Ensemble for Action Recognition with Depth Cameras[C] // IEEE Conference on Computer Vision and Pattern Recognition (CVPR). 2012: 1290-1297.

[183] WANG C, WANG Y, YUILLE A L. An Approach to Pose-Based Action Recognition[C]// IEEE Conference on Computer Vision and Pattern Recognition (CVPR). 2013: 915-922.

[184] VEMULAPALLI R, ARRATE F, CHELLAPPA R. Human Action Recognition by Representing 3D Skeletons as Points in a Lie Group[C] // IEEE Conference on Computer Vision and Pattern Recognition (CVPR). 2014: 588-595.

[185] DU Y, WANG W, WANG L. Hierarchical Recurrent Neural Network for Skeleton Based Action Recognition[C] // IEEE International Conference on Computer Vision (ICCV). 2015: 1110-1118.

[186] WANG H, WANG L. Modeling Temporal Dynamics and Spatial Configurations of Actions Using Two-Stream Recurrent Neural Networks[C] // IEEE Conference on Computer Vision and Pattern Recognition (CVPR). 2017: 499-508.

[187] ZHANG P, LAN C, XING J, et al. View Adaptive Recurrent Neural Networks for High Performance Human Action Recognition from Skeleton Data[C] // IEEE International Conference on Computer Vision (ICCV). 2017: 2117–2126.

[188] LIU J, SHAHROUDY A, XU D, et al. Spatio-temporal LSTM with Trust Gates for 3D Huan Action Recognition[C] // European Conference on Computer Vision (ECCV). 2016: 816–833.

[189] ZHANG S, LIU X, XIAO J. On Geometric Features for Skeleton-Based Action Recognition Using Multilayer LSTM Networks[C] // IEEE Winter Conference on Applications of Computer Vision (WACV). 2017: 148–157.

[190] WANG L, ZHAO X, LIU Y. Skeleton Feature Fusion Based on Multi-stream LSTM for Action Recognition[J]. IEEE Access, 2018: 50788–50800.

[191] KE Q, BENNAMOUN M, AN S, et al. A New Representation of Skeleton Sequences for 3D Action Recognition[C] // IEEE Conference on Computer Vision and Pattern Recognition (CVPR). 2017: 3288–3297.

[192] DING Z, WANG P, OGUNBONA P, et al. Investigation of Different Skeleton Features for CNN-Based 3D Action Recognition[C] // IEEE International Conference on Multimedia and Expro Workshop (ICMEW). 2017: 617–622.

[193] LIU M, LIU H, CHEN C. Enhanced Skeleton Visualization for View Invariant Human Action Recognition[J]. Pattern Recognition, 2017: 346–362.

[194] SHAHROUDY A, LIU J, NG T-T, et al. NTU RGB+D: A Large Scale Dataset for 3D Human Activity Analysis[C] // IEEE Conference on Computer Vision and Pattern Recognition (CVPR). 2016: 1010–1019.

[195] TAE SOO KIM A R. Interpretable 3D Human Action Analysis with Temporal Convolutional Networks[C] // IEEE Conference on Computer Vision and Pattern Recognition Workshop (CVPRW). 2017: 20–28.

[196] LI C, ZHONG Q, XIE D, et al. Co-occurrence feature learning from skeleton data for action recognition and detection with hierarchical aggregation[J]. arXiv preprint arXiv:1804.06055, 2018.

[197] SCARSELLI F, GORI M, TSOI A C, et al. The Graph Neural Network Model[J]. IEEE Transactions on Neural Networks (TNN), 2008: 61–80.

[198] SI C, JING Y, WANG W, et al. Skeleton-Based Action Recognition with Spatial Reasoning and Temporal Stack Learning[C] // European Conference on Computer Vision (ECCV). 2018: 103–118.

[199] SI C, JING Y, WANG W, et al. Skeleton-Based Action Recognition with Hierarchical Spatial Reasoning and Temporal Stack Learning Network[J]. Pattern Recognition (PR), 2020: 107511.

[200] YAN S, XIONG Y, LIN D. Spatial Temporal Graph Convolutional Networks for Skeleton-Based Action Recognition[C] // AAAI Conference on Artificial Intelligence (AAAI): Vol 32. 2018.

[201] CARREIRA J, ZISSERMAN A. Quo vadis, Action Recognition A New Model and The Kinetics Dataset[C] // IEEE Conference on Computer Vision and Pattern Recognition (CVPR). 2017.

[202] SONG Y, ZHANG Z, SHAN C, et al. Richly Activated Graph Convolutional Network for Robust Skeleton-based Action Recognition[J]. IEEE Transactions on Circuits and Systems for Video Technology (TCSVT), 2020: 1915−1925.

[203] SONG Y, ZHANG Z, SHAN C, et al. Constructing Stronger and Faster Baselines for Skeleton-based Action Recognition[J]. IEEE Transactions on Pattern Analysis and Machine Intelligence (TPAMI), 2022: 1474−1488.

[204] TANG Y, TIAN Y, LU J, et al. Deep Progressive Reinforcement Learning for Skeleton-based Action Recognition[C] // IEEE Conference on Computer Vision and Pattern Recognition (CVPR). 2018: 5323−5332.

[205] LI M, CHEN S, CHEN X, et al. Actional-Structural Graph Convolutional Networks for Skeleton-based Action Recognition[C] // IEEE Conference on Computer Vision and Pattern Recognition (CVPR). 2019: 3595−3603.

[206] LINJIANG HUANG Y H, OUYANG W, WANG L. Part-Level Graph Convolutional Network for Skeleton-Based Action Recognition[C] // AAAI Conference on Artificial Intelligence (AAAI). 2020: 11045−11052.

[207] SHI L, ZHANG Y, CHENG J, et al. Two-Stream Adaptive Graph Convolutional Networks for Skeleton-Based Action Recognition[C] // IEEE Conference on Computer Vision and Pattern Recognition (CVPR). 2019: 12026−12035.

[208] CHENG K, ZHANG Y, HE X, et al. Skeleton-based Action Recognition with Shift Graph Convolutional Networks[C] // IEEE Conference on Computer Vision and Pattern Recognition (CVPR). 2020: 183−192.

[209] SONG Y, ZHANG Z, SHAN C, et al. Stronger, Faster and More Explainable: A Graph Convolutional Baseline for Skeleton-based Action Recognition[C] // ACM Conference on Multimedia (MM). 2020: 1625−1633.

[210] LIU J, SHAHROUDY A, PEREZ M L, et al. NTU RGB+D 120: A Large-Scale Benchmark for 3D Human Activity Understanding[J]. IEEE Transactions on Pattern Analysis and Machine Intelligence (TPAMI), 2019: 2684−2701.

[211] VASWANI A, SHAZEER N, NIKI PARMAR E A. Attention is All You Need[C] // Advances in Neural Information Processing Systems (NIPS): Vol 30. 2017.

[212] WANG X, GIRSHICK R, GUPTA A, et al. Non-Local Neural Networks[C] // IEEE Conference on Computer Vision and Pattern Recognition (CVPR). 2018: 7794−7803.

[213] YE F, PU S, ZHONG Q, et al. Dynamic GCN: Context-enriched Topology Learning for Skeleton-based Action Recognition[C] // ACM Conference on Multimedia (MM). 2020: 55–63.

[214] CHO S, MAQBOOL M, LIU F, et al. Self-attention Network for Skeleton-based Human Action Recognition[C] // IEEE Winter Conference on Applications of Computer Vision (WACV). 2020: 635–644.

[215] PLIZZARI C, CANNICI M, MATTEUCCI M. Skeleton-based Action Recognition via Spatial and Temporal Transformer Networks[J]. Computer Vision and Image Understanding (CVIU), 2021: 103219.

[216] YAO H, ZHAO S, XIE C, et al. Recurrent Graph Convolutional Autoencoder for Unsupervised Skeleton-based Action Recognition[C] // IEEE International Conference on Multimedia and Expo (ICME). 2021: 1–6.

[217] GUO T, LIU H, CHEN Z, et al. Contrastive Learning from Extremely Augmented Skeleton Sequences for Self-supervised Action Recognition[C] // AAAI Conference on Artificial Intelligence (AAAI). 2022: 762–770.

[218] SU Y, LIN G, WU Q. Self-supervised 3D Skeleton Action Representation Learning with Motion Consistency and Continuity[C] // IEEE International Conference on Computer Vision (ICCV). 2021: 13328–13338.

[219] CHENG Y-B, CHEN X, ZHANG D, et al. Motion-Transformer: Self-Supervised Pre-training for Skeleton-based Action Recognition[C] // ACM International Conference on Multimedia in Asia (MMA). 2021: 1–6.

[220] GAO J, SUN C, YANG Z, et al. TALL: Temporal Activity Localization via Language Query[C]// 2017 IEEE International Conference on Computer Vision (ICCV), 2017: 5277–5285.

[221] CHEN S, JIANG Y-G. Semantic Proposal for Activity Localization in Videos via Sentence Query[C] // AAAI Conference on Artificial Intelligence (AAAI). 2019: 8199–8206.

[222] ZHANG S, PENG H, FU J, et al. Learning 2D Temporal Adjacent Networks for Moment Localization with Natural Language[C] // AAAI Conference on Artificial Intelligence (AAAI). 2020: 12870–12877.

[223] ZHAO Y, ZHAO Z, ZHANG Z, et al. Cascaded Prediction Network via Segment Tree for Temporal Video Grounding[C]// 2021 IEEE/CVF Conference on Computer Vision and Pattern Recognition (CVPR), 2021: 4195–4204.

[224] LIU D, QU X, DONG J, et al. Context-aware Biaffine Localizing Network for Temporal Sentence Grounding[C]// 2021 IEEE/CVF Conference on Computer Vision and Pattern Recognition (CVPR), 2021: 11230–11239.

[225] LU C, CHEN L, TAN C, et al. DEBUG: A Dense Bottom-Up Grounding Approach for Natural Language Video Localization[C] // EMNLP. 2019: 5144–5153.

[226] WANG X, GIRSHICK R B, GUPTA A K, et al. Non-local Neural Networks[C]// 2018 IEEE/CVF Conference on Computer Vision and Pattern Recognition, 2018: 7794-7803.

[227] ZHOU H H, ZHANG C, LUO Y, et al. Embracing Uncertainty: Decoupling and De-bias for Robust Temporal Grounding[C]// 2021 IEEE/CVF Conference on Computer Vision and Pattern Recognition (CVPR), 2021: 8441-8450.

[228] NAN G, QIAO R, XIAO Y, et al. Interventional Video Grounding with Dual Contrastive Learning[C]// 2021 IEEE/CVF Conference on Computer Vision and Pattern Recognition (CVPR), 2021: 2764-2774.

[229] WANG W, HUANG Y, WANG L. Language-Driven Temporal Activity Localization: A Semantic Matching Reinforcement Learning Model[C]// 2019 IEEE/CVF Conference on Computer Vision and Pattern Recognition (CVPR), 2019: 334-343.

[230] WU J, LI G, LIU S, et al. Tree-Structured Policy based Progressive Reinforcement Learning for Temporally Language Grounding in Video[C]// AAAI Conference on Artificial Intelligence (AAAI). 2020: 12386-12393.

[231] MITHUN N C, PAUL S, ROY-CHOWDHURY A K. Weakly Supervised Video Moment Retrieval From Text Queries[C]// 2019 IEEE/CVF Conference on Computer Vision and Pattern Recognition (CVPR), 2019: 11584-11593.

[232] LIN Z, ZHAO Z, ZHANG Z, et al. Weakly-Supervised Video Moment Retrieval via Semantic Completion Network[C]// AAAI Conference on Artificial Intelligence (AAAI). 2020: 11539-11546.

[233] LUO F, CHEN S, CHEN J, et al. Self-supervised Learning for Semi-supervised Temporal Language Grounding[J]. ArXiv, 2021, abs/2109.11475.

[234] ZHANG Z, ZHAO Z, ZHAO Y, et al. Where does it exist: Spatio-temporal video grounding for multi-form sentences[C]// Proceedings of the IEEE/CVF Conference on Computer Vision and Pattern Recognition. 2020: 10668-10677.

[235] REN S, HE K, GIRSHICK R, et al. Faster r-cnn: Towards real-time object detection with region proposal networks[J]. Advances in Neural Information Processing Systems, 2015, 28.

[236] SADHU A, CHEN K, NEVATIA R. Video object grounding using semantic roles in language description[C]// Proceedings of the IEEE/CVF Conference on Computer Vision and Pattern Recognition. 2020: 10417-10427.

[237] SU R, XU D. STVGBert: A Visual-linguistic Transformer based Framework for Spatio-temporal Video Grounding[C]// 2021 IEEE/CVF International Conference on Computer Vision (ICCV), 2021: 1513-1522.

[238] DOSOVITSKIY A, BEYER L, KOLESNIKOV A, et al. An Image is Worth 16x16 Words: Transformers for Image Recognition at Scale[J]. ArXiv, 2021, abs/2010.11929.

[239] CARION N, MASSA F, SYNNAEVE G, et al. End-to-End Object Detection with Transformers[J]. ArXiv, 2020, abs/2005.12872.

[240] YANG A, MIECH A, SIVIC J, et al. TubeDETR: Spatio-Temporal Video Grounding with Transformers[J]. ArXiv, 2022, abs/2203.16434.

[241] ARANDJELOVIC R, ZISSERMAN A. Look, listen and learn[C] // Proceedings of the IEEE International Conference on Computer Vision. 2017: 609−617.

[242] AYTAR Y, VONDRICK C, TORRALBA A. Soundnet: Learning sound representations from unlabeled video[J]. arXiv preprint arXiv:1610.09001, 2016.

[243] OWENS A, WU J, MCDERMOTT J H, et al. Ambient sound provides supervision for visual learning[C] // European conference on computer vision. 2016: 801−816.

[244] ARANDJELOVIC R, ZISSERMAN A. Objects that sound[C] // Proceedings of the European Conference on Computer Vision (ECCV). 2018: 435−451.

[245] OWENS A, EFROS A A. Audio-visual scene analysis with self-supervised multisensory features[C] // Proceedings of the European Conference on Computer Vision (ECCV). 2018: 631−648.

[246] KORBAR B, TRAN D, TORRESANI L. Cooperative learning of audio and video models from self-supervised synchronization[J]. arXiv preprint arXiv:1807.00230, 2018.

[247] HADSELL R, CHOPRA S, LECUN Y. Dimensionality reduction by learning an invariant mapping[C] // 2006 IEEE Computer Society Conference on Computer Vision and Pattern Recognition (CVPR'06): Vol 2. 2006: 1735−1742.

[248] WU Z, XIONG Y, YU S X, et al. Unsupervised feature learning via non-parametric instance discrimination[C] // Proceedings of the IEEE Conference on Computer Vision and Pattern Recognition. 2018: 3733−3742.

[249] PATRICK M, ASANO Y M, KUZNETSOVA P, et al. Multi-modal self-supervision from generalized data transformations[J]. arXiv preprint arXiv:2003.04298, 2020.

[250] MORGADO P, VASCONCELOS N, MISRA I. Audio-visual instance discrimination with cross-modal agreement[J]. arXiv preprint arXiv:2004.12943, 2020.

[251] MA S, ZENG Z, MCDUFF D, et al. Active contrastive learning of audio-visual video representations[J]. arXiv preprint arXiv: 2009. 09805, 2020.

[252] ALAYRAC J-B, RECASENS A, SCHNEIDER R, et al. Self-supervised multimodal versatile networks[J]. Advances in Neural Information Processing Systems, 2020, 33: 25−37.

[253] CHEN T, KORNBLITH S, NOROUZI M, et al. A simple framework for contrastive learning of visual representations[J]. arXiv preprint arXiv:2002.05709, 2020.

[254] HE K, FAN H, WU Y, et al. Momentum contrast for unsupervised visual representation learning[C] // Proceedings of the IEEE/CVF Conference on Computer Vision and Pattern Recognition. 2020: 9729−9738.

[255] GUTMANN M, HYVÄRINEN A. Noise-contrastive estimation: A new estimation principle for unnormalized statistical models[C] // Proceedings of the Thirteenth International Conference on Artificial Intelligence and Statistics. 2010: 297−304.

[256] HINTON G, VINYALS O, DEAN J. Distilling the Knowledge in a Neural Network[J]. Computer Science, 2015, 14(7): 38-39.

[257] HAN T, XIE W, ZISSERMAN A. Video representation learning by dense predictive coding[C]// Proceedings of the IEEE/CVF International Conference on Computer Vision Workshops. 2019.

[258] HAN T, XIE W, ZISSERMAN A. Self-supervised co-training for video representation learning[J]. arXiv preprint arXiv:2010.09709, 2020.

[259] BENAIM S, EPHRAT A, LANG O, et al. SpeedNet: Learning the Speediness in Videos[C]// Proceedings of the IEEE/CVF Conference on Computer Vision and Pattern Recognition. 2020: 9922-9931.

[260] WANG J, JIAO J, BAO L, et al. Self-supervised spatio-temporal representation learning for videos by predicting motion and appearance statistics[C] // Proceedings of the IEEE Conference on Computer Vision and Pattern Recognition. 2019: 4006-4015.

[261] CARON M, MISRA I, MAIRAL J, et al. Unsupervised learning of visual features by contrasting cluster assignments[J]. arXiv preprint arXiv:2006.09882, 2020.

[262] ASANO Y M, PATRICK M, RUPPRECHT C, et al. Labelling unlabelled videos from scratch with multi-modal self-supervision[J]. arXiv preprint arXiv:2006.13662, 2020.

[263] LIU S, LI Z, SUN J. Self-EMD: Self-Supervised Object Detection without ImageNet[J]. arXiv preprint arXiv:2011.13677, 2020.

[264] WANG X, ZHANG R, SHEN C, et al. Dense Contrastive Learning for Self-Supervised Visual Pre-Training[J]. arXiv preprint arXiv:2011.09157, 2020.

[265] XIE Z, LIN Y, ZHANG Z, et al. Propagate Yourself: Exploring Pixel-Level Consistency for Unsupervised Visual Representation Learning[J]. arXiv preprint arXiv:2011.10043, 2020.

[266] ADAVANNE S, POLITIS A, NIKUNEN J, et al. Sound event localization and detection of overlapping sources using convolutional recurrent neural networks[J]. IEEE Journal of Selected Topics in Signal Processing, 2018, 13(1): 34-48.

[267] ADAVANNE S, FAYEK H, TOURBABIN V. Sound event classification and detection with weakly labeled data[J/OL]. DOI: 10.33682/fx8n-cm43, 2019.

[268] PHAN H, KOCH P, KATZBERG F, et al. What makes audio event detection harder than classification?[C] //2017 25th European signal processing conference (EUSIPCO). 2017: 2739-2743.

[269] HU D, NIE F, LI X. Deep multimodal clustering for unsupervised audiovisual learning[C]// Proceedings of the IEEE Conference on Computer Vision and Pattern Recognition. 2019: 9248-9257.

[270] ZHAO H, GAN C, ROUDITCHENKO A, et al. The sound of pixels[C] // Proceedings of the European conference on computer vision (ECCV). 2018: 570-586.

[271] QIAN R, HU D, DINKEL H, et al. Multiple Sound Sources Localization from Coarse to Fine[J]. arXiv preprint arXiv:2007.06355, 2020.

[272] SELVARAJU R R, COGSWELL M, DAS A, et al. Grad-cam: Visual explanations from deep networks via gradient-based localization[C] // Proceedings of the IEEE international conference on computer vision. 2017: 618−626.

[273] HU D, QIAN R, JIANG M, et al. Discriminative Sounding Objects Localization via Self-supervised Audiovisual Matching[J]. arXiv preprint arXiv:2010.05466, 2020.

[274] MORGADO P, VASCONCELOS N, MISRA I. Audio-visual instance discrimination with cross-modal agreement[C] // Proceedings of the IEEE/CVF Conference on Computer Vision and Pattern Recognition. 2021: 12475−12486.

[275] XIAO F, LEE Y J, GRAUMAN K, et al. Audiovisual slowfast networks for video recognition[J]. arXiv preprint arXiv:2001.08740, 2020.

[276] GAO R, OH T-H, GRAUMAN K, et al. Listen to look: Action recognition by previewing audio[C] // Proceedings of the IEEE/CVF Conference on Computer Vision and Pattern Recognition. 2020: 10457−10467.

[277] YU J, CHENG Y, FENG R. Mpn: Multimodal parallel network for audio-visual event localization[C] // 2021 IEEE International Conference on Multimedia and Expo (ICME). 2021: 1−6.

[278] PLANAMENTE M, PLIZZARI C, ALBERTI E, et al. Cross-domain first person audio-visual action recognition through relative norm alignment[J]. arXiv preprint arXiv:2106.01689, 2021.

[279] RECASENS A, LUC P, ALAYRAC J-B, et al. Broaden your views for self-supervised video learning[C] // Proceedings of the IEEE/CVF International Conference on Computer Vision. 2021: 1255−1265.

[280] ALWASSEL H, MAHAJAN D, KORBAR B, et al. Self-supervised learning by cross-modal audio-video clustering[J]. Advances in Neural Information Processing Systems, 2020, 33: 9758−9770.

[281] LAN H, LIU Y, LIN L. Audio-Visual Contrastive Learning for Self-supervised Action Recognition[J]. arXiv preprint arXiv:2204.13386, 2022.

[282] CARON M, BOJANOWSKI P, JOULIN A, et al. Deep clustering for unsupervised learning of visual features[C] // Proceedings of the European Conference on Computer Vision (ECCV). 2018: 132−149.

[283] WANG H, ZHA Z-J, LI L, et al. Multi-Modulation Network for Audio-Visual Event Localization[J]. arXiv preprint arXiv:2108.11773, 2021.

[284] RAO V R, KHALIL M I, LI H, et al. Decompose the Sounds and Pixels, Recompose the Events[J]. arXiv preprint arXiv:2112.11547, 2021.

[285] SENOCAK A, KIM J, OH T-H, et al. Audio-Visual Fusion Layers for Event Type Aware Video Recognition[J]. arXiv preprint arXiv:2202.05961, 2022.

[286] YU T-H, KIM T-K, CIPOLLA R. Real-time Action Recognition by Spatiotemporal Semantic and Structural Forests.[C] // British Machine Vision Conference (BMVC): Vol 2. 2010: 6.

[287] OREIFEJ O, LIU Z. Hon4d: Histogram of oriented 4d normals for activity recognition from depth sequences[C] // Proceedings of the IEEE Conference on Computer Vision and Pattern Recognition. 2013: 716–723.

[288] KONG Y, JIA Y, FU Y. Interactive phrases: Semantic descriptions for human interaction recognition[J]. IEEE Transactions on Pattern Analysis and Machine Intelligence, 2014, 36(9): 1775–1788.

[289] Nour el houda SLIMANI K, BENEZETH Y, SOUAMI F. Human interaction recognition based on the co-occurence of visual words[C] // Proceedings of the IEEE Conference on Computer Vision and Pattern Recognition Workshops. 2014: 455–460.

[290] KE Q, BENNAMOUN M, AN S, et al. Spatial, structural and temporal feature learning for human interaction prediction[J]. arXiv preprint arXiv:1608.05267, 2016.

[291] IBRAHIM M S, MURALIDHARAN S, DENG Z, et al. A hierarchical deep temporal model for group activity recognition[C] // Proceedings of the IEEE Conference on Computer Vision and Pattern Recognition. 2016: 1971–1980.

[292] SHU X, TANG J, QI G-J, et al. Concurrence-aware long short-term sub-memories for person-person action recognition[C] // IEEE Conference on Computer Vision and Pattern Recognition Workshops. 2017: 1–8.

[293] SHU X, TANG J, QI G-J, et al. Hierarchical Long Short-Term Concurrent Memory for Human Interaction Recognition[J]. IEEE Transactions on Pattern Analysis and Machine Intelligence, 2021, 43(03): 1110–1118.

[294] CHEN L, LU J, SONG Z, et al. Part-activated deep reinforcement learning for action prediction[C] // Proceedings of the European Conference on Computer Vision. 2018: 421–436.

[295] YAN R, TANG J, SHU X, et al. Participation-contributed temporal dynamic model for group activity recognition[C] // Proceedings of the 26th ACM International Conference on Multimedia. 2018: 1292–1300.

[296] KONG L, QIN J, HUANG D, et al. Hierarchical attention and context modeling for group activity recognition[C] // 2018 IEEE International Conference on Acoustics, Speech and Signal Processing (ICASSP). 2018: 1328–1332.

[297] QI M, QIN J, LI A, et al. stagnet: An attentive semantic rnn for group activity recognition[C]// Proceedings of the European Conference on Computer Vision (ECCV). 2018: 101–117.

[298] XU D, FU H, WU L, et al. Group activity recognition by using effective multiple modality relation representation with temporal-spatial attention[J]. IEEE Access, 2020, 8: 65689–65698.

[299] WANG M, NI B, YANG X. Recurrent modeling of interaction context for collective activity recognition[C] // Proceedings of the IEEE Conference on Computer Vision and Pattern Recognition. 2017: 3048–3056.

[300] YAN R, SHU X, YUAN C, et al. Position-aware participation-contributed temporal dynamic model for group activity recognition[J]. IEEE Transactions on Neural Networks and Learning Systems, 2021.

[301] WU J, WANG L, WANG L, et al. Learning actor relation graphs for group activity recognition[C] // Proceedings of the IEEE/CVF Conference on Computer Vision and Pattern Recognition. 2019: 9964–9974.

[302] YUAN H, NI D, WANG M. Spatio-temporal dynamic inference network for group activity recognition[C] // Proceedings of the IEEE/CVF International Conference on Computer Vision. 2021: 7476–7485.

[303] DUAN Y, WANG J. Learning Key Actors and Their Interactions for Group Activity Recognition[C] // Chinese Conference on Pattern Recognition and Computer Vision (PRCV). 2021: 53–65.

[304] LU L, LU Y, WANG S. Learning Multi-level Interaction Relations and Feature Representations for Group Activity Recognition[C] // International Conference on Multimedia Modeling. 2021: 617–628.

[305] PEI D, LI A, WANG Y. Group activity recognition by exploiting position distribution and appearance relation[C] // International Conference on Multimedia Modeling. 2021: 123–135.

[306] TANG J, SHU X, YAN R, et al. Coherence Constrained Graph LSTM for Group Activity Recognition[J]. IEEE Transactions on Pattern Analysis and Machine Intelligence, 2022, 44(2): 636–647.

[307] SHU X, ZHANG L, SUN Y, et al. Host-Parasite: Graph LSTM-in-LSTM for Group Activity Recognition.[J]. IEEE Transactions on Neural Networks and Learning Systems, 2021, 32(2): 663–674.

[308] YAN R, XIE L, TANG J, et al. Social adaptive module for weakly-supervised group activity recognition[C] // European Conference on Computer Vision. 2020: 208–224.

[309] GAVRILYUK K, SANFORD R, JAVAN M, et al. Actor-transformers for group activity recognition[C] // Proceedings of the IEEE/CVF Conference on Computer Vision and Pattern Recognition. 2020: 839–848.

[310] LI S, CAO Q, LIU L, et al. Groupformer: Group activity recognition with clustered spatial-temporal transformer[C] // Proceedings of the IEEE/CVF International Conference on Computer Vision. 2021: 13668–13677.

[311] PRAMONO R R A, FANG W-H, CHEN Y-T. Relational reasoning for group activity recognition via self-attention augmented conditional random field[J]. IEEE Transactions on Image Processing, 2021, 30: 8184–8199.

[312] WANG L, QIAO Y, TANG X. Action recognition with trajectory-pooled deep-convolutional descriptors[C]//Proceedings of the IEEE Conference on Computer Vision and Pattern Recognition. 2015: 4305–4314.

[313] ZHANG B, WANG L, WANG Z, et al. Real-time action recognition with enhanced motion vector CNNs[C]//Proceedings of the IEEE Conference on Computer Vision and Pattern Recognition. 2016: 2718–2726.

第 8 讲
视觉与语言

视觉与语言是一个多学科交叉的研究领域，涉及计算机视觉、自然语言处理等学科。视觉与语言研究致力于缓解像素感知和单词认知之间的语义鸿沟，实现多模态表示、对齐、融合和跨模态协同、翻译，进而让机器具有类人的视觉与语言理解与生成、决策与行为能力。视觉与语言领域涵盖的任务种类众多，代表性任务有：图文匹配、指代表达、视觉问答、图像描述、文本到图像合成、视觉语言导航等。视觉与语言的理论与方法对于视听觉感知、多模态传感器融合等交叉研究领域具有普遍意义，相关技术在智能终端、机器人、互联网、自动驾驶等领域具有广泛应用前景。

8.1 视觉与语言的定义

视觉与语言（亦称视觉–语言，vision and language，VL）处于计算机视觉（computer vision，CV）与自然语言处理（natural language processing，NLP）两个学科交叉的人工智能（artificial intelligence，AI）前沿研究领域。计算机视觉赋予了机器"睁眼看世界"的能力，自然语言处理给了机器"文字读写译"的能力。视觉与语言的研究目标是打通视觉、语言之间的语义关联，构建既能感知视觉环境，又能理解语言文字、与人交流的多模态（multi-modal）智能系统。这使得机器不仅具备视觉、语言的单模态（uni-modal）信息处理能力，还具备视觉与语言的多模态信息表示、对齐、融合和跨模态（cross-modal）信息协同、翻译等理解与生成（understanding and generation，U&G）、决策与行为（decision and action，D&A）能力。视觉与语言是实现类脑/类人智能（brain-like/human-like intelligence）和通用人工智能（artificial general intelligence，AGI）不可或缺的能力，是单模态感知智能迈向多模态认知智能的关键核心技术。

8.1.1 背景与意义

视觉与语言的理解与生成、决策与行为相关机器智能研究已成为新一代人工智能技术的发展趋势。如图 8-1 所示，在《麻省理工科技评论》（*MIT Technology Review*）2021 年"全球十大突破性技术"发布会[1]上，多技能 AI（multi-skilled AI）榜上有名，其目标是建立更加具有灵活性、自适应性的智能系统，能够从视觉与语言数据中学习多模态、跨模态的语义关联，形成多模态知识，并将多模态知识扩展成为环境感知、与人交互的能力。包括视觉与语言在内的多技能 AI 将提升智能系统解决多模态复杂智能问题的能力，促进智能机器人的实用化落地，实现人机协作与融合共生，服务社会生活的方方面面。

第 8 讲 视觉与语言

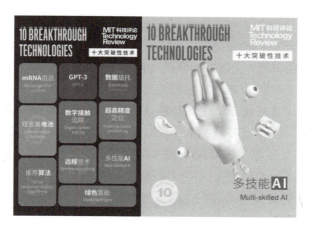

图 8-1 《麻省理工科技评论》2021 年"全球十大突破性技术"

视觉与语言是人工智能的发展方向。图像、文本、音频等单模态人工智能应用领域，已实现"从无到有、从有到优、从优到用、从用到廉"的飞跃。不仅基准评测性能已经达到甚至超越人类平均水平[2-4]，在实用化落地上也取得了重要进展。计算机视觉（分类、检测、分割等）、自然语言处理（分类、抽取、对话、检索、问答等）、语音与音频处理（speech and audio processing，SAP）（识别、合成等）等单模态技术，已经为视觉与语言（图文匹配、视觉问答、图像描述等）多模态技术的发展打下坚实基础。将视觉、语言等发展成熟的单模态技术集成到视觉与语言多模态领域，是人工智能学科和技术发展的内在动力。

视觉与语言也是社会发展的需要。在互联网、大数据飞速发展的背景下，海量图片视频、动画动图、文本网页、语音音乐等各种模态的数据通过多种媒体平台"飞入寻常百姓家"，深刻影响每个人的工作和生活[5]。目前，单模态技术已经难以满足多媒体时代日益增长的视觉与语言应用需求。例如，短视频平台的视频内容推荐、定位裁剪、属性编辑、内容审核，电商平台的基于文本查询的商品图像检索、商品图像个性化描述、基于用户描述的商品图像合成、图文多模态的用户画像分析与产品推荐，智能机器人平台的仓储物流、迎宾服务、在线客服、自动驾驶等现实应用，都对视觉与语言多模态信息处理有强烈的技术需求。

视觉与语言是统一单模态 AI 与多模态 AI 的一项通用技术。文献 [199] 将视觉与语言问题分成了三类，分别是：图像-文本任务、视频-文本任务、视觉任务作为视觉与语言任务。随着视觉与语言研究的不断发展，用视觉与语言的观点和方法去看待和解决 CV/NLP 问题的"跨界创新"成为一种新风向。PIX2SEQ[135] 方法将 NLP 中的序列到序列（Seq2Seq）思想用于目标检测任务的端到端训练，实现了视觉任务当成语言任务去建模；相对地，语言任务也可以采用视觉任务的建模方式去解决：PIXEL[136] 方法将文字渲染为图像，用遮挡图像建模（MVM）的预训练方式去实现跨语言的迁移表示；还有将图像视为一种"外语"去统一建模的 BEIT-3[172] 方法，实现了一个多功能的多模态基础模型。从以上事实可以看出，在视觉和语言的视角下，视觉、语言不再是两个独立无关的模态，CV、NLP 也不再是相对独立的研究领域，两种模态、两个领域之间是地位平等、相互协作、互促互补的关系。可以认为，CV 任务、NLP 任务都可以统一到视觉与语言的框架下，用同一种看问题的方式和解决问题的方法去处理不同模态的 AI 任务，最终实现多模态 AGI。我们不妨大胆猜想：如果"万事皆为多模态、万物皆可多模态"的话，那么包括视觉与语言在内的各种多模态 AI 系统的应用"只受制于个人想象力（创造力）的限制"。

视觉与语言的研究思路还具有推广到视听觉感知、多模态传感器融合等更多模态和专业领域的普遍意义。数据结构与内容上不局限于图像的类型、语言的语种或表达方式，数据模态上不只适用于视觉画面和自然语言文本。如图 8-2 所示，视觉与语言的推广包括但不限于图像与多语种[7]、视频与语音[8]、3D 点云与语言[9]、姿态与语音[10]、视频与音乐[11]、超声传感图像与医学专业术语[12]、人脸与表观描述[31]、行人与表观描述[13]、图–文–音三模态融合[14] 等。图中各任务的顶层框架（framework）都可以认为是视觉与语言的典型框架在数据预处理、单模态建模、多模态建模、推断与训练等方面的继承与发展。

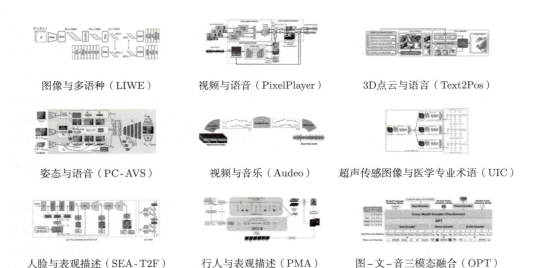

图 8-2　视觉与语言对于更多模态和专业领域的普遍意义

视觉与语言的基础理论方法、关键核心技术、典型应用场景，不仅有利于推动学术界、产业界共同进步，使人工智能沿着"计算智能–感知智能–认知智能–通用智能"的方向不断前进，还能够加速"数实融合"，赋能实体经济，推动制造业转型升级，实现高质量发展。

8.1.2 典型任务与方法

视觉与语言的典型任务与方法见表 8-1，其中，典型任务主要有四类：检索与定位、推理与问答、生成与合成、导航与交互。这四类典型人物也可以划分为理解、生成、决策–控制三大类。具体来讲，理解任务主要包括图文匹配、指代表达、判别式（discriminative）视觉问答与视觉对话。生成任务主要包括视觉提问、图像描述、场景图解析、多模态机器翻译、文本到图像/人脸合成、生成式（generative）视觉问答与视觉对话。决策–控制任务主要包括视觉语言导航与具身智能。

此外，视觉图像可推广至视频/表情、3D 点云/遥感、红外/深度、X 光/超声等数据类型，商品/食物、车辆/场景等内容类型，人脸关键点/人体姿态等结构类型。文本语言可推广至各语种/古文字、网络用语/颜文字、公式/乐谱等数据类型，数据来源包括视觉分类（visual classification，VC）、光学字符识别（optical character recognition，OCR）、语音识别、音乐转乐谱等文本识别结果。图、文均可借助知识图谱（knowledge graph，KG）获得外部信息补充，增强对常识、概念、身份、类型、属性、关联、行为、方位、情绪等方面的信息处理能力。

表 8-1 视觉与语言的典型任务与方法

任务名称		代表方法	相关综述
图文匹配/检索/对齐 （image text matching/retrieval/alignment，ITM/ITR/ITA） 跨模态检索 （cross-modal retrieval，CMR）	图到文检索 （image to text retrieval，I2T/I2TR）	文献 [15][16]	文献 [5]
	文本检索/图像注释 （text retrieval/image annotation，TR/IA）		
	文到图检索 （text to image retrieval，T2I/T2IR）		
	图像检索 （image retrieval，IR）		
指代表达 （referring expression，RE） 视觉定位 （visual grounding，VG）	指代表达理解 （referring expression comprehension，REC）	文献 [18]	文献 [36]
	指代表达分割 （referring expression segmentation，RES）	文献 [19]	
	基于句子的视频时间定位 （temporal sentence grounding in videos，TSGV）	文献 [20]	文献 [37]
	基于句子的视频空间与时间定位 （spatio-temporal sentence grounding in videos，STSGV）	文献 [21]	

(续)

任务名称		代表方法	相关综述
视觉问题回答与提问 （visual question answering and generation, VQA&G）	视觉问题回答/视觉问答 （visual question answering, VQA）	文献 [22,23]	文献 [38,39]
	视觉对话 （visual dialog, VD）	文献 [24]	
	视觉问题生成/视觉提问 （visual question generation, VQG）	文献 [25]	文献 [40]
图文生成 （image text generation, ITG）	图像描述 （image captioning, IC）	文献 [26]	文献 [41]
	场景图解析/生成 （scene graph parsing/generation, SGP/G）	文献 [27,28]	
	多模态机器翻译 （multi-modal machine translation, MMT）	文献 [157]	文献 [189]
	文本到图像合成/生成 （text to image synthesis/generation, T2IS/G）	文献 [29,30]	文献 [42]
	文本到人脸合成/生成 （text to face synthesis/generation, T2FS/G）	文献 [31]	
视觉语言导航 （vision language navigation, VLN） 具身智能 （embodied AI, EAI）	目的地坐标点导航 （point goal navigation, PGN）	文献 [32]	文献 [43]
	目标导航 （object navigation, ON）		
	房间导航 （room navigation, RN）		
	指令遵循 （instruction following, IF）		
	远程物体定位 （remote embodied visual referring expression in real indoor environments, REVERIE）	文献 [33]	
	具身问答 （embodied QA, EQA）	文献 [34,35]	
	交互式问答 （interactive QA, IQA）		

下面针对部分视觉与语言任务进行具体介绍，包括：图文匹配、视觉问答、图像描述、视觉语言导航。更多任务、数据集和方法的讨论，详见综述文献 [189-190]。

1. 图文匹配

图文匹配属于视觉与语言中的检索任务，也称作视觉与语言的跨模态检索（cross-modal retrieval, CMR）或视觉语义嵌入（visual semantic embedding, VSE）。该任务试图以某一种模态（图像/文本）的样本作为查询，在给定另一种模态（文本/图像）的数据库中，去检索语义最相关的若干样本。图文匹配任务包括两种检索方向：图到文检索（image to text，I2T）和文到图检索（text to image，T2I）。I2T 指的是给定图像查询去从数据库中检索相关文本，T2I 指的是给定文本查询去从数据库中检索相关图像。

图文匹配是视觉与语言的基础理解任务，其目标是实现视觉与语言联合语义空间（joint semantic space）图、文表征的对齐。图文匹配在视觉与语言中相当于图像分类在计算机视觉中的基础地位。如果说，图像分类为目标检测与识别、图像分割等计算机视觉下游任务提供了视觉通用基础模型，那么，图文匹配也为指代表达、视觉问答、图像描述、文本到图像合成、视觉语言导航等多种视觉与语言下游任务提供了公共的基础框架。图文匹配任务派生出的图文对比与对齐类预训练任务（pre-training task）也为这些多模态下游任务提供了通用的图、文表征对齐训练方式。于是，图文匹配的技术进步也带动着整个视觉与语言领域各类任务的进步，其重要性不言而喻。图文匹配在电商、短视频、新闻、搜索引擎、安防、智能家居、智慧城市等多个领域具有广泛应用。

2. 视觉问答

视觉问答属于视觉与语言中的理解类、推理问答类任务。该任务的常见形式是给定一幅图像作为视觉信息的来源，再给定一个围绕这幅图像内容提出的自然语言描述的问题，目标是从图像中找到问题的答案，并用自然语言回答。

视觉问答是视觉与语言领域涉及多模态高级语义理解的任务。与图文匹配任务相比，视觉问答任务中视觉、语言之间内在语义关联的理解难度更高。难度主要来自对知识（先验、常识、经验等）和推理（分析、判断、翻译、计算等）能力的考查。这是因为视觉问答任务中，答案、问题、图像之间的关系并非像图文匹配任务中图、文之间关系那样直接，需要经过一定步骤的信息加工与处理才能建立答案与问题和图像之间的语义联系。

视觉问答任务具体包括两类建模方式：判别式与生成式。判别式视觉问答是对给定答案选项通过判断、选择等形式进行回答，是主流的建模方式，实现难度较小；生成式视觉问答是通过生成答句的方式进行回答，没有候选答案约束的限制，支持更加开放的话题范围，回答的方式也可以具有个性化风格，是未来比较有潜力的发展方向。

视觉问答任务不仅从功能上可以涵盖非常多类型的视觉与语言任务，而且在人机交互方式上更为自然，具有非常广泛的应用场景，包括智慧教育、智慧医疗、智能在线客服、迎宾机器人、智能助理、智能搜索等。

3. 图像描述

图像描述属于视觉与语言中的生成类任务。该任务的常见形式是给定一幅图像，目标是根据图像中蕴含的视觉信息去生成语义对应的句子形式的自然语言描述，实现图像到句子的跨模态转换。图像描述是视觉与语言领域基本的跨模态语义生成任务。图像描述的文本生成能力对于视觉–语言的其他理解与生成任务具有帮助作用，因此图像描述任务可以与其他任务联合训练，作为提高多模态语义关联能力的预训练任务之一。

作为视觉与语言中常见的预训练任务，遮挡语言建模（masked language modeling，MLM）与因果语言建模（causal language modeling，CLM），也可以视为与图像描述类似、具有图像到文本生成能力的任务，它们都试图根据视觉信息和未遮挡文本去预测被遮挡文本的内容，区别在于被遮挡信息的时序约束模式。

图像描述任务的核心是视觉、语言两种模态信息的语义对齐与翻译。由于联合语义空间中的视觉信息和语言文本信息可以进行地位平等的操作，因此图像描述任务还可以视为一种将"视觉"作为源语言、将"自然语言"作为目标语言的广义机器翻译任务。

为了更加灵活地生成指定格式或风格的文字，如古诗词[52]、幽默风[53]等，还可以对生成过程进行属性控制，以使得生成的文字更符合人们的需要。图像描述还同时支持对于生成式的视觉问答与视觉对话的建模。图像描述在商品图像的个性化描述、面向视障人士的视觉内容解读、视频内容的文字摘要、机器人客服、文字场景下的图像描述等任务上有应用需求。

4. 视觉语言导航

视觉语言导航是时序连续决策的视觉与语言跨模态推理任务。该任务要求机器人根据给定的指令和对视觉环境的理解，完成一系列的决策，在真实环境中规划轨迹到达目的地。

视觉语言导航任务也是机器人学、计算机视觉、自然语言理解和视觉与语言跨模态推理的交叉领域。该任务的核心是视觉–语言的多模态对齐，即要求机器人能够根据指令文本表征找到正确的视觉方位作为下一步的动作。

视觉语言导航任务分为基于离散动作的导航和基于连续动作的导航两种类型。基于离散动作的导航中，视器人只能站在提前设定好的拓扑结构图中的节点上，并只允许在相邻节点之间进行移动。基于连续动作的导航中机器人根据候选动作集 {前进 0.25 米，左转 15 度，右转 15 度，停止} 选择动作执行，可在环境内任意位置无障碍移动。

以基于离散动作的导航为例[54]，机器人首先根据当前的视觉表征计算基于注意力的文本表征，并依次与当前候选导航节点所对应的视觉表征计算相似度，选取相似度最高的节点作为下一步要到达的节点。在评测阶段，一方面评价机器人是否能准确到达终点，另一方面评价机器人预测轨迹是否与文本所描述的轨迹（标签轨迹）一致。

不同于以往要求模型根据固定的文本/图像/视频完成推理的多模态任务（如图文匹配、视觉问答、图像描述等），该任务要求机器人动态地与环境进行交互，是跨模态领域更具挑战的新任务。未来，该技术在服务机器人、救援机器人、人机交互等诸多方面具有广阔的应用前景。

8.2 视觉-语言的典型框架

在深入介绍视觉与语言的技术细节之前，为了统一话语并形成对于视觉与语言领域的总体认识，有必要首先了解大多数视觉与语言任务及其实现方法所遵循的共同框架，如图 8-3 所示。视觉与语言的典型框架主要包括 4 个阶段：多模态数据、单模态建模、多模态建模、推断与训练。其中，多模态数据阶段负责通过收集和处理得到批量成对的图文多模态数据；单模态建模阶段负责图、文各自模态的信息编码，获得视觉表征与文本表征；多模态建模阶段负责将单模态语义空间中的视觉和/或文本表征做进一步的联合语义空间嵌入与互动，获得模态互联转换后的图、文嵌入表征或图文融合表征；推断与训练阶段负责与具体的任务功能对接，将隐空间的图、文嵌入表征或图文融合表征解码到显空间获得输出结果，并进行性能评测与损失函数（或目标函数）的计算。下面结合该框架图从传统方法、预训练方法等方面进行具体介绍。

8.2.1 传统方法

首先介绍视觉与语言传统方法的典型框架。给定成对的视觉、语言数据，如视觉模态的图像（区域/视频）、语言模态的文本（问题/对话）等。为简单起见，本章中图像、文本亦可分别指代视觉、语言模态数据。将图像经过视觉编码器得到视觉表征，将文本经过语言编码器得到文本表征，视觉、文本表征分别位于各自模态的语义空间中。

接下来经过联合语义空间嵌入与互动，使得视觉、文本表征共同投影到视觉-语言联合语义空间中，通过语义关联，产生双流或者单流结构的嵌入表示。在这个过程中，既有单模态隐空间到多模态隐空间的信息表示/嵌入/形变，以及单模态内部的信息加工等两模态独立的语义关联，也有多模态之间的信息融合/交互/协同，以及跨模态的信息对齐/转换/翻译等两模态联合的语义关联，且拼接、分解、变换等多种信息处理方式可伴随进行，还可以结合记忆与注意、知识与推理等类脑与认知启发的信息处理过程，加强各模态数据的互联互融、相生共生，在隐空间层面进一步提升各模态信息的表征能力，为更好解决视觉与语言任务打好基础。

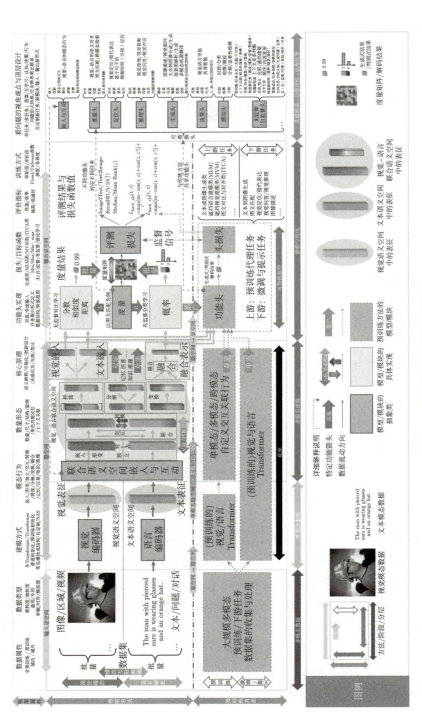

图 8-3 视觉与语言的典型框架

随后通过生成式/判别式的解码器/可替换功能头（alternative function head）完成指定任务或功能的结果输出。视觉与语言任务众多，不同任务需要选择不同语义关联类型与建模方式，搭配不同功能头去实现，例如，图文匹配任务需要嵌入表征与对齐，应选择度量头，其余任务的对应关系见图 8-3 右侧部分，下面仅以图文匹配任务为例进行展开。如果选择图文匹配作为目标任务，则需要进行相似性度量，即选择度量模块/功能头，计算图像和文本之间的语义相似度，实现两种模态的语义对齐和匹配，做出语义相关性的判断。

其中，度量的方式有两种选择，取决于不同的模型结构，也影响着后续的训练方式。一种是采用无监督对比学习的分数/相似度/距离度量（因为图文之间究竟应该是多少分数/相似度/距离并没有唯一的答案），往往针对双流结构的双重嵌入输出进行度量，使用对比损失训练。另一种是采用有监督分类学习的概率度量（因为图文之间是/否匹配分别对应于 1/0 两个确定的概率值，具有唯一标准答案），往往针对单流结构的融合输出进行度量，使用分类损失训练。

不论选择哪一种，最终都会经过批量图文度量的结果汇总，输出度量矩阵，作为接下来评测和损失计算的依据。对于推断过程，通常对度量矩阵选择前 K 名召回率（recall@K，$K=1/5/10$）指标在图到文、文到图两个方向进行性能评价，越高越好，也可以选择中位/平均排名（median/mean rank）指标，越小越好。对于训练过程，根据任务特点以及前述度量方式的不同，做出损失函数（或目标函数）的选择，并用监督信号（包括有监督、无/自监督，其他任务还可能包括蒸馏时的伪监督、环境反馈的强化学习监督等多种监督类型）指导整个视觉与语言框架的优化过程。

以上是视觉与语言传统方法的典型框架，包括视觉和语言两种模态信息的互联转换，以及 "输入显空间 $\to$ 单模态隐空间 $\to$ 多模态隐空间（联合语义空间）$\to$ 输出显空间" 这几种空间之间的 "编码–语义关联–解码" 转变过程，实现了特定的多模态功能。图文匹配之外的任务可将度量头替换成相应功能头来实现。

8.2.2 预训练方法

接下来介绍视觉与语言预训练方法的典型框架。预训练方法可以视为视觉与语言传统方法在多模态数据、单模态建模、多模态建模、推断与训练全部四个阶段的平行推广，是 "大数据 + 大模型 + 大算力" 的产物，是以深度学习为代表的数据驱动的端到端训练思想的集中体现，往往具有高性能、多功能、稳健性强、泛化性好等特点。视觉与语言领域目前绝大多数的领先（state-of-the-art，SotA）工作使用的方法几乎都是预训练方法。

预训练方法首先需要收集和处理大规模（百万级甚至数十亿级以上）的多模态数据集，作为预训练的数据基础，也是下游任务高性能和通用性的重要保证。在视觉、文本编码器的选择上，通常使用经过单模态预训练的视觉、语言变换器 Transformer[55,62]，来取代传统方法中用到的卷积神经网络（convolutional neural network，CNN）、循环神经网络（recurrent neural network，RNN）结构。

联合语义空间嵌入与交互有两种形式，同样分别是双流与单流结构。一种是基于视觉、文本编码器的独立编码结果，通过和传统方法类似的操作，得到双流结构的图、文嵌入输出。另一种是使用预训练的视觉与语言 Transformer（VL-Transformer，VLT）对视觉表征和文本表征统一联合处理，通常将输出层某个约定的特殊词元/记号（token）（如分类记号 [CLS]）作为两个模态经过深度融合后的表征，得到单流结构的图文融合输出。

接下来，受到 Transformer 中多阶段（multi-stage）、多任务（multi-task）联合训练方式的启发，视觉与语言预训练方法在延续传统方法中针对不同任务使用不同的功能头和相应的功能头损失（function head loss）函数的基础上，基于可学习参数固定的（fixed）Transformer "底座"，选择最适合的功能头和功能头损失等 "可替换组件"，只对功能头参数解封（unfreeze）并进行微调（fine-tuning，FT），实现对于无/自监督类、感知类、理解类、生成类、决策类等多种视觉–语言上、下游任务的灵活组合支持，以上、下游任务分阶段训练的方式，实现 "预训练–微调–提示学习（prompt learning）" 的多模态任务一体化解决方案，助力实现满足多模态、多功能、可塑性、动态性、通用性、可解释、稳健性的通用人工智能系统。

使用视觉与语言预训练方法的最大优势是 "一次预训练、少样本（few-shot，FS）、多任务快速部署"，即：只需一次大模型、大数据、高代价的预训练，以后在解决各种视觉与语言下游任务时，只需要非常少量的新样本，且只针对较少参数量的功能头部分，进行很少迭代次数、很小学习率的微调式训练，甚至是无需任何额外样本、无需任何参数调整的零样本（zero-shot，ZS）评测或提示学习方法。因此，预训练方法具有快速适应新数据/新任务、少样本/零样本、少训练/免训练的特点。继续使用更多预训练数据、更大 Transformer 模型、更多功能头和损失函数，预训练方法还能够进一步提升各类下游任务的评测性能、支持多任务/多功能于一体。

8.2.3 其他方面

最后介绍框架图的其他部分，包括图 8-3 下方的图例部分、上方的框架属性部分、右侧的关键模块–功能属性–适配任务部分。

下方的图例具体展示了图中相关图像/图形符号的文字含义，针对输入/中间/输出信号、模型/模块、数据流向、要点说明等重点内容，按照顶层外部视角、输入显空间、隐空间、输出显空间的顺序，进行了分类和对照解释。

上方的框架属性部分还进一步总结了该框架中不同阶段、不同位置的信号和模块所具有的多种属性选择，这些选择构成了框架的超参数部分，对于分析多模态相关工作特点，对架构（architecture）进行建模和原创设计具有指导作用。

右侧的关键模块–功能属性–适配任务部分按照"一类任务、一类功能头"的划分思路，共分成嵌入与互动模块与可替换功能头两大类。其中，嵌入与互动模块代表着多模态建模阶段的联合语义空间嵌入与互动模块，负责模态内部、模态之间的各种互联转换行为（语义关联），包括但不限于单模态隐空间到多模态隐空间（联合语义空间）的表征（嵌入/投影），多模态隐空间内部的对齐（度量）、协同（交互）、翻译（转换）、融合、拼接、分解等。可替换功能头代表着推断与训练阶段专门给出特定输入–输出形式的任务解码器模块，负责产生指定功能，其中的语义关联包括多模态隐空间到输出显空间的解码、决策/控制等。功能头有多种类别，包括但不限于度量头、定位头、推理头、生成头、决策头、感知头、无监督/自监督头等类型，下面对这些功能头进行简单介绍。

- 度量头负责进行对齐、度量、关联、匹配，实现语义相关性判断，面向视觉与语言的语义对齐、图文匹配/跨模态检索等任务。
- 定位头负责进行对比、检索、查找、定位，面向视觉定位/指代表达、基于句子的视频时间（空间）定位等任务。
- 推理头负责进行知识、推理、选择、问答、对话，实现语义内涵的理解判断，面向视觉推理/视觉推断、视觉问答/视觉对话等任务。
- 生成头负责进行翻译、生成、合成、编辑、变换、创作，实现隐空间到显空间的类型转换，面向图像描述/视觉提问、文本到图像合成、场景图解析/生成、多模态机器翻译等任务。
- 决策头负责进行导航、规划、决策、行为，实现人–机–环境之间的交互，面向视觉语言导航与具身智能等任务。
- 感知头负责进行识别、检测、分割，面向视觉识别/分类、目标检测/跟踪、物体分割/显著性检测等任务。
- 无监督/自监督头负责进行任务无关的（task-agnostic）预训练、上下文关联、完型、补全、修复、还原、重构等，通过变形、组合、无中生有等方式，构造新任务、挖掘新信息、构建新闭环，完成数据适应、任务预热、参数初始化，实现自问自答、自我认知、互道问题等无/自监督功能，面向上下文关系判断、完型/遮挡建模、顺序/内容复原等任务。

值得指出的是，图 8-3 展示的功能头与任务之间的对应关系只是一种约定俗成的习惯，而不是严格教条的一一对应关系。各功能头、各任务的定义并不具有严格清晰的边界，任务内容与功能头形式可以灵活变通，不同任务与功能头之间存在多种跨界迁移、类比转换的可能。事实上，任务、功能头、损失函数，此三者的具体含义和实现方式、三者之间的两两搭配关系、三者各自内部不同形态之间的内在联系，在遵循端到端建模原则以及前向/反向传播基本原理的前提下，具有理解上高灵活度、实现上高自主度、搭配上高亲和度的特点，没有标准答案，在实践中值得探索创新。此外，功能头也不局限于上述几种类型，嵌入与互动模块与功能头之间的边界也可以灵活理解和定义。具体内容将在接下来的视觉–语言的语义关联与建模部分进行介绍。

8.3 视觉–语言的语义关联与建模

8.2 节介绍了大多数视觉与语言任务所遵循的共同框架。多模态建模是该框架中视觉与语言独有的阶段，该阶段实现了联合语义空间的嵌入与互动功能。这部分是视觉与语言两种模态进行语义嵌入关联以及信息交互融合的模块，既要实现单模态空间到多模态空间的转换，也要完成多模态/跨模态的信息处理，为多模态空间到输出显空间的解码做好准备，在多模态理解与生成任务中起到了承上启下的关键作用。在联合语义空间嵌入与互动部分，视觉与语言之间存在各种各样的语义关联与建模方式。其中，语义关联指的是表征、对齐、协同、融合、翻译等单模态内与多模态间的互动行为类型，是视觉与语言任务的需求分析与内在要求。建模方式指的是一种或多种语义关联具体实现的方式。从多模态任务，到语义关联，再到具体建模，是递进的内在逻辑。

视觉–语言的建模方式见表 8-2。其中主要包括 4 种建模方式：注意力机制建模、图结构建模、生成式建模、其他建模。**注意力机制建模**是指通过调整注意力权重分配的方式去实现更细粒度、更准确定位、更具有语义解释性的视觉–语言的语义关联。**图结构建模**是指借助场景图、知识图谱等图结构的数据形式，通过图神经网络建模的方式进行视觉–语言的语义关联。**生成式建模**是指运用带有图像或文本数据生成能力的模型，实现视觉与语言之间带有跨模态语义转换的无约束生成或有条件合成。**其他建模**方式可以进一步分成模态内建模、模态间建模、联合建模等类型。下面对 4 种建模方式进行分别介绍。

表 8-2 视觉–语言的建模方式

建模方式	语义关联	内容及特点	代表工作
注意力机制建模	协同	**跨模态注意力机制**。使用图像到文本、文本到图像、图文双向注意力机制，进行带有跨模态上下文信息的加权注意。跨模态注意力机制有时也可以体现为一种综合打分机制，如堆叠交叉注意力机制	ADAPT[58] SCAN[16]
	表征协同	**自注意力机制**。利用 Transformer 自带的上下文自注意力机制，实现对于视觉/语言单模态信息或者视觉与语言信息的上下文自注意力关联表征	SAEM[59] Unicoder-VL[60]
	协同时序	**选择性注意力机制**。通过注意不同的图像区域与句子单词，或者利用显著性信息指导对于视觉线索与文本细节的局部注意力，以提升时序条件下细粒度的语义关联水平	sm-LSTM[63] SAN[64]
图结构建模	表征对齐协同图结构	**图结构关系推理机制**。将图像中多个目标或句子中多个词语构建出目标之间或单词之间的单模态图结构，使用 GCN 对相邻图节点上下文信息进行建模和关系推理	GSMN[65] HOAD[66]
		图结构知识增强。利用外部知识图谱，实现概念或关系的知识增强	KB-VLP[67]
生成式建模	翻译解码	**文本生成**。使用 RNN/Transformer 解码器，配合序列生成损失函数训练，或使用共享 Transformer 编码器–解码器统一架构，配合 Mask 操作实现句子生成	Show and Tell[68] AMV[69] UVLP[70] OSCAR[71]
		图像生成。使用 GAN、VAE 等解码/生成模型进行图像生成或进行属性解耦与控制，也可以使用 Transformer 模型进行语言到视觉信息的跨模态转换	AttnGAN[72] ControlGAN[73] DALL·E[29] ERNIE-ViLG[52]
	翻译对齐	**场景图生成**。对图像中的对象及其属性/状态以及主客体之间的关系/行为进行图结构建模，实现视觉画面到图结构文本概念关系描述的跨模态场景语义理解与转换	MSDN[27] WSSGG[28]
其他建模	模态内建模 表征对齐	**双流独立嵌入建模**。即双编码器独立嵌入架构。视觉与语言在进行比对之前没有多模态交互或其他模态内/间行为，两模态信息直接被独立嵌入到联合语义空间中	VSE[74] VSE++[15] CLIP[75] ALIGN[76]
		细粒度建模。使用自底向上注意力、跨模态后期交互等机制，对视觉信息在目标/片段水平进行细粒度视觉建模，支持区域–单词/patch-token 等多对多语义对齐	BUTD[56] FILIP[84]
		聚合机制建模。对细粒度的视觉区域特征或句子单词特征通过聚合操作进行全局信息综合，融入单模态内部上下文关系信息，支持图、文之间的一对一语义对齐	GPO[17] ParNet[89]

(续)

建模方式		语义关联	内容及特点	代表工作
其他建模	模态间建模	融合	**单流融合机制建模**。将两种模态的信息融合成单流的联合信息,支持理解与生成等多种上/下游任务。融合方式包括传统融合方式和基于 Transformer 的预训练融合方式	CAMP[77] GVSE[78] UNITER[101]
		顺序协同	**语义概念与顺序建模**。从图像区域中提取多标签语义概念,并重新组织这些语义概念的语义顺序,形成有意义的内容,以辅助视觉与语言之间的语义关联	SCO++[85]
		架构融合解码	**架构搜索建模**。利用神经网络架构搜索技术对基本块进行结构组合与搜索,找出最适合指定任务的多模态语义关联架构,支持多种类型的多模态上下游任务	MMnasNet[79]
	联合建模		混合架构形式	
		架构	**串联集成建模**。将两模型或模型前后两部分串联,后者对前者结果进行进一步处理	JOIN+CO[80] BLIP[81]
			并联集成建模。两个模型并行处理,在输出结果上集成,作为并行模型的联合结果	PFAN[82]
			多重数据来源	
		粒度	**多粒度建模**。对图像–句子、区域–短语、目标–单词等多粒度数据联合建模	X-VLM[83]
		语种	**多语种建模**。构建具有语言不变性的词嵌入,实现多模态跨语种语义对齐	LAVSE[7]
		知识记忆	**知识记忆机制建模**。维护词典/队列形式的知识库,模拟人类记忆机制,在训练中动态更新知识库的特征表示,并运用知识库中的知识参与建模过程、进行知识增强	ACMM[86] SOHO[87] ALBEF[88]
			多种建模方式	
		(混合)	**多类型建模**。选择不同的两种或多种建模类型进行结合,如跨模态注意力机制与自注意力机制结合、图结构建模与文本生成建模结合等	CAAN[91] OAN[92] VSRN[90]
		决策控制(混合)	**决策控制建模**。常见于具身智能、基于句子的视频时间定位等复杂任务,需要通过一系列行为决策、动作控制在给定环境下实现目标决策控制(混合),涉及视觉与语言认知空间与智能体高维动态的状态–动作空间的语义关联,常混合多种建模方式	NvEM[179] HOP[138] SM-RL[20] EQA[34]

8.3.1 注意力机制建模

注意力机制建模是视觉与语言领域最常见的建模方式之一,包含很多种类,如跨模态注意力机制、自注意力机制、选择性注意力机制等。

跨模态注意力机制[16,58]是指视觉与语言两种模态之间产生互相注意的机制,实现方式通常是带有跨模态上下文信息的加权注意。跨模态注意力的形式和数据来源较广。从形式上可以分为图像到文本、文本到图像、图文双向三种跨模态注意力类型。从注意力关注的数据内容的角度看，既可以是隐空间特征层面的跨模态注意力（如 ADAPT[58]），也可以是显空间度量层面的跨模态注意力（如交叉注意力[16]）。从注意力面向的数据粒度上看，既可以是图像–文本层面粗粒度的跨模态注意力，也可以是区域–短语、目标–单词层面细粒度的跨模态注意力。跨模态注意力的作用是以对方模态作为上下文条件信息对本模态进行注意力增强，使得两模态信息充分关联交互，得到更强的语义表达。

自注意力机制[59,60] 是一种利用 Transformer[55] 的自注意力（self-attention，SA）机制，实现对于视觉/语言单模态信息或者视觉与语言信息的上下文自注意力关联表征，主要包括两种类型：对视觉/语言单模态信息进行模态内的信息加工[59]，以及对视觉与语言信息进行联合表示[60]。自注意力机制的原理是通过输入信号分别映射成的 Q（query）、K（key）、V（value）三种向量进行自注意，在自然语言理解领域的 BERT[61] 和计算机视觉领域的 ViT[62] 中发挥重要作用，目前已拓展到视觉与语言领域，特别是在视觉–语言预训练模型的双流与单流架构中被广泛采用。

选择性注意力机制[63,64] 是一种试图模拟人眼和大脑对于事物和语言的选择性关注以及注意力转移能力的语义关联方式，具有随时间变化的动态语义关联能力，能够展现注意力分布逐步演变的可视化效果，体现出类似于人类视觉理解的动态眼动扫视过程。例如，在不同时刻注意不同的图像区域与句子单词[63]，或者利用显著性信息指导对于视觉线索与文本细节的局部注意[64]，以提升时序条件下细粒度的语义关联水平。

8.3.2 图结构建模

图结构建模中常见的图结构有：一般图结构、场景图、知识图谱等。图结构是由节点和边构成的数据结构，可以表达对象与对象之间的语义关联。相比于特征向量或者概率分布等数据形态，图结构具有天然的可视化特性，非常适合用来进行场景结构分析和概念关系构建。

图结构关系推理机制[65-66] 是指通过构建视觉、语言各自模态的图结构，实现视觉图结构与语言图结构两种异质图之间语义关联的机制。具体做法是将图像中多个目标或句子中多个词语构建出目标之间或单词之间的单模态图结构，使用图卷积网络（graph convolutional network，GCN）对相邻图节点上下文信息进行建模和关系推理。图结构可以是一般的图结构[65] 或者场景图[66]，通过对视觉对象的位置检测、目标分类、属性识别得到基础节点，再通过预测节点与节点之间的关联关系理解推理出空间方位、动作、人物关系、属性关系等高级语义内容。

图结构知识增强[67]是指利用外部的知识图谱作为语义信息的辅助来源，实现对于语言中相关语义概念或关系的准确理解与知识增强。知识图谱是结构化的"实体–关系–实体"三元组构成的知识库，反映了现实世界的大量真实信息，适合于解决面向真实世界常识理解与推理的相关任务。通过引入外部知识图谱[67]，再配以图神经网络做进一步的单模态图特征提取和跨模态图关系对应，可以有效提高视觉–语言的语义关联水平。

8.3.3 生成式建模

生成式建模是视觉–语言的生成类任务的建模方式，使用生成式建模可以实现图像到文本、文本到图像、图像到场景图的生成与合成。

文本生成[68-71]的建模方式通常借鉴了神经机器翻译（neural machine translation，NMT）中的序列到序列（sequence-to-sequence，Seq2Seq）结构，具有编码器–解码器（encoder-decoder，Enc-Dec）的形式，如 LSTM、GRU 等循环神经网络结构，Transformer 的编码器–解码器结构等，支持生成可变长度的句子。图像到文本生成，即图像描述任务，需要通过视觉编码器提取图像特征，然后利用图像特征作为条件，从句子开始（begin of sentence，BOS）符号 <BOS> 出发，根据已生成单词逐个生成后续未生成单词内容，直至输出句子结束（end of sentence，EOS）符号 <EOS> 获得完整句子。近年来，也有一些工作[70,71]使用共享 Transformer 模型的架构与参数的统一编码器–解码器结构，并通过对自注意力层未生成单词进行遮挡，并配以 Seq2Seq 自回归序列生成损失，实现了生成模型与理解模型的一体化。文本生成建模方式还可以服务于多模态机器翻译任务。

图像生成[72,73,29,52]的建模方式具体可以分为两个阶段，分别是对齐转换阶段和解码生成阶段。前者负责文本内容从显空间到隐空间的信息嵌入表征、文本与图像的语义对齐、将属性注入融合到图像表征中、完成文本到图像的跨模态转换，后者负责图像表征从隐空间到显空间的语义结构保持与解码复原重构。解码生成阶段通常需要用到带有图像生成器/解码器结构的模型，包括生成对抗网络（generative adversarial network，GAN）模型、变分自编码器（variational autoencoder，VAE）模型、扩散模型（diffusion model）等。对齐转换阶段可以使用 Transformer 结构，进行视觉–语言的联合语义表征，实现序列自回归或者自编码重构[29,52]；也可以使用自定义模块进行文本语义注入与模态类型转换，实现语言内容条件下对于生成图像的内容、属性、风格等方面的精细控制[72-73]。近年来，也有工作运用编码器–解码器架构的参数共享机制，基于视觉–语言预训练 Transformer 对于图文两种模态强大的语义关联能力，实现了图像到文本、文本到图像的图文双向生成[52]。

场景图生成 [27,28] 是一种对于图像中的目标/对象（名词性）及其属性/状态（形容词性）以及主客体之间的关系/行为（动词性）构建图状结构的建模方式。与一般图像到文本生成不同的是，场景图生成可以将非结构化的图像解析成具有丰富语义概念和结构关系的场景图，实现视觉画面到图结构文本概念关系描述的跨模态场景语义理解与结构化语义转换，可以为视觉与语言多种上/下游任务提供帮助。场景图生成的建模过程主要包括节点生成以及有向边生成两部分。节点代表名词实体，通常对应于视觉画面中的对象。有向边代表主体节点与客体节点之间的动作或关系，构成 (主语–谓语–宾语) 的三元组关系。场景图的推理过程涉及视觉区域到名词节点的生成，以及两个名词节点之间动作或关系的生成。实现方式通常基于度量矩阵，对视觉区域与名词实体之间、主语与宾语名词实体之间、主/宾语名词实体与动词或关系之间的语义相关度进行度量预测，选择联合概率/分数排名较高的搭配组合作为场景图中节点和边的预测结果，实现场景图的生成。

8.3.4 其他建模

除了注意力机制建模、图结构建模、生成式建模这几种建模方式之外，还存在多种其他的建模方式，包括模态内建模、模态间建模、联合建模等。

1. 模态内建模

模态内建模是指语义信息的关联只在视觉、语言单模态内部发生，主要包括双流独立嵌入建模、细粒度建模、聚合机制建模等。

双流独立嵌入建模 [15,74-76] 是最简单的多模态语义关联形式，视觉与语言信息在进行比对之前没有发生多模态交互或其他模态内、模态间行为，两模态信息直接被分别独立嵌入到联合语义空间中。通常这种建模方式采用双编码器独立嵌入的双流架构，只需要视觉与语言其中至少一种模态的特征之后对接线性层即可映射到联合语义空间。传统方法的 VSE[74]、VSE++[15]，多模态预训练方法的 CLIP[75]、ALIGN[76]，都是双流独立建模的典型工作。这种建模方式比较简单，没有多余的组件和复杂的连接关系，是视觉与语言领域多种任务中最为常见的基本建模方法，容易开展理论分析与可视化验证。如果想通过双流独立嵌入建模方式获得与其他更复杂的建模方式相当的性能，则需要依靠单模态特征提取器的强大表征能力或者依赖大量外部数据的预训练技术 [75,76]。

细粒度建模 [56,84] 是使用自底向上注意力、跨模态后期交互等机制，对视觉信息在目标/片段水平进行细粒度视觉建模，支持区域–单词（region-word）/片段–子词（patch-subtoken）等多对多语义对齐建模方式。自底向上注意力（bottom-up attention，BUA）机制建模 [56] 是指一种容易被显著性物体吸引注意力的视觉机制，与更关注目标任务的自顶向下注意力（top-down attention，TDA）机制相对。自底向上注意力首先将 Faster R-CNN[57] 模型在 Visual Genome 数据集上进行目标检测和属性预测两种任务的预训练，使其兼具定位名词物体与描述形容词属性的双重功能，然后对图像提取感兴趣的区域（region of interest，ROI）以支持后续基于视觉细粒度对象的建模。自底向上注意力机制的使用范围非常广泛，目前已用于多种视觉–语言理解与生成任务中。跨模态后期交互机制建模[84] 是一种在 ViT 作为视觉编码器、Transformer 作为语言编码器的 ViT-Transformer 双流独立嵌入建模基础上提出的视觉–语言细粒度建模方式。与自底向上注意力机制建模方式中常见的区域–单词粒度信息不同的是，ViT-Transformer 通常是片段–子词粒度的信息，相比目标–单词粒度在语义信息上不够完整，给多模态语义关联带来了新挑战。跨模态后期交互机制是能够有效进行片段–子词粒度语义关联的建模方式。

聚合机制建模[17,89] 是基于细粒度建模得到的视觉区域特征或句子单词特征，通过聚合操作进行全局信息综合，融入单模态内部上下文关系信息，支持图、文之间的一对一语义对齐的建模方式。单模态聚合机制[17] 包括池化（pooling）、聚合（aggregation）等基本操作形式，也包括借助 Transformer 模块自注意力机制实现的信息聚合，以及空间关系聚合建模[89] 等特定语义功能的聚合操作，目的是加强单模态内部的信息交流，实现单模态数据更好的表征。例如，空间关系聚合建模是一种关注视觉场景中物体之间的距离、位置、朝向、夹角等空间关系的聚合建模方式，克服了传统聚合建模方式中，目标检测器对于目标在空间中的方位，以及目标与目标之间的方位关系不敏感的问题，提升了带有空间关系描述的文本内容的语义理解性能。

2. 模态间建模

模态间建模是指语义信息的关联涉及视觉、语言两模态之间，主要包括单流融合机制建模、语义概念与顺序建模、架构搜索建模等。

单流融合机制建模[77-78,101] 指的是一种将视觉与语言双流信息进行多模态融合，产生单流信息，并服务于后续语义度量、判别、生成任务的建模方式。融合方式包括传统融合方式[77-78] 和基于 Transformer 的预训练融合方式[101]。多模态融合机制产生了图、文无法分离表示、更加难以解释的深度隐式语义表征，相比于图、文可分离表征的双流独立建模等模态内建模方式，在同等计算复杂度下，往往会取得更好的性能。融合机制建模是单流架构产生的基础条件，也是视觉–语言预训练的单流架构、实现多模态理解与生成任务统一联合建模[101] 的基础。

语义概念与顺序建模[85] 是从图像区域中提取多标签语义概念，并重新组织它们的语义顺序，形成有意义的内容，以辅助视觉与语言之间语义关联的建模方式。这种建模方式更加注重从内容层面研究语义概念与语义顺序对于视觉-语言的语义关联的影响，具有内容上的可解释性，对于视觉-语言多种理解与生成类任务的建模具有普遍意义。

架构搜索建模[79]是利用神经网络架构搜索（neural architecture search，NAS）与自动机器学习（automatic machine learning，AutoML）技术对基本块进行结构组合与搜索，找出最适合指定任务的多模态语义关联架构，支持对多种类型的多模态上下游任务的架构搜索。架构搜索建模方式理论上支持模态内和模态间各种方式的视觉-语言的语义关联。它打破了传统手工设计模态交互方式的惯例，通过设计基本组件、定义搜索空间、设计搜索策略，实现了可以针对多种视觉与语言任务、兼顾性能与效率的统一搜索式建模方法。

3. 联合建模

联合建模是指语义信息的关联方式并非单纯属于注意力机制、图结构，或者生成式建模中的某一类，也并非单纯的模态内或模态间建模，而是联合了多种建模方式的思想，主要包括集成建模（如串联集成建模、并联集成建模）、多重数据来源（如多粒度建模、多语种建模、知识记忆机制建模）、多种建模方式混合（如多类型建模、决策控制建模）等。

串联集成建模[80-81]与**并联集成建模**[82]是集成建模的两种不同实现方式。串联集成指的是将视觉-语言任务的执行过程分为前后两个串行的阶段：前一个阶段进行效率较高、性能较低的粗粒度处理；后一个阶段承接前面的粗粒度处理结果，继续进行性能较高、效率较低的细粒度处理，以便将两种模型或者同一个模型的前后两个部分的优势进行互补，平衡性能与效率。串联集成的常见形式是重排名（re-ranking），即调整粗粒度排名的结果，再进行补充信息后的细粒度二次排名。并联集成则与串联集成处理方式不同，往往选择委员会投票集成的方式进行加权求和，做出综合的评判。并联集成的代表形式是训练多个不同的视觉-语言模型，然后在度量矩阵层面进行平均集成，这样得到的度量矩阵性能会优于单个模型的性能，这种做法在图文匹配领域比较常见。

多粒度建模[83]是一种能够同时对图像-句子（粗）、区域-短语（中）、目标-单词（细）等多种不同粒度的数据形式进行统一建模的语义关联方式。该建模方式突破了传统视觉-语言建模只针对某一种粒度任务的局限性，且极大扩充了外部数据的来源和类型（例如，单模态的分类/识别，检测数据集也可以在多模态建模和训练过程中得到有效利用），不仅支持多种数据粒度的上下游任务，也提高了预训练的少样本能力和下游任务微调的性能。

多语种建模[7]是对于视觉-语言语义建模在语种数量上的拓展。传统建模方式通常只能支持单一语种的表示，而多语种联合建模可以同时对多种语言的文本在同一个语义空间进行联合表示，构建具有语言不变性的词嵌入，实现多模态、跨语种的理解，对于多语种的应用场景非常重要。

知识记忆机制建模[86-88]是出于模拟人类记忆机制、实现知识复用的动机提出的视觉-语言的语义关联方式。与图结构建模不同，这里的知识可以不具有图结构，也不像知识图谱那样通常采取冻结（freeze）参数的方式参与模型训练，而是可以在训练过程中动态进行自适应学习的视觉与语言知识库或记忆模块。理想中，这样一种知识库与记忆模块应该是可以即插即用（plug-and-play，PnP）的，以及可以方便地进行可视化（如 t-分布随机邻域嵌入（t-distributed stochastic neighbor embedding，t-SNE））的知识[164]，甚至是可以从一种任务直接迁移到其他任务的可复用知识。知识记忆机制建模的优势是可以有效缓解深度学习端到端方法的固有缺陷，包括知识来源不足、少样本知识遗忘、暗知识隐含在参数中难以外显解读、知识推理过程黑箱化、判断过程不可靠、判断结果不稳健、跨任务迁移难度大等问题。

多类型建模[90-92]是指混合了两种或多种建模类型的建模方式。许多视觉与语言工作都属于这种建模方式，能够结合不同种类建模方式的优势，例如跨模态注意力机制与自注意力机制结合[91-92]、图结构建模与文本生成建模结合[90]等。多类型建模还可以实现多任务、多功能的联合建模效果，包括实现视觉分类[44]、目标检测[45]、显著性检测[64]、图像分割[172]、光学字符识别[109]等单模态功能和视觉与语言多模态任务的联合建模，实现图文匹配、指代表达、视觉推理、视觉问答、视觉对话、图像描述等视觉与语言理解与生成类的多种任务，以及零样本、少样本等跨数据域迁移情形的统一建模[81,83]，实现图像描述、文本到图像合成、场景图生成等生成类任务的联合建模[27,52]等。

决策控制建模常见于具身智能[34 138,179]、基于句子的视频时间定位[20]等复杂任务，需要通过一系列行为决策、动作控制在给定环境下实现目标，涉及视觉与语言的认知空间（cognitive space）与智能体高维动态的状态-动作空间（state-action Space）之间的语义关联，常混合多种建模方式。

8.4 视觉-语言的预训练技术

为了使得视觉-语言上下游任务的性能取得进一步的突破，除了 8.3 节讨论的从联合语义空间嵌入与互动的角度去优化视觉与语言之间语义关联，提出更优的建模方式之外，还需要进一步挖掘数据集内部蕴含的巨大潜力，将低成本、易获取的大量源域数据，迁移到高成本、难获取的少量目标域数据，这就是视觉–语言的预训练技术。通常预训练包括多个训练阶段，首先是源域数据的预训练（对应于上游任务（upstream task）），然后用预训练的模型参数继续进行目标域的迁移训练（对应于下游任务（downstream task））。因此，传统方法和预训练方法的区别，主要在于数据使用和训练方式的不同，原则上不受语义关联或建模方式的影响，例如，预训练方法未必像图 8-3 典型框架中展示的必须使用 Transformer 模型[34]，单模态主干网络既可以服务于传统方法也可以用于预训练方法；单流架构与双流架构在传统方法和预训练方法中都同时存在；一个模型既可以有预训练版本也可以有传统版本。使用预训练方法的视觉–语言模型叫作视觉–语言预训练（vision and language pre-training，VLP）模型。

视觉–语言预训练模型具备高性能、少样本、少训练、多功能等优势，其直接原因可以概括为以下几个方面。第一，大规模外部数据的使用提高了多模态联合语义空间的图、文表征水平；第二，强大的视觉、语言单模态预训练主干网络提高了单模态空间视觉特征和文本特征各自的表示能力；第三，视觉–语言架构设计提高了多模态联合语义空间中视觉–语言多模态、跨模态信息的交互、融合、转换能力；第四，无/自监督学习、有监督学习等预训练任务的设计提高了对多种下游任务的迁移能力。以上四个方面的原因，使得预训练模型在多种下游任务的评测方式中展现出对于多功能、多任务的支持，在零样本、少样本时展现出的较强泛化能力，以及高性能、少训练的独特优势。

本节接下来从上述四个方面，即单模态主干网络、视觉与语言架构、预训练任务与下游任务、预训练数据集进行详细介绍。其中，单模态主干网络部分介绍视觉和语言的基元表示与主干网络；视觉与语言架构部分内容涉及多模态架构的不同设计方式；预训练任务与下游任务部分从损失函数、任务类型、学习方法的角度去介绍，并涉及自监督学习、多阶段预训练与提示学习等内容；预训练数据集部分介绍多种不同体量的典型数据集。

8.4.1 单模态主干网络

单模态主干网络为后续的视觉与语言信息交互、融合、转换提供了单模态的特征表示。单模态主干网络经历了由浅层到深层、从粗粒度到细粒度、从纯编码到编码–解码、从非预训练到预训练的发展过程，未来趋势还将从通用功能到专用功能、从仅支持单模态能力到支持多模态、跨模态能力。视觉与语言单模态主干网络的发展过程包括：视觉方面从分类识别发展到检测分割和关键点估计，从处理静态图像发展到处理动态视频；语言方面从非注意力机制发展到注意力机制，从词和句等基础结构发展到语法树、知识图谱等复杂结构。此外，不论是预训练方法还是传统方法，在单模态主干网络部分都是通用和共享的。视觉–语言预训练技术中常见的视觉、语言主干网络及其代表方法见表 8-3。

表 8-3　视觉、语言主干网络及其代表方法

视觉主干网络及其代表方法			
单模态模型	功能类型	粒度/语义	多模态代表方法
CNN	分类	图像	ALIGN[76]
Grid CNN[23]	分类	网格	sm-LSTM[63]，SOHO[87]，GPO[17]
Faster R-CNN[57]	检测（两阶段）	目标	JOIN+CO[80]
YOLO v3[93]	检测（单阶段）	目标	FAO-VG[94]
ViT[62]	分类	图像 + 块	UniVL[95]
SwinT[96]	分类 + 检测	图像 + 块	X-VLM[83]
Multi-modal transformer[97]	视频	视频 + 帧	TEACHTEXT[98]
R³Net[99]	显著性检测	显著性目标	SAN[64]
PAF[100]	人体姿态估计	人体关键点	PMA[13]
discrete VAE	图像生成	视觉码本中的词元	DALL·E[29]
GAN	人脸合成	图像 + 属性 + 条件	SEA-T2F[31]
语言主干网络及其代表方法			
单模态模型	功能类型	粒度/语义	多模态代表方法
tokenizer	切词器	单词	SCAN[16]
BERT's vocab	词典	子词	UNITER[101]
Word2Vec[102]	词嵌入	单词	ACMM[86]
GloVe[103]	词嵌入	单词	ADAPT[58]
RNN Encoder	语言建模	句子 + 单词	VSE++[15]，SCO++[85]
RNN Decoder	语言生成	句子 + 单词	VSRN[90]
Transformer Encoder	语言建模	句子 + 子词	CLIP[75]，FILIP[84]
Transformer Decoder	语言生成；图-文转换	句子 + 子词；视觉子词	BLIP[81]；ERNIE-ViLG[52]
DIORA[104]	语法分析器	句子的所有层次结构	CLIORA[105]
Metric Matrix	场景图表示	主/宾语节点 + 谓语/关系边	MSDN[27]，WSSGG[28]
ConceptNet[106]	知识图谱	常识关系图	CNet-NIC[107]
MS OCR[108]	OCR 字符识别	字符串 + 字符	TAP[109]

视觉主干网络早期是卷积神经网络（CNN），提取的是图像的全局语义信息，之后转而使用 Faster R-CNN[57] 这种两阶段目标检测器，实现了在特征数量和质量上相比于 CNN 全局特征更好的特征表示效果，在多种多模态任务上取得了性能突破。有一种介于 CNN 和 Faster R-CNN 之间的 Grid CNN[23] 方法，实现了仅靠 CNN 主干网络也能实现多个特征的细粒度表示，且克服了 Faster R-CNN 在多模态任务中难以端到

端训练的弊端。YOLO[93] 是单阶段目标检测器，可以用于视觉定位等细粒度任务，且具有轻量化网络架构和较高推断效率，支持端到端联合训练。ViT[62] 和 SwinT[96] 是 Transformer[55] 结构的视觉主干网络，可以作为 CNN 和 Faster R-CNN 的替代品，且经过单模态预训练的视觉 Transformer 可以获得更好的性能。除了这些常见视觉主干网络之外，也有用于视频与帧特征提取的多模态 Transformer[97] 模型，用于显著性目标检测的 R³Net[99]，用于人体关键点检测的 PAF[100]，用于图像生成的离散变分自编码器（discrete Variational Autoencoder，dVAE）、GAN 等模型。

语言主干网络包含词、句、树、图等多个层次。切词器是将字符串句子切成若干单词或词元的模块，通常使用默认的空格与标点作为切词的依据。之后 BERT[61] 等预训练语言模型具有子词的专用切词器 WordPiece，有相关词典作为切词的依据。对于词向量的表示，早期通常基于预训练的词向量，如 Word2Vec[102] 或者 GloVe[103]。之后 BERT 等预训练模型已经自带词嵌入表示方式，包括子词嵌入、位置嵌入、段嵌入等多个分量。在句子建模层面，早期使用循环神经网络（RNN）单元进行语言建模，包括单向（uni-directional）或双向（bi-directional）的长短时记忆（long short-term memory，LSTM）网络或门控循环单元（gate recurrent unit，GRU）网络作为编码器或解码器。之后，基于预训练 Transformer 的编码器与解码器成为实现更高性能的语言理解与生成、甚至图文跨模态双向生成不可或缺的重要组件。除此之外，语言建模还有多种形式，如用语法分析器去构建句子的树状层次结构 [104,105]，生成句子对应的场景图结构 [27,28]，构建知识图谱结构的常识关系图 [106,107]，以及通过 OCR 字符识别将视觉内容转换成字符串形式 [108-109]。

8.4.2 视觉与语言架构

下面以 CLIP[75]、ViLBERT[133]、UVLP[70]、JOIN+CO[80]、SOHO[87] 几种典型的视觉–语言预训练方法为代表，介绍视觉与语言架构的设计。其中，CLIP 方法代表图文双流独立嵌入建模，ViLBERT 方法代表基于 Transformer 的多模态自注意力机制建模。在这两类预训练方法的基础上，后续方法在建模方式上进行了一系列探索：UVLP 代表句子生成建模，JOIN+CO 方法代表串联集成建模，SOHO 方法代表知识记忆机制建模。

1. 图文双流独立嵌入建模

CLIP 方法 [75] 属于典型的图文双流独立嵌入建模，是视觉与语言之间最为简洁、效率最高的建模方式，也是最具有代表性和广泛影响力的预训练双流架构。该方法实现了图像、文本两种独立提取的嵌入向量之间的直接语义对齐，无须多模态交互、融合、转换。在 4 亿图文对的超大规模预训练数据的支持下，CLIP 的零样本分类性能与原版 ResNet-50 相当。

CLIP 对多个相关领域产生了广泛而深刻的影响，如数据高效的训练（DeCLIP[110]、OTTER[111]）、少样本学习（VideoCLIP[112]）、对比学习（LiT[113]、PBCL[114]）、自监督学习与弱监督学习（SLIP[115]、SWAG[116]）、噪声标签学习（NCR[117]）、计算机视觉多种下游任务（目标检测 RegionCLIP[118]、视频行为理解 PVLM[119]）、视觉–语言多种下游任务（视频文本检索 CLIP4Clip[120]、文本到图像合成 DALL·E[29]、基于文本的图像编辑与风格迁移 VQGAN-CLIP[121] 和 CLIPstyler[122]、视觉语言导航 CLIP-ViL[123]、场景识别与事件提取 CLIP-Event[155]）、图–文–音等更多模态的任务（AudioCLIP[124]）、多模态预训练大模型（ALIGN[76]、FILIP[84]、悟道·文澜[171]）、多模态预训练方法的提示与适应技术（CLIP-Adapter[125]、CoOp[126]、Tip-Adapter[127]）、多模态知识蒸馏与迁移（CLIP-TD[128]）、视觉–语言任务的评价指标（CLIPScore[129]）、大规模图文数据集的搜集与处理（LAION[130,131]）、数据隐私及安全与伦理[132] 等。

2. 多模态自注意力机制建模

ViLBERT 方法[133] 属于典型的基于 Transformer 的多模态自注意力机制建模，是较早探索将原本专为语言建模的 Transformer 模型改造成同时支持视觉 token 与语言 token 联合建模的多模态 Transformer 方法之一，也是较早采用外部图文成对数据和两阶段训练策略的视觉–语言预训练方法之一。ViLBERT 方法是双流架构的协同注意力机制，利用交叉注意力 (cross-attention，CA) 机制比普通的自注意力（self-attention，SA）机制的存储与计算代价更低。ViLBERT 方法提出之后，由于研究者们对于大幅提高多模态模型性能的迫切需要，使用 SA 和单流架构的方法数量很快超过了使用 CA 和双流架构的方法数量，成为多模态自注意力机制建模的主流类型。受 ViLBERT 方法启发，陆续出现了一些重要的视觉–语言 SA-单流架构的多模态预训练方法，包括但不限于 Unicoder-VL[60]、UNITER[101] 等。

3. 句子生成建模

Unified VLP（UVLP）方法[70] 属于句子生成建模中的共享编码器–解码器方式，这是统一视觉–语言理解与生成类任务的重要架构之一。其中的关键技术在于两个方面，一方面是 Transformer 既是编码器同时也是解码器，共享同一套模型架构与参数，另一方面是分别针对理解类任务与生成类任务的两种不同的自注意力遮挡（self-attention mask）方式。其中，对未生成内容的自注意力遮挡方式，配合 Seq2Seq 目标函数，可以实现句子生成。该方法启发了多个能够统一建模视觉–语言领域理解与生成类任务的工作，包括但不限于 OSCAR[71]、VinVL[134] 等。

4. 串联集成建模

JOIN+CO 方法 [80] 属于典型的串联集成建模。作为一种混合建模方式，该方法同时具备预训练的双流架构、单流架构、参数共享策略。该工作是串联集成建模中实现粗排 + 精排（retrieval-and-rerank）的早期工作之一，其中既实现了先粗排、再精排的检索流程，且参数共享策略极大减少了模型的参数冗余，兼顾了高性能与高效率。其中，粗排使用的是双流架构，精排使用的是单流架构，两者依次串联形成了具有较高检索性能的总体框架，参数共享策略又进一步使得整体参数量大大降低。

5. 知识记忆机制建模

SOHO 方法 [87] 属于典型的知识记忆机制建模。其维护了一个视觉词典（visual dictionary, VD），目的是将视觉嵌入离散化，使得视觉信息拥有类似语言词典的离散化词条表示，不仅可以缩小视觉 token 与语言 token 之间的语义鸿沟（semantic gap）和多模态联合建模难度，且视觉知识或概念可以视为一种符合认知记忆机制的先验结构，对于改进视觉–语言多种任务的性能具有启发意义。

视觉词典参与了如下的视觉知识查询过程：将图像提取出的网格特征嵌入作为查询，去视觉词典中检索最匹配的词条，并对图像进行视觉知识重构和语义聚合。视觉词典同样具有动态更新的可学习能力，这提高了视觉–语言理解类任务的性能与可解释性。可视化结果印证了视觉词典中的词条确实学习到了具有高度的语义一致性的有价值内容。

8.4.3 预训练任务与下游任务

下面介绍预训练任务与下游任务，并补充介绍多阶段预训练与提示学习技术。其中，预训练任务主要包括生成类、遮挡语言建模类、遮挡视觉建模类、图文对比与对齐类，其中大多数采用了无/自监督学习方法。典型的下游任务包括图文匹配、指代表达、视觉问答、视觉推理、视觉对话、图像描述、视觉语言导航等。多阶段预训练与提示学习技术是对于"单阶段预训练 + 微调"范式的补充与完善。

预训练技术的核心就是预训练任务及其下游任务的设计。相比于视觉–语言典型框架中的多模态数据集、单模态建模、多模态建模等其他阶段，最能够体现最终对接的视觉与语言任务的具体特点，以及预训练完成之后"底座不动、只替换功能头"这一架构独立性优势的，就是推断与训练阶段。其中，预训练功能头与头损失的选择与设计是预训练任务及其下游任务设计的主要内容。视觉–语言的预训练任务经历了由遮挡语言建模类到遮挡视觉建模类、由图文对比与对齐类到生成类的发展过程，下游任务经历了由单一功能到多功能、由理解到生成再到理解与生成一体化的发展过程。

1. 生成类预训练任务

生成类预训练任务是服务于图像描述、文本到图像合成等生成类下游任务的预训练任务，主要包括序列到序列建模 [52,70]、扩散先验 [30]、文本与图像基元自回归 [29]、变分自编码器重构 [29] 等类型。

序列到序列建模是一种自回归建模方式的预训练任务，支持图像到文本以及文本到图像的序列生成，是较为常见的生成类预训练任务。以图像到文本的生成为例，其通常将图像表示成 token 序列，如目标检测的包围框（bounding box）序列或者 ViT 的图像块/片段（patch）序列，并进行编码，然后经过解码器自左向右逐个词去生成句子。例如，在 UVLP[70] 中，通过设置自注意力遮挡的位置可以实现对未生成的单词信息的遮挡和句子的序列化生成。PIX2SEQ[135] 则是将序列到序列建模创造性应用到目标检测任务中，实现了对于目标的 [坐标, 类别] 序列的生成。序列到序列建模也支持文本到图像的生成，代表工作有 ERNIE-ViLG[52]，该工作不仅实现了 Transformer 模型的文本到图像的 token 序列生成，同时也支持图像到文本的 token 序列生成。可以认为，视觉与语言预训练领域的序列到序列建模受到自然语言处理（NLP）领域神经机器翻译任务的启发，目标是实现图像、文本两个"广义语种"之间语义的序列转换和跨模态翻译。

扩散先验、文本与图像基元自回归、变分自编码器重构等方法是面向图像生成的预训练任务，代表工作是 DALL·E[29] 与 DALL·E 2[30]。其中，扩散先验的代表工作是 DALL·E 2，它试图用高斯扩散模型对文本嵌入到图像嵌入进行建模，用 MSE 损失直接预测 CLIP 的图像嵌入。另两种预训练任务在 DALL·E 中出现，其中，文本与图像基元自回归的目标是训练一个自回归模型，能够根据图像 token 与文本 token 联合嵌入得到图像 token 嵌入；变分自编码器重构则是训练一个离散变分自编码器 dVAE 进行图像自编码训练，以量化后的视觉离散码本作为重构的依据，并将码本 token 序列解码成图像。

2. 遮挡语言建模类预训练任务

在理解类预训练任务中，占比最大的就是遮挡语言建模类任务，这是一类被广泛使用的无/自监督预训练方法，属于自编码类型，具有多种派生形式，可以服务于多种视觉–语言的理解类下游任务，如图文匹配、指代表达、视觉问答、视觉推理等，也对图像描述等生成类任务有帮助。其主要思想来自 NLP 领域 BERT[61] 的遮挡语言建模预训练任务，它是一种类似于完形填空的补全任务，目标是根据上下文的整体含义去推测被遮挡部分的信息，实现部分与整体的关联，其中运用到格式塔心理学（完形心理学）（Gestalt psychology）[191] 的思想。

在视觉–语言的预训练任务中，标准的遮挡语言建模相比 NLP 时增加了全部视觉

token 作为多模态线索的上下文输入，代表工作有 Unicoder-VL[60]。后续的遮挡语言建模方法则可以视为对标准形式的拓展，例如，OSCAR[71] 提出的遮挡词元损失则是在输入的数据是 [单词词元，目标标签，区域特征] 三元组时，对于单词词元和目标标签联合构成的离散词元序列进行遮挡语言建模。遮挡目标预测、遮挡属性预测、遮挡关系预测则是 ERNIE-ViL[193] 提出的面向场景图解析产生的目标节点、属性节点、目标节点间的关系进行遮挡语言建模的预测任务。CLIORA[105] 中的结构重构损失在概率上下文无关文法（probabilistic context-free grammar，PCFG）的语境下，通过类似于前向传播–反向传播的向内向外传播（inside-outside pass）过程，利用向外传播（outside pass）过程得到的某个被遮挡单词的向外向量（outside vector）（其中蕴含了整句话中除了这个单词的上下文编码信息），借助视觉线索去预测这个被遮挡的词，从而实现带有语法树结构的遮挡语言建模。ALBEF[88] 则将传统遮挡语言建模和 MoCo[194] 的动量更新相结合，实现了在视觉–语言孪生网络及其队列参与情形下的动量对比（Momentum Contrast，MoCo）式遮挡语言建模任务。

3. 遮挡视觉建模类预训练任务

遮挡视觉建模类任务是与遮挡语言建模类似的任务，只不过被遮挡和需要预测的信息是视觉信息，而不是文本信息。与遮挡语言建模不同的是，遮挡视觉建模可以预测的信息类型更加多样，包括目标类别、视觉特征、词典嵌入等。

遮挡目标分类和 KL 散度（Kullback-Leibler dibergence）的遮挡区域分类都是对于被遮挡的视觉区域进行目标类别预测的预训练任务，区别是对于目标类别的优化目标（监督信号）和优化方式（损失函数）的选择。前者是以预训练的目标检测器输出的独热（one-hot）编码硬标签（hard-label）为目标，通过交叉熵（cross-entropy，CE）损失指导多分类训练，如 Unicoder-VL[60]；后者是以预训练的目标检测器经 softmax 预测输出的软标签（soft-label）为目标，通过 KL 散度损失指导多分类训练，如 UNITER[101]。由于图文预训练数据集自身往往不存在对于具体目标的监督信息，因此上述软标签、硬标签的预训练任务都属于伪标签（pseudo label）信息指导下的伪监督学习（pseudo supervision learning）/蒸馏学习（distillation learning）。

除了对目标类别进行分类预测之外，还可以对目标的特征或者词典嵌入进行自监督回归。遮挡区域特征回归就是这样一种遮挡视觉建模方式，该预训练任务直接根据视觉–语言的上下文预测被遮挡区域特征的嵌入表示，如 UNITER[101]。带词典的遮挡视觉建模则是在视觉词典的背景下实现对于视觉嵌入的回归预测，如 SOHO[87]。从某种意义上讲，特征回归有一种类似于生成任务的属性。

基于图像连续片段遮挡的归一化均方误差像素重构是一类带有生成能力的遮挡视

觉建模类任务，该预训练任务借鉴 MAE[138] 中的像素重构建模方式，通过将文字渲染为图像，实现跨语言的迁移表示，解决扩展所支持语言的数量时遇到的词汇瓶颈问题，如 PIXEL[136]。

4. 图文对比与对齐类预训练任务

图文对比与对齐类预训练任务是具有较多派生形式的预训练任务，与图文匹配任务有着密切联系，能够服务于视觉分类、图文匹配、视觉定位、视觉问答等多种理解类下游任务。

从图文细粒度对齐的角度看，图文对比与对齐类任务包括单词-区域对齐、无监督视觉-语言语法归纳两类任务，能够支持指代表达、视觉问答等细粒度理解类下游任务。单词-区域对齐使用最优传输（optimal transport，OT）算法实现句中单词与图像区域的无监督对齐，如 UNITER[101]。无监督视觉-语言语法归纳则基于概率上下文无关文法和 Inside-Ouside 算法构建出层次化的语法分析树，并用对比学习方法将图像与各种语法成分（包括单词-短语-整句的各种层次结构）进行无监督对齐，如 CLIORA[105]。

从图文粗粒度对齐的角度看，图文对比与对齐任务包括图文对比、图文对齐、动量对比三类预训练任务，可以认为是图文匹配任务的不同具体实现方式。对比学习方法在图文对比、动量对比中起到了关键作用。图文对比中，有一对正样本与一对负样本进行比对的三元组损失，如 JOIN+CO[80]；也有一对正样本与多对负样本进行比对的信息噪声对比估计损失、多分类交叉熵损失，如 VLPT-STD[195] 和 ALIGN[76]。图文对齐是采用有监督二分类方式进行建模的预训练任务，有 Unicoder-VL[60] 中对图文样本匹配度（仅正类的概率）进行交叉熵度量，也有 ALBEF[88] 中分类功能头对样本分别属于正类和负类的二分类概率（正类、负类的概率）进行交叉熵度量。动量对比是引入动量模型和队列之后的改进版图文对比预训练任务，支持 hard label 与 soft label 混合的 KL 散度动量蒸馏损失，如 ALBEF[88]。

从时序图文对齐的角度看，图文对比与对齐任务包括来自视觉语言导航应用背景的轨迹指令匹配预训练任务。该任务需要实现导航轨迹中的图像序列与导航指令之间的语义对齐，如 HOP[138]。

5. 下游任务微调

上述四类预训练任务是针对不同类型下游任务而设计的辅助/代理任务（auxiliary/pretext task）。当完成外部数据的预训练之后，还需要在下游任务数据集上继续训练（微调），才能取得更好的性能。

图文匹配是最基础的下游任务，该任务使用最大合页损失去惩罚相似度较大的负样本对，实现拉近正样本对、疏远负样本对的效果，如 Unicoder-VL[60]。图文匹配除了可以通过无监督对比学习来建模之外，也可以用有监督二分类方式去训练，如 BLIP[81]。图文匹配这种二分类的建模方式也启发了很多理解类下游任务的训练，例如，BLIP 中的视觉对话和 UNITER[101] 中的面向现实的自然语言视觉推理（natural language visual reasoning for real, NLVR2）[192] 都采用了与图文匹配类似的二分类建模方式；UNITER 中的视觉蕴含、视觉问答、指代表达则采用了多分类的建模方式。除了理解类任务之外，生成类下游任务也可以进行微调，例如，BLIP 中的图像描述和生成式视觉问答，采用了序列到序列的损失函数去对语言进行自回归建模。

6. 多阶段预训练与提示学习技术

传统的"单阶段预训练 + 微调"的两阶段训练模式，是预训练技术的基本形式。作为对它的补充和完善，近年来出现了多阶段预训练（multi-stage pre-training）和提示学习技术，可以进一步提升预训练方法的性能。

ImageBERT[139] 采用了"两阶段预训练 + 微调"方式，第一阶段预训练在自行构建的 LAIT（使用数据量两百万，总数据量一千万）数据集上进行，第二阶段预训练在公开数据集 CC+SBU（数据量四百万）数据集上进行，微调训练在 Flickr30k[44] 和 MSCOCO[45] 上进行，实验证明了两阶段预训练确实可以实现更好的图文匹配性能。

与多阶段预训练技术不同的是，提示学习技术不需要使用外部数据，甚至不需要进行额外训练，就可以在下游任务上取得更好的性能。CLIP[75] 是图文预训练任务服务于下游的零样本视觉分类任务的代表工作，其中使用了一种称为提示模板（prompt template）的语法句型，如 "A photo of a {label}"，它可以通过把图像分类任务的 "{label}" 标签扩展成语义相同的句子。由于 CLIP 是在图像–句子成对数据集上进行的图文对比预训练，而下游任务却是在只有单词标签的视觉分类任务上进行评测，预训练任务与下游任务之间存在数据分布差异。为了更好地缩小这个差异，提升下游任务迁移泛化的性能，有必要使用上述提示模板，把单词类别转换成语义相同的句子，以便提升零样本、少样本评测的性能。

8.4.4 预训练数据集

最后一部分是预训练数据集。首先介绍一些典型的预训练数据集，然后介绍潜在的安全、伦理、隐私、版权、可解释性、可靠性等问题和相应的解决对策。

1. 典型数据集

图文对总量达到百万级的 30 个预训练数据集见表 8-4。按照图像数据量单调不减的顺序排列，图文对数量级从百万级（$1M = 10^6$）到百亿级（$10B = 10^{10}$）不等，其中标明了所属机构、图文比、是否公开、标注来源等信息。

2. 潜在问题和解决对策

在互联网大数据的支持下,众多大规模数据集的提出,极大推动了视觉与语言以及预训练领域的发展和进步。但是,互联网世界的数据内容未必都是经过审核和清洗的干净数据:个人信息未必确保没有被泄露到公共空间;受到知识产权保护的版权内容也很难保证不被篡改和滥用;客观上意识形态差异以及主观上人为故意操纵等因素引发的不当言行、不良内容、不实消息,会使得多模态数据存在固有偏见甚至恶意毒素;隐喻、暗语等内涵深刻的图文多模态内容会增加审核难度。

这些因素可能误导训练得到的视觉与语言模型,造成对他人合法权利的侵犯,产生宗教、民族/种族、性别等歧视与不公,产生社会危害。随着数据集体量的愈加庞大,潜在的安全、隐私、伦理、版权、法律等问题也逐渐显现,给视觉-语言模型的应用带来隐患。因此,有效识别和评估图文内容的危害性,阻止有害内容的产生与传播,避免传达错误理念、引发社会问题,非常重要。

文献 [133] 对大规模多模态预训练数据集的部分潜在问题与危害进行了思考,包括反思问题的来源、指出多种潜在隐患、提出面向预训练数据集的利益相关者的开放性问题。减少预训练数据集潜在危害的解决对策有:完善相关政策、法律法规,从源头上加强对数据内容制作、审核、传播的管理,提高鉴别、过滤有害内容的技术水平等。

表 8-4 预训练数据集

数据集名称/所属方法	所属机构	图像数据量	句子/图-文数据量	图文比	是否公开	标注来源
百万级						
Visual Genome[51]	斯坦福大学	图像: 108K 目标: 3.8M 区域: 5.4M	— 名称: 3.8M 描述: 5.4M	— ≈ 1 : 35 ≈ 1 : 50	√	人工
AIC-ICC[49]	创新工场、中国科学院大学等	210K	1.05M	1:5	√	人工
SBU[41,46]	石溪大学	1M	1M	1:1	√	网络
CC[47]	Google	3.3M	3.3M	1:1	√	网络
千万级						
LAIT[139]	Microsoft	10M	10M	1:1	×	网络
WIT[140]	Google	11.5M	37.5M	不定	√	Wiki
CC12M[48]	Google	12M	12M	1:1	√	网络
RedCaps[141]	密歇根大学	12M	12M	1:1	√	Reddit
GLIP[142]	加州大学洛杉矶分校、Microsoft 等	24M	24M	1:1	√	集成
悟道·文澜 1.0[196]	中国人民大学、北京智源人工智能研究院	30M	30M	1:1	×	网络
Universal Captioner[143]	摩德纳大学、NVIDIA	36.4M	36.4M	1:1	√	集成
FLAVA[197]	Facebook	68M	70M	≈ 1 : 1	√	集成

(续)

数据集名称/所属方法	所属机构	图像数据量	句子/图-文数据量	图文比	是否公开	标注来源
亿级						
悟空[50]	华为、中山大学	100M	100M	1:1	√	网络
ZeroVL[144]	字节跳动、早稻田大学等	100M	100M	1:1	×	网络
BLIP[81]	Salesforce	129M	129M	1:1	√	集成 + 算法
紫东·太素[145]	中国科学院自动化研究所、西安交通大学等	166M	219M	>1:1	√	网络 + 算法
M3W[146]	DeepMind	185M	182GB	不定	×	网络
ALT200M[147]	Microsoft	200M	200M	1:1	×	网络
VisE[152]	康奈尔大学、Facebook 等	250M	250M	1:1	×	网络
R2D2[198]	360、清华大学	250M	750M	1:3	部分	网络
FILIP[84]	华为、香港科技大学等	300M	300M	1:1	考虑	网络
CLIP[75]	OpenAI	400M	400M	1:1	×	网络
LAION-400M[130]	LAION 等	400M	400M	1:1	√	网络
悟道·文澜 2.0[171]	中国人民大学、北京智源人工智能研究院	650M	650M	1:1	×	网络
Florence[148]	Microsoft	900M	900M	1:1	×	网络
十亿级						
ERNIE-ViL 2.0[149]	百度	1100M	1100M	1:1	×	网络
ALIGN[76]	Google	1800M	1800M	1:1	×	网络
LAION-5B[131]	LAION 等	5850M	5850M	1:1	√	网络
BASIC[150]	Google	6600M	6600M	1:1	×	网络
百亿级						
书生 GV-D-10B[151]	上海人工智能实验室、商汤等	10000M	10000M	1:1	×	未知

8.5 视觉-语言发展趋势与展望

视觉-语言的发展趋势与展望，是理解类、生成类、决策-控制类任务与产学研用等议题相结合的高级形式，见表 8-5。该表可以视为表 8-1 视觉与语言的典型任务与方法中相关内容的进一步延伸和补充。

学术研究角度主要分为少样本、高效率、无监督等方面，致力于提高多模态人工智能对于训练数据、模型参数、标注信息的使用效率。前沿科学角度主要分为大模型/类脑 AGI、神经/认知科学启发等方面，侧重于多模态人工智能 + 自然科学基础研究。现实应用主要包括多模态信息获取与分析、情感与社会计算、数字内容创作、人机交互等方面，致力于提高多模态人工智能的智商、情商、想象力（创造力）、行动力。产业制造业角度主要分为芯片架构设计、分布式训练、多模态框架、评测基准等方面，侧重于打造硬软件协同的全栈产业链生态。

表 8-5 视觉-语言领域未来发展趋势与展望

任务属性	任务名称	代表方法
学术研究		
零样本/少样本	少样本的视觉-语言模型 （few-shot vision and language model）	ACMM[86] SGR+SAM[184]
轻量化/小模型	高效率的视觉-语言模型 （efficient vision-language model）	EISM[157] MMnasNet[79]
无监督/弱监督	无监督/未配对的视觉-语言任务 （unsupervised/unpaired vision and language tasks）	MACK[163] UIC[164] UT2IS[165]
前沿科学		
AGI/预训练	视觉与语言预训练大/基础模型 （vision and language multi-modal pre-training big/foundation model） 类脑/仿人通用人工智能 （brain-inspired/human-like artificial general intelligence）	紫东·太初/OPT[14] 悟道·文澜 2.0[171] M6[168]
神经科学/认知心理学	神经/认知科学启发的视觉-语言研究 （vision and language research inspired by neuroscience/cognitive science）	SCO++[85] 文澜 BriVL[170]
现实应用		
知识/推理/规划	多模态知识/知识图谱/图结构学习 （multimodal knowledge/knowledge graph/graph structure learning） 多媒体信息抽取/推理/推荐系统 （multimedia information extraction/reasoning/recommendation system）	MICRO[180] VisualSem[183] GAIA[153] MCCESM[154]
情感/人文	多模态情感与社会计算/智能 （multimodal sentiment/affective and social computing/intelligence）	MEAD[181] VisE[152] 文献 [169]
内容生成/创作	多模态内容生成/创作 （multimodal content generation/creation）	SEA-T2F[31] ERNIE-ViLG[52] DALL·E 2[30] EVA[177] Magic3D[178]

（续）

任务属性	任务名称	代表方法
交互/决策/控制	人机交互/共生 （human-AI interaction/symbiosis）	Landmark-RxR[54] NvEM[180] SayCan[166] NUI-HDMMI[167] EMRE[176]
产业制造业		
芯片/处理器架构	类脑智能芯片架构 （brain-inspired chip architecture）	PalQuant[182] 昇腾 Ascend[185] 天机芯[160-162]
分布式并行/高性能 计算/超大模型训练	稀疏的混合专家模型/系统 （sparse mixture-of-experts（SMoE）model/system） 超大规模分布式并行训练框架 （super-large-scale distributed parallel training framework）	昇思 MindSpore[186] LIMoE[173] BaGuaLu[174] FastMoE[175]
软件框架/API	视觉与语言框架 （vision and language multimodal framework）	Pythia[158] MMF[159]
评测指标/基准/标准/竞赛/平台	稳健/自动的评价指标/基准/标准/竞赛/平台 （robust/automatic evaluation metric/benchmark /standard/competition/platform）	CLIPScore[129] MUGE[6][168] AIPerf[187]

参考文献

[1] 麻省理工科技评论.《麻省理工科技评论》（MIT Technology Review）2021 年 "全球十大突破性技术"[EB/OL]. (2021-02-25) [2023-7-7]. https://www.mittrchina.com/news/detail/5626.

[2] paperswithcode.com. ImageNet Benchmark [DB/OL]. (2021-02-25) [2023-7-7]. https://paperswithcode.com/sota/image-classification-on-imagenet.

[3] gluebenchmark.com. The General Language Understanding Evaluation (GLUE) benchmark [DB/OL]. [2023-7-7]. https://gluebenchmark.com/leaderboard.

[4] benchmarks.ai/switchboard. NIST 2000 Switchboard [DB/OL]. [2023-7-7]. https://benchmarks.ai/switchboard.

[5] 尹奇跃, 黄岩, 张俊格, 等. 基于深度学习的跨模态检索综述 [J]. 中国图象图形学报, 26(06): 1368-1388.

[6] 阿里云-天池. 中文大规模多模态评测基准 MUGE [DB/OL]. (2021-08-01) [2023-7-7] https://tianchi.aliyun.com/ dataset/dataDetail?dataId=107332.

[7] WEHRMANN J, SOUZA D M, LOPES M A, et al. Language-agnostic visual-semantic embeddings [C]//Proceedings of the IEEE/CVF International Conference on Computer Vision. 2019: 5804-5813.

[8] ZHAO H, GAN C, ROUDITCHENKO A, et al. The sound of pixels [C]//Proceedings of the European conference on computer vision (ECCV). 2018: 570-586.

[9] KOLMET M, ZHOU Q, OŠEP A, et al. Text2Pos: Text-to-Point-Cloud Cross-Modal Localization [C]//Proceedings of the IEEE/CVF Conference on Computer Vision and Pattern Recognition. 2022: 6687-6696.

[10] ZHOU H, SUN Y, WU W, et al. Pose-controllable talking face generation by implicitly modularized audio-visual representation [C]//Proceedings of the IEEE/CVF Conference on Computer Vision and Pattern Recognition. 2021: 4176-4186.

[11] SU K, LIU X, SHLIZERMAN E. Audeo: Audio generation for a silent performance video [J]. Advances in Neural Information Processing Systems, 2020, 33: 3325-3337.

[12] ZENG X H, LIU B G, ZHOU M. Understanding and generating ultrasound image description [J]. Journal of Computer Science and Technology, 2018, 33(5): 1086-1100.

[13] JING Y, SI C, WANG J, et al. Pose-guided multi-granularity attention network for text-based person search [C]//Proceedings of the AAAI Conference on Artificial Intelligence. 2020, 34(07): 11189-11196.

[14] LIU J, ZHU X, LIU F, et al. Opt: omni-perception pre-trainer for cross-modal understanding and generation [J]. arXiv preprint arXiv:2107.00249, 2021.

[15] FAGHRI F, FLEET D J, KIROS J R, et al. Vse++: Improving visual-semantic embeddings with hard negatives [C]//Proceedings of the British Machine Vision Conference (BMVC), 2018: 1-13.

[16] LEE K H, CHEN X, HUA G, et al. Stacked cross attention for image-text matching [C]//Proceedings of the European Conference on Computer Vision (ECCV). 2018: 201-216.

[17] CHEN J, HU H, WU H, et al. Learning the best pooling strategy for visual semantic embedding [C]//Proceedings of the IEEE/CVF Conference on Computer Vision and Pattern Recognition. 2021: 15789-15798.

[18] MAO J, HUANG J, TOSHEV A, et al. Generation and comprehension of unambiguous object descriptions[C]//Proceedings of the IEEE Conference on Computer Vision and Pattern Recognition. 2016: 11-20.

[19] QIU S, ZHAO Y, JIAO J, et al. Referring image segmentation by generative adversarial learning [J]. IEEE Transactions on Multimedia, 2019, 22(5): 1333-1344.

[20] WANG W, HUANG Y, WANG L. Language-driven temporal activity localization: A semantic matching reinforcement learning model [C]//Proceedings of the IEEE/CVF Conference on Computer Vision and Pattern Recognition. 2019: 334-343.

[21] ZHANG Z, ZHAO Z, ZHAO Y, et al. Where does it exist: Spatio-temporal video grounding for multi-form sentences[C]//Proceedings of the IEEE/CVF Conference on Computer Vision and Pattern Recognition. 2020: 10668-10677.

[22] HU R, ANDREAS J, ROHRBACH M, et al. Learning to reason: End-to-end module networks for visual question answering[C]//Proceedings of the IEEE International Conference on Computer Vision. 2017: 804-813.

[23] JIANG H, MISRA I, ROHRBACH M, et al. In defense of grid features for visual question answering[C]//Proceedings of the IEEE/CVF Conference on Computer Vision and Pattern Recognition. 2020: 10267-10276.

[24] DAS A, KOTTUR S, GUPTA K, et al. Visual dialog [C]//Proceedings of the IEEE Conference on Computer Vision and Pattern Recognition. 2017: 326-335.

[25] LI Y, DUAN N, ZHOU B, et al. Visual question generation as dual task of visual question answering [C]//Proceedings of the IEEE Conference on Computer Vision and Pattern Recognition. 2018: 6116-6124.

[26] WANG J, WANG W, HUANG Y, et al. M3: Multimodal memory modelling for video captioning [C]//Proceedings of the IEEE Conference on Computer Vision and Pattern Recognition. 2018: 7512-7520.

[27] LI Y, OUYANG W, ZHOU B, et al. Scene graph generation from objects, phrases and region captions [C]//Proceedings of the IEEE International Conference on Computer Vision. 2017: 1261-1270.

[28] YE K, KOVASHKA A. Linguistic structures as weak supervision for visual scene graph generation[C]//Proceedings of the IEEE/CVF Conference on Computer Vision and Pattern Recognition. 2021: 8289-8299.

[29] RAMESH A, PAVLOV M, GOH G, et al. Zero-shot text-to-image generation [C]// International Conference on Machine Learning. PMLR, 2021: 8821-8831.

[30] RAMESH A, DHARIWAL P, NICHOL A, et al. Hierarchical text-conditional image generation with clip latents [J]. arXiv preprint arXiv:2204.06125, 2022.

[31] SUN J, LI Q, WANG W, et al. Multi-caption text-to-face synthesis: Dataset and algorithm [C]//Proceedings of the 29th ACM International Conference on Multimedia. 2021: 2290-2298.

[32] SAVVA M, KADIAN A, MAKSYMETS O, et al. Habitat: A platform for embodied ai research[C]//Proceedings of the IEEE/CVF International Conference on Computer Vision. 2019: 9339-9347.

[33] QI Y, WU Q, ANDERSON P, et al. Reverie: Remote embodied visual referring expression in real indoor environments [C]//Proceedings of the IEEE/CVF Conference on Computer Vision and Pattern Recognition. 2020: 9982-9991.

[34] DAS A, DATTA S, GKIOXARI G, et al. Embodied question answering [C]//Proceedings of the IEEE Conference on Computer Vision and Pattern Recognition. 2018: 1-10.

[35] GORDON D, KEMBHAVI A, RASTEGARI M, et al. Iqa: Visual question answering in interactive environments [C]//Proceedings of the IEEE Conference on Computer Vision and Pattern Recognition. 2018: 4089-4098.

[36] QIAO Y, DENG C, WU Q. Referring expression comprehension: A survey of methods and datasets[J]. IEEE Transactions on Multimedia, 2020, 23: 4426-4440.

[37] LAN X, YUAN Y, WANG X, et al. A survey on temporal sentence grounding in videos[J]. ACM Transactions on Multimedia Computing, Communications, and Applications (TOMM), 2023, 19(2): 1-33.

[38] MANMADHAN S, KOVOOR B C. Visual question answering: a state-of-the-art review[J]. Artificial Intelligence Review, 2020, 53(8): 5705-5745.

[39] WU Q, TENEY D, WANG P, et al. Visual question answering: A survey of methods and datasets[J]. Computer Vision and Image Understanding, 2017, 163: 21-40.

[40] PATIL C, PATWARDHAN M. Visual question generation: The state of the art[J]. ACM Computing Surveys (CSUR), 2020, 53(3): 1-22.

[41] STEFANINI M, CORNIA M, BARALDI L, et al. From show to tell: a survey on deep learning-based image captioning[J]. IEEE Transactions on Pattern Analysis and Machine Intelligence, 2022, 45(1): 539-559.

[42] FROLOV S, HINZ T, RAUE F, et al. Adversarial text-to-image synthesis: A review[J]. Neural Networks, 2021, 144: 187-209.

[43] GU J, STEFANI E, WU Q, et al. Vision-and-Language Navigation: A Survey of Tasks, Methods, and Future Directions[C]//In Proceedings of the 60th Annual Meeting of the Association for Computational Linguistics (Volume 1: Long Papers). ACL, 2022: 7606-7623.

[44] YOUNG P, LAI A, HODOSH M, et al. From image descriptions to visual denotations: New similarity metrics for semantic inference over event descriptions [J]. Transactions of the Association for Computational Linguistics, 2014, 2: 67-78.

[45] LIN T Y, MAIRE M, BELONGIE S, et al. Microsoft coco: Common objects in context [C]//European Conference on Computer Vision. Cham: Springer, 2014: 740-755.

[46] ORDONEZ V, KULKARNI G, BERG T. Im2text: Describing images using 1 million captioned photographs [J]. Advances in Neural Information Processing Systems, 2011, 24.

[47] SHARMA P, DING N, GOODMAN S, et al. Conceptual captions: A cleaned, hypernymed, image alt-text dataset for automatic image captioning [C]//Proceedings of the 56th Annual Meeting of the Association for Computational Linguistics (Volume 1: Long Papers). 2018: 2556-2565.

[48] CHANGPINYO S, SHARMA P, DING N, et al. Conceptual 12m: Pushing web-scale image-text pre-training to recognize long-tail visual concepts [C]//Proceedings of the IEEE/CVF Conference on Computer Vision and Pattern Recognition. 2021: 3558-3568.

[49] WU J, ZHENG H, ZHAO B, et al. Large-scale datasets for going deeper in image understanding [C]//2019 IEEE International Conference on Multimedia and Expo (ICME). IEEE, 2019: 1480-1485.

[50] GU J, MENG X, LU G, et al. Wukong: 100 Million Large-scale Chinese Cross-modal Pre-training Dataset and A Foundation Framework [C]//Thirty-sixth Conference on Neural Information Processing Systems Datasets and Benchmarks Track, 2022, 35: 26418-26431.

[51] KRISHNA R, ZHU Y, GROTH O, et al. Visual genome: Connecting language and vision using crowdsourced dense image annotations [J]. International Journal of Computer Vision, 2017, 123(1): 32-73.

[52] ZHANG H, YIN W, FANG Y, et al. ERNIE-ViLG: Unified generative pre-training for bidirectional vision-language generation [J]. arXiv preprint arXiv:2112.15283, 2021.

[53] SHUM H Y, HE X, LI D. From Eliza to XiaoIce: challenges and opportunities with social chatbots [J]. Frontiers of Information Technology & Electronic Engineering, 2018, 19(1): 10-26.

[54] HE K, HUANG Y, WU Q, et al. Landmark-RxR: Solving Vision-and-Language Navigation with Fine-Grained Alignment Supervision[J]. Advances in Neural Information Processing Systems, 2021, 34: 652-663.

[55] VASWANI A, SHAZEER N, PARMAR N, et al. Attention is all you need [J]. Advances in Neural Information Processing Systems, 2017, 30: 5998-6008.

[56] ANDERSON P, HE X, BUEHLER C, et al. Bottom-up and top-down attention for image captioning and visual question answering [C]//Proceedings of the IEEE Conference on Computer Vision and Pattern Recognition. 2018: 6077-6086.

[57] REN S, HE K, GIRSHICK R, et al. Faster r-cnn: Towards real-time object detection with region proposal networks [J]. Advances in Neural Information Processing Systems, 2015, 28: 91-99.

[58] WEHRMANN J, KOLLING C, BARROS R C. Adaptive cross-modal embeddings for image-text alignment [C]//Proceedings of the AAAI Conference on Artificial Intelligence. 2020, 34(07): 12313-12320.

[59] WU Y, WANG S, SONG G, et al. Learning fragment self-attention embeddings for image-text matching [C]//Proceedings of the 27th ACM International Conference on Multimedia. 2019: 2088-2096.

[60] LI G, DUAN N, FANG Y, et al. Unicoder-vl: A universal encoder for vision and language by cross-modal pre-training [C]//Proceedings of the AAAI Conference on Artificial Intelligence. 2020, 34(07): 11336-11344.

[61] DEVLIN J, CHANG M W, LEE K, et al. Bert: Pre-training of deep bidirectional transformers for language understanding [C]// In Proceedings of the 2019 Conference of the North

American Chapter of the Association for Computational Linguistics: Human Language Technologies, Volume 1 (Long and Short Papers). ACL, 2019: 4171-4186.

[62] DOSOVITSKIY A, BEYER L, KOLESNIKOV A, et al. An image is worth 16x16 words: Transformers for image recognition at scale [C]//International Conference on Learning Representations. 2021: 1-21.

[63] HUANG Y, WANG W, WANG L. Instance-aware image and sentence matching with selective multimodal lstm [C]//Proceedings of the IEEE Conference on Computer Vision and Pattern Recognition. 2017: 2310-2318.

[64] JI Z, WANG H, HAN J, et al. Saliency-guided attention network for image-sentence matching [C]//Proceedings of the IEEE/CVF International Conference on Computer Vision. 2019: 5754-5763.

[65] LIU C, MAO Z, ZHANG T, et al. Graph structured network for image-text matching [C]//Proceedings of the IEEE/CVF Conference on Computer Vision and Pattern Recognition. 2020: 10921-10930.

[66] LI Y, ZHANG D, MU Y. Visual-semantic matching by exploring high-order attention and distraction [C]//Proceedings of the IEEE/CVF Conference on Computer Vision and Pattern Recognition. 2020: 12786-12795.

[67] CHEN K, HUANG Q, BISK Y, et al. KB-VLP: Knowledge Based Vision and Language Pretraining [C]//International Conference on Machine Learning Workshop. PMLR, 2021, 139: 1-12.

[68] VINYALS O, TOSHEV A, BENGIO S, et al. Show and tell: A neural image caption generator [C]//Proceedings of the IEEE Conference on Computer Vision and Pattern Recognition. 2015: 3156-3164.

[69] YU J, LI J, YU Z, et al. Multimodal transformer with multi-view visual representation for image captioning [J]. IEEE Transactions on Circuits and Systems for Video Technology, 2019, 30(12): 4467-4480.

[70] ZHOU L, PALANGI H, ZHANG L, et al. Unified vision-language pre-training for image captioning and vqa [C]//Proceedings of the AAAI Conference on Artificial Intelligence. 2020, 34(07): 13041-13049.

[71] LI X, YIN X, LI C, et al. Oscar: Object-semantics aligned pre-training for vision-language tasks [C]//European Conference on Computer Vision. Cham: Springer, 2020: 121-137.

[72] XU T, ZHANG P, HUANG Q, et al. Attngan: Fine-grained text to image generation with attentional generative adversarial networks [C]//Proceedings of the IEEE Conference on Computer Vision and Pattern Recognition. 2018: 1316-1324.

[73] LI B, QI X, LUKASIEWICZ T, et al. Controllable text-to-image generation [J]. Advances in Neural Information Processing Systems, 2019, 32: 2065-2075.

[74] KIROS R, SALAKHUTDINOV R, ZEMEL R S. Unifying visual-semantic embeddings with multimodal neural language models [J]. In NIPS 2014 Workshop on Deep Learning, 2014, 1-13.

[75] RADFORD A, KIM J W, HALLACY C, et al. Learning transferable visual models from natural language supervision [C]//International Conference on Machine Learning. PMLR, 2021: 8748-8763.

[76] JIA C, YANG Y, XIA Y, et al. Scaling up visual and vision-language representation learning with noisy text supervision [C]//International Conference on Machine Learning. PMLR, 2021: 4904-4916.

[77] WANG Z, LIU X, LI H, et al. Camp: Cross-modal adaptive message passing for text-image retrieval [C]//Proceedings of the IEEE/CVF International Conference on Computer Vision. 2019: 5764-5773.

[78] HUANG Y, LONG Y, WANG L. Few-shot image and sentence matching via gated visual-semantic embedding [C]//Proceedings of the AAAI Conference on Artificial Intelligence. 2019, 33(01): 8489-8496.

[79] YU Z, CUI Y, YU J, et al. Deep multimodal neural architecture search [C]//Proceedings of the 28th ACM International Conference on Multimedia. 2020: 3743-3752.

[80] GEIGLE G, PFEIFFER J, REIMERS N, et al. Retrieve fast, rerank smart: Cooperative and joint approaches for improved cross-modal retrieval [J]. Transactions of the Association for Computational Linguistics, 2022, 10:503-521.

[81] LI J, LI D, XIONG C, et al. Blip: Bootstrapping language-image pre-training for unified vision-language understanding and generation [C]// Proceedings of the 39th International Conference on Machine Learning. PMLR, 2022, 162:12888-12900.

[82] WANG Y, YANG H, QIAN X, et al. Position focused attention network for image-text matching [C]// Proceedings of the Twenty-Eighth International Joint Conference on Artificial Intelligence. 2019: 3792-3798.

[83] ZENG Y, ZHANG X, LI H. Multi-Grained Vision Language Pre-Training: Aligning Texts with Visual Concepts [C]// Proceedings of the 39th International Conference on Machine Learning. PMLR, 2022, 162:25994-26009.

[84] YAO L, HUANG R, HOU L, et al. Filip: Fine-grained interactive language-image pre-training [C]//International Conference on Learning Representations. 2022: 1-21.

[85] HUANG Y, WU Q, WANG W, et al. Image and sentence matching via semantic concepts and order learning [J]. IEEE Transactions on Pattern Analysis and Machine Intelligence, 2018, 42(3): 636-650.

[86] HUANG Y, WANG L. Acmm: Aligned cross-modal memory for few-shot image and sentence matching [C]//Proceedings of the IEEE/CVF International Conference on Computer Vision. 2019: 5774-5783.

[87] HUANG Z, ZENG Z, HUANG Y, et al. Seeing out of the box: End-to-end pre-training for vision-language representation learning [C]//Proceedings of the IEEE/CVF Conference on Computer Vision and Pattern Recognition. 2021: 12976-12985.

[88] LI J, SELVARAJU R, GOTMARE A, et al. Align before fuse: Vision and language representation learning with momentum distillation [J]. Advances in Neural Information Processing Systems, 2021, 34: 9694-9705.

[89] XIA Y, HUANG L, WANG W, et al. Exploring entity-level spatial relationships for image-text matching [C]//ICASSP 2020-2020 IEEE International Conference on Acoustics, Speech and Signal Processing (ICASSP). IEEE, 2020: 4452-4456.

[90] LI K, ZHANG Y, LI K, et al. Visual semantic reasoning for image-text matching [C]//Proceedings of the IEEE/CVF International Conference on Computer Vision. 2019: 4654-4662.

[91] ZHANG Q, LEI Z, ZHANG Z, et al. Context-aware attention network for image-text retrieval [C]//Proceedings of the IEEE/CVF Conference on Computer Vision and Pattern Recognition. 2020: 3536-3545.

[92] HUANG P Y, CHANG X, HAUPTMANN A G. Improving what cross-modal retrieval models learn through object-oriented inter-and intra-modal attention networks [C]//Proceedings of the 2019 on International Conference on Multimedia Retrieval. 2019: 244-252.

[93] REDMON J, FARHADI A. Yolov3: An incremental improvement [J]. arXiv preprint arXiv:1804.02767, 2018.

[94] YANG Z, GONG B, WANG L, et al. A fast and accurate one-stage approach to visual grounding [C]//Proceedings of the IEEE/CVF International Conference on Computer Vision. 2019: 4683-4693.

[95] LIU T, WU Z, XIONG W, et al. Unified Multimodal Pre-training and Prompt-based Tuning for Vision-Language Understanding and Generation [J]. arXiv preprint arXiv:2112.05587, 2021.

[96] LIU Z, LIN Y, CAO Y, et al. Swin transformer: Hierarchical vision transformer using shifted windows [C]//Proceedings of the IEEE/CVF International Conference on Computer Vision. 2021: 10012-10022.

[97] GABEUR V, SUN C, ALAHARI K, et al. Multi-modal transformer for video retrieval [C]//European Conference on Computer Vision. Cham: Springer, 2020: 214-229.

[98] CROITORU I, BOGOLIN S V, LEORDEANU M, et al. Teachtext: Crossmodal generalized distillation for text-video retrieval [C]//Proceedings of the IEEE/CVF International Conference on Computer Vision. 2021: 11583-11593.

[99] DENG Z, HU X, ZHU L, et al. R3net: Recurrent residual refinement network for saliency detection [C]//Proceedings of the 27th International Joint Conference on Artificial Intelligence. Menlo Park: AAAI Press, 2018: 684-690.

[100] CAO Z, SIMON T, WEI S E, et al. Realtime multi-person 2d pose estimation using part affinity fields [C]//Proceedings of the IEEE Conference on Computer Vision and Pattern Recognition. 2017: 7291-7299.

[101] CHEN Y C, LI L, YU L, et al. Uniter: Universal image-text representation learning [C]//European Conference on Computer Vision. Cham: Springer, 2020: 104-120.

[102] MIKOLOV T, CHEN K, CORRADO G, et al. Efficient estimation of word representations in vector space [C]//In 1st International Conference on Learning Representations, ICLR 2013, Workshop Track Proceedings, 2013: 1-12.

[103] PENNINGTON J, SOCHER R, MANNING C D. Glove: Global vectors for word representation [C]//Proceedings of the 2014 conference on empirical methods in natural language processing (EMNLP). 2014: 1532-1543.

[104] DROZDOV A, VERGA P, YADAV M, et al. Unsupervised latent tree induction with deep inside-outside recursive autoencoders [C]// In Proceedings of the 2019 Conference of the North American Chapter of the Association for Computational Linguistics: Human Language Technologies, Volume 1 (Long and Short Papers) ACL, 2019: 1129-1141,

[105] WAN B, HAN W, ZHENG Z, et al. Unsupervised Vision-Language Grammar Induction with Shared Structure Modeling [C]//International Conference on Learning Representations. 2022: 1-19.

[106] SPEER R, CHIN J, HAVASI C. Conceptnet 5.5: An open multilingual graph of general knowledge [C]//Thirty-first AAAI conference on artificial intelligence. 2017, 31(1): 4444-4451.

[107] ZHOU Y, SUN Y, HONAVAR V. Improving image captioning by leveraging knowledge graphs [C]//2019 IEEE winter conference on applications of computer vision (WACV). IEEE, 2019: 283-293.

[108] MICROSOFT. Optical character recognition documentation [DB/OL]. [2023-7-7]. https://docs.microsoft.com/en-us/azure/cognitive-services/computer-vision/index-ocr.

[109] YANG Z, LU Y, WANG J, et al. Tap: Text-aware pre-training for text-vqa and text-caption [C]//Proceedings of the IEEE/CVF Conference on Computer Vision and Pattern Recognition. 2021: 8751-8761.

[110] LI Y, LIANG F, ZHAO L, et al. Supervision exists everywhere: A data efficient contrastive language-image pre-training paradigm [C] //International Conference on Learning Representations. 2022: 1-17.

[111] WU B, CHENG R, ZHANG P, et al. Data Efficient Language-supervised Zero-shot Recognition with Optimal Transport Distillation [C]//International Conference on Learning Representations. 2022: 1-19.

[112] XU H, GHOSH G, HUANG P Y, et al. Videoclip: Contrastive pre-training for zero-shot video-text understanding [C]//In Proceedings of the 2021 Conference on Empirical Methods in Natural Language Processing. ACL, 2021: 6787-6800.

[113] ZHAI X, WANG X, MUSTAFA B, et al. Lit: Zero-shot transfer with locked-image text tuning [C]//Proceedings of the IEEE/CVF Conference on Computer Vision and Pattern Recognition. 2022: 18123-18133.

[114] CARLINI N, TERZIS A. Poisoning and backdooring contrastive learning [C]//International Conference on Learning Representations. 2022: 1-13.

[115] MU N, KIRILLOV A, WAGNER D, et al. Slip: Self-supervision meets language-image pre-training [C]//European Conference on Computer Vision, 2022. Lecture Notes in Computer Science. Cham: Springer, 2022, 13686: 529-544.

[116] SINGH M, GUSTAFSON L, ADCOCK A, et al. Revisiting Weakly Supervised Pre-Training of Visual Perception Models [C]//Proceedings of the IEEE/CVF Conference on Computer Vision and Pattern Recognition. 2022: 804-814.

[117] HUANG Z, NIU G, LIU X, et al. Learning with Noisy Correspondence for Cross-modal Matching [J]. Advances in Neural Information Processing Systems, 2021, 34: 29406-29419.

[118] ZHONG Y, YANG J, ZHANG P, et al. Regionclip: Region-based language-image pretraining [C]//Proceedings of the IEEE/CVF Conference on Computer Vision and Pattern Recognition. 2022: 16793-16803.

[119] JU C, HAN T, ZHENG K, et al. Prompting visual-language models for efficient video understanding [C]//European Conference on Computer Vision, 2022. Lecture Notes in Computer Science. Cham: Springer, 2022, 13695: 105-124.

[120] LUO H, JI L, ZHONG M, et al. Clip4clip: An empirical study of clip for end to end video clip retrieval [J]. Neurocomputing, 2022, 508: 293-304.

[121] CROWSON K, BIDERMAN S, KORNIS D, et al. Vqgan-clip: Open domain image generation and editing with natural language guidance [C]// European Conference on Computer Vision, 2022. Lecture Notes in Computer Science. Cham: Springer, 2022, 13697: 88–105.

[122] KWON G, YE J C. Clipstyler: Image style transfer with a single text condition [C]// Proceedings of the IEEE/CVF Conference on Computer Vision and Pattern Recognition. 2022: 18062-18071.

[123] SHEN S, LI L H, TAN H, et al. How Much Can CLIP Benefit Vision-and-Language Tasks? [C]//International Conference on Learning Representations. 2022: 1-18.

[124] GUZHOV A, RAUE F, HEES J, et al. Audioclip: Extending clip to image, text and audio [C]//ICASSP 2022-2022 IEEE International Conference on Acoustics, Speech and Signal Processing (ICASSP). IEEE, 2022: 976-980.

[125] GAO P, GENG S, ZHANG R, et al. Clip-adapter: Better vision-language models with feature adapters [J]. arXiv preprint arXiv:2110.04544, 2021.

[126] ZHOU K, YANG J, LOY C C, et al. Learning to prompt for vision-language models [J]. International Journal of Computer Vision, 2022: 1-12.

[127] ZHANG R, FANG R, GAO P, et al. Tip-adapter: Training-free clip-adapter for better vision-language modeling[C]// European Conference on Computer Vision, 2022. Lecture Notes in Computer Science. Cham: Springer, 2022, 13695: 493-510.

[128] WANG Z, CODELLA N, CHEN Y C, et al. MAD: Multimodal Adaptive Distillation for Leveraging Unimodal Encoders for Vision-Language Tasks[J]. arXiv preprint arXiv:2204.10496, 2022.

[129] HESSEL J, HOLTZMAN A, FORBES M, et al. Clipscore: A reference-free evaluation metric for image captioning [C]// Proceedings of the 2021 Conference on Empirical Methods in Natural Language Processing. ACL, 2021: 7514-7528.

[130] SCHUHMANN C, VENCU R, BEAUMONT R, et al. Laion-400m: Open dataset of clip-filtered 400 million image-text pairs [C]//In NeurIPS 2021 Workshop on Data Centric AI, 2021: 1-5.

[131] SCHUHMANN C, BEAUMONT R, GORDON C W, et al. LAION-5B: An open large-scale dataset for training next generation image-text models [C]//In NeurIPS 2022 Datasets and Benchmarks Tracks, 2022, 35: 25278-25294.

[132] BIRHANE A, PRABHU V U, KAHEMBWE E. Multimodal datasets: misogyny, pornography, and malignant stereotypes [J]. arXiv preprint arXiv:2110.01963, 2021.

[133] LU J, BATRA D, PARIKH D, et al. Vilbert: Pretraining task-agnostic visiolinguistic representations for vision-and-language tasks [J]. Advances in Neural Information Processing Systems, 2019, 32: 13-23.

[134] ZHANG P, LI X, HU X, et al. Vinvl: Revisiting visual representations in vision-language models [C]//Proceedings of the IEEE/CVF Conference on Computer Vision and Pattern Recognition. 2021: 5579-5588.

[135] CHEN T, SAXENA S, LI L, et al. Pix2seq: A language modeling framework for object detection [C]//International Conference on Learning Representations. 2022: 1-17.

[136] RUST P, LOTZ J F, BUGLIARELLO E, et al. Language Modelling with Pixels [J]. arXiv preprint arXiv: 2207.06991, 2022.

[137] HE K, CHEN X, XIE S, et al. Masked autoencoders are scalable vision learners[C]//Proceedings of the IEEE/CVF Conference on Computer Vision and Pattern Recognition. 2022: 16000-16009.

[138] QIAO Y, QI Y, HONG Y, et al. HOP: History-and-Order Aware Pre-training for Vision-and-Language Navigation [C]//Proceedings of the IEEE/CVF Conference on Computer Vision and Pattern Recognition. 2022: 15418-15427.

[139] QI D, SU L, SONG J, et al. Imagebert: Cross-modal pre-training with large-scale weak-supervised image-text data [J]. arXiv preprint arXiv:2001.07966, 2020.

[140] SRINIVASAN K, RAMAN K, CHEN J, et al. Wit: Wikipedia-based image text dataset for multimodal multilingual machine learning[C]//Proceedings of the 44th International ACM SIGIR Conference on Research and Development in Information Retrieval. 2021: 2443-2449.

[141] DESAI K, KAUL G, AYSOLA Z, et al. RedCaps: Web-curated image-text data created by the people, for the people [C]//In NeurIPS 2021 Datasets and Benchmarks Tracks, 2021: 1-14.

[142] LI L H, ZHANG P, ZHANG H, et al. Grounded language-image pre-training [C]//Proceedings of the IEEE/CVF Conference on Computer Vision and Pattern Recognition. 2022: 10965-10975.

[143] CORNIA M, BARALDI L, FIAMENI G, et al. Universal captioner: long-tail vision-and-language model training through content-style separation [J]. arXiv preprint arXiv:2111.12727, 2021.

[144] CUI Q, ZHOU B, GUO Y, et al. ZeroVL: A Strong Baseline for Aligning Vision-Language Representations with Limited Resources [C]// European Conference on Computer Vision, 2022. Lecture Notes in Computer Science. Cham: Springer, 2022, 13696: 236-253.

[145] LIU Y, ZHU G, ZHU B, et al. TaiSu: A 166M Large-scale High-Quality Dataset for Chinese Vision-Language Pre-training[C]//Thirty-sixth Conference on Neural Information Processing Systems Datasets and Benchmarks Track, 2022, 35: 16705-16717.

[146] ALAYRAC J B, DONAHUE J, LUC P, et al. Flamingo: a visual language model for few-shot learning [C]// Proceedings of Neural Information Processing Systems (NeurIPS). 2022, 35: 23716-23736.

[147] HU X, GAN Z, WANG J, et al. Scaling up vision-language pre-training for image captioning [C]//Proceedings of the IEEE/CVF Conference on Computer Vision and Pattern Recognition. 2022: 17980-17989.

[148] YUAN L, CHEN D, CHEN Y L, et al. Florence: A new foundation model for computer vision [J]. arXiv preprint arXiv:2111.11432, 2021.

[149] SHAN B, YIN W, SUN Y, et al. ERNIE-ViL 2.0: Multi-view Contrastive Learning for Image-Text Pre-training[J]. arXiv preprint arXiv:2209.15270, 2022.

[150] PHAM H, DAI Z, GHIASI G, et al. Combined scaling for zero-shot transfer learning [J]. arXiv preprint arXiv:2111.10050, 2021.

[151] SHAO J, CHEN S, LI Y, et al. Intern: A new learning paradigm towards general vision [J]. arXiv preprint arXiv:2111.08687, 2021.

[152] JIA M, WU Z, REITER A, et al. Exploring visual engagement signals for representation learning [C]//Proceedings of the IEEE/CVF International Conference on Computer Vision. 2021: 4206-4217.

[153] LI M, ZAREIAN A, LIN Y, et al. Gaia: A fine-grained multimedia knowledge extraction system [C]//Proceedings of the 58th Annual Meeting of the Association for Computational Linguistics: System Demonstrations. 2020: 77-86.

[154] ABAVISANI M, WU L, HU S, et al. Multimodal categorization of crisis events in social media [C]//Proceedings of the IEEE/CVF Conference on Computer Vision and Pattern Recognition. 2020: 14679-14689.

[155] LI M, XU R, WANG S, et al. Clip-event: Connecting text and images with event structures [C]//Proceedings of the IEEE/CVF Conference on Computer Vision and Pattern Recognition. 2022: 16420-16429.

[156] SU Y, FAN K, BACH N, et al. Unsupervised multi-modal neural machine translation[C]//Proceedings of the IEEE/CVF Conference on Computer Vision and Pattern Recognition. 2019: 10482-10491.

[157] HUANG Y, WANG Y, WANG L. Efficient Image and Sentence Matching [J]. IEEE Transactions on Pattern Analysis and Machine Intelligence, 2023, 45(3): 2970-2983.

[158] SINGH A, NATARAJAN V, JIANG Y, et al. Pythia-a platform for vision & language research[C]//SysML Workshop, NeurIPS. 2018: 1-4.

[159] GITHUB. MMF: A multimodal framework for vision and language research [DB/OL]. [2023-7-15]. https://github.com/facebookresearch/mmf.

[160] PEI J, DENG L, SONG S, et al. Towards artificial general intelligence with hybrid Tianjic chip architecture[J]. Nature, 2019, 572(7767): 106-111.

[161] YAO P, WU H, GAO B, et al. Fully hardware-implemented memristor convolutional neural network[J]. Nature, 2020, 577(7792): 641-646.

[162] ZHANG Y, QU P, JI Y, et al. A system hierarchy for brain-inspired computing[J]. Nature, 2020, 586(7829): 378-384.

[163] HUANG Y, WANG Y, ZENG Y, et al. MACK: Multimodal Aligned Conceptual Knowledge for Unpaired Image-text Matching[C]//Advances in Neural Information Processing Systems, 2022, 35: 7892-7904.

[164] FENG Y, MA L, LIU W, et al. Unsupervised image captioning [C]//Proceedings of the IEEE/CVF Conference on Computer Vision and Pattern Recognition. 2019: 4125-4134.

[165] DONG Y, ZHANG Y, MA L, et al. Unsupervised text-to-image synthesis [J]. Pattern Recognition, 2021, 110: 107573.

[166] AHN M, BROHAN A, BROWN N, et al. Do as i can, not as i say: Grounding language in robotic affordances [J]. arXiv preprint arXiv:2204.01691, 2022.

[167] FERNANDEZ R A S, SANCHEZ-LOPEZ J L, SAMPEDRO C, et al. Natural user interfaces for human-drone multi-modal interaction [C]//2016 International Conference on Unmanned Aircraft Systems (ICUAS). IEEE, 2016: 1013-1022.

[168] LIN J, MEN R, YANG A, et al. M6: A chinese multimodal pretrainer [C]// Proceedings of the 27th ACM SIGKDD Conference on Knowledge Discovery & Data Mining. ACM, 2021: 3251-3261.

[169] KIELA D, FIROOZ H, MOHAN A, et al. The hateful memes challenge: Detecting hate speech in multimodal memes[J]. Advances in Neural Information Processing Systems, 2020, 33: 2611-2624.

[170] LU H, ZHOU Q, FEI N, et al. Multimodal foundation models are better simulators of the human brain[J]. arXiv preprint arXiv:2208.08263, 2022.

[171] FEI N, LU Z, GAO Y, et al. Towards artificial general intelligence via a multimodal foundation model[J]. Nature Communications, 2022, 13(3094): 1-13.

[172] WANG W, BAO H, DONG L, et al. Image as a foreign language: Beit pretraining for all vision and vision-language tasks[J]. arXiv preprint arXiv:2208.10442, 2022.

[173] MUSTAFA B, RIQUELME C, PUIGCERVER J, et al. Multimodal Contrastive Learning with LIMoE: the Language-Image Mixture of Experts[C]// Proceedings of Neural Information Processing Systems (NeurIPS). 2022, 35: 9564-9576.

[174] MA Z, HE J, QIU J, et al. BaGuaLu: targeting brain scale pretrained models with over 37 million cores[C]//Proceedings of the 27th ACM SIGPLAN Symposium on Principles and Practice of Parallel Programming. 2022: 192-204.

[175] HE J, QIU J, ZENG A, et al. Fastmoe: A fast mixture-of-expert training system[J]. arXiv preprint arXiv:2103.13262, 2021.

[176] KRISHNASWAMY N, PUSTEJOVSKY J. Generating a novel dataset of multimodal referring expressions[C]//Proceedings of the 13th International Conference on Computational Semantics-Short Papers. 2019: 44-51.

[177] RACH N, WEBER K, PRAGST L, et al. Eva: a multimodal argumentative dialogue system[C]//Proceedings of the 20th ACM International Conference on Multimodal Interaction. 2018: 551-552.

[178] LIN C H, GAO J, TANG L, et al. Magic3D: High-Resolution Text-to-3D Content Creation[J]. arXiv preprint arXiv:2211.10440, 2022.

[179] AN D, QI Y, HUANG Y, et al. Neighbor-view enhanced model for vision and language navigation[C]//Proceedings of the 29th ACM International Conference on Multimedia. 2021: 5101-5109.

[180] ZHANG J, ZHU Y, LIU Q, et al. Latent Structure Mining With Contrastive Modality Fusion for Multimedia Recommendation[J]. IEEE Transactions on Knowledge and Data Engineering, 2023, 35(9): 9154-9167.

[181] WANG K, WU Q, SONG L, et al. Mead: A large-scale audio-visual dataset for emotional talking-face generation[C]//European Conference on Computer Vision. Cham: Springer, 2020: 700-717.

[182] HU Q, LI G, WU Q, et al. PalQuant: Accelerating High-Precision Networks on Low-Precision Accelerators[C]//European Conference on Computer Vision. Cham: Springer, 2022: 312-327.

[183] ALBERTS H, HUANG T, DESHPANDE Y, et al. VisualSem: a high-quality knowledge graph for vision and language[C]//In Proceedings of the 1st Workshop on Multilingual Representation Learning. ACL, 2021: 138-152.

[184] BITEN A F, MAFLA A, GÓMEZ L, et al. Is an image worth five sentences? a new look into semantics for image-text matching[C]//Proceedings of the IEEE/CVF Winter Conference on Applications of Computer Vision. 2022: 1391-1400.

[185] LIANG X. Ascend AI Processor Architecture and Programming: Principles and Applications of CANN[M]. NewYork: Elsevier, 2020.

[186] HUAWEI TECHNOLOGIES CO., LTD. Huawei MindSpore AI Development Framework[M]//Artificial Intelligence Technology. Singapore: Springer Nature, 2022: 137-162.

[187] REN Z, LIU Y, SHI T, et al. AIPerf: Automated machine learning as an AI-HPC benchmark[J]. Big Data Mining and Analytics, 2021, 4(3): 208-220.

[188] WANG R, TAN X, LUO R, et al. A survey on low-resource neural machine translation[C]//Proceedings of the Thirtieth International Joint Conference on Artificial Intelligence Survey Track. 2021: 4636-4643.

[189] MOGADALA A, KALIMUTHU M, KLAKOW D. Trends in integration of vision and language research: A survey of tasks, datasets, and methods[J]. Journal of Artificial Intelligence Research, 2021, 71: 1183-1317.

[190] LI F, ZHANG H, ZHANG Y F, et al. Vision-Language Intelligence: Tasks, Representation Learning, and Large Models[J]. arXiv preprint arXiv:2203.01922, 2022.

[191] GERRIG R J, ZIMBARDO P G. Psychology and life[M]. Boston: Pearson Education, 2010.

[192] SUHR A, ZHOU S, ZHANG A, et al. A Corpus for Reasoning about Natural Language Grounded in Photographs[C]// In Proceedings of the 57th Annual Meeting of the Association for Computational Linguistics. ACL, 2019: 6418-6428.

[193] YU F, TANG J, YIN W, et al. Ernie-vil: Knowledge enhanced vision-language representations through scene graphs [C]//Proceedings of the AAAI Conference on Artificial Intelligence. 2021, 35(4): 3208-3216.

[194] HE K, FAN H, WU Y, et al. Momentum contrast for unsupervised visual representation learning[C]//Proceedings of the IEEE/CVF Conference on Computer Vision and Pattern Recognition. 2020: 9729-9738.

[195] SONG S, WAN J, YANG Z, et al. Vision-Language Pre-Training for Boosting Scene Text Detectors [C]//Proceedings of the IEEE/CVF Conference on Computer Vision and Pattern Recognition. 2022: 15681-15691.

[196] HUO Y, ZHANG M, LIU G, et al. WenLan: Bridging vision and language by large-scale multi-modal pre-training[J]. arXiv preprint arXiv:2103.06561, 2021.

[197] SINGH A, HU R, GOSWAMI V, et al. Flava: A foundational language and vision alignment model[C]//Proceedings of the IEEE/CVF Conference on Computer Vision and Pattern Recognition. 2022: 15638-15650.

[198] XIE C, CAI H, SONG J, et al. Zero and R2D2: A Large-scale Chinese Cross-modal Benchmark and A Vision-Language Framework[J]. arXiv preprint arXiv:2205.03860, 2022.

[199] GAN Z, LI L, LI C, et al. Vision-language pre-training: Basics, recent advances, and future trends[J]. Foundations and Trends® in Computer Graphics and Vision, 2022, 14(3-4): 163-352.

第 9 讲
图像的三维重建

9.1 背景介绍

从图像中恢复场景的三维几何信息是计算机视觉中的一个经典核心问题，在自动驾驶、虚拟现实、机器人导航、工业控制、3D 打印和医学诊断等领域都有着广泛的应用。

相比于二维图像，三维数据的表达方式更加多种多样，例如体素（voxel）、点云（point clouds）、多边形网格 (polygon mesh)，以及隐函数（implicit surface function）等，如图 9-1 所示。⊖ 其中，体素可以被视为 3D 空间的像素，是均匀量化的、大小固定的点云。每个体素单元都是固定大小，具有固定的离散坐标。为了表达精细的物体三维结构，就需要高分辨率的体素，然而高分辨率的存储存在极大困难。相比于体素，点云记录了每个物体表面点的三维空间坐标以及颜色，存储相对容易，但是缺乏对纹理的刻画。而多边形网格是一种显示应用中广泛使用的显式三维表示，用于表达物体表面的位置。最基本的网格三维表示由两部分组成：顶点和面。其中，为了方便渲染，面通常由三角形、四边形或者其他的简单凸多边形组成。最后，基于隐函数的形状表达通常用一个函数来表示物体的表面。

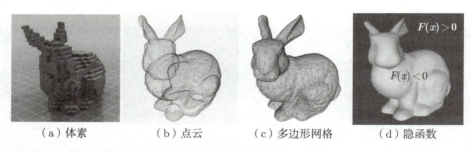

（a）体素　　　（b）点云　　　（c）多边形网格　　　（d）隐函数

图 9-1　三维数据的不同表达方式。（对于隐函数表达，对于某一个物体表面的一点 x，满足 $F(x) = 0$，其中函数 F 为该物体三维表达的隐函数，它刻画了物体在三维空间中的形态。）

在实际场景中，根据输入数据的类型，图像的三维重建可以分为基于多张图像的三维重建[1-4]citegu2020cascadeMVS、基于单张图像的三维重建[5-6]、基于点云的三维重建[7-8]、基于 RGB-D 数据的重建[9] 等多种类型。对于给定多张图像的多视角重建（multiview stereo），其本质是根据三维空间的点投影到二维图像上的数学方程建立图像上的点和其空间坐标的关系。然后利用多张图像中对应点的匹配求解对应点的三维坐

⊖ 深度图刻画了物体的点到相机的位置，通常被称为 2.5D。单个深度图并不能完整表达物体的空间三维信息。因此本章并未对深度图估计进行介绍。

标。而基于单张图像的三维重建是一个病态的（ill-posed）问题，因为在从三维物体投影为二维图像的过程中，深度信息不可逆地丢失了。但是单张图像中有一些关于图像深度的线索，例如物体的遮挡关系，以及物体的大致尺寸和形状等。因此可以基于这些先验去估计物体的三维形态。此外，点云数据和 RGB-D 数据比 RGB 数据本身提供了更为丰富的空间信息，因而可以帮助三维重建。

在基于点匹配的多视角重建问题中，对于纹理丰富的点可以找到同一个点在不同图像中的匹配。然而在真实场景中经常存在少纹理、无纹理区域，以及重复纹理区域，这导致基于像素点或者手动特征设计的关键点（如 SIFT[10]）很难找到匹配的点。近年来，深度学习在图像和视频表征方面取得了巨大成功[11-13]，因此研究人员尝试利用深度学习进行区域特征提取以找到更加稳健的匹配[2]。此外，对于其他类型输入的三维重建，深度学习都展现出了极其优异的性能，极大促进了三维重建的发展[5,8,14]。本章简要回顾经典三维重建算法和对应的采集方案，并进一步根据三维表达的形式，分别从体素重建、网格重建、隐函数重建等角度介绍基于深度学习的三维重建进展。

9.2 传统三维重建方法回顾

9.2.1 经典多视点几何三维重建

在经典的多视点三维重建问题中，通常基于场景刚性等假设，依托三维模型表达，使得多视角下的图像和模型投影之间的关系具备一致性，从而构建出高精度和细节还原的三维模型。此类方法首先需要估计多视角的相机参数，确定相机在拍摄图像时的位置和朝向。常用的相机参数估计方法包括运动恢复结构、特征点检测和光束平差法等。其中，运动恢复结构是基于相邻帧之间的运动关系进行相机参数估计，其基本思想是利用相邻帧之间的运动信息来估计相机的位置和姿态。特征点检测则通常基于图像中的特殊结构（如角点、边缘等）进行相机参数估计，传统的手动特征设计算法包括 SIFT、SURF 和 ORB 等。这些方法的主要优点是不需要提前知道相邻帧之间的运动关系，但需要保证图像中有足够的特征点，通常难以应付真实场景中的少纹理、无纹理、重复纹理区域。光束平差法是一种基于多个带有已知位置和朝向的控制点的图像进行相机参数估计的方法。该方法需要测量控制点在图像中的位置，并利用光束平差法求解相机的位置和姿态。光束平差法的优点是精度高，但需要确定控制点的位置和朝向。

获得多个视角下的二维图像及相机参数后,传统三维重建常使用多视角立体算法。常用的多视角立体算法包括深度图重建、点云重建和体积融合等关键步骤。其中,深度图重建旨在通过计算不同视角下的视差来得到每个像素的深度信息,从而构建深度图。然后,将深度图转化为点云模型,最终得到重建的三维场景。点云重建则是一种直接将多个视角下的图像中的特征点转化为三维点云的方法。该方法通常需要通过视差计算和重投影误差最小化等技术来确定每个点的精确位置。点云重建的优点是可以得到较为精确的三维点云模型,但其对噪声和遮挡等问题较为敏感。体积融合则将每个视角下的点云或深度图转化为三维体素模型,并将它们通过加权平均或逐层融合的方式组合成单个三维模型。体积融合的优点是可以获得更精确和稠密的三维重建结果,但需要对不同视角下的数据进行对齐和融合。

9.2.2 经典光度立体三维重建

传统三维重建的另一重要思路是使用不同光照条件下的二维图像信息来获得三维模型。在此类经典光度立体三维重建方法中,通常假设场景中的物体是具有光学特性的,即物体表面的亮度值可以被描述为场景中的光源、物体的反射率,以及观察者的位置和方向等因素的函数。

单视角的光度立体法从单个视角不同光照的图像序列中恢复物体表面法向量和深度信息,并通过对表面法向量的积分,进一步得到视角下的物体三维形状信息。其中,漫反射光度立体是一种用于重建三维物体表面形状的计算机视觉技术。此类方法假设物体表面具有漫反射特性,即入射光线在碰到物体表面后会均匀地反射出去,而不会出现镜面反射。漫反射光度立体通过观察物体在不同光源方向下的亮度变化,估计物体表面法向量的方向,并从法向量中恢复出物体表面的三维几何结构。漫反射光度立体通常使用三个或更多不同方向的光源进行观察,因此可以使用线性代数工具求解一个超定的线性方程组来计算法向量。然后,通过对法向量进行积分,可以获得物体表面的高度场,从而得到物体的三维重建结果。漫反射光度立体的优点在于其简单性和有效性,但需要保证物体表面是漫反射的,且需要对光源进行精确的标定。可以通过估计每个像素的法向量,即每个像素表面在空间中的朝向,进而对物体表面的形状进行积分,从而得到三维重建的结果。一种常用的方法是通过路径积分来进行表面积分。需要注意的是,这个积分得到的结果可能存在一个常数偏移。为了得到唯一的结果,需要使用额外的约束条件,例如,假设物体的底部在一个特定的位置。

假设光源位置已知的情况通常是在实验室或工业生产场景中。而在自然场景中,通常缺乏适合的设备来提供精确的校准球或定位装置等。因此,需要研究可以同时恢复形状和光照信息的无标定光度立体算法。最早的无标定光度立体算法采用矩阵分解方法解决未知点光源的求解，但是在着色模型中加入了一个常数环境项。具体来说，假设每个像素的辐射强度由来自多个光源的光线组成，这些光源的数量可以大于三个。通过对多幅图像进行分解，可以估计出每个光源的方向和强度，从而实现了对多光源情况下物体表面法向量的恢复。总的来说，在未知光源情况下，可以通过将多幅图像中的像素辐射强度进行矩阵分解，来估计物体表面的法向量和高度。通过对光照模型进行推广，可以处理不同数量和位置的光源，并实现对物体表面的恢复。这种方法的优点是，不需要准确的光源信息，只需要使用多张照片即可推断物体的表面。然而，它的缺点是需要处理的图像数量较多，处理过程也较为复杂。此外，在某些情况下，这种方法可能会受到光线反射和阴影等问题的影响。

光度立体重建技术主要是基于物体表面反射性质的变化，从而推测出物体的三维形态。之前的方法假设物体表面是按照朗伯模型来反射光线的，也就是表面是均匀且漫反射的。但是在实际中，大多数物体表面的反射性质并不完全符合朗伯模型或者完美的镜面反射模型，所以需要引入其他的反射模型来处理这种情况。如果光照方向已知或可以控制，而反射性质未知，就需要用到未知反射的光度立体方法。这种方法通过分离物体表面不同成分的光反射，进而推测出物体表面的形状，从而实现三维重建。这种方法中包括了一些基于参数模型和对称性等不同策略，但也存在一些限制，例如需要特定的光源和相机位置等条件。与其他光度立体方法相比，未知反射的光度立体方法具有一些优点，如不需要事先了解物体的反射属性，能够对物体的表面进行更精确的重建等。但是，该方法也存在一些缺点，如需要较高的计算资源和算法的复杂性等。

多视角光度立体三维重建进一步基于多视角图像从多个角度获取物体的信息，提供更全面的物体模型。相比于经典的多视点几何三维重建方法，多视角光度立体方法可以从光度变化中恢复物体表面的法向量信息和反射性质，进而获得更加精确的三维模型。多视角图像也为物体表面提供了重叠的覆盖区域，从而提高了表面信息的稳健性。此外，在该方法中，也可以结合经典的立体算法，以解决在纹理变化较小的物体表面上重建效果不佳的问题。多视角光度立体三维重建是一种集成了多视角信息和光度变化信息的三维重建方法，能够获得更加准确和全面的物体模型。

9.2.3 常见数据采集设备

获取三维重建的多视角信息常采用多相机采集方案。传统多相机采集方案有多种实现方式，如在一个平面上排列多个相机，或者在一个立体几何采集阵列穹顶中排列多个相机。在平面排列的方案中，相机数量较少，可以采集小型场景；在立体几何采集阵列穹顶排列的方案中，相机数量较多，可以采集大型场景，并且可以获得更多的视角，提高重建质量。这种方案需要相机之间进行同步，并且相机之间的位置关系需要精确测量和标定。在采集过程中，需要考虑如何避免遮挡和重叠区域的处理等问题。自由视点视频的采集系统使用了更多的相机和灯光设备，以捕捉更多角度和光照变化，并配备专业的采集软件，以达到更高的采集质量和更精确地采集结果。而对于大规模场景的采集，则需要使用更多的相机和灯光设备，并配备高效的采集和处理算法，如分布式算法和云计算技术，以保证采集效率和质量。近年来，随着移动设备的普及，轻量级手机端采集阵列逐渐成为一种新的多视点立体几何采集方式。这种采集方式不需要专门的相机设备，而是使用普通的移动设备，如智能手机和平板电脑，搭载特定的软件和硬件，通过分布在不同位置的多个移动设备进行拍摄，实现多视点采集。这种方案可以提高采集的灵活性和移动性，并且相对传统的多相机采集方案成本较低。

光度立体光场采集则进一步要求捕捉目标对象周围的多视角和多光照信息。其中，Light Stage 是一款采用光度立体采集技术的典型采集系统。该系统可以对每个光源进行编程控制，以模拟各种理想的光照环境，并使用了光度立体法完成对目标模特面部法向量的直接扫描，从而获得高精度的人脸模型。与传统的摄影制图法相比，光度立体法能够达到更高的细节程度，保证了三维模型的逼真度和真实感。LightStage 不断进行升级改进，目前已经发展到 Light Stage 6，并推出最新一代系统 Light Stage X，以更好地实现其在影视等领域的应用。国内的光度立体法采集系统也正迅速发展，其中上海科技大学 MARS 实验室的穹顶光场是一个非常有代表性的例子。该系统采用了约 150 个 256 级可控 LED 光源，每个 LED 光源带有 6 个高亮度 LED 灯珠，并均匀分布于一个直径约 3 米的铝合金框架球体上。通过最高 1000Hz 的频率变化亮度并与三台高速相机、三十台工业相机实现毫秒级同步，该系统可以达到毛孔级别的精度，并且能够输出四维高精度几何与 PBR 材质。在无数次算法迭代后，该系统已经可以为影视需求提供千万面级高模，并且对游戏行业也提供低模+Normal 的解决方案。除此之外，上海科技大学研发了巨型穹顶光场系统，构建了一个直径为 8 米的球形光场，由 460 个灯光面板组成，共计 22 080 个可独立控制的光源，支持多种多样的照明并形成了全面的颜色光谱。32 台 8K 分辨率的单反相机以 5FPS 的频率在被摄主体四周排列，与灯光同步拍摄采集人体或全场景的多视角梯度光数据。根据这些高质量的梯度光数据，通过光度立体法就可以估计出物体表面在三维空间中的法向量，从而实现物体表面的材质解耦和精细的几何三维重建。

9.3 深度学习对基于不同形状表达的三维重建

深度学习在特征提取方面有很大优势，因此它被广泛用于三维重建。由于场景和物体的形状表达方式不同，所以针对不同的形状表达方式，可以采用不同的深度神经网络架构。

9.3.1 基于体素的显式三维表达

由于体素是均匀的三维网格结构，代表了物体在空间中的占据（occupancy），所以可以用深度神经网络直接对体素的占据进行分类。早期的做法包括基于 Deep Belief Network 的 3D ShapeNets[15] 和基于三维卷积神经网络的 VoxNet[16] 等。此外，针对多张输入，研究人员提出 3D-R2N2[17]，利用基于循环神经网络的架构来预测物体形状的体素。尽管这些神经网络从任意视角接收单张或多张对象实例的图像，并以体素的形式输出目标的重建结果，但是这些方法生成的体素分辨率较低。生成更高分辨率的体素对于三维重建至关重要。但是更高的分辨率会带来巨大的存储开销。如何进行高效经济的体素表达至关重要。对此，研究人员提出可以利用八叉树（octree）及其变体进行体素的表达，可以有效降低存储开销，同时，通过设计针对八叉树存储的网络，可以提升基于体素的三维重建的精度。

1. 基于八叉树表达的体素重建

HSP[18] 是一种以八叉树存储作为体素表达的代表性方法，如图 9-2 所示。进一步地，HSP 将体素又分为物体外面自由空间的体素（free space）、物体表面的体素（boundary space）和物体内部的体素（occupied space）。而对于物体外部的体素和物体内部的体素不需要很高的分辨率。高分辨率的体素表达仅需要关注物体表面的体素。因此，HSP 提出由粗到细地逐渐增加体素的分辨率。同时，由于高分辨率体素表达仅需要关注物体表面的体素，可以极大地降低计算开销。

HSP 的做法如图 9-3所示。它将输入（可以为图像、深度图或者部分的体素）经过基于卷积神经网络的编码器提取特征，然后经过解码器得到分辨率由小到大的基于八叉树的体素表达。记 $F^{l,s}$ 为第 l 层八叉树的第 s 个位置的体素特征。为了得到更高分辨率的体素特征并进行分类，解码器包含特征裁剪（feature cropping）、特征上采样 (feature upsampling) 和输出生成 (output generation) 部分。对于某一个关注的体素，为生成其八叉树孩子节点特征，HSP 的特征裁剪取一个比当前体素空间更大的一个区域的特征作为后续的输入，如图 9-4所示。这样可以保证生成的体素更加平滑。而特征上采样采用反卷积神经网络增大体素的分辨率，得到下一层的体素特征 $F^{l+1,r}$，如图 9-4 所示。在输出生成部分，将特征 $F^{l+1,r}$ 输入卷积神经网络判断体素的类型是物体边缘、内部还是外部。如果是边缘，则需要进一步对该体素进行划分，再次预测。这样就可以由粗到细地得到高分辨率的体素表达。

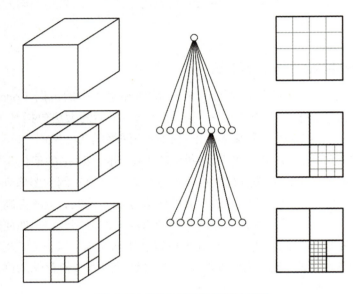

图 9-2　HSP 的八叉树表示[18]

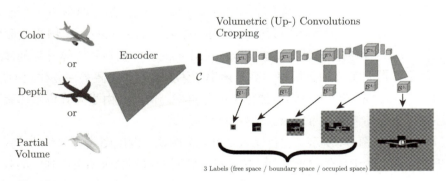

图 9-3　HSP 示意图[18]

进一步地，为了获得更高分辨率的体素表达，研究人员提出一种八叉树生成网络（octree generating network，OGN）[19]，该网络通过一种卷积解码器可以生成八叉树结构（即哪些单元需要被继续划分），同时还能预测八叉树的每个单元（cell）的占用情况

[即是否为物体外部的自由空间（free），物体内部的空间（filled），或者是物体外部和内部的交叉混合空间（mixed），需要进一步划分]。该网络具有计算和内存占用高效的特点。

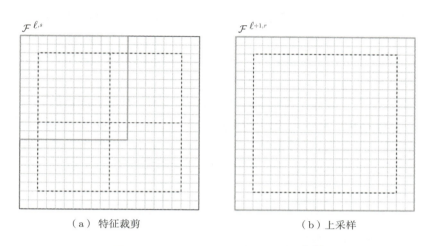

图 9-4　HSP 的特征裁剪和上采样[18]

OGN 的网络结构如图 9-5所示。OGN 也采用了卷积和上采样的操作增大输出的分辨率。在 OGN 的初始阶段，卷积神经网络作用于基于标准的体素网格（在图中标为"dense"），但在几层操作之后，OGN 将标准的体素网格替换为八叉树的表达，并基于八叉树的表达进行卷积的操作，分阶段预测八叉树的结构以及八叉树每个单元的占用情况（是内部、外部还是混合空间）。然后对那些混合空间继续利用卷积细分。这样就可以使用由粗到细的策略在不同阶段输出具有不同分辨率的重建结果。基于 OGN 的网络最多可以输出分辨率为 512^3 的体素表达。

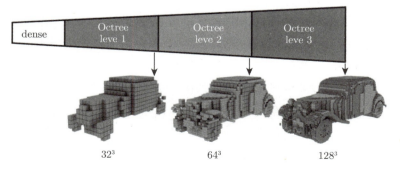

图 9-5　OGN 的网络结构，可以逐渐输出更好分辨率的体素，最高可以达到 512^3 [19]

2. 基于八叉树表达的体素重建卷积网络

传统的基于标准网格的卷积使用到八叉树结构上时，面临着数据读取等额外的开销。具体而言，传统的八叉树基于指针的存储，在进行子节点检索的时候，需要多次指引。而神经网络的卷积和池化需要频繁获取数据，因而对于很深的高分辨率八叉树，数据索引对应的额外开销很大。因此许多研究人员试图通过设计新的八叉树结构，并探索在八叉树上进行卷积、合并和反池化等操作。典型的网络有 OctNet[20]、O-CNN[21]、Adaptive O-CNN[22] 等。

针对卷积过程中的数据获取问题，OctNet[20] 提出一种混合网格的八叉树（hybrid grid octree）数据结构。对一个规则网格（regular grid），该数据结构利用多个浅层的八叉树，依旧可以获得很高的体素分辨率。如图 9-6 所示，对一个三维的网格，在每个方向用 2 个深度为 3 的八叉树，可以获得的体素的分辨率为 $(2 \times 8)^3$。

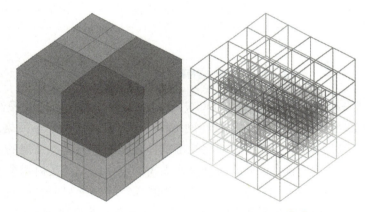

图 9-6 OctNet 的混合网格–八叉树结构[20]

此外，为表达一个深度为 3 的八叉树，该方法提出用一个 73 比特的由 0 和 1 构成的字符串来表达。该字符串的位置索引为 0 的位置用 0 和 1 表达根节点是否要做下一层的划分；位置索引为 1~8 的位置的值代表子节点是否需要做进一步的划分；位置索引为 9~72 的位置的值代表叶子节点是否需要做进一步的划分，如图 9-6 所示。基于这样的表达可以不需要指针即可对父节点和子节点进行快速索引：

$$\mathrm{pa}(i) = \lfloor \frac{i-1}{8} \rfloor \tag{9-1}$$

$$\mathrm{ch}(i) = 8 \cdot i + 1 \tag{9-2}$$

混合网格–八叉树的比特表示如图 9-7 所示。

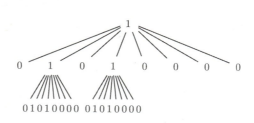

（a）Shallow Octree　　　　（b）Bit - Representation

图 9-7　混合网格–八叉树的比特表示[20]

此外，基于 OctNet 定义的混合网格–八叉树结构，可以更高效地实现卷积神经网络的卷积池化、反池化等操作。首先来定义一些符号：$\boldsymbol{T}_{i,j,k}$ 表示三维张量 $\boldsymbol{T}$ 在位置 (i,j,k) 处的值；假设有一个 $D \times H \times W$ 的最大深度为 3 的非平衡混合网格–八叉树结构，令 $O[i,j,k]$ 表示该结构中包含了体素 (i,j,k) 的最小单元的值。则从混合网格–八叉树结构 O 到张量 $\boldsymbol{T}$ 的映射以及逆映射可以分别表示为：

$$\text{oc2ten}: \boldsymbol{T}_{i,j,k} = O[i,j,k] \tag{9-3}$$

$$\text{ten2oc}: O[i,j,k] = \underset{(\bar{i},\bar{j},\bar{k}) \in \Omega[i,j,k]}{\text{poolvoxels}} \left(\boldsymbol{T}_{\bar{i},\bar{j},\bar{k}} \right) \tag{9-4}$$

其中，poolvoxels 是一个池化函数，它对所有包含位置 (i,j,k) 的最小单元所对应的 $\boldsymbol{T}$ 中的体素进行池化，表示为 $\Omega[i,j,k]$。

卷积是卷积神经网络中最重要的且开销最大的操作。对于一个特征图，使用三维卷积核 $\boldsymbol{W} \in \mathbb{R}^{L \times M \times N}$ 对三维张量 $\boldsymbol{T}$ 进行卷积的操作可以表示为：

$$\boldsymbol{T}^{\text{out}}_{i,j,k} = \sum_{l=0}^{L-1} \sum_{m=0}^{M-1} \sum_{n=0}^{N-1} \boldsymbol{W}_{l,m,n} \cdot \boldsymbol{T}^{\text{in}}_{\hat{i},\hat{j},\hat{k}} \tag{9-5}$$

其中，$\hat{i} = i - l + \lfloor L/2 \rfloor, \hat{j} = j - m + \lfloor M/2 \rfloor, \hat{k} = k - n + \lfloor N/2 \rfloor$。相似地，混合网格–八叉树数据结构上的卷积操作定义为：

$$O^{\text{out}}[i,j,k] = \text{poolvoxels}\left(\boldsymbol{T}_{\bar{i},\bar{j},\bar{k}}\right) \tag{9-6}$$

$$\boldsymbol{T}_{(\bar{i},\bar{j},\bar{k}) \in \Omega[i,j,k]} = \sum_{l=0}^{L-1} \sum_{m=0}^{M-1} \sum_{n=0}^{N-1} \boldsymbol{W}_{l,m,n} \cdot O^{\text{in}}[\hat{i},\hat{j},\hat{k}] \tag{9-7}$$

池化是深度卷积网络中的一个重要操作，它会融合输入张量得到更高层的信息并且降低输入张量的分辨率，从而增加感受野和捕捉信息之间的联系。对于一个输入的向量 T^{in} 进行步长为 2^3 的池化，可以表示为：

$$T^{\text{out}}_{i,j,k} = \max_{l,m,n \in [0,1]} (T^{\text{in}}_{2i+l,2j+m,2k+n}) \tag{9-8}$$

对于八叉树的网格数据结构，一次池化会减少浅层八叉树的数量，对于一个有 $2D \times 2H \times 2W$ 个浅层八叉树的八叉树 O^{in}，它的输出则包含 $D \times H \times W$ 个浅层八叉树，八叉树中的每一个体素的尺寸都会减半，并且池化后的一个体素会复制末端的浅层八叉树的更深一层，如图 9-8所示。该过程可以表示为：

$$O^{\text{out}}[i,j,k] = \begin{cases} O^{\text{in}}[2i,2j,2k], & \text{depth}(2i,2j,2k) < 3 \\ P, & \text{其他} \end{cases} \tag{9-9}$$

$$P = \max_{l,m,n \in [0,1]} (O^{\text{in}}[2i+l,2j+m,2k+n]) \tag{9-10}$$

对于语义分割等任务，输入的大小与输出的大小是相同的。虽然池化对于增加网络的感受野和捕捉上下文联系很重要，但它同时也会改变输入的大小。为了还原输入的大小，对于已经被池化操作处理后的信息，可以使用反池化操作来进行解码从而还原到原来的大小。如果输入为张量 $T^{\text{in}} \in \mathbb{R}^{2D \times 2H \times 2W}$，输出为 $T^{\text{out}} \in \mathbb{R}^{D \times H \times W}$：

$$T^{\text{out}}_{i,j,k} = T^{\text{in}}_{\lfloor i/2 \rfloor, \lfloor j/2 \rfloor, \lfloor k/2 \rfloor} \tag{9-11}$$

那么，同理可以得到在混合网格–八叉树结构上的反池化为：

$$O^{\text{out}}[i,j,k] = O^{\text{in}}[\lfloor i/2 \rfloor, \lfloor j/2 \rfloor, \lfloor k/2 \rfloor] \tag{9-12}$$

反池化操作会在八叉树深度为 0 的位置生成一个新的浅层八叉树，这会增加浅层八叉树的数量到原来的 8 倍。同时其他所有的体素的尺寸会增加一倍，如图 9-8所示。

与 OctNet 相似，O-CNN[21] 设计了一种基于八叉树的卷积神经网络实现对三维形状的分析。该方案的八叉树中去除了指针，以三维形状的八叉树表示为基础，并使用一系列向量来存储八叉树数据和结构。进一步地，Adative O-CNN[22] 通过自适应获取八叉树的结构并用小的平面去近似八叉树底层从而用于物体的表达，然后通过小平面的法向量和偏移量作为输入用于三维的卷积，从而进一步提升了计算的效率，并降低了存储的开销。

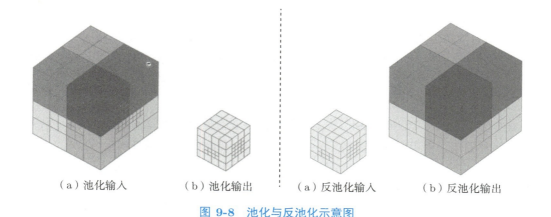

(a) 池化输入　　　(b) 池化输出　　　(a) 反池化输入　　　(b) 反池化输出

图 9-8　池化与反池化示意图

9.3.2　基于多边形网格的显式三维表达

计算机视觉中，场景或者物体的重建往往都以获得多边形网格为最终目的。基于多边形网格的表格对于编辑非常友好，因此经常被采用。针对这种三维表达，深度学习算法的输入为单目或多目图像，而输出则是算法预测的多边形网格。

利用神经网络从图像得到多边形网格可以按照以下不同的分类方法进行分类。①按照监督信号进行分类。在这种分类方法下，一种方法直接利用输入图像和一个网格模板作为输入，利用神经网络将输入的多边形网格进行形变[23-24]为图像中物体所对应的目标网格[25-26]。在这种方式中，网络的监督信号约束在目标多边形网格上，即约束预测的多边形网格和目标多边形网格匹配。另一种方法通过可微渲染的方式，通过改变三维空间网格，使得投影得到的图像与输入待重建的图像匹配[27-28]。在这种方式中，网络的监督信号约束输入的图像和重投影后的图像相匹配。②按照输入信号的种类可以将多边形网格的回归分为直接方法和间接方法。直接方法直接基于图像去回归物体对应的多边形网格[25-26]。间接方法先得到点云、体素等其他的三维表达形式，然后通过 Marching Cubes[29-30] 算法或者利用神经网络[7,31]再得到物体对应的多边形网格。然而此类方法得到的网格可能有物体的部分残缺或者空洞。本小节按照监督信号作为分类方式介绍网格重建方法。

需要强调的是体素的表达可以用作其他形式三维表达的基础，例如，基于体素的表达结合 Marching Cubes[29-30] 可以得到基于多边形网格的表达，或者隐函数的表达[32-33] 等。

1. 基于网格回归的网格重建

基于网格回归的方法以一个单张图像和一个多边形模板输入神经网络，利用图像的特征对多边形的模板进行形变，最后通过约束网格真值和预测的网格相似，监督神经网络的学习。在训练好网络之后，给定一个新的图像，将新的图像以及一个标准网格模板输入该训练好的网络，就可以实现新图像中物体的网格重建。

在这类方法中，Pixel2Mesh[25]是一种非常典型的基于网格回归的重建方法。具体而言，该算法采用了由粗到细的策略（coarse-to-fine strategy）先将椭球模板[34]变形为分辨率较低的网格，然后通过图节点上采样得到了一个分辨率比较高的网格，然后再优化这个高分辨率的网格。最后将一系列变形叠加在一起，使形状在细节上逐渐细化。Pixel2Mesh直接利用图神经网络(GCN)来构建网格的几何表示，网格中的顶点和面的边对应了图神经网络中图的节点和边。每个节点存储该节点对应的网格顶点的三维空间坐标以及形状特征（初始时刻仅有三维坐标，在第一阶段之后包含形状特征）。在前向传播中，每个节点中的特征可以在相邻的节点中交换，并且最终回归到每个目标形状的顶点坐标。如图 9-9 所示，Pixel2Mesh 网络包含 3 阶段（block），每个阶段的分辨率逐渐增加。

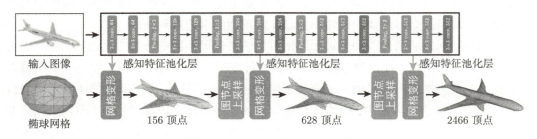

图 9-9　Pixel2Mesh 网络结构示意图[25]

用于实现网格变形的神经网络结构如图 9-10(a) 所示，对于图上的一个节点，记其存储的前一阶段对应的三维坐标为 C_{i-1}，前一阶段的特征为 F_{i-1}。在第 i 阶段，给定图像的特征为 P（P 可以将图像输入卷积神经网络所获得，Pixel2Mesh 采用的是 VGG-16），Pixel2Mesh 使用一个如图 9-10(b) 所示的感知特征池化层（perceptual feature pooling）来根据节点的位置 C_{i-1} 提取对应的特征。其做法是根据该点的三维坐标以及相机的参数将该点投影到图像上，然后通过投影点周围的点的特征进行双线性插值得到该投影点的特征（Pixel2Mesh 采用的是 Conv3_3、Conv4_3 和 Conv5_3 三层的特征），并把该投影点的特征作为对应的三维顶点的特征。Pixel2Mesh 将通过感知池化层得到的特征与该节点保存的当前的 F_{i-1} 拼接，并输入图残差神经网络（graph based resNet, G-ResNet）中得到新的坐标 C_i 和该节点新的特征 F_i。

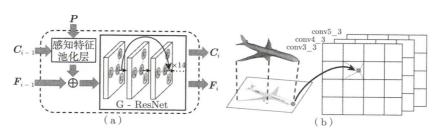

图 9-10　Pixel2Mesh 网格变形示意图[25]

对于低分辨率的网格对应的图通过反池化得到高分辨率的网格对应的图,有以下两种策略。一种是基于面的策略,即以每个三角网格的中心点与三个网格顶点连线。该策略会导致各个顶点的度不均衡。另外一种基于边的策略是取各个边的中点,并把中点连接起来,如图 9-11 所示。用这种方式可以得到均衡的面,可以更好地表达物体。

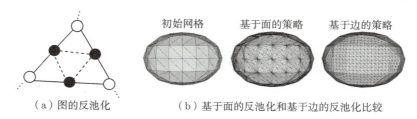

（a）图的反池化　　　（b）基于面的反池化和基于边的反池化比较

图 9-11　Pixel2Mesh 网格数量上采样意图[25]

Pixel2Mesh 用一种基于标准网格模板变形的方法取得了较好的网格重建性能。然而在 Pixel2Mesh 中,由于在变形过程中,网格的拓扑结果是不会发生变化的。但是对于不同种类的物体,例如一个球和一个甜甜圈,其亏格（genus）是不同的。这也就导致无法仅仅通过拓扑变形来得到目标的精确网格,如图 9-12 所示。

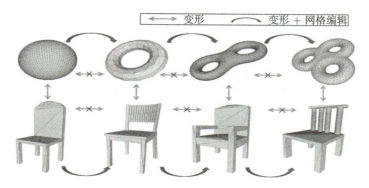

图 9-12　不同亏格的拓扑结构不能通过变形得到,而需要进行拓扑结果的改变获得[35]

为了适应不同物体拓扑结构可能不同的问题，一种方法是改变输入需要变形的标准目标。例如对于输入的每一类定义一个多边形模板[36-37]，然而这类方法很难泛化到其他种类的物体上面。另外一种解决方案就是对输入的网格模板的拓扑结构进行改变[35,38]。图 9-13 展示了 Deep Mesh[38] 的方法。与 Pixel2Mesh 不同，Deep Mesh 除了对一个标准模板进行变形外，还通过一个拓扑修正模块来改变模板的拓扑结构。该模块通过网络预测那些误差较大的拓扑结构的顶点，并对那些误差很大的拓扑结构的面片进行去除，从而保证输出更精细的网格结构。

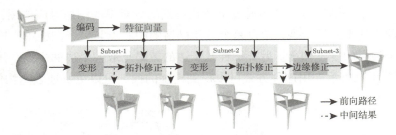

图 9-13　Deep Mesh 的网格结构示意图[38]

除了对拓扑进行改变外，研究人员还提出将几何结构特征（geometry structure）作为输入进一步提升性能[35,39]。此外，研究人员[39] 提出用自适应的网格（adaptive mesh）代替均匀网格，如图 9-14所示，可以在不损失重建精度的情况下，有效减少了网格顶点的数量，从而降低存储开销。同时针对多张图像作为输入的场景，也提出了 Pixel2Mesh++[26] 来融合多个视角对应的网格来提升重建的性能。

（a）体素
（262 144 单元）

（b）点云
（30 000 点）

（c）均匀网格
（2 416 顶点）

（d）自适应的网格
（120 顶点）

图 9-14　自适应的网格可以有效地降低存储的开销[39]

2. 基于可微渲染的网格重建

渲染将三维物体投影形成二维图像，而可微渲染通过计算渲染过程的导数，可以使得神经网络从正向、反向进行信息的传递，使得从单张图片学习三维结构成为现实。不同于以多边形网格的真值作为监督信号的方法，基于可微渲染的目标三维重建将多边形网格渲染后的信号与真实的输入信号比较差异，指导神经网络用于场景的三维重建[27,40]。这类方法被广泛用于无监督/弱监督的人脸重建[41-43]、人体重建[28,44]、手部重建[45]等应用中。针对人脸和人体，由于其结构性较好（尤其是人脸的结构相对稳定），可以预先定义人脸和人体的参数化表达，通过渲染的图像和真实图像相似，求解出对应目标的三维几何。而对更一般的物体，由于从单个视角图像对应的几何存在歧义性，因此更为困难。

Neural 3D Mesh Renderer[27]是一种无监督的由单张二维图像建模三维物体的方法。与 Pixel2Mesh 相同，它的输入为单张图像，输出为多边形网格。不同之处在于此方法不使用三维模型作为监督，而是利用光栅化渲染出的图像与输入图像的差异作为自监督实现三维多边形网格的构建，如图 9-15 所示。其中，光栅化渲染的过程是将空间中的物体通过透视投影到像素平面上，然后再逐个遍历图像中的每个像素，检测其是否在物体的投影区域内。如果该像素落在投影区域内，就用相应物体上点的相应颜色填充该像素的颜色。

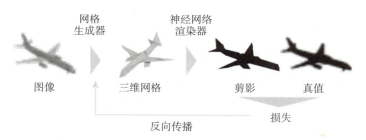

图 9-15　Neural 3D Mesh Renderer 的流程图[27]

然而，使用神经网络直接由多边形网格生成图像比较困难，因为光栅化的过程阻止了基于反向传播的神经网络优化算法中的梯度回传。因此，在文献 [27] 中提出了一个近似的梯度栅格化，使渲染集成到神经网络。基于这个方法，甚至可以执行带有轮廓图像监督的单图像三维网格重建。

一个具体光栅化过程的例子如图 9-16 所示。其中 $v_i = (x_i, y_i)$ 为投影后某个面的顶点。假设现在固定 y_i，仅关注水平坐标的变化。记 $I_j(x_i)$ 为当 x_i 变化时像素 P_j 的颜色。记 x_0 为当前位置坐标。当 x_i 向右移动时，若面片的边缘与 P_j 重合时，记此时的

位置为 x_1，此时的颜色为 I_{ij}。标准的光栅化渲染颜色突变，曲线 (b) 和 (c) 分别显示了针对标准的光栅化场景下 I_j 关于 x_i 的函数和偏导函数。可以看到在各个位置偏导函数的值均为零，因此无法进行梯度回传。为解决该问题，Neural 3D Mesh Renderer 对网格面片的边缘部分进行了模糊处理，从而使得像素的颜色产生连续变化，进而产生了梯度值。曲线 (d) 和 (e) 分别显示了修改后的 I_j 关于 x_i 的函数和偏导函数。

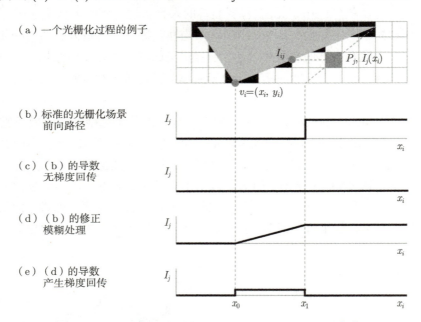

图 9-16　Neural 3D Mesh Renderer 的方法简介[27]

对于人脸或者人体的网格重建，由于这些对象都具有非常好的结构性，因此通常可以基于参数化来表达这些对象。例如，对人脸而言，可以使用 3DMM[46]，对人体而言，可以用 SMPL[47-48] 模型。因此，常用的基于单张图像的重建方法通过神经网络估计对应的参数，然后可以基于估计的参数来进行人脸或者人体的投影。

图 9-17 展示了一种典型的基于 3DMM 人脸模型的弱监督网格重建方法。以该方法为例，输入一张人脸 I，首先通过两个神经网络分别回归人脸的身份属性 (C-Net) 以及人脸的 3DMM 表达的系数 (R-Net)。基于估计出来的 3DMM 的表达可以从人脸的网格得到脸部的重投影的图像。此外通过两个在人脸图像数据集上预训练的图像 I'，可以得到人脸的区域 A、输入人脸的关键点 p 和重投影人脸图像的关键点 p'。在损失函数上，整个网络的损失函数包含两个部分：图像层面的约束，要求对应的人脸区域的图像和输入的图像尽量像，即 $\|A \odot (I' - I)\|$ 尽量地小，同时要求重投影人脸和输入人脸的

关键点尽量一致，即 $\|p-p'\|$ 尽量地小；此外，该网络还约束重投影人脸和输入人脸尽量身份相同 (Perception-level loss)，即通过约束两张人脸输入 FaceNet[49] 网络后提取特征的余弦相似度尽量地高。

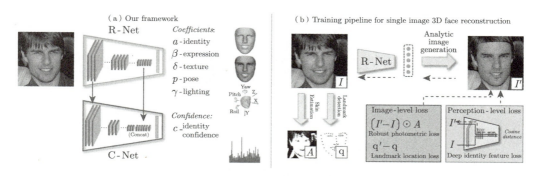

图 9-17　一种基于 3DMM 人脸模型的弱监督网格重建[42]

与人脸参数化模型相似，近来研究人员也提出用网络去回归更一般物体对应的相机位姿、光照、纹理，以及形状等[50]，并利用估计的参数去渲染图像作为约束监督网络的学习。此外，针对很多物体，如人脸、猫脸等也存在着对称约束[51]，因此将这些约束融入神经网络的建模可以指导更好的网格重建。

9.3.3　基于隐式辐射场的三维表达

神经辐射场（NeRF）是一个近年来被提出的一种用于三维场景的隐式表达方法，如图 9-18 所示。这种方法的特点是使用了深度神经网络来建模一个连续的、全局的场景函数，这个函数能够描述场景中每个空间位置的颜色和透明度。相比传统的基于几何的三维场景建模方法，神经辐射场具有更好的通用性和灵活性，能够表示各种复杂的场景，能够从有限的场景捕获中学习到三维场景的信息，并且能够渲染极为逼真的图像。因此，这个方法在计算机视觉领域产生了重要的影响。尤其是在新视图合成和三维重建等任务上，神经辐射场都展现出了优秀的性能。

在神经辐射场出现之前，一些工作探索了将隐式三维表达方法与神经网络相结合，例如占用场（occupancy field）和符号距离函数（signed distance function，SDF）。DeepSDF[53] 是一种创新性的深度学习框架，其核心是利用全连接神经网络来学习场景的符号距离函数（SDF）。这种方法首次成功地实现了对三维场景的连续表征，开启了一种全新的三维场景学习与生成方式。DVR[54] 将三维物体表达成占用场，并提出一套新颖的光线与物体表面交点计算法和梯度计算方法，实现了对物体几何与纹理的建模。NeRF 的设计中延续了这些工作的设计思想，但不同之处在于，NeRF 进一步摆脱了对三维几何监督的依赖，仅需要二维图片就能重建出整个场景。

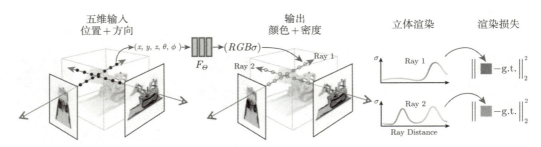

图 9-18　隐式神经辐射场方法[52]

NeRF 的成功并非偶然，其背后的关键技术之一就是体积渲染。体积渲染是一种计算机图形学中的重要技术，它通过模拟光线穿过三维体素场景的过程，最终生成二维图像。更具体地来说：在 NeRF 中，体积渲染是通过积分沿光线方向的颜色和密度来实现的。给定光线 $r(t) = o + td$ 从相机 o 出发沿方向 d，在 t 处的颜色 $c(t)$ 和密度 $\sigma(t)$ 由神经网络生成。然后，将颜色和密度沿着光线方向积分以生成最终的像素颜色 C：其中 $T(t)$ 是从相机到 t 处的光线的透过率，表示光线在 t 处被遮挡的程度，可以由密度积分得到：

$$C = \int_0^\infty T(t)c(t)\sigma(t)\mathrm{d}t \tag{9-13}$$

$$T(t) = \exp\left(-\int_0^t \sigma(t')\mathrm{d}t'\right) \tag{9-14}$$

这一过程通过沿相机光线对 NeRF 的输出进行积分，最终生成二维图像。体积渲染使得 NeRF 得以产生极高精度、逼真度的新视图，大大提升了 NeRF 在视图合成中的性能，同时由于体积渲染是可微渲染，也使得渲染框架更加适合与神经网络的学习表达方式相结合。

位置编码也是 NeRF 成功的另一个关键技术。在信号处理领域，位置编码是一种常见的技术，它可以提高信号的频率表示能力。

$$\gamma(p) = [\sin(2^0\pi p), \cos(2^0\pi p), \sin(2^1\pi p), \cos(2^1\pi p), \cdots, \sin(2^L\pi p), \cos(2^L\pi p)] \tag{9-15}$$

具体在 NeRF 中，输入五维坐标（包括三维空间位置和二维观察方向）都会进行位置编码，映射到一个更高维的空间，使得 MLP 可以更好地表示高频细节的场景函数。这也使得 NeRF 最终的渲染结果在表现力上得到了质的飞跃，使其能够准确地表示精细的表面细节，大大提升了 NeRF 在复杂场景中的性能。

为了提高采样效率，NeRF 还引入了一种分层采样策略。在渲染过程中，首先进行粗采样，然后根据粗采样的结果，在体积密度较高的区域进行细采样。这种分层采样策略可以减少采样点的数量，同时保证渲染质量。

总的来说，神经辐射场（NeRF）的发展是深度学习、计算机图形学和信号处理等多个领域融合的结果。这种交叉融合的方法为人们提供了一种新的视角来理解和表示三维场景，对于计算机视觉和图形学等领域的发展具有重要的影响和启示。

神经辐射场作为一种强大的三维场景重建技术，以其卓越的性能和精细的渲染质量引起了研究社区的广泛关注。然而，无论其优越性如何明显，神经辐射场都不能避免地面临一些挑战和限制。最明显的问题是，训练和渲染神经辐射场需要花费大量的时间。尽管训练时间的长短可能会根据特定的数据集和硬件配置而变化，一个神经辐射场模型往往需要数小时甚至数天的时间来训练，而在推理阶段，生成每一张图片也需要数分钟的时间。这对于需要实时响应的应用，如虚拟现实（VR）或增强现实（AR）是不可接受的。神经辐射场训练的渲染速度主要受限于神经辐射场使用了一个深度、宽度较大的多层感知机（MLP）来表示场景，即每渲染一根光线生成大量采样点并对 MLP 进行查询。通过使用辅助结构对神经辐射场的信息进行缓存可以有效避免查询神经网络的时间消耗。PlenOctrees[55] 是一种数据结构，它将神经辐射场的信息编码为一棵八叉树（octree）的形式，如图 9-19 所示，通过球谐函数（spherical harmonic）建模三维空间中点的全光函数。在 PlenOctrees 中，每个叶节点都存储了神经辐射场在空间区域内的球谐函数系数和不透明度。在渲染时，PlenOctrees 可以直接访问这些节点以获取渲染需要的信息，而跳过传统 NeRF 的神经网络计算，从而大大加快了渲染速度，并使得实时渲染成为可能。

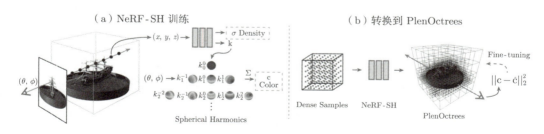

图 9-19　通过八叉树结构加速神经辐射场渲染[55]

为了提升神经辐射场的渲染速度，KiloNeRF[56] 提出了一个新的解决方案。不同于神经辐射场使用一个较深、较大的多层感知机，KiloNeRF 采用了大量独立的小型网络来表示场景的几何形状和外观，每个网络只表示场景的一部分。这样做的目的是通过减少每个网络的深度和隐藏单元数，可以加快渲染过程。然而由于神经网络表达能力有限，直接减少网络大小会导致渲染图像质量有明显的下降。因此，KiloNeRF 通过使用大量独立的小型网络，并让每个网络表示场景局部信息。KiloNeRF 在保持了渲染质量的同时，达到了可交互实时渲染的能力。

TensoRF[57] 作为一种新颖的辐射场表示，在训练时间、内存占用和渲染质量三方面都达到了较好的结果。TensoRF 将辐射场表示为特征体素网格，并自然地将其视为一个四维张量，创新性地利用了经典的张量分解技术来对辐射场进行建模。通过将辐射场分解为多个低秩张量组件，实现了精确且紧凑的场景表示。

Instant-ngp[58] 使用了哈希编码方法来优化和加速神经辐射场的训练和渲染过程，如图 9-20 所示。其核心是用一个多分辨率的哈希表和一个小型 MLP 表达场景。在 Instant-ngp 中，空间中每一点的特征向量由查询哈希表和三线性插值得到，并通过小型 MLP 得到最终的出射光颜色和体密度。由于哈希表查找的时间复杂度为 $O(1)$，并且不需要如 PlenOctree 那样复杂的遍历树节点的过程，适合高效发挥现代 GPU 的计算能力。结合对 MLP 运算的高性能优化，Instant-ngp 达到了实时的渲染效率和分钟级的训练效率。

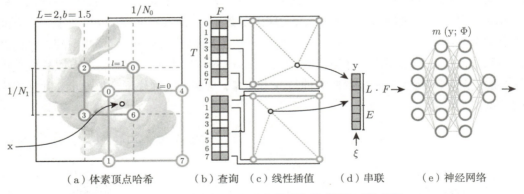

（a）体素顶点哈希　　（b）查询　（c）线性插值　（d）串联　（e）神经网络

图 9-20　添加额外可训练参数和使用哈希表表达[58]

除减少 NeRF 本身网络的运算量之外，减少渲染光线所需的采样点也能极大缩短渲染时间。NSVF[59] 利用稀疏体素场（sparse voxel fields）来提高采样效率。稀疏体素场可以有效避免在场景中的冗余空间进行无效采样。同时它使用一种自适应采样策略，在细节丰富的区域增加采样点，在较为简单的区域减少采样点。DONeRF[60] 通过使用一种新的双网络设计，包括采样预测网络（oracle network）和着色网络。采样预测网络在单次网络评估中预测每根光线样本位置，从而显著减少了所需的样本数量。神经光场（NeLF）[61]通过将光线直接映射到其颜色的 RGB 值，避免了沿着相机光线采样多个点的需要。为了保持 NeRF 的渲染质量，研究者使用了深层残差网络，并在预训练的 NeRF 中从随机视图渲染伪数据来训练神经光场。NeLF 的优势在于渲染一个像素只需要一次网络前向传播，使得其推理速度数十倍于 NeRF。

虽然基于隐式辐射场的三维表达具有其独特优点，但是也存在一些限制，例如无法直接融入传统的渲染管线。为了解决这个问题，许多关于隐式辐射场的研究开始探究如何从隐式表达中提取出显式的网格模型，这些工作包括但不限于 VoLSDF[63]、Unisurf[64]和 NeuS[65]等。这些研究的基本策略是创建映射方程，将传统隐式辐射场中的密度表示转换为符号距离函数（SDF）。

一旦成功完成这个转换，接下来的步骤就是根据 SDF 对几何表面的显式定义，利用 Marching Cubes 算法提取出相应的网格模型。通过这种方式，这些研究已经成功将隐式辐射场技术的成果融入传统渲染管线，这是一个重大的进步。在 2022 年的 SIGGRAPH Asia 计算机图形学会议上，一篇名为"Human Performance Modeling and Rendering via Neural Animated Mesh"[62]的论文首次将哈希表达和符号距离函数融合到神经辐射场中，如图 9-21 所示，还利用了隐式追踪（neural tracking）和隐式纹理融合（neural texture blending）这两种先进的技术，成功地将神经辐射场和传统渲染管线结合在一起，这是一个具有里程碑意义的成果。

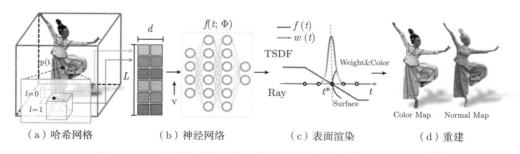

图 9-21　一种基于哈希表达和符号距离函数的隐式辐射场方法[62]

另外，还有一些工作，例如 SNeRF[66]、Mobile NeRF[67]和 MeRF[68]等，他们选择了一条不同的研究路径。这些工作通过将神经网络的参数写到 OpenGL 的着色器中，以实现隐式和显式相结合的渲染方案。并且这些方案还能够适配到移动端和网页端进行照片级的真实渲染效果，这在一定程度上扩大了隐式辐射场技术的应用范围。

在隐式辐射场相关的编辑问题上，研究人员采取了显式和隐式两种不同的方法。一种方法是结合显式结构，例如 Climate NeRF[70] 等工作。这些工作通过从隐式辐射场中提取出显式的网格模型或点云模型，并利用计算机图形学的算法在隐式辐射场中模拟天气变化带来的效果。这种方法在处理复杂现象时显得尤为有效，因为它能够充分利用显式和隐式两种方式的优点。另外一种方法则是直接通过隐式辐射场实现编辑功能，例如 ARF[69] 等工作。这些工作通过卷积神经网络提取出某种特定的风格信息，然后通过梯度回传技术将这种风格信息反馈到隐式辐射场进行优化，从而在三维场景上实现风格迁移的效果，如图 9-22 所示。这种方法的直接性和有效性为隐式辐射场在艺术创作和设计领域的应用开启了新的可能。

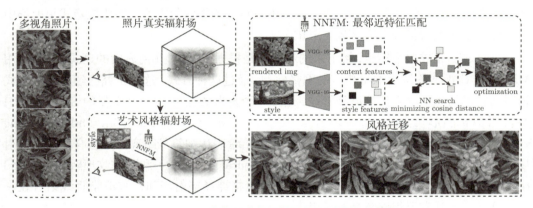

图 9-22　一种基于隐式辐射场风格迁移算法[69]

在静态重建方面，NeRF 已经表现出了强大的建模和渲染能力，这引起了许多学者的关注，他们开始尝试将 NeRF 扩展到动态重建的应用中。早期的探索是最为直接的，有一些工作直接解耦了建模场景与建模动态的能力，使用 NeRF 来完成场景建模的同时，借助了一些参数化模板，例如人脸的 3DMM[46] 模型、人体的 SMPL[48] 模型等，来完成时序上的动态跟踪。他们通常设立一个规范空间 (canonical space) 来完成场景的表达，然后利用这些参数化模板，将当前空间 (current space) 中的采样点映射回规范空间中，从而完成这一条光线的采样。

比较典型的就是 Neural body[71]，它在人体模板 SMPL 的所有的顶点上，设置了一组隐变量，这些隐变量是可供学习的参数，用来串联时间序列上的 NeRF 表达。NeRF 的输入从三维空间的自由点变成了一组特征，而这组特征，就是根据点和人体的相对位置关系，从这些隐变量中解码出来的。具体来说，Neural body 预先计算出每一帧对应的 SMPL 参数，从而得到了这些顶点在任意帧的空间位置。这些顶点的特征通过一个稀疏的三维卷积，在空间中进行弥漫，形成稠密的三维特征场。于是对于一个给定点，就可以根据它的位置，得到它的特征，然后通过 MLP，最终得到这个点的颜色和密度，再按照 NeRF 的渲染函数进行积分计算。

这样的基于模板的方法确实给予了 NeRF 动态表征的能力，但与此同时也有很大的局限性，它们完全置信了参数化模板的追踪能力，一旦模板跟踪出错，渲染出来的照片动作无法和输入的照片动作一致。此外，渲染质量会受限于这组隐变量的表征能力，无法进行衣服褶皱、手指或人脸上的细微表情、头发等精细粒度的渲染，在质量方面，和基于网格模型的方法相比，并没有显著优势。后续的一些工作在此基础上结合了特殊设计的变形预测的网络模型，赋予了更加稳健的寻找对应点的能力，例如，LocalRadianceField[72] 不再完全置信 SMPL 的跟踪结果，它对顶点增加了一些自由度使得这些点可以更加贴合穿衣的人体。

还有一部分工作研究了在规范空间和当前空间做映射的一些方法，他们发现基于参数化模板的映射在弥漫到整个空间的过程中，往往会造成整个空间映射的不连续性。此外，也会导致这个映射不是双向的映射。于是，研究学者在 TAVA[73] 中提出利用 Snarf[74] 来对整个正规空间中的点学习基于骨架的蒙皮权重，这样通过 MLP 学习出来的权重在整个空间便是连续可微的。值得一提的是，TAVA 通过这种学习的蒙皮场，获得了利用骨架驱动 NeRF 的能力。在双向映射方面，Scanimate[75] 通过循环损失 (cycle loss) 来强行约束这个双向的映射。而 Neural-DynamicReconstruction[76] 所提出的动态预测模块自然就满足这种循环一致的特性。

此外，还有一系列工作针对的是更加普世的动态场景，而不单单受限于某一类如人体或者人脸的场景。他们往往对静态 NeRF 的建模方法进行拓展与升级，以更加合理、高效的形式对动态场景进行建模。一些方法通过让神经辐射场同时将时间作为输入来处理这些场景随着时间进行的变化。DeVRF[77] 提出利用显示的动作场来建模场景的变化，并且使用二维视频的光流来进行监督。HyperNeRF[78] 则是将神经辐射场建模成一个更高维的场景，而每一时刻的场景则可以看作这个高维场景在这一时刻的投影。通过这种方法进而能够很好处理场景中的那些不连续的拓扑变化。此外，还可以使用傅里叶系数[79] 来建模随着时间变化的体密度（density）和颜色来支持动态场景的实时渲染。NeRFPlayer[80] 提出了用带滑动窗口的张量来表征一个动态场景。而 K-Planes[81] 在利用三平面建模静态场景的基础之上，提出了利用相互正交的六个平面来表达动态场景。

在动态场景的领域，在 2023 年的 CVPR 国际计算机视觉与模式识别会议上，一篇名为 "Neural Residual Radiance Fields for Streamably Free-Viewpoint Videos"[82] 的论文针对目前动态场景只支持离线渲染和简单的短视频序列的问题，首次提出了神经残差辐射场，从而能够支持可串流的动态场景自由视点渲染。此外，论文中还设计了定制的运动和残差网格来支持长序列和具有复杂动作的动态场景序列训练，在保持高质量渲染的同时实现高压缩率。如图 9-23 所示，给定一个训练好的特征量 f_{t-1}，首先估计一个稠密的运动场 D_t。接下来，通过池化操作成一个紧凑的运动网格 M_t。最后，将 f_{t-1} 变形为网格 $\hat{f}_t$ 并学习残差网格 r_t 以增加特征稀疏性并促进压缩。最后，开发了一个基于残差辐射场的编解码器和一个配套的 FVV 播放器来给用户提供丰富的交互体验。这篇论文标志着动态辐射场离实际使用更近了一步。

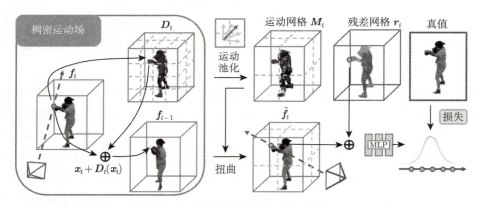

图 9-23　一种基于残差辐射场的动态场景建模方法[82]

9.4　三维重建与三维生成

随着深度学习大模型的崛起，目前在计算机视觉领域，二维图片生成大模型，如 Imagen[83]、Stable Diffusion[84] 等，也表现出了前所未有地从文本到图片的生成能力，在生成质量和可控性上都获得了飞跃式进步。在二维生成获得进展的同时，三维生成领域也吸引了很多研究者投入研究。在三维生成上，隐式的三维重建和二维生成的结合非常重要且互惠互利，二维生成大模型通过大量现实中三维物体的照片进行训练，其中包含不同物体的不同视角、不同姿态的数据，而模型生成中随机姿态和观察视角的结果，表明了大模型从数据中可以学习到某类物体的三维结构，从而大模型的生成可以提供任一物体在不同视角的先验。三维重建技术不仅能够提供各种三维的表达，从而获得视角一致性的保证，而且这类技术渲染为二维图片的可导性也提供了从二维学习三维的基础。

9.4.1 基于扩散生成大模型分数蒸馏的三维生成

分数蒸馏采样（score distillation sampling，SDS）是一种从扩散生成模型中提取先验知识的有效方法，其原理可以概括为将某个二维图片分布优化为接近扩散模型的生成分布，而当要优化的二维图片分布是基于可导的三维渲染得到时，便可以转而变成优化三维表达从而获得三维的结果，如图 9-24 所示。此方法最早在 DreamFusion[85] 中出现，其提出 SDS 的同时与神经辐射场（NeRF）结合，在实际操作中，NeRF 的网络作为实际需要优化的变量，通过在一个预先设定的相机分布上采样视角，并进行 NeRF 的体渲染，对于渲染得到的图像，根据预训练扩散模型 Imagen 的加噪过程，注入随机程度的高斯噪声，并用预训练模型的网络进行去噪预测，通过预测噪声和实际所加噪声之间的损失函数计算，将损失函数梯度反向传播回神经辐射场的网络，其中的损失函数梯度为：

$$\nabla_\theta \mathcal{L}_{\text{SDS}}(\phi, x = g(\theta)) \triangleq \mathbb{E}_{t,\epsilon} \left[w(t) \left(\hat{\epsilon}_\phi(z_t; y, t) - \epsilon \right) \frac{\partial x}{\partial \theta} \right] \tag{9-16}$$

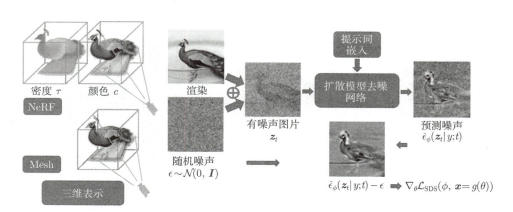

图 9-24　不同三维表达与分数蒸馏采样过程示意图

其中，ϕ 为扩散模型去噪网络参数，θ 为神经辐射场网络参数，g 和 x 表示随机视点体渲染及其结果，t 表示随机加噪的步数，w 表示预设的权重，$\hat{\epsilon}_\phi$ 表示了网络所预测的去噪，ϵ 表示实际所加的噪声。以这样的方式，在二维视图上将扩散模型去噪网络作为类似"判别器"的作用，可以很好地提取图片生成模型中的先验，从而以优化的方式对三维场景进行几何和颜色的塑造。

Stable-Diffusion 是不同于 Imagen 的扩散生成大模型，其额外训练了一个变分自动解码器（VAE），对于 RGB 空间的三通道图片，通过编码器（encoder），转换为低分辨率下四通道的隐空间,并在隐空间下进行扩散模型的去噪训练,最后将在隐空间的图片通过解码器就可以恢复至高分辨率的 RGB 图片。Latent-NeRF[86] 在 DreamFusion 的基础上,转而使用了大模型 Stable-Diffusion,将 NeRF 的颜色空间换为了 Stable-Diffusion 的隐变量空间,其 NeRF 渲染结果实际为低分辨率的隐空间图片,并在隐空间下进行 SDS 的优化过程,在优化完成后,将渲染的隐空间的图片通过解码器就可以恢复至高分辨率的 RGB 图片,如图 9-25 所示。此方法在低分辨率进行体渲染时,可以节约内存,并提升效率,相比 DreamFusion 在生成速度上有了提升。

此外研究者也从其他的三维表达出发深入挖掘 SDS 的潜力,在 Magic3D[87] 中,提出了两个阶段的优化,在第一阶段,通过 SDS 优化 Instant-NGP[58] 的三维表达,此时只在低分辨率下渲染优化从而获得一个较为粗糙的结果,在第二阶段,其通过 DMTet[88] 将隐式表达转为传统显示网格,通过可微光栅化渲染并通过 SDS 优化网格中顶点的位移与 NGP 的 MLP 网络所预测的颜色,在这一阶段,由于更换了显示的三维表达,渲染和优化可以在更高分辨率和更快的速度下进行,这一步提升了最终结果的贴图质量,同时结果作为传统的网格形式,可以方便接入目前主流的三维软件工具中。

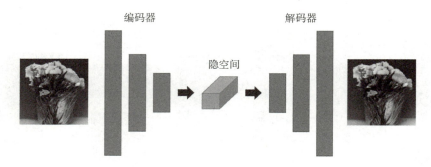

图 9-25 Stable-Diffusion 中 VAE 与隐空间示意图

9.4.2 基于预训练三维重建模型和扩散生成模型的三维生成

预训练的三维重建模型指,从单张或多张二维图像中直接通过深度学习网络预测获得三维几何、纹理结果的方法[33],或是从图片预测深度的方法[89],这类方法从大量成对的二维图像与三维数据中训练,可以直接从图片中提取较高质量的三维信息,这类信息可以提供很好的几何先验。在三维生成中,纹理和几何通常是一起训练或是优化,尽管从渲染上看不出问题,但几何往往存在错误,而结合三维重建模型所提供的先验可以解决此类问题,如将三维重建与二维生成对抗网络相结合的 HumanGen[90]。目前,很多研究者也在此方向上结合扩散生成大模型,拓展至三维生成。

NeuralLift-360[91] 方法在初始时会输入一张参考图片，并预先设定一个对应的观察视角。对于这张参考图片，其用深度预测网络估计深度，并且在做类似 SDS 的优化时，从参考图片的对应观察视角在 NeRF 进行图片和深度的像素误差约束，保证其在参考视角下与参考图片的外观、深度保持一致性。该方法在几何上相比之前的方法更加合理。

Text2NeRF[92] 更注重于场景生成。该方法并没有使用 SDS 对场景生成进行优化，而是更关注于扩散模型的另一优点：图像补全。其主要思想在于，在生成了局部的场景后，通过现有的深度估计网络预测深度，当有了现有视角图片每个像素点的颜色和对应深度后，就可以通过相机投影公式计算新的视角下每个像素点对应的颜色和深度值：

$$[q_{i\to j}, z_{i\to j}]^{\mathrm{T}} = \boldsymbol{K}\boldsymbol{P}_j\boldsymbol{P}_i^{-1}\boldsymbol{K}^{-1}[q_i, z_i]^{\mathrm{T}} \tag{9-17}$$

其中，q_i，z_i 为原视角 i 中的像素坐标和深度值，q_j，z_j 表示目标视角 j 中的像素坐标和深度值，$\boldsymbol{K}$ 为相机内参（假设所有相机的内参皆为一致），$\boldsymbol{P}$ 为外参，通过投影计算可以获得新视角下的图片，同时也可以计算出那些在之前视角下不可见的，或是被遮挡的区域，这些区域将会标记为需要补全的区域，通过扩散生成模型可以高质量地补全缺少的区域。在获得经补全的新视角后，会再次预测一次新视角的深度。但是新视角的预测深度和渲染深度并不能够直接拼合在一起，他们之间存在非线性不一致，方法提出首先可以通过线性方法对预测深度进行变换，缩小距离的误差：

$$\begin{aligned}s &= \frac{1}{M-1}\sum_{j=1}^{M-1}\frac{\left\|\boldsymbol{x}_j^R - \boldsymbol{x}_{j+1}^R\right\|_2}{\left\|\boldsymbol{x}_j^E - \boldsymbol{x}_{j+1}^E\right\|_2} \\ \boldsymbol{\delta} &= \frac{1}{M}\sum_{j=1}^{M}\left(z\left(\boldsymbol{x}_j^R\right) - z\left(\hat{\boldsymbol{x}}_j^E\right)\right)\end{aligned} \tag{9-18}$$

其中，$\boldsymbol{x}^R$ 表示由渲染深度投影至三维空间中的点，$\boldsymbol{x}^E$ 表示由预测深度投影至三维空间中的点，$z(\boldsymbol{x})$ 表示点的深度值，$\hat{\boldsymbol{x}}_j^E = s \cdot \boldsymbol{x}_j^E$ 表示放缩后的点，最终经过线性变换匹配后的点表达为 $\boldsymbol{D}_k^{\mathrm{global}} = s \cdot \boldsymbol{D}_k^E + \boldsymbol{\delta}$。然后再优化一个非线性的卷积神经网络对预测的深度和渲染深度配准：

$$\min_{\psi}\left\|\left(\hat{\boldsymbol{D}}_k - \boldsymbol{D}_k^R\right)\odot\boldsymbol{M}_k\right\|_2 \tag{9-19}$$

其中，$\boldsymbol{D}$ 表示深度图，$\hat{\boldsymbol{D}}_k = f_\psi\left(\boldsymbol{D}_k^{\mathrm{global}}\right)$ 表示经过卷积神经网络 f_ψ 校准后的深度。通过不断地生成新视角，预测深度并融合进已有的场景，最终可以生成高质量、有视角一致性的结果,如图 9-26 所示。这种方法的直接性和有效性也为三维生成领域的应用发展提供了新的可能。

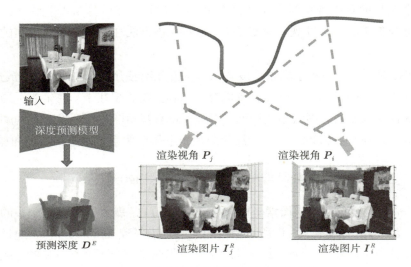

图 9-26　基于深度的图像变换投影示意图

参考文献

[1]　HARTLEY R, ZISSERMAN A. Multiple View Geometry in Computer Vision[M]. 2nd ed. USA：Cambridge University Press, 2003.

[2]　YAO Y, LUO Z, LI S, et al. Mvsnet: Depth inference for unstructured multi-view stereo[C]// Proceedings of the European Conference on Computer Vision (ECCV). 2018：767-783.

[3]　YU Z, GAO S. Fast-mvsnet: Sparse-to-dense multi-view stereo with learned propagation and gauss-newton refinement[C] // Proceedings of the IEEE/CVF Conference on Computer Vision and Pattern Recognition. 2020：1949-1958.

[4]　YAO Y, LUO Z, LI S, et al. Recurrent mvsnet for high-resolution multi-view stereo depth inference[C] // Proceedings of the IEEE/CVF Conference on Computer Vision and Pattern Recognition. 2019：5525-5534.

[5]　EIGEN D, PUHRSCH C, FERGUS R. Depth map prediction from a single image using a multi-scale deep network[J]. Advances in neural information processing systems, 2014, 27.

[6]　FU H, GONG M, WANG C, et al. Deep ordinal regression network for monocular depth estimation[C] // Proceedings of the IEEE conference on computer vision and pattern recognition. 2018：2002-2011.

[7] SONG S, CUI Z, QIN R. Vis2Mesh: Efficient Mesh Reconstruction from Unstructured Point Clouds of Large Scenes with Learned Virtual View Visibility[C] // Proceedings of the IEEE/CVF International Conference on Computer Vision. 2021: 6514-6524.

[8] ZHANG L, ZHANG L. Deep learning-based classification and reconstruction of residential scenes from large-scale point clouds[J]. IEEE Transactions on Geoscience and Remote Sensing, 2017, 56(4): 1887-1897.

[9] WHELAN T, LEUTENEGGER S, SALAS-MORENO R, et al. ElasticFusion: Dense SLAM without a pose graph[C] // Robotics: Science and Systems. 2015: 1-9.

[10] LOWE D G. Distinctive image features from scale-invariant keypoints[J]. International Journal of Computer Vision, 2004, 60(2): 91-110.

[11] SIMONYAN K, ZISSERMAN A. Very deep convolutional networks for large-scale image recognition[J]. arXiv preprint arXiv:1409.1556, 2014.

[12] HE K, ZHANG X, REN S, et al. Deep residual learning for image recognition[C] // Proceedings of the IEEE Conference on Computer Vision and Pattern Recognition. 2016: 770-778.

[13] HUANG G, LIU Z, VAN DER MAATEN L, et al. Densely connected convolutional networks[C] // Proceedings of the IEEE Conference on Computer Vision and Pattern Recognition. 2017: 4700-4708.

[14] HANDA A, WHELAN T, MCDONALD J, et al. A benchmark for RGB-D visual odometry, 3D reconstruction and SLAM[C] // 2014 IEEE International Conference on Robotics and Automation (ICRA). 2014: 1524-1531.

[15] WU Z, SONG S, KHOSLA A, et al. 3d shapenets: A deep representation for volumetric shapes[C] // Proceedings of the IEEE Conference on Computer Vision and Pattern Recognition. 2015: 1912-1920.

[16] MATURANA D, SCHERER S. Voxnet: A 3d convolutional neural network for real-time object recognition[C] // 2015 IEEE/RSJ International Conference on Intelligent Robots and Systems (IROS). 2015: 922-928.

[17] CHOY C B, XU D, GWAK J, et al. 3d-r2n2: A unified approach for single and multi-view 3d object reconstruction[C] // European Conference on Computer Vision. 2016: 628-644.

[18] HÄNE C, TULSIANI S, MALIK J. Hierarchical surface prediction for 3d object reconstruction[C] // 2017 International Conference on 3D Vision (3DV). 2017: 412-420.

[19] TATARCHENKO M, DOSOVITSKIY A, BROX T. Octree generating networks: Efficient convolutional architectures for high-resolution 3d outputs[C] // Proceedings of the IEEE International Conference on Computer Vision. 2017: 2088-2096.

[20] RIEGLER G, OSMAN ULUSOY A, GEIGER A. Octnet: Learning deep 3d representations at high resolutions[C] // Proceedings of the IEEE Conference on Computer Vision and Pattern Recognition. 2017: 3577-3586.

[21] WANG P-S, LIU Y, GUO Y-X, et al. O-cnn: Octree-based convolutional neural networks for 3d shape analysis[J]. ACM Transactions On Graphics (TOG), 2017, 36(4): 1−11.

[22] WANG P-S, SUN C-Y, LIU Y, et al. Adaptive O-CNN: A patch-based deep representation of 3D shapes[J]. ACM Transactions on Graphics (TOG), 2018, 37(6): 1−11.

[23] YIFAN W, AIGERMAN N, KIM V G, et al. Neural cages for detail-preserving 3d deformations[C] // Proceedings of the IEEE/CVF Conference on Computer Vision and Pattern Recognition. 2020: 75−83.

[24] UY M A, HUANG J, SUNG M, et al. Deformation-aware 3d model embedding and retrieval[C] // European Conference on Computer Vision. 2020: 397−413.

[25] WANG N, ZHANG Y, LI Z, et al. Pixel2mesh: Generating 3d mesh models from single rgb images[C] // Proceedings of the European Conference on Computer Vision (ECCV). 2018: 52−67.

[26] WEN C, ZHANG Y, LI Z, et al. Pixel2mesh++: Multi-view 3d mesh generation via deformation[C] // Proceedings of the IEEE/CVF International Conference on Computer Vision. 2019: 1042−1051.

[27] KATO H, USHIKU Y, HARADA T. Neural 3d mesh renderer[C] // Proceedings of the IEEE Conference on Computer Vision and Pattern Recognition. 2018: 3907−3916.

[28] ZENG W, OUYANG W, LUO P, et al. 3d human mesh regression with dense correspondence[C] // Proceedings of the IEEE/CVF Conference on Computer Vision and Pattern Recognition. 2020: 7054−7063.

[29] FU K, PENG J, HE Q, et al. Single image 3D object reconstruction based on deep learning: A review[J]. Multimedia Tools and Applications, 2021, 80(1): 463−498.

[30] LORENSEN W E, CLINE H E. Marching cubes: A high resolution 3D surface construction algorithm[J]. ACM Siggraph Computer Graphics, 1987, 21(4): 163−169.

[31] WEI X, CHEN Z, FU Y, et al. Deep Hybrid Self-Prior for Full 3D Mesh Generation[C] // Proceedings of the IEEE/CVF International Conference on Computer Vision. 2021: 5805−5814.

[32] MESCHEDER L, OECHSLE M, NIEMEYER M, et al. Occupancy networks: Learning 3d reconstruction in function space[C] // Proceedings of the IEEE/CVF Conference on Computer Vision and Pattern Recognition. 2019: 4460−4470.

[33] SAITO S, HUANG Z, NATSUME R, et al. Pifu: Pixel-aligned implicit function for high-resolution clothed human digitization[C] // Proceedings of the IEEE/CVF International Conference on Computer Vision. 2019: 2304−2314.

[34] PONTES J K, KONG C, SRIDHARAN S, et al. Image2mesh: A learning framework for single image 3d reconstruction[C] // Asian Conference on Computer Vision. 2018: 365−381.

[35] SHI Y, NI B, LIU J, et al. Geometric Granularity Aware Pixel-To-Mesh[C] // Proceedings of the IEEE/CVF International Conference on Computer Vision. 2021: 13097−13106.

[36] KANAZAWA A, TULSIANI S, EFROS A A, et al. Learning category-specific mesh reconstruction from image collections[C] // Proceedings of the European Conference on Computer Vision (ECCV). 2018: 371–386.

[37] FUENTES-JIMENEZ D, CASILLAS-PEREZ D, PIZARRO D, et al. Deep shape-from-template: Wide-baseline, dense and fast registration and deformable reconstruction from a single image[J]. arXiv preprint arXiv:1811.07791, 2018.

[38] PAN J, HAN X, CHEN W, et al. Deep mesh reconstruction from single rgb images via topology modification networks[C] // Proceedings of the IEEE/CVF International Conference on Computer Vision. 2019: 9964–9973.

[39] SMITH E J, FUJIMOTO S, ROMERO A, et al. Geometrics: Exploiting geometric structure for graph-encoded objects[J]. arXiv preprint arXiv:1901.11461, 2019.

[40] LIU S, LI T, CHEN W, et al. A General Differentiable Mesh Renderer for Image-based 3D Reasoning[J]. IEEE Transactions on Pattern Analysis and Machine Intelligence, 2020, 44(1): 50–62.

[41] GENOVA K, COLE F, MASCHINOT A, et al. Unsupervised training for 3d morphable model regression[C] // Proceedings of the IEEE Conference on Computer Vision and Pattern Recognition. 2018: 8377–8386.

[42] DENG Y, YANG J, XU S, et al. Accurate 3d face reconstruction with weakly-supervised learning: From single image to image set[C] // Proceedings of the IEEE/CVF Conference on Computer Vision and Pattern Recognition Workshops. 2019: 0–0.

[43] LEE G-H, LEE S-W. Uncertainty-aware mesh decoder for high fidelity 3d face reconstruction[C] // Proceedings of the IEEE/CVF Conference on Computer Vision and Pattern Recognition. 2020: 6100–6109.

[44] KANAZAWA A, BLACK M J, JACOBS D W, et al. End-to-End Recovery of Human Shape and Pose[C] // Proceedings of the IEEE Conference on Computer Vision and Pattern Recognition (CVPR). 2018: 7122–7131.

[45] TANG X, WANG T, FU C-W. Towards accurate alignment in real-time 3d hand-mesh reconstruction[C] // Proceedings of the IEEE/CVF International Conference on Computer Vision. 2021: 11698–11707.

[46] BLANZ V, VETTER T. A morphable model for the synthesis of 3D faces[C] // Proceedings of the 26th annual conference on Computer graphics and interactive techniques. 1999: 187–194.

[47] BOGO F, KANAZAWA A, LASSNER C, et al. Keep it SMPL: Automatic estimation of 3D human pose and shape from a single image[C] // European conference on computer vision. 2016: 561–578.

[48] LOPER M, MAHMOOD N, ROMERO J, et al. SMPL: A skinned multi-person linear model[J]. ACM transactions on graphics (TOG), 2015, 34(6): 1–16.

[49] SCHROFF F, KALENICHENKO D, PHILBIN J. Facenet: A unified embedding for face recognition and clustering[C] // Proceedings of the IEEE conference on computer vision and pattern recognition. 2015: 815-823.

[50] HU T, WANG L, XU X, et al. Self-Supervised 3D Mesh Reconstruction from Single Images[C] // Proceedings of the IEEE/CVF Conference on Computer Vision and Pattern Recognition. 2021: 6002-6011.

[51] WU S, RUPPRECHT C, VEDALDI A. Unsupervised learning of probably symmetric deformable 3d objects from images in the wild[C] // Proceedings of the IEEE/CVF Conference on Computer Vision and Pattern Recognition. 2020: 1-10.

[52] MILDENHALL B, SRINIVASAN P P, TANCIK M, et al. Nerf: Representing scenes as neural radiance fields for view synthesis[J]. Communications of the ACM, 2021, 65(1): 99-106.

[53] PARK J J, FLORENCE P, STRAUB J, et al. Deepsdf: Learning continuous signed distance functions for shape representation[C] // Proceedings of the IEEE/CVF Conference on Computer Vision and Pattern Recognition. 2019: 165-174.

[54] NIEMEYER M, MESCHEDER L, OECHSLE M, et al. Differentiable volumetric rendering: Learning implicit 3d representations without 3d supervision[C] // Proceedings of the IEEE/CVF Conference on Computer Vision and Pattern Recognition. 2020: 3504-3515.

[55] YU A, LI R, TANCIK M, et al. PlenOctrees for Real-time Rendering of Neural Radiance Fields[C] // International Conference on Computer Vision (ICCV). 2021: 5732-5741.

[56] REISER C, PENG S, LIAO Y, et al. KiloNeRF: Speeding up Neural Radiance Fields with Thousands of Tiny MLPs[C] // International Conference on Computer Vision (ICCV). 2021: 14335-14345.

[57] CHEN A, XU Z, GEIGER A, et al. TensoRF: Tensorial Radiance Fields[C] // European Conference on Computer Vision (ECCV). 2022: 333-350.

[58] MÜLLER T, EVANS A, SCHIED C, et al. Instant Neural Graphics Primitives with a Multiresolution Hash Encoding[J]. ACM Transactions on Graphics, 2022, 41(4): 102:1-102:15.

[59] LIU L, GU J, LIN K Z, et al. Neural Sparse Voxel Fields[J]. NeurIPS, 2020.

[60] NEFF T, STADLBAUER P, PARGER M, et al. DONeRF: Towards Real-Time Rendering of Compact Neural Radiance Fields using Depth Oracle Networks[J]. Computer Graphics Forum, 2021, 40(4).

[61] WANG H, REN J, HUANG Z, et al. R2L: Distilling Neural Radiance Field to Neural Light Field for Efficient Novel View Synthesis[C] // European Conference on Computer Vision. 2022: 612-629.

[62] ZHAO F, JIANG Y, YAO K, et al. Human Performance Modeling and Rendering via Neural Animated Mesh[J]. ACM Transactions on Graphics (TOG), 2022, 41(6): 1-17.

[63] YARIV L, GU J, KASTEN Y, et al. Volume rendering of neural implicit surfaces[J]. Advances in Neural Information Processing Systems, 2021, 34: 4805–4815.

[64] OECHSLE M, PENG S, GEIGER A. Unisurf: Unifying neural implicit surfaces and radiance fields for multi-view reconstruction[C] // Proceedings of the IEEE/CVF International Conference on Computer Vision. 2021: 5589–5599.

[65] WANG P, LIU L, LIU Y, et al. Neus: Learning neural implicit surfaces by volume rendering for multi-view reconstruction[J]. arXiv preprint arXiv:2106.10689, 2021.

[66] HEDMAN P, SRINIVASAN P P, MILDENHALL B, et al. Baking neural radiance fields for real-time view synthesis[C] // Proceedings of the IEEE/CVF International Conference on Computer Vision. 2021: 5875–5884.

[67] CHEN Z, FUNKHOUSER T, HEDMAN P, et al. Mobilenerf: Exploiting the polygon rasterization pipeline for efficient neural field rendering on mobile architectures[C] // Proceedings of the IEEE/CVF Conference on Computer Vision and Pattern Recognition. 2023: 16569–16578.

[68] REISER C, SZELISKI R, VERBIN D, et al. Merf: Memory-efficient radiance fields for real-time view synthesis in unbounded scenes[J]. arXiv preprint arXiv:2302.12249, 2023.

[69] ZHANG K, KOLKIN N, BI S, et al. Arf: Artistic radiance fields[C] // Computer Vision–ECCV 2022: 17th European Conference, Tel Aviv, Israel, October 23–27, 2022, Proceedings, Part XXXI. 2022: 717–733.

[70] LI Y, LIN Z-H, FORSYTH D, et al. ClimateNeRF: Physically-based Neural Rendering for Extreme Climate Synthesis[J]. arXiv e-prints, 2022: arXiv–2211.

[71] PENG S, ZHANG Y, XU Y, et al. Neural body: Implicit neural representations with structured latent codes for novel view synthesis of dynamic humans[C] // Proceedings of the IEEE/CVF Conference on Computer Vision and Pattern Recognition. 2021: 9054–9063.

[72] ZHENG Z, HUANG H, YU T, et al. Structured local radiance fields for human avatar modeling[C] // Proceedings of the IEEE/CVF Conference on Computer Vision and Pattern Recognition. 2022: 15893–15903.

[73] LI R, TANKE J, VO M, et al. TAVA: Template-free animatable volumetric actors[J]. arxiv preprint arxiv: 2206.08929, 2022.

[74] CHEN X, ZHENG Y, BLACK M J, et al. SNARF: Differentiable forward skinning for animating non-rigid neural implicit shapes[C] // Proceedings of the IEEE/CVF International Conference on Computer Vision. 2021: 11594–11604.

[75] SAITO S, YANG J, MA Q, et al. SCANimate: Weakly supervised learning of skinned clothed avatar networks[C] // Proceedings of the IEEE/CVF Conference on Computer Vision and Pattern Recognition. 2021: 2886–2897.

[76]　CAI H, FENG W, FENG X, et al. Neural Surface Reconstruction of Dynamic Scenes with Monocular RGB-D Camera[C] // Thirty-sixth Conference on Neural Information Processing Systems (NeurIPS). 2022, 35: 967-981.

[77]　LIU J-W, CAO Y-P, MAO W, et al. DeVRF: Fast Deformable Voxel Radiance Fields for Dynamic Scenes[C] // Advances in Neural Information Processing Systems. 2022.

[78]　PARK K, SINHA U, HEDMAN P, et al. HyperNeRF: A Higher-Dimensional Representation for Topologically Varying Neural Radiance Fields[J]. ACM Transactions on Graphics, 2021, 40(6).

[79]　WANG L, ZHANG J, LIU X, et al. Fourier PlenOctrees for Dynamic Radiance Field Rendering in Real-time[C] // Proceedings of the IEEE/CVF Conference on Computer Vision and Pattern Recognition. 2022: 13524-13534.

[80]　SONG L, CHEN A, LI Z, et al. Nerfplayer: A streamable dynamic scene representation with decomposed neural radiance fields[J]. IEEE Transactions on Visualization and Computer Graphics, 2023, 29(5): 2732-2742.

[81]　FRIDOVICH-KEIL S, MEANTI G, WARBURG F R, et al. K-planes: Explicit radiance fields in space, time, and appearance[C] // Proceedings of the IEEE/CVF Conference on Computer Vision and Pattern Recognition. 2023: 12479-12488.

[82]　WANG L, HU Q, HE Q, et al. Neural Residual Radiance Fields for Streamably Free-Viewpoint Videos[C] // Proceedings of the IEEE/CVF Conference on Computer Vision and Pattern Recognition. 2023: 76-87.

[83]　SAHARIA C, CHAN W, SAXENA S, et al. Photorealistic text-to-image diffusion models with deep language understanding[C] // Advances in Neural Information Processing Systems. 2022, 35: 36479-36494.

[84]　ROMBACH R, BLATTMANN A, LORENZ D, et al. High-resolution image synthesis with latent diffusion models[C] // Proceedings of the IEEE/CVF conference on computer vision and pattern recognition. 2022: 10684-10695.

[85]　POOLE B, JAIN A, BARRON J T, et al. Dreamfusion: Text-to-3d using 2d diffusion[J]. arXiv preprint arXiv:2209.14988, 2022.

[86]　METZER G, RICHARDSON E, PATASHNIK O, et al. Latent-NeRF for Shape-Guided Generation of 3D Shapes and Textures[J]. arXiv preprint arXiv:2211.07600, 2022.

[87]　LIN C-H, GAO J, TANG L, et al. Magic3D: High-Resolution Text-to-3D Content Creation[C] // IEEE Conference on Computer Vision and Pattern Recognition (CVPR). 2023: 300-309.

[88]　SHEN T, GAO J, YIN K, et al. Deep Marching Tetrahedra: a Hybrid Representation for High-Resolution 3D Shape Synthesis[C] // Advances in Neural Information Processing Systems (NeurIPS). 2021, 34:6087-6101.

[89] MIANGOLEH S M H, DILLE S, MAI L, et al. Boosting monocular depth estimation models to high-resolution via content-adaptive multi-resolution merging[C] // Proceedings of the IEEE/CVF Conference on Computer Vision and Pattern Recognition. 2021: 9685–9694.

[90] SUYI J, HAORAN J, ZIYU W, et al. HumanGen: Generating Human Radiance Fields with Explicit Priors[J]. arXiv preprint arXiv:2212.05321, 2022.

[91] XU D, JIANG Y, WANG P, et al. NeuralLift-360: Lifting an In-the-Wild 2D Photo to a 3D Object With 360° Views[C] // Proceedings of the IEEE/CVF Conference on Computer Vision and Pattern Recognition. 2023: 4479–4489.

[92] ZHANG J, LI X, WAN Z, et al. Text2NeRF: Text-Driven 3D Scene Generation with Neural Radiance Fields[J/OL]. arXiv e-prints arXiv:2305.11588, 2023.

第 10 讲
SLAM

10.1 基础知识

10.1.1 相机模型

相机模型，旨在刻画空间物体与其在相机上所成图像之间的映射关系。对于任意一台相机，当它的内部结构固定后，这种映射关系也随之固定下来。对于不同内部结构（如使用不同类型镜头）的相机，其对应的相机成像模型也不尽相同，如针孔相机模型、仿射相机模型等。针孔相机模型是计算机视觉领域中使用频率最高的相机模型。本小节将以针孔相机模型为例，首先引入齐次坐标的概念，并给出与相机模型相关的若干坐标系的定义，进而介绍针孔相机模型的数学表达。

1. 坐标系与齐次坐标

（1）齐次坐标　图 10-1 描述了空间点与其在相机上所成图像之间的映射关系。由该图可见，物体的成像过程是一个射影变换过程。为了更好地解释这一过程，需要引入齐次坐标 (homogeneous coordinate) 的概念。事实上，齐次坐标的概念最早是由德国数学家 August Ferdinand Möbius 于 1827 年在其著作 *Der barycentrische Calcul* 中引入的。

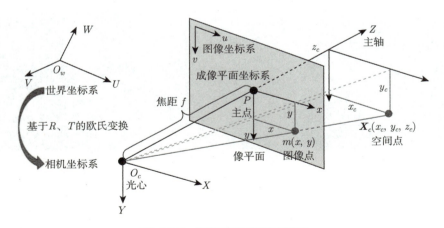

图 10-1　相机成像模型示意图

定义 10.1　在 k 维射影空间中，任意一点的齐次坐标表示为一个 $k+1$ 维向量 $\boldsymbol{p}' = (x_1, x_2, \cdots, x_k, x_{k+1})$。当 $x_{k+1} \neq 0$ 时，该点对应的非齐次坐标表示为一个 k 维向量 $\boldsymbol{p}' = (x_1/x_{k+1}, x_2/x_{k+1}, \cdots, x_k/x_{k+1})$；当 $x_{k+1} = 0$ 时，该点表示一个无穷远点。

由上述定义可以进一步推知，齐次坐标可以相差任意的非零比例因子，即对于 $\boldsymbol{p}' =$

$(x_1, x_2, \cdots, x_k, x_{k+1})$,亦可以表示为:

$$\boldsymbol{p}' = (x_1, x_2, \cdots, x_k, x_{k+1}) = (sx_1, sx_2, \cdots, sx_k, sx_{k+1}), \forall s \neq 0 \qquad (10\text{-}1)$$

(2)相关坐标系　从图 10-1 中可以看出,在整个三维 → 二维映射过程中,涉及 4 个坐标系即世界坐标系、相机坐标系(或称为摄像机坐标系)、成像平面坐标系、图像坐标系,其中,深色平面称作相机的像平面(image plane),点 O_c 表示相机的光心,f 表示相机的焦距(focal length),以相机光心为端点且垂直于像平面的射线称为主轴(principal axis),主轴与像平面的交点 p 称为主点(principal point)。以下将分别给出上述 4 个坐标系的具体定义。

1)图像坐标系。该坐标系定义在相机的像平面上,是一个二维坐标系,以像素为单位。该坐标系将图像左上角像素设置为原点,以水平向右方向为横轴(U 轴)正方向,以竖直向下方向为纵轴(V 轴)正方向。

2)成像平面坐标系。该坐标系是一个定义在像平面上的二维坐标系,以图像间的物理距离为单位。该坐标系以主点为原点,其横轴(X 轴)以水平向右为正方向,纵轴(Y 轴)以竖直向下为正方向。由此可见,成像平面坐标系与图像坐标系之间相差一个平移变换,即对于成像平面坐标系下的任意一点 $\boldsymbol{m} = (x, y)^\top$,其在图像坐标系下的坐标 $(u, v)^\top$ 可以通过如下公式得到:

$$\begin{cases} u = \dfrac{x}{dx} + u_0 \\ v = \dfrac{y}{dy} + v_0 \end{cases} \qquad (10\text{-}2)$$

其中,dx、dy 是感光芯片 CMOS 或 CCD 上像素的实际尺寸,(u_0, v_0) 是主点在图像坐标系下的坐标。

上述关系式用齐次坐标可表示为:

$$\begin{pmatrix} u \\ v \\ 1 \end{pmatrix} = \begin{pmatrix} \dfrac{1}{dx} & 0 & u_0 \\ 0 & \dfrac{1}{dy} & v_0 \\ 0 & 0 & 1 \end{pmatrix} \begin{pmatrix} x \\ y \\ 1 \end{pmatrix} \qquad (10\text{-}3)$$

(3)相机坐标系　相机坐标系(记为 $O_c XYZ$)是一个定义在相机本体上的三维坐标系。其原点为相机光心,X 轴与 Y 轴分别与像平面的横轴、纵轴平行,Z 轴为相机的光轴。从图 10-1 中可以看出,在相机坐标系下,空间点坐标 $\boldsymbol{X}_c = (x_c, y_c, z_c)^\top$ 与其

对应的图像点坐标 $\boldsymbol{m} = (x, y)^\top$ 之间存在着如下变换关系：

$$\begin{cases} x = \dfrac{fx_c}{z_c} \\ y = \dfrac{fy_c}{z_c} \end{cases} \tag{10-4}$$

上述关系式可以利用齐次坐标表示为：

$$z_c \boldsymbol{m} = \begin{pmatrix} fx_c \\ fy_c \\ z_c \end{pmatrix} = \begin{pmatrix} f & 0 & 0 & 0 \\ 0 & f & 0 & 0 \\ 0 & 0 & 1 & 0 \end{pmatrix} \boldsymbol{X}_c \tag{10-5}$$

值得注意的是，当相机在环境中运动时，相机坐标系随着相机位姿（位置与姿态）的改变而改变。

（4）世界坐标系　世界坐标系（记为 $O_w UVW$）是一个定义在实际任务场景中的三维坐标系，为该场景提供了一个固定的参考坐标系。世界坐标系是使用者人为设定的，从原理上讲，它可以建立在场景中的任意一个位置。对于某一个视觉任务，该坐标系一旦被设定好了，在后续的几何计算过程中就不再改变了。

对于每个固定位姿的相机，其相机坐标系与世界坐标系之间存在一个欧氏变换（由一个三维旋转变换和一个三维平移变换组成），即

$$\boldsymbol{X}_c = \boldsymbol{R}\boldsymbol{X}_w + \boldsymbol{T} \tag{10-6}$$

其中，$\boldsymbol{X}_c$、$\boldsymbol{X}_w$ 分别表示空间点在相机坐标系、世界坐标系下的坐标，$\boldsymbol{R}$ 表示三维旋转矩阵，$\boldsymbol{T}$ 是表示三维平移向量。由于 $\boldsymbol{R}$、$\boldsymbol{T}$ 联合表示了相机坐标系与世界坐标系的位姿关系，因此被合称为相机外参数。

2. 成像模型

相机成像几何模型决定了场景中的三维空间点与它在像平面上的像素点之间的映射关系，如图 10-1 所示。根据式 (10-3)、式 (10-5)、式 (10-6)，在针孔相机模型下，世界坐标系下空间点 $\boldsymbol{X}_w = (x_w, y_w, z_w)^\top$ 与其在图像坐标系下的对应像点 $(u, v)^\top$ 之间存

在如下变换关系：

$$\begin{pmatrix} u \\ v \\ 1 \end{pmatrix} = \begin{pmatrix} \dfrac{f}{dx} & 0 & u_0 \\ 0 & \dfrac{f}{dy} & v_0 \\ 0 & 0 & 1 \end{pmatrix} \begin{pmatrix} \boldsymbol{R} & \boldsymbol{T} \end{pmatrix} \begin{pmatrix} X_w \\ Y_w \\ Z_w \\ 1 \end{pmatrix} = \boldsymbol{K} \begin{pmatrix} \boldsymbol{R} & \boldsymbol{T} \end{pmatrix} \begin{pmatrix} X_w \\ Y_w \\ Z_w \\ 1 \end{pmatrix} = \boldsymbol{P} \begin{pmatrix} X_w \\ Y_w \\ Z_w \\ 1 \end{pmatrix} \tag{10-7}$$

其中，矩阵 $\boldsymbol{K}$ 中的参数均与相机自身结构有关，称为相机内参数；矩阵 $(\boldsymbol{R}\,\boldsymbol{T})$ 称为相机外参数矩阵，与相机的位姿有关；矩阵 $\boldsymbol{P} = \boldsymbol{K}(\boldsymbol{R}\,\boldsymbol{T})$ 是一个 3×4 矩阵，称为相机矩阵 (camera matrix)。

事实上，受相机制造工艺的限制，相机成像区域不是一个矩形而是一个平行四边形，此时内参数矩阵 $\boldsymbol{K}$ 可以表示为：

$$\boldsymbol{K} = \begin{pmatrix} \dfrac{f}{dx} & s & u_0 \\ 0 & \dfrac{f}{dy} & v_0 \\ 0 & 0 & 1 \end{pmatrix} \tag{10-8}$$

其中，s 称为畸变因子或倾斜因子 (skew factor)。在本讲中，除特别说明外均假定相机内参数矩阵具有上述形式。

10.1.2 多视图几何原理

两幅视图间的几何关系，或称为两视图极几何，是三维视觉计算过程中的一个基本几何关系。本小节首先介绍极几何中涉及的一些基本概念，然后介绍基本矩阵与本质矩阵的概念，最后介绍在已知相机矩阵情况下的三维重构原理。

1. 极几何相关基本概念

图 10-2 是两幅图像间几何关系示意图，其中 M 表示空间点，o_1、o_2 分别表示左右两相机的光心，m_1、m_2 分别为空间点在左右两幅图像上的投影点，显然，$o_1 m_1 M$ 三点共线，$o_2 m_2 M$ 三点共线。

基线（baseline）：连接两个相机光心 $o_1 o_2$ 的直线称为基线。

极点：基线与像平面的交点称为极点。如图 10-2 所示，e_1 为左图像的极点，e_2 为右图像的极点。

极平面：任意一个过基线的平面均称为极平面。如图 10-2 所示，平面 $o_1 o_2 M$ 即为一个极平面。显然，极平面的数目是无穷多的，所有极平面相交于基线。

极线：极平面与像平面的交线称为极线。如图 10-2 所示，直线 l_1、l_2 分别是左右图像上的一条极线。显然，极线的数目也是无穷多的，所有极线相交于极点。

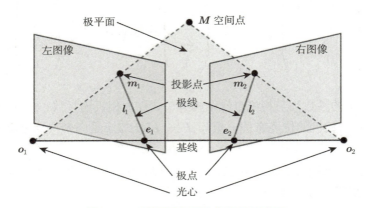

图 10-2　两幅图像间几何关系示意图

根据上述定义可知，对于任意不在基线上的空间点 M，均可以确定一个唯一的极平面 $o_1 o_2 M$，并分别在左右图像上确定极线 l_1、l_2，且 M 在左右图像上的投影点 m_1、m_2 分别落在这两条极线上。

2. 基本矩阵

由图 10-2 的极几何关系图可以看出，图像点与其极线之间存在着对应关系，而基本矩阵 (fundamental matrix) 可以刻画这一对应关系。

假设左、右相机矩阵分别为 P_1 和 P_1，o_1 是左相机的光心，空间点 M 在左右图像的投影点分别为 m_1、m_2，则右图像的极点坐标为：$e_2 = P_2 o_1$。左图像点 m_1 的反投影线的参数方程为：

$$X_1(\rho) = P_1^+ m_1 + \rho o_1, \rho \in (-\infty, \infty) \tag{10-9}$$

其中，P_1^+ 是 P_1 的广义逆。则空间点的右图像极线满足：

$$l_2 = e_2 \times m_2 = (P_2 o_1) \times (P_2 X_1(\rho)) = (P_2 o_1) \times (P_2 P_1^+ m_1 + \rho P_2 o_1)$$
$$= (P_2 o_1) \times (P_2 P_1^+ m_1) = [e_2] \times P_2 P_1^+ m_1 \tag{10-10}$$

其中，$F = [e_2] \times P_2 P_1^+$ 称为两幅图像间（或两个相机间）的基本矩阵。由式（10-10）可知，基本矩阵 F 刻画了左图像点 m_1 与其极线 l_2 之间的对应关系：

$$l_2 = F m_1 \tag{10-11}$$

同理，基本矩阵 $\boldsymbol{F}$ 也描述了右图像点 $\boldsymbol{m}_2$ 与它对应的极线 l_1 间的对应关系：

$$l_1 = \boldsymbol{F}^\top \boldsymbol{m}_2 \tag{10-12}$$

由于左图像点 $\boldsymbol{m}_1$ 在右图像上的对应点 $\boldsymbol{m}_2$ 在极线 l_2 上，所以必有：

$$\boldsymbol{m}_2^\top \boldsymbol{F} \boldsymbol{m}_1 = 0 \tag{10-13}$$

因此，基本矩阵 $\boldsymbol{F}$ 刻画了两幅图像间的极几何关系。

进一步地讲，假定左相机的内参数矩阵为 $\boldsymbol{K}_1$，右相机的内参数矩阵为 $\boldsymbol{K}_2$，世界坐标系建立在左相机坐标系上，左、右相机坐标系之间的相对位姿为 $(\boldsymbol{R},\boldsymbol{T})$，则左、右相机的投影矩阵可分别表示为：

$$\boldsymbol{P}_1 = \boldsymbol{K}_1(\boldsymbol{I}, 0), \boldsymbol{P}_2 = \boldsymbol{K}_2(\boldsymbol{R}, \boldsymbol{T}) \tag{10-14}$$

根据上式以及 $\boldsymbol{F} = [\boldsymbol{e}_2]_\times \boldsymbol{P}_2 \boldsymbol{P}_1^+$，可得：

$$\boldsymbol{F} = \boldsymbol{K}_2^{-\top} [\boldsymbol{T}]_\times \boldsymbol{R} \boldsymbol{K}_1^{-1} \tag{10-15}$$

其中 $[\boldsymbol{T}]_\times$ 表示向量 $\boldsymbol{T}$ 的反对称矩阵，由于三阶反对称矩阵的秩最高为 2，因此基本矩阵 $\boldsymbol{F}$ 的秩为 2。

在已知一定数量的图像对应点情况下，有多种方法可以计算基本矩阵，这里仅介绍其中最为基本的一种算法——8 点算法（8-point algorithm）。具体地，由基本矩阵约束方程 (10-13) 可知，给定任意一对图像点对应 $\boldsymbol{m}_1 = (u_1, v_1, 1)^\top$，$\boldsymbol{m}_2 = (u_2, v_2, 1)^\top$，则可得到一个关于基本矩阵的线性约束方程。在给定不少于 8 对图像对应点的情况下，可以线性地求解出基本矩阵 $\boldsymbol{F}$。

即，令 $\boldsymbol{F} = (f_{ij})$，基本矩阵的约束方程可以改写为：

$$u_2 u_1 f_{11} + u_2 v_1 f_{12} + u_2 f_{13} + v_2 u_1 f_{21} + v_2 v_1 f_{22} + v_2 f_{23} + u_1 f_{31} + v_1 f_{32} + f_{33} = 0 \tag{10-16}$$

相应地，对于 N 对图像点 $\boldsymbol{m}_1^i = (u_1^i, v_1^i, 1)^\top$ 与 $\boldsymbol{m}_2^i = (u_2^i, v_2^i, 1)^\top$，$i = 1, 2, \cdots, N$，则可得到如下线性约束方程组：

$$\boldsymbol{A}\boldsymbol{f} = \begin{pmatrix} u_2^1 u_1^1 & u_2^1 v_1^1 & u_2^1 & v_2^1 u_1^1 & v_2^1 v_1^1 & v_2^1 & u_1^1 & v_1^1 & 1 \\ u_2^N u_1^N & u_2^N v_1^N & u_2^N & v_2^N u_1^N & v_2^N v_1^N & v_2^N & u_1^N & v_1^N & 1 \end{pmatrix} \boldsymbol{f} = 0 \tag{10-17}$$

其中，$\boldsymbol{f} = (f_{11}, f_{12}, f_{13}, f_{21}, f_{22}, f_{23}, f_{31}, f_{32}, f_{33})^\top$ 表示基本矩阵对应的 9 维向量，$\boldsymbol{A}$ 是一个 $N \times 9$ 的矩阵。

考虑到在实际情况中图像点对应往往并不精确，因此不能直接通过直接求解线性方程组来估算基本矩阵，而是在引入约束条件 $\|\boldsymbol{f}\| = 1$（$\|\cdot\|$ 表示 L_2 范数）下通过最小化如下目标函数估算基本矩阵：

$$\begin{cases} \min \|\boldsymbol{A}\boldsymbol{f}\| \\ \text{满足} \|\boldsymbol{f}\| = 1 \end{cases} \tag{10-18}$$

上述优化问题存在如下闭式解：令 $\boldsymbol{A}$ 的奇异值分解为 $\boldsymbol{A} = \boldsymbol{U}\boldsymbol{S}\boldsymbol{V}^\top$，式 (10-18) 的 $\boldsymbol{V}$ 的最后一个列向量，通过该列向量即可构造矩阵 $\boldsymbol{F}$。

值得注意的是，通过上述计算得到的矩阵 $\boldsymbol{F}$ 往往秩为 3，不满足"基本矩阵秩为 2"的约束，因此需要找到一个能够尽量逼近矩阵 $\boldsymbol{F}$ 且秩为 2 的矩阵 $\hat{\boldsymbol{F}}$，将其作为基本矩阵的估计，具体地，可以通过优化如下目标函数估算 $\hat{\boldsymbol{F}}$：

$$\begin{cases} \min \|\boldsymbol{F} - \hat{\boldsymbol{F}}\| \\ \text{满足} \operatorname{rank}(\hat{\boldsymbol{F}}) = 2 \end{cases} \tag{10-19}$$

上述优化问题亦存在如下闭式解：对矩阵 $\boldsymbol{F}$ 进行奇异值分解 $\boldsymbol{F} = \boldsymbol{Q}\operatorname{diag}(\mu_1, \mu_2, \mu_3)\boldsymbol{P}^\top$，其中 $\mu_1 \geqslant \mu_2 \geqslant \mu_3$，则式 (10-19) 的解为 $\hat{\boldsymbol{F}} = \boldsymbol{Q}\operatorname{diag}(\mu_1, \mu_2, 0)\boldsymbol{P}^\top$。基于上述推导，即可得到完整的用于估计基本矩阵的 8-点算法，如算法 10.1 所示。

算法 10.1　8-点算法

输入：$N(\geqslant 8)$ 对图像对应点

输出：基本矩阵 $\hat{\boldsymbol{F}}$

1. 根据式 (10-17)，由 N 个对应点构造矩阵 $\boldsymbol{A}$；
2. 对 $\boldsymbol{A}$ 执行奇异值分解 $\boldsymbol{A} = \boldsymbol{U}\boldsymbol{S}\boldsymbol{V}^\top$，利用 $\boldsymbol{V}$ 的最后一个列向量构造矩阵 $\boldsymbol{F}$；
3. 对 $\boldsymbol{F}$ 执行奇异值分解 $\boldsymbol{F} = \boldsymbol{Q}\operatorname{diag}(\mu_1, \mu_2, \mu_3)\boldsymbol{P}^\top$，其中 $\mu_1 \geqslant \mu_2 \geqslant \mu_3$。从而得基本矩阵的估计 $\hat{\boldsymbol{F}} = \boldsymbol{Q}\operatorname{diag}(\mu_1, \mu_2, 0)\boldsymbol{P}^\top$。

---

3. 本质矩阵

在上文可知，基本矩阵刻画了图像点与其极线之间的对应关系。进一步地，给定左、右两幅图像 l_1 与 l_2（如图 10-2 所示），令右相机相对于左相机之间的运动为 $(\boldsymbol{R}\ \boldsymbol{T})$（其中 $\boldsymbol{R}$ 是旋转矩阵，$\boldsymbol{T}$ 是平移向量）。假定左、右相机内参数矩阵已知（分别记为 $\boldsymbol{K}_1, \boldsymbol{K}_2$），对两幅图像 l_1 与 l_2 做如下规范化变换：

$$\overline{\boldsymbol{m}}_1 = \boldsymbol{K}_1^{-1}\boldsymbol{m}_1 \tag{10-20}$$

$$m_2 = K_2^{-1} m_2 \tag{10-21}$$

其中，m_1、m_2 分别表示图像 l_1、l_2 中任意的图像点。从而得到两幅新图像，称为原图像的规范化图像。将式（10-20）、式（10-21）带入到基本矩阵的约束方程（10-13）中可得规范化图像的基本矩阵约束方程：

$$m_2^\mathrm{T} [T]_\times R m_1 = 0 \tag{10-22}$$

该约束方程由矩阵 $E = [T]_\times R$ 所确定，该矩阵称为本质矩阵。

本质矩阵描述了两幅规范化图像间的极几何，它仅与相机的运动参数有关。从本质矩阵的表达式 $E = [T]_\times R$ 可直接推知：本质矩阵的秩为 2，且仅有 5 个自由度。由 8 对图像对应点可建立关于本质矩阵的线性约束方程，并线性估算本质矩阵。需要指出的是，由于方程 (10-22) 的齐次性，只能在相差非零因子的意义下获得本质矩阵 E，一旦解算出本质矩阵后，可进一步计算 R 和 T（注意此处 T 与真实的平移向量相差一个常数因子），由于篇幅所限，对计算细节感兴趣的读者可参考文献 [2]。

4. 重构基本原理

在已知相机的内、外参数矩阵（或者投影矩阵）情况下，三维重构的基本原理是如下的三角原理：对于任意空间点 M，假设其在左、右两幅图像下的像点分别为 m_1，m_2，理想情况下，左相机光心 o_1 与 m_1 确定的射线会经过空间点 M，右相机光心 o_2 与 m_2 确定的射线也会经过空间点 M，则这两条射线的交点为空间点 M。具体的计算方法如下。

给定左、右相机矩阵（记为 $P_1 = (p_{11}^\top, p_{12}^\top, p_{13}^\top)$ 和 $P_2 = (p_{21}^\top, p_{22}^\top, p_{23}^\top)$），其中任意 P_{ij} 表示一个 4 维向量，则空间点 M 与其在左、右图像中的像点 $m_1 = (u_1, v_1, 1)^\top$，$m_2 = (u_2, v_2, 1)^\top$ 分别满足如下约束方程：

$$m_1 = P_1 M \tag{10-23}$$

$$m_2 = P_2 M \tag{10-24}$$

上述约束方程可进一步简化为：

$$\begin{pmatrix} v_1 p_{13}^\top - p_{12}^\top \\ p_{11}^\top - u_1 p_{13}^\top \\ v_2 p_{23}^\top - p_{22}^\top \\ p_{21}^\top - u_2 p_{23}^\top \end{pmatrix} M = \begin{pmatrix} 0 \\ 0 \\ 0 \\ 0 \end{pmatrix} \tag{10-25}$$

通过求解这个线性方程可确定空间点 M。

10.2 SLAM 的分类

同步定位与地图构建（simultaneous localization and mapping，SLAM）问题最早由 Randall C. Smith 和 Peter Cheeseman 等于 20 世纪 80 年代提出[105]，并在 1995 年的 International Symposium on Robotics Research 中正式命名[106]。机器人 SLAM 问题主要研究机器人在未知环境中，从一个位置出发，如何利用自身传感器对环境进行观测，同时建立环境地图，并确定自己在地图中的方位。SLAM 技术具有重要的理论价值和应用价值，是移动机器人实现真正自主的关键技术之一。随着科学的发展和应用的驱动，SLAM 也逐渐应用于增强现实、虚拟现实、自动驾驶等领域。

SLAM 技术按照优化的方法可以分为基于滤波的方法、基于优化的方法，以及基于深度学习的方法。接下来分别对这三类方法进行介绍。

10.2.1 基于滤波的 SLAM

基于滤波的 SLAM 因其高效、低功耗等特性，在硬件受限或者对系统实时性要求较高的场景下得到了广泛的应用。Davison 等人[2] 基于扩展卡尔曼滤波器提出了首个实时单目 SLAM 框架 MonoSLAM，其核心是基于特征的概率图，包括了相机的位姿和所有特征点的位置向量以及他们的协方差矩阵。为了得到较好的线性化初值，MonoSLAM 做了以下 3 点优化：①基于已知标志物进行 SLAM 系统初始化；②使用恒速度、恒角速度模型来拟合相机的短暂运动；③利用特征点的协方差矩阵预测搜索区域，在搜索区域内进行特征匹配。

MonoSLAM 能够在纹理丰富、运动平缓的小场景下实现实时 SLAM 的效果，但传统的视觉 SLAM 的观测模型是一个基于重投影误差的非线性化模型，连续帧之间的真实运动也难以满足恒速度、恒角速度模型，现实场景也很难像实验室场景有丰富的纹理和完全静止的环境，在复杂环境和复杂运动下基于滤波的方法的稳定性会显著下降。MonoSLAM 的作者也在后续的工作[3] 中证明了纯视觉 SLAM 中基于优化的方案精度整体是优于滤波方案的。

另一方面，基于扩展卡尔曼滤波的视觉惯性里程计（EKF VIO）[96] 和多状态约束卡尔曼滤波（MSCKF）[4] 的出现让基于滤波的 SLAM 的重点逐渐聚焦到采用视觉惯性传感器。相较于纯视觉 SLAM，视觉惯性 SLAM 加入了帧间 IMU 的运动估计，为系统提供了良好的初始线性化点，与此同时，MSCKF 会将特征点进行边缘化，把投影约束直接变为相机位姿约束，从而降低系统的复杂度。这一方案使得视觉惯性滤波 SLAM

能够在保证较高计算效率的同时获得较好的精度。Geneva 等人在 OpenVins[111] 的实验中表明，基于滤波的视觉惯性里程计能够达到与基于滑动窗口优化方法相当的精度。

标准的 EKF VIO 将滑动窗口中相机的位姿、当前 IMU 的状态和观测到三维点的位置信息同时加入滤波器的状态空间；而 MSCKF 则在标准 EKF VIO 状态更新过程中直接将特征点边缘化，只保留了少量被充分观测的 SLAM 特征点在状态空间中。这样做一方面减小了状态空间，从而降低了状态量和协方差矩阵的维度，能够大幅提升 VIO 算法的效率；另一方面，相机的观测模型是非线性模型，而 MSCKF 特征点不用依赖特征点的概率密度分布，从而一定程度上降低系统的非线性程度。Li 等人也在 MSCKF 2.0[97] 中证明了 MSCKF 的精度会整体优于 EKF VIO。

MSCKF 的主要流程如下。

1）状态传播：使用 IMU 的加速度、角速度信息和上一帧的状态信息，预测最新 IMU 状态信息，同时更新状态量的协方差矩阵。

2）图像特征跟踪：使用稀疏特征点法接着对图像进行特征提取和相邻帧跟踪。

3）MSCKF 特征点左零空间投影：对特征点进行三角化，在计算三维点的重投影误差时，对重投影误差的雅克比矩阵计算左零空间，将特征点边缘化，使得投影约束变为帧间的相对位姿约束。

4）SLAM 特征点维护：如果特征点被所有帧都观测到，则可以选择将其作为 SLAM 特征点，并对所有 SLAM 特征点计算雅克比矩阵。

5）状态更新：计算状态量卡尔曼增益，对状态进行更新，同时对协方差矩阵进行维护。

均方根滤波器 SR-ISWF[5] 在 MSCKF 的基础上将传统的卡尔曼滤波器替换为与其对偶的信息滤波器，并使用单精度浮点数的均方根矩阵来表征信息矩阵。这一方面解决了协方差矩阵或信息矩阵浮点数精度导致的数值稳定性问题，另一方面单精度浮点数计算成本更低也更容易进行硬件加速。

标准的 MSCKF 在特征点残差计算和 IMU 状态传播时采用了不一致的线性化点，导致不可观的偏航角错误地被系统认为可被观测，从而产生了较大的不一致性。为了解决不一致性问题，Huang 等人先后提出了初次估计雅克比矩阵 (FEJ)[6]、能观性约束 (OC)[7]、以机器人为中心的 VIO(R-VIO)[8] 等方案。

SLAM 后端地图的优化是一个高度非线性问题，这是滤波器无法处理的，所以如何构建滤波 SLAM 的后端地图，如何将后端优化的结果与滤波 VIO 融合也是滤波 SLAM 系统中需要解决的问题。

一种简单的方案是后端建图仍旧使用传统的非线性集束优化方法，通过后端地图点与前端二维点的匹配关系，将全局地图点作为先验信息加入 VIO 滤波器的状态更新过程中，其中较为典型的代表为 Maplab 中使用的 ROVIOLI[9]。

另一种方式是将后端地图的信息作为辅助信息，通过施密特滤波器的方式将其作用到 VIO 滤波器中。施密特滤波器 VISLAM（SEVIS）[10] 使用了该方法，在建图过程中，SEVIS 将 VIO 滑动窗口滑出的关键帧和 SLAM 特征点的状态信息及其协方差矩阵保存到地图；在线跟踪过程中会尝试去地图中搜索特征匹配，当找到对应的匹配信息后，会把地图中的关键帧、特征点及其对应的协方差矩阵作为施密特滤波器的辅助信息来对 VIO 的状态进行更新。但 SEVIS 缺少了地图非线性优化模块，其精度依赖于地图首次构建的质量。

RISE-SLAM[11] 以均方根滤波器 SR-ISWF 为基础，提出了一套完整的基于滤波的 SLAM 框架。RISE-SLAM 将跟踪和建图分为两个线程，但与 ROVIOLI 的不同点在于，其认为前后端处理的是同一个问题，而前端跟踪只是后端建图的一个子集，它们共享状态空间和均方根信息矩阵。系统分为两个模式：①探索模式，该模式下 VIO 与后端建图分别独立运行；②重定位模式，后端将重定位或者回路的信息优化完成后，将其与 VIO 窗口相重叠的状态空间和信息矩阵保存，VIO 异步通过逆施密特滤波器更新的方式对窗口中的状态和信息矩阵进行更新。

10.2.2　基于优化的 SLAM

基于滤波的 SLAM 方法认为当前时刻的状态只与上一时刻的状态有关，而基于优化的 SLAM 方法则把当前时刻的状态与之前所有时刻的状态关联起来。因而在基于优化的 SLAM 方法会持续地利用历史观测来重新构造优化问题，通过优化观测误差来求解当前的状态，包括相机位姿和地图点。与基于滤波的方法相比，基于优化的方法利用了更多的信息，因而一般精度会更高。此外，不像基于滤波的方法那样高度依赖上一时刻的状态估计，基于优化的方法通常会有更好的稳健性。但相对应的，基于优化的方法一般比基于滤波的方法速度慢。基于优化的 SLAM 系统的流程通常包括：①建立视觉关联生成地图点；②利用地图点在多帧上的观测，构造优化问题，通过集束调整（bundle adjustment，BA）同步优化关键帧的位姿和地图点坐标。

PTAM[12] 是首个基于关键帧优化的单目视觉 SLAM 系统。在特征跟踪上，PTAM 使用 Fast 角点 [17] 进行匹配，并会根据跟踪的情况，挑选出一些关键帧加入后台线程参与建图，后台线程会使用新的关键帧去生成新的地图点。地图点在每个关键帧上的观测与地图点在该帧上的投影会构成重投影误差，这便可以构成一个优化问题，通过优化关键帧位姿和地图点坐标使总重投影误差最小。另一个经典的特征点法系统是 ORB-SLAM[14]。与 PTAM 不同，ORB-SLAM 使用了 ORB 点 [18] 作为特征点，得益于 ORB

特征点的匹配能力，无论是在特征跟踪还是在重定位上，ORB-SLAM 较于 PTAM 都有了很大的提升。在框架上，ORB-SLAM 沿用了 PTAM 的前后端的框架设计，并在此基础上增加了回路闭合功能。通过 DBoW[13]，实现高效的回路检测，在检测到回环之后通过位姿图优化结合 GBA 优化，可以有效消除误差累积。像 PTAM、ORB-SLAM 这样的 SLAM 系统都依赖于特征点，也可以将其归类为特征点法 SLAM。ORB-SLAM 是特征点法 SLAM 的集大成者，在精度、效率和稳健性上都有很不错的表现。在最新的 ORB-SLAM3[15] 中，增加了对惯性传感器的支持以及多地图的管理。

特征点法 SLAM 需要在图像中提取并匹配特征点，对环境的纹理丰富、重复程度比较敏感。直接法跟踪不依赖于特征点的提取和匹配，直接通过比较像素颜色值来求解相机运动，在弱纹理、重复纹理环境下有更好的稳健性，但对光照变化、图像质量要求较高。比较典型的直接法 SLAM 系统有 LSD-SLAM[16] 和 DSO[19]。LSD-SLAM 是半稠密的直接法 SLAM，主要包括图像跟踪、深度估计和地图优化模块。通过直接比较当前帧与关键帧的光度实现图像跟踪，当相机移动超过一定阈值，当前帧变更为新关键帧，并将之前关键帧深度图投影到当前关键帧上，如果当前帧不是关键帧，则用来更新关键帧深度。关键帧每个半稠密点沿着极线搜索对应点，得到新逆深度观测和方差，采用 EKF 更新深度和方差。地图优化与 ORB-SLAM 相似，采用图优化。由于直接法的光度不变假设，对相机曝光、环境光照很敏感，为了缓解这些问题，DSO 将相机内参和曝光参数作为优化变量引入优化函数中。DSO 前端跟踪线程与 LSD-SLAM 类似，通过直接法跟踪当前帧和最新关键帧的相对位姿，并判断当前帧能否成为关键帧，将新关键帧插入到后端优化中。DSO 后端是一个由 5~7 个关键帧组成的滑动窗口优化，将各个关键帧收敛的深度点投影到其他关键帧中，构造光度优化函数。与很多 VIO 方法相似，为了限定问题规模，窗口保存固定数量的关键帧，当新帧加入时，会将多余的关键帧边缘化，将被删除帧信息保存在信息矩阵中，限定优化计算量的同时保持尽可能少的信息丢失。

传统单目视觉 SLAM 在弱纹理、重复纹理、光照变化剧烈、快速运动等场景下容易失效，而且尺度具有不确定性，加入 IMU 后可以获得准确的尺度并缓解对环境的依赖程度，从而提升系统的稳健性。基于优化的视觉惯性方法比较典型的代表有 VINS-Mono[20]、VINS-Fusion[21-22,115] 和 OKVIS[24] 等。基于优化的视觉惯性方法相比于基于滤波的方法，通常精度更高，对初值误差容忍程度更好，但耗时也更大。滤波方法在数学上相当于一次迭代优化，而优化方法可以通过多次迭代优化直到收敛。视觉惯性里程计（VINS-Mono）相比于滤波 MSCKF，能支持任意运动初始化，优化的变量包括了地图点状态，并通过多次迭代优化，取得更高的精度。此外，后端优化一个 4DOF 的位姿图，实现回路闭合矫正累积误差。VINS-Fusion 在 VINS-Mono 基础上加入了多传感器支持（双目、单目、GPS 和

IMU 等）、相机和 IMU 外参标定、相机和 IMU 时间偏移标定等。OKVIS 与 VINS-Mono 类似，只是初始化只能支持静止初始化，而且缺少后端位姿图。

10.2.3 基于深度学习的 SLAM

传统的视觉 SLAM 方法在过去的十多年里进展很快，涌现出了一系列算法和系统，并在实际场景中成功应用。然而由于真实世界的复杂性，特别是在一些困难场景，例如纹理重复、纹理缺失、运动模糊、动态物体等情况下，传统视觉 SLAM 方法依然存在稳健性问题。随着深度学习技术近年来的快速发展，将视觉 SLAM 与深度学习相结合，让视觉 SLAM 系统利用更高层次的信息，以数据驱动的方式来提高系统的定位建图精度和稳健性，成为目前 SLAM 领域的一个研究热点。深度学习可以应用到 SLAM 系统的各个模块，接下来将从视觉里程计前端、后端优化和回路检测、地图表示、纯端到端 SLAM 系统这几方面对基于深度学习的视觉 SLAM 方法进行简要介绍。

1. 视觉里程计前端

视觉里程计（VO）的目标是估计图像间的相对位姿变换。建立图像间准确的特征匹配是 VO 算法的关键。在传统 SLAM 系统中，通常使用的都是人工设计的特征点，如 SIFT、SURF、ORB 这类特征。这些算法的基本思路都是提取出图像中某些关键点，然后通过关键点周围的一块图像区域生成该点的描述子，通过描述子间的相似性建立图像之间的关联。在近几年，使用深度学习得到的特征[24-25]逐渐取代了手工特征，通过网络来实现特征的提取和匹配过程[26-27]，显著提升了特征匹配的精度。相较于传统直接法 SLAM 中常用的 LK 光流等算法，基于深度学习的光流算法[28]也实现了更为稠密和精确的光流跟踪。这些算法也被应用到一些视觉 SLAM 系统中[29-30]，实现了比传统方法更高的稳健性和准确度。

深度学习方法不仅可以替换传统 VO 方法中的部分模块，也可以直接构建出端到端的 VO 系统，这类系统跳过了传统 VO 框架中的流程，直接从输入图像回归出相对位姿。Wang 等人[31]提出了首个端到端单目 VO 工作 DeepVO，使用卷积神经网络（CNN）提取图像特征，再使用循环神经网络（RNN）传递图像时序上的关联。Zhan 等人[32]提出了一种自监督的端到端 VO 系统，除了估计给定两帧图像相对位姿的网络，还额外训练了一个单目深度估计网络，根据估计出的深度值将参考帧变换到目标帧位姿下，根据变换后的图像差异构建损失函数，从而实现了无监督的网络训练。Yin 等人提出的无监督 VO 框架 GeoNet[33]中同时估计了单目深度及帧间的光流和相对位姿。基于深度学习的 VO 方法在与训练数据差别较大的场景下很可能会失效，为此 Li 等人[34]提出了一种在线适应框架，将与场景无关的贝叶斯推理和几何运算引入到深度 VO 中，在多种数据集上表现出了很强的泛化性。Xue 等人[35] 设计了一个记忆模块可以自适应地保存 VO 运行过程中的局部和全局信息，进一步提升了端到端 VO 系统的精度。

2. 视觉里程后端优化与回路检测

在视觉 SLAM 系统中，后端优化模块可以对相机位姿和场景地图进行联合优化。这是一个经典的集束调整问题，传统方法中通常使用高斯牛顿法或者 LM 算法来迭代优化求解。BA-NET[36] 中构建了一个可微分的 LM 模块，优化目标也从传统 BA 中的光度一致性变为深度特征一致性，使得整个特征提取、稠密深度恢复、位姿优化过程可以端到端进行训练。

回路检测是 SLAM 后端消除累积误差的重要手段，传统方法大多使用词袋（bag of words，BoW）来实现回环帧的检测。然而在大尺度或者是长时间跨度的应用场景下，即使是同一位置的图像，也会由于视角、光线、天气、动态物体等因素的变化而出现较大的不同，传统方法很难实现稳定且准确的回路检测。Gao 等人[37] 提出的方法中，使用自编码器学习一种对原始图像数据更为高效紧凑的表示方式，用编码特征来对比图像间的相似度进而检测回环。

SLAM 系统运行时的回路检测，以及当 SLAM 系统跟踪失败时的重定位任务，本质上都可以描述为在已有全局地图中寻找当前帧位置的问题，而深度学习方法可以端到端地实现从图像到全局位姿的映射。PoseNet[38] 是首个通过训练卷积网络以端到端的方式预测单张图像对应的相机全局位姿的方法，该网络利用 GoogLeNet[39] 提取图像特征，然后用全连接层将其回归到全局相机位姿，以位姿的回归损失作为网络监督。LSTM PoseNet[40] 在此基础上进一步改进，在卷积网络的输出基础上使用了 LSTM 模块对图像特征进行降维，显著提升了定位性能。MapNet[41] 同时利用了视觉和 GPS 数据输入，将多传感器输入之间的几何约束描述为损失项对训练进行监督。

3. 地图表示

传统方法中常用点云、面片，以及体素地图来表示环境。随着深度学习技术对场景的理解和表达能力的增强，SLAM 系统中也引入基于深度学习的地图表示方法。语义地图是目前一种常见的结合深度学习的地图表示方式，其中除了场景的空间几何信息，还包含了每个空间位置对应的语义信息，这种结合了更高级场景信息的地图使得 SLAM 系统的结果可以支持更丰富的交互任务。SemanticFusion[42] 提出了一种将多视角下 CNN 预测的语义分割结果根据概率融合到地图中的方法。DS-SLAM[43] 中使用 SegNet[44] 对场景进行语义分割，并根据语义类别剔除掉场景中的动态点来提高系统对动态场景的稳健性，同时结合语义分割结果和 RGBD 信息，构建了一个稠密语义地图。

神经辐射场（neural radiance fields，NeRF）[45] 技术是近几年三维重建领域的热点，该技术以场景的多张 RGB 图像为输入，基于可微分的体渲染模型训练一个多层感知机（multi-lager perceptron，MLP），训练得到的 MLP 可以输出该场景在任意视角下的图像，不同于传统方法中常用的显式几何地图，整个三维场景的几何及外观信息都包含在了 MLP 网络中。这种通过 MLP 网络隐式表示三维场景的方法也被应用到了视觉 SLAM 系统中。Sucar 等人实现了第一个基于场景隐式表示的 SLAM 系统 iMAP[46]，同时对场景隐式 MLP 网络和相机位姿进行增量式优化。Zhu 等人对 iMAP 进一步改进提出了 NICE-SLAM[47]，不同于 iMAP 中使用单个 MLP 来表示整个场景，NICE-SLAM 使用了一种分层的、基于体素的隐式表达方法，可以重建出更为精细的几何和纹理，同时训练可以更快地收敛。Vox-Fusion[80] 提出采用基于动态稀疏体素的分配策略，通过构建一个全局的八叉树结构管理场景中的体素块，并采用 Morton 编码加速体素块特征的索引，以及通过对采样优化，去除空白区域的不必要采样，显著降低了体渲染时采样点的数目，提升了运行速度。跟 iMAP 和 NICE-SLAM 相比，这种随着场景动态扩展的机制更加适用于实际场景的探索。

10.3 视觉 SLAM

视觉 SLAM 是指以相机作为主要传感器进行跟踪定位的 SLAM 技术。经过几十年的发展，已经涌现出了各种各样的视觉 SLAM 方法，包括基于特征匹配的方法、直接法和基于深度学习的端到端的方法。目前主流的视觉 SLAM 方法还是基于视觉特征点匹配的方法，本节将重点对这类方法的框架和相关模块进行介绍。如图 10-3 所示，基于特征匹配方法的视觉 SLAM 系统一般包含 5 个模块：初始化、前台实时跟踪、后端优化、重定位和回路检测/闭合。下面就将针对这几个模块分别进行介绍。

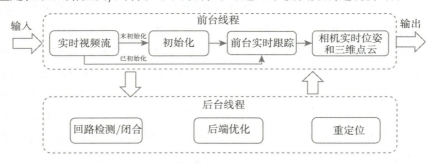

图 10-3　基于特征匹配方法的视觉 SLAM 系统

10.3.1 初始化

视觉 SLAM 系统的初始化对于单目相机、双/多目相机的不同情况有较大的差别。因为在有双目或多目相机的情况下，可以直接根据双/多视图计算深度，初始化会更简单。对于单目 SLAM 而言，如果想要精确地三角化出二维匹配点的三维坐标，就需要知道这两帧对应的相机的相对位姿。在初始状态下，单目 SLAM 通常会先根据两帧之间二维-二维的特征匹配来估计出相机的初始位姿，并三角化出匹配上的特征点的三维坐标，之后再基于这些恢复三维的特征点进行后续帧的匹配跟踪，并求解相机运动位姿。

双/多目 SLAM 由于预先标定了多个同步相机之间的相对位姿，深度和三维坐标可以通过多相机视图进行特征匹配并三角化来获得，之后的相机运动可以直接通过三维-二维对应点来求解，因而不需要基于下面极线几何的方式来完成初始化。

对于单目 SLAM 系统，一般利用极线几何的相关理论来进行相机运动的初始化。假设相邻图像上的匹配特征的齐次坐标分别表示为 p_1 和 p_2，用内参归一化后的坐标为 x_1 和 x_2，则匹配点满足如下极线约束：

$$x_2^\top E x_1 = p_2^\top F p_1 = 0 \tag{10-26}$$

其中，本质矩阵 $E = [T] \times R$，基础矩阵 $F = K^{-\top}[T] \times R K^{-1} = K^{-\top} E K^{-1}$，$K$ 为相机内参矩阵，R 为两帧之间的旋转矩阵，T 为平移向量。

可以看出，通过特征匹配的约束，就可以建立相机运动中旋转 R 和平移 T 的关联。具体来说，一般先进行特征匹配，再根据匹配的像素点位置求出 E 或者 F，最后对 E 或者 F 分解求出 R 和 T。

除了基础矩阵和本质矩阵，在一些特殊的情况下，如果场景中的特征点都位于同一个平面上，那么可以通过单应性进行运动估计，分解出 R 和 T。单应性矩阵描述了两个平面之间的映射关系，假设图像之间的单应性变换为 H，参照之前的推导有：

$$x_2 = H x_1 \tag{10-27}$$

其中 $H = K(R - T n^\top / d)$，平面参数 $\pi = (n^\top, d)^\top$。

单应性关系在 SLAM 中有着非常重要的意义，尤其是在特征点共面或者相机做纯旋转运动，导致基础矩阵的自由度下降，引起退化问题的时候。在实际情况中，数据难免存在噪声，尤其是在退化运动情况下，噪声的影响很容易导致运动估计出现误差。因此，在实际求解的时候，可以同时估计基础矩阵和单应性矩阵，并根据特定策略（如选择重投影误差较小的一个）来确定最终的运动估计矩阵。Mur-Artal 等提出的 ORB-SLAM[14] 在初始化阶段不需要用户指定初始化帧，而是自动地从输入图像序列中选取两帧，同时估计单应性矩阵和基础矩阵，并通过计算两个矩阵模型下点匹配的对称传递误差，根据统计模型计算得分，最后再依据一定的策略选择其中一个矩阵模型用于初始化。

良好的初始化有助于 SLAM 更好地进行位姿跟踪和场景重建。但是在实际应用中，用户很难按照"缓慢平移"这种友好的运动方式来移动相机，而且在初始化完成之前，单目 SLAM 系统无法提供相机的跟踪定位信息。针对这些实际问题，一些单目 SLAM 系统使用了单帧初始化的方法。例如，针对移动增强现实设计的 RKSLAM[110]，该算法假设相机一开始正对着一个距离固定的平面，并使用了固定深度（例如假设平均深度为 1 米）初始化出二维特征点的三维坐标。在用户产生了足够的运动，相机不断地观察并跟踪这些点之后，通过优化使得三维点坐标逐渐收敛。另外，针对单目 SLAM 的尺度不确定问题，RKSLAM 还提供了根据已知尺寸的标志物（例如 A4 纸或者是标准尺寸的信用卡）来估计初始平面深度信息的功能，可以使得虚拟三维物体能以真实的尺寸放置在真实的场景中。

10.3.2 前台实时跟踪

视觉 SLAM 系统一般由前端和后端组成，前端负责相机运动的实时跟踪，后端负责对前端估计的相机运动和地图进行异步优化。这种分布式的设计保证了 SLAM 系统的实时性和稳健性。前端跟踪也称为视觉里程计，由特征提取与匹配、运动估计、地图更新三部分组成。初始化完成了相机初始的运动估计与地图构建。此后，SLAM 会连续追踪相机运动，提取当前帧的特征，通过特征匹配获得的当前帧图像与三维地图的映射关系估计相机位姿，三角测量恢复新的地图点，并对三维地图进行更新。

1. 特征提取与匹配

特征是图像内一些代表性的区域。它可以是一个点、一条线或者一块像素区域。特征的优势在于能用一种稀疏的数据形式保存稠密的像素信息，并且描述相同物体的特征能稳定地在不同图像内被检测。一个特征只表征一个图像内的一个局部区域，不同特征之间具备可区分性。本小节只讨论在 SLAM 系统中通用性最高的点特征，一般由关键点和描述子组成（如 SIFT、ORB 等）。关键点记录特征的图像位置、朝向和大小等信息，描述子在向量空间以一种紧凑的表示描述特征周围的像素信息。

在 SLAM 系统中常见的特征匹配策略有两种：基于关键帧的匹配和连续跟踪。在视觉里程计的连续追踪中，出于实时性和轻量化的考虑，系统无法记录每一帧的运动信息。因此，一些 SLAM 系统会选择一些更具代表性的帧作为关键帧，如 ORB-SLAM2、PTAM。在运行时，这些 SLAM 系统只会保存关键帧的位姿、观测等信息，因此当前帧不是与上一帧建立匹配关系，而是与最近关键帧进行匹配。SLAM 系统中图像匹配的特殊性在于相邻帧之间存在连续的运动关系，这可以引入基于运动模型的特征匹配策略。常见的运动模型有匀速运动模型、基于传感器先验的运动模型等。可以将关键帧上的地图点根据运动信息投影到当前帧，在投影位置附近寻找最合适的特征点建立匹配，这可以极大提升特征匹配的速度与精度。

连续帧跟踪不依赖人工设计的特征，而是将所有图像像素作为特征（只有关键点，没有描述子），基于灰度不变假设，通过最小化光度误差直接估计当前帧图像与上一帧图像的相对位姿，进而获得匹配。这种方法依赖特征的连续性，需要频繁地进行特征点的三角测量和地图点的更新。连续帧跟踪的速度一般会快于关键帧的匹配策略，但其误差随着帧数增多而逐渐累积，并难以消除。

2. 运动估计

在连续的运动追踪中，已知当前帧的特征匹配与过去时刻的地图状态，可以根据匹配关系找到当前帧可观察到的地图点，相机位姿估计问题从原来二维–二维变成三维–二维点对运动估计，即 PnP 问题。PnP 问题有众多求解方法，包括直接线性变换（DLT）、P3P、EPnP 等。P3P[112] 将 PnP 问题转换成 ICP 问题，再利用 Umeyama 算法求解相机位姿。

如何维护和选择关键帧也是影响 SLAM 系统性能的因素之一。关键帧的选取遵循以下一些准则：相邻关键帧之间尽可能具有明显的运动；当追踪的视觉特征过少时，设置关键帧；剧烈运动（旋转、高速移动）时可以适当增加关键帧选取的频率等。

3. 地图更新

在恢复当前帧的相机位姿后，一般会使用三角测量来恢复新的地图点。经过后端优化后新恢复的地图点将被保存在地图中。SLAM 系统中的地图主要分为全局地图和局部地图。在追求实时性和轻量级的视觉里程计（如 VINS-MONO）中，系统不维护全局地图，只会保存时序上最近的 K 个关键帧的位姿及其可视的地图点。这种局部地图表示被称为滑动窗口，旧的关键帧会从窗口头部移出，新的关键帧一般会被加入窗口尾部。对于目标为建图的 SLAM 系统（如 ORB-SLAM2），系统会维护全局和局部地图。全局地图保存从起始到当前帧恢复的所有地图点，局部地图只保存与当前帧时序上近邻的关键帧及可视的地图点。恢复新的地图点时，可以从滑动窗口或者局部地图中选出一些与当前帧重复程度高的帧，使用 RANSAC 方法[113] 在多视图之间稳健地恢复地图点。在 ORB-SLAM2 中，系统会额外维护一个共视图，从共视图中挑选共视程度比较高的关键帧与当前帧进行三角测量。

10.3.3 后端优化

与前端致力于进行实时的位姿估计不同，后端线程主要是维护和优化地图，对实时性的要求相对不高。通俗地说，前端保证位姿输出的实时性，后端低频地维护地图的一致性。后端维护的地图可以用于前端的实时跟踪中来矫正前端的误差累积，也可以在出现跟踪异常后用于系统的恢复（通过重定位）。

一个完整的后端地图通常由关键帧和地图点构成。地图点被不同的关键帧观测到，对于每一个这种观测可以得到如下的投影误差：

$$e_{ij} = \left\| \pi \left(\boldsymbol{R}_i \boldsymbol{X}_{w_j} + \boldsymbol{t}_i \right) - \boldsymbol{p}_{ij} \right\|^2_{\Sigma_{ij}} \tag{10-28}$$

其中，e_{ij} 为地图点 j 在第 i 帧上的观测误差，$\boldsymbol{X}_{w_j}$ 是地图点 j 在世界坐标系下的坐标，$\boldsymbol{R}_i$ 和 $\boldsymbol{t}_i$ 是关键帧 i 的位姿，$\boldsymbol{p}_{ij}$ 是地图点 j 在第 i 帧的观测，π 是相机的投影方程，负责将相机坐标系的点投影到图像上。根据相机的特性不同，π 可能包含不同的畸变模型，畸变模型和相机内参通常可以通过事先标定获得，而且在 SLAM 运行中保持不变。将地图中的所有地图点及相应的关键帧的观测叠加在一起构成了一个优化问题（也就是集束调整），通过同时优化关键帧的位姿和地图点的坐标来使得所有观测的总投影误差最小。随着关键帧的增长，地图点的数量也会快速地增长，这使得优化问题不断增大，优化效率不断降低。针对这一问题，常见的做法是高频的局部优化（LBA）和低频的全局优化（GBA）相结合，甚至只在回路闭合的时候调用全局优化。

1. 局部窗口优化

通过局部优化的方式来限定优化的规模，从而保证优化效率。而局部地图的选择策略不同算法也不尽相同。最常用的是以空间划分的局部地图设计，以及以时间关系划分的滑动窗口策略[48]。由于 SLAM 是一个增量构建的过程，输入数据是有明确的时序上的关系，因此可以按顺序逐帧处理，最新的帧通常与时序上接近的帧有较强的连接关系，可以利用这种时序的关系对窗口进行管理。维护一个固定大小的滑动窗口，当有新的帧加入窗口时，如果窗口中帧数已经达到了窗口帧数上限，则按照一定的策略将老的帧滑出窗口，从而保证窗口内的帧数固定，滑出窗口的关键帧后续便不再优化了。在关键帧的选择策略和滑出窗口的老帧策略上，不同的 SLAM 系统有不同的设计。例如，SVO 优先选择距离最远的帧，而 DSO 会综合考虑关键帧上点的活跃度以及与最新关键帧的曝光变化。将一个关键帧滑出窗口时，该关键帧上的信息如何处理，也是有讲究的。一种简单粗暴的处理策略是直接将它的信息固定下来，即认为是常量，丢弃不确定的优化信息。这种处理方式效率高，但丢失了一部分优化信息，容易产生误差累积。另一种方式是将滑出窗口的帧和点进行边缘化（marginalization），边缘化的结果作为状态先验加入窗口的下一轮优化,这种方式一定程度上保留了滑出帧的优化信息,因而通常精度更高,但边缘化也带来了额外的计算量。除了时序上的窗口设计之外,另一种就是像 ORB-SLAM 那样通过构建共视关系图,根据当前帧所关联的关键帧,找出空间上关联的局部地图,在局部地图上进行 LBA 优化。这种策略可以使那些暂时不在局部地图中的帧,在后续的跟踪过程中仍然有被再次优化的机会。

2. 全局优化

只进行局部图优化,误差累积会不可避免,因此需要调用 GBA 来消除误差累积。一种常用的触发 GBA 的时机是回路闭合,但当触发回路闭合时,通常误差累积已经较大,这时候直接调用 GBA 来进行优化,很容易陷入局部最优解。ORB-SLAM 采用先进行基于位姿图的优化(pose graph optimization)来调整相机位姿,并根据图优化结果来更新地图点,并在此基础上调用 GBA 来进一步优化精度,可以有效避免陷入局部最优解,加速收敛。一些 SLAM 系统的后端只维护位姿图而不是完整的地图观测,在检测到回路后只能进行基于位姿图的优化,虽然其效率远高于 GBA,但由于无法对地图点进行全局优化,导致精度会低一些。

与 SfM 问题不同,SLAM 处理的数据有严格的时序关系,其信息具有很好的增量规律,新进来的观测一般只会更新很小一部分区域的观测,可以利用这种特性来减少很多重复计算,实现加速。增量式 BA[49-51] 利用 SLAM 增量观测的特性,节省了很多不必要的更新操作,加速了舒尔补的求解,使得 BA 的效率大幅提升,能以接近 LBA 的计算复杂度实现 GBA 的精度。CoLi-BA[52] 提出使用球面模型代替归一化平面来表示重投影误差,并以此为基础进一步优化了 GBA 的速度和内存占用量。这些对 GBA 的加速工作帮助 SLAM 系统能够持续地低频运行 GBA,而不是等到回路闭合时才调用,从而提高系统的精度和稳定性。

10.3.4 重定位

视觉 SLAM 系统在运行的过程中,如果相机运动过快、特征匹配点过少或是受到其他因素的干扰,则可能会出现跟踪丢失的情况,这就需要通过重定位来重新获取当前相机在已知地图下的位姿,否则系统将无法继续跟踪。目前通用的视觉重定位方法一般分为 4 个步骤:检索候选关键帧、特征点匹配、位姿估计和位姿优化。下面将对各个步骤进行详细的说明。

1)检索候选关键帧。因为 SLAM 出现了跟踪丢失的情况,系统失去了对当前帧的先验位姿信息,所以系统需要利用回路检测的方法,回溯已保留的关键帧,选取其中与当前帧相似度较高的帧作为候选关键帧。目前主流的 SLAM 系统普遍使用词袋模型(bag of words）的方法获取候选关键帧。使用词袋模型时，当前帧的描述子会被转换成词袋模型中单词（words）的格式，并且根据每个单词出现的频率，系统会计算出一个词袋向量，用于帧与帧之间的相似度匹配。近几年，随着深度学习的发展，一些 SLAM 系统开始使用基于神经网络的方法来提取候选关键帧，以进一步提高关键帧的选择准确性。2014 年，Babenko 等人[57]首次提出了一种基于 CNN 的基于精细化模型的图像检索方法。文献[58] 中的工作介绍了一种从网络的每一层提取卷积特征的方法，这些特征被 VLAD 编码为图像特征向量。在文献 [59] 中，建立了卷积的区域最大激活，将多个图像区域聚合为一个紧凑的特征向量，该特征向量对缩放和平移具有稳健性。文献 [107] 提出了一种融合全局二值 CNN 特征和传统局部手工特征的回路检测方法，并结合运动信息，获得精度、速度、稳定性都兼顾的灵活回路检测方法。除此之外，传统的图像检索方法主要分为基于文本的方法和基于内容的方法，以此达到基于视觉图像定位的效果。

2）特征点匹配。系统在得到候选关键帧之后，需要将这些关键帧与当前帧进行特征点匹配，匹配数目少于一定阈值的候选关键帧将被筛选淘汰。一些 SLAM 系统（如 ORB-SLAM）为了减少匹配时间，会利用词袋的格式进行快速匹配：如果两个特征点属于一个单词（word），则匹配成功，反之亦然。另一种快速的匹配方法是采用随机森林的方法，能够在千万级的三维数据上达到实时毫秒级的定位[108]。另外，除了传统的 ORB、SIFT[55] 等特征匹配方法，近几年也涌现出了许多基于神经网络的特征匹配方法，例如，利用图神经网络求解最优传输问题，以此进行特征匹配以及外点剔除的 SuperGLue[26]，又例如基于 Transformer 的特征匹配算法 LoFTR[27]，基于实值与二值同时训练的并行匹配策略[109]等。

3）位姿估计。一旦符合条件的关键帧与当前帧的特征点匹配完成，系统就可以开始估计当前帧的位姿。通常来说，SLAM 系统的已建地图包含了关键帧特征点在世界坐标系下的三维坐标，因此，这一步骤往往使用 PnP 方法来估计位姿。PnP 是一种给定世界中的 n 个三维点，以及这些三维点在图像中对应的二维投影的情况下求解相机位姿的方法。PnP 问题有多个求解方法，例如使用直接线性变换求解问题的 DLT 方法，使用三个点对求解问题的 P3P 方法[112]，提取 4 个控制点估计位姿的 EPnP 方法[114] 等。在重定位模块中，主流的方法会优先使用速度较快的 EPnP 方法。下面就简要地介绍一下 EPnP 的方法。

EPnP 需要在世界坐标系找出 4 个控制点 $c_1^w c_2^w c_3^w c_4^w$，使得对于世界坐标系任意一个三维点 P_i^w 一定有一组权重参数 a_i（4 个参数：$a_{i1} a_{i2} a_{i3} a_{i4}$）满足公式：

$$P_i^w = \sum_{j=1}^{4} a_{ij} c_j^w \tag{10-29}$$

参数 a_i 又被称为均值重心坐标，根据欧式变换的不变性原理，在相机坐标系下同一组权重 a_i 也满足：

$$P_i^c = \sum_{j=1}^{4} a_{ij} c_j^c \tag{10-30}$$

理论上 4 个控制点可以用各种方法获取，而 EPnP 给出的方法是使用 PCA 分解的方式求出这 4 个点。当然在相机坐标系下的控制点坐标 c_j^c 目前还是未知的，因此，当权重 a_i 计算出来之后，就可以利用相机内参、三维点 P_i^w 对应的像素坐标，以及权重 a_i 计算出 c_j^c。

当世界坐标系下的四个控制点 $c_1^W c_2^W c_3^W c_4^W$ 以及相机坐标系下相对应的坐标 $c_1^c c_2^c c_3^c c_4^c$ 都转换为已知之后，就可以利用它们分别求出 n 个世界坐标系下的三维点在相机坐标系对应的坐标，位姿求解也就顺势变成了三维–三维的配准问题。对此，可以通过迭代最近点（iterative closest point，ICP）方法求解出位姿结果。

4）位姿优化。通过上述 3 个步骤，系统已经求解出了重定位的位姿估计结果，但是这一结果在精度和准确率上往往不高，为了进一步提升重定位结果的质量，一些 SLAM 系统就进一步使用 BA 等方法进行位姿优化。此外，优化后重投影得到的内点数目也可以被用来作为重定位成功与否的判断条件。

10.3.5 回路闭合

在视觉 SLAM 方法中，每一帧的位置和姿态都是基于先前帧的估计得出的，难免会有误差。因此，随着时间的推移，误差会逐渐积累，这可能会影响到后续的帧跟踪。在较小的移动范围内，这种误差可能并不显著，但随着运动时间变长或距离增加，误差累积也会随之增大，最终可能导致定位误差很大甚至跟踪定位失败。为了解决这个问题，我们需要在跟踪定位过程中引入特定的约束来校正当前相机的位姿，其中一种常见的约束就是回路闭合。

图 10-4 展示了一个回路闭合示例。估计的相机轨迹由黑线表示，关键姿态用三角形标识，而星形符号表示可能帮助识别闭环的特征点。如图 10-4(a) 所示，相机在长时间运动过程中，误差会不断累积，导致估计的相机位姿越来越不准确，在绕了一圈回到起始点之后已经严重偏离了正确的位置。而如果在回到经过的位置时建立起回路约束，则可以有效消除误差累积，如图 10-4(b) 所示。为了精确地识别回路，首先需将当前观测到的场景与先前记录的地图进行比较，确保是否重新访问了过去的场景。这一步骤本质上是图像检索的任务，与重定位的初始步骤类似，通常采用词袋模型或者基于深度学

习的方法对图像提取描述子并进行匹配，具体可以参考 10.3.4 小节。

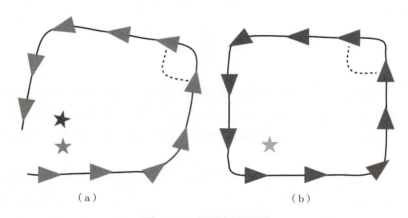

图 10-4　回路闭合示例

跟重定位只需要恢复当前帧的位姿不同，回路闭合在识别访问过的场景之后，需要通过匹配建立起相应的回路约束来进一步优化相机的位姿和三维地图。当通过图像检索匹配到相应的关键帧图像回环后，即可通过提取特征点进行特征匹配。一旦有足够多的匹配点对，就可以利用 PnP 算法来验证并计算当前帧图像与回环关键帧间的相对位姿关系，再利用全局优化来消除误差累积。目前主流的回路闭合优化方法主要是位姿图优化和全局 BA 优化。简单来说，位姿图优化侧重于调整相机位姿的图结构，使得位姿在全局上保持一致，而全局 BA 优化则是将场景中所有的三维点和相机位姿一起进行优化，精度更高，但速度相对较慢。这两种方法的详细介绍和比较见 10.3.3 小节。

10.4　视觉惯性 SLAM

视觉惯性 SLAM（VISLAM）框架上与 VSLAM 差异不大，主要区别在于引入 IMU 传感器后，部分模块需要适配 IMU 传感器，即融合 IMU 传感器信息。如图 10-5 所示，VISLAM 主要由五个模块组成：视觉惯性初始化、前端视觉惯性跟踪、地图优化、回路检测/闭合和重定位。如果地图只是固定窗口大小的关键帧，则可以称为视觉惯性里程计（visual-inertial odometry，VIO），如果是完整的地图，则是 VISLAM。下面首先对 IMU 传感器模型进行介绍，然后再分别介绍各个模块。

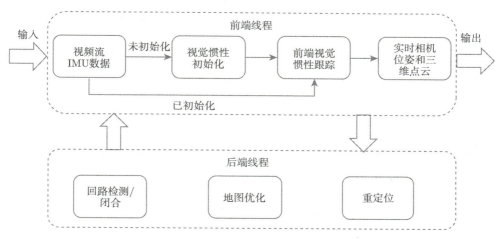

图 10-5 视觉惯性 SLAM（VISLAM）框架

10.4.1 IMU 模型

惯性测量单元（inertial measurement unit，IMU）是一类可以测量自身相对于世界坐标系的运动信息的传感器。IMU 通常带有陀螺仪（gyroscope）、加速度计（accelerometer）等模块，可分别测量自身的旋转率和加速度。

IMU 在世界坐标系 W 中的位姿可以用其局部坐标系在 W 中的朝向 $W_{q_{\text{IMU}}}$ 和局部坐标系原点在 W 中的位置 $W_{p_{\text{IMU}}}$ 表示。IMU 坐标系内的点 p_{IMU} 通过下面的变换对应到世界坐标系内的坐标 p_{w}：

$$p_{\text{w}} = C\left(W_{q_{\text{IMU}}}\right) \cdot p_{\text{IMU}} + W_{p_{\text{IMU}}} \tag{10-31}$$

IMU 所测量的旋转率和加速度均相对于自身坐标系。同时，由于传感器结构原理上的原因，一般其测量值受到传感器偏置（bias）和白噪音的影响，因此 IMU 测量常用以下形式建模：

$$\begin{cases} \omega = \omega_W + b_g + \varepsilon_g, & \varepsilon_g \sim N\left(0, \Phi_g\right) \\ a = C^{\top}\left(W_{q_{\text{IMU}}}\right) \cdot (a_W - g_W) + b_a + \varepsilon_a, & \varepsilon_a \sim N\left(0, \Phi_a\right) \end{cases} \tag{10-32}$$

其中，ω_W 和 a_W 对应了世界坐标系中的设备旋转率和加速度真值，b_g 和 b_a 分别为陀螺仪和加速度计的偏差，ε_g 和 ε_a 则对应了传感器的观测噪音。

为了从上述观测对运动进行推断，通常会建立如下的运动模型：

$$\begin{cases} \dot{C}\left(W_{q_{\text{IMU}}}\right) = C\left(W_{q_{\text{IMU}}}\right)[\omega_W]_\times \\ W_{\dot{p}_{\text{IMU}}} = v_W \\ \dot{v}_W = a_W \end{cases} \tag{10-33}$$

同时，IMU 的两个偏差参数常用高斯噪声驱动的随机游走进行描述：

$$\begin{cases} \dot{b}_g = \eta_g, & \eta_g \sim N(0, \Psi_g) \\ \dot{b}_a = \eta_a, & \eta_a \sim N(0, \Psi_a) \end{cases} \tag{10-34}$$

假设 i 时刻的运动状态已知，i 到 j 时刻之间的 IMU 观测为 ω、a，时间间隔为 Δt，那么对于 j 时刻，可以通过前向欧拉积分得到以下关系：

$$\begin{cases} q_j = q_i \exp\left((\omega - b_{g_i} - \varepsilon_g)\Delta t\right) \\ \quad\approx q_i \exp\left(\omega - b_{g_i}\right)\left(I - [\varepsilon_g \Delta t]_\times\right) \\ p_j = p_i + v_i \Delta t + \frac{1}{2} g_W \Delta t^2 + \frac{1}{2} C(q_i)(a - b_{a_i} - \varepsilon_a)\Delta t^2 \\ \quad= p_i + v_i \Delta t + \frac{1}{2} g_W \Delta t^2 + \frac{1}{2} C(q_i)(a - b_{a_i})\Delta t^2 - \frac{1}{2}C(q_i)\varepsilon_a \Delta t^2 \\ v_j = v_i + g_W \Delta t + C(q_i)(a - b_{a_i} - \varepsilon_a)\Delta t \\ \quad\approx v_i + g_W \Delta t + C(q_i)(a - b_{a_i})\Delta t - C(q_i)\varepsilon_a \Delta t \\ b_{a_j} = b_{a_i} + \eta_a \Delta t \\ b_{g_j} = b_{g_i} + \eta_g \Delta t \end{cases} \tag{10-35}$$

计算上式中各个运动状态的期望，可以建立起由 IMU 观测所描述的状态更新模型。设 $\xi_i = (p_i, q_i, v_i, b_{a_i}, b_{g_i})$ 代表 i 时刻的完整运动状态，$F_{\text{IMU}}(\omega, a; \xi_i) = \mathbb{E}[\xi_j]$，那么就可以把状态更新模型简记为：

$$\xi_j = F_{\text{IMU}}(\omega, a; \xi_i) \oplus \epsilon_i, \epsilon \sim N(0, \Sigma_{\text{IMU}}) \tag{10-36}$$

由于 IMU 的采样频率常高于图像帧率，使用时可以重复应用上面的状态更新，实现从前一帧图像的运动状态到新一帧图像状态的预测。不难发现，对所有图像的运动状态进行估计时如果总是这样从前向后进行积分，其计算量会比较大。预积分[60] 技术可以将两帧图像之间的 IMU 观测转换成与初始运动状态的差值信息，从而回避了上述问题。

10.4.2 前端模块

前端模块接受并处理传感器裸数据，实现实时的位姿跟踪和 IMU 状态优化，主要包括初始化和前端视觉惯性跟踪两个模块。

（1）初始化　在视觉惯性系统的概率建模中，$\mathcal{E}_{\text{init}}$ 对应着对系统初始状态的约束。单目视觉的 SLAM 系统无法从观测中恢复系统实际尺度以及重力朝向。通过结合 IMU 的加速度信息，可以在初始化时恢复尺度及重力方向。并且，这一初始化过程至关重要，从 IMU 观测模型中可以看出初始重力朝向会影响 IMU 对加速度的测量结果。并且由于重力的绝对值较大，初始化时较大的重力方向错误容易导致后续跟踪发散。同样，初始化时的尺度也会影响后续的状态估计，文献 [64] 通过实验得到结果：初始化时超过正负 30% 的尺度偏差将大概率导致跟踪发散。因此，有必要在视觉惯性系统的初始化阶段进行专门的处理。

如果系统在初始时保持稳定，没有额外的加速度，那么 IMU 的加速度测量将主要由重力和加速度零偏组成。因此，如 MSCKF[4]、R-VIO[8] 等系统通常要求视觉惯性设备在启动时保持一段时间的静止。通过对静止时段内的加速度测量进行平均，可以对重力的方向进行一个初步的估计，从而确定系统的初始朝向，尺度则随着后续跟踪逐步进行收敛。VI-ORB-SLAM[64]、VINS-Mono[21] 等系统则设计了一套基于视觉与 IMU 对齐的初始化方案，不要求系统初始时静止，相对来说更实用。这类方案分别对纯视觉观测进行 SfM 和对 IMU 观测计算预积分，然后将二者联立得到以 SfM 尺度、重力方向、初始位置等作为变量的系统。通过求解该系统便可以初始化视觉惯性系统。

（2）前端视觉惯性跟踪　该部分视觉特征提取和跟踪基本与 10.3.2 小节的模块一致，不过由于 IMU 的引入，可以获取更为准确的位姿预测，给图像匹配算法提供更好的特征位置预测初值，增强系统特征跟踪的稳健性。由于 IMU 短时间位置预测比较准确，所以不必要像 VSLAM 一样进行每帧跟踪，可以按照一定策略进行跳帧跟踪，它的位姿则由 IMU 积分输出。此外，也可以借用 IMU 帮助下的 2-point-RANSAC 方法[66] 进行外点剔除。

相机位姿和 IMU 状态估计一般通过构造固定关键帧数量的滑动窗口，联合优化视觉信息和 IMU 信息完成。下面以基于关键点跟踪的视觉惯性系统为例，介绍视觉惯性相关的优化理论。

令设备在 i 时刻的运动状态为 $\xi_i = (p_i, q_i, v_i, b_{a_i}, b_{g_i})$,观测到地标点的坐标为 $\mathcal{X} = \{x_k \mid k = 1, \cdots, n\}$。根据相机观测模型,在 i 时刻对地标点 k 的观测 $\mathcal{U} = \{u_{ik}\}$ 满足:

$$u_{ik} = \pi\left(KC^\top(q_i)(x_k - p_i)\right) + \varepsilon_{ik}, \varepsilon_{ik} \sim N(0, \Sigma_{\text{VIS}}) \tag{10-37}$$

假设 i 时刻的运动状态和 i 到 $i+1$ 时刻之间的 IMU 观测已知,可以基于上一节介绍的 IMU 模型对系列观测进行积分,从而得到对 $i+1$ 时刻的运动状态更新:

$$\xi_{i+1} = F_{\text{IMU}(i)}(\xi_i) \oplus \epsilon_i, \epsilon_i \sim N(0, \Sigma_{\text{IMU}(i)}) \tag{10-38}$$

通过融合对视觉地标点的观测和对 IMU 运动信息的观测,可以得到如下公式:

$$\begin{aligned}
\hat{\xi}_{i+1|i}, \hat{\mathcal{X}}_{i+1|i} &= \arg\max_{\xi_{i+1}, \mathcal{X}} \mathbb{P}[\xi_i, \mathcal{M}, \mathcal{U} \mid \xi_{i+1}, \mathcal{X}] \\
&= \arg\max \mathbb{P}[\xi_i, \mathcal{M} \mid \xi_{i+1}] \mathbb{P}[\mathcal{U} \mid \xi_{i+1}, \mathcal{X}] \\
&= \arg\max \mathbb{P}[\epsilon_i] \prod_{k=1}^{n} \mathbb{P}[\varepsilon_{i+1,k}] \\
&= \arg\max \exp-\left\|F_{\text{IMU}(i)}(\xi_i) \ominus \xi_{i+1}\right\|_{\Sigma_{\text{IMU}(i)}}^{2} \prod_{k=1}^{n} \exp- \\
&\quad \left\|\pi\left(KC^\top(q_{i+1})(x_k - p_{i+1})\right) - u_{i+1,k}\right\|_{\Sigma_{\text{VIS}}}^{2} \\
&= \arg\min_{\xi_{i+1}, \mathcal{X}} \left(\left\|F_{\text{IMU}(i)}(\xi_i) \ominus \xi_{i+1}\right\|_{\Sigma_{\text{IMU}(i)}}^{2} + \right. \\
&\quad \left. \sum_{k=1}^{n} \left\|\pi\left(KC^\top(q_{i+1})(x_k - p_{i+1})\right) - u_{i+1,k}\right\|_{\Sigma_{\text{VIS}}}^{2}\right)
\end{aligned} \tag{10-39}$$

这使得我们可以从 i 时刻的运动状态来对 $i+1$ 时刻状态进行最大似然估计。

完整的视觉惯性融合对应于对全部时间的运动状态 $\mathcal{C} = \{\xi_i \mid i = 1, \cdots, m\}$ 和全体地标点 $\mathcal{X}$ 的最大后验估计,可以将该最大后验估计展开为以下形式:

$$\begin{aligned}
\hat{\mathcal{C}}, \hat{\mathcal{X}} &= \arg\max \quad \mathbb{P}[\mathcal{C}, \mathcal{X} \mid \mathcal{M}, \mathcal{U}] \\
&= \arg\max \quad \mathbb{P}[\mathcal{C}, \mathcal{X}]\mathbb{P}[\mathcal{M}, \mathcal{U} \mid \mathcal{C}, \mathcal{X}] \\
&= \arg\max \quad \mathbb{P}[\xi_1]\mathbb{P}[\mathcal{M}, \mathcal{U} \mid \mathcal{C}, \mathcal{X}] \\
&= \arg\max \quad \mathbb{P}[\xi_1] \prod_{i=1}^{m} \mathbb{P}[\xi_i, \mathcal{M} \mid \xi_{i+1}] \prod_{i=1}^{m} \mathbb{P}[\mathcal{U} \mid \xi_i, \mathcal{X}] \\
&= \arg\min \quad \left(\left\|\xi_1 \ominus \xi_1^*\right\|_{\Sigma_*}^{2} + \sum_{i=1}^{m}\left\|F_{\text{IMU}(i)}(\xi_i) \ominus \xi_{i+1}\right\|_{\Sigma_{\text{IMU}(i)}}^{2} + \right. \\
&\quad \left. \sum_{i=1}^{m}\sum_{k=1}^{n} \delta_{ik} \left\|\pi\left(KC^\top(q_i)(x_k - p_i)\right) - u_{ik}\right\|_{\Sigma_{\text{VIS}}}^{2}\right) \\
&= \arg\min \quad \mathcal{E}_{\text{init}} + \mathcal{E}_{\text{inertial}} + \mathcal{E}_{\text{visual}}
\end{aligned} \tag{10-40}$$

基于这一结论，可以运用非线性最小二乘求解完整视觉惯性的方法。同时可以看到该问题与视觉 SLAM 问题具有很高的相似性：$\mathcal{E}_{\text{visual}}$ 对应了完整的视觉 SLAM 的集束调整问题。因而不难知道该问题有着与视觉 SLAM 问题相似的稀疏结构。即便如此，随着问题规模的增长，完整视觉惯性问题的求解将变得棘手，实时性成为一个问题。因此，主流视觉惯性系统通常采用滑动窗口优化的方式来约束待估计运动状态的维度：当系统完成了带有新的关键帧的状态估计后，通过边缘化操作将最老一帧的状态变量消除并同时消除关联的地标点，从而保证系统中关键帧总数不超过性能允许的上限。这种系统通常称为视觉惯性里程计。GraphSLAM[61] 首先提出了一个基于图优化表达优化问题的方法，并展示了如何通过边缘化操作来对问题规模进行约束。OKVIS 则是基于关键帧滑窗优化的 VIO 系统的早期代表。ORB-SLAM3 和 VINS-Mono 在 VIO 基础上进一步添加了后端建图和闭合回路优化，形成了完整的 VISLAM 系统。在这两个系统基础上改进形成的各种新工作代表了目前基于优化的视觉惯性理论研究的前沿。

基于滤波与基于非线性优化的 VIO 都是最大化后验证估计，数学模型本质上是一致的，主要区别在于非线性优化可以重新线性化直到收敛，而滤波只是一次迭代优化，对初值更加敏感，更容易误差累积，但因其模型相对简单，计算速度快，适合计算量受限的平台。基于滤波的 VIO 的典型代表是多状态约束卡尔曼滤波 MSCKF。MSCKF 构造一个滑动窗口，使用 IMU 信息进行状态传播，视觉信息进行卡尔曼更新，相比一般 EKF-VIO 其状态估计更加高效。因为视觉特征点数量较多，为了降低计算量，MSCKF 省去了估计特征点状态和协方差矩阵，将三角化的特征点进行边缘化操作，从而将特征点信息融合到窗口状态变量中，计算卡尔曼增益，对状态进行更新。

基于均方根逆滤波的 VIO 系统 [5]（SR-ISWF）使用均方根逆滤波替换 MSCKF 的卡尔曼滤波。通过维护协方差均方根矩阵来替换卡尔曼滤波的协方差矩阵，解决了使用浮点数计算容易出现的数值不稳定问题，有利于硬件的浮点数加速，在精度无损的情况下，比一般的类 MSCKF 方法更高效。

滑动窗口优化通常可以以 10Hz 频率的进行。由于短时间内 IMU 积分累积误差较小，图像帧率运动估计可以直接由 IMU 积分给出。若想得到更为准确的图像帧率位姿输出，则可以在前台优化一个小规模的视觉惯性集束调整（固定地图点和 IMU 偏置，优化两三帧的相机位姿和 IMU 速度），具体可以参考 VINS-Mono 方法。

10.4.3 后端模块

图像和 IMU 数据经过前端模块处理后，所有的关键帧和 IMU 已有比较好的初始状态。前端为了保持较高频率的位姿跟踪，限定了问题规模，不可避免会产生累积误差。

后端模块与 VSLAM 类似，主要是维护高精度的全局地图，消除前端累积误差，同时在前端跟踪丢失情况下，能够实现重定位。与 VSLAM 主要区别在于如何利用和处理 IMU 信息。后端模块主要包括地图优化、回路检测/闭合和重定位模块。

地图的优化在前端视觉惯性跟踪的优化在原理上是完全一致的，只是问题规模大小不同。VISLAM 的地图优化通常可以分为局部地图优化（优化最近时刻固定数量窗口关键帧位姿、IMU 状态和地图点，固定其他共视关键帧和窗口最旧关键帧的位姿和 IMU 状态）和全局地图优化（优化全部关键帧位姿、IMU 状态和地图点），具体细节可以参考 ORB-SLAM3。

在回路检测方面，与 VSLAM 的区别在于 VISLAM 可以利用 IMU 信息作为依据，甄别错误回路检测。由于 VISLAM 系统重力方向是可观测的，ORB-SLAM3 就是通过判断重力方向阈值，甄别错误回路。检测回路后，闭合操作一般先进行位姿图调整，然后进行全局地图视觉惯性优化。由于 VISLAM 的位姿求解没有尺度漂移问题，其位姿图可以使用 SE3 优化。

VISLAM 的重定位同 VSLAM 类似，只是重定位之后，需要重新初始化 IMU 的部分状态。因为 VISLAM 的地图有实际尺度且重力对齐，所以重定位后视觉跟踪位姿已经是重力对齐且尺度准确。IMU 的偏置一般随着时间在缓慢地变化，而重定位通常时间较短，可以认为重定位之后 IMU 偏置不变。因此相比于初始化，IMU 状态不再需要去估计尺度、重力和 IMU 偏置，只需要估计速度。完成视觉重定位后，利用 VSLAM 跟踪几帧图像，然后采用类似的初始化方法，将视觉轨迹和 IMU 积分信息对齐，估计出速度，这样就恢复了 IMU 的所有状态信息。

10.5 融合深度信息的 SLAM

受限于视觉传感器的测量特性，在光照条件不足、纹理特征稀少等环境条件下，基于视觉的 SLAM 系统难以保持稳定的估计结果。虽然使用 IMU 可以一定程度地弥补这一不足，但 IMU 本身是一种内在感知传感器同时具有高频精度高长时漂移大的特点，仍然无法从根本上解决视觉 SLAM 在非配合环境下的估计退化问题。

深度相机（depth camera）和激光雷达（LiDAR）可以通过获取不同属性的环境信息，与视觉传感器融合，实现稳健的 SLAM 系统。深度相机与激光雷达在测量原理上有相似之处，它们都是通过主动发射具有某种编码或模式的光脉冲或图案，实现对环境结构的准确测量。与视觉传感器获取二维图像不同,深度相机和激光雷达可以直接获取环境的三维结构信息,也即增加了深度信息。而视觉传感器通过多视几何方法利用多幅图像计算出环境特征点的深度是需要付出较高的计算代价。同时,深度相机和激光雷达获取的数据更加侧重于环境的几何结构信息,而几乎没有环境的表观纹理信息(仅激光雷达测量数据中含有一定的反射强度信息,可以较小程度地表现环境的纹理特征)。深度相机的测量范围较小,通常只有数米;激光雷达的测量范围通常可以达到数百米。

由于深度相机和激光雷达具有与相机不同的测量原理和测量特性,在实际应用中它们有较强的互补性。以下将针对深度相机与视觉传感器、激光雷达与视觉传感器两种主流的结合方式,分别阐述这两类多传感器融合的 SLAM。通常融合深度信息的 SLAM 得到的是比较稠密的三维地图,本节侧重介绍的是实时三维重建。

10.5.1 RGB-D SLAM

RGB-D 相机指的是可以同时获得 RGB 图像以及深度信息(depth,D)的相机。深度相机广泛应用于计算机视觉和机器人领域,是定位和建图技术中常用的一种传感器。文献 [67] 对基于 RGB-D 相机的三维重建技术进行了详细的介绍,对于现有的方法进行了详细的概括与分类。本小节着重介绍基于 RGB-D 图像的实时三维重建。基于 RGB-D 图像进行实时三维重建的流程如图 10-6 所示。对于 RGB-D 相机获得的彩色图像和深度图像,经过图像预处理、点云计算、相机位姿估计和更新重建等模块,得到最终的场景三维模型。下面分别对各个模块进行更为详细的介绍。

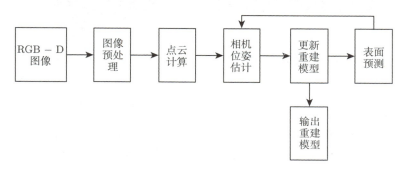

图 10-6 基于 RGB-D 图像的实时三维重建流程

RGB-D 图像获取:RGB-D 相机通常利用结构光法(structure light,SL)和飞行时间法(time of flight,ToF)实现场景深度信息的实时获取。

结构光法是一种主动双目视觉技术,如图 10-7(a)所示。其基本原理是:通过红外激光器,将具有已知结构特征的光线投射到被拍摄的三维物体上,再由红外摄像头采集物体表面成像的畸变情况,接着根据原始图案与观测图案之间发生的形变来得到图案上每个像素的视差。该技术通过光学手段获取物体的三维结构,再将这些信息进行更进一步的应用。其工作原理可看作是另一种双目法,红外激光器和红外摄像头作为双目立体视觉法中的左右双目。常见的基于结构光的 RGB-D 相机有微软公司的 Kinect v1、英特尔公司的 RealSense、occipital 公司的 structure core 如图 10-7(c)等。

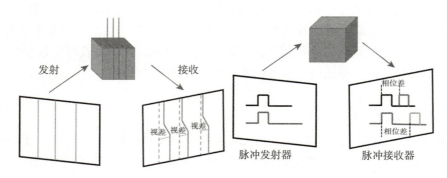

（c）基于结构光法的 RGB－D 相机　　（d）基于飞行时间法的 RGB－D 相机

图 10-7　两种 RGB-D 相机及其测距原理示意图

飞行时间法测距原理如图 10-7(b)所示。其基本原理是:通过连续向目标发送光脉冲,然后用传感器接收从物体返回的光,并通过光脉冲的飞行往返时间来计算得到目标物距离。传感器通过计算光线发射和反射时间差或相位差,换算成被拍摄景物的距离,以产生深度信息,再结合传统的相机拍摄,就能将物体的三维轮廓以不同颜色代表不同距离的地形图方式呈现出来。基于飞行时间法的 RGB-D 相机比较有代表性的是微软的 Kinect v2 相机,如图 10-7(d)。

图像预处理：RGB-D 相机获取的深度图像一般包含大量的噪声并且深度值范围有限，为了更好地利用深度图像还原点云，需要对深度图像进行双边滤波、修复补全等图像处理过程，处理后得到更加精确的深度图。如图 10-8 所示，原始的深度图如图 10-8(a) 含有很多的噪声（特别是在地面上），通过图像预处理后得到的深度图如图 10-8(b) 噪声得到了明显的抑制。

 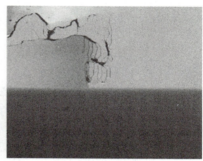

（a）原始深度图　　　　　　（b）图像预处理后的深度图

图 10-8　图像预处理前后的深度图对比

点云计算：深度相机模型和彩色相机模型均基于针孔相机模型进行建立，针孔相机模型为：

$$z_c \begin{pmatrix} x \\ y \\ 1 \end{pmatrix} = \begin{pmatrix} f_x & 0 & u_0 & 0 \\ 0 & f_y & v_0 & 0 \\ 0 & 0 & 1 & 0 \end{pmatrix} \begin{pmatrix} X \\ Y \\ Z \\ 1 \end{pmatrix} = \boldsymbol{K} \begin{pmatrix} X \\ Y \\ Z \\ 1 \end{pmatrix} \tag{10-41}$$

其中，$\boldsymbol{K}$ 是相机的内参数矩阵，可以通过相机标定获得。$(X\ Y\ Z)^\top$ 表示一个三维点对应的空间坐标，$(x\ y)^\top$ 表示该三维点在图像上对应的二维点坐标，z_c 表示二维图像点对应的深度值。下面以基于结构光的 RGB-D 相机为例，详细介绍其生成三维点云的过程。已知深度相机内参阵 $\boldsymbol{K}_d$、彩色相机内参矩阵 $\boldsymbol{K}_c$、深度相机坐标系到彩色相机坐标系的外参矩阵 $\boldsymbol{T}_{w2c}\boldsymbol{T}_{w2d}^{-1}$。首先，根据式 (10-41) 对应的相机模型将深度图像中的像素点 $\boldsymbol{p}_{u,v}^d$ 投影到深度相机坐标系下，即：

$$\boldsymbol{P}_{dc} = Z\boldsymbol{K}_d^{-1}\boldsymbol{p}_{u,v}^d \tag{10-42}$$

然后，将深度相机坐标系下的深度点转换到彩色相机坐标系下，即：

$$\boldsymbol{P}_{cc} = \boldsymbol{T}_{w2c}\boldsymbol{T}_{w2d}^{-1}\boldsymbol{P}_{dc} \tag{10-43}$$

最后对于彩色相机坐标系下的深度点，将其映射到 $Z=1$ 的彩色相机平面上，得到在彩色相机平面的像素坐标 $p_{u,v}^c$：

$$p_{u,v}^c = K_c \frac{P_{cc}}{z} \tag{10-44}$$

对深度相机得到的 RGB 图像和深度图像，即可根据式 (10-42)、式 (10-43) 和式 (10-44) 获得 RGB 图像上每个点对应的深度值。对于彩色相机得到的 RGB 图像上的每个像素，使用针孔相机模型即式 (10-41) 得到彩色相机坐标系下对应的三维点，从而得到彩色相机坐标系下的三维点云。

1. 基于显式几何重建的方法

上一步得到 RGB-D 图像对应的点云之后，需要将这些三维点云进行配准，转换到统一的世界坐标系下表示，得到相机运动的姿态和地图。相机相对于世界坐标系的位姿估计建立在相邻帧相对位姿估计的基础上，通过相对位姿的传递计算来获得最终的绝对位姿。由于同时具有点云信息和 RGB 信息，RGB-D 相机相对位姿的计算可以同时利用两者的信息。RGB-D 相对位姿的计算通常被称为前端，前端可以采用 ICP 或者特征法，下面对这两种方法进行简要介绍。

（1）ICP 配准　迭代最近点算法（iterative closest point，ICP）[68] 是一种点集对配准算法，其重复选择对应点对，计算刚体变换，直到配准结果满足精度要求。已知两个对应点集合 A 和 B，标准的点到点对应的 ICP 过程如下。

1）根据最近邻搜索计算点集 A 中的每一个点 a_i 在点集 B 中的对应点 b_i。

2）根据所有的对应点距离平方和最小化构建优化函数，求解刚体变换 $T=(R\ t)$：

$$T_{icp} = \arg\min_{R,t} \sum_i \|b_i - Ra_i - t\|^2 \tag{10-45}$$

如果此时的 T_{icp} 满足阈值条件，则此时的 T_{icp} 即为要求的最优刚体变换；否则对点集 A 中的每个点 a_i 应用此时求得的刚体变换 T_{icp} 得到的新的点集 B，重复以上过程，直至得到符合条件的结果。

除了帧到帧的跟踪，也有帧到模型的跟踪。根据当前帧位姿，将当前帧的点云融合到网格模型中之后，再计算在当前视角下可以看到的场景的表面并更新当前图像的深度图，用其对下一帧的输入图像进行配准，计算下一帧相机的位姿。计算场景表面的方法可以用光线投影算法。光线投影具体是指，从光心出发，穿过像素点在网格模型中从正到负的穿越点，就表示在当前像素点处可以看到的重建好的场景的表面。对于每个像素点，分别做类似的投影，进而可以计算得到其在每个像素点处的顶点图和法向图。

在上面标准的点到点对应 ICP 的基础上，有许多改进的 ICP 算法被不断提出，如 Non-rigid ICP[69] 和 Combined ICP[70]。Non-rigid ICP 针对原始 ICP 只能处理刚体变换的限制提出了一种可以处理非刚体变换的 ICP 算法。Combined ICP 考虑了当三维几何结构特征不明显的时候，仅根据三维点云信息不能正确的计算出位姿，此时可以结合 RGB 信息来实现更加稳健的位姿计算。Combined ICP 通过结合三维点云信息的配准误差和 RGB 图像的投影光度误差来构造优化函数，求解位姿变换矩阵，该算法在 RGBD SLAM 和三维重建中获得了广泛的应用。对于 RGBD SLAM 来说，可以直接使用 ICP 算法估计相机运动，但是几何特征缺失时，ICP 可能会失败。

（2）特征法　常见的特征法的流程图如图 10-9 所示。

图 10-9　基于特征法的位姿求取流程

特征法先根据 RGB 图像提取特征，进行特征的匹配得到关联的特征点对并对这些特征点对进行外点剔除得到最终的二维特征关键点对。接着得到二维特征点与三维点云的对应并构建优化函数，如图 10-10 所示，$(\boldsymbol{x}_i, \boldsymbol{y}_i)$ 是一组关联的特征关键点，对应于同一个三维点 $\boldsymbol{P}_i$，构建最优的位姿矩阵，使得匹配点和投影点之间的距离误差平方和最小，即重投影误差最小化来求解得到最终的位姿。

特征法选取的特征要求比较高，例如对视角和光照变化具备较强的不变性，对噪声具有一定稳健性。计算机视觉常用的特征有 ORB[18]，SIFT[55] 和 SuperPoint[25] 等。特征的选择依赖平台的计算能力、系统的运行环境、图像的帧率，以及所需的精度。SIFT 特征精度高，但在弱纹理的图像中，它无法提取出数量足够的稳定特征点。而且，它所需的计算资源大，需要 GPU 的支持才能实时运行。SuperPoint 在特征匹配任务中取得了很好的效果并且验证了用一个网络同时提取和描述特征的可行性，但 SuperPoint 没有显式处理仿射变换、光照变化、尺度变化等情况，其稳健性依赖于数据增强操作。ORB 虽在精度和稳定性上不如 SIFT 和 SuperPoint，但计算量小，在 CPU 上可以实时运行。

由于大多数场景均能提供丰富的特征点，因此特征法的场景适应性较好，且能够利用提取的特征点进行重定位。然而，特征法的存在特征点的计算耗时的缺点，利用到的信息少并且丢失了图像中的大部分信息；其在弱纹理区域精度会明显下降，特征点匹配容易产生误匹配。

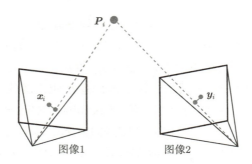

图 10-10　基于特征法的重投影误差示意图

前端得到相机的相对位姿后，需要用后端将前端的结果进一步优化。后端的计算方法包括基于滤波的方法和基于图优化的方法。基于滤波的方法包括 EKF、UKF、PF 等，其优点是计算量较小，缺点是对非线性问题进行线性化近似后得到的往往是次优解。基于图优化的方法包括 BA、位姿图、因子图等，常用的后端优化库有 G2o、Ceres、GTSAM。基于图优化的方法精度往往会更高，但耗时更长。

除了前端和后端，通常还需要有一个回路检测模块来抑制大场景下系统的累积误差。所谓回路检测，是指当相机返回到之前到过的位置时，系统能正确地识别出来，并且求取较为精确的当前帧与历史回环帧的位姿变换，并将其作为一个约束添加到位姿图优化模块中。添加了回路检测后，当相机走到之前来过的位置时，便可以得到一个强力的回环约束，纠正相机轨迹累积误差并保证全局位姿的准确性和一致性。回路检测本质上是一个匹配问题，可以使用地图到地图的匹配、特征点到特征点的匹配、特征点到地图的匹配和图像到图像的匹配 4 种方式中的任何一种。常用的闭环检测的方法包括词袋模型（BOW）和一些基于深度学习的方法，如 NetVLED[53]。

得到每个相机视角对应的图像位姿后，可以将每帧 RGB-D 图像转换到世界坐标系中的点云。此时计算得到的三维信息是空间中散乱无序的点云数据，不能完整地展示三维场景的信息。因此为了获取更加精确的重建模型需要对点云数据进行融合处理。常用的数据表示与融合的方法有两种，基于体素的网络模型和基于点元的模型。

点云数据融合后，需要进行表面生成。表面生成是指构造零等值面的三角面片网络来表示三维模型，经典的算法是移动立方体算法（MC）。表面生成后一般只能得到物体的几何模型，还需要使用纹理映射技术来重现真实世界物体的全貌。纹理映射是将纹理贴到三维模型表面上的技术，最早由 Ed.CAtmull[71] 在其博士学位论文中提出。采用纹理映射技术可以使原本不真实的模型与场景变得更加逼真。

上面介绍了基于 RGB-D 的实时三维重建常见流程，下面对一些比较有代表性的 RGB-D SLAM 系统作一下简要介绍。KinectFusion[72] 是一个基于 RGB-D 相机的实时三维重建系统，用当前帧的深度图像生成的三维点云通过 ICP 与重建的整体三维模型对齐来估计相机位姿，再依据相机位姿拼接多帧点云，并用基于体素的网格模型表达重建结果。KinectFusion 虽然能实时构建三维模型，但它也存在很明显的缺点：RGB-D 相机的 RGB 信息完全没有利用；需要 GPU 加速才能达到实时，对计算资源要求高；当环境主要由平行平面构成时，ICP 会失败；对同一个环境重复建模时误差不会无限累积，但对新环境进行建模时，误差仍会累积；使用固定体积的网格模型进行三维场景的重建，因而该方法对重建场景的大小有较为严格的限制；没有使用回路检测和闭合进行优化。Kintinuous[70] 是对 KinectFusion 的改进，位姿估计通过 ICP 和 RGB 直接法，并提出使用移动体积法降低渲染内存。此外还有回路检测，首次使用 Deformation Graph 对三维刚体重建做非刚体变换，使得回路中两次重建的结果能够重合。ElasticFusion[73] 充分利用 RGB-D 相机的信息，利用 RGB 的颜色一致性估计相机位姿，以及利用深度图像生成点云进行 ICP 来估计相机位姿，通过不断优化重建的地图来提高相机位姿的精度，最后用基于点元的模型对地图进行表达。ElasticFusion 的优点是充分利用颜色与深度信息，缺点是它只适合对房间大小的场景进行重建。RGB-D SLAM2[74] 是一个非常全面的系统，将 SLAM 领域的图像特征、优化、闭环检测、点云、Octomap 等技术融为一体，可以在其基础上继续开发。RGBD SLAM2 的缺点是其算法实时性不好，相机必须慢速运动，此外，用点云表达三维地图也很耗费内存。RTAB Map 是当前最优秀的 RGB-D SLAM 系统之一，它通过 STM/WM/LTM 的内存管理机制，减少图优化和闭环检测中需要用到的节点数，保证实时性和回路检测的准确性，能够在超大场景中运行。著名的 Google Tango 就是使用 RTAB Map 做 SLAM，而且 Tango 中的 RTAB Map 还融合 IMU 等传感器数据。

稠密的 RGB-D SLAM 内存消耗大、计算复杂度高，为了保证实时性，通常需要用 GPU 加速，实现成本高，限制了其在便携式终端设备上的广泛使用，而且若存在累积误差，稠密地图闭合调整困难，很难实现地图与位姿的紧耦合集束调整。为了地图表示更为轻量化，更适合在广泛的便携式设备上使用，一些研究工作探索使用平面特征去表达地图。室内环境有丰富的平面结构特征。平面特征通常有三大优势：①平面特征通常是片状的大块特征，容易被长时间跟踪，可以有效地抑制累积误差；②室内平面特征通常满足曼哈顿或者亚特兰大假设，利用这些全局性假设使得旋转全局可观，降低累积误差，提升跟踪精度；③相比于点特征，平面特征可以用非常少的参数去建模环境，减少内存消耗的同时降低计算复杂度。因此很多工作在探索如何利用平面特征去降低 SLAM 的累积误差，提升跟踪稳定性，降低环境建模复杂度和提升后端优化速度等。KDP-SLAM[77] 提出了一个实时的稠密平面 SLAM 系统，在全局因子图中联合优化关键帧位姿和平面状态，利用多帧融合的深度图来消除噪声并提升平面分割精度，而且利用平面信息进行回路检测。实验结果也表明，在全局因子图中加入平面特征，可以显著降低累积误差。ManhattanSLAM[78] 将环境假设为曼哈顿世界或者亚特兰大世界，利用这种假设使得旋转全局可观，降低累积误差。该方法基于曼哈顿世界假设的特点解耦了旋转和平移估计，并结合点、线和面特征提升平移精度，而且还通过检测平面之间的正交关系来验证当前环境是否满足曼哈顿世界假设，因此支持在曼哈顿和非曼哈顿世界进行稳健跟踪。也有一些工作探索利用平面信息轻量化 RGBD SLAM 后端地图来提升优化速度。VIP-SLAM[79] 提出了一个高效的紧耦合视觉、深度和惯性信息的 SLAM 方法，通过构造一个由少数平面和点组成的轻量化后端地图，取得了非常高效的集束调整效率和精度。该方法利用单应性（homography）约束将大量的共面点参数转化为少量的单应性参数，接着把单应性约束和点面约束的状态量和观测量进行分离，最后对大量且恒定不变的观测量进行压缩，从而显著提升了集束调整的效率。

2. 基于深度隐式表达的方法

神经隐式表面是一种新兴的表达方式，它利用多层感知机（MLP）网络隐式地存储场景，并通过该网络将给定的三维点映射到对应的空间属性，如密度、占据值、符号距离值、颜色等。这些属性值可以通过体渲染的方式，生成对应视角下的颜色 c 和深度 d。具体而言，在从相机中心发射穿过每个像素的射线上采样 N 个三维点，并将这些点的对应属性按照权重累加，如下所示，i 表示射线上的第 i 个采样点。其中权重 w_i 通常由占据值或符号距离值按一定规则转换为密度值进行计算。

$$\hat{I}[u,v] = \sum_{N}^{i=0} w_i c_i \quad \hat{D}[u,v] = \sum_{N}^{i=0} w_i d_i \tag{10-46}$$

较传统方法而言，基于神经隐式表面的方法可以展现出更为完整的表面以及更加真实的纹理。因此，这种表达在三维重建、场景补全和新视角合成等研究领域取得了巨大的成功。作为一种三维表达方式，它同样可以应用于 SLAM 之中。得益于 MLP 网络和体渲染的可微分性，基于神经隐式表达的 SLAM 可以通过输入的颜色 I 和深度 D 对渲染出的结果进行约束，通过反向传播的机制联合优化 MLP 中的隐式场景和相机的外参。

iMAP 是第一个采用了神经隐式表面的 SLAM 系统，它采用了传统 SLAM 的跟踪和建图并行的机制，跟踪前端仅优化相机的外参，而建图进程则联合优化相机的外参和 MLP 网络，这两个进程共享网络和优化参数，因此，跟踪时可以基于最新的建图结果保证跟踪稳定性。iMAP 采用了关键帧的策略，保证了建图进程的全局优化效率，同时根据深度的损失对图像进行主动采样，以提高细节部分的重建质量。但是利用单个 MLP 网络存储隐式场景会受限于网络的表达能力，过多的网络参数也会降低网络的推理速度，因此当场景扩大时将会显著降低重建的能力。

在 iMAP 基础上，NICE-SLAM 提出采用稠密的多层级体素块存储场景的信息，而采用轻量的 MLP 网络作为体素内信息的解码器，对输入的三维点首先利用三线性插值获取对应的特征，然后利用 MLP 网络映射到表面属性。这种方式有效减少了 MLP 参数，提高了优化的效率，并通过多层级的特征提高重建的精度。在此基础上，NICE-SLAM 还预训练了提取占据值的 MLP 网络，提高了表面重建的收敛速度。同时，它也加入了过滤机制对场景中的动态物体进行剔除，从而减少了这种情况下的精度损失。然而稠密的多层级体素块需要占用大量的存储单元，并且需要预先对潜在的重建预先划分体素块，这不利于实际未知场景的使用。

Vox-Fusion[80] 提出采用基于动态稀疏体素的分配策略，通过构建一个全局的八叉树结构管理场景中的体素块，并采用 Morton 编码加速体素块特征的索引。在跟踪进程中同样只优化相机外参，而在建图进程中，首先会根据优化的外参反投影出像素深度对应的三维点云，然后仅在包含点的区域分配体素块，这样减少了对于空白区域的不必要采样，因而降低了体渲染时采样点的数目并提升了运行速度。Vox-Fusion 的整体架构如图 10-11 所示。在关键帧选择方面，Vox-Fusion 直接通过当前帧包含的体素块与已有的体素块重叠比例作为阈值进行选取。相对于 iMAP 和 NICE-SLAM 而言，这种随着场景动态扩展的机制更加适用于实际场景的探索。

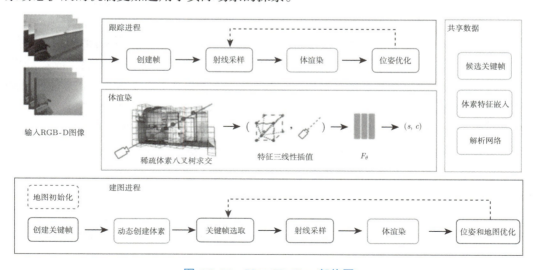

图 10-11　Vox-Fusion 架构图

10.5.2 激光视觉惯性 SLAM

1. 激光雷达（LiDAR）传感器

激光雷达通过向目标发射电磁波信号并接收目标反射的回波信号，然后根据发射-接收的时间间隔以及激光发射的角度等，通过一些几何变换关系就可以推算相关目标的信息，如距离、姿态、形状等。激光雷达能够探测的距离可以达到 100m 以上，精度可以达到厘米级。目前常用于 SLAM 的有机械式激光雷达和固态式激光雷达。机械式激光雷达的激光发射-接收器可以以一定的角速度均匀地进行 360° 物理旋转，在旋转的过程中，不断地发出激光信号并接收目标反射的信息，同时记录时间、水平和垂直角度，并根据这些数据计算出反射点的空间坐标。当旋转一周时，所有反射点的坐标就形成了一帧点云。机械式激光雷达的优点是可以通过旋转使其拥有宽广的视场角。但是相应的复杂机械结构也导致其寿命短且成本较高。固态式激光雷达不存在旋转的机械结构，其水平和竖直探测视角都是由电子方式实现的，目前主要实现方式主要有微机电系统、相位控制阵列技术和 3D Flash 闪光技术。虽然固态式激光雷达的设计方式使其拥有寿命长、成本低的优势，但是也存在视场角较小、加工难度高、信噪比差的缺点。

目前主流的激光雷达所使用的波长为 905nm 和 1550nm，这使得激光雷达在长距离情况下也能保持聚焦，可以对目标尺寸距离有一个稳定准确的测量。但是激光雷达也有缺点，在雨雪、沙尘天气下，其不能正确地判断物体的属性，进而会受到严重干扰。另外激光雷达还有成本相对较高、垂直分辨率低等不足之处。视觉传感器的感知原理几乎和人类的眼睛一样，当光线照射到被摄物体时，物体的反射光线经过镜头聚焦到电荷耦合器件（charge coupled device，CCD）芯片上，CCD 根据光线强弱聚集相应电荷，产生电信号，并最终经过模数转换后形成图像。目前视觉传感器技术成熟，成本较低，而且分辨率较高，视觉中隐含的信息量也非常大，但是由于视觉传感器的光学敏感机理严重依赖可见光和物体的反射，所以其在剧烈光照变化、场景中弱纹理较多等情况下稳健性较差。惯性测量单元（inertial measurement unit，IMU）主要包括陀螺仪和加速度计，陀螺仪通过测量陀螺转子的垂直轴与物体在三维空间中的夹角，计算获得物体运动的角速度，加速度计通过感受在某个轴上的受力情况来得到轴向的加速度。IMU 的测量基本不受环境变化的干扰，但是在加速度积分得到速度以及速度积分得到距离的过程中，不可避免地会有累计误差。激光雷达、相机和 IMU 都有各自的优点和不足，因此，在 SLAM 的过程中，可以融合激光雷达、相机和 IMU 等多种传感器的优势，以便更全面地感知周围环境数据。

2. 纯激光 SLAM

激光 SLAM 的目标是利用三维激光雷达感知的点云进行自我运动估计，并为周围环境构建地图，其一般包含前端定位和后端建图两部分，其中前端定位（也称为里程计）使用连续的两帧点云估计雷达的位姿，后端建图对里程计估计的位姿进行进一步处理并实现激光点云的精细匹配和注册。

在第 k 次扫描中，记接收到的三维点为 $\{\hat{P}\}$，所有的三维点形成一帧点云 P_k。如果使用每帧中所有点来计算相邻点云的位姿，则计算量非常大，一般情况下，首先提取出有代表性的特征点来求取位姿变换。特征向量、直方图等都是常见的特征点提取方法，但是由于其计算量大，一般不适合在实时性要求很高的激光 SLAM 中使用。在激光 SLAM 中，常常使用空间点的曲率信息来提取点云的特征点：

$$c_i = \frac{1}{|s| \cdot \|\boldsymbol{X}_{(k,i)}\|} \left\| \sum_{j \in S, j \neq i} \left(\boldsymbol{X}_{(k,i)} - \boldsymbol{X}_{(k,j)} \right) \right\| \tag{10-47}$$

其中，c_i 表示 P_k 中第 i 点的曲率，S 是同一扫描中返回的 i 的连续点的集合。$\boldsymbol{X}_{(k,i)}$ 表示 P_k 中的第 i 个点的坐标。这种方法可以根据曲率大小来判断 $\boldsymbol{X}_{(k,i)}$ 是边缘点还是平面点。

假设 P_k 和 P_{k+1} 中的边缘点和平面点的集合分别为：E_k, H_k 和 E_{k+1}, H_{k+1}。由于雷达本身也在移动，一般情况下，会将点云重投影到每一帧的开始时刻，记第 $k+1$ 帧重投影后的点云里边缘点和平面点集合为 $\hat{E}_{k+1}$ 和 $\hat{H}_{k+1}$。对于 $\hat{E}_{k+1}$ 中的每一个边缘点 i，可以在 E_k 选取与 i 最近的点 j 以及与 j 在相邻扫描线中的最近邻点 l，它们的坐标分别记为 $\hat{\boldsymbol{X}}_{(k+1,i)}, \boldsymbol{X}_{(k,j)}$ 和 $\boldsymbol{X}_{(k,l)}$。位姿变换就可以转换为求解点 i 到线 jl 的最短距离：

$$D_e = \frac{\left| \left(\hat{\boldsymbol{X}}_{(k+1,i)} - \boldsymbol{X}_{(k,j)} \right) \times \left(\hat{\boldsymbol{X}}_{(k+1,i)} - \boldsymbol{X}_{(k,l)} \right) \right|}{\left| \boldsymbol{X}_{(k,j)} - \boldsymbol{X}_{(k,l)} \right|} \tag{10-48}$$

同样，对于 $\hat{H}_{k+1}$ 中的每一个平面点 i，其坐标记为 $\hat{\boldsymbol{X}}_{(k+1,i)}$，可以利用点到平面的距离构建约束。首先在 H_k 寻找点 i 的最近邻点 l，然后找到与 l 不共线的最相近点 j, m，这样 l, j, m 三点能够确定一个平面，其坐标分别记为 $\boldsymbol{X}_{(k,j)}, \boldsymbol{X}_{(k,l)}, \boldsymbol{X}_{(k,m)}$。点 i 到平面 jlm 的最短距离为：

$$D_h = \frac{\left| \left(\hat{\boldsymbol{X}}_{(k+1,i)} - \boldsymbol{X}_{(k,j)} \right) \times \left(\left(\boldsymbol{X}_{(k,j)} - \boldsymbol{X}_{(k,l)} \right) \times \left(\boldsymbol{X}_{(k,j)} - \boldsymbol{X}_{(k,m)} \right) \right) \right|}{\left| \left(\boldsymbol{X}_{(k,j)} - \boldsymbol{X}_{(k,l)} \right) \times \left(\boldsymbol{X}_{(k,j)} - \boldsymbol{X}_{(k,m)} \right) \right|} \tag{10-49}$$

记 t_{k+1} 到 t_k 的位姿变换为 $\boldsymbol{T}_k^{k+1}$，则由点到直线的距离和点到平面的距离可以得到如下约束方程：

$$f_e\left(\boldsymbol{X}_{(k+1,i)}, \boldsymbol{T}_k^{k+1}\right) = D_e \quad i \in E_{k+1} \tag{10-50}$$

$$f_h\left(\boldsymbol{X}_{(k+1,i)}, \boldsymbol{T}_k^{k+1}\right) = D_h \quad i \in H_{k+1} \tag{10-51}$$

上述两个方程可以进一步统一为：

$$f\left(\boldsymbol{T}_k^{k+1}\right) = D \tag{10-52}$$

接下来对这个非线性优化问题进行求解就可以了。

这类基于特征的激光 SLAM 系统使用一帧激光点云中提取的特征点而不是所有点来实现点云的配准，大大节省了计算效率。然而由于激光点云的稀疏性和激光 SLAM 系统对于实时性的要求，点云配准任务中效果很好的特征或者描述子如 Harris3D[81]、FCGF[82] 很难适用在激光 SLAM 中。基于特征的方法中最具代表性的是 Zhang 等人提出的 LOAM[83]。LOAM 是通过一个高频率低精度的里程计算法与一个低频率高精度的建图算法结合实现了高精度实时性的 SLAM 系统；而里程计算法和建图算法都是通过先提取特征点，接着找特征点的关联再通过对应特征之间的距离最小化来实现的。为了提升 LOAM 的速度并解决 LOAM 的误差累计问题，Shan 等人[84] 在 2018 年提出了 LeGo-LOAM，在 LOAM 的基础上添加了点云分割模块，使用平面点和边缘点分别优化位姿中的不同参数并加入基于激光点云的回路检测。LOAM_Livox[85] 在 LOAM 的基础上添加了点的选择、动态物体的剔除和运动补偿来实现了一个更稳健和低漂移的运动估计。除此之外，文献 [86] 中提出了一种快速高效地求解位姿的激光 SLAM 算法。该算法提出了一种基于主成分分析法（PCA）[87] 的特征提取算法来提取更加稳健的特征点，接着基于这些提取的特征点实施一个两阶段匹配策略来提高定位的精度和建图的连续性。

除了基于特征的激光 SLAM 算法，另外一种常见的激光 SLAM 方法通常是基于 ICP 变种方法或者 NDT 来求解两帧之间和帧与地图之间的配准和变换。其中最具有代表性的工作是 Hector SLAM[88]、Cartographer[89]、IMLS-SLAM[90] 和 SuMa++[91]。Hector SLAM[88] 是由 Kohlbrecher 等人提出的基于优化的二维激光 SLAM，该算法首先进行帧间匹配，利用上一帧的位置和当前帧的激光扫描，构造最小二乘问题，估计此帧关于全局坐标系的位姿，然后根据当前帧的位姿和激光数据，利用占据栅格地图算法更新地图。基于 Hector SLAM，Hess 等人提出了 Cartographer[89]。其在前端匹配环节使用了子图这一概念，每当获得一次扫描的数据后，便将其与当前最新建立的子图进行匹配，使这帧扫描的数据插入到子图上最优的位置，该过程是通过优化函数求解来实现的；回路检测则是通过分支定界法找到最大分值的子图的匹配然后确定是否形成回环。通过回路检测和子图的引入，Cartographer 在二维和三维激光雷达上都取得了良好的效果。IMLS-SLAM[90] 使用帧到模型的框架实现了一个低漂移的三维激光 SLAM 系统，该方法在 KITTI odometry[92] 排行榜上排名前二十。Suma++[91] 使用基于 ICP 的方法进行点云帧间匹配，并且使用全卷积网络来去除动态物体从而提升建图的精确度。但是基于 ICP 及其变种的方法在逐点之间找帧间匹配，这不可避免地会降低帧间匹配的效率并且在资源受限的平台上限制了其应用。

3. 激光视觉 SLAM

纯激光 SLAM 在包含较多平面的退化场景中很容易失败，此时，可以融合视觉信息来提高系统的稳健性。激光视觉融合的 SLAM 一般包含视觉里程计和激光里程计两部分，如图 10-12 所示，视觉里程计可以利用激光获得部分视觉特征点的深度值，然后将得到的位姿经过相应的变换后可以为激光里程计提供相应的先验，进而增加激光里程计的稳健性。

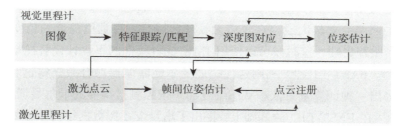

图 10-12 激光视觉 SLAM 的框架图

在视觉里程计中，根据能否利用激光获取深度值，可以将视觉特征点分为具有深度值的特征点 $\boldsymbol{X}_{(k,i)} = (x_{(k,i)}, y_{(k,i)}, z_{(k,i)})^\top$ 和不具有深度值的特征点 $\hat{\boldsymbol{x}}_{(k,i)} = (\hat{x}_{(k,i)}, \hat{y}_{(k,i)}, \hat{z}_{(k,i)})^\top$，相邻两帧的匹配点满足：

$$\boldsymbol{X}_{(k+1,i)} = \boldsymbol{R}\boldsymbol{X}_{(k,i)} + \boldsymbol{t} \tag{10-53}$$

对于当前帧中具备深度值的特征点，则 $\boldsymbol{X}_{(k+1,i)} = d_{(k+1,i)}\hat{\boldsymbol{X}}_{(k+1,i)}$，其中 $d_{(k+1,i)}$ 是下一帧中该特征点的假设深度，通过联立方程并消除 $d_{(k+1,i)}$ 可得：

$$\left(\hat{z}_{(k+1,i)}\boldsymbol{R}_1 - \hat{x}_{(k+1,i)}\boldsymbol{R}_3\right)\boldsymbol{X}_{(k,i)} + \hat{z}_{(k+1,i)}\boldsymbol{t}_1 - \hat{x}_{(k+1,i)}\boldsymbol{t}_3 = 0 \tag{10-54}$$

$$\left(\hat{z}_{(k+1,i)}\boldsymbol{R}_2 - \hat{y}_{(k+1,i)}\boldsymbol{R}_3\right)\boldsymbol{X}_{(k,i)} + \hat{z}_{(k+1,i)}\boldsymbol{t}_2 - \hat{y}_{(k+1,i)}\boldsymbol{t}_3 = 0 \tag{10-55}$$

其中，R_1、R_2、R_3 是旋转矩阵 R 的第一、第二和第三行，t_1、t_2、t_3 是平移向量 t 的第一、第二和第三行。对于当前帧中不具备深度值的特征点，有 $d_{(k+1,i)}\hat{X}_{(k+1,i)} = d_{(k,i)}\hat{X}_{(k,i)}$，其中 $d_{(k,i)}$ 和 $d_{(k+1,i)}$ 分别是当前帧和下一帧中该特征点的假设深度，联立方程，消除 $d_{(k,i)}$ 和 $d_{(k+1,i)}$，可得：

$$\begin{pmatrix} -\hat{y}_{(k+1,i)}t_3 + \hat{z}_{(k+1,i)}t_2 \\ \hat{x}_{(k+1,i)}t_3 - \hat{z}_{(k+1,i)}t_1 \\ -\hat{x}_{(k+1,i)}t_2 + \hat{y}_{(k+1,i)}t_1 \end{pmatrix} R\hat{x}_{(k,i)} = 0 \tag{10-56}$$

然后可以利用 LM 算法来求解上述问题中的旋转矩阵和平移向量。

在激光视觉 SLAM 系统中，比较具有代表性的是 Zhang 在 2015 年提出的 V-LOAM[93]，其用视觉里程计 DEMO[94] 为激光建图线程提供一个初始高频的位姿。该视觉里程计使用稀疏的激光点为视觉的三维点提供深度信息并使用 Locus 光流来跟踪视觉特征点，接着利用跟踪到的点求解得到位姿。求解后得到的位姿提供给激光建图线程作为优化的初值，然后使用基于 LOAM 的建图线程构建地图。Wang 等人 [95] 在 2019 年提出的视觉激光融合的框架中加入了基于视觉的回路检测来减小累计误差。除此之外，Huang 等人 [96] 在 ORB-SLAM2 技术上添加了雷达信息获得一个更加稳健的系统。

当场景中照明变化较大或存在较多无纹理区域时，视觉里程计的精度会受到很大影响，甚至会跟踪失败，这时候可以使用 IMU 或者其他的里程计代替视觉里程计来辅助激光里程计。FAST-LIO[97] 利用迭代扩展卡尔曼滤波器融合激光雷达和 IMU 测量数据，并且提出一种计算量只依赖状态维度而不依赖测量维度的卡尔曼增益计算方法。FAST-LIO2[98] 在 FAST-LIO 的基础上，提出了增量 k-d 树数据结构，可以高效地进行最近邻搜索和支持地图更新，然后基于增量 k-d 树数据结构，直接将原始点注册到地图，实现高效稳健的激光雷达惯性里程计。

4. 激光视觉惯性 SLAM

基于激光雷达的 SLAM 能够获取长范围的环境信息，但是在长走廊或者开阔的广场等这种缺少结构约束的环境中容易失败，添加视觉可以增强系统在纹理丰富的场景中的性能，而且容易检测回环，但是视觉对弱纹理和快速运动较为敏感，因此，激光和视觉常常会融合惯性信息以提升精度和稳健性。激光视觉惯性 SLAM 通常由视觉惯性和激光惯性这两个相辅相成的子系统构成，一个典型的激光视觉惯性 SLAM 框架图如图 10-13 所示 [99]。视觉惯性子系统可以利用激光雷达的检测值给视觉特征点提供深度值，并依此建立相机约束，如式（10-54）、式（10-55）、式（10-56）。此外，还可以根据 IMU 预测建立约束方程。记 $T_k^{k+1} = \begin{pmatrix} R_k^{k+1} & t_k^{k+1} \\ 0^\top & 1 \end{pmatrix}$ 为 k 和 $k+1$ 之间的 4×4 变换矩阵，令 $\boldsymbol{\theta}_k^{k+1} \in so(3)$ 为 3×1 向量可以通过指数映射对应到 $\boldsymbol{R}_k^{k+1}$，则 $\boldsymbol{\theta}_k^{k+1}$ 和 $\boldsymbol{t}_k^{k+1}$ 可以用来表示相机的 6-DOF 运动。令 $\hat{\boldsymbol{T}}_k^{k+1}$ 是由 IMU 预测的变换矩阵，$\boldsymbol{T}_k^{k+1}$ 是由式（10-53）获得，则：

$$\sum_k^{k+1} \left[\left(\hat{\boldsymbol{\theta}}_k^{k+1}, \boldsymbol{\theta}_k^{k+1}\right)^\top, \left(\hat{\boldsymbol{t}}_k^{k+1}, \boldsymbol{t}_k^{k+1}\right)^\top \right] = 0 \tag{10-57}$$

其中，$\sum_k^{k+1}$ 是 IMU 相对相机位姿约束的协方差矩阵。至此，视觉惯性子系统利用位姿约束建立了优化方程，此优化问题可以通过牛顿梯度下降等方法求解。

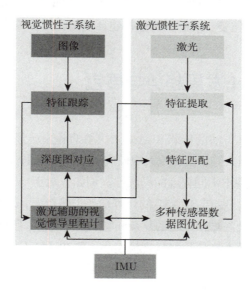

图 10-13 激光视觉惯性 SLAM 的框架图

激光惯性子系统可以利用视觉惯性子系统估计的变换矩阵作为初值来实现连续激光帧之间的匹配，并建立如式（10-52）所示的约束。令 $\hat{\boldsymbol{T}}_m^{m+1}$ 为激光惯性里程计预测的位姿变换，类似式（10-57），可以建立约束：

$$\sum_{m+1} \left[\left(\hat{\boldsymbol{\theta}}_{m+1}, \boldsymbol{\theta}_{m+1}\right)^\top, \left(\hat{\boldsymbol{t}}_{m+1}, \boldsymbol{t}_{m+1}\right)^\top \right] = 0 \tag{10-58}$$

其中，$\boldsymbol{\theta}_{m+1}$ 和 $\boldsymbol{t}_{m+1}$ 来自于视觉惯性里程计。

随着激光雷达的普及，激光视觉惯性 SLAM 的研究逐渐受到研究学者的欢迎，Zhang 等人[100]以 IMU、视觉和激光为输入数据，提出了一个从粗略到精细的有序多层处理流程，而且该方法还可以检测失效的传感器，绕过失效模块，利用其余传感器完成运动估计和建图，进而提高该方法可以在无结构、弱纹理、黑暗等复杂环境下的稳健性。LVI-SAM[99]的激光里程计模块为视觉特征点提供深度值，免去了视觉里程计部分特征点的三角化计算；并为视觉里程计的初始化提供视觉帧的位姿；视觉里程计部分为激光里程计部分提供回环信息，使得激光里程计在漂移较大的情况下，仍可以形成可靠的回环约束；视觉里程计部分输出高频的 IMU 预积分值，为激光帧去畸变提供信息，并为激光帧位姿估计提供初值。激光与视觉的结合，使得里程计估计与建图的结果更为精准。R²LIVE[101] 提出了一个由误差迭代卡尔曼滤波器和因子图优化组成的多传感器框架，能够实时紧耦合激光雷达、视觉相机和惯性传感器的测量结果，对视觉故障、激光雷达退化场景稳健性较好。R³LIVE[102]在 R²LIVE 的基础上，通过最小化地图点的 RGB 颜色与其在当前图像中对应点的颜色之间的光度误差来跟踪相机位姿，能够实时地构建环境的密集且精确的 RGB 彩色点云图。

10.6 SLAM 发展趋势与展望

目前，基于多视图几何方法的传统 SLAM 技术在理论上已经基本成熟，且在 AR/VR、无人车、无人机、移动机器人等多个领域大规模应用落地。然而，针对不同场景的应用需求，传统的 SLAM 方法仍表现出不同程度的局限性。例如，对于 AR/VR 眼镜、无人机等计算资源受限的轻量级终端，现有 SLAM 的计算功耗仍然较大，难以满足长时间应用需求；对于无人车、无人机等需要在城市尺度的复杂环境下实时定位、且对定位稳健性要求极高的应用而言，现有 SLAM 仍存在应用场景规模偏小、复杂环境下稳健性不足的局限。

为突破上述局限，SLAM 的一个发展趋势是采用端云协同的技术架构，在移动终端只保留计算资源消耗较小和实时性要求较高的部分，其余部分部署到云端计算，同时与云端预先构建的高精度地图结合，从而充分利用云计算的优势，在降低移动端功耗的同时，突破场景规模的限制，提升在大尺度复杂环境下的稳健性。

SLAM 的另一个发展趋势是，采用基于深度学习的方法，突破传统 SLAM 方法对纹理缺失、算法参数等因素较为敏感的局限。目前端到端的方法，虽然在与训练数据相似场景的稳健性上优于传统方法，但仍存在场景泛化性难题，定位精度在大部分场景也还明显劣于传统方法。近年来随着隐式表达技术的快速发展，学者们也提出了许多基于隐式表达的 SLAM 系统。然而，这些方法大多针对 RGB-D 相机，且难以在计算资源受限的移动终端实时更新场景的隐式模型。总的来说，基于深度学习的 SLAM 方法，是目前的研究热点，但完全端到端的方法离实际应用落地的距离仍然较大。

当然，基于深度学习的方法虽然在整个 SLAM 系统的层面尚未能取代传统方法，但对于 SLAM 中极为重要的特征提取和匹配、视觉定位等算法模块，许多方法已在定位精度、稳健性、泛化性等多方面取得了突破性进展，发展到可以取代传统方法且满足应用落地的阶段。此阶段的研究重点主要包括：一方面对于大尺度场景中的长时间定位，还需要进一步提升不同季节、天气、光照、弱纹理、相似纹理等极端挑战下的定位表现；另一方面对于计算资源敏感的应用，还需要进一步降低算法对高性能 GPU 的依赖，从而降低云端算力的成本，甚至支持移动端实时运行。

虽然视觉 SLAM 未来的发展趋势仍然是在朝着更强稳健性的方向，但基于视觉的 SLAM 必然存在对弱纹理、重复纹理、光照变化、运动模糊等较为敏感的问题。因此，视觉 SLAM 的研究也向更新型的传感器上延伸，如事件相机、偏振相机、微型相机、与激光/红外相机的结合等。通过更好地利用不同传感器间的互补特性，克服单一传感器的固有局限性，从而将 SLAM 技术在应用上向更广的领域扩展，如水下无人装备上的 SLAM 研究、医疗领域手术机器人 SLAM 的研究等。

参考文献

[1] HARTLEY R, ZISSERMAN A. Multiple view geometry in computer vision[M]. Cambridge: Cambridge University Press, 2003.

[2] DAVISON A J, REID I D, MOLTON N D, et al. MonoSLAM: Real-time single camera SLAM[J]. IEEE Transactions on Pattern Analysis and Machine Intelligence, 2007, 29(6): 1052-1067.

[3] STRASDAT H, MONTIEL J M, DAVISON A J, Visual SLAM: why filter?[J]. Image and Vision Computing, 2012, 30(2): 65-77.

[4] MOURIKIS A I, ROUMELIOTIS S I. A multi-state constraint Kalman filter for Vision-aided Inertial Navigation[C]. IEEE International Conference on Robotics and Automation, 2007: 3565-3572.

[5] WU K, AHMED A M, GEORGIOU G A, et al. A square root inverse filter for efficient vision-aided inertial navigation on mobile devices[C]//Robotics: Science and Systems. 2015, 2.

[6] HUANG G P, MOURIKIS A I, ROUMELIOTIS S I. A first-estimates Jacobian EKF for improving SLAM consistency[C]// Experimental Robotics. Berlin: Springer, 2009: 373-382.

[7] HUANG G P, MOURIKIS A I, ROUMELIOTIS S I. Observability-based rules for designing consistent EKF SLAM estimators[J]. The International Journal of Robotics Research, 2010, 29(5): 502-528.

[8] HUAI Z, HUANG G. Robocentric visual–inertial odometry[J]. The International Journal of Robotics Research, 2022, 41(7): 667-689.

[9] SCHNEIDER T, DYMCZYK M, FEHR M, et al. Maplab: An open framework for research in visual-inertial mapping and localization[J]. IEEE Robotics and Automation Letters, 2018, 3(3): 1418-1425.

[10] GENEVA P, MALEY J, HUANG G. An efficient schmidt-ekf for 3D visual-inertial SLAM[C]// IEEE/CVF Conference on Computer Vision and Pattern Recognition. 2019: 12105-12115.

[11] KE T, WU K J, ROUMELIOTIS S I. Rise-slam: A resource-aware inverse schmidt estimator for slam[C]// IEEE/RSJ International Conference on Intelligent Robots and Systems, 2019: 354-361.

[12] KLEIN G, MURRAY D. Parallel tracking and mapping for small AR workspaces[C]// IEEE and ACM international symposium on mixed and augmented reality. IEEE, 2007: 225-234.

[13] GÁLVEZ-LÓPEZ D, TARDOS J D. Bags of binary words for fast place recognition in image sequences[J]. IEEE Transactions on Robotics, 2012, 28(5): 1188-1197.

[14] MUR-ARTAL R, MONTIEL J M, TARDÓS J D. ORB-SLAM: A versatile and accurate monocular SLAM system[J]. IEEE Transactions on Robotics, 2015, 31(5): 1147-1163.

[15] CAMPOS C, ELVIRA R, RODRÍGUEZ J, et al. ORB-SLAM: An accurate open-source library for visual, visual–inertial, and multimap SLAM[J]. IEEE Transactions on Robotics, 2021, 37(6): 1874-1890.

[16] ENGEL J, SCHÖPS T, CREMERS D. LSD-SLAM: Large-scale direct monocular SLAM[C]// European conference on computer vision. Cham: Springer, 2014: 834-849.

[17] TRAJKOVIĆ M, HEDLEY M. Fast corner detection[J]. Image and Vision Computing, 1998, 16(2): 75-87.

[18] RUBLEE E, RABAUD V, KONOLIGE K, et al. ORB: An efficient alternative to SIFT or SURF[C]// International Conference on Computer Vision, 2011: 2564-2571.

[19] ENGEL J, KOLTUN V, CREMERS D. Direct sparse odometry[J]. IEEE Transactions on Pattern Analysis and Machine Intelligence, 2017, 40(3): 611-625.

[20] QIN T, LI P, SHEN S. VINS-mono: A robust and versatile monocular visual-inertial state estimator[J]. IEEE Transactions on Robotics, 2018, 34(4): 1004-1020.

[21] QIN T, SHEN S. Online temporal calibration for monocular visual-inertial systems[C]// IEEE/RSJ International Conference on Intelligent Robots and Systems, 2018: 3662-3669.

[22] QIN T, CAO S, PAN J, et al. A general optimization-based framework for global pose estimation with multiple sensors[J]. arXiv preprint arXiv:1901.03642, 2019.

[23] LEUTENEGGER S, LYNEN S, BOSSE M, et al. Keyframe-based visual-inertial odometry using nonlinear optimization[J]. The International Journal of Robotics Research, 2015, 34(3): 314-334.

[24] YI K M, TRULLS E, LEPETIT V, et al. Lift: Learned invariant feature transform[C]// European Conference on Computer Vision. Cham: Springer, 2016: 467-483.

[25] DETONE D, MALISIEWICZ T, RABINOVICH A. Superpoint: Self-supervised interest point detection and description[C]// IEEE Conference on Computer Vision and Pattern Recognition Workshops. 2018: 224-236.

[26] SARLIN P E, DETONE D, MALISIEWICZ T, et al. Superglue: Learning feature matching with graph neural networks[C]// IEEE/CVF Conference on Computer Vision and Pattern Recognition. 2020: 4938-4947.

[27] SUN J, SHEN Z, WANG Y, et al. LoFTR: Detector-free local feature matching with transformers[C]// IEEE/CVF Conference on Computer Vision and Pattern Recognition. 2021: 8922-8931.

[28] TEED Z, DEND J. Raft: Recurrent all-pairs field transforms for optical flow[C]// European Conference on Computer Vision. Cham: Springer, 2020: 402-419.

[29] BRUNO H, COLOMBINI E. LIFT-SLAM: A deep-learning feature-based monocular visual SLAM method[J]. Neurocomputing, 2021, 455: 97-110.

[30] TEED Z, DEND J. Droid-SLAM: Deep visual slam for monocular, stereo, and rgb-d cameras[J]. Advances in Neural Information Processing Systems, 2021, 34: 16558-16569.

[31] WANG S, CLARK R, WEN H, et al. Deepvo: Towards end-to-end visual odometry with deep recurrent convolutional neural networks[C]// IEEE International Conference on Robotics and Automation. 2017: 2043-2050.

[32] ZHAN H, GARG R, WEERASEKERA C S, et al. Unsupervised learning of monocular depth estimation and visual odometry with deep feature reconstruction[C]// IEEE Conference on Computer Vision and Pattern Recognition. 2018: 340-349.

[33] YIN Z, SHI J. Geonet: Unsupervised learning of dense depth, optical flow and camera pose[C]// IEEE Conference on Computer Vision and Pattern Recognition. 2018: 1983-1992.

[34] LI S, WU X, CAO Y, et al. Generalizing to the open world: Deep visual odometry with online adaptation[C]// IEEE/CVF Conference on Computer Vision and Pattern Recognition. 2021: 13184-13193.

[35] XUE F, WANG X, WANG J, et al. Deep visual odometry with adaptive memory[J]. IEEE Transactions on Pattern Analysis and Machine Intelligence, 2022, 44(2):940-954..

[36] TANG C, TAN P. BA-net: Dense bundle adjustment network[J]. arXiv preprint arXiv:1806.04807, 2018.

[37] GAO X, ZHANG T. Unsupervised learning to detect loops using deep neural networks for visual SLAM system[J]. Autonomous Robots, 2017, 41(1): 1-18.

[38] KENDALL A, GRIMES M, CIPOLLA R. Posenet: A convolutional network for real-time 6-dof camera relocalization[C]//Proceedings of the IEEE international Conference on Computer Vision. 2015: 2938-2946.

[39] SZEQEDY C, LIU W, JIA Y, et al. Going deeper with convolutions[C]// IEEE conference on Computer Vision and Pattern Recognition. 2015: 1-9.

[40] WALCH F, HAZIRBAS C, LEAL-TAIXE L, et al. Image-based localization using lstms for structured feature correlation[C]// IEEE International Conference on Computer Vision. 2017: 627-637.

[41] BRAHMBHATT S, GU J, KIM K, et al. Geometry-aware learning of maps for camera localization[C]// IEEE conference on Computer Vision and Pattern Recognition. 2018: 2616-2625.

[42] MCCORMAC J, HANDA A, DAVISON A, et al. Semanticfusion: Dense 3D semantic mapping with convolutional neural networks[C]// IEEE International Conference on Robotics and Automation. 2017: 4628-4635.

[43] YU C, LIU Z, LIU X J, et al. DS-SLAM: A semantic visual SLAM towards dynamic environments[C]// IEEE/RSJ International Conference on Intelligent Robots and Systems. 2018: 1168-1174.

[44] BADRINARAYANAN V, KENDALL A, CIPOLLA R. Segnet: A deep convolutional encoder-decoder architecture for image segmentation[J]. IEEE Transactions on Pattern Analysis and Machine Intelligence, 2017, 39(12): 2481-2495.

[45] MILDENHALL B, SRINIVASAN P P, TANCIK M, et al. Nerf: Representing scenes as neural radiance fields for view synthesis[J]. Communications of the ACM, 2021, 65(1): 99-106.

[46] SUCAR E, LIU S, ORTIZ J, et al. iMAP: Implicit mapping and positioning in real-time[C]// IEEE/CVF International Conference on Computer Vision. 2021: 6229-6238.

[47] ZHU Z, PENG S, LARSSON V, et al. Nice-SLAM: Neural implicit scalable encoding for slam[C]// IEEE/CVF Conference on Computer Vision and Pattern Recognition. 2022: 12786-12796.

[48] FORSTER C, PIZZOLI M, SCARAMUZZA D. SVO: Fast semi-direct monocular visual odometry[C]// IEEE International Conference on Robotics and Automation. 2014: 15-22.

[49] KAESS M, JOHANNSSON H, ROBERTS R, et al. iSAM2: Incremental smoothing and mapping using the Bayes tree[J]. The International Journal of Robotics Research, 2012, 31(2): 216-235.

[50] LIU H, CHEN M, ZHANG G, et al. ICE-BA: Incremental, consistent and efficient bundle adjustment for visual-inertial SLAM[C]// IEEE Conference on Computer Vision and Pattern Recognition. 2018: 1974-1982.

[51] ROSEN D M, KAESS M, LEONARD J J. An incremental trust-region method for robust online sparse least-squares estimation[C]// IEEE International Conference on Robotics and Automation. IEEE, 2012: 1262-1269.

[52] YE Z, LI G, LIU H, et al. CoLi-BA: Compact linearization based Solver for Bundle Adjustment[J]. IEEE Transactions on Visualization and Computer Graphics, 2022, 28(11): 3727-3736.

[53] ARANDJELOVIC R, GRONAT P, TORII A, et al. NetVLAD: CNN architecture for weakly supervised place recognition[C]// IEEE conference on Computer Vision and Pattern Recognition. 2016: 5297-5307.

[54] MERRILL N, HUANG G. Lightweight unsupervised deep loop closure[J]. arXiv preprint arXiv:1805.07703, 2018.

[55] LOWE D G. Distinctive image features from scale-invariant keypoints[J]. International Journal of Computer Vision, 2004, 60(2): 91-110.

[56] SIVIC J, ZISSERMAN A. Video Google: A text retrieval approach to object matching in videos[C]// IEEE International Conference on Computer Vision. 2003, 3: 1470-1470.

[57] BABENKO A, SLESAREV A, CHIGORIN A, et al. Neural codes for image retrieval[C]// European Conference on Computer Vision. Cham: Springer, 2014: 584-599.

[58] YUE-HEI NG J, YANG F, DAVIS L S. Exploiting local features from deep networks for image retrieval[C]// IEEE Conference on Computer Vision and Pattern Recognition Workshops. 2015: 53-61.

[59] GORDO A, ALMAZÁN J, REVAUD J, et al. Deep image retrieval: Learning global representations for image search[C]// European Conference on Computer Vision. Cham: Springer, 2016: 241-257.

[60] FORSTER C, CARLONE L, DELLAERT F, et al. IMU preintegration on manifold for efficient visual-inertial maximum-a-posteriori estimation[C]// Robotics: Science and Systems, 2015.

[61] THRUN S. Probabilistic robotics[J]. Communications of the ACM, 2002, 45(3): 52-57.

[62] HUANG G P, MOURIKIS A I, ROUMELIOTIS S I. Observability-based rules for designing consistent EKF SLAM estimators[J]. The International Journal of Robotics Research, 2010, 29(5): 502-528.

[63] QIN T, SHEN S. Robust initialization of monocular visual-inertial estimation on aerial robots[C]// IEEE/RSJ International Conference on Intelligent Robots and Systems. 2017: 4225-4232.

[64] MUR-ARTAL R, TARDÓS J D. Visual-inertial monocular SLAM with map reuse[J]. IEEE Robotics and Automation Letters, 2017, 2(2): 796-803.

[65] HUAI Z, HUANG G. Robocentric visual–inertial odometry[J]. The International Journal of Robotics Research, 2022, 41(7): 667-689.

[66] TROIANI C, MARTINELLI A, LAUGIER C, et al. 2-point-based outlier rejection for camera-imu systems with applications to micro aerial vehicles[C]// IEEE International Conference on Robotics and Automation. 2014: 5530-5536.

[67] LI J, GAO W, WU Y, et al. High-quality indoor scene 3D reconstruction with RGB-D cameras: A brief review[J]. Computational Visual Media, 2022: 1-25.

[68] BESL J, MCKAY N. Method for registration of 3-d shapes[J]. Sensor fusion IV: Control paradigms and data structures. International Society for Optics and Photonics, 1992, 1611: 586–606.

[69] HAHNEL D, THRUN S, BURGARD W. An extension of the icp algorithm for modeling non-rigid objects with mobile robots[C]// International Joint Conference on Artificial Intelligence. 2003: 915-920.

[70] WHELAN T, JOHANNSSON H, KAESS M, et al. Robust real-time visual odometry for dense rgb-d mapping[C]// IEEE International Conference on Robotics and Automation. 2013: 5724-5731.

[71] CATMULL E. A subdivision algorithm for computer display of curved surfaces[D]. Salt Lake City: University of Utah, 1974.

[72] IZADI S, KIM D, HILLIGES O, et al. KinectFusion: Real-time 3D reconstruction and interaction using a moving depth camera[C]// ACM Symposium on User Interface Software and Technology. 2011: 559-568.

[73] WHELAN T, SALAS-MORENO R F, GLOCKER B, et al. ElasticFusion: Real-time dense SLAM and light source estimation[J]. The International Journal of Robotics Research, 2016, 35(14): 1697-1716.

[74] ENDRES F, HESS J, STURM J, et al. 3D Mapping with an RGB-D camera[J]. IEEE Transactions on Robotics, 2014, 30(1): 177-187.

[75] NIEßNER M, ZOLLHÖFER M, IZADI S, et al. Real-time 3D reconstruction at scale using voxel hashing[J]. ACM Transactions on Graphics (ToG), 2013, 32(6): 1-11.

[76] ZENG M, ZHAO F, ZHENG J, et al. Octree-based fusion for realtime 3D reconstruction[J]. Graphical Models, 2013, 75(3): 126-136.

[77] HSIAO M, WESTMAN E, ZHANG G, et al. Keyframe-based dense planar SLAM[C]// IEEE International Conference on Robotics and Automation , 2017: 5110-5117.

[78] YUNUS R, LI Y, TOMBARI F. Manhattanslam: Robust planar tracking and mapping leveraging mixture of manhattan frames[C]// IEEE International Conference on Robotics and Automation. 2021: 6687-6693.

[79] CHEN D, WANG S, XIE W, et al. VIP-SLAM: An efficient tightly-coupled RGB-D visual inertial planar SLAM[C]// International Conference on Robotics and Automation, 2022: 5615-5621.

[80] YANG X, LI H, ZHAI H, et al. Vox-Fusion: Dense tracking and mapping with voxel-based neural implicit representation[J]. arXiv preprint arXiv:2210.15858, 2022.

[81] SIPIRAN I, BUSTOS B. Harris 3D: A robust extension of the Harris operator for interest point detection on 3D meshes[J]. The Visual Computer, 2011, 27(11): 963-976.

[82] CHOY C, PARK J, KOLTUN V. Fully convolutional geometric features[C]// IEEE/CVF International Conference on Computer Vision. 2019: 8958-8966.

[83] ZHANG J, SINGH S. LOAM: Lidar odometry and mapping in real-time[C]// Robotics: Science and Systems. 2014, 2(9): 1-9.

[84] SHAN T, ENGLOT B. Lego-loam: Lightweight and ground-optimized lidar odometry and mapping on variable terrain[C]// IEEE/RSJ International Conference on Intelligent Robots and Systems. 2018: 4758-4765.

[85] LIN J, ZHANG F. Loam livox: A fast, robust, high-precision LiDAR odometry and mapping package for LiDARs of small FoV[C]// IEEE International Conference on Robotics and Automation. 2020: 3126-3131.

[86] GUO S, RONG Z, WANG S, et al. A LiDAR SLAM with PCA-based feature extraction and two-stage matching[J]. IEEE Transactions on Instrumentation and Measurement, 2022, 71: 1-11.

[87] WOLD S, ESBENSEN K, GELADI P. Principal component analysis[J]. Chemometrics and Intelligent Laboratory Systems, 1987, 2(1-3): 37-52.

[88] KOHLBRECHER S, VON STRYK O, MEYER J, et al. A flexible and scalable SLAM system with full 3D motion estimation[C]// IEEE International Symposium on Safety, Security, and Rescue Robotics. 2011: 155-160.

[89] HESS W, KOHLER D, RAPP H, et al. Real-time loop closure in 2D LIDAR SLAM[C]// IEEE International Conference on Robotics and Automation, 2016: 1271-1278.

[90] DESCHAUD J E. IMLS-SLAM: Scan-to-model matching based on 3D data[C]// IEEE International Conference on Robotics and Automation. 2018: 2480-2485.

[91] CHEN X, MILIOTO A, PALAZZOLO E, et al. Suma++: Efficient lidar-based semantic SLAM[C]// IEEE/RSJ International Conference on Intelligent Robots and Systems. 2019: 4530-4537.

[92] GEIGER A, LENZ P, URTASUN R. Are we ready for autonomous driving? the kitti vision benchmark suite[C]// IEEE Conference on Computer Vision and Pattern Recognition. 2012: 3354-3361.

[93] ZHANG J, SINGH S. Visual-lidar odometry and mapping: Low-drift, robust, and fast[C]// IEEE International Conference on Robotics and Automation. 2015: 2174-2181.

[94] ZHANG J, KAESS M, SINGH S. A real-time method for depth enhanced visual odometry[J]. Autonomous Robots, 2017, 41(1): 31-43.

[95] WANG Z, ZHANG J, CHEN S, et al. Robust high accuracy visual-inertial-laser slam system[C]// IEEE/RSJ International Conference on Intelligent Robots and Systems. 2019: 6636-6641.

[96] HUANG S, MA Z, MU T, et al. LIDAR-monocular visual odometry using point and line features[C]// IEEE International Conference on Robotics and Automation. 2020: 1091-1097.

[97] XU W, ZHANG F. Fast-lio: A fast, robust LIDAR-inertial odometry package by tightly-coupled iterated kalman filter[J]. IEEE Robotics and Automation Letters, 2021, 6(2): 3317-3324.

[98] XU W, CAI Y, HE D, et al. Fast-lio2: Fast direct LIDAR-inertial odometry[J]. IEEE Transactions on Robotics, 2022, 38(4): 2053-2073.

[99] SHAN T, ENGLOT B, MEYERS D, et al. LVI-SAM: Tightly-coupled Lidar-visual-inertial odometry via smoothing and mapping[C]// IEEE International Conference on Robotics and Automation. 2021: 5692-5698.

[100] ZHANG J, SINGH S. Laser-visual-inertial odometry and mapping with high robustness and low drift[J]. Journal of field robotics, 2018, 35(8): 1242-1264.

[101] LIN J, ZHENG C, XU W, et al. R2LIVE: A robust, real-time, LiDAR-inertial-visual tightly-coupled state estimator and mapping[J]. IEEE Robotics and Automation Letters, 2021, 6(4): 7469-7476.

[102] LIN J, ZHANG F. R3LIVE: A robust, real-time, RGB-colored, LiDAR-inertial-visual tightly-coupled state estimation and mapping package[C]// IEEE International Conference on Robotics and Automation. 2022: 10672-10678.

[103] KIM J, SUKKARIEH S. Real-time implementation of airborne inertial-SLAM[J]. Robotics and Autonomous Systems, 2007, 55(1): 62-71.

[104] LI M, MOURIKIS A I. High-precision, consistent EKF-based visual-inertial odometry[J]. The International Journal of Robotics Research, 2013, 32(6): 690-711.

[105] SMITH R C, CHEESEMAN P. On the representation and estimation of spatial uncertainty[J]. The International Journal of Robotics Research, 1986, 5(4): 56-68.

[106] DURRANT-WHYTE H, RYE D, NEBOT E. Localisation of automatic guided vehicles[C]// The 7th International Symposium on Robotics Research. 1995, 613-625.

[107] LIU B, TANG F, FU Y, et al. A flexible and efficient loop closure detection based on motion knowledge[C]// IEEE International Conference on Robotics and Automation, 2021, 11241-11247.

[108] FENG Y, FAN L, WU Y. Fast localization in large scale environments using supervised indexing of binary features[J]. IEEE Transactions on Image Processing. 2016, 25(1): 343-358.

[109] ZHANG P, ZHANG C, LIU B, et al. Leveraging local and global descriptors in parallel to search correspondences for visual localization[J]. Pattern Recognition, 2022, 122: 108344.

[110] LIU H, ZHANG G, BAO H. Robust keyframe-based monocular SLAM for augmented reality[C]// 2016 IEEE International Symposium on Mixed and Augmented Reality (ISMAR). IEEE, 2016: 1-10.

[111] GENEVA P, ECKENHOFF K, LEE W, et al. OpenVINS: A research platform for visual-inertial estimation[C]// IEEE International Conference on Robotics and Automation. 2020: 4666-4672.

[112] GAO X S, HOU X R, TANG J, et al. Complete solution classification for the perspective-three-point problem[J]. IEEE Transactions on Pattern Analysis and Machine Intelligence, 2003,25(8): 930-943.

[113] FISCHLER M A, BOLLES R C. Random sample consensus: a paradigm for model fitting with applications to image analysis and automated cartography[J]. Communications of the ACM. 1981, 24(6): 381-395.

[114] LEPETIT V, MORENO-NOGUER F, FUA P. EPnP: An accurate O(n) solution to the PnP problem[J]. International Journal of Computer Vision (IJCV), 2009, 81(2): 155–166.

[115] QIN T,PAN J,CAO S,et al.A general optimization-based framework for local Odometry estimation with multiple sensors[J].arXiv preprint arXiv:1901. 03638,2019.